대한수학교육학회 2016 연보(Yearbook)

# 학교수학과 수학적 연결성

장혜원 · 류성림 · 김남희 · 이동환 · 강 완 · 권성룡 · 김동근 · 김수철 · 김유경
김은혜 · 김정하 · 남진영 · 도종훈 · 박만구 · 박선주 · 박진형 · 방정숙 · 백석윤
오택근 · 유별아 · 윤대원 · 이종희 · 임해미 · 장경윤 · 정영옥 · 조완영 · 홍갑주

KM 경문사

# 머리말

2013년 우리 학회 연보의 창간호 이래 네 번째 연보의 발간을 맞게 되어 기쁩니다. 연보로서 네 돌을 맞은 셈이니 내용이나 모양새나 처음보다는 좀 더 알차고 부족함도 줄일 수 있기를 기대하면서 준비하고 작업하였습니다. 그 결과로서 2016년 학회 연보를 내어 놓습니다.

대한수학교육학회 2016 연보의 주제는 수학적 연결성입니다. 연보 발간을 위해 수학교육계의 경향 및 이슈들을 살펴서 적절한 주제 선정을 하게 되는데, 이번 주제로 선정된 수학적 연결성은 2015 개정 수학과 교육과정에서 추구하는 미래사회의 민주시민이 갖추어야 할 핵심 역량과 관련이 큽니다. 수학과에서 길러주어야 할 여섯 개의 교과 역량 중 하나가 창의·융합이고, 이 중 융합과 관련하여 수학 내적 연결과 수학 외적 연결 및 융합이 하위 요소로 제시되었습니다. 사실 수학적 연결성이라는 용어 자체를 사용하지 않았어도 실제로는 수학적 연결성을 구현하고 있는 수학 교육 분야의 여러 주제들이 있기 때문에 결코 낯선 주제는 아닙니다. 융합 교육을 뜻하는 STEAM을 통해 우리는 타 교과와의 연계를 꾀함으로써 수학과 그 외 교과들의 교육적 시너지 효과를 의도하였습니다. 또한 수학적 모델링을 통해 우리는 실세계 문제를 포함한 수학 외적 문제를 수학적 렌즈를 통해 접근하여 수학적 도구로써 탐색하고 해석함으로써 수학의 활용을 만끽했습니다.

오늘날 수학교육 연구 및 실제에서 수학적 연결성의 중요성에 대해서는 이견이 없을 것으로 생각합니다. 20여 년 전 미국의 NCTM(1995)이 발간한 연보 'Connecting mathematics across the curriculum'에서는 이미 주제로 수학적 연결성이 채택된 바 있습니다. 그 책에서는 연결성 관련 일반 이슈와 수학 내적 연결성을 다루고 초·중·고 학교급별로 다양한 주제를 포함하고 있습니다. 그러나 교육 상황이 상이한 국내에서는 이 주제를 본격적으로 다룬 적이 없고, 따라서 수학적 연결성에 대해 수학 교육 전문가들의 견해와 연구 결과를 담은 이 책은 국내의 연구자들이나 현장 교사 및 예비 교사들에게 수학 교수·학습의 개선을 위해 생각할 거리를 제공할 수 있을 것으로 기대됩니다.

수학적 연결성을 주제로 한 이 책은 수학적 연결성과 관련한 수학 교육 내의 총괄적 이슈들을 개관하는 제1부를 기점으로 초·중·고를 각각 제2, 3, 4부에서 다룸으로써 학교급별 구체적 사례를 중심으로 구성하였습니다. 하나의 과정 규준일지라도 그와 관련하여 구체적으로 다루어지는 내용과 방법은 학교급에 따라 달라지는 것이 자연스럽기 때문입니다.

다만 이와 같이 공통적이면서도 다르게 나타날 수 있는 여러 가지 학교급별 특징을 거슬리지 않는 화음으로 소화해내기 위한 조화를 추구하였습니다. 제2, 3, 4부에 포함된 넷 또는 다섯 개의 장을 공통의 주제로 제시하여 저자들을 공모에 의해 초대하였습니다. 다섯 개의 주제는 수학 내적 연결성, 수학과 타 교과간의 연결성, 수학과 실생활 간의 연결성인 수학적 모델링, 수학적 연결성의 구현을 위한 교수·학습 실제, 수학적 연결성의 관점에서 수학 교과서 분석 또는 개발입니다.

각 부는 넷 또는 다섯 개의 장으로 구성되며, 네 명의 편집자가 각 부의 도입부를 무게감 있게 별도로 작성함으로써, 수학교육 전반 및 각 학교급별 수학적 연결성의 특성을 드러내고 각 부에 포함된 장의 내용을 요약, 소개하여 독자의 이해에 도움이 되고자 하였습니다.

2015년 여름, 주제 선정에 이어 집필자 공모 이후 수학적 연결성에 관심을 두고 연구해 오신 수학교육계의 전문가들을 이 책의 저자로 모시게 되어 든든하였고 감사하였습니다. 또한 원고의 편집에서 교정까지 꼼꼼한 진행을 담당해주신 경문사 편집부 여러분께 진심으로 감사의 말씀을 드립니다.

해마다 수학교육의 가장 중요한 이슈 중 하나를 선정하여 많은 이들의 수고에 의해 완성된 앞선 연보들의 이름에 누가 되지 않도록 하기 위해 주제 선정에서부터 적잖은 고민 끝에 나온 결실임에도 불구하고 여전히 아쉬움이 남게 됩니다. 그러나 수학적 연결성과 관련한 단행본으로서 이보다 더 풍부한 내용을 담고 있는 책은 국내에서 찾아볼 수 없다는 자신감을 갖고 이 책이 수학적 연결성에 대해 지적 호기심을 지닌 많은 수학교육 연구자들에게, 그리고 수학적 연결성에 기초한 교수·학습·평가가 구체적으로 어떻게 시행되어야 하는지에 관심 있는 여러 현장 교사와 예비 교사에게 의미 있는 안내서가 되기를 기대해봅니다.

2016년 9월 편집위원 장혜원, 류성림, 김남희, 이동환

# 차례

## I 수학교육과 수학적 연결성

차례

# II 초등학교 수학에서의 수학적 연결성

차례

# III 중학교 수학에서의 수학적 연결성

차례

# IV 고등학교 수학에서의 수학적 연결성

# I

# 수학교육과
# 수학적 연결성

# 1장
# 수학교육과 수학적 연결성

장 혜 원 (서울교육대학교)

수학에서 가장 매력 있는 특성 중 하나는 전혀 다른 분야의
개념과 결과들이 서로 아귀가 꼭 맞게 맞물린다는 것이다.
- Whitehead -

연결이라는 행위는 두 개 이상의 대상을 필요로 한다. 무엇과 다른 무엇(들)을 연결해야 하기 때문이다. 그러면 수학적 연결성의 대상은 무엇인가? '수학적'이라는 한정사를 충족시키려면 둘 이상의 대상 중 적어도 하나가 수학이어야 한다. 학교수학에서의 수학적 연결성에 대해 고찰하는 이 책의 제1부는 수학교육과 수학적 연결성이라는 일반적인 논지들을 다룬다. 이에 앞서 제1부의 도입부인 본 장에서는 국내·외 교육과정에서 다루어지는 수학적 연결성 및 수학적 연결성의 유형에 대해 개관한다. 또한 학교수학에서 수학적 연결성의 구현을 예시하기 위해 수학적 모델링과 관련한 초·중·고 세 학교급별 수업 사례를 인용하여 제시한다. 학교급에 따라 학교수학에서 수학적 연결성이 구현되는 특성이 달라짐을 파악할 수 있다. 마지막으로 제1부에서 이어지는 네 개의 장에 대해 소개한다.

수학교육에서 수학적 연결성은 많은 연구의 주제가 되어 왔고, 특히 교육 실제와 관련하여 여러 나라의 수학과 교육과정에서 교육 목표 및 과정적 요소로서, 심지어 내용 영역으로서 다루어져 왔음을 확인할 수 있다.

예를 들어, 외국의 수학과 교육과정에서 수학적 연결성에 접근하는 다양한 사례를 교육부(2014)에 근거하여 〈표 1〉과 같이 정리해볼 수 있다.

〈표 1〉 수학적 연결성을 다루는 외국의 수학과 교육과정 사례

| 국가 | 학교급 | 특성 |
|---|---|---|
| 대만 | 초·중학교 | 내용 영역의 하나로 '연결' 영역을 설정하고, 하위 5개 주제인 발견, 전환, 문제 해결, 소통, 분석별 성취기준 제시 |
| | 일반고등학교 | 수학적 핵심역량 중 연결 능력: "수학 내부지식을 조정하여 일치시키고 구체적 범위를 연결할 수 있다." |
| 중국 | 총괄목표 | 수학과 다른 학문, 수학과 생활 사이의 연결성 |
| 싱가포르 | 중학교 | 수학의 활용을 통해 수학과 다른 분야 사이, 수학 자체의 아이디어 연결 |
| 일본 | 소학교 | 주변의 관련 사례를 찾거나 이용하는 활동 다수 포함 |
| | 중학교 | 일상생활 또는 사회에서 수학을 이용하는 활동 |

한편 우리나라 2015 개정 수학과 교육과정에서는 수학 교과 역량의 6개 요소 중 하나로 '창의·융합 능력'을 선정하였고, 한국과학창의재단(2015)에서는 융합의 의미를 '여러 수학적 지식, 기능, 경험을 연결하거나 수학과 타 교과나 실생활의 지식, 기능, 경험을 연결·융합하여 새로운 지식, 기능, 경험을 생성하고 문제를 해결하는 능력'이라고 설명하였다. 곧 융합의 정의에 수학 자체의 연결, 수학과 타 교과의 연결, 수학과 실생활의 연결이 모두 언급되고 있고, 융합의 하위 요소로서 수학 내적 연결, 수학 외적 연결 및 융합[1)]을 명시적으로 제시하고 있다. 이로부터 2015 개정 교육과정에서의 수학 교과 역량 중 융합이 바로 수학적 연결성에 직결된다는 것이 확인되는 바이다.

이와 같이 수학 교육 실제에서 교수·학습과 관련하여 연결성에 주목하게 된 것은 시대적 변화와도 무관하지 않다. 원하기만 하면 검색 몇 번으로 전공자만큼의 지식을 얻을 수 있는 정보화 사회에서 학교 교육이 담당해야 하는 것은 교과 내용 이상이어야 한다는 의식이 만연해 있으며, 이는 내용적 지식 이상의 과정적 지식에 대한 강조로 이어져 곧 오늘날 핵심 역량이라 불리는 능력 신장에 초점이 맞추어지는 경향이 있다. 미래사회의 민주시민으로서의 역량을 갖춘다는 학교 교육의 목적하에 수학 교과를 통해 길러질 수 있는 학생 역량에는 수학적 안목을 갖추고 다른 분야의 문제를 해결할 수 있는 능력이 포함된

1) 교과 역량인 '창의·융합'의 하위 요소로 '융합'이 포함되어 있다는 점에서 두 가지 융합의 의미는 유사하지만 위계상 구분될 필요가 있다. 전자는 수학적 연결성 전체를 포괄하는 수학 내·외의 연결성을 의미하는 반면, 후자는 좀 더 좁은 의미에서 수학 외적 연결성과 관련하여 타 교과와의 연결성을 강조한 STEAM과 같은 의미의 융합교육에 국한시켜 생각할 수 있다.

다. 이에 수학적 연결성에 대한 관심과 강조는 수학과 실생활 및 타 학문과의 연결을 통해 수학적 문제 해결의 역량을 타 분야의 문제 해결 능력에까지 확산시키는 역량에 대한 기대에서 비롯된다.

수학적 연결성은 핵심 역량뿐만 아니라 학생들에게 유의미한 학습 맥락을 제공한다는 교수학적 도구의 역할, 또는 수학의 역사상 수학적 개념의 출현을 가능하게 했던 실생활 맥락에서의 필요성, 또는 실세계나 타 학문에서 수학을 통해 해석되고 구현되는 다양한 맥락에 기초한 수학적 모델링 등 다각적 측면에서 주목되고 있다. 이에 따라 수학적 연결성은 수학 교수·학습에 있어 부수적인 요소가 아니라 매우 본질적인 위상까지 확보하는 경향이 있음에 주목할 필요가 있다. 예컨대 〈표 1〉에서 수학교육의 목표 진술이나 내용 영역에서 발견되는 연결성은 그 사례라 할 수 있다.

수학교육에서 연결성이 수학교육의 연구 주제로 명시적으로 주목된 것(적어도 우리나라에서는)은 NCTM(1989)에서 과정 규준으로 수학적 연결성이 포함되면서부터라고 할 수 있다. 구체적으로, 수학적 과정 규준인 문제해결, 추론과 증명, 연결성, 표현, 의사소통 중 하나인 연결성과 관련하여 강조되어야 할 사항으로 다음의 세 가지가 언급된다.

- 수학과 다른 교과, 수학과 교실 밖 세상을 연결하기
- 수학 내 여러 주제를 연결하기
- 수학적 적용하기(NCTM, 1989, p.70)

이는 다음으로 발표된 NCTM(2000)에서도 과정 규준으로 이어진다.

- 수학적 아이디어 사이의 연결성을 인식하고 사용하기
- 일관된 전체를 산출하기 위해 수학적 아이디어가 다른 아이디어와 어떻게 상호 연결되고 다른 아이디어를 기반으로 어떻게 구성되는지 이해하기
- 수학 외적 맥락에서 수학을 인식하고 적용하기(NCTM, 2000, p.132)

이후 CCSSI(2010)에서는 수학적 연결성의 한 유형이라 할 수 있는 '수학적 모델링'이 8개 수학적 실천 중 한 위상을 차지하게 된다. 이와 같이 수학적 연결성으로부터 수학적 모델링으로의 변형에 대해 Koestler et al.(2013)은 문제 해결 및 연결성을 토대로 한 것이라고 하였고, 장혜원(2012)은 연결성 및 표현과 연결 지어 설명하였다. 양쪽에서 공통

인 과정 규준이 연결성이라는 점은 수학적 모델링이 수학적 연결성의 대표적인 경우로 간주될 수 있음을 뒷받침한다.

한편 싱가포르 수학과 교육과정은 틀로서 오각형 모형을 제시하는데, 그 다섯 개 축 중 하나가 과정 요소(processes)이고, 그 안에 연결성이 포함되어 있다. 이 요소와 관련하여 구체적으로 다음과 같은 설명이 제시된다.

> 연결성은 수학 개념들, 수학과 타 교과, 수학과 일상생활과의 연계를 보고 연계지을 수 있는 능력을 말한다. 이는 학생이 수학에서 무엇을 배우고 있는지 이해하는 것을 돕는다. (Ministry of Education, 2006, p.6)

이상의 문서들에서 공통적으로 추출되는 바가 있고, 이는 본 장의 맨 앞에서 제기한 연결의 대상을 확인할 수 있게 한다. 한 가지가 수학임은 이미 언급하였고, 수학과 연결되어야 하는 또 다른 것은 수학 내의 다른 주제들, 타 교과, 실생활이다.

곧 수학적 연결성은 수학 교과 내 연결, 수학과 타 교과와의 연결, 수학과 실생활의 연결, 이 세 가지로 분류되며([그림 1]), 수학 교과 내 개념 또는 다른 지식 유형 간의 연결을 수학 내적 연결성, 후자의 두 가지를 수학 외적 연결성이라 칭하는 것이다.

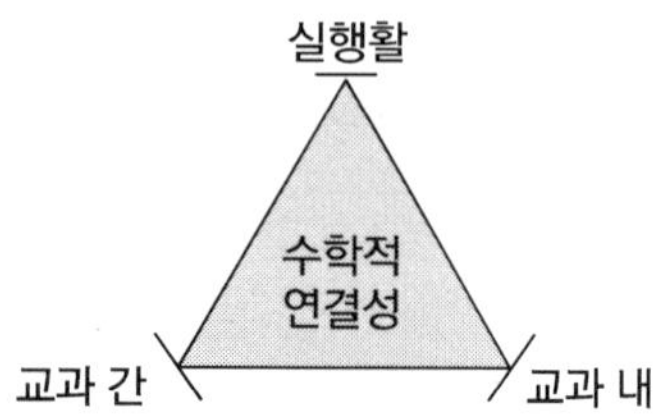


**[그림 1]** 수학적 연결성의 유형

이는 NCTM(1989)에서 학년군별로 제시한 수학적 연결성 규준의 구체적인 성취 기준에도 잘 드러난다(〈표 2〉). 〈표 2〉에 제시한 바와 같이 세 가지 유형의 수학적 연결성이 모두 이용되며, 모든 학년군에서 특히 수학 내적 연결성이 강조되는 것으로 확인된다. 수학 내적 연결성은 지식 유형, 표현(형식), 내용(주제) 관련성의 세 가지로 구별되며, 초등학교에서 지식 유형, 표현, 내용 관련성이 두루 다루어지는 것에 반해 중·고등학교에서는 특히 다양한 표현 간의 동치성에 대한 인식과 그 번역 활동을 강조하고 있다.

수학을 다른 교과의 학습을 위한 도구 교과(service subject)로 보는 관점(Howson et al., 1988)은 교과 간 연결성의 대표적인 입장이며, 오늘날 융합시대에 교육적 관심이 집중되고 있는 STEAM 교육(한국과학창의재단, 2013) 역시 같은 맥락에 있다. 또한 교육과정을 포괄하는 수학(mathematics across the curriculum: Kleiman, 1991) 역시 타 교과의 내용 영역에서 읽기와 쓰기를 지도하는 것과 같이 범교과적 활동을 통해 수학을 지도하는 방안에 대한 관심이라는 점에서 교과 간 연결성에 해당한다. 한편 Coxford (1995)

가 교사가 학생들에게 경험시킬 수 있는 수학적 연결성으로 제시한 개념적 지식과 절차적 지식 간의 연결, 수학적 주제 사이의 연결, 같은 개념의 동치 표현 사이의 연결은 수학 내적 연결성에 해당한다. 이에 대한 교수 사례를 효과적인 정보 처리를 위해 관계망의 형성을 중시하는 정보처리이론의 관점에서 찾아볼 수 있다. 역연산, 동수누가, 동수누감 등의 관계를 이용하여 자연수의 사칙계산을 각각 고립시키지 않고 관련지어 다루는 다중 연결이나 받아내림이 있는 자연수의 뺄셈 알고리즘을 학습하면서 자릿값에 대한 개념적 이해를 강화하는 것과 같은 절차적 지식과 개념적 지식 간의 연결성이다(Resnick & Ford, 1981). 이와 관련한 사례가 이 책에서 각 학교급별로 다루어질 것을 기대할 만하다.

**〈표 2〉 학년군별 수학적 연결성(NCTM, 1989)의 유형**

| 학년군 | 수학적 연결성 규준 | 유형 |
|---|---|---|
| K-4 | • 개념적 지식과 절차적 지식을 연결할 수 있다.<br>• 개념과 절차의 다양한 표현을 상호 관련지을 수 있다.<br>• 수학에서 여러 주제 간의 관계를 인식할 수 있다.<br>• 수학을 타 교육과정 영역에 이용할 수 있다.<br>• 수학을 일상생활에서 이용할 수 있다. | -수학 내<br>-수학 내<br>-수학 내<br>-타 교과<br>-실생활 |
| 5-8 | • 수학을 통합된 전체로 볼 수 있다.<br>• 문제를 탐구하고, 그래픽, 수치적, 물리적, 대수적, 언어적 수학 모델이나 표현을 이용하여 결과를 묘사할 수 있다.<br>• 다른 수학적 아이디어에 대한 깊은 이해를 위해 수학적 아이디어를 이용할 수 있다.<br>• 미술, 음악, 심리, 과학, 경제와 같은 다른 학과에서 발생하는 문제를 해결하기 위해 수학적 사고와 모델링을 적용할 수 있다.<br>• 우리 문화와 사회에서 수학의 역할을 인식한다. | -수학 내<br>-수학 내<br>-수학 내<br>-타 교과<br>-실생활 |
| 9-12 | • 동일 개념의 동치 표현을 인식할 수 있다.<br>• 한 표현에서 절차를 다른 동치 표현에서의 절차와 관련지을 수 있다.<br>• 수학적 주제 간의 연결성을 이용하고 가치를 안다.<br>• 수학과 다른 학과 사이의 연결성을 이용하고 가치를 안다. | -수학 내<br>-수학 내<br>-수학 내<br>-타 교과 |

나머지 한 유형인 실생활과 수학의 연결성은 현실주의 수학교육에서 구현한 교과서인 *Mathematics in Context*가 구체적인 사례가 될 것이다. 본 장에서는 실세계와 수학의 연결성 측면에서 CCSSI(2010)에서 수학적 연결성에 대응하는 실천 규준인 수학적 모델링에 관한 수업 사례를 고찰할 것이다. 현실 맥락에서 출발하는 수학, 실세계와 밀접히 관

련된 수학을 지향하는 오늘날의 수학교육에서 수학적 모델링은 중요한 위상을 차지한다. 수학적 모델링은 실제 상황에서 규명된 양 사이의 관계를 여러 가지 표현을 써서 나타내고 그 관계를 수학적으로 분석하여 결론을 이끈 다음, 그 수학적 결과를 상황의 맥락에서 다시 해석하여 의미 있는지 검토하는 것을 전제로 하므로 수학과 실세계와의 연결이 필연적이다(장혜원, 2012). 수학적 모델링을 위해서는 학생이 실생활, 사회, 학교에서 발생하는 문제를 해결하기 위해 자신이 알고 있는 수학을 문제 상황에 적용할 수 있어야 하므로 NCTM(1989, 2000)에서 연결성과 관련하여 강조되고 있는 셋째 요소인 수학적 적용도 충족시킨다.

CCSSI(2010)에서는 수학적 모델링의 구체적 사례를 설명하면서, 초등학교 수준에서는 상황을 묘사하기 위해 덧셈식을 쓰는 것과 같이 단순한 것, 중학교에서는 학교 행사를 계획하거나 공동체에서의 문제를 분석하기 위해 비례 추론을 적용하는 것, 고등학교에서는 디자인 문제를 해결하기 위해 기하를 이용하거나 이자가 다른 요인에 의해 어떻게 좌우되는지 설명하기 위해 함수를 이용하는 것을 예시하였다.

이제부터 고찰할 수업 사례는 Koestler et al.(2013)에 소개된 것이다. CCSSI(2010)에서 예시했듯이 학교급마다 드러나는 수학적 모델링의 구체적인 적용 특성에 차이가 있기 때문에 초·중·고 세 학교급의 수업을 하나씩 고찰하고자 한다.

초등학교에서의 수업 사례는 CGI 수업(Cognitively Guided Instruction)이다. 교사가 제시하는 문제 "3개의 장남감이 있었는데, 친구가 몇 개를 주어서 7개가 되었다. 친구는 내게 몇 개를 준 것일까?"에 대해 교사의 지도 없이 학생 스스로 해결 전략을 찾아 설명하도록 하는 수업이다. 초점은 교사의 교수 의도에 따른 일방적인 지도가 아니라 학생이 알고 있는 지식 및 전략으로부터 출발한다는 점에 있다. 학생들이 보인 전략은 다음과 같은 세 가지로 범주화된다.

- **직접 모델링**: 3개의 블록을 하나씩 옮기면서 세어간다. 이와 별도의 새로운 더미를 만들면서 4, 5, 6, 7까지 계속 세어간다. 7에서 멈추고 새로 만들어진 더미의 블록을 센다.
- **세기**: "3 (쉬고) 4, 5, 6, 7"이라고 말하면서 4부터 손가락을 하나씩 편다. 손가락을 보고 4라고 답한다.
- **수 구구의 변형**: 3 더하기 3이 6이에요. 7이 되려면 하나가 더 필요하니까 4예요.

학생들이 서로 자신의 사고를 공유한 다음, 교사는 칠판에 3 + □ = 7이라는 수식을 쓰고 이 식이 학생들이 공유한 전략에 적합한 것인지 질문한다.

이 예를 CGI 수업 사례라고 한 이유는 교사가 제공한 문제가 교사의 관점에서는 뺄셈 문장제로 해석되기 쉽지만 학생들은 모두 덧셈을 이용하여 이 문제에 접근했다는 것 때문이다. 이 수업 사례는 맥락화된 문제에 대한 모델링을 통해 수학적 개념이 어떻게 학습되는지 보여주며, 마지막 활동은 교사가 수학적 기호를 도입하는 한 가지 방법을 예시한다.

중학교의 수업 사례는 열린 문제인 퀼트 디자인 문제를 활용한 수업이다. 교사가 학생에게 [그림 2]와 같은 한 변의 길이가 주어진 정사각형 모양의 퀼트 디자인을 제공한 다음, 실제 크기가 주어질 때 이로부터 크기와 모양이 적합하게 모든 조각이 만들어질 수 있도록 퀼트 수공업자에게 편지를 쓰는 것이 과제이다. 또한 자신의 만드는 방법에 따라 직접 작도를 해보는 것이다. 이 수업은 수학적 모델링을 통해 수학의 개념적 이해를 발달시킬 뿐만 아니라, 학생들에게 수학적 결과를 상황 맥락에 따라 해석하고 결과가 의미 있는지 숙고하여 어긋날 경우 모델을 개선해보게 하는 일반적인 효과가 있는 것으로 설명된다. 이와 같은 모델링 활동을 통해 디자인이 꼭 맞아떨어지는 실제 문양을 도안한다는 과제 목적을 달성할 뿐만 아니라 그 밖의 수학 학습이 발생하게 된다. 학생들은 과제 수행을 위해 활동해 나가면서 조각 도형 간의 관계나 부분-전체 관계 등을 정사각형의 대칭에 근거하여 찾는 등 퀼트 디자인이 상호 관련되는 여러 가지 방식을 찾아내도록 격려되고 기대되는 것이다.

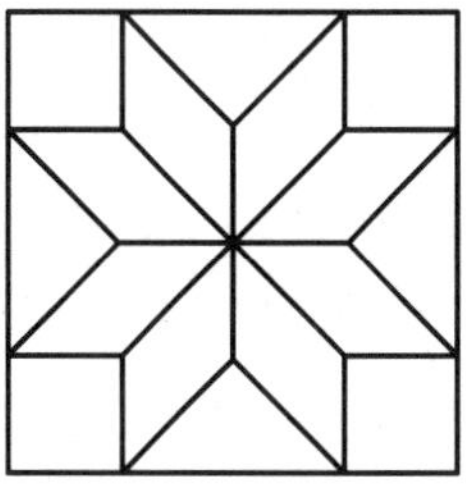

**[그림 2]**
퀼트디자인(Koestler et al., 2013, p.51)

마지막으로 고등학교의 수업 사례는 로스앤젤레스라는 특정 지역에서 이용 가능했던 사회문제를 분석하기 위해 수학을 이용한 경우이다. 인종차별 문제로 비화된 1992년의 로드니킹 사건에 대해 알고 있는 바를 간략히 공유한 다음 교사가 학생들에게 과제를 제시하였다. **로부터 반경 3마일 내에 영화관, 주류 판매점, 주민센터가 몇 개 있는지 조사하는 과제다. 평균적으로 몇 블록이 있는지 등을 생각하여 어림할 수 있지만, 썩 괜찮은 어림을 얻으려면 결국 수학을 이용해야 가능하다는 것을 경험시킨 수업이다. 이 수업 사례의 가장 큰 특징은 수학적 모델링의 대상이 누구나가 관심 있어 했고 관심 있어 할 만한 사회적 이슈였다는 점이다. 이는 정치, 사회, 윤리 등의 교과와 밀접하게 관련지어 보다 심화된 학습으로 이어질 가능성이 농후하고, 이때 수학의 역할을 경험할 기회를 갖게 된다는 이점이 있다. 또한 과제 수행 초반에 학생들이 보였던 어려움은 실세계 상황과 동떨어진 탈맥락화된 공식 학습은 실세계 상황을 이해하는 데 크게 소용되지 못한다는 점을 보여주었고, 그때 수학을 실생활 맥락에 연결 지을 필요를 학급에 환기시킴으로써 학생들을 돕는 교사의 역할이 중요함을 예시해주었다. 실제로 고등학생은 정신적, 사회적으로 성장하여 사회 시사 문제에 대한 관심이 충분하다. 이에 대한 올바른 이해와 해석을 하고 합리적 판단을 위해서 수학과의 연결은 중대한 의미를 지니게 된다.

이상의 사례에서 보듯이 각 수업이 수학적 연결성이라는 큰 주제하에서 논의 가능한 수업 사례이지만 학교급에 따라 그 범위와 내용의 특성이 다르게 느껴진다. 수학적 연결성의 유형에 있어서도 학교급에 따라 보다 선호되는 것이 있을 수 있다. 이에 이 책에서 수학적 연결성을 학교급별로 구체화해나가는 것은 수학교육 이론과 실제의 양 측면에서 모두 유익할 것으로 기대된다.

학교급별 수학적 연결성의 구체적인 맥락으로 들어가기에 앞서 제1부에서는 본 장인 도입부에 이어 수학교육에서의 수학적 연결성이라는 큰 주제를 네 명의 저자들이 4개의 글로 풀어나갔다. 이 네 편의 장별 내용을 간단히 소개하고자 한다.

제2장 '수학교육에서 수학적 연결성이 왜 중요한가?'에서는 수학교육에서 수학적 연결성의 중요성을 다룬다. 수학 교과 자체를 교육과 닮은 특성의 것으로 간주하였다. 이홍우의 《교육의 목적과 난점》을 인용하여 학문의 실용적 목적의 관점에서 수학 교과를 다른 교과와 다른 특성을 지닌 것으로부터 시작하여 수학적 연결성의 문제를 다루었다. 즉 수학의 실용적 목적은 실생활과의 연결성뿐만 아니라 타 학문을 위한 기초 학문으로서의 연결성, 수학 교과 내의 영역 및 개념 간 연결성에 의해 정당화되는 것으로 주장된다.

제3장 '연결성을 위한 예비수학교사 교육: 프로젝트기반 기하 활동'은 수학의 역사에서 수학적 연결성이 자연스러운 현상임을 지적하면서 개별적 완성체로서의 수학을 수용하는 학생들이 수학의 발달 과정에 참여하는 경험의 필요성에서 출발한다. 이를 위해 학교 수학 이전에 학생들을 지도할 교사의 수학적 연결성에 대한 경험을 강조하고, 따라서 예비교사 교육에서 그와 같은 학습 경험이 필수적임을 중등 예비교사의 프로젝트 수업 사례를 통해 제시한다. 원기둥의 타원 단면과 관련한 기하 프로젝트를 통해 예비교사들은 현실적인 진정한 의미의 문제를 탐구하면서 수학적 개념 및 원리를 접하고 다양한 측면의 수학

적 연결성을 경험하였음을 보여준다. 이때 기술공학의 도구적 역할 역시 간과할 수 없는 부분이다.

제4장 '수학적 연결성에 관한 국내 연구 메타분석'은 수학적 연결성에 관한 국내 선행 연구 80편을 메타분석한 결과를 담고 있다. 분석은 국내에서 수학적 연결성과 관련하여 이루어진 연구 중 최근 10년 이내의 학위논문 32편과 학회지 논문 48편을 대상으로 하여 이루어졌다. 분석은 통계적 분석과 연구 내용 분석의 두 가지 차원에서 이루어졌다. 통계적 분석을 위해 학교급별, 수학적 연결성의 유형별, 연구 대상 및 방법별의 측면에서 분류하여 빈도수를 조사하였다. 연구 내용면에서는 수학 내적 연결성과 수학 외적 연결성으로 구분하여 분석 결과를 제시하였다. 요약컨대 국내 연결성 관련 연구는 수학 외적 연결성보다 수학 내적 연결성에 치중되며 초등학교보다 중·고등학교의 내용이 많다는 결론을 도출하며, 이에 기초하여 추후 수학적 연결성과 관련한 후속 연구 분야를 제언하였다. 메타분석의 특성상 67편의 다양한 참고문헌이 수록되어 있다.

제5장 '학교수학에서의 수학적 연결성 평가 방안'은 수학 교수·학습에서 중요성이 인정되는 수학적 연결성에 대해 평가의 측면에서 접근한다. 평가의 개선 방향 중 하나가 교수·학습과의 일치성이라는 점을 고려할 때 자연스럽고 바람직한 접근 방법이 될 수 있다. '수학적 연결성을 어떻게 평가할 것인가?'라는 질문에 대해 국제 학업성취도 평가의 하나인 PISA 문항에 대한 고찰을 토대로 답을 구하고 있다. 수학적 소양을 평가하기 위해 맥락, 수학적 내용, 수학적 과정에 따라 마련된 평가틀에 따라 개발된 평가 문항 예시와 그 특징을 제공해주고 있다. 나아가 이에 기초하여 수학적 연결성을 평가하기 위한 교수학적 시사점을 도출하였다.

이상과 같이 수학교육에서 수학적 연결성의 중요성에 대한 견해로부터 출발하여 교사교육에서의 수학적 연결성, 수학적 연결성에 관한 선행 연구 분석, 학교수학에서의 수학적 연결성 평가에 대한 저자들의 탐구는 수학적 연결성에 관한 일반적 이슈들로서 이후 각 학교급별 장들을 이해하는 데 유익하게 이용될 것으로 기대된다.

# 참고 문헌

교육부(2014). **문·이과 통합형 수학과 교육과정 재구조화 연구**.

한국과학창의재단(2015). **2015 개정 수학과 교육과정 시안 개발 연구 II**. 연구보고서 BD15120005.

장혜원(2012). 미국의 수학교육과정 규준 CCSSM의 수학적 실천에 대한 고찰. **수학교육학연구, 22**(4), 557-580.

한국과학창의재단(2013). 손에 잡히는 STEAM 교육. http://www.scienceall.com/steam/index.sca?todo=guide

Common Core State Standards Initiative(CCSSI, 2010). ***Common Core State Standards for Mathematics***(CCSSM). Washington, DC: National Governors Association Center for Best Practices and the Council of Chief State School Officers.

Coxford, A. F.(1995). The case of connections. In P. A. House & A. F. Coxford(Eds.), ***Connecting mathematics across the curriculum***. NCTM 1995 yearbook.

Howson, A. G., Kahane, J. P., Lauginie, P., & de Turckheim, E.(1988). ***Mathematics as a service subject***. Cambridge university press.

Kleiman, G. M.(1991). Mathematics across the curriculum. ***Educational leadership*** Oct.

Koestler, C., Felton, M. D., Bieda, K., & Otten, S.(2013). ***Connecting the NCTM process standards and the CCSSM practices***. Reston: NCTM.

Ministry of Education, Singapore(MES, 2006). ***Mathematics syllabuses - Primary.*** Singapore: Author.

National Council of Teachers of Mathematics(NCTM, 1989). ***Curriculum and evaluation standards for school mathematics***. Reston, VA: Author.

National Council of Teachers of Mathematics(NCTM, 2000). ***Principles and standards for school mathematics***. Reston, VA: Author.

Resnick, L.B. & Ford, W.W.(1981). ***The psychology of mathematics for instruction***. 구광조, 오병승, 전평국 역. **수학 학습 심리학**. 교우사.

# 2장
# 수학교육에서 수학적 연결성이 왜 중요한가?

강 완 (서울교육대학교)

수학이라는 교과는 하늘에서 뚝 떨어진 것이 아니다. 그런데 그렇게 보인다. 적어도 수학이라는 교과를 배우는 학생들 대부분의 눈에는 그렇게 보일 것이다. 아니, 수학을 가르치는 교사들은 많은 학생들이 수학이라는 교과가 하늘에서 뚝 떨어진 교과로 보일까 봐 걱정을 하고 있다고 하는 표현이 맞을지도 모르겠다. 학교의 교과 공부에 별 흥미가 없는 많은 학생들이야 어느 교과인들 하늘에서 뚝 떨어진 교과라고 생각할 테니까 말이다.

수학 교사들은 왜 그런 걱정을 하는 것일까? 교육 때문이다. 가르쳐야 할 의무가 아니라면 학생들이 수학이라는 교과를 어떻게 받아들이든 큰 걱정이 없다. 학생들이 수학을 취미로 여겨 공부하든, 직업의 필수 전제 조건으로 여겨 공부를 하든, 또는 아무 의식 없이 하늘에서 떨어진 과제로 여겨 수동적으로 받아들이든 간에 그냥 공부하게 내버려두면 된다. 굳이 가르쳐줄 의무가 없으니 말이다. 그러나 그러면 교사는 왜 존재해야 하는가? 가르치는 행위가 있어야 교육이 이루어진다. 여기서 말하는 교육이란 보다 적극적이고 신중한 의미 해석이 필요하다. 단순히 지식을 알려주는 행위를 포함해서 왜, 어떻게 등의 질문에 대한 대답을 포함하는 행위이기 때문이다.

물론 교사도 교사 나름일 것이다. 하늘에서 뚝 떨어진 수학 교과를 가르치는 교사도 제법 많이 있을 것이다. 그들은 도무지 수학이 왜, 어떻게 생겨난 교과인지를 고민할 필요를 느끼지 않는다. 그러나 조금만 더 성의를 가지고 수학 수업에 임하려고 하면, 수학을 왜 가르쳐야 하는지, 어떻게 가르쳐야 하는지 고민하지 않을 수 없다. 나아가 수학이라는 교과 이전에 학교는 왜 필요하며, 교육이 왜 필요한지에까지 의문의 영역이 미치는 경우도 있을 것이다.

이홍우(1984)는 그의 여러 강연을 모은 저서 《교육의 목적과 난점》에서 다음과 같은 〈옛날이야기〉를 던져 교육의 중요성에 대한 화두를 삼았다.

> 저는 이제 이야기 하나를 하겠습니다. 아득히 먼 옛날에 — 하고 나오는 것을 보면 분명히 이것은 옛날이야기입니다. 아득히 먼 옛날에 하늘에 상제(上帝)가 있었습니다. 이 상제가 인간을 창조한 뒤에 그 인간에게 인간백사(人間百事)를 가르쳐 주려고 하였습니다. 상제는 백 명의 하제(下帝)를 거느리고 있었습니다. 이 백 명의 하제를 불러서, 상제는 인간 백사를 하나씩 맡기면서 인간에게 그것을 가르쳐 주고 오라고 명령하였습니다. 백 명의 하제는 인간 세계에 내려와서 각각 맡은 일을 인간에게 설명해 주기 시작했습니다. 대장장이 일을 맡은 하제는 낫이나 호미 등, 여러 가지 연장을 만들어 풀 베고 김매는 법을 가르쳐 주었습니다. 고기잡이 일을 맡은 하제는 그물을 떠서 고기를 잡는 법을 가르쳐 주었습니다. 백 명의 하제 중에는 교육을 맡은 하제도 있었습니다. 그런데, 다른 모든 하제들과는 달리, 이 교육을 맡은 하제는 인간세계에 내려가자마자 일을 시작하기도 전에 상제에게 되돌아왔습니다. 이 하제가 하는 말인즉, 대장장이 일이나 고기잡이 일의 경우에는, 인간이 그 일을 해 보기 전에도 그것이 어디에 쓰이며 그것이 없으면 어떤 불편이 생기는지를 쉽게 설명할 수 있었고 인간은 곧 그 설명을 알아들었다는 것이었습니다. 그런데, 교육의 경우에는, 교육을 아직 받아본 일이 없는 인간들에게 교육의 의미와 중요성을 설명하기가 전혀 불가능하다는 것이었습니다. 그래서 교육을 맡은 하제는 일을 시작하기도 전에 상제에게 되돌아온 것입니다. 상제는 생각을 해 보았습니다 — 과연 그렇겠다, 나는 미처 거기까지는 생각을 못 했구나 — 상제는 이렇게 생각했습니다. 교육을 맡은 하제가 곧 되돌아온 것은 순전히 상제 자신의 실수 때문이었습니다.
>
> (중략)
>
> 무슨 좋은 방법이 없을까? 여러 가지로 궁리하던 끝에 상제는 교육을 맡은 하제에게 다음과 같이 명령하였습니다. — "다시 가서, 나 상제의 말이라고 하고 인

> 간에게 전하라. 교육을 받지 않은 어떤 개인도 사회적 지위를 누리지 못할 것이며, 교육을 받지 않은 어떤 집단도 물질적 번영을 누리지 못할 것이다." 이 명령을 받고 다시 인간 세계에 내려간 하제는 무사히 임무를 수행하고 돌아왔습니다. 개인의 사회적 지위와 집단의 물질적 번영, 더 간단하게 말하여, 돈과 권력으로 교육의 중요성을 설명하니까, 인간은 곧 교육의 중요성을 납득하였던 것입니다. 그리하여 인간은 그 후 오늘날까지 열심히 교육을 하고 또 받아왔습니다. 이것이 이야기의 끝입니다. (이홍우, 1984, pp.33-35)

이야기 속 상제의 궁여지책은 결국 돈과 권력이었다. 그러나 이것은 상제의 어쩔 수 없는 거짓말이자 치명적 실수였다(이홍우, 1984, p.37). 상제가 어쩔 수 없이 거짓말을 한 원인은 교육은 나를 둘러싼 삶의 현상을 이해하도록 하는 것인데, 그러한 이해가 내게 도움이 되는지는 교육을 받아본 이후에야 알 수 있는 일이기 때문이었다. 즉 현상을 보면서 사는 것이 가치 있는 삶이라는 것은 현상을 보기 전에 알 수 있는 것이 아니라 현상을 보고 난 뒤에야 비로소 알 수 있다는 것이다.

이홍우(1984)는 이야기를 여기서 끝내지 않고 교육을 실천하는 대표적인 집단인 교사 집단에 대한 처우에 대하여 관심을 드러내면서 다음과 같은 이야기를 이어나갔다.

> 아득히 먼 옛날에 — 하고 나오는 것을 보면 역시 옛날이야기입니다. 아득히 먼 옛날에, 하늘의 상제가 인간을 창조한 뒤에 인간이 각각 생계를 유지할 수 있도록 직업을 나누어 주려고 하였습니다. 상제는 백 명의 하제를 불러서, 하나씩 직업을 배당하면서, 인간 세계로 내려가서 그 직업을 가르쳐 주라고 명령하였습니다. 그 백 명의 하제 중에는 농부 일을 맡은 하제도 있었고, 어부 일을 맡은 하제도 있었습니다. 또, 그중에는 의사 일을 맡은 하제, 변호사 일을 맡은 하제, 실업가 일을 맡은 하제, 심지어 정치가 일을 맡은 하제까지 있었습니다. 상제가 아흔아홉째 하제에게 직업을 배당해 주고 나니까, 이것이 어찌된 일입니까? 상제에게는 직업이 하나도 남아 있지 않았습니다. 이제 백 번째 하제가 직업을 배당받으려고 기다리고 있지만, 상제는 더 배당할 직업이 없었습니다. 생각다 못하여 상제는 그 백 번째 하제에게 이렇게 말했습니다. — "자네에게는 더 배당할 직업이 없네. 할 수 없으니, 내려가서 다른 하제들 하는 일을 구경이나 하게. 그러고 나서는 자네 마음대로 무엇이든지 할 만 한 일이 있으면 하게." 이것이 상제의 말이었습니다.

백 번째 하제가 세상에 내려와 보니, 과연 가관(可觀)이었습니다. 아흔아홉 명의 하제는 각각 무리를 거느리고 열심히 직업을 가르치고 있었습니다. 하제들은 직업에 필요한 기술만 가르치는 것이 아니라, 그 기술로 생계를 버는 방법도 가르치고 있었습니다. 백 번째 하제는 이것을 구경하다가, 달리 할 일이 없어서 이따금 질문을 하였습니다. 이를테면 농부들에게는 '비는 어째서 옵니까', '왜 여름에는 덥고 겨울에는 춥습니까' 하고 물어 보았습니다. 다른 직업에 종사하는 사람들에게도 각각 관련된 질문을 하였습니다. 물론, 질문 중에는 직업에 관계없이 누구에게나 해당되는 것들도 있었습니다. '삶의 의미는 무엇입니까', '어떻게 사는 것이 올바르게 사는 것입니까' 하는 질문이 그런 것이었습니다. 얼마간 이런 식으로 질문을 하다가 보니까, 놀랍게도 백 번째 하제에게도 무리가 따르고 있었습니다. 이 무리들도 백 번째 하제와 마찬가지로 아무 일도 하지 않으면서 질문을 하고 다니는 것이었습니다.

이윽고 하제들이 일을 끝내고 상제에게 보고를 하러 하늘나라에 올라갈 때가 되었습니다. 하제들은 인간이 모두 생계의 수단을 가지게 되었다는 것을 알고 흡족해하였습니다. 오직 백 번째 하제만은 그렇지 않았습니다. 이 하제는 그 무리에게 아무런 생계의 수단도 가르쳐준 것이 없었습니다. 이 하제는 그 무리의 생존에 큰 책임을 느꼈습니다. 그리하여 하늘로 올라가기 전에, 아흔아홉 동료에게 자기 무리의 생계를 위하여 무슨 조치든지 취해 달라고 부탁하였습니다. 결국, 백 번째 하제와 아흔아홉 명의 다른 하제들 사이에 합의가 이루어졌습니다. 즉, 백 번째 하제의 무리가 '질문하는 일'을 계속한다는 조건으로, 아흔아홉 하제의 무리들이 각각 수입의 얼마씩을 걷어서 백 번째 하제의 무리로 하여금 생계를 이어갈 수 있도록 한다는 것이었습니다.

하제들의 보고를 들은 상제는 대단히 기뻐했습니다. 그중에서도 백 번째 하제가 한 일, 그리고 다른 아흔아홉 하제들이 백 번째 하제의 무리를 위하여 취해준 조치에 대해서는 특히 기뻐했습니다. 상제가 보기에, 그 백 번째 하제의 무리는 상제 자신의 진정한 아들딸이었습니다. 그 무리는 자기 자신의 생계도 돌보지 않고 상제가 인간을 창조했을 때 의도했던 인간의 참 모습을 실현하고 있었던 것입니다. 상제가 그 무리의 복지에 특히 관심을 가진 것은 전혀 이상한 일이 아닙니다. 그러니만큼 상제의 마음 한구석에는 그 무리의 복지에 대한 염려가 스며드는 것을 어찌할 수 없었습니다.

아니나 다를까, 얼마 안 되어 상제의 염려는 현실로 화하고 말았습니다. 아흔아홉 가지 '직업인'들이 소위 '입으로만 먹고 사는 사람들'에게 생계의 수단을 대어주어야 한다는 데에 대하여 불평을 하기 시작했던 것입니다. 그 아흔아홉 가지 직업인들이 보기에 '입으로만 먹고 사는 사람들'의 봉사는 전혀 반가운 것이 아니었고, 흔히는 거북한 느낌을 자아내기까지 하는 것이었습니다. 그도 그럴 것이, 예를 들면 '비가 어째서 오는가' 하는 질문을 받는 것이 농부가 농사짓는 데에 무슨 도움이 된단 말입니까? 그뿐만 아니라, 아흔아홉 가지 직업인들로서 가장 참기 어려웠던 것은 젊은이들이, 분명히 그 '입으로만 먹고 사는 사람들'의 영향을 받은 결과이겠지만, 삶의 의미가 어떠니, 올바르게 사는 것이 어떠니 하는 따위의, 전혀 '쓸모없는' 입씨름을 하느라고 온통 시간을 낭비하면서, 어른들의 직업 세계와 질서에 대하여 무모한 반항을 하고 있다는 점이었습니다. 그런데, 참으로 알 수 없는 일은, 이런 식의 불평들이 그런 '쓸모없는' 일로 시간을 더 많이 낭비한 사람들 사이에서 더 심하다는 것이었습니다. 어쨌든, 아흔아홉 가지 직업인들의 불평은 흔히 공공연한 협박으로 변하여, '입으로만 먹고 사는 사람들'이 자신들처럼 '유용한' 일을 하지 않으면 생활비를 더 이상 대어줄 수 없다는 소리까지 나오게 되었습니다. 그리하여, '입으로만 먹고 사는 사람들' 중에는 그 협박에 완전히 기가 질려서, '직업인'으로 전향하는 사람들도 많이 나왔습니다.

백 번째 하제는 곧 이 서글픈 상황을 알아차렸습니다. 이 하제는 상제를 찾아가서 조력을 구했지만, 상제 자신도 여기에 대해서는 전혀 속수무책이었습니다. 한참 끝에 상제는 이렇게 말했습니다. — '우리 신(神)들로서는 달리 방도가 없네. 이것은 인간의 일로 미루는 수밖에 없겠네. 결국, 아흔아홉 가지 직업인들 중에서 자네 무리의 봉사를 소중하게 생각하는 사람들로만 자네 무리를 먹여 살리도록 해야 할 걸세. 자네 무리의 봉사를 소중하게 생각하는 그만큼 자네 무리를 보살피도록 하세.' 이것이 상제의 말이었습니다.

훨씬 지난 뒤에 들리는 이야기로는, 그때 상제의 전당에서 물러 나와서 문턱에 홀로 섰을 때, 백 번째 하제는 몰래 소맷자락으로 눈시울을 닦았다고 합니다. (이홍우, 1984, pp.47-50)

이홍우의 두 번째 상제 이야기, 교사집단의 생계에 관한 이야기에는 시사점이 많이 있다. 그중에서도 특히 수학 교과를 담당한 교사들과 관련해서는 더욱 절실해 보이는 이야기로 들린다. 다른 교과를 담당한 교사들은 그래도 무언가 생계를 위해 대가(代價)를 받을 만한 구실이 있어 보인다. 다시 말해서 각 교과의 실용성에 대해서는 거의 모든 교과가 할 말이 많다. 그런데 수학 교과는 쉽게 입을 떼기가 어렵다. 기껏해야 시장에 가서 물건을 사고 팔 때 계산을 해야 한다는 정도의 이야기밖에 할 것이 없어 보인다. 여기에 수학적 연결성의 문제가 도사리고 있는 것이다.

저도 이제 이야기를 하나 하겠습니다. 그다지 오래지 않은 옛날이야기입니다. 궁여지책을 써서라도 교육을 정착시키려 했던 상제의 노력은 결실을 보는 듯했습니다. 인간은 그들이 모여 사는 곳마다 그들의 자녀들을 위해 학교를 세우기 시작했습니다. 곳곳에 여러 종류의 많은 학교들이 세워졌고 각 학교에서는 교과라는 이름 아래 분업이 시작되었습니다. 상제는 이 분업을 돕기 위해 백 명의 하제들을 불러 각각 하나의 교과를 맡아 인간 세상으로 내려가 그 교과를 지도하는 이유와 방법을 알려주고 오도록 명령을 하였습니다. 임무를 부여받은 하제들은 인간 세상으로 내려가기 전에 여러 가지 준비를 해야 했습니다. 어떤 교과를 맡을지, 그 교과를 가르치는 목적이 무엇인지, 그 교과에서 어떤 내용을 지도해야 할 것인지, 그 지도할 내용은 어떤 방법으로 제시해야 할지 하제들에게는 할 일이 많아졌습니다.

분주해진 하제들 가운데에서도 수학 교과를 담당한 하제는 다른 하제들보다 더 바빠진 느낌이었습니다. 다른 교과를 담당한 하제들이 수학 교과를 담당한 하제에게 여러 가지 협조와 자문을 구하러 찾아오는 것이었습니다. 가장 먼저 찾아온 것은 과학 교과를 담당한 하제였습니다. 과학 교과를 담당한 하제는 과학 교과의 내용을 설명할 명제들의 대부분이 수학적 요소를 포함하고 있으니 이런 수학은 이때 이렇게 가르치고, 저런 수학은 저 때 저렇게 가르치고 하는 일에 대해서 수학 교과를 담당한 하제와 많은 이야기를 나누었습니다. 언어와 사고에 관한 교과를 담당한 하제들도 수학 교과를 담당한 하제를 찾아왔습니다. 그들은 사고의 논리적인 표현을 위해서는 수리적 논리적 학습이 필수적으로 도움이 되기 때문에 그러한 내용도 수학 교과에서 지도해 주었으면 좋겠다는 부탁을 하였습니다. 미술 교과를 담당한 하제도 찾아왔습니다. 미술 활동을 위해서는 기하학적인 개념이 형성되어 있어야 좋은 작품을 만들 수 있으니 이러저러한 수학 내용을 지도해 주면 좋겠다며 의논을 하였습니다. 음악 교과를 담당한 하제도 찾아와서는 소리를 음악적으로 표현하는 여러 방법 속에 들어있는 수학적 원리를 알 수 있도록 수학 교과의 도움이 필요하다고 하소연하였습니다. 심지어는 체육 교과를 담당한 하제도 찾아왔습니다. 건강한 신체

활동을 위한 운동을 지도하려니 잘 발달된 공간 감각이 형성되어 있어야 하고, 여러 가지 스포츠 종목들을 즐기기 위해서도 확률과 통계 등의 내용이 꼭 필요하니 수학 교과에서 잘 좀 지도해달라는 부탁을 했습니다.

정신없이 수많은 하제들과 수학 교과와 다른 교과의 연결성에 관한 논의를 거친 수학 교과 담당 하제는 한숨 돌리고 이마에 흐른 땀을 닦았습니다. 그런데 그게 다가 아니었습니다. 이제는 내가 담당한 교과의 내용을 정리해 보아야지 하고 수학 교과의 내용과 체계를 들여다보던 수학 교과 담당 하제는 또다시 한숨을 쉬었습니다. 수학 교과는 단순한 지식 덩어리의 집합체가 아니었습니다. 동떨어진 내용인 줄 알았던 수식 영역의 내용과 도형 영역의 내용은 알고 보니 긴밀하게 연결되어 있었습니다. 수학의 여러 영역들을 연결하는 데에는 함수 또는 변환이라는 개념이 중요하다는 것도 알게 되었습니다. 그런가 하면 수학 자체만 지도하는 것이 아니라 수학사와 연계하여 지도하는 것도 중요하다는 것, 각 지역마다 발생한 민속 개념도 중요한 수학적 개념을 포함하고 있다는 것 등도 알게 되었습니다. 무엇보다도 학생들로 하여금 수학을 왜 배우는지 깨닫게 하려면 수학이 실생활에 얼마나 밀접하게 관련되어 있는지를 가르치는 일이 매우 중요하다는 것을 알았습니다(House & Coxford, 1995 참조).

수학 교과 담당 하제의 이마에는 땀이 송송 배었습니다. 세상사와 실타래처럼 얽혀 있는 수학이라는 교과의 복잡함을 도저히 쉽게 파악할 수가 없었습니다. 수학 교과 담당 하제는 수학 교과가 원망스러워졌습니다. 상제에게 아뢰어 수학 교과는 학교에서 가르치지 않도록 했으면 좋겠다는 건의를 하고 싶다는 생각도 들었습니다. 그러나 다른 교과를 맡은 하제들 여럿이 자신을 찾아와 수학적 연결성에 관하여 여러 가지 논의를 해왔던 것을 생각하면 혼자 결정할 일도 아니었습니다. 다시 마음을 가다듬은 수학 교과 담당 하제는 수학이 도대체 어떻게 생겨난 교과인지 골똘히 생각해보게 되었습니다. 오랜 생각 끝에 수학 교과 담당 하제는 결론을 내렸습니다. 수학 교과의 태생은 교육이라는 행위의 그것과 본질적으로 닮았다는 것입니다. 다른 교과는 해 보기 전에 무엇을 할지 그 가치가 무엇일지 대략 알 수 있는 것들이 많았지만 수학 교과는 첫 번째 이야기의 상제가 고민했던 것처럼 수학을 해보기 전에는 무엇을 할지 그 가치가 무엇인지를 알 수가 없습니다. 두 번째 이야기에서도 수학 교과는 교사라는 직업과 비슷한 그 무엇이 있습니다. 수학만 해가지고는 소득을 얻을 이유가 거의 없습니다. 가르치는 직업이 가르치는 무리의 봉사에 감사하는 다른 직업인들의 도움으로 살아가야 하듯이, 수학 교과는 다른 교과와 연결하여 그 가치를 인정받을 수밖에 없습니다.

# 참고 문헌

이홍우(1984). **교육의 목적과 난점**. 서울: 교육과학사.

House, P. A., & Coxford, A. F. (Eds.)(1995). ***Connecting Mathematics across the Curriculum.*** Reston, VA: NCTM.

# 3장
# 연결성을 위한 예비수학교사 교육: 프로젝트기반 기하 활동

장 경 윤 (건국대학교)

수학은 사고의 거대한 모험으로
수학사는 수많은 세대들의 고상한 사고를 반영한다.
- Struik -

## 1 서론

수학과 수학적 지식은 고정된 것이 아니라 지속적으로 성장해왔으며 아직도 인간 사회의 필요와 요구에 따라 발전해간다. 수학사학자 Struik(1987)에 따르면, 수학은 농업, 상업, 제조업, 전쟁, 공학기술, 철학, 물리학, 천문학 등 광범위한 분야의 영향을 받아왔으며, 수학의 발달 과정에서 그 다양한 사례를 발견할 수 있다. 수학을 우리 주변 세상을 설명하고 문제를 해결하기 위하여 발명된 구조와 지식체로 본 Freudenthal(1973)은 수학은 현상을 조직하는 본질이며, 현상을 수학으로 또는 수학을 또 다른 수학으로 조직하며 발달해 가는 과정을 '수학화'라는 용어로 설명하였다. 그렇다면 드러난 현상이나 다른 수학과 연관이 없이 독립된 상태로 존재하는 수학은 생각하기 어렵다는 말이다. 그리고 수학적 개념이나 구조가 사회적, 심리적 또는 물리적 현상을 서술하기 위하여 발명된 것이라면 수학과 외부 현상과의 연결은 자연스러운 일이다.

많은 학생들은 수학을 사실이나 개념, 절차의 모음으로 생각한다. 완성된 개별적 지식으로 수학을 수용하게 하는 대신 학생들을 수학의 발달 과정에 참여하게 하는 경험이 필요하며 이는 학교수학에 앞서 학생들을 가르칠 예비교사 교육에서 중요하게 고려해야 할 측면이다. 교사 자신이 수학적 개념을 연결하고 적용하는 경험이 없이 학교 수학교실에서 연결을 고려한 수업을 하기 어렵기 때문이다.

## 2 수학적 연결성의 제 측면

연결성에 근거한 수학교육은 수학을 지식의 모음이 아닌 하나의 통합체로 인식하게 한다. 수학적 연결성의 근거는 내용과 접근의 다양함에서 찾을 수 있다. 그러므로 학교수학을 통해 수학을 통합체로 이해하게 하려면 학생들은 학습 상황이나 문제해결 상황에서 다양한 지식과 과정이 적용된 경험을 할 수 있어야 한다. NCTM(1989)이 학교수학에서 이러한 측면에 주목하여 수학적 연결성이라는 이름으로 전 학년에 걸쳐 성취해야 할 주요 규준의 하나로 설정한 이래, 연결성은 학교수학에서 크게 주목을 받아왔으며 국내 수학교육과정에서도 2007 개정 이후 수학적 과정 측면의 핵심적 요소로 중시되고 있다(교육부, 2011, 2015).

수학의 개념적 이해와 절차적 이해 사이의 연결, 타 교과 또는 일상의 상황에서의 문제해결에 수학과 수학적 사고의 활용, 또는 여러 형태의 표현에서 동일한 주제의 인식과 수학 영역 간 연결 등 수학적 연결성은 다양한 측면에서 실현될 수 있다. Coxford(1995)는 학교수학에서 다양한 연결성의 개념을 세 측면 — 통합 주제, 수학적 과정, 수학적 연결자(connector) — 으로 요약하고, 연습문제, 예시, 제안 등을 통해 각 측면에서 연결성의 본질을 분석한 바 있다. 그는 통합주제로 변화, 자료, 그리고 모양을, 수학적 과정으로 표현, 응용, 문제해결과 추론을 제시하였으며, 수학적 연결자로 알고리즘과 그래프, 변수, 비를 예와 함께 제시하였다.

# 3 예비 중등수학교사를 위한 기하 프로젝트

예비교사교육에서 학습 경험을 통한 수학적 연결성의 체득은 수학에 대한 깊은 이해를 갖게 하고 예비교사로서 학교수학에서 연결성의 구현을 자연스럽게 받아들이게 할 수 있다. Coxford(1995)가 수학적 연결성의 개념을 통합주제, 수학적 과정, 수학적 커넥터로 분류한 것은 매우 적절해 보인다. 수학교육에서 변화나 자료도 통합을 위해 좋은 주제가 될 수 있으며, 함수나 그래프를 연결자로 사용하는 것 또한 수학을 통합된 실체로 경험하게 하는 데 핵심이 될 수 있을 것이다.

그러나 맥락에서 수학을 통합한다면, 민속이나 퀼트 등 사회, 예술 등 일반적 맥락보다는 교과 관련 맥락이 수학에 보다 초점을 맞추게 한다는 점에서 효율적이라 할 수 있다[1]. 이미 학습한 수학적 지식을 문맥에 적용함으로써 수학의 유용성 인식과 수학교과에 대한 직접적인 학습동기 유발로 이어지기 용이할 것이다. 본고는 중등학교 예비 수학교사들을 대상으로 기하의 맥락에서 중등학교 수학의 다면적 적용으로 수학적 연결의 범위와 깊이를 더욱 확장시킬 수 있는 기하 프로젝트의 수행 과정을 통해 수학적 연결성이 어떻게 구현될 수 있는가를 제시하였다.

## 3.1 기하 중심의 연결성

기하 영역은 도형에서 출발하지만 수학의 여러 영역과 관련되는 문제를 다룬다. 유명한 수학자 Thom(1971)은 1960년대를 풍미한 대수중심의 학교수학, 일명 '새수학'을 강하게 비판하면서, '기하 문제는 있지만 대수 문제는 없기 때문'에 기하를 대수로 대체하려는 시도가 철회되어야 한다고 주장하였다.

> 이러한 일련의 이유로 기하를 대수로 대체하려는 최근의 추세는 교육적으로 해로운 것이며 철회되어야 한다. 여기에 대한 이유는 간단하다. 기하 문제는 있지만 대수 문제는 없기 때문이다. 이른바 대수 문제는 산술 규칙과 이미 입증된 절차를 맹목적으로 적용하는 간단한 문제이다. 거의 예외 없이, 학생들에게 대수정리 증

1) 타 교과나 다른 분야와 수학을 관련시키고 적용하려고 할 때, 먼저 문제 상황 자체의 이해가 필요하고 그러려면 용어를 비롯하여 그 분야의 관련 지식 습득을 위해 별도의 노력이 필요하다는 점에서 그러하다.

> 명을 요구할 수 없다. 이유는 답이 거의 명백하며 정의를 직접 대입하여 답을 할 수 있거나, 또는 문제가 이론대수 영역에 속하여 뛰어난 영재 학생의 능력조차 답을 할 수 없는 수준에 있기 때문이다. … (중략) … 이와 대조적으로 전통적인 기하 문제는 광범위한 도전을 제공한다. (Thom, 1971, p.696)

여기에서 '대수 문제가 없다'는 말은 학교수학에서 다루는 대수문제는 '답이 거의 명백하여' 수학적 사고를 요구하기보다는 정의를 대입하여 기계적인 처리로 답을 낼 수 있다는 의미이며 따라서 문맥에서 다루기 어렵다는 말이기도 하다. 맥락이 아닌 형식화된 형태로 수학을 다루는 새수학에 대한 우려를 '반교수학적 전도'라는 말로 비판한 Freudenthal의 생각과도 통하는 말이다.

## 3.2 원기둥을 평면으로 잘라서 생기는 입체 모형 만들기

중등학교 예비수학교사들에게 "원기둥을 밑면에 비스듬한 평면으로 잘라서 두 부분으로 나눌 때 만들어지는 입체의 모형을 만들라"는 과제를 프로젝트로 제시하고 과정을 포트폴리오와 보고서, 최종 산출물로 제출하도록 하였다.

입체를 자르는 대신 종이로 입체도형을 만들기 위하여 전개도가 필요한데, 이를 위해서는 도형에 대한 분석이 선행되어야 한다.

### 3.2.1 단면의 모양

예비교사들은 이미 익숙한 모양이라 단면이 타원이라고 생각하였다. 그런데 원기둥을 평면으로 비스듬히 잘랐을 때 생기는 타원과 유사해 보이는 이 단면이 실제로 타원일까? 이유를 설명해야 하는 단계에 이르자 학생들은 원추곡선에 관한 교재와 수학사 자료를 찾는 등 긴 탐색에 들어갔다. 그리고 당연히 타원이라고 생각했던 원기둥과 자르는 평면에 접하는 두 개의 구를 원통 속에 넣는다고 생각하면 중등학교 수학에서 다루어진 원과 접선의 관계, 타원의 정의를 사용하여 이것이 타원이라는 사실을 확인할 수 있었다.

학생들은 3차원 도형을 2차원에 표현한 그림을 이해하고 답을 작성하는 데 적지 않은 시간을 소비하였다. 다음은 학생들이 작성한 보고서에서 발췌한 내용이다.

> **[단면이 타원인 이유]** [그림 1]은 원기둥을 한 평면으로 절단한 그림이다. 그림에서 F와 F′은 원기둥의 측면과 위아래에서 평면과 접하는 두 구의 접점을, 구에

그려진 원둘레는 각각의 구가 원기둥의 접하는 부분으로 이 모두는 일단 상황이 결정되면 한 가지로 정해진다.

나타난 곡선 위에 있는 점 P가 F와 F′에 이르는 거리의 합은 그림에서 $\overline{QQ'}$와 같은데 이는 모선의 일부이며 길이가 일정하다. 그러므로 P가 이루는 도형은 타원이며 이때 초점은 F와 F′이다.

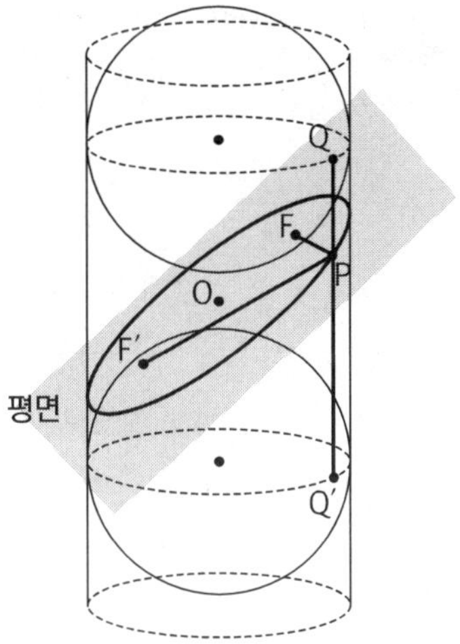

[그림 1] 원기둥의 단면

### 3.2.2 정확한 타원그리기

그러면 단면 타원을 어떻게 만들 수 있을까? 한 가지 방법은 장축과 단축을 이용하는 방법이다. 원기둥 밑면의 반지름을 $r$, 절단면이 원기둥 밑면과 이루는 각을 $\theta$라 하면, 단면의 타원은 장축의 길이는 $\dfrac{2r}{\cos\theta}$, 단축의 길이는 $2r$이다. 이 두 가지 정보로 전개도를 그려서 타원을 정확하게 만들려면 컴퓨터 소프트웨어의 사용이 필수적이다.

### 3.2.3 옆면의 모양 탐구

옆면을 위한 전개도의 모양은 어떻게 생겼을까? 전개도는 어떻게 만들 수 있을까? 한 예비교사 그룹의 보고서에 따르면 그들은 엄밀한 분석에 앞서, [그림 2]와 같이 옆면의 높이가 서로 다른 것에 주목하여 직사각형 모양의 종이에 곡선을 그렸다.

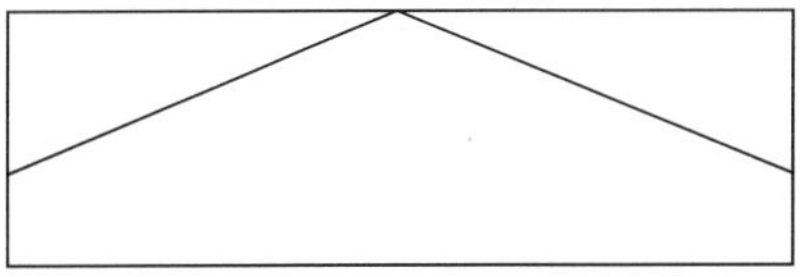
(1) 절댓값 함수의 그래프

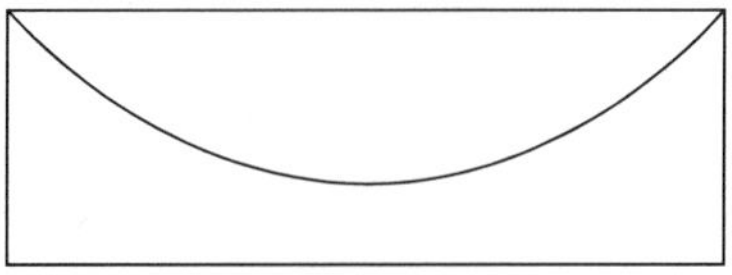
(2) 포물선 모양의 그래프

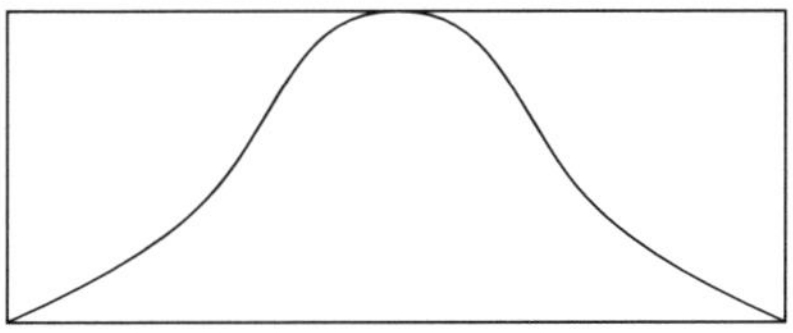
(3) 정규분포 형태의 그래프

[그림 2] 옆면의 전개도 탐색

그리고 곡선을 따라 종이를 자르고 양끝을 붙인 후([그림 3] 참조) 그것이 타원이 될 수 있는가를 논의하고 문제점을 다음과 같이 기록하였다.

> "처음 두 경우, (1)과 (2)는 두 가지 문제점이 있었다. 말아서 양 끝을 붙였을 때 1개 또는 2개의 뾰족한 점이 나왔고 또 곡선 또한 평면 위에 놓일 수 있는 곡선이 아니다. … (중략) … 결국 우리는 양 끝을 붙인 곡선은 매끄러워야 한다는 것을 깨달았다. 그래서 (3)과 같은 정규분포형태를 생각해냈고 그것으로 옆면을 만들었다. 그렇게 만들어진 경계 곡선은 매끄럽고 타원과 유사해보였으니 그 곡선 역시 한 평면 위에 놓일 수 없었다. … 이것도 아니다."

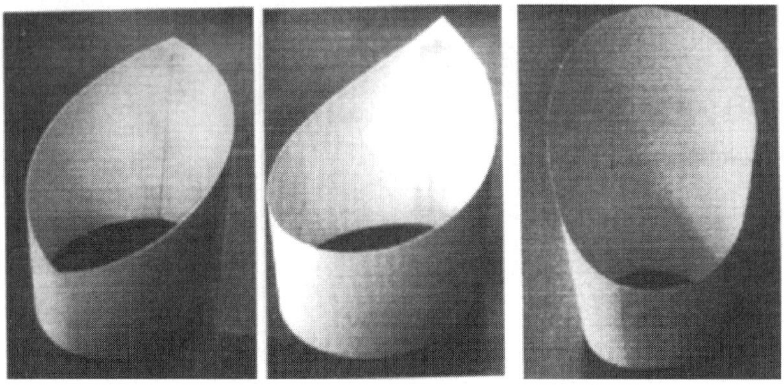

**[그림 3]** (1), (2), (3) 전개도로 만든 옆면

### 3.2.4 옆면 전개도의 곡선의 식

옆면의 전개도를 구하기 위한 학생들의 탐구는 계속되었다. 그리고 마침내 전개도를 위해서 필요한 곡선은 sin함수임을 발견하였다. 다음은 학생들의 보고서에서 발췌한 내용이다.

[그림 4]와 같이 밑면의 반지름이 $r$인 원기둥의 밑면과 평면이 이루는 각을 $\theta$($\theta$는 상수)라고 하고, 단면 경계선 위 한 점 P에서 원 O에 내린 수선의 발을 B, B에서 반지름 $\overline{\mathrm{OA}}$에 내린 수선의 발을 B′이라 하면, $\angle \mathrm{PB'B} = \theta$이다.

$\overline{\mathrm{OB}} = r$이므로

이때 $\angle \mathrm{BOB'} = x$라 하면 호 AB의 길이는 $rx$이고, $\overline{\mathrm{BB'}} = r\sin x$, $\overline{\mathrm{PB}} = r\sin x\tan\theta$

이다.

따라서 점 A의 좌표를 $(0,0)$이라 하면, P의 좌표는 $(rx, r\sin x\tan\theta)$, $0 \le x \le 2\pi$이다.

$rx = \mathrm{X}$, $\overline{\mathrm{PM}} = y$라 하면, $y = r\tan\theta\sin(\frac{\mathrm{X}}{r})$가 되어, 따라서 옆면의 전개도는 진폭이 $r\tan\theta$, 주기가 $2\pi r$인 sin함수 그래프로 그릴 수 있다.

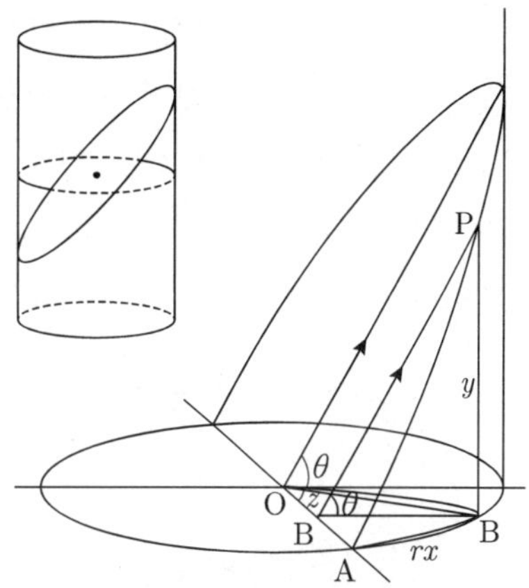


**[그림 4]** 단면 위의 점 P(X, Y) 구하기

### 3.2.5 옆면 전개도와 모형의 완성

원기둥의 크기와 평면이 밑면과 이루는 각은 임의로 조정할 수 있도록 하였기 때문에 학생들은 편의상 밑면의 반지름을 $\frac{9}{2}$, $\tan\theta = \frac{4}{3}$로 하여 [그림 5]와 같이 sin함수 그래프를 컴퓨터 소프트웨어를 이용하여 그려서 전개도를 만들었고, 밑면, 옆면, 단면을 모두 붙여 입체도형을 완성하였다([그림 6]).

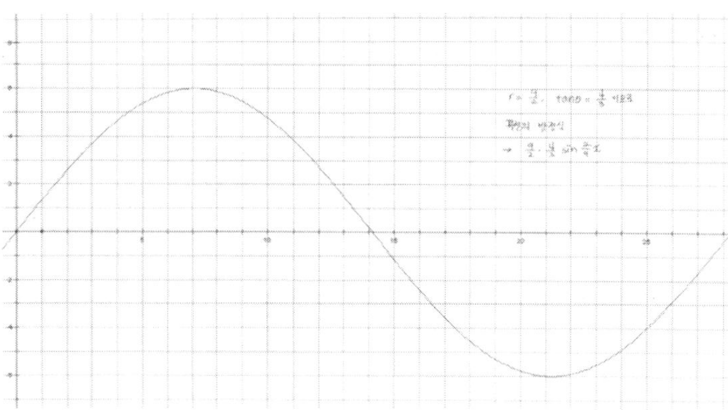

**[그림 5]** 옆면의 전개도를 위한 곡선

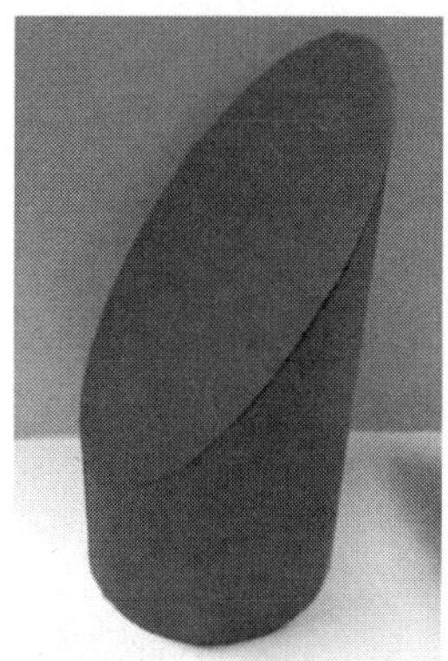

**[그림 6]** 원기둥 절단

### 3.2.6 절단면의 다른 표현

일부 학생들은 전개도를 사용하여 입체를 만드는 대신 원기둥의 두 밑면과 절단면을 보드지로 하고 그 사이에 굵은 실을 통과시켜 모선의 역할을 하게 함으로써 입체를 3차원에 표현하였다([그림 7]). 학생들은 가운데 절단면에 타원을 그리는 것까지 앞서의 다

른 그룹과 동일한 작업을 수행하였으며, 세 점이 일직선 위에 놓여야 실이 모선을 나타낼 수 있기 때문에 두 밑면을 연결한 직선이 타원의 어느 점을 통과할 것인가 정확한 위치를 찾는 데 시간을 소요하였다. 학생들은 모선이 통과하는 단면 위 점의 위치를 잘못 지정했을 때 세 점을 지나는 실이 일직선을 이루지 않고 또 서로 평행이 될 수 없음을 확인하고 ([그림 7] (d)) 추측을 수정하고 모형을 완성하였다. [그림 7]에서 (a), (b), (c)는 각기 다른 각도에서 본 사진이며 (c)는 모선이 평행을 이루고 있는 것에 초점을 맞춘 사진이다.

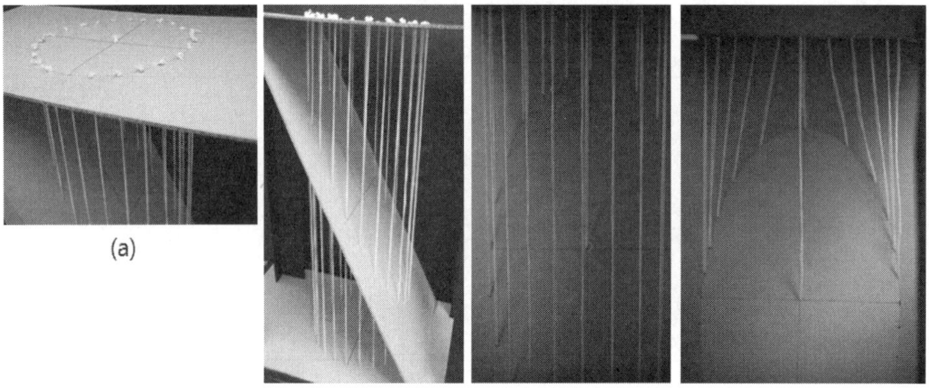

(a) (b) (c) (d)

**[그림 7]** 보드로 면, 두꺼운 실로 모선을 표현한 원기둥의 절단 입체

### 3.2.7 연결성과 기술공학

이 과제에서 예비교사들이 프로젝트를 완성하여 최종산출물을 만들어내는 데 기술공학이 결정적인 역할을 하였다. 정확한 그림을 그리고 전개도를 작성하는 데 기술공학의 도움이 없이는 최종 산출물을 결코 만들어 낼 수 없었다.

## 4 프로젝트와 수학적 연결성

본고에서 예비수학교사에게 제시된 과제는 프로젝트 형태의 과제이다. 프로젝트는 "설계, 문제해결과 의사결정, 또는 탐구활동에서 학생들이 참여하는 도전적 질문이나 문제에 기반한 복합적 과제"(Thomas, 2000, p.2)이며, 그 핵심요소는 활동을 조직하게 하는 질문이나 문제이며, 그 결과는 일련의 가공물이나 산출물을 요구한다(Blumenfeld, et al., 1991, p.371). 프로젝트를 통해 학생들은 "질문을 하고 또 질문을 정교화하며 아이디어를 토론하고 예측하고 계획이나 실험과 자료 수집과 자료 분석을 설계하고 결론을 이끌어내고 그들의 아이디어와 결과를 다른 사람들에게 알리고 새로운 질문을 제기하고 인공물을 생산한다(Blumefeld, et al., 1991, p.371)." 프로젝트의 질문이나 문제에서 요구하는 구체적이고 분명한 일련의 가공물이나 산출물을 얻기 위하여 학습자들은 자신의 작업을 수월하게 반성하고 수정하게 되며 그 과정에서 학생들은 자신들이 알고 있는 수학적 지식 및 그 적용과 아울러 지식들 사이의 관계에 주목하며 향상시키게 된다.

본 프로젝트를 수행한 예비교사들도 과제 수행과정에서 여러 개념 사이에 연결이 이루어졌고, 개념적 지식과 절차적 지식의 통합적 사용, 추측을 수정하면서 반성적 사고를 경험하는 등 예비수학교사들은 스스로의 성취에 대한 만족감과 자신감을 느낀 것으로 나타났다. 질문에 집중된 프로젝트를 통하여 학생들은 현실적이거나 진짜 문제를 자율적으로 탐구하면서 교과의 핵심 개념과 원리, 그 사이의 연결성을 만나게 된다.

## 5 논의 및 결론

수학의 역사를 볼 때 수학적 개념이나 원리는 수학적 내용 사이에서 또 실생활이나 타 분야의 문제를 해결화기 위하여 고안되고 점차 발달하였으며 지금도 변화의 가능성이 있다. 수학은 고정된 지식이라 할 수 없으며 수학은 수학 그 자체를 위한 학문이라 보기 어렵고 특히 학교수학에서 고착된 지식을 가르치는 것은 학생들의 동기 유발을 어렵게 하며 수학에 대한 부정적인 태도와 가치관을 갖게 한다. 국제평가에서 우리나라 학생들이 수학에 대한 뛰어난 성취에도 불구하고 태도와 자신감에서 매우 저조하다는 것은 이미 잘 알려진 사실이다(Mullis, et al., 2008 등). 우리나라 많은 학생들에게 수학은 대학 진학을 위한 수단으로 지루하고 힘겨운 대상일 뿐인 것이다. 수학교육의 실용적 목적으로 '수학이 선발에 유용한 도구이기 때문(황혜정 외, 2007)'이라는 이유를 자연스럽게 받아들이게 되면서 이미 수학교육은 학생들을 힘들고 경쟁에 내모는 교과목이 되고 있는 셈이다.

최근 국내·외에서 주목을 받는 STEAM이나 STEM 같은 융합교육 추세는 수학과 타 분야와의 연결성에 초점을 맞추고 있다. 이와 맥을 같이 하여 수학을 통합된 전체로 보게 하는 연결성 교육은 수학교육에 활기를 찾게 할 대안이 될 수 있을 것이다. 수학적 연결성을 고려한 수학 수업은 학생들에게 능동적인 역할을 수행하고 독창성을 발휘할 기회를 제공해야 하며, 이는 학생들을 가르칠 수학 교사교육에서부터 실행되어야 한다. 수학교사로서 프로젝트를 기반으로 살아 움직이는 수학을 경험하는 것보다 수학적 연결성의 교수법을 익히는 더 효과적인 방법은 없을 것이기 때문이다. 또한 다양한 측면에서 수학을 연결하고 수학적 개념이나 원리를 적용하여 해를 찾아보는 습관이 융합시대를 사는 교사에게 필요한 소양이기도 하며 이는 교사교육을 통해 개발되어야 한다. 예비교사를 대상으로 한 수학적 연결성 교육과 관련하여 고려해야 할 요소를 몇 가지로 정리하였다.

- 수학적 개념이나 원리의 도입이나 타당성 검증도 연결성을 고려하여 다룬다.
- 프로젝트 활동을 과제로 다루는 경험을 하게 한다.
- 프로젝트의 소재를 수학뿐만 아니라 과학, 건축, 미술, 예술, 공학, 금융 등 융합교과 소재를 이용한다.
- 컴퓨터 사용을 할 수 있는 환경이 필수적으로 지원되어야 한다. 계산의 편의를 위해 임의로 숫자를 조정하고 실제와 다른 자료를 제공하는 것은 이제 지양해야 한다. 그래프, 계산, 통계 처리 등을 지원할 수 있는 컴퓨터 환경이 지원되지 않는 한 실질적인 문제해결에 이르기 어렵기 때문이다.

수학을 살아있는 통합된 유기체로 보기 위해서 학생들은 때로는 매우 가까이서 수학의 세밀한 관계를 살피고, 때로는 멀리서 수학을 다른 분야와의 조화 속에서 전체적인 조망을 하는 경험이 필요하다. 그리고 수학을 연결된 전체로 보게 하는 이러한 교육은 의미있고 흥미롭지만 개별 지식을 익히는 학습과 비교할 때 더 많은 시간과 노력을 요하며 분석과 종합, 장기기억과 단기기억을 동시에 사용해야 하는 작업이다. 그러므로 쉽지 않은 작업이다. 그리고 그 시작은 학교 교실수업에 앞서 예비 수학교사교육에서부터 실행되어야 한다.

# 참고문헌


교육부(2011). **수학과 교육과정**

교육부(2015). **수학과 교육과정**

황혜정, 나귀수, 최승현, 박경미, 임재훈, 서동엽(2007). 수학교육학신론. 서울: 문음사.

Blumenfeld, P. C., Soloway, E., Marx, R. W., Krajcik, J. S., Guzdial, M., & Palincsar, A. (1991). Motivating project-based learning: Sustaining the doing, supporting the learning. ***Educational psychologist,*** 26(3-4), 369-398.

Coxford, A. F. (1995). The case for connections. ***Connecting mathematics across the curriculum***, 3-12. Reston: NCTM.

Freudenthal, H. (1973). ***Mathematics as an Educational Task.*** Dordrecht, The Netherlands: Reidel.

House, P. A., & Coxford, A. F. (1995). ***Connecting Mathematics across the Curriculum. 1995 Yearbook.*** Reston: NCTM.

Mullis, I., Martin, M., & Foy, P. (2008). ***TIMSS 2007 International Mathematics Report: Findings from IEA's international mathematics and science study at the fourth and eighth grades.*** Evaluation and Educational Policy, Boston College.

National Council of Teachers of Mathematics(NCTM, 1989). ***Curriculum and evaluation standards for school mathematics.*** Reston, VA: Author.

National Council of Teachers of Mathematics(NCTM, 2000). ***Principles and standards for school mathematics.*** Reston, VA: Author.

Struik, D. J. (1987). ***A concise history of mathematics.*** New York: Dover Publications.

Thom, R. (1971). "Modern" Mathematics: An Educational and Philosophic Error? A distinguished French mathematician takes issue with recent curricular innovations in his field. ***American Scientist***, 59(6), 695-699.

Thomas, J. W. (2000). A review of research on project-based learning. (http://www.newtechnetwork.org.590elmp01.blackmesh.com/sites/default/files/dr/pblresearch2.pdf)

4장

# 수학적 연결성에 관한 국내 연구 메타분석

남 진 영 (경인교육대학교)

## 1 서론

이 장에서는 수학적 연결성에 관한 선행연구를 분석한다. 선행연구의 분석은 연구의 목적에 따라 다양한 방식으로 이루어질 수 있다. 예를 들어 수학적 연결성 관련 시대별 연구의 특징 및 흐름을 살펴보면서 이것이 교육과정 또는 교과서에 어떻게 반영되고 어떤 변화를 가져왔는지 분석할 수 있다. 또는 수학적 연결성이라는 개념에 초점을 맞추어 선행연구에서 다루어진 수학적 연결성의 개념을 분석할 수 있다. 또 다른 관점에서는 외국에서 이루어진 연구와 국내에서 이루어진 연구를 비교하여 분석할 수도 있고, 각 학교급별로 어떤 연구가 이루어졌는지 볼 수도 있다. 연구 방법론적 관점에서 수학적 연결성과 관련하여 수행된 연구 방법과 대상을 다른 주제 관련 연구에서 수행된 것과 비교하여 분석할 수도 있다. 이 외에도 연구의 목적에 따라 다양한 관점에서 다양한 분석이 이루어질 수 있다.

본 연구에서는 수학적 연결성 관련 국내 연구의 동향을 파악하고자 한다. 이를 위해서는 여러 가지의 의사결정이 필요하다. 국내에서 이루어진 연구는 국내 학술지 또는 학위논문 등으로 발표된 연구도 있고, 각종 학술대회 및 세미나 등에서 이루어진 연구도 있으며 보고서 자료 또는 도서, 강연 등 여러 형태의 연구가 있다. 이 중 어느 것을 본 연구의 대상으로 할 것인가, 동향 파악은 어느 시점부터 조사할 것인가, 시기는 어떻게 구분할 것인가, 연구물 추출은 어느 검색 도구를 사용할 것인가, 추출된 연구물은 어떤 방식으로 분석할 것인가 등에 대한 의사결정이 필요하다. 2절에서는 이러한 의사결정과 관련된 선행연구 추출 기준과 방법을 기술하려고 한다. 3절에서는 추출된 연구의 통계적 분석 결과를 기술하고, 4절에서는 각 연구물에서 다루어진 내용을 수학 내적 연결성과 수학 외적 연결성으로 구분하여 학교급이나 수학 내용별로 보다 구체적으로 살펴보겠다.

## 2 선행연구 추출 기준과 방법

이 절에서는 수학적 연결성 관련 선행연구의 추출 기준을 제시하고, 이에 따른 추출 방법을 밝힌다. 그리고 추출 기준과 방법에 따라 추출된 결과를 제시한다.

### 2.1 추출 기준

선행연구 분석을 위해서는 먼저 '수학적 연결성'에 대한 개념정의를 조사하고, 공통적인 개념정의를 도출한 후 이 개념과 관련된 선행연구를 추출·분석하는 것이 합리적인 연구 방법 중 하나일 것이다. 그러나 '수학적 연결성'에 대한 개념정의 자체가 하나의 큰 연구 주제이고, 여기서 그치는 것이 아니라 개념 관련 선행연구를 메타 분석하여야 하기 때문에 개념정의에서 출발하는 것은 본 연구의 규모와 목적에 비해 다소 과하다. 관련 선행연구 추출에 있어서도 추출 기준이 모호하고 광범위할 수 있다. 이를테면 수학적 모델링도 수학 외적 연결성이라고 볼 수 있고, 수학화에 대한 연구와 STEAM 관련 연구도 모두 포함해야 할 수 있다. 이러한 연구의 필요성과 가치는 인정하지만 연구의 규모와 목적을 고려하여 본 연구에서는 그 대상을 제한하였다.

본 연구의 대상은 명시적으로 저자가 '수학적 연결성' 또는 '수학'과 '연결'을 언급한 국내 선행연구이다. 외국에서 이루어진 연구를 포함하여 조사하는 것이 보다 깊고 의미 풍부한 결과를 얻을 수 있겠지만, 지나치게 광범위하여 본 연구에서는 국내 연구 논문으로 한정한다. 국내 대학원 또는 교육대학원에서 수여된 학위논문과 국내 학회에서 발행하는 학술지에 수록된 논문을 대상으로 하고, 단행본이나 학술대회 프로시딩 논문 등은 제외한다. 시기적으로도 한정하여 최근 10년 이내, 즉 2006년 1월부터 출판된(발표된) 연구물로 제한한다.

## 2.2 추출 방법

추출 데이터베이스는 학술연구정보서비스(www.riss.kr) 데이터베이스를 사용하였고, 최종 추출은 2016년 5월 14일에 하였다. 추출 방법은 다음과 같다.

첫째, '수학'과 '연결'을 제목에 모두 포함하는 학위논문과 국내학술지 논문을 검색하였다. 둘째, '수학'과 '연결'을 주제어에 모두 포함하는 학위논문과 국내학술지 논문을 검색하였다. 셋째, '연결성'을 주제어에 포함하고 '수학'을 전체에 포함하는 학위논문과 국내학술지 논문을 검색하였다. 그리고 '수학' 대신 교육과정의 대 영역에 따라 '계산', '연산', '도형', '기하', '규칙성', '함수', '미분', '적분', '측정', '확률', '통계'를 각각 검색어로 지정하여 추출하였다. 각 검색어로 추출된 논문은 2006년 이후 발표된 것을 추리고, 그중에 수학교육 관련 논문을 다시 추렸다. 그 결과 추출된 논문의 수는 〈표 1〉과 같다.

추출된 논문 중에서 중복된 것과 수학적 연결성과 다소 무관한 논문을 제외한 분석 대상은 학술지 논문 33편, 학위논문 56편이었다. 예컨대 중점 연결 정리에 대한 내용을 다루는 논문이나 복합 사건의 확률에서 중추 연결 예제를 다루는 논문 등은 '연결'이라는 단어를 주제어에 포함하고 있지만 수학적 연결성을 다루고 있다고 보기 어려워 제외하였다. 또한 학위논문 중 저자 비공개 요청으로 인하여 그 학교의 도서관에 직접 가지 않는 한 자료 열람이 불가능한 논문도 분석 대상에서 제외하였다. 또한 중복되는 논문을 추리기 위하여 다음 작업을 시행하였다. 먼저 학술지 수록 논문과 석사학위 논문의 중복을 막기 위해 동일 저자의 유사 제목 학술지 논문과 석사학위 논문을 대조하는 작업을 하였다. 그 결과 중복되는 논문이 6편 있었다. 이 중에서 학위논문의 요약이라는 각주가 명시된 학술지 논문은 학위논문으로 분류하고, 학위논문의 요약이라는 언급 없이 학술연구비 지원에 의한 것이라는 각주가 명시된 논문은 학술지 논문으로 분류하였다.

〈표 1〉 검색 및 추출 논문 수

| 검색어 | | 검색 결과 | | 2006년 이후 | | 분석 대상 | |
|---|---|---|---|---|---|---|---|
| | | 학술지 | 학위논문 | 학술지 | 학위논문 | 학술지 | 학위논문 |
| 제목 연결+ ( * ) | 수학 | 25 | 44 | 17 | 32 | 16 | 31 |
| | 계산 | 20 | 9 | 9 | 2 | 1 | 2 |
| | 연산 | 9 | 5 | 2 | 0 | 2 | 0 |
| | 도형 | 15 | 29 | 10 | 21 | 4 | 11 |
| | 기하 | 8 | 10 | 5 | 7 | 2 | 4 |
| | 규칙성 | 0 | 1 | 0 | 1 | 0 | 1 |
| | 함수 | 24 | 19 | 5 | 5 | 2 | 4 |
| | 미분 | 0 | 2 | 0 | 2 | 0 | 2 |
| | 적분 | 1 | 1 | 0 | 1 | 0 | 0 |
| | 측정 | 26 | 15 | 17 | 5 | 0 | 0 |
| | 확률 | 10 | 3 | 8 | 1 | 1 | 1 |
| | 통계 | 8 | 6 | 5 | 4 | 1 | 2 |
| | 계 | 146 | 144 | 78 | 81 | 29 | 58 |
| 주제어 연결성+ 전체 ( * ) | 수학 | 21 | 25 | 20 | 17 | 19 | 15 |
| | 계산 | 6 | 5 | 6 | 4 | 2 | 1 |
| | 연산 | 6 | 3 | 5 | 1 | 0 | 1 |
| | 도형 | 2 | 8 | 2 | 6 | 1 | 6 |
| | 기하 | 6 | 6 | 5 | 4 | 4 | 3 |
| | 규칙성 | 0 | 3 | 0 | 2 | 0 | 1 |
| | 함수 | 6 | 10 | 5 | 8 | 4 | 5 |
| | 미분 | 0 | 0 | 0 | 0 | 0 | 0 |
| | 적분 | 0 | 2 | 0 | 1 | 0 | 1 |
| | 측정 | 18 | 31 | 17 | 29 | 0 | 4 |
| | 확률 | 2 | 3 | 2 | 2 | 1 | 2 |
| | 통계 | 6 | 11 | 6 | 10 | 1 | 2 |
| | 계 | 73 | 107 | 68 | 84 | 32 | 41 |
| 주제어 연결+ 전체 ( * ) | 수학 | 42 | 50 | 37 | 32 | 28 | 23 |
| | 계산 | 79 | 95 | 66 | 53 | 3 | 2 |
| | 연산 | 18 | 15 | 15 | 6 | 1 | 2 |
| | 도형 | 4 | 13 | 4 | 8 | 1 | 7 |
| | 기하 | 31 | 51 | 25 | 26 | 6 | 5 |
| | 규칙성 | 0 | 5 | 0 | 4 | 0 | 1 |
| | 함수 | 35 | 61 | 29 | 25 | 4 | 6 |
| | 미분 | 3 | 4 | 3 | 2 | 0 | 0 |
| | 적분 | 9 | 9 | 9 | 6 | 1 | 1 |
| | 측정 | 190 | 213 | 164 | 159 | 0 | 40 |
| | 확률 | 27 | 41 | 24 | 22 | 3 | 4 |
| | 통계 | 84 | 124 | 74 | 102 | 3 | 4 |
| | 계 | 522 | 681 | 450 | 445 | 50 | 95 |

이상의 추출 작업에 의하여 최종적으로 얻어진 논문은 학술지 논문 32편, 학위논문 48편의 총 80편이었다. 학위논문 48편 중 3편이 박사학위논문이었고 45편이 석사학위논문이었다. 박사학위논문은 초등학교 수학 수업에서 연결성을 강화하는 방안을 연구한 김유경(2013a)의 연구, 대학 수준의 통계학 수업에서 관련 연구 결과와 수업을 연결하고자 한 문길성(2011)의 연구, GSP를 활용하여 방정식과 함수 개념을 연결하여 지도하고자 한 윤옥교(2014)의 연구가 있었다.

최종 추출된 80편의 논문을 대상으로 통계적 분석을 수행하고 연구 내용을 살펴보았다. 통계적 분석은 학교급과 수학 영역 및 다루고 있는 수학적 연결성에 대한 통계적 분석을 실시하였고, 내용 분석은 수학 내적 연결성과 수학 외적 연결성으로 구분하여 어떤 연구가 이루어졌는지 요약·정리하였다.

## 3 통계적 분석

추출된 논문의 통계적 분석은 학교급별 통계, 대상으로 한 수학적 연결성의 종류에 따른 통계, 연구 대상 및 방법에 따른 통계적 분석을 실시하였다.

### 3.1 학교급별 분석

추출된 80편의 논문은 다루는 내용 영역에 따라 초등학교, 중학교, 고등학교로 구분하였다. 두 가지 이상의 학교급에서 다루는 내용을 다루는 연구는 '초+중' 또는 '중+고'로 분류하였다. 분류 결과는 〈표 2〉와 같다.

〈표 2〉 학교급별 분류

| 학교급 | 초 | 중 | 초+중 | 고 | 중+고 | 대 | 계 |
|---|---|---|---|---|---|---|---|
| 논문 수<br>(%) | 18<br>(22.5) | 20<br>(25.0) | 2<br>(2.5) | 33<br>(41.25) | 3<br>(3.75) | 4<br>(5.0) | 80<br>(100) |

<표 2>에서 볼 수 있듯이 초등학교 18편, 중학교 20편, 고등학교 33편이었고, 초등학교와 중학교 내용 연결 혹은 두 학교급이 모두 다루어진 논문은 2편이었다. 중학교와 고등학교 내용의 연결 혹은 두 학교급이 모두 다루어진 논문은 3편이었다. 이상의 결과를 보면 지난 10년 동안 우리나라에서 수행된 수학적 연결성에 대한 연구는 고등학교급에서 가장 많이 이루어졌음을 알 수 있다.

## 3.2 수학적 연결성의 종류별 분석

이종희(1999)는 수학적 연결성을 "수학적 연결성이란 초등이나 중등 교육과정의 다른 주제 영역과 수학의 통합 및 수학 내에서의 통합을 의미하기도 한다. 다시 말하면, 수학 내에서의 내용들 사이의 관계를 인식하거나 수학과 다른 학문 또는 실생활과의 관계 등을 인식하는 것을 말한다."로 정의하였다. 본 연구에서는 이 정의를 따라 수학적 연결성의 종류를 수학 내에서 내용들 사이의 관계를 인식하는 '수학 내적 연결성'과 수학과 다른 학문 또는 실생활과의 관계 등을 인식하게 하는 '수학 외적 연결성'으로 구분하였다. 각 논문을 다루는 수학 내적 및 외적 연결성에 따라 분류하였고, 내적 연결성과 외적 연결성을 모두 다루는 연구는 '내적+외적'으로 분류하였다. 분류 결과는 <표 3>과 같다.

**<표 3> 연결성의 종류에 따른 분류**

| 종류 | 내적 | 외적 | 내적+외적 | 기타 | 계 |
|---|---|---|---|---|---|
| 논문 수<br>(%) | 47<br>(58.75) | 24<br>(30) | 8<br>(10) | 1<br>(1.25) | 80<br>(100) |

<표 3>에서 볼 수 있듯이 내적 연결성을 다룬 연구가 47편으로 전체의 58.75%를 차지하였다. 내적 연결성과 외적 연결성을 모두 다룬 연구는 모두 8편으로, 대체로 특정 수업(김유경, 방정숙, 2012a; 2012b; 서은미, 2015) 또는 특정 내용 영역(김지예, 2012; 서창환, 2011; 이윤나, 2014)을 두 연결성의 관점에서 분석한 연구이다. 신현성, 한혜숙(2009)은 한국과 미국의 중학교 3학년과 고등학교 1~2학년 수학 교과서의 체제를 비교하며 두 연결성을 모두 다루었다. 이 연구의 결과에 의하면 한국의 교과서(제7차 교육과정의 교과서)는 수학적 구조, 계통성, 내적 연결망이 강조되는 방식으로 기술되어 있는 반면 미국의 교과서는 수학의 계통성과 함께 수학 외적 연결망 및 통합 연결망이 강조되

는 방식으로 기술되어 있다.

기타로 분류한 논문은 통계 연구와 강의를 연결하여 통합적 교수·학습 환경을 만들고자 한 연구(문길성, 2011)로서, 통계 학습의 효과적이라고 알려진 연구 결과를 활용하여 통합적 교수·학습 환경을 구축하고, 대학생을 대상으로 이를 활용한 수업을 시행한 후 그 효과를 분석한 연구이다.

## 3.3 연구 대상 및 방법별 분석

연구 대상별 구분은 학생, 교사, 교육과정 및 교과서, 이론적 연구로 구분하였다. 3.1에서 학교급별 통계를 실시하였으므로 이를 학교급으로 다시 나누지는 않았다. 학생을 대상으로 한 연구와 이론적 연구 중에는 분석 연구와 개발 연구가 있었다. 예를 들어 학생을 대상으로 하되, 연결성 관점에서 학생들의 실태 및 사례를 분석한 분석 연구가 있고, 공학 도구 등을 활용한 지도 방안을 제안하고 실험하여 효과를 관찰한 개발 연구가 있었다. 이론적 연구 중에는 교육과정이나 교과서를 분석한 연구 또는 교수학적 분석을 수행한 연구가 있었고, 교과서 및 교수학적 분석을 토대로 한 연결성을 강화하는 지도 방안을 제안한 연구가 있었다. 따라서 학생을 대상으로 한 연구와 이론적 연구는 연구 방법에 따라 분석 연구와 개발 연구로 구분하였다. 지도 방안을 제안하였지만 실제 학생을 대상으로 이 방안의 효과를 조사하지 않은 연구는 학생을 대상으로 한 시행이 없기 때문에 이론적 연구로 분류하고 개발 연구로 보았다. 교사를 대상으로 한 연구 중에 교사를 위한 개발 연구는 없었고 모두 분석 연구였다. 교사 교육 방안 등에 대한 연구를 교사를 대상으로 한 개발 연구로 분류하고자 하였지만, 현재까지 교사를 대상으로 하여 수학적 연결성과 관련된 연수 또는 교사 교육 방안을 연구한 것은 없었다. 이상의 관점에서 80편의 논문을 분류한 결과는 〈표 4〉와 같다.

**〈표 4〉 연구 대상 및 연구 방법에 따른 분류**

| 대상 및 방법 | 학생 | | 교사 | | 이론 | | 계 |
|---|---|---|---|---|---|---|---|
| | 분석 | 개발 | 분석 | 개발 | 분석 | 개발 | |
| 논문 수 (%) | 15 (18.75) | 27 (33.75) | 7 (8.75) | 0 (0) | 21 (26.25) | 10 (12.5) | 80 (100) |

〈표 4〉에서 볼 수 있듯이 수학적 연결성과 관련하여 가장 많이 수행된 연구는 학생을 대상으로 한 지도 방안 개발 연구로 전체의 33.75%를 차지하였다. 그리고 이론적 분석 연구가 26.25%로 뒤를 이었다. 수학적 연결성을 지도하는 방안은 계산기, Geogebra, 스마트 노트 등의 공학적 도구를 사용하는 연구가 8편이었고, 과학, 음악, 미술, 경제, 경영 등 타 교과와의 연결성을 강화하는 지도를 다룬 연구가 8편이었다. 하브루타, 마인드맵, 수학 일지 쓰기 등의 교수·학습 방법을 활용한 지도를 다룬 연구는 7편이었다. 수학적 연결성 관련하여 문제 만들기, 수학적 사고, 개념 이해 등을 연구한 논문은 모두 14편이었다.

교사를 대상으로 한 연구는 모두 분석 연구이었다. 김은경(2015), 김지영(2014), 김유경(2013b), 서은미(2015), 장윤정(2010)은 초등학교 교사의 수학 수업을 수학적 연결성 또는 연결하기 관행의 관점에서 분석하였다. 김유경(2013b)은 수학적 연결성에 대한 초등학교 교사의 인식을 조사하였고, 윤현경(2011)은 벡터 개념에 대한 예비교사와 현직교사의 MKT(mathematical knowledge for teaching)를 조사하였다. 윤현경(2011)의 연구만 중등교사를 대상으로 하였고, 나머지 6편은 모두 초등교사를 대상으로 하였다.

이론적 연구는 분석 연구가 21편이었고, 실제 수업이 수행되지 않은 이론적 개발 연구가 10편이었다. 지도 방안 또는 프로그램 개발을 위해서는 이론적 분석이 선행되어야 하기 때문에 이론적 개발 연구는 모두 이론적 분석 연구를 토대로 하고 있었다. 이론적 분석은 국내외 교과서, 교육과정, 해설서 등에 대한 분석 연구가 13편이었고, 교수학적 분석 연구가 7편이었다. 이 외에 양성현, 이환철(2012)은 수학 내적 연결성의 형식과 관련하여 선행 연구에 대한 메타 분석을 수행하였다.

각 논문의 연구 대상 및 연구 방법을 학교급별로 재분류하였다. 학교급별 분류는 초등학교, 중학교, 고등학교로 분류하였다. 〈표 2〉에서 보았듯이 연구 대상 논문 중에는 초등학교와 중학교 학생 또는 내용을 다룬 연구가 2편, 중학교와 고등학교 학생 또는 내용을 다룬 연구가 3편, 대학교 내용을 다룬 연구가 4편이었다. 구체적으로, 초등학교와 중학교를 대상으로 한 연구는 2편 모두 개발 연구였다. 중학교와 고등학교를 대상으로 한 연구는 3편 모두 이론적 분석 연구로, 교수학적 분석 연구가 1편, 교과서 분석 연구가 2편이었다. 대학교 내용을 다룬 연구는 교수학적 분석 연구가 1편, 학생을 대상으로 한 지도 방안을 도출한 연구가 3편이었다. 이상의 9편을 제외한 71편에 대하여 학교급별로 학생, 교사, 이론적 연구를 분류한 결과는 〈표 5〉와 같고, 학교급별로 분석 연구와 개발 연구를 분류한 결과는 〈표 6〉과 같다.

〈표 5〉 학교급별 연구 대상의 분류

| 연구 대상 | 초 | | | 중 | | | 고 | | | 계 |
|---|---|---|---|---|---|---|---|---|---|---|
| | 학생 | 교사 | 이론 | 학생 | 교사 | 이론 | 학생 | 교사 | 이론 | |
| 논문 수 | 10 | 6 | 2 | 9 | 0 | 11 | 18 | 1 | 14 | 71 |

〈표 5〉에서 볼 수 있듯이 초등학교와 고등학교에서는 학생을 대상으로 한 연구가 가장 많았고, 중학교에서는 이론 연구가 많았다. 특이한 것은 학생을 대상으로 한 연구 중에서 초등학교급에서는 분석 연구가 5편, 개발 연구가 5편으로 10편이 방법적 측면에서 균형을 이루었던 반면, 고등학교급에서는 분석 연구가 4편에 불과하고 14편이 개발 연구였다.

〈표 6〉 학교급별 연구 방법의 분류

| 대상 및 방법 | 초 | | 중 | | 고 | | 계 |
|---|---|---|---|---|---|---|---|
| | 분석 | 개발 | 분석 | 개발 | 분석 | 개발 | |
| 논문 수 | 13 | 5 | 11 | 9 | 15 | 18 | 71 |

〈표 6〉에서 볼 수 있듯이 초등학교와 중학교에서는 분석 연구가 개발 연구보다 많이 수행되었고, 고등학교에서는 개발 연구가 더 많이 수행되었다. 특히 초등학교에서 수행된 개발 연구 5편은 모두 수학적 연결성 지도 방안에 대한 것으로, 이론적 개발 연구는 없었다.

이상을 요약하면 수학적 연결성 관련 연구는 고등학교급에서 가장 많이 이루어졌고, 수학 외적 연결성보다 수학 내적 연결성에 관한 연구가 많았다. 연구 대상은 학생을 대상으로 한 연구가 가장 많았고, 교사를 대상으로 한 연구가 가장 적었다. 특히 교사를 대상으로 한 연구는 대부분 초등교사를 대상으로 한 분석 연구였다. 예비교사 또는 현직교사를 대상으로 한 분석 연구는 있었지만 교사 교육 관련 개발 연구는 없었다. 학생을 대상으로 한 연구는 개발 연구가 많이 이루어졌지만 초등학교에서는 분석 연구가 많았다. 이론적 연구는 분석 연구가 많이 수행되었고 주로 고등학교 내용에 대하여 이루어졌다.

# 4 연구 내용 분석

이 절에서는 연구 내용면에서 선행연구를 살펴본다. 연구 내용은 수학 내적 연결성과 수학 외적 연결성으로 구분하여 결과를 요약·정리한다.

## 4.1 수학 내적 연결성

수학적 연결성 관련하여 특정 학교급이나 특정 내용 영역에 한정되지 않은 연구로 양성현, 이환철(2012)의 연구가 있다. 이 연구에서는 수학적 연결성을 내적 연결성과 외적 연결성으로 분류하고, 교수 전략적 측면에서 다루는 내용과 방법에 따라 각각 내용적 측면과 형식적 측면으로 분류한 후, 국내외 수학적 연결성에 관한 연구를 메타적으로 분석하였다. 그리고 수학 내적 연결성의 형식적 측면을 계열성, 공유성, 연계성, 조직성, 통합성으로 구분하였다. 각각의 정의 및 적용 사례는 〈표 7〉과 같다.

〈표 7〉 수학 내적 연결성의 형식적 측면(양성현, 이환철, 2012, P.405)

| 구분 | 정의 | 교수 학습 적용 사례 |
|---|---|---|
| 계열성 | 교과의 단원들이 서로 연관되기 위해 재배치되고 계열화된다. 개별적인 단원 영역들은 그대로 유지되고 유사한 개념들이 계획적으로 가르쳐진다. | 타원에서 기울기 $m$이 주어진 접선의 방정식 $y=mx\pm\sqrt{a^2m^2+b^2}$을 설명하는 경우에 있어, 원에서 이 접선의 방정식 $y=mx\pm r\sqrt{m^2+1}$을 일반화와 특수화의 사고를 이용하여 설명할 수 있다. |
| 공유성 | 두 개의 단원에서 계획된 교수가 교육되고, 이때 중복되는 개념과 아이디어들이 조직 요소로 등장한다. | 산술평균과 기하평균은 절대부등식의 개념과 수열에서의 등차중항과 등비중항의 개념에 중복되는 개념과 아이디어들이 존재하여 서로의 조직요소로 작용할 수 있다. |
| 연계성 | 다양한 단원의 학습 내용들이 하나의 개념을 중심으로 재구성됨으로써 전체를 관망할 수 있는 광범위한 시야를 제공한다. | 행렬을 함수의 개념과 연계하여 지도하면 대칭변환과 회전변환을 비롯한 일차변환에 대한 함수적 개념에 보다 쉽게 접근할 수 있으며 함수의 합성이 교환법칙이 성립하지 않음을 이용하여 행렬의 곱셈의 교환법칙이 성립하지 않음을 연계하여 설명할 수 있다. |

| 구분 | 정의 | 교수 학습 적용 사례 |
|---|---|---|
| 조직성 | 하나의 문제 상황(개념)에 대하여 초단원적 다양한 접근 방식으로 이해를 함으로써 문제 상황을 조직적으로 이해하고 전이가 촉진되도록 한다. | $\begin{cases} x^2-y^2=0 \\ x^2-2xy+2y^2=10 \end{cases}$ 위의 연립방정식을 대수적, 집합론적, 기하적으로 이해를 함으로써 주어진 문제 상황을 다양한 방법으로 해석할 수 있게끔 한다. |
| 통합성 | 수학적 개념에 대하여 두 개 이상의 단원에서 개념을 재해석할 수 있다는 것을 의미한다. | '적분과 통계' 또는 '미적분과 통계 기본'에서 이항정리 ${}_n\mathrm{C}_0+{}_n\mathrm{C}_1+{}_n\mathrm{C}_2+\cdots+{}_n\mathrm{C}_n=2^n$을 배운 학생이 고등학교 1학년 '수학'에서 배운 원소의 개수가 $n$개인 부분집합의 개수가 $2^n$개임과 연결한다. |

초등학교 내용에서 수학 내적 연결성은 자연수와 분수의 사칙연산(노은환, 정상태, 김민정, 2015), 소수 계산(방정숙, 김재화, 2006), 곱셈적 사고(김유경, 방정숙, 2014), 도형 영역과 측정 영역(김유경, 2013a; 황샘이, 2014)이 다루어졌다. 연결성 관점에서의 수업 분석(김유경, 방정숙, 2012b; 김은경, 2015; 김지영, 2014; 서은미, 2015; 장윤정, 2010)은 전반적인 내용 영역에 대하여 이루어졌다.

노은환, 정상태, 김민정(2015)은 자연수와 분수의 사칙연산 사이의 연결이 처음 도입되는 학기를 제외하고는 이루어지지 않는다는 점을 지적하며 연산 사이의 연결을 보다 긴밀하게 하는 노력이 필요하다고 하였다. 그 일환으로 분수의 나눗셈을 5학년과 6학년으로 나누지 않고 동일 학기에 학습하도록 하는 것을 제안하였다. 소수 계산과 곱셈적 사고 관련 연구에서는 학생들의 오류 분석과 지도 시 선행 개념과 후속 개념을 연결하여 분석하고 지도해야 함을 주장하였다. 방정숙, 김재화(2006)의 연구에서는 자릿값 개념, 자연수 연산의 의미 이해, 소수와 십진 분수의 연결 관계나 계산 원리에 대한 이해와 소수 계산을 연결하였고, 김유경, 방정숙(2014)의 연구에서는 곱셈적 사고가 활용되는 곱셈, 분수, 비례 개념을 연결하였다. 도형 영역과 측정 영역에서는 김유경(2013a)이 수학적 연결성을 개념 연결, 절차 연결, 실생활 연결로 구분하고 수학적 연결성 관점에서의 초등학교 6학년 도형 영역과 측정 영역의 교과서 분석과 연결성 강화를 위한 수업 모형을 개발하였다. 황샘이(2014)는 이 수업 모형에 따라 4학년 2학기 도형과 측정 영역에서 선행 개념과 후행 개념, 절차의 연결을 강조한 수업 자료를 개발하였다.

초등학교 수학 수업을 연결성의 관점에서 분석한 연구에는 김유경, 방정숙(2012b), 김은경(2015), 김지영(2014), 서은미(2015), 장윤정(2010)이 있다. 각 시도 교육청 좋은 수업 동영상을 분석한 김유경, 방정숙(2012b), 장윤정(2010)에 의하면 초등학교 수학 수업의 연결은 학생의 자발적 연결보다는 교사 주도적 연결이 주로 이루어진다. 수학 외적 연결인 개념과 실생활의 연결은 주로 도입 부분의 동기 유발 형식으로 이루어지고, 수업이 진행되면서 개념과 개념, 개념과 절차, 절차와 절차 사이의 수학 내적 연결이 주로 이루어진다. 가장 많이 이루어지는 것은 개념과 절차의 연결이다. 효과적인 수학 논의를 위해서는 수학적 연결에 대한 교사의 의식적 노력이 필요하고, 교사의 예상하기의 수준과 교과 내용에 대한 지식 및 학생들에 대한 이해도가 높고 수학적 의사소통이 원활하게 이루어지는 수업일수록 연결하기가 잘 이루어진다(김은경, 2015; 김지영, 2014; 서은미, 2015).

초등학교 수학과 중학교 수학을 연결하는 관점에서 권석일, 임재훈(2007)은 이원일차연립방정식의 연결 방안을 고찰하였다. 이 연구에서는 초등수학과 중학수학에서 다루어지는 이원일차연립방정식 문장제 문제의 연결성이 부족함을 지적하였다. 초등학교에서는 이원일차연립방정식 문장제 문제를 다룰 때, 예상과 확인 또는 표 만들기로 해결하는데, 이 전략과 중학교에서 사용하는 가감법과 대입법의 연결성이 부족하다는 것이다. 이를 해소하기 위해 초등학교에서 그림그리기 전략을 사용할 것을 제안하고 있다.

중등학교 수준에서 수학 내적 연결성 관련 연구는 교과서 분석, 학생 분석, 연결성 강화를 위한 지도 방안 개발 연구 등이 있다. 교과서 분석은 복소수(김지예, 2012), 방정식(이윤나, 2014), 확률과 통계(최경호, 2008) 등에 대해 수행되었다. 김지예(2012)에 의하면 2007 개정 교육과정에 따른 교과서의 복소수 단원에서는 외적 연결보다 내적 연결이 더 많이 적용되어 있었고, 개념적 지식보다 절차적 지식에서 더 많은 연결을 하고 있었다. 2009 개정 교육과정의 고등학교 1학년 방정식 단원을 분석한 이윤나(2014)의 연구에 의하면 2009 개정 교육과정의 교과서에서는 수학 내적 연결보다 수학 외적 연결이 더 많이 적용되고 있었다. 최경호(2008)는 제7차 교육과정의 확률, 통계 영역 교과서를 분석하였는데, 확률변수를 매개로 하는 확률분포에 대한 개념과 통계적 추정에 대한 개념은 잘 연결되어 있었으나 큰 수의 법칙, 전수조사, 표본조사 등은 내적 연결성이 떨어졌다. 특히 큰 수의 법칙은 다른 내용과 전혀 연결되지 않고 있었고, 확률의 극한과 함께 다루어져야 하는 내용으로서 고등학교에서 다루는 것에 무리가 있음을 지적하였다.

학생들을 상대로 한 연구에서는 학생들의 연결성의 수준과 어려움에 대하여 조사되었다. 이들 연구의 결과에 의하면 우리나라 중·고등학생의 수학적 연결성 수준은 높지 않다(김경화, 2009; 김선현, 2007; 김성래, 서종진, 2012; 박수필, 2008, 최원혁, 2013). 예를 들어 중학교 학생들은 일차방정식과 일차함수 개념을 서로 번역하고 해석하는 데 어려움을 겪고 있었고(김희은, 2014), 미지수 개념과 변수 개념을 혼동하고 있었다(박진희, 2016). 개념과 개념, 개념과 절차의 연결보다는 기계적 문제 풀이에 치중하는 경향도 있었다(박수필, 2008; 최원혁, 2013). 학생들이 겪는 어려움과 관련하여 최주연(2011)은 수학용어와 개념이해 사이의 연결성에 대하여 학생들의 사례를 조사하였다. 그 결과 시초선, 동경, 호도법, 라디안, 계차수열, 수열의 귀납적 정의, 점화식, 발산, 급수 등의 수학용어와 학생들의 개념 이미지 사이의 연결성이 떨어짐이 나타났다.

수학 내적 연결성을 강화시키기 위한 다양한 교수·학습 방법이 제안되거나 개발되었다. 가장 많이 다루어진 연결은 방정식과 함수의 연결, 대수와 기하의 연결이었다. 김진환(2008)은 이차함수의 그래프의 구조적 특성을 일차함수의 그래프에 기초하여 분석하고, 이차함수의 그래프와 일차함수의 그래프를 기하적으로 연결하여 지도하는 방안을 제시하였다. 이와 관련하여 최지선(2009)은 이차함수의 그래프 표현과 기호적 표현의 연결을 강화하는 교수·학습을 위하여 김진환(2008)의 제안과 같이 일차함수의 곱의 그래프로 이차함수의 그래프를 생각하도록 하였고, 학생들이 이차함수의 기호적 표현을 더 잘 이해하고 그래프 표현과 기호적 표현을 연결시킬 수 있었다는 결과를 얻었다. 김진환, 박교식(2015)은 연립일차방정식의 다양한 표현과 해결 전략 사이의 연결성을 분석하고, 가감법과 대입법의 형식적 조작과 직사각형 표현을 활용한 전략의 연결, 소거법과 직선 표현을 활용한 전략의 연결을 제안하였다. 방정식, 부등식과 함수의 연결성을 강화하는 방안으로 그래핑 계산기를 활용하는 것도 제안되었다(박희정, 2008; 박희정, 김경미, 황우형, 2011). 윤옥교(2014)는 GSP 환경에서 비례 및 닮은 도형 개념을 매개로 방정식과 함수의 그래프를 연결하였다. 이 연구에서 학생들은 대수적으로만 해결하던 이차방정식 문제나 이차방정식의 판별식 문제를 기하와 연결하여 이해하고, GSP를 활용한 닮은 도형을 작도하는 과정에서 이차함수, 유리함수, 무리함수의 그래프를 이해하며 독립변수와 종속변수, 정의역과 그래프, 공역과 그래프 간의 관계에 대한 이해를 심화시킬 수 있었다. 강창원(2009)의 연구에서는 중학교 이차함수 학습 시 가속도 운동을 활용하여 구간별 평균기울기를 구하는 활동을 통해 고등학교 미분 개념과의 연결을 제안하였다.

고등학교 수준에서는 해석기하와 논증기하를 연결하여 지도하는 방안이 많이 연구되었다. 대수적 표현과 기하적 표현을 연결하면 문제해결력과 개념 이해력이 증대될 수 있다

(도정철, 손홍찬, 2015; 유익승, 한인기, 2011; 윤옥교, 2014). 많은 연구에서 GeoGebra (김은혜, 2015; 심혜진, 2015; 양성현, 강옥기, 2011; 조현진, 2015), GSP(도정철, 손홍찬, 2015) 등의 기하 소프트웨어를 활용하였다. 김은혜(2015), 조현진(2015), 도정철, 손홍찬(2015)은 도형의 방정식 단원에서 해석기하와 논증기하를 연결하였고, 양성현, 강옥기(2011)는 이차곡선 단원에서 대수적 접근과 기하적 접근을 연결하였다. 공학 도구를 사용하지는 않았지만 이지현, 홍갑주(2008)는 기하학적 증명과 벡터와 내적을 이용한 대수적 증명을 연결하는 방안을 제시하였다.

이 외에 적분과 통계의 연결(황석근, 윤정호, 2011), 집합의 분할 구조 인식을 통한 연결성 강화(박주미, 2014), 내적 연결성을 강화하는 복소수 지도(유윤재, 2008), 도형수, 각뿔수, 파스칼삼각형, 피보나치수열의 연결(손홍찬, 2010) 등이 논의되었다. 황석근, 윤정호(2011)는 연속확률분포에서의 확률밀도함수의 도입, 연속확률변수의 기댓값 정의에 있어서 중간값 정리, 정적분의 정의, 정적분과 무한급수와의 관계에 대한 개념의 연결, 정규분포의 표준화를 치환적분법과 연결하여 지도하는 방안을 마련하였다. 박주미(2014)는 고등학교 수학과 교육과정에서 집합의 분할 구조가 내재된 문제가 많음을 지적하며 집합의 분할 구조를 명시적으로 인식하게 하는 것은 분할 구조가 내재된 수학 문제를 통합적 안목으로 보게 하여 수학 내적 연결성을 강화시키고 문제해결 능력을 향상시킬 수 있음을 보였다. 유윤재(2008)는 복소수 개념이 실수, 방정식, 좌표계, 삼각함수, 일차변환, 벡터 등의 다양한 학교수학의 개념들과 연결되어 있고 이러한 연결은 문제해결에 중요한 요소로 작용할 수 있으므로 내적 연결성을 강화한 복소수의 의미 있는 지도를 주장하였다.

특정 내용 영역에 한정되지 않은 수학 내적 연결성을 강화하는 교수·학습 방안으로 토론식 학습인 하브루타 교육(신현재, 2016), 수학사 활용(류동환, 2013; 신나라, 2015), 마인드맵 활용(이영재, 2016; 최지나, 2006) 등이 제안되었다.

## 4.2 수학 외적 연결성

수학 외적 연결성에 대해서는 수업설계모형 연구, 교과서 분석 연구, 외적 연결성 강화를 위한 지도 방안 연구 등이 있다.

이혜숙, 임해미, 문종은(2010)은 수학과학통합교육을 위하여 문헌연구를 바탕으로 수학교사가 실행하는 수학과학통합교육의 특징을 6가지 도출한 후 이를 기반으로 [그림 1]

과 같은 수업설계모형을 제시하였다. 이들이 도출한 수학과학통합교육의 특징 6가지는 다음과 같다. 첫째, 수학과 과학 교과의 지식과 방법에 대한 통합적 이해를 토대로 현상을 해석하는 통합적 안목을 갖도록 하는 것을 목적으로 하고, 둘째, 이미 가르쳐진 과학 개념을 토대로 이와 관련된 새로운 수학 개념을 도입하는 형태이며, 셋째, 수학 개념의 점진적 수학화를 위한 단계를 반영하는 단위 수업들의 집합으로 설계되고, 넷째, 점진적 수학화를 통한 수학적 지식의 형식화, 수학적 지식의 발전을 통한 과학적 지식의 이해 심화, 형식화된 수학적 지식과 심화된 과학적 지식을 토대로 현상 이해 능력과 안목을 넓히는 것을 목표로 한다. 다섯째, 단위수업은 차시가 진행됨에 따라 과학중심통합으로부터 수학중심통합으로 특성이 변화되고, 여섯째, 구성주의를 기반으로 하며 지식뿐 아니라 사고 기술과 가치가 통합되도록 한다. 이때 테크놀로지는 수학과 과학의 연결의 매개체로 사용된다.

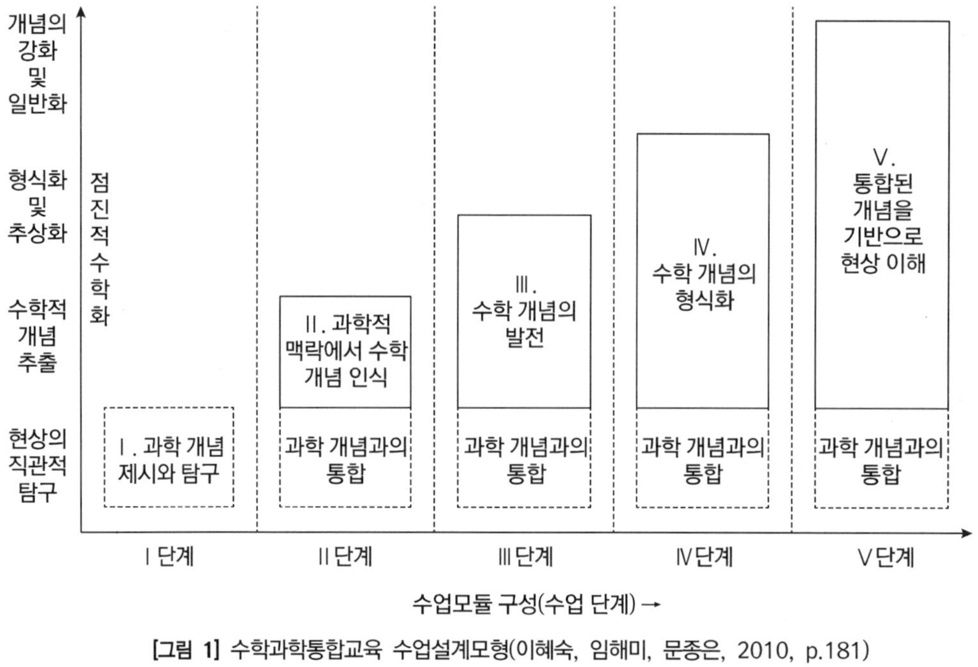


**[그림 1]** 수학과학통합교육 수업설계모형(이혜숙, 임해미, 문종은, 2010, p.181)

수학 외적 연결성의 관점에서 시행한 교과서 분석 연구는 여러 측면에서 이루어졌다. 수학 교과서를 분석한 연구는 우리나라 교과서만을 분석한 연구와 외국의 교과서와 비교하여 분석한 연구가 있다. 우리나라 교과서를 분석한 연구(강미나, 2015; 유별아, 2015)에 의하면 우리나라 중학교 교과서에서는 개인적 실생활 연결이나 사회와 과학의 타 교과 연결이 주를 이루고, 사회적 실생활 연결이나 수학사 연결은 상대적으로 낮은 비중을 차지한다. 외국의 수학 교과서와 우리나라 교과서를 비교하여 분석한 연구에 의하면 우리나라 교과서는 다른 나라의 교과서에 비해 수학 내적 연결성이 강조되고 수학 외적 연결성이 상대적으로 약하다(신현성, 한혜숙, 2009; 이현지, 2014). 수학의 외적 연결성 관점에서 한국, 미국, 일본, 핀란드의 초등학교 수학 교과서 3~6학년 내용을 분석한 이현지(2014)의 연구에 의하면 미국, 일본, 핀란드에 비해 한국 교과서 내에서의 연결성이 다소 떨어졌고, 한국은 동기유발에서 연결성이 강조되는 반면 미국은 평가, 핀란드는 연습, 일본은 설명과 적용에서 연결성이 가장 강조되고 있었다. 또한 일본, 핀란드, 미국에 비해 한국 교과서는 상 수준의 연결이 매우 부족하였다.

교과서 분석 연구 중에는 타 교과와 수학 교과의 연결을 분석한 연구가 있다. 문철우, 김영옥(2010)은 공업계 고등학교의 전자계산기과와 수학과의 교육과정과 교과서를 분석하였다. 이 연구의 결과에 의하면 전자계산기과에서 필요한 수학 내용의 상당 부분을 중·고등학교 수학과 교육과정에서 다루지 않고 있다. 예를 들어 전자계산기과에서는 부울대수, 대학 수준의 수 체계, 진법, 상대 좌표, 극좌표 등을 필요로 하지만, 고등학교 수학과 교육과정에서 이를 다루지 않으며, 교육과정 개편이 거듭되며 삭제된 무리식, 행렬, 알고리즘과 순서도 역시 필요로 하고 있었다. 박은정(2013)은 특성화 고등학교의 원가회계교과와 수학과 교육과정의 연결성을 분석하였다. 원가회계교과에서 활용하는 수학 내용은 주로 중학교 수준의 수학이었는데, 학생들의 기초 능력이 떨어지는 경우가 많아 전문계 교과와 수학과의 협의 등을 통하여 연계성을 강화하는 교육과정 및 수업의 운영이 필요함을 제안하였다.

수학 외적 연결성을 강화하는 지도 방안은 대부분 타 교과와의 연결이었다. 나경수, 최성필(2011)은 초등학교 6학년 비와 비율 단원에서 과학의 온도 재기와 수평잡기, 사회의 우리 시도의 모습 단원을 연결하여 함수적 사고를 지도하는 방안을 제안하였다. 문영순(2006), 전혜은(2013), 조지희(2014)는 음악과 수학을 연결하여 지도하는 방안을 제안하였다. 이들이 제안한 음악과 수학의 연결은 박자치기, 리듬악기 연주와 규칙성 영역의 연결, 음악 변주와 피보나치수열과 황금분할, 12음기법, 집합이론의 연결, 피타고라스 음계와 수와 연산 영역의 연결이었다. 미술과 수학을 연결한 연구에서 문영순(2006)은 미술의 포장지와 벽지 꾸미기를 초등수학의 규칙성 영역과 연결하는 수업 자료를 개발하였고, 권오남, 정선아(2012)는 기하 소프트웨어(GSP)를 활용하여 초등학교 5학년에서 중학교 2학년까지의 수학 영재 학생들을 상대로 수학식과 디자인을 연결하였다. 이 외에 이지수(2008)는 경제, 경영과 고등학교 미적분의 연결성을 분석하고 이를 강조하는 교수·학습 방안을 개발·적용하였다.

특정 내용 영역에 한정되지 않은 수학 외적 연결성 지도 방안으로 연극을 활용하는 수업(황지언, 2013)과 영화를 활용하는 수업(우수정, 2008)이 제안되었다.

## 5 결론

이 장에서는 수학적 연결성에 대한 국내 선행 연구를 살펴보았다. 대상으로 한 선행연구는 학술지 논문 32편과 학위논문 48편이다. 이 80편의 논문을 대상으로 2절에서 학교급, 수학적 연결성의 종류, 연구 대상 및 연구 방법에 대한 통계적 분석을 실시하였다. 3절에서는 수학 내적 연결성과 수학 외적 연결성으로 나누어 연구 내용과 결과를 간단하게 살펴보았다. 본 연구에서 사용한 주요어가 아닌 다른 주요어를 사용하거나 주요어를 확장하여 추출하면 다른 연구 결과가 나올 수 있을 것이다.

본 연구에서 볼 수 있듯이 우리나라에서는 수학 외적 연결보다 수학 내적 연결에 대한 연구가 더 많이 이루어졌고, 초등학교보다는 중·고등학교 내용이 많이 다루어졌다. 중·고등학교 내용 중에서도 방정식과 함수의 연결, 해석기하와 논증기하의 연결에 관한 연구가 많이 이루어졌고, 그래픽 계산기나 기하 소프트웨어의 사용이 여러 연구에서 제안되었다. 수학 외적 연결에 대한 연구는 타 교과와의 연결이 주로 연구되었다. 이 분야에 대한 지속적인 연구도 필요하겠지만, 그동안 많이 이루어지지 않은 초등학교 수학의 내적 연결성 관련 연구, 방정식과 함수 또는 해석기하와 논증기하 이외의 중·고등학교 수학의 내적 연결성에 관한 연구, 공학적 도구 사용 이외의 연결성 강화를 위한 수업 방안, 교과서, 학생, 수업에 대한 보다 다양하고 세밀한 연결성 관련 분석, 다양한 교과 및 실생활과의 연결 등에 관한 연구가 필요하다.

수학적 연결성을 강화하는 수업을 위해서 무엇보다 중요한 것은 교사의 인식과 이를 위해 필요한 지식, 연결을 성공적으로 이끌고자 하는 교사의 노력이다(김유경, 2013a). 이를 위해서 필요한 자료를 개발하고, 교사 연수를 실시하는 등의 방법도 있겠지만 김유경(2013b)에 의하면 교사들이 가장 필요로 하는 것이 좋은 수업 사례이므로 연결성 관련 좋은 수업 사례에 대한 연구도 필요하다.

수학적 연결성은 수학적 개념과 절차에 대한 이해를 확장·심화시키고, 문제해결력을 향상시키며, 수학의 가치를 이해하고 실생활과 다양한 학문 분야에서 수학을 활용하도록 할 수 있는 수학교육의 매우 중요한 요소이다. 2015 개정 교육과정에서 강조하는 6대 교과 역량도 이와 밀접하게 관련된다. 그러므로 수학적 연결성 관련 연구는 앞으로도 다양한 관점에서 꾸준하게 이루어져야 할 것이다.

# 참고 문헌


강미나(2015). **2009 개정 교육과정에 따른 중학교 3학년 수학 교과서의 기하영역 외적연결성 분석**. 이화여자대학교 교육대학원 석사학위논문.

강창원(2009). **중학교 수학 교과서에서 이차함수와 미분 연결성 증대를 위한 제언**. 한양대학교 교육대학원 석사학위논문.

권석일, 임재훈(2007). 그림그리기 전략을 통한 초·중등수학의 연립방정식 지도 연결성 강화. **수학교육학연구, 17**(2), 91-109.

권오남, 정선아(2012). 대수식과 디자인의 연결과정에서의 영재학생들의 수학적 사고 과정 분석. **수학교육, 51**(1), 47-61.

김경화(2009). **중학교 1학년 학생들의 영역별 문제 설정 분석과 이를 통한 수학적 연결성 연구**. 한국교원대학교 대학원 석사학위논문.

김선현(2007). **문제설정을 통한 고등학교 1학년 학생들의 수학적 연결성에 관한 분석**. 한국교원대학교 대학원 석사학위논문.

김성래, 서종진(2012). 중등교과과정에서의 사건의 독립에 관한 연구: 수학 개념들 간의 연결을 중심으로. **한국학교수학회논문집, 15**(1), 199-214.

김유경(2013a). **초등학교 수학 수업에서 수학적 연결성 구현을 위한 지도방안 탐색**. 한국교원대학교 대학원 박사학위논문.

김유경(2013b). 수학적 연결성 구현에 대한 초등 교사들의 인식과 실태 조사. **한국학교수학회논문집, 16**(3), 601-620.

김유경, 방정숙(2012a). 초등학교 수학 수업에 나타난 초임교사의 교수학적 내용 지식 분석. **한국학교수학회논문집, 15**(1), 27-51.

김유경, 방정숙(2012b). 초등학교 수학 수업에 나타난 수학적 연결의 대상과 방법 분석. **수학교육, 51**(4), 455-469.

김유경, 방정숙(2014). 곱셈적 구조에 대한 2, 4, 6학년 학생들의 수학적 사고의 연결성 분석. **수학교육, 53**(1), 57-73.

김은경(2015). **효과적인 수학적 논의를 위한 예상하기 관행과 연결하기 관행의 관계**. 한국교원대학교 대학원 석사학위논문.

김은혜(2015). **논증기하와의 연결성을 강조한 해석기하 수업 모형 개발 및 적용 사례 연구: 고등학교 1학년 「도형의 방정식」 중심으로**. 한국교원대학교 대학원 석사학위논문.

김지영(2014) **효과적인 수학적 논의를 위한 초등학교 수학 수업 사례 분석: 5가지 관행을 기반으로**. 한국교원대학교 대학원 석사학위논문.

김지예(2012). **수학적 연결성 관점에서의 고등학교 수학 교과서 분석: 복소수 단원을 중심으로**. 이화여자대학교 교육대학원 석사학위논문.

김진환(2008). 일차함수의 그래프에 기초한 이차함수의 그래프에 대한 교수학적 분석. **학교수학, 10**(1), 43-61.

김진환, 박교식(2015). 연립일차방정식의 다양한 표현과 소거법의 의미에 관한 연구. **학교수학, 17**(3), 407-421.

김희은(2014). **교과서의 구성이 중학교 2학년 학생의 방정식과 함수의 관계에 대한 이해능력에 미치는 영향**. 고려대학교 교육대학원 석사학위논문.

나경수, 최성필(2011). 타교과와 연결된 상황설정을 통한 함수적 사고 지도 방안. **학교수학, 13**(4), 651-674.

노은환, 정상태, 김민정(2015). 초등 수학에서 자연수와 분수의 사칙연산에 대한 개념 익히기 및 연산 사이의 연결 분석. **한국초등수학교육학회지, 19**(4), 563-588.

도정철, 손홍찬(2015). GSP를 활용한 기하수업에서 수준별 학생의 논증기하와 해석기하의 연결에 관한 연구. **한국학교수학회논문집, 18**(4), 411-429.

류동환(2013). **역사발생적 원리에 따른 수학적 확률과 통계적 확률의 연결 지도 방안에 관한 연구**. 영남대학교 교육대학원 석사학위논문.

문길성(2011). ***On developing an integrated teaching and learning environment providing a bridge between research findings and teaching practice in statistics education.*** 전북대학교 대학원 박사학위논문.

문영순(2006). **수학적 연결성에 기초한 규칙성 탐구 활동에 관한 연구**. 전주교육대학교 교육대학원 석사학위논문.

문철우, 김영옥(2010). **공업계 고등학교 수학 교과와 전문 교과와의 수학적 연결성 분석: 전자계산기과 중심**. East Asian mathematical journal, 26(2), 233-249.

박수필(2008). **수학일지를 통한 두 수학적 개념에 대한 연결성 분석**. 한국교원대학교 교육대학원 석사학위논문.

박은정(2013). **특성화 고등학교 원가회계교과와 수학과 교육과정의 연결성**. 건국대학교 교육대학원 석사학위논문.

박주미(2014). **문제 상황에 내재된 집합의 분할 구조 인식에 대한 연구**. 서울대학교 대학원 석사학위논문.

박진희(2016). **일차함수와 일차방정식의 관계의 학습에 영향을 미치는 원인 분석**. 한국교원대학교 대학원 석사학위논문.

박희정(2008). **그래핑 계산기를 활용한 수업이 고등학생의 대수 영역과 함수 영역의 연결성에 미치는 영향**. 고려대학교 대학원 석사학위논문.

박희정, 김경미, 황우형(2011). CAS 그래핑 계산기를 활용한 수학 수업에 관한 사례 연구. **수학교육 논문집, 25**(2), 403-430.

방정숙, 김재화(2006). 초등학교 6학년 학생들의 소수 계산 오류와 선행지식 간의 연결 관계 분석 및 지도방안 탐색. **수학교육, 45**(3), 275-293.

서은미(2015). **5가지 관행을 적용한 초등학교 수학 수업에서 연결하기 관행 분석**. 한국교원대학교 대학원 석사학위논문.

서창환(2011) **고등학교 수학에서의 행렬의 내적연결성과 외적연결성**. 부산외국어대학교 교육대학원 석사학위논문.

손홍찬(2010). 수학적 추론과 연결성의 교수·학습을 위한 소재 연구: 도형수, 파스칼삼각형, 피보나치수열을 중심으로. **학교수학, 12**(4), 619-638.

신나라(2015). **수학사와 탐구활동을 연결한 이차곡선 학습 자료 개발**. 고려대학교 교육대학원 석사학위논문.

신현성, 한혜숙(2009). 한국과 미국의 교과서 체제 비교분석. **한국학교수학회논문집, 12**(2), 309-325.

신현재(2016). **수학 교수학습에서 하브루타 교육의 효과에 관한 연구: 고등학교 1학년 함수 단원을 중심으로**. 전남대학교 교육대학원 석사학위논문.

심혜진(2015). **GeoGebra를 활용한 STEAM 수학 수업 지도방안 연구: 기하와 적분을 중심으로**. 연세대학교 교육대학원 석사학위논문.

양성현, 강옥기(2011). GeoGebra를 활용한 역동적인 시각적 표상에 기반한 이차곡선 지도 방안. **학교수학, 13**(3), 447-468.

양성현, 이환철(2012). 수학 내적 연결성에 관한 형식적 측면 연구. **한국학교수학회논문집, 15**(3), 395-410.

우수정(2008). **영화를 소재로 한 연립일차방정식 활용의 수업 지도 시 수학적 태도(연결성)와 흥미에 관한 연구**. 경희대학교 교육대학원 석사학위논문.

유별아(2015). **수학적 연결성 관점에서의 2009 개정 중학교 2학년 수학 교과서 분석: 외적 연결성을 중심으로**. 이화여자대학교 교육대학원 석사학위논문.

유윤재(2008). 복소수 개념의 교수학적 분석. **한국수학사학회지, 21**(4), 141-152.

유익승, 한인기(2011). 대수식의 기하학적 해석을 통한 문제해결에 대한 연구. **수학교육 논문집, 25**(2), 451-472.

윤옥교(2014). **역동적 기하 환경에서 비례에 기반한 함수와 이차방정식 작도 문제 해결 과정 연구**. 한국교원대학교 대학원 박사학위논문.

윤현경(2011). **벡터개념에 대한 예비교사와 현직 교사의 MKT**. 서울대학교 대학원 석사학위논문.

이영재(2016). **마인드맵과 문제 연결 활동들 통한 수업지도가 중하위권 학생들의 문제해결에 미치는 영향: 중2 도형 단원을 중심으로**. 한국교원대학교 대학원 석사학위논문.

이윤나(2014). **수학적 연결성을 바탕으로 한 고등학교 수학I 교과서 방정식 영역 분석: 2009 개정 교육과정을 중심으로**. 연세대학교 교육대학원 석사학위논문.

이종희(1999). 수학적 연결성에 대한 연구: 수학과 미술과의 연결. **교과교육학연구, 3**(2), 147-160.

이지수(2008). **고등학교 수학과 경제·경영의 수학적 연결성에 관한 사례 연구**. 서강대학교 교육대학원 석사학위논문.

이지현, 홍갑주(2008). 교과지식으로서의 유클리드 기하와 벡터기하의 연결성. **학교수학, 10**(4), 573-581.

이현지(2014). **수학적 연결성에 대한 초등학교 수학교과서 비교 분석: 한국, 미국, 일본, 핀란드를 중심으로**. 서울교육대학교 교육전문대학원 석사학위논문.

이혜숙, 임해미, 문종은(2010). 수학과학통합교육의 설계 및 실행에 대한 연구. **수학교육, 49**(2), 175-198.

장윤정(2010). **초등학교 수학과 좋은 수업에 대한 실태분석 및 수업에서 이루어지는 수학적 연결성에 대한 연구**. 한국교원대학교 대학원 석사학위논문.

전혜은(2013). **수학교육에서 음악의 활용방안 연구: 작곡에 사용된 수학적 원리를 적용한 음악 변주**. 성균관대학교 교육대학원 석사학위논문.

조지희(2014). **개인적 흥미에 따른 수학과 음악의 연결성 수업 효과 분석**. 이화여자대학교 교육대학원 석사학위논문.

조현진(2015). **GeoGebra를 활용하여 해석기하와 논증기하를 연결한 교수·학습 자료 개발 및 적용: 고등학교 1학년 도형의 방정식 단원을 중심으로**. 한국교원대학교 대학원 석사학위논문.

최경호(2008). 고등학교 수학과 교육과정 중 확률, 통계에 나타난 의미의 연결망 구조와 분석. ***Communications for statistical applications and methods, 15***(2), 245-254.

최원혁(2013). **일차방정식과 일차함수의 연결성에 대한 인식 조사: 중학교 2학년 학생을 중심으로**. 서강대학교 교육대학원 석사학위논문.

최주연(2011). **학생들의 수학용어를 통한 개념의 이해에 관한 연구**. 서울대학교 대학원 석사학위논문.

최지나(2006). **수학적 개념 사이의 연결성 강화를 위한 마인드맵의 활용**. 영남대학교 교육대학원 석사학위논문.

최지선(2009). **고등학교 2학년 학생들의 이차함수의 그래프 표현과 기호적 표현 사이의 연결에 관한 연구**. 한국교원대학교 대학원 석사학위논문.

황샘이(2014). **수학적 연결성 구현을 위한 초등수학 수업자료 개발 연구: 초등학교 4학년을 중심으로**. 부산교육대학교 교육대학원 석사학위논문.

황석근, 윤정호(2011). 수학적 연결성을 고려한 연속확률분포단원의 지도방안 연구. **학교수학, 13**(3), 423-445.

황지언(2013). **전문가의 망토기법을 활용한수학 수업이 초등학생들의 수학적 연결성 인식 및 수학적 태도에 미치는 영향**. 서울교육대학교 교육대학원 석사학위논문.

# 5장
# 학교수학에서의 수학적 연결성 평가 방안

임 해 미 (한국교육과정평가원)

## 1 서론

학교에서는 수학을 대수, 해석, 기하, 확률과 통계 등의 내용 영역으로 구분하여 가르치고 있지만, 학교 밖 실세계의 문제를 해결할 때에는 수학에서 배운 개념을 통합적으로 이해하고, 나아가 과학 등의 다른 학문과의 연계하고 실세계에 적용하여 해석할 수 있는 수학 역량이 요구된다. 수학이 책 속의 지식으로 머물러 있지 않고 생동감 있고 유용한 학문으로서 가치를 갖기 위해서는 학생들이 수학의 눈으로 세계를 바라볼 수 있도록 수업에서 다양한 맥락의 문제를 해결하는 경험을 제공해야 한다. 일찌감치 NCTM(1989; 2000)은 학생들이 수학적인 소양을 가지려면 수학 내의 여러 분야에 대한 지식을 갖추어야 함을 강조하면서, 수학 내적 연결, 수학 외적 연결을 포함하는 '수학적 연결성'을 학교수학에서 반드시 가르쳐야 할 규준의 하나로 제시한 바 있다.

수학적 연결성은 우리나라 2015 개정 수학과 교육과정에서도 새롭게 강조되고 있다. 수학 교과 역량 중 하나인 '창의·융합'은 수학의 지식과 기능을 토대로 새롭고 의미 있는 아이디어를 다양하고 풍부하게 산출하고 정교화하며, 여러 수학적 지식, 기능, 경험을 연결하거나 타 교과나 실생활의 지식, 기능, 경험을 수학과 연결·융합하여 새로운 지식, 기능, 경험을 생성하고 문제를 해결하는 능력이다(교육부, 2015). 이때 '창의·융합' 역량의 하위 역량인 수학적 연결성에 대한 교수 학습과 평가에 대한 관심이 요구된다.

그렇다면 수학적 연결성은 어떻게 평가해야 할 것인가? 이 장에서는 이에 대한 논의를 위해 PISA(Programme for International Student Assessment)의 특징을 살펴보고자 한다. PISA는 2000년부터 시작된 OECD 주관의 국제 학업성취도 평가로, 학교에서 배우는 수학 지식을 직접적으로 평가하기보다 다양한 수학 내적, 수학 외적 맥락에서 수학 지식과 기술을 사용할 수 있는 소양을 평가하고 있다. 지금부터 PISA에서 정의한 수학 소양, 평가틀, 평가 문항의 특징에 대해 알아보고, 이를 토대로 수학적 연결성의 평가 방안에 대해 살펴보고자 한다.

# 2 PISA에서의 수학적 연결성 평가

## 2.1 PISA 수학 소양과 평가틀[1)]

PISA에서 평가하고자 하는 바는 '수학 소양(mathematical literacy)'으로 요약된다. 수학 소양은 수학의 눈으로 세계를 바라볼 수 있는지에 대한 것으로, 단순한 수학적 기술보다는 문제를 해결하는 기술을 적용하고 개발하는 등의 고차원적인 사고와 관련된다 (Jablonka, 2003). PISA에서는 '수학 소양'을 다양한 맥락에서 수학을 형식화하고, 이용하고, 해석하는 개인적인 능력으로, 현상을 기술하고 설명하며 예측하기 위해 수학적 추론과 수학적 개념, 절차, 사실, 도구를 사용하는 것을 포함하는 개념으로 정의하고 있다. 또한 수학 소양은 개인이 실세계에서 수학의 역할을 인식하고, 건설적이고 참여적이며 반성적인 시민에게 요구되는 근거 있는 판단과 결정을 할 수 있도록 도와주는 것이라고 보았다.

PISA에서는 실세계 맥락의 문제 해결에 요구되는 수학 소양을 세밀하게 평가하기 위해, 문제의 배경이 되는 '맥락', 문제 해결에 요구되는 수학 내용 지식인 '수학적 내용', 수학적 모델링 과정을 반영한 '수학적 과정'을 하위 요소로 세분화한 평가틀을 개발하였

1) PISA의 수학 소양의 정의와 평가틀의 특징에 대한 부분은 『PISA 2012 Assessment and Analytical Framework(OECD, 2013)』과 『PISA 2012 본검사 결과보고서(송미영 외, 2013a)』의 내용을 토대로 재구성하였다.

다(OECD, 2013; 송미영 외, 2013a).

'맥락'은 문제의 배경이 되는 상황으로 개인적, 과학적, 사회적, 직업적 맥락으로 구분된다. 첫째, 개인적 맥락은 학생 자신, 자신의 가족, 동료 집단에서의 활동과 관련된다. 여기에는 음식 준비, 쇼핑, 게임, 개인의 건강, 개인의 운송수단, 스포츠, 여행, 개인적인 일정, 재정 운영과 관련된 상황이 포함된다. 둘째, 과학적 맥락은 수학을 자연계 또는 과학 및 공학과 관련된 문제 또는 주제에 응용하는 것과 관련된다. 날씨 또는 기후, 생태계, 의학, 우주 과학, 유전학, 측정, 수학 내적인 문제 상황이 여기에 포함된다. 셋째, 사회적 맥락은 지역사회, 국가, 세계에서 일어나는 사회적 맥락의 활동과 관련된다. 투표, 공공 운송기관, 정부, 공공 정책, 인구통계, 광고, 국가 통계 및 경제 등과 관련된 상황이 여기에 포함된다. 넷째, 직업적 맥락은 직업 세계에서 일어나는 활동과 관련된다. 측정하기, 원가계산, 배열하기, 급여지급 및 회계, 품질관리, 일정관리, 재고조사, 설계, 건축, 직업과 관련된 의사결정 등과 관련된 문제들이 이에 포함된다. PISA의 맥락은 수학적 연결이 일어날 수 있는 상황을 구분하여 제시하고, 평가 문항을 개발할 때 다양한 맥락을 고르게 반영하려고 한 점에서 의미가 있다.

한편 PISA는 실제적인 수학 소양을 평가하기 때문에 일반적인 수학의 내용 영역 구분과는 달리 '수학적 내용'을 공간과 모양, 변화와 관계, 불확실성과 자료, 양으로 구분하고 있다. 첫째, 공간과 모양에서는 패턴, 대상의 속성, 위치와 방향, 대상의 표현, 시각 정보의 암호와 해독, 위치 정보 등과 같이 우리 주변의 시각적 세계와 관련된 내용을 다룬다. 둘째, 변화와 관계는 유기체의 성장, 음악, 계절의 변화, 직원 수, 경제 상황과 같은 다양한 상황에서 나타나는데, 변화와 관계에 해당하는 문항에서는 대수식, 방정식과 부등식, 표와 그래프 표현을 포함하는 함수 및 대수와 관련된 현상을 기술하고, 모델링하며, 해석하는 부분을 다룬다. 셋째, 불확실성과 자료에는 변동 가능한 부분에 대한 인식, 변동의 양화에 대한 감각, 측정의 불확실성과 오류 가능성에 대한 자각, 확률을 아는 것 등이 포함된다. 넷째, 양에 대한 지식은 실세계에 가장 많이 스며들어 있으며 실세계와 관련된 본질적인 수학 개념이다. 여기에는 대상, 관계, 상황의 속성에 대한 양화, 이러한 양화의 다양한 표현에 대한 이해, 양에 기초한 해석과 논증을 판단하는 것 등이 포함된다. 실세계에서 양을 다루는 것에는 측정, 세기, 축적, 단위, 지표, 상대적 크기 등에 대한 이해가 포함되며, 양적 추론에는 수 감각, 수와 관련된 다양한 표현들, 연산, 암산, 어림 등의 활동이 포함된다. De Lange(2006)는 PISA의 수학 소양과 수학적 내용의 관계를 [그림 1]과 같이 구조화하여 제시하였다.

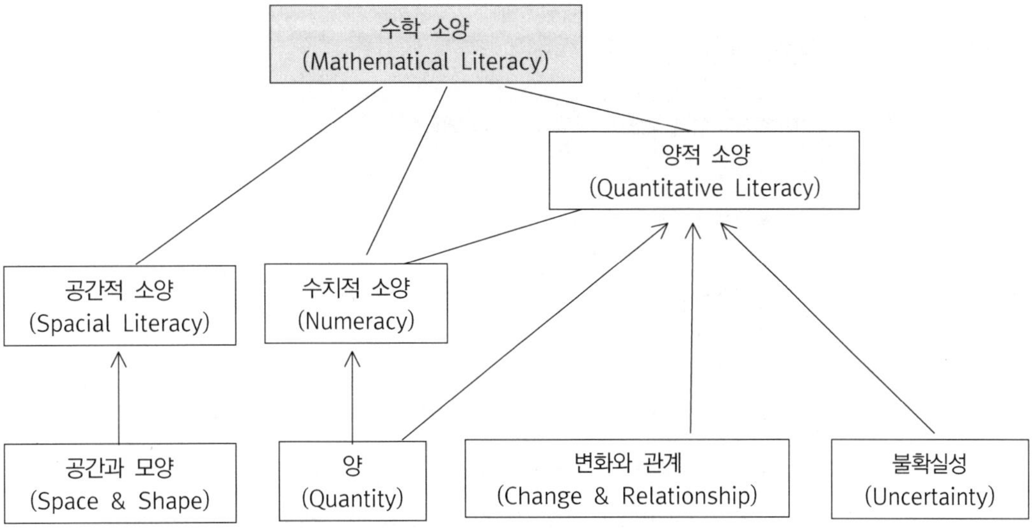


**[그림 1]** PISA 수학 소양의 구조(De Lange, 2006, p.15)

'수학적 과정'은 문제해결 과정에서 요구되는 수학적 능력과 관련되는 것으로, 실생활 문제를 수학 문제로 형식화하고, 수학적 개념, 절차, 사실, 도구를 이용하여 수학 문제의 해를 구하며, 구한 해를 실생활 맥락에서 해석하는 수학적 모델링 역량을 평가하기 위해 형식화하기, 이용하기, 해석하기의 하위 요소로 세분화된다. 수학적 과정의 하위 요소에 대한 구체적인 설명은 이후 3절에서 각 하위 요소에 해당하는 문항과 함께 제시하고자 한다.

지금까지 살펴본 PISA의 수학 소양 평가의 관점을 종합하면 [그림 2]와 같다. 해결해야 할 문제는 실세계의 다양한 맥락에서 발생하며, 문제를 해결하기 위해서는 수학적 사고와 행동을 통해 맥락에서의 문제를 수학 문제로 형식화하고, 수학적 개념, 절차, 사실, 도구를 이용하고, 수학적 추론, 조작, 변환, 계산을 통해 수학적 결과를 이끌어내며, 수학적 결과를 원래 문제에 적용하기 위해 해석을 할 수 있어야 한다. 이와 같이 실세계 맥락의 문제를 수학적으로 해결할 수 있는 역량을 '수학 소양'이라고 보았다. 물론 일부 과학적 맥락의 문항에는 수학 내적인 문제 상황을 해결하는 경우도 포함하고 있지만, 대부분의 PISA 문항은 실세계 맥락의 문제 해결에 비중을 두고 있다.

PISA는 '수학 소양'을 면밀히 평가하기 위해 평가하고자 하는 바를 구체화하여 평가틀을 세분화하고, 평가틀을 토대로 다양한 특성을 갖는 평가 문항을 개발하였다. <표 1>의 왼쪽은 PISA 2012의 평가틀이고, 오른쪽은 PISA 평가문항이 평가틀의 하위요소에 따

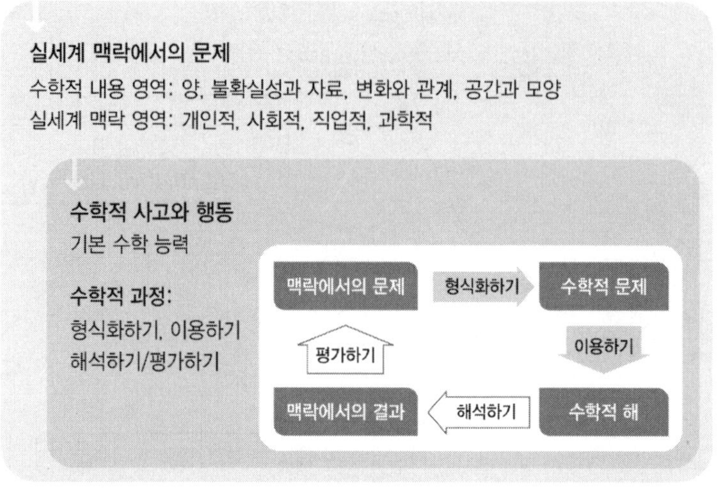


[그림 2] PISA 수학 평가 모형(OECD, 2013, p.37; 송미영 외, 2013a, p.28)

〈표 1〉 PISA 2012의 평가틀(왼쪽)과 평가 문항의 특징(오른쪽)

| 차원 | 하위 요소 |
|---|---|
| 맥락 | • 개인적 • 과학적<br>• 사회적 • 직업적 |
| 수학적 내용 | • 공간과 모양 • 변화와 관계<br>• 불확실성과 자료 • 양 |
| 수학적 과정 | • 형식화하기 • 이용하기<br>• 해석하기 |

➜

| 문항 | 맥락 | 수학적 내용 | 수학적 과정 |
|---|---|---|---|
| 문항 1 | 개인적 | 공간과 모양 | 형식화하기 |
| 문항 2 | 과학적 | 변화와 관계 | 이용하기 |
| 문항 3 | 사회적 | 양 | 해석하기 |
| … | … | … | … |

라 어떻게 개발될 수 있는지의 예를 제시한 것이다. 지금까지 살펴본 바와 같이 PISA의 평가틀은 수학적 연결성 평가의 방향을 제시해준다. 수학적 연결성을 평가하기 위해서는 우선 수학적 연결성의 정의를 명확히 하고, 이를 평가하기 위한 요소를 세분화하여 평가틀을 개발해야 한다. PISA 평가 문항의 특징은 문제의 상황을 실제적인 '맥락'을 제시한 것, 수학적 연결이 요구되는 다양한 상황을 '수학적 과정'으로 세분화하여 문제를 해결 과정을 평가하여 점수화한 것이라 볼 수 있다. 우리나라의 학교 수학에서 수학적 연결성을 평가할 때에는, PISA의 '수학적 내용'을 수학과 교육과정의 내용 요소로 대체한 새로운 평가틀을 구상하여 활용할 수 있을 것이다.

## 2.2 수학 소양과 수학적 모델링

PISA의 수학 소양에서 강조하는 것은 다양한 상황에 수학적 지식을 기능적으로 사용할 수 있는지에 대한 것이다(Stacey, 2015, p.57; OECD, 2004, p.25). PISA는 학생들이 실세계 맥락의 문제를 풀이할 때 나타나는 역량을 유추하기 위해 다양한 노력을 기울였는데, 이때 응용문제를 해결하는 과정을 '수학적 모델링' 과정으로 설명하고 있다.

PISA 2003에 사용된 'Pizzas' 문항은 수학적 모델링 과정을 단순하게 보여준다. 피자를 판매하고 구입하는 것은 실세계의 문제이지만, 이 문제에서는 가상의 국가인 제드랜드(Zedland)와 가상의 화폐 단위인 제드(zed)를 사용하여 학생들이 실세계에서 마주할 수 있는 수학적 상황을 제시하고 있다. 실세계 문제를 해결하기 위해서는 이 문제를 수학 내적인 문제(intra-mathematical problem)로 변경해야 하고, 변경된 문제는 추상화된 수학적 대상과 규칙을 사용하여 해결하게 된다. PISA에서는 실세계 맥락을 개인적, 과학적, 사회적, 직업적 상황으로 유형화하였다. 이때 제시하는 문제 상황은 실제 일어나는 상황이라기보다 실제처럼 보이도록 가정한 상황이라는 점에서 다소 아이러니할 수도 있지만, 평가를 위해서 감안해야 하는 부분이라 볼 수 있다(Stacey, 2015).

> 피자리아는 두께는 같지만 크기는 다른 두 개의 둥근 피자를 판매하고 있다. 작은 피자는 지름이 30cm이고 가격은 30제드이다. 큰 피자는 지름이 40cm이고 가격은 40제드이다. 어떤 피자를 선택하는 것이 더 이익이 되는가? 풀이 과정을 적으시오.

이 문제를 풀이하려면 주어진 문제 상황을 수학적으로 다룰 수 있는 수학 문제로 변형해야 한다. 제드당 피자의 넓이를 원의 넓이 공식 등의 수학 지식을 이용하여 계산해보면 큰 피자가 1제드에 대한 넓이가 크기 때문에 큰 피자를 선택하는 것이 가격 대비 더 이익이 된다는 해석을 할 수 있다. 이 문제의 풀이 과정에는 형식화하기, 이용하기, 해석하기의 과정이 모두 포함되어 있다.

수학적 모델링 과정이 PISA 평가틀에 처음으로 포함된 것은 수학이 처음으로 주 영역이었던 PISA 2003 수학 평가틀이었다. 이 당시에는 De Lange의 RME 전통에 따른 수학화 순환 과정(mathematisation cycle)으로서의 모델링 순환 과정이 제시되었는데, 실세계 문제를 해결하는 과정을 단계별로 나타내면 [그림 3]과 같다(OECD, 2006). 이 모델은 크게 두 부분으로 나뉘는데, 세로선 왼쪽의 실세계의 측면에서는 피자나 돈과 같은 실세계의 구체적인 문제와 관련된 사고를 다루고, 세로선 오른쪽의 수학적 세계의 측면에서는 넓이나 수와 같은 추상적인 대상을 다루게 된다. [그림 3]의 화살표의 '(1) 실제 상황의 문제에서 시작하기 (2) 수학적 개념과 관련지어 실제 상황의 문제를 조직하고, 적절한 수학 문제로 구체화하기 (3) 가정하기, 일반화, 형식화하기 등을 통해 실제적인 요소를 제거하기' 과정을 통해, 실세계 문제는 수학적 세계의 문제 즉, (4) 1제드당 넓이를 비교하는 계산을 요구하는 수학 문제를 해결하는 것으로 변환되고, (5) 수학적 해를 실세계의 용어로 나타내고, 그 해가 실세계의 문제에 적합한지를 고려하는 단계를 거쳐서 문제를 해결하게 된다.

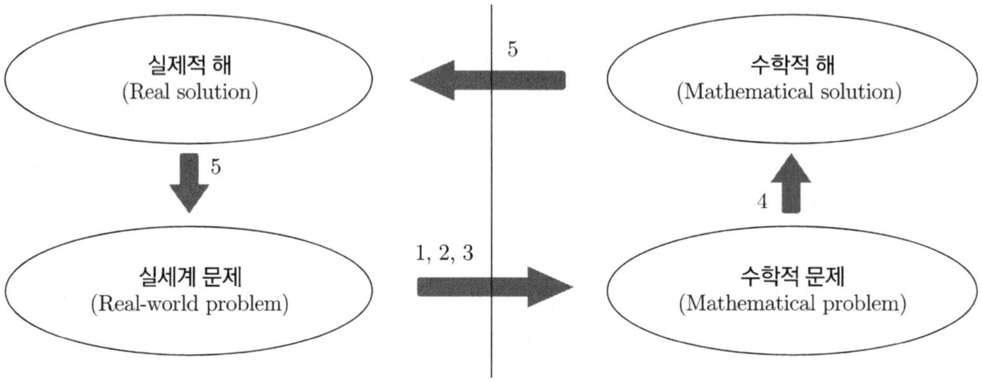


**[그림 3]** PISA 수학화(모델링) 순환 과정(OECD, 2006, p.95)

한편 PISA 2003의 수학 평가틀에서는 학생들이 문제를 해결하는 데 요구되는 수학적 과정을 수학적 모델링 과정이 아닌 수학 지식을 재생, 연결, 반성할 수 있는지에 초점을 두었기 때문에, 수학적 모델링 과정이 수학 평가틀에 직접 반영되어 평가된 것은 PISA 2012에 이르러서였다. [그림 3]의 수학화 순환 과정은 PISA 2012 평가틀의 수학적 과정인 형식화하기, 이용하기, 해석하기에 [그림 4]와 같이 대응된다. 이와 같이 PISA 평가틀의 가장 핵심적인 부분이라 볼 수 있는 PISA의 수학 소양과 수학적 모델링은 서로 밀접하게 관련되어 있다. 피자 문제에서의 수학 소양은 피자를 구매하는 소비자에게도 필요한 것이지만, 피자 가격을 정하여 이익을 창출해야 하는 가게의 주인에게 요구되는 것이기도 하다.

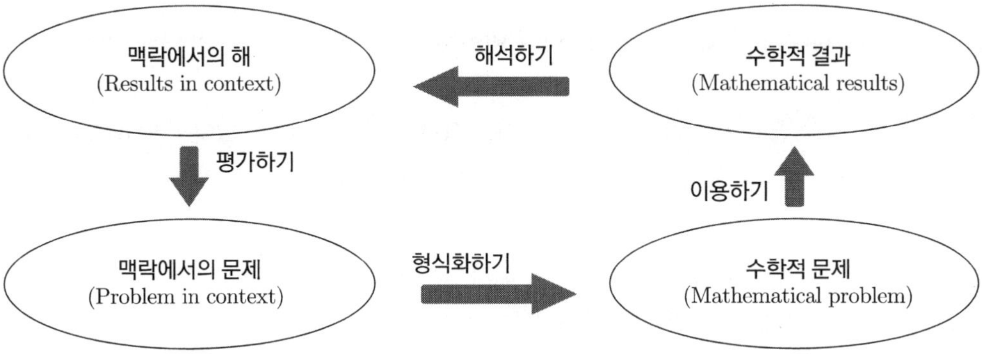


[그림 4] PISA 2012 수학화(모델링) 순환과정(OECD, 2013, p.37)

## 3 PISA 문항으로 본 수학적 연결성 평가

### 3.1 PISA에서 추구하는 평가 문항의 특징

OECD PISA는 학생들이 미래의 삶과 직업을 위해 수학적으로 얼마나 잘 준비되어 있는지를 평가하기 위한 목적으로 평가 문항을 개발했기 때문에, PISA의 평가 문항은 교육과정 기반의 내용 지식을 묻는 평가 문항과는 차별화된다. PISA의 평가 문항의 특징을 Stacey & Turner(2015)는 피타고라스의 정리를 예로 들어 다음과 같이 설명하고 있다. 3000년 전부터 수학에서 매우 중요한 정리 중 하나로 여겨지고 있는 피타고라스의 정리를 평가하는 데 적합한 문항은 무엇일까? [그림 5]와 관련지어 여섯 가지 문제를 살펴보자(Stacey & Turner, 2015, p.8).

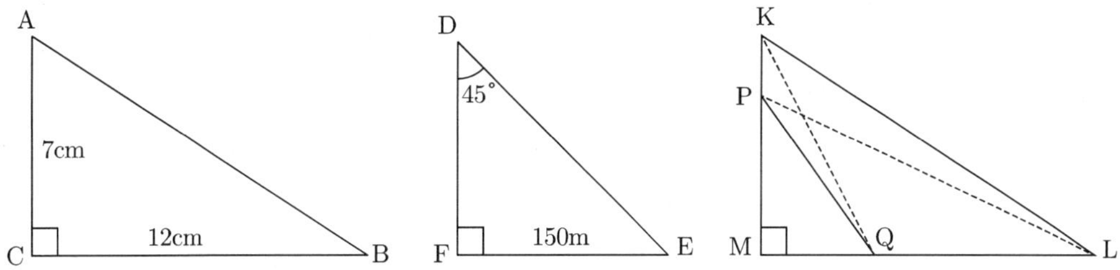


[그림 5] 피타고라스 정리 관련 문제를 위한 그림

**문제 1** 피타고라스의 정리가 무엇인지 말하시오.

**문제 2** [그림 5(a)]와 같이 각 C가 직각인 직각삼각형 ABC가 있다. 변 AC의 길이가 7cm, 변 BC의 길이가 12cm일 때, 변 AB의 길이를 구하시오.

**문제 3** [그림 5(b)]와 같이 삼각형 DEF에서 각 F는 $90^\circ$, 각 D는 $45^\circ$, 변 EF의 길이는 150m이다. 이때 변 DE의 길이를 구하시오.

**문제 4** 지면과 $45^\circ$의 각도로 날고 있는 커다란 연이 있다. 이 연이 지면으로부터 150m 높이에 있을 때, 연과 연결된 실의 길이가 얼마인지 구하시오.

**문제 5** [그림 5(c)]와 같이 각 M이 직각인 직각삼각형 KLM이 있다. 점 P가 변 KM 위의 점이고, 점 Q가 변 ML 위의 점일 때, $\overline{KQ}^2 + \overline{LP}^2 = \overline{KL}^2 + \overline{PQ}^2$을 증명하시오.

**문제 6** 피타고라스의 정리를 증명하시오.

이때 [문제 1]은 가장 기본이 되는 지식을 재생할 수 있는지를 묻는다. [문제 2]는 정리를 직접적으로 응용하고 정확한 계산을 요구한다. [문제 3]을 해결하기 위해서는 [문제 2]에서 평가하는 피타고라스의 정리에 앞서 다른 기하학 지식 즉, DEF가 이등변삼각형으로 두 변의 길이가 같다는 지식을 이끌어내야 한다. [문제 4]는 [문제 3]과 동일한 수학적 요소를 묻고 있지만, 맥락으로 제시되었다. 따라서 학생들은 연의 실이 직선일 것이라고 가정하고 직각삼각형과 삼각형에 대한 지식을 사용하여 주어진 실세계 상황 안에서 수학적 구조를 찾아내야 한다. [문제 5]는 [문제 3]과 마찬가지로 수학 내적인 문제로, 피타고라스 정리를 네 가지 서로 다른 직각삼각형에 적용하는 문제 해결 전략을 고안할 것을 요구한다. [문제 6]도 [문제 5]와 마찬가지로 수학 내적인 문제로, 피타고라스 학파가 창조한 것을 학생들이 경험할 것을 요구한다. 학생들은 [문제 6]을 책에서 본 지식을 재생산하거나 스스로의 도전을 통해 답해야 된다(Stacey & Turner, 2015, p.8).

PISA가 처음 도입될 때, 주관 기관인 OECD와 PISA 수학 전문가 집단은 PISA에서 가장 중요하게 평가하고자 하는 것이 무엇인지를 결정해야 했는데, 그 답은 바로 수학 소양이었다. PISA에서 평가 문항을 개발할 때 가장 중요시한 부분은 추상적인 수학적 지식과 기술보다 실제적인 실세계에서 일어나는 문제를 학생들이 수학을 사용하여 해결할 수 있는지에 대한 것이었다. PISA 2000에서는 '소양'을 학교 교육과정 내에서 수학적 지식과 기술을 숙달하는 것보다는 기능적으로 사용할 수 있는 역량으로 제시한 바 있다 (OECD & UNESCO-UIS, 2003).

PISA의 의도를 통해서도 알 수 있듯이 위의 문제들 중 [문제 4]가 PISA에서 추구하는 방향을 가장 잘 드러내고 있다(Stacey & Turner, 2015, p.9). 이 문항이 구체적으로 구현된 것이 PISA 2012 본검사에 사용된 '돛 달린 선박' 문항이다([그림 6] 참조). '돛 달린 선박'은 실제 돛단배 회사[2])를 배경으로 한 실제적인 상황을 배경으로 하는데, 풀이 과정에서 직각 이등변 삼각형에 대해 피타고라스의 정리를 적용하여 $1:1:\sqrt{2}$의 변의 비를 구한 뒤 $150\times\sqrt{2}\approx 212$을 계산하여 답을 구할 수 있다. 문제의 해결 과정을 살펴보면 우선 [문제 4]와 같이 실제 상황을 수학적 모델로 만든 뒤, [문제 3]과 같이 수학 내적 사고를 적용하여 해결해야 한다. 이때 [문제 3]은 [문제 1]과 [문제 2]의 지식과 기술을 포함하고 있기 때문에, PISA 문항은 실세계 문제를 해결하기 위한 수학적 모델을 만들고, 사용하고 해석하는 것과 더불어 수학 내적 사고도 요구하고 있음을 알 수 있다.

세계 무역의 95%는 약 50000대의 유조선, 벌크선, 컨테이너선 등의 선박을 이용한 해상 경로를 통해 이루어진다. 이 선박들 대부분은 디젤 연료를 사용한다. 기술자들은 선박에 풍력 보조 장치를 개발하여 달려고 한다. 이들은 디젤 소모량과 환경오염을 줄이기 위해 연 모양의 돛을 선박에 달아 풍력을 이용할 것을 제안하고 있다.

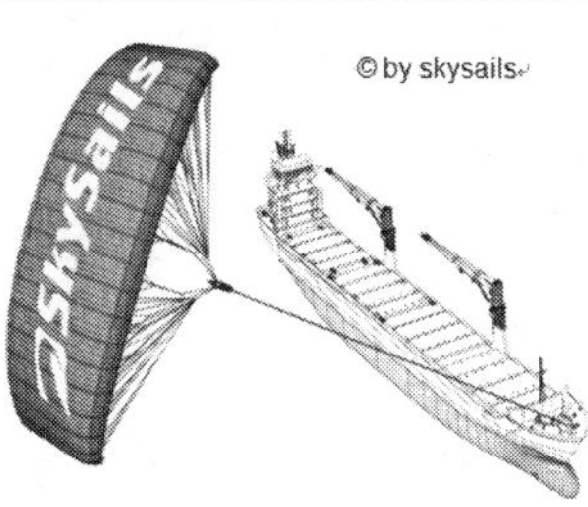


**문제** 오른쪽 그림처럼 연 모양의 돛이 150 m 높이에서 45°의 각도로 배를 끌려면 밧줄의 길이는 약 얼마가 되어야 하는가?

A 173 m  B 212 m
C 285 m  D 300 m

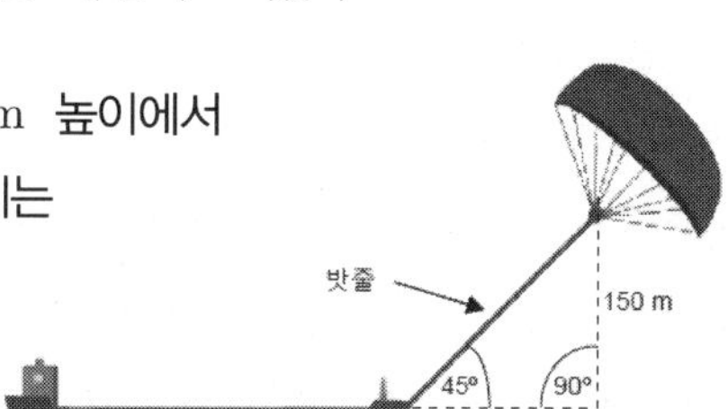


주의: 그림의 비율이 정확하지 않을 수 있음.
© by skysails

**[그림 6]** PISA 문항 예시(송미영 외, 2013b, p.226, 228)

2) http://www.skysails.info/english/power

## 3.2 수학적 과정별 평가 문항의 특징

앞서 살펴본 바와 같이 PISA 수학 소양은 다양한 맥락에서 수학을 형식화하고, 이용하고, 해석하는 개인적인 능력으로, 수학 교과서에서 배우는 지식에 대한 회상 및 재생을 요구하기보다 실세계 문제를 해결하는 데 학교 수학에서 배운 지식을 활용할 수 있는지를 평가한다. PISA 2012에는 다양한 맥락의 문제를 해결하는 과정을 수학적 모델링 과정이라 보고, 각 문항을 평가틀의 형식화하기, 이용하기, 해석하기 중 하나의 수학적 과정(mathematical process)으로 분류하여 학생들이 수학적 모델링 과정 중 어떤 과정에 능숙한지의 여부를 확인하고자 하였다. 그러나 문제는 이 세 가지 과정이 어떤 문항에서는 명확히 구별되지만 그렇지 않은 문항도 있다는 데 있다. PISA에서는 해당 문항에서 가장 주요하게 사용되는 과정을 그 문항의 수학적 과정을 구분하여 명시했는데, 다음은 각 수학적 과정에 해당하는 문항의 예시이다[3]. 수학적 과정 즉, 수학적 모델링 과정을 평가하기 위해 기존의 평가 문항의 특징을 파악하는 것은, 수학적 연결성 평가 문항을 개발하는 데 유용할 것으로 보인다.

### 3.2.1 형식화하기

형식화하기(formulate)는 학생들이 얼마나 효과적으로 문제 상황에서 수학을 사용하는 능력을 인식하고 구체화할 수 있는지, 그리고 맥락화된 문제에서 수학적 형식을 형식화하기 위해 요구되는 수학적 구조를 찾을 수 있는지를 나타낸다. 수학적 상황을 형식화하는 데에는 실세계 맥락 문제의 수학적 측면을 구체화하고, 의미 있는 변수를 구체화하기, 문제 또는 상황에서 규칙성, 관계, 패턴을 포함한 수학적 구조를 인식하기 등의 활동이 요구된다(OECD, 2013, pp.28-30; 송미영 외, 2013a, p.30).

PISA 2012 본검사에 사용된 '회전문(Revolving door)' 문항은 주어진 문제 상황을 바탕으로 하는 세 개의 하위문항으로 구성된다. [그림 7]은 이 중 '형식화하기'를 수학적 과정으로 갖는 하위문항 중 하나이다(OECD, 2014, p.133). 학생들은 일상생활에서 건물 입구에서 보게 되는 회전문을 떠올리면서 문제에 제시된 회전문의 지름, 구조 등에 대한 구체적인 정보를 읽고 문제를 풀어야 한다. 학생들은 이 문제를 풀기 위해 실제 상황에서 회전문이 어떻게 회전하는지, 사람들이 회전문을 통해 건물에 어떻게 건물에 들어가

3) 이 절에서 제시한 PISA 문항은 『OECD 국제 학업성취도 평가 문항 자료집: PISA 2000~PISA 2012 지필평가(송미영 외, 2013b)』에 수록되어 있으며, 영문 문항은 PISA 홈페이지에서 확인할 수 있다.

는지를 이해해야 하며, 실세계 상황에 대한 이해를 토대로 주어진 정보를 조합하여 수학적 문제 상황으로 형식화한 뒤 비와 비례적 추론을 통해 문제를 해결하게 된다. 문제 해결에 사용되는 수학적 내용은 적절한 양을 다룰 수 있는지에 대한 것으로, 문제 상황을 이해만 하게 되면 실제 풀이 과정에서는 간단한 연산만 사용된다. 회전문은 1분에 4번 회전하므로 30분 동안 총 $4\times30$번 회전하게 되고, 칸막이로 나뉜 세 공간에는 각각 최대 2명이 들어갈 수 있기 때문에 1번 회전에 최대 6명이 들어갈 수 있고, 120번 회전할 때에는 최대 $6\times120$명 즉, 720명이 들어갈 수 있음을 구할 수 있다. 이와 같이 실세계의 문제 상황에서 수학적 측면을 구체화하고 주어진 정보를 사용하여 수학적으로 해결하는 문항은 '형식화하기'로 분류된다.

회전문에는 원통형 공간 안에서 회전하는 칸막이 세 개가 들어 있다. 이 공간의 내부 지름은 2m(200cm)이다. 세 개의 칸막이는 내부 공간을 삼등분한다. 아래의 단면도는 서로 다른 세 가지 상태의 칸막이를 위에서 내려다보았을 때의 모습이다.

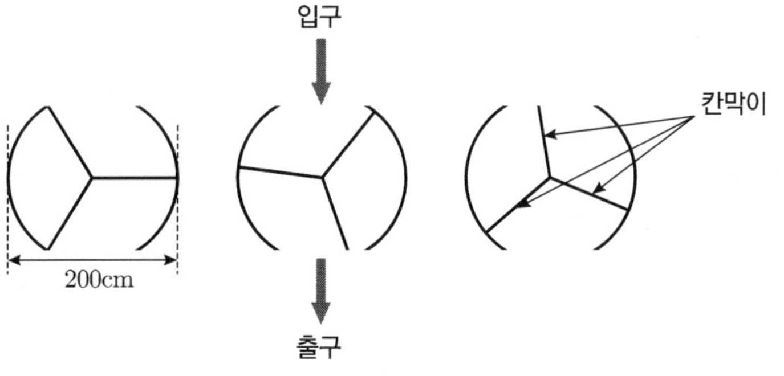


문제 이 문은 1분에 4번 회전한다. 칸막이로 나뉜 세 공간에는 각각 최대 두 사람이 들어갈 수 있다. 30분 동안 이 회전문을 통하여 건물에 들어갈 수 있는 사람은 최대 몇 명인가?

**[그림 7]** '형식화하기' 문항 예시(송미영 외, 2013b, p.265, 268)

### 3.2.2 이용하기

이용하기(employ)는 학생들이 얼마나 연산과 조작을 잘 수행하는지, 수학적으로 형식화된 문제로부터 수학적 해를 구하기 위해 그들의 개념과 지식을 얼마나 잘 적용할 수 있는지를 나타낸다. 수학적 개념, 사실, 절차, 추론을 '이용'하는 데에는 수학적 해를 구하기 위해 전략을 고안하고 실행하기, 대략적인 해를 구하기 위해 테크놀로지를 포함한 수학적 도구를 사용하기 등의 활동이 포함된다(OECD, 2013, pp.28-30; 송미영 외, 2013a, p.30).

우리나라를 기준으로 PISA 2012 예비검사에 사용된 '차고(Garage)' 문항은 주어진 문제 상황을 바탕으로 하는 두 개의 하위문항으로 구성된다[4]. 이 문제의 맥락은 건물을 짓고, 페인트칠을 하거나 일부분을 완성하는 등의 다양한 실제 상황과 관련된 문제를 다룰 수 있다(OECD, 2014, p.142). [그림 8]은 '이용하기'를 수학적 과정으로 갖는 문항으로, 차고의 정면과 측면에 대한 도면을 보고 도면에 직접 드러나지 않는 지붕의 모습을 상상하여 그 넓이를 계산해야 된다. 차고의 지붕은 두 개의 직사각형으로 이루어지는데, 이 중 한 직사각형의 넓이는 정면 도식에 제시된 2.50m와 1.00m를 두 변으로 갖는 직각삼각형의 빗변($\sqrt{2.5^2+1^2}=\sqrt{7.25}\ \mathrm{m}$)을 세로로 갖고, 측면 도식에 제시된 6.00m를 가로로 갖는다. 따라서 한 직사각형의 넓이는 $6\times\sqrt{7.25}\ \mathrm{m}^2$이고, 지붕 전체는 이 값의 두 배인 $12\sqrt{7.25}\ \mathrm{m}^2$가 된다. 계산기를 사용한 근삿값을 감안하여 31과 33 사이의 값도 정답으로 인정된다. 이 문제는 이미 수학적인 도식으로 형식화된 문제에 대해 피타고라스 정리를 이용할 수 있는지를 묻고 있기 때문에 '이용하기' 문항으로 분류되었다.

차고 제조 회사의 '기본'형은 창문과 출입문이 각각 하나씩 있는 모델들이다. 경준이는 '기본'형에서 다음의 모델을 선택하였다. 창문과 출입문의 위치는 아래와 같다.

**문제** 아래의 두 그림은 경준이가 선택한 차고의 규격을 m 단위로 보여준다.

---

4) PISA는 참여국이 표준검사지(standard booklet)와 쉬운검사지(easier booklet) 중 하나를 선택하여 시험을 보게 되는데, 우리나라를 포함한 대부분의 참여국이 표준검사지로 평가에 참여하였다. '차고' 문항은 PISA 2012 예비검사에 사용된 뒤, 본검사에서는 쉬운검사지에 포함되었다.

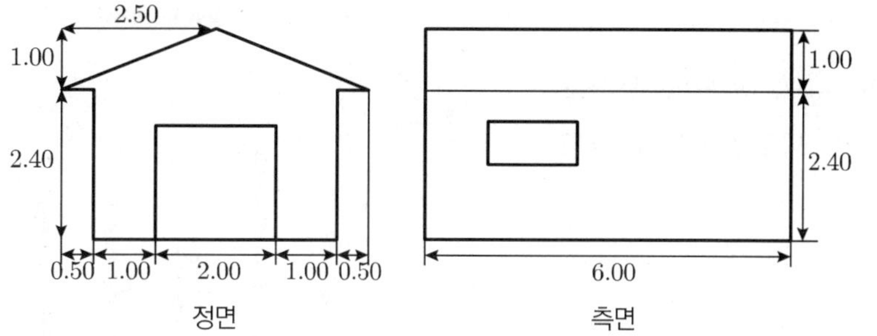


지붕은 크기가 같은 직사각형 두 개로 만들어졌다. 지붕 전체의 넓이를 계산하시오.

[그림 8] '이용하기' 문항 예시(송미영 외, 2013b, p.258, 260)

### 3.2.3 해석하기

해석하기(interpret)는 학생들이 수학적 해와 결과를 어느 정도 파악하고 있으며, 이를 실세계의 문제 맥락에서 해석할 수 있는지, 그 결과나 결론이 합리적인지 아닌지를 판단할 수 있는지를 나타낸다. 수학적 결과를 '해석', 적용, 평가하는 과정에는 수학적 결과를 실세계 맥락의 문제에 다시 대입하여 해석하기, 실세계 맥락의 문제에서의 수학적 해의 합리성 평가하기 등의 활동이 포함된다(OECD, 2013, pp.28-30; 송미영 외, 2013a, p.30).

PISA 2012 본검사에 사용된 '음반 차트(Charts)' 문항은 네 밴드의 1월에서 6월까지의 CD 판매량에 대한 막대그래프가 주어진 문제 상황에 대한 세 개의 하위문항으로 구성된다(OECD, 2014, p.138). [그림 9]에 제시된 하위문항은 막대그래프에서 신기루 밴드와 불사조 밴드의 월별 CD 판매량을 읽고, 신기루 밴드가 불사조 밴드보다 CD를 많이 판매한 달을 고르는 문제이다. 신기루 밴드는 2월 판매량이 약 250장, 불사조 밴드는 약 1800장이었지만, 4월에는 신기루 밴드는 약 1600장, 불사조 밴드는 약 1250장으로 신기루 밴드가 불사조 밴드의 판매량을 앞질렀음을 확인할 수 있다. 이 문항은 음반 판매라는 실제 상황이 막대그래프와 같은 수학적 도표로 정리된 것을 보고, 실제적인 현상을 해석할 수 있는지를 묻고 있기 때문에 수학적 과정 중 '해석하기'의 문항으로 분류되었다.

1월에 4U2 밴드와 불사조 밴드의 새로운 CD가 발표되었다. 2월에는 신기루 밴드와 오아시스 밴드의 CD가 발표되었다. 다음 그래프는 1월에서 6월까지 밴드의 CD 판매량을 보여준다.

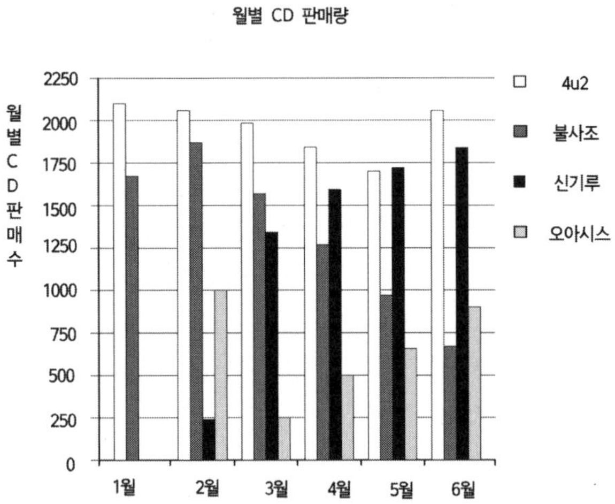


문제 신기루 밴드가 처음으로 불사조 밴드보다 CD를 많이 판 것은 몇 월인가?

A 없음 B 3월

C 4월 D 5월

[그림 9] '해석하기' 문항 예시(송미영 외, 2013b, p.212, 214)

## 4 결론

지금까지 실세계 맥락의 문제를 해결하기 위해 수학적 지식을 적용하는 역량을 평가하는 PISA 평가의 특징을 살펴보았다. 수학적 연결성 평가와 관련하여 PISA 평가의 특징은 수학 소양을 면밀히 평가하기 위해 문제의 배경이 되는 맥락을 다양화한 것, 실세계 문제와 수학적 문제 상황을 연결 짓는 수학적 모델링 과정을 세분화하여 평가를 시도한 점을 꼽을 수 있다. 따라서 수학적 연결성을 평가하기 위해서는 첫째, 수학적 연결성 평가를 위한 평가틀을 구체화하는 작업이 우선적으로 요구된다. 평가틀이 구체화될 때 학생들이 어느 부분에 대한 역량을 가지고 있는지 또는 부족한지를 파악하여 수학 교수 학습에 대한 적절한 피드백을 제공할 수 있을 것이다.

둘째, 수학적 연결성을 평가하는 문항은 적절한 실제성을 가질 수 있도록 교육과정에 대한 이해를 바탕으로 심도 있는 자료를 수집하고 반영해야 한다. 수학적 연결성 평가 문항은 학교 밖의 삶에서 사용될 수 있는 상황을 주고, 수학을 사용하는 도전적 경험을 제공해야 한다. 그러나 문항의 배경이 반드시 실제의 것일 필요는 없으며, 학생들에게 실세계의 문제를 풀고 있다는 느낌을 갖도록 하는 것이 중요하다. 앞 절에서 예로 들었던 피자 가게의 사례도 학생들이 실생활에서 마주할 수 있는 상황이라는 점에서 학생들에게 실제의 문제를 해결하는 연습적 경험과 동기를 부여하게 된다. 실제성을 포함하는 간단한 문장제 문제는 물론 실제적인 모델링 과정을 요구하는 학교 수학 과제는 학생들의 인지적, 메타 인지적 측면을 개발하는 데 도움이 된다. 많은 교사들은 맥락을 사용하는 것이 학생들이 수학을 배우고 문제를 해결하는 데 긍정적인 효과를 줄 것이라고 믿고 있으며, 학생들은 해당 과제의 해결이 자신의 삶과 직접 관련된다는 생각에 동기를 가지고 문제를 해결하게 된다. 또한 매력적인 맥락은 수학의 심상을 촉진시키고 문제를 해결하는 즐거움을 제공하기도 한다(Stacey, 2015, pp.78-79).

셋째, 다양한 맥락을 갖는 문항을 개발하는 과정에서 형평성에 위배가 되는 요소가 없는지 유의해야 한다. PISA에서는 매력적이고, 공정하며, 실제적인 평가 문항을 개발하기 위해 각 참여국의 전문가들로부터 실제성, 흥미와 동기, 공정성 요소에 대한 의견을 수렴하여 문화적으로 고려해야 될 부분, 학교에서 다루기에 적합하지 않은 요소 등에 대한 부분을 점검하고 있다. 특히 남녀 간 성차, 문화적 편파성이 나타나는 문항은 최대한 배제하고 있는데, 국내 평가에서도 맥락을 토대로 하는 문항을 개발할 때 특정 집단의 학생에게 형평성이 위배되는 요소는 없는지 신중히 고려하여 문항을 개발해야 할 것이다.

# 참고 문헌

교육부(2015). **수학과 교육과정**. 교육부 고시 제 2015-74호 [별책 8].

송미영, 임해미, 최혁준, 박혜영, 손수경(2013a). **OECD 국제 학업성취도 평가 연구: PISA 2012 결과 보고서**. 한국교육과정평가원 연구보고 RRE 2013-6-1.

송미영, 임해미, 최혁준, 박혜영, 손수경(2013b). **OECD 국제 학업성취도 평가 문항 자료집 : PISA 2000~PISA 2012 지필평가**. 한국교육과정평가원 연구자료 ORM 2013-64-1.

De Lange, J. (2006). Mathematical literacy for living from OECD-PISA perspective. ***Tsukuba Journal of Educational Study in Mathematics, 25***, 13-35.

Jablonka, E. (2003). Mathematical literacy. In ***Second international handbook of mathematics education*** (pp.75-102). Springer Netherlands.

National Council of Teachers of Mathematics(NCTM, 1989). ***Curriculum and evaluation standards for school mathematics***. Reston, VA: Author.

National Council of Teachers of Mathematics(NCTM, 2000). ***Principles and standards for school mathematics***. Reston, VA: Author.

OECD & UNESCO-UIS (2003). ***Literacy skills for the world of tomorrow: further results from PISA 2000.*** OECD Publishing.

OECD (2004). ***The PISA 2003 Assessment Framework: mathematics, reading, science, problem solving knowledge and skills***. OECD Publishing.

OECD (2006). ***Assessing Scientific, Reading and Mathematical Literacy: A Framework for PISA 2006***. OECD Publishing.

OECD (2013). ***PISA 2012 Assessment and Analytical Framework: mathematics, reading, science, problem solving and financial literacy***. OECD Publishing.

OECD (2014). ***PISA 2012 Results: What students know and can do - Student performance in Mathematics, Reading and Science (Vol. I, Revised Edition)***. OECD Publishing.

Stacey, K. (2015). The real world and the mathematical world. In ***Assessing Mathematical Literacy*** (pp.57-84). Springer International Publishing.

Stacey, K. & Turner, R. (2015). The Evolution and Key Concepts of the PISA Mathematics Frameworks. In ***Assessing Mathematical Literacy*** (p.5-33). Springer International Publishing.

# II

# 초등학교 수학에서의 수학적 연결성

# 6장
# 초등학교 수학에서의 수학적 연결성

류 성 림 (대구교육대학교)

수학은 인간에게 자연을 이해하고 설명하게 하며 또한 자연을 정복하여 이용하게 하는데 결정적인 역할을 하였고 또한 현재도 하고 있다. 수학은 논리와 창의성에 의존하며, 다양한 실제적인 목적과 직관적인 흥미를 추구하고 있다. 수학자를 비롯한 일부 사람들에게 수학의 본질은 수학 자체가 아름다움이고 동시에 지적인 도전이다. 그리고 과학자나 기술자와 같은 사람들에게는 그들 자신의 연구나 작업에 응용하는 방법으로서 수학이 중요한 가치를 갖는다고 볼 수 있다(Schoenfeld, 1992). 따라서 수학이 현대 생활에서 매우 중요하고 결정적인 역할을 하고 있으므로 아동이 수학을 처음 접하는 초등학교 수준부터 수학을 매일 겪는 일상생활의 경험을 학교 안팎에서 연결하여 지도할 때 아동은 수학의 유용성을 잘 이해하게 된다. 아동은 학교에 들어갈 때, 개별적인 교과목이나 주제로 분리하여 학습하지 않는다. 그러므로 아동의 관점에서 통합된 전체로서 연결성을 구성하고 좀 더 많은 수학의 세계를 포함하도록 연결성을 확장할 필요가 있다(류성림, 2004).

수학에서 연결성을 강조하고 다른 과목에서 수학적 사고를 촉진시키며, 학습자가 수학의 세계를 이해하는 수단으로서 볼 수 있도록 수학을 맥락화하려는 요구는 학교 교육이 시작된 이래 꾸준히 요구되는 현상이다. 성인들은 삶의 기본적인 면을 충족시키기 위해 노력할 때 어떤 문제에 부닥친다. 오래전부터 수학적 방법과 매우 효과적인 기호는 그런 문제를 해결하기 위해 발전되어 왔다. 수학 교실에서 교사는 학생이 수학적 개념들과 방법의 도움으로 타 교과 및 일상생활의 문제를 해결할 수 있도록 하는 책무성을 갖고 있다.

일반적으로 학교수학 교육과정에서 연결성을 강조한 수업이 되기 위해서는 다음과 같은 활동이 요구되며 수학을 통합된 전체로 볼 수 있어야 한다: 개념적 지식과 절차적 지식을 관련짓기; 다양한 개념이나 절차의 표상을 서로 관련짓기; 수학에서 다른 내용들 사이의 관계를 인식하기; 과학, 사회, 미술, 음악, 국어 등 다른 교육과정 영역에서 수학을 사용하기; 매일의 일상생활에서 수학을 사용하기(NCTM, 1989, 2000).

예를 들어, 여러 가지 연결성 중에서 수학과 과학을 초등학교 교실에서 통합하기 위해서는 과학을 경험하고 있는 상황 속에서 수학을 가르치고 사용하는 것이 효과적인 방법이 될 수 있다. 수학은 관찰한 것을 표현하고 문제를 수행하는 데 유용하고 필요한 수단이다. 아무리 간단하더라도, 수학을 사용하지 않는 과학 실험은 생각하기 어렵다. 예컨대, 식물이나 동물의 성장에 대해서는 여러 상황에서 조사할 수 있고, 아동의 연령에 따라 구두적 서술, 막대그래프, 성장 곡선과 방정식과 같은 다양한 방법으로 자료 수집과 처리를 할 수 있다. 초등학교에서의 수학과 과학은 모형 구분하기, 일대일 대응 이해, 사물들뿐만 아니라 수의 패턴 인식, 수의 분류, 넓이와 부피의 개념 이해와 같은 여러 면에서 겹친다. 수학과 과학이 이런 수준에서는 하나이기 때문에, 이런 과정 또는 개념과 관련 있는 학습 활동은 실제로 연결될 수 있다(류성림, 2004).

특히 초등학교의 수학은 수학적인 내용과 일상생활을 연결시킬 수 있고 일상생활 용어를 수학적 용어로 관련지어 사용할 수 있도록 해야 한다. 수학과 일상생활과의 연결은 2015 개정 수학과 교육과정에서도 강조하고 있는데, 초등학교 수학과 목표는 "(1) 생활 주변 현상을 수학적으로 관찰하고 표현하는 경험을 통하여 수학의 기초적인 개념, 원리, 법칙을 이해하고 수학의 기능을 습득한다. (2) 수학적으로 추론하고 의사소통하며, 창의·융합적 사고와 정보 처리 능력을 바탕으로 생활 주변 현상을 수학적으로 이해하고 문제를 합리적이고 창의적으로 해결한다. (3) 수학 학습의 즐거움을 느끼고 수학의 유용성을 인식하며 수학 학습자로서 바람직한 태도와 실천 능력을 기른다.(교육부, 2015a, p.4)"로서 '생활 주변 현상', '융합'과 같이 외적 연결성을 적극적으로 강조하고, 내적 연결성은 암묵적으로 내포하고 있다. 각 영역별로 성취기준과 교수·학습 방법 및 유의사항에서 다루고 있는 수학적 연결성 내용의 일부를 소개하면 다음과 같다(교육부, 2015a). 수와 연산 영역에서는 "[2수01-05] 덧셈과 뺄셈이 이루어지는 실생활 상황을 통하여 덧셈과 뺄셈의 의미를 이해한다.([초등학교 1-2학년], p.9)", "한 가지 상황을 곱셈식과 나눗셈식으로 나타내는 활동을 통하여 곱셈과 나눗셈의 관계를 이해하게 한다.([초등학교 3-4학년],

p.16)", 도형 영역에서는 "평면도형의 모양을 이용한 모양 꾸미기 활동에서는 스티커, 잡지에서 오려낸 모양 종이 등을 활용하게 할 수 있다.([초등학교 1-2학년], p.11)", "[4수02-03] 교실 및 생활 주변에서 직각인 곳이나 서로 만나지 않는 직선을 찾는 활동을 통하여 직선의 수직 관계와 평행 관계를 이해한다.([초등학교 3-4학년], p.17)", 측정 영역에서는 "[4수03-10] 실생활에서 무게를 나타내는 새로운 단위의 필요성을 인식하여 1t의 단위를 안다.([초등학교 3-4학년], p.19)", "측정 과정에서 경험하는 양의 비교, 측정, 어림은 수학 학습을 통해 길러야 할 중요한 기능이고, 이는 실생활이나 타 교과의 학습에서 유용하게 활용된다.([초등학교 1-2학년], p.11)", 규칙성 영역에서는 "규칙성은 생활 주변에 존재하는 다양한 현상을 탐구하는 데 중요하며 함수 개념의 기초가 된다. 생활 주변이나 여러 현상에서 찾을 수 있는 규칙은 실생활의 복잡한 문제를 해결하는 데 유용하고, 규칙 찾기를 통해 추론 능력을 기를 수 있다.([초등학교 1-2학년], p.13)", "비율의 의미를 다룰 때 타 교과 및 실생활에서 비율이 적용되는 간단한 사례를 사용할 수 있다.([초등학교 5-6학년], p.27)", 자료와 가능성 영역에서는 "[2수05-01] 교실 및 생활 주변에 있는 사물들을 정해진 기준 또는 자신이 정한 기준으로 분류하여 개수를 세어보고, 기준에 따른 결과를 말할 수 있다.([초등학교 1-2학년], p.14)", "띠그래프와 원그래프를 지도할 때 신문, 인터넷 등에 있는 표나 그래프를 소재로 활용할 수 있게 한다.([초등학교 5-6학년], p.28)"과 같이 실생활이나 타 교과와의 연결성을 활용할 것을 제안하고 있다.

한편 21세기 지식 기반 사회에서의 교육은 '지식의 전달'에서 '지식의 활용 및 새로운 지식의 창출' 등을 위한 창의적인 융합인재 양성을 위한 교육을 목표로 할 것을 권고하고 있다(한국과학창의재단, 2011). 융합인재 교육은 특히 교과 간의 융합을 강조한다는 측면에서 수학적 연결성과 밀접한 연관이 있다고 볼 수 있다. 이와 관련하여 교육부(2015a)에서도 2015 개정 수학과 교육과정의 수학의 성격에서 다음과 같이 '융합'의 관점에서 연결성을 언급하고 있다.

> 초등학교와 중학교에서 학습한 수학은 고등학교 수학 학습의 토대가 되고, 자연과학, 공학, 의학뿐만 아니라 경제·경영학을 포함한 사회과학, 인문학, 예술 및 체육 분야를 학습하는 데 기초가 되며, 나아가 창의적 역량을 갖춘 융합 인재로 성장할 수 있는 기반을 제공한다. 이를 위해 학생들은 수학의 지식을 이해하고 기능을 습득하는 것과 더불어 문제 해결, 추론, 창의·융합, 의사소통, 정보 처리, 태도 및 실천의 6가지 수학 교과 역량을 길러야 한다. (중략) … 창의·융합은 수학

> 의 지식과 기능을 토대로 새롭고 의미 있는 아이디어를 다양하고 풍부하게 산출하고 정교화하며, 여러 수학적 지식, 기능, 경험을 연결하거나 타 교과나 실생활의 지식, 기능, 경험을 수학과 연결·융합하여 새로운 지식, 기능, 경험을 생성하고 문제를 해결하는 능력이다(pp.3-4).

특히 '여러 수학적 지식, 기능, 경험을 연결'하라는 것은 수학의 내적 연결성을 강조한 것이고, '타 교과나 실생활의 지식, 기능, 경험을 수학과 연결·융합'하라는 것은 수학의 외적 연결성을 강조하는 것이라 볼 수 있다.

또한 제2차 수학교육 종합 계획에서는 수학기반 융합 프로그램 개발을 통해 배움을 즐기는 수학교육을 추구하기 위해 다음과 같이 수학적 연결성을 강조하고 있다: 수학과 연결성이 높은 분야(과학, 공학, 경제, SW 등)뿐만 아니라 연결성이 다소 낮은 분야(인문, 사회, 예술, 체육 등)와도 연계 폭을 넓힘으로써 융합 분야의 다양화 추진; 학생의 흥미, 경험, 수준, 요구 등 학생의 개별적 적성과 특성을 고려한 수학기반 융합교육 콘텐츠 개발·보급; 수학 분야 간 상관관계, 타 분야에서의 수학의 쓰임 등 수학의 가치와 유용성을 인식할 수 있는 주제 중심의 콘텐츠 개발; 수학기반의 융합교육 틀을 강화함으로써 수학적 문제해결력과 융·복합적 역량 배양(교육부, 2015b).

융합인재 양성을 위한 융합교육의 방법 중에서 미국, 캐나다, 영국, 핀란드 등 세계적으로 각광받고 있는 것이 STEAM(Science, Technology, Engineering, Arts & Mathematics) 교육이다. STEAM 교육은 수학적 연결성과 가장 밀접한 용어라 할 수 있다. STEAM 교육은 많은 학문들에 걸쳐 학생들을 교육시키기 위한 융합교육의 한 형태로서, Yakman(2006)이 이 용어를 처음으로 사용하였다. 1990년대에 미국 과학재단에서는 과학(Science), 기술(Technology), 공학(Engineering), 수학(Mathematics)을 통틀어 일컫는 말로 STEM이라는 용어를 사용하였는데, 여기에 예술(Arts)까지 포함시킨 것이 STEAM 교육[1)]이다. 미국에서는 지난 10년 이상을 STEM 중심의 프로그램이 국가 경제에 긍정적인 영향을 끼칠 수 있다는 이유로 STEM 교육을 강화해왔다(Oljace, 2013). Vasquez, Sneider & Comer(2013)에 의하면 STEM 교육은 과학, 기술, 공학, 수학의 4가지 교과목으로 분리된 전통적인 장벽을 없애고, 학생들에게 그 과목들을 실제적이고

---

1) Yakman은 Arts를 추가하게 된 이유에 대해서 인간은 언어적 행위 없이 지식을 공유하지 못하고, 교양교육 없이 발전을 이해할 수 없으며, 손으로 혹은 육체적인 행위 없이 사물에 관한 실제적 지식을 얻을 수 없고, 순수 미술 없이 과거의 기록을 가질 수 없기 때문이라고 하였다(Maes, 2010; 류성림, 2015).

엄밀하며 적절한 학습경험으로 통합하여 교육하려는 학제적 접근 방식이다. Tsupros, Kohler & Hallinen(2009)은 STEM 교육은 학문적인 개념과 실생활의 문제를 연결하는 간학문적인 학습방법으로 이를 통하여 학생들은 과학, 기술, 공학, 수학을 실생활에 적용하며 STEM 분야에 대한 이해도를 높이고 궁극적으로 새로운 경제 환경에서 통용되는 경쟁력을 갖추게 된다고 하였다(Oljace, 2013).

Yakman(2008)은 STEAM 교육에 대한 좀 더 명확한 정의를 위해 [그림 1]과 같은 프레임워크를 제시하였다.

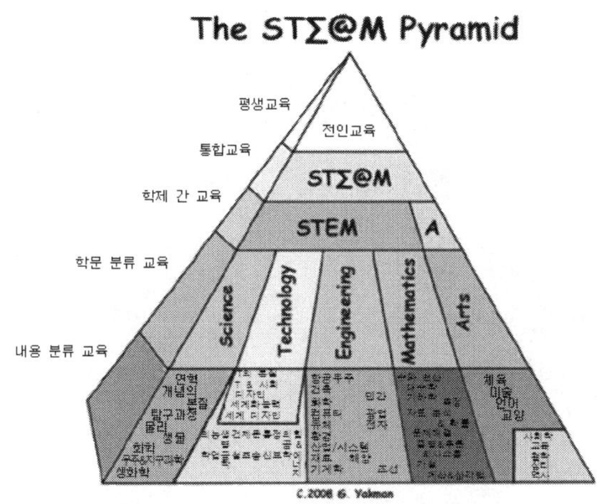


**[그림 1]** STEAM 피라미드(Yakman, 2008, p.17)

[그림 1]과 같이 STEAM 교육은 어느 한 부분의 교육을 이야기하는 것이 아닌 전문교육부터 평생교육까지 교육의 전체 패러다임을 말하는 것이고, 그렇기 때문에 기존의 교육에 실생활과 연관이 깊은 예술을 더한 형태이며 특히 초등에서는 과학, 기술, 공학, 수학, 예술이 통합된 통합교육을 말하는 것이다(김정아 외, 2011). 두 번째 레벨인 통합교육(Integrative)의 단계에서 학생은 모든 학문에 대한 광범위한 시각과 그 학문들이 실제 어떻게 연관이 있는지 기본적인 개관을 학습하게 된다. 이 단계는 초·중등 교육에 적합하며 주제 중심의 학습 방법을 주로 요구한다(왕희경, 2014). 11장에서 다루는 국내외 수학 주제 중심 관련 프로젝트도 크게 보면 STEAM 교육의 한 부분이라고 볼 수 있다.

우리나라는 2000년을 전후하여 그 이후로 이공계 기피 현상이 심화됨에 따라 교육과학기술부(2010)에서 '2011년 업무계획 보고'를 통해 우리나라 국가 경쟁력의 자산인 미래 과학기술 발전을 주도할 창조적이고 융합적인 인재 양성을 위해 '세계적 과학기술인재 양성'을 위한 추진전략으로 '초·중등 STEAM 교육 강화'를 제시하였다. 이 정책의 교육적 목적은 과학·수학을 기술·공학·예술과 연계하고 실생활에 접목시켜 학생들의 흥미와 융합적 사고력을 키우고자 하는 것이다(배선아, 2011). 이러한 관점은 수학교육에도 적극 반영되어 '수학교육 선진화 방안'(교육과학기술부, 2012), 2009 개정 수학과 교육과정(교육과학기술부, 2011), 2015 개정 수학과 교육과정(교육부, 2015a), '제2차 수학교육 종합계획'(교육부, 2015b)에서 STEAM 교육의 필요성을 강조하였고, 실제로 교과서에 반영하려고 노력하였다.

다음은 초등수학교과서에서 다루고 있는 STEAM 관련 요소의 사례들이다(교육부, 2015c, 2015d).

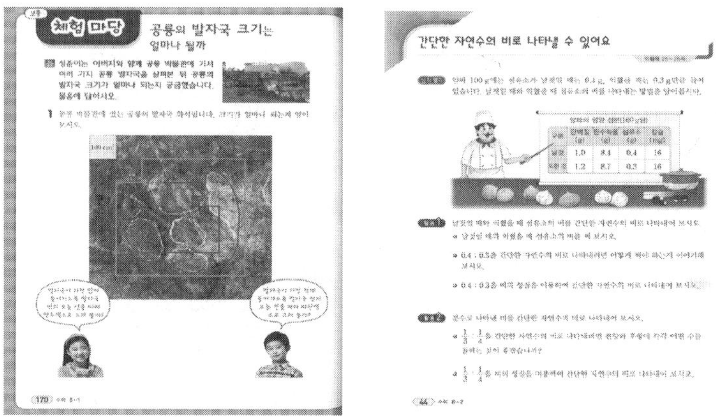


[그림 2] 과학(수학 5-1, p.170) 및 기술·공학(수학 6-2, p.44) 요소의 사례

[그림 3] 문화예술(수학 5-1, pp.122-123) 요소의 사례

류성림(2015, 2016)은 2009 개정 교육과정에 따른 초등학교 3, 4, 5, 6학년 수학 교과서에 나타난 STEAM 요소를 분석하였다. 4개 학년의 교과서에 포함된 STEAM 요소들의 평균 개수를 분석한 연구 결과에 의하면 '표현예술'이 약 53%로 가장 많았는데 그 이유는 하위 요소로 만화, 토의, 발표, 글쓰기, 이야기 만들기, 역할놀이, 그림, 그리기 등의 의사소통 요소가 많이 반영된 때문으로 볼 수 있다. 다음은 기술공학 요소가 약 32%로 많았고, 다음으로 사회문화, 수학자 이야기, 인류 역사, 직업탐구, 미술, 체육, 음악 등의 '문화예술'이 약 19%로 많았으며, 과학 요소가 약 7%로 가장 적었다. 앞으로 과학 요소도 연결하려는 노력이 더 필요할 것으로 보인다.

제2부에서는 초등학교에서의 수학적 연결성에 대하여 논하였다. 각 장별로 다룬 내용을 간략히 알아보면 다음과 같다.

제7장 '수학적 연결성을 위한 초등학교 수학 과제 개발'에서는 먼저 이론적 배경으로 Businskas의 연구를 바탕으로 수학 내적 연결성에서의 관계를 대안 표상, 동치 표상, 공통 특성, 포함, 일반화, 함의, 절차의 7가지로 나누어 예를 들어 설명하고 있다. 또한 2009와 2015 개정 수학과 교육과정에서의 수학적 연결성에 대해 비교하면서 두 교육과정 모두 생활 주변과 사회 및 자연 현상과의 외적 연결성을 강조하고 있고, 특히 2015 개정 수학과 교육과정에서는 수학적 연결성을 융합이라는 용어를 사용하여 명시적으로 언급하고 있다고 분석하였으며, 수학적 연결성을 위한 교사의 역할에 대해 살펴보았다. 제7장의 핵심인 수학의 내적 연결성 강화를 위한 수학 과제의 구안에서는 개념적 지식과 절차적 지식이 서로에게 상호 영향을 주면서 발달하므로 수학적 개념과 절차를 의미 있게 관련지을 수 있는 과제를 개발하여 제공할 것을 제안하였고, 수학 과제의 인지적 요구 수준의 특성을 네 가지로 나누어 예를 들어 설명하면서 수학 수업의 목표를 달성하기 위한 좋은 과제를 선택하고 수학 과제에서 요구되는 높은 인지적 요구 수준을 수업 내내 유지하는 것이 교사의 중요한 역할임을 강조하고 있다.

제8장 '초등수학과 타 교과와의 연결성'에서는 2009 개정 수학과 교육과정의 초등학교 수학과를 기준으로 과학과, 사회과, 실과와의 연결성을 교과용 도서 범위에서 출현빈도, 지도시기, 활용방식의 측면에 대하여 알아보았다. 먼저 출현빈도에 대한 연구 결과를 알아보면, 과학과는 측정 영역에서, 사회과는 확률과 통계 영역에서, 실과는 측정 영역에서 수학과와 높은 연결성을 보였다. 지도시기에 대한 연구 결과를 알아보면, 과목별로 지도시기가 일치하지 않는 수학과 내용 영역과 그 개념이 반복적으로 나타나는 경향이 있다. 과목별로는 과학과는 측정 영역과 규칙성 영역에서, 사회과는 확률과 통계 영역에서, 실

과는 측정, 규칙성, 확률과 통계 영역 전반에 걸쳐 지도시기 조정이 필요한 것으로 나타났다. 활용방식에 대한 연구 결과를 알아보면, 대부분 수학과가 활용방식 면에서 수준이 과학과, 사회과, 실과보다 높은 것으로 나타났다. 따라서 지도시기상 수학과에서 나중에 가르치기 때문에 심도 있는 내용의 이해를 위해서, 수학과에서 다른 교과의 내용을 끌어다 활용하는 것도 하나의 방법이 될 수 있을 것이다. 제8장에서의 연구 결과는 수학과와 다른 교과와의 연결성을 고려하여 수학과를 지도하는 바람직한 방향을 제시하고, 교육과정 개정 시에 다른 교과와의 연결성을 고려할 수 있는 계기를 마련한다는 데 그 의미가 있다.

제9장 '수학적 연결성 관점에서 본 수학적 모델링'에서는 수학적 연결성 관점에서 수학적 모델링을 다루었는데, 수학적 모델링과 수학적 모델링의 과정에 대해 살펴보고, 특히 초등 수학에서의 적용 가능한 수학적 모델링의 절차를 구안하였다. 저자는 Lesh & Doerr, Pollak, 황혜정, 김민경 등의 수학적 모델링 과정을 참고하여 초등학생을 위한 수학적 모델링 과정을 수학적 연결성이라는 관점에서 제시하였다. 또한 초등학교에서 수학적 모델링을 적용할 수 있는 예를 연결성 관점에서 국내외의 다양한 연구들을 소개하였다.

제10장 '수학적 연결성 구현을 위한 초등 수학 교수·학습의 실제'에서는 초등 수업에서 수학적 연결성을 구현하기 위한 교수·학습 자료의 개발 및 적용에 관한 내용을 다루었다. 이 장에서는 초등 수업에서 수학적 연결성을 강조한 수학 수업 모형으로 '개념의 연결을 강조한 수학 수업 모형', '절차의 연결을 강조한 수학 수업 모형', '실생활의 연결을 강조한 수학 수업 모형'을 제시하고, 각 모형에 따라 저학년과 고학년으로 나누어 수학적 연결성을 구현한 초등 수업의 실제적인 사례를 제시하였다. 주요 시사점을 알아보면, 개념의 연결을 강조한 수학 수업에서는 오개념 및 선행개념, 관련 개념에 대한 풍부한 지식을 바탕으로 한 수업 진행이 수학을 낱낱의 지식이 아닌 하나의 전체로서 이해하는 데 도움을 주었다. 절차의 연결을 강조한 수학 수업은 주된 학습 내용이 절차이지만, 학생들은 기계적으로 공식을 적용하는 것이 아니라 모델을 사용하고 개념적 이해를 통해 문제해결의 절차를 고안하였고, 절차를 효율적이고 정확하게 사용하는 절차적 기능을 개발할 수 있었다. 실생활의 연결을 강조한 수학 수업은 수업의 각 단계에서 수학 외적 연결이 두드러지게 나타났지만, 수업을 설계하고 자료를 개발하는 데 있어 실생활적인 요소를 가미하는 것뿐만 아니라 관련 수학 개념, 절차를 포함하고 수학적 역량을 기를 수 있는 내용으로 구성할 필요가 있음을 강조하였다.

## 6장 초등학교 수학에서의 수학적 연결성

류성림(대구교육대학교)

제11장 '국내외 수학 주제 중심 관련 프로젝트 사례 분석'에서는 연결성의 측면에서 현실 세계 문맥을 반영하는 방식의 하나인 주제중심 방식으로 연구된 국내외 초등학교 주제중심 교과서 프로젝트 사례를 소개하고, 수학교과서의 개발 및 교수·학습에서의 시사점을 제시하였다. 국내 연구로는 한국과학창의재단의 지원을 받은 박만구 교수팀의 주제 중심 초등 수학교과서 모형을 소개하였고, 국외 연구로는 미국의 MiC 교과서, Teach21 Project Based Learning, CIESE 프로젝트와 영국의 NRICH 프로젝트를 분석하였다. 이들 주제 중심 초등학교 교과서 및 프로젝트들은 주로 수학 외적 연결성을 위해 생활 속 맥락을 많이 활용하고, 이러한 생활 속 맥락을 수학 학습에 활용하기 위해 다양한 공학 도구들도 이용하며, 인성적인 면도 강조하여 융합적으로 사고하는 태도와 능력을 기르는 데 주안점을 두고 있었다.

초등학교 수학에서 수학적 연결성에 대해 간략히 살펴보았는데, 수학 교실에서 수학적 연결성이 강화된 수업을 이끌기 위해서는 교사의 역할이 중요하다. NCTM(2000)에서도 언급하였듯이 교사는 학생들이 수학적 주제들 사이의 상호관련성, 수학과 다른 교과 사이의 관련성, 수학이 학생들의 주변 세계에 내재되어 있는 방식 등을 파악하도록 적극적으로 도와주어야 한다. 이를 위해서 교사는 학생들이 수학적 연결성을 통해 수학적 사고를 자극하는 질문을 제기해야 하고, 수학적 주제나 아이디어들이 어떻게 관련되는지를 파악할 수 있고 수학적 탐구가 자발적으로 발생할 수 있는 좋은 과제를 개발하여 제시해 주어야 한다. 마지막으로 교사의 가장 중요한 역할은 아마도 학생들이 수학적 연결성을 통해 수학이 매우 가치 있고 유용하며, 도전하거나 참여하고 싶으며 흥미로운 과목임을 인식하도록 하는 것임을 강조하고 싶다.

# 참고문헌


교육과학기술부(2010). **2011년 업무보고: 창의인재와 선진과학기술로 여는 미래 대한민국**. 서울: 교육과학기술부.

교육과학기술부(2011). **초·중등교육과정 총론(교육과학기술부고시 제2011-361호 [별책 8])**. 서울: 교육과학기술부.

교육과학기술부(2012). **수학교육 선진화 방안**. 서울: 교육과학기술부.

교육부(2015a). **2015 개정 수학과교육과정**. 교육부 고시 제 201-74호 [별책 8]. 서울: 교육과학기술부.

교육부(2015b). **제2차 수학교육 종합계획-배움을 즐기는 수학교육 추진-**. 서울: 교육과학기술부.

교육부(2015c). **수학 5-1(2015. 3. 1 초판발행)**. 서울: ㈜천재교육.

교육부(2015d). **수학 6-2(2015. 8. 1 초판발행)**. 서울: ㈜천재교육.

김정아·김병수·이지훤·김종훈(2011). 융합형 인재 양성을 위한 IT 기반 STEAM교수·학습 방안 연구. **공학교육연구, 23**(3), 445-460. 한국수산해양교육학회.

류성림(2004). **초등수학과 과학 교과의 내용 연결성 분석**. 초등교육연구논총, 20(1), 67-85. 대구교육대학교 초등교육연구소.

류성림(2015). **2009 개정 교육과정에 따른 초등수학교과서의 STEAM 요소 분석: 3~4학년군을 중심으로. 한국수학교육학회지 시리즈 C <초등수학교육>, 18**(3), 235-247.

류성림(2016). **2009 개정 교육과정에 따른 초등수학교과서의 STEAM 요소 분석: 5~6학년군을 중심으로. 한국초등수학교육학회지, 20**(2), 333-351.

배선아(2011). 기술기반 STEAM 교육이 중학생의 기술적 태도에 미치는 영향. **대한공업교육학회지, 36**(2), 47-64.

왕희경(2014). **융합인재교육(STEAM)에 대한 영재지도교사와 예비영재지도교사의 인식 분석**. 대구교육대학교 교육대학원 석사학위논문.

Maes, B. (2010). ***Stop talking about "STEM" education! "TEAMS" is way cooler.*** Retrieved from http://bertmaes.wordpress.com/2010/10/21/teams

National Council of Teachers of Mathematics(NCTM, 1989). ***Curriculum and evaluation standards for school mathematics.*** Reston, VA: Author. 구광조·오병승·류희찬(역) (1992). **수학교육과정과 평가의 새로운 방향**. 서울: 경문사.

National Council of Teachers of Mathematics(NCTM, 2000). ***Principles and standards for school mathematics.*** Reston, VA: Author. 류희찬·조완영·이경화·나귀수·김남균·방정숙(역) (2007). **학교수학을 위한 원리와 규준**. 서울: 경문사.

Oljace, G. (2013). ***STEM is elementary: Why elementary science, technology, engineering, and mathematics prepares students to beat the gaps.*** STEM is Elementary, LLC.

Schoenfeld, A. (1992). Learning to think mathematically: Problem solving, metacognition, and making in mathematics. In D. Grouws(Ed.), ***Handbook of research on mathematics***

***teaching and learning.*** New York: Macmillan Publishing Company.

Vasquez, J. A., Sneider, C., & Comer, M. (2013). ***STEM lesson essentials, grades 3-8.*** Portsmouth, NH: Heinemann.

Yakman, G. (2006). ***STEM pedagogical commons for contextual learning.*** Unpublished paper for EDCI5774 STEM Education Pedagogy. Virginia Polytechnic and State University Master Thesis.

Yakman, G. (2008). ***STΣ@M Education: An overview of creating a model of integrative education.*** Retrieved from http://www.steamedu.com/2088˙PATT˙Publication.pdf.

# 7장
# 수학적 연결성을 위한 초등학교 수학 과제 개발

권 성 룡 (공주교육대학교)

## 1 서론

우리는 급변하는 사회에 살고 있다. 지식의 양은 급속하게 팽창하고 지식의 수명은 점점 짧아진다. 이런 이유로 미래에 어떤 지식이 유용할지 판단하기 어렵다. 교육이 미래를 위한 체계적인 준비라고 본다면 학교에서 학생들에게 무엇을 가르쳐야 할 것인지에 대해 깊게 고민해야 할 시점이다. 흔히 지식기반사회로의 전환이라고 일컬어지는 이와 같은 변화는 기존 학교 중심 교육체제의 변화를 요청하고 있으며, 이에 대한 적극적인 대응 노력을 주문하고 있다(이근호, 곽영순, 이승미, 최정순, 2012).

> 교육의 주된 목표는 어떻게 정보를 찾는지, 그 정보가 정확하고 좋은 정보인지, 그 정보를 가지고 무엇을 만들 것인지, 무엇을 알 수 있으며 무엇은 알 수 없는지, 어떻게 표현하는지, 어떻게 의사소통하는지, 어떻게 정보를 보관하고 지식을 분류하는지 등의 정보를 판단하는 쪽으로 바뀌게 된다. (박영숙, 2009, p.120)

변화의 폭이 큰 사회에서는 이전에 강조되었던 정보나 지식의 단순 습득보다는 새로운 정보와 지식을 만들어내고 활용하는 능력이 강조된다. 이로 인해 교육에 있어서도 '지식의 전달'에서 '지식의 활용 및 새로운 지식의 창출' 등을 위한 창의적인 융합인재 양성을 목표로 하기에 이르렀다(한국과학창의재단, 2011).

2009 개정 수학과 교육과정에서는 21세기 지식 기반 사회에서 필요한 소양과 경쟁력을 갖추기 위해 창의적 사고 능력, 문제 해결 능력, 정보처리 능력, 의사소통 능력 등의 핵심역량을 길러야 한다고 보았다. 이런 능력들은 수학학습의 과정을 통해서 길러지며 타 교과의 성공적인 학습을 위한 기반이 된다(교육과학기술부, 2011). 같은 맥락에서, 2015 개정 교육과정에서도 미래 사회가 요구하는 능력들 중 자기관리 역량, 지식정보처리 역량, 창의적 사고 역량, 심미적 감성 역량, 의사소통 역량, 공동체 역량의 6가지를 핵심역량으로 제시하였다. 이 가운데 창의적 사고 역량은 폭넓은 기초 지식을 바탕으로 다양한 전문 분야의 지식, 기술, 경험을 융합적으로 활용하여 새로운 것을 창출하는 능력이다.

특히 2015 개정 수학과 교육과정에서는 창의·융합형 인재 양성에 초점을 맞추어 미래 사회가 요구하는 통합적, 융합적, 복합적 사고를 개발하기 위해 수학 내의 연계성을 강화하고 수학과 인접 분야의 통합을 도모하고자 하였다(박경미, 이환철, 2015). 이를 위해서 문제 해결, 추론, 창의·융합, 의사소통, 정보 처리, 태도 및 실천의 6가지를 수학과의 교과 핵심역량으로 규정하였다. 이 가운데 창의·융합은 수학의 지식과 기능을 토대로 새롭고 의미 있는 아이디어를 다양하고 풍부하게 산출하고 정교화하며, 여러 수학적 지식, 기능, 경험을 연결하거나 타 교과나 실생활의 지식, 기능, 경험을 수학과 연결·융합하여 새로운 지식, 기능, 경험을 생성하고 문제를 해결하는 능력이다(교육부, 2015, p.192).

급속한 사회변화의 환경에서 다가올 미래의 학습자들을 위해 어떤 교육을 제공할 것인지에 대해 교육자들은 늘 비슷한 고민을 해 왔다. 지식이 폭발하는 이 시대에 개인이 대처할 수 있는 길은 지식의 관련성을 파악하는 것이다(우정호, 2000). 활용 가능한 다양한 지식과 정보를 새로운 관점에서 해석하고 창의적으로 연결하는 능력은 새로운 정보와 지식을 만들어내기 위해서 무엇보다 중요하다. 이런 관점에서 수학적 연결성은 모든 수학학습에서 강조되어야 할 핵심적인 부분이다.

수학교실에서 수학적 연결성을 강조하기 위해서는 먼저 교사가 수학적 연결성의 중요성을 인식해야 한다. 이를 바탕으로 수학적 연결성을 강화할 수 있는 과제와 상황을 제공함으로써 학습자가 자연스럽게 수학적 연결성을 바탕으로 문제를 해결하고 추론하고 의사소통할 수 있는 기회를 제공하는 것이 필요하다.

## 2 수학적 연결성

> 엔지니어들이 말하길 학교에서는 대수, 기하, 물리를 철두철미하게 따로 지도하기 때문에 학생들은 한참이 지난 후에야 이들이 매우 밀접하게 관련되어 있다는 것을 알게 된다. 교사들이 이런 밀접한 관련성을 알고도 무책임하게 멍청한 방법으로 수학을 가르쳤다면 그들은 책임을 져야 한다. (Moore, 1902, p.248)

학교에서 학습하는 수학은 교과별, 영역별, 단원별, 차시별로 분리된 것처럼 보이지만 우리의 실생활이나 다른 교과, 수학의 다른 영역, 주제, 개념 등과 긴밀하게 연결되어 있다. 단순한 사칙계산을 하거나 시각을 확인하는 등의 흔한 일상적인 활동과 관련될 뿐 아니라 일기예보, 이자율계산, 원활한 교통소통을 위한 신호체계 등 직업과 관련된 업무를 수행하는 것과도 관련되기 때문에 인간 생활의 중요한 부분이라고 할 수 있다. 이처럼 학교에서 학습한 수학적 지식이나 기능은 우리 삶의 다양한 상황에 적용된다. 이런 적용과정에서 중요한 것이 바로 연결성이다.

Hiebert & Carpenter(1992)는 수학적 연결성을 거미줄과 같은 네트워크 구조의 일부라고 보았다. 각각의 점은 일종의 표상된 정보이고 이들을 이은 선은 연결이나 관계라고 할 수 있다. 예를 들면, 이등변삼각형과 마름모를 네트워크 구조의 서로 다른 두 점이라고 할 때, 마름모를 대각선으로 절단하면 이등변삼각형이 되므로 이 둘은 서로 관련성을 가진다. 수학적 아이디어를 나타내는 점에 연결된 점들이 많을수록 이 수학적 아이디어는 다른 개념들과의 연결성이 풍부한 것이다. 이등변삼각형은 정삼각형(특수한 이등변삼각형), 선대칭도형(대칭축이 1개인 도형), 마름모(대각선으로 절단했을 때 만들어지는 도형), 원(원의 중심에서 원주상의 두 점을 연결하여 작도한 삼각형) 등 다양한 수학적 아이디어와 연결될 수 있다. 이는 수학적 연결성을 수학적 아이디어 사이의 결합이나 아이디어를 연결하는 다리 등으로 표현한 것이라고 볼 수 있다.

미국수학교사협의회(National Council of Teachers of Mathematics, 2000, 이하 NCTM)는 수학의 과정(process) 규준의 하나로 연결성을 제시하고 문제해결, 의사소통, 추론과 증명, 표현과 함께 수학학습의 전 과정에서 강조할 것을 권고하고 있다. 수학수업을 통해 학생들은 수학적 아이디어들 간의 연결성을 인식하고 이를 활용할 수 있어야 하며, 하나의 일관된 전체로서의 수학을 구성하기 위해서 수학적 아이디어가 서로 어떻게 연결되고 활용되는지를 이해해야 하며, 수학 이외의 맥락에서 수학을 인식하고 적용할 수 있어야 한다. 특히 학생들이 일상적인 경험을 통해서 학습한 직관적이고 비형식적인 수학과 학교에서 학습한 수학 간의 연결성을 이해하는 것이 중요하며, 이를 바탕으로 수학 개념들 간의 연결성, 수학 주제들 간의 연결성, 수학과 다른 영역 지식과의 연결성, 수학과 일상생활과의 연결성도 이해할 수 있다고 보았다.

수학적 연결성은 크게 수학 내적 연결성과 수학 외적 연결성으로 구분할 수 있다. Blum, Galbraith, Henn & Niss(2007)는 수학 이외의 맥락에서 수학을 인식하고 적용하는 것과 수학적 아이디어들 사이의 연결성을 구분하였다. 수학 이외의 맥락에서 수학을 인식하고 적용하는 것은 수학과 다른 학문 분야와의 연결성이나 수학과 실세계와의 연결성으로 수학 외적 연결성이라고 할 수 있다. 반면에 수학적 아이디어들 사이의 연결성은 수학 내적 연결성이다. NCTM(1989)이 제시한 수학적 연결성 관련 내용 중 개념적 지식과 절차적 지식 관련짓기, 개념과 절차에 대한 서로 다른 표상들 관련짓기, 서로 다른 수학 주제들 사이의 관계 인식하기, 수학을 하나의 통합된 전체로 인식하기, 문제를 탐구하고 그 결과를 시각적/수치적/물리적/대수적/언어적/수학적 모델이나 표상을 활용하여 기술하기, 수학적 아이디어를 활용하여 다른 수학적 아이디어에 대한 이해 심화하기 등이 수학 내적 연결성과 관련된다. 반면에 다른 교육과정 영역에서 수학 활용하기, 일상생활에서 수학 활용하기, 미술/음악/심리학/과학/상업과 같은 다른 학문분야에서 발생한 문제를 해결하기 위해서 수학적 사고와 모델링 적용하기 등은 수학 외적 연결성과 관련된다.

학습자는 학습을 통해서 수학을 이해해야 하며, 이를 위해서는 이전의 경험과 지식을 활용하여 새로운 지식을 능동적으로 구성해야만 한다(NCTM, 2000). 수학적으로 이해하기 위해서는 수학적 아이디어, 사실, 절차, 관계들을 서로 연결 지어야만 한다(Skemp, 1989; Hiebert & Carpenter, 1992; Moschkovich, Schoenfeld & Arcavi, 1993). 또한 수학적 연결은 문제해결을 위한 도구이다(NCTM, 1989, 2000). 문제를 해결하기 위해서는 자신이 알고 있는 이전의 수학적 지식이나 경험과 관련을 지어야만 한다. 이런 측면에서 수학적 연결성은 성공적인 수학적 문제해결의 핵심적인 요소라고 할 수 있다(Hodgson, 1995).

Businskas(2008)는 수학적 연결성과 관련된 문헌들이 대부분 수학과 실생활과의 연결성에 초점을 맞추고 있으며 수학 내의 연결성이나 상호관련성에 대한 탐구는 부족함을 지적하였다. 수학을 다른 학문분야나 실생활에 적용하기 위해서는 수학 자체에 대한 이해가 선행되어야만 한다. 수학적 내용과 과정들 간의 관계를 이용하여 학생들은 수학적 지식을 발전시키며 이를 통해 수학적 개념과 기능을 더 효과적으로 적용할 수 있게 된다(NCTM, 2000). 이처럼 수학의 내적 연결성에 대한 이해는 학습자의 수학에 대한 개념적 이해에 중요(Anthony & Walshaw, 2009)하기 때문에 수학학습에서 수학의 내적 연결성을 강조할 필요가 있다. 학생들이 수학과 실생활 경험을 연결 짓도록 하는 것뿐만 아니라 다양한 유형의 수학적 지식들을 연결 짓도록 돕는 것이 효과적인 수학학습의 핵심적인 부분이다.

## 2.1 수학 내적 연결성에서의 관계

수학적 연결성은 두 수학적 아이디어에 대해 학습자들이 설정한 다양한 결합이라고 할 수 있다. Businskas(2008)는 이런 다양한 결합들 중 두 수학적 아이디어 A와 B 사이의 참인 관계를 수학적 연결성으로 보고 다음의 7가지로 구분하였다.

첫째, 대안 표상(alternate representation)이다. A와 B의 표상 형식이 서로 다를 때, A를 B의 대안 표상이라고 한다. 이때 A와 B는 상징(대수적), 그래픽(기하적), 그림(다이어그램), 조작물(물리적 대상), 말 설명(입말), 글 설명 등이다. 수학적 아이디어는 하나의 표상 형식에서 다른 표상 형식으로 번역(translation)될 수 있다. 이때 원래의 표상과 번역된 표상은 대안 표상이다. 예를 들면, 포물선의 그래프는 $f(x)=ax^2+bx+c$의 대안 표상(기하적/대수적)이다.

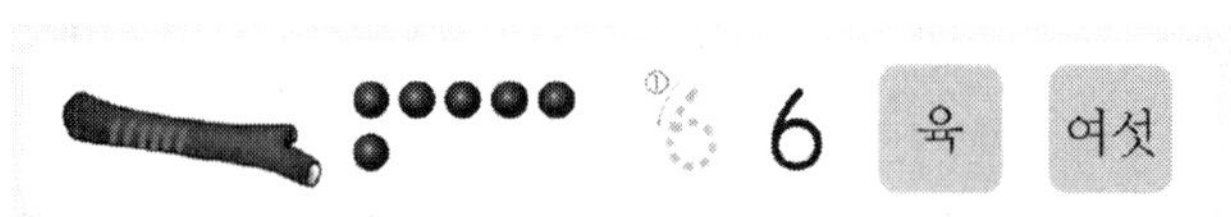


[그림 1] 대안 표상(수학 1학년 1학기, p.24)

둘째, 동치 표상(equivalent representation)이다. 수학적 아이디어는 같은 표상 형식 내에서 다르게 변형(transformation)할 수 있다. 이와 같이 A와 B가 표상 형식은 서로 같고 다른 방식으로 나타내어졌을 때, A와 B를 동치 표상이라고 한다. 예를 들면, 3+2와 5는 동치 표상이다. 마찬가지로 $f(x)=ax^2+bx+c$는 $f(x)=a(x-p)^2+q$와 동치 표상으로 이 둘은 모두 상징적 표상이다. 아래 그램에서 8+8+8+8, 32, 8×4는 동치 표상이다. 곱셈식을 나타낸 [그림 2]에서 "8 곱하기 4는 32와 같습니다"는 8×4의 대안 표상이다.

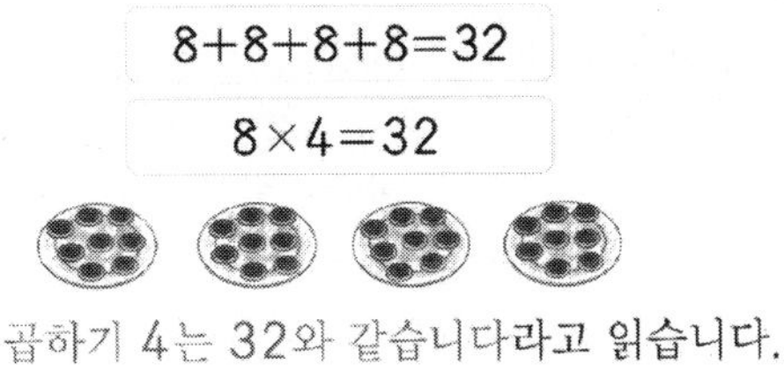


**[그림 2]** 동치 표상과 대안 표상(수학 2학년 1학기, p.211)

셋째, 공통 특성(common features)이다. A와 B가 몇 가지 특성을 공통으로 가지고 있을 때를 말한다. 두 수학적 아이디어가 공통 특성을 가지고 있을 때, 이를 바탕으로 비슷한지, 같은지, 다른지를 판단할 수 있다. 예를 들면, 정사각형과 직사각형은 네 변과 네 개의 직각을 가지고 있다는 공통 특성으로 연결된다. 아래 그림에서 1, 2, 3, 6, 9, 18은 18의 약수라는 공통 특성을 가진다. 이런 측면에서 이 수들은 서로 관련성을 가진다.

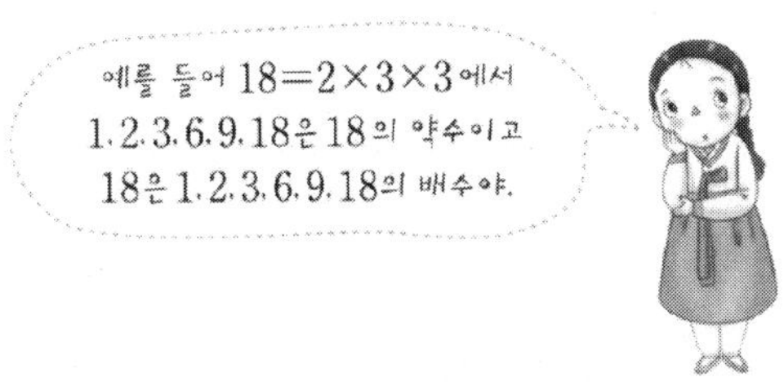


**[그림 3]** 공통 특성(수학 5학년 1학기, p.17)

넷째, 포함(inclusion)[1)]이다. A가 B를 포함하고, B가 A의 구성요소일 때, A와 B는 위계적인 관계이다. 예를 들면, 꼭짓점은 포물선의 구성요소이고 포물선은 꼭짓점을 포함한다. [그림 4]에서 꼭짓점과 변은 각의 구성요소이고, 각은 꼭짓점과 변을 포함한다.

---

**1)** Suominen(2015)은 이를 위계적 관계(Hierarchical relationship)라고 분류하였다. Businskas는 포함(inclusion)과 일반화(generalization)를 위계적인 관계라고 본 반면, Suominen은 일반화와 위계적인 관계를 별도의 범주로 구분하였다.

> 한 점에서 그은 두 반직선으로 이루어진 도형을 각이라고 합니다.
> 오른쪽 각에서 점 ㄴ을 꼭짓점이라 하고,
> 반직선 ㄴㄱ과 반직선 ㄴㄷ을 변이라고 합니다.
> 이 각을 각 ㄱㄴㄷ 또는 각 ㄷㄴㄱ이라고 합니다.

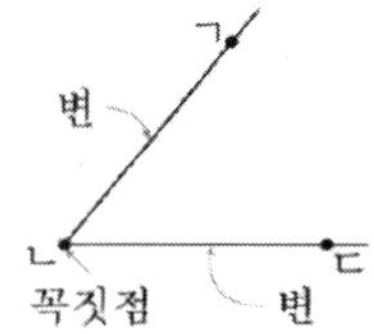


**[그림 4]** 포함(수학 3학년 1학기, p.61)

다섯째, 일반화(generalization)이다. A가 B의 일반화일 때, B는 A의 특수 사례(예)이다. 일반화 역시 위계적인 관계이다. 예를 들면, $ax^2+bx+c=0$ 은 $2x^2-7x+3=0$ 의 일반화이다. [그림 5]에서 '비율 = (비교하는 양) ÷ (기준량) = $\frac{\text{비교하는 양}}{\text{기준량}}$'은 일반화된 식이며, $150 \div 200 = \frac{150}{200} = 0.75$는 특수한 사례이다.

(비율) = (비교하는 양) ÷ (기준량) = $\frac{\text{(비교하는 양)}}{\text{(기준량)}}$

비 150 : 200을 비율로 나타내면 $\frac{150}{200}$ 또는 0.75입니다.

**[그림 5]** 일반화(수학 6학년 1학기, p.107)

여섯째, 함의(implication)이다. A가 B를 함의한다는 것은 A와 B가 논리적으로 관련되어 있음을 의미한다. 예를 들면, 방정식의 차수는 근의 개수를 결정한다. 따라서 방정식의 차수와 근의 개수는 논리적인 관련성을 가진다.

□ 안에 알맞은 수를 써넣으시오.

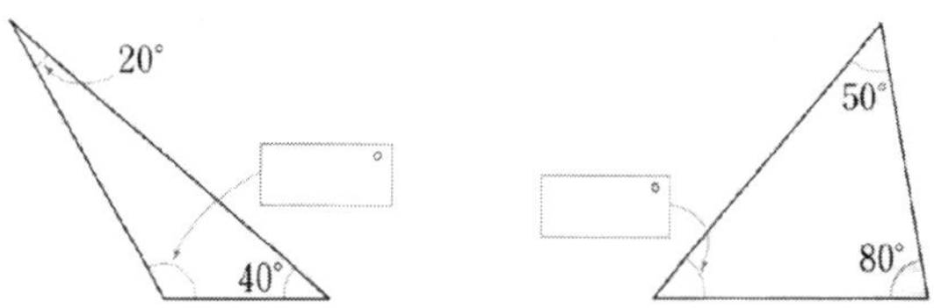


**[그림 6]** 함의(수학 4학년 1학기, p.93)

유클리드 평면 위의 삼각형은 내각의 합이 180°임을 함의한다. 이를 바탕으로 위 그림에서 제시된 삼각형의 한 내각의 크기를 구할 수 있다.

일곱째, 절차(procedure)이다. 대상 B를 다루기 위해서 절차 A가 이용된다. 예를 들면, 표본공간(확률)을 기술하기 위해서 수형도를 절차로 이용한다. [그림 7]은 크기가 같은 분수를 만들기 위해 이용되는 절차이다. 동치분수를 만들기 위해서는 분자와 분모에 0이 아닌 같은 수를 곱하거나 나누면 된다.

- 분모와 분자에 0이 아닌 같은 수를 곱하면 크기가 같은 분수가 됩니다.
- 분모와 분자를 0이 아닌 같은 수로 나누면 크기가 같은 분수가 됩니다.

**[그림 7]** 절차(수학 5학년 1학기, p.75)

수학적 아이디어 간의 이런 관계를 수학적 연결성이라고 볼 때, 수학적 활동은 수학적 연결성을 인식하여 이를 활용하거나 새로운 수학적 연결성을 맺는 과정이라고 볼 수 있다. 특히 수학적 개념들 간의 연결성을 인식하기 위해서는 교사의 역할이 매우 중요하다. Businskas(2008)는 위에서 설명한 수학적 연결성의 7가지 특징을 바탕으로 실행한 교사 대상 연구를 통해 교사들이 인식하는 수학적 연결성을 다음의 다섯 가지로 분류하였다.

첫째, 상이한 표상(different representation)이다. 하나의 개념은 두 가지 이상의 다른 방식으로 표현될 수 있다. 대안 표상(alternate representation)과 동치 표상(equivalent representation)이 이 범주에 포함된다. 둘째, 함의(implications)이다. 하나의 개념은 논리적으로 다른 개념을 이끌어낸다. 조건문이 대표적인 예라고 할 수 있다. '이등변삼각형은 두 밑각의 크기는 같다'는 것은 주어진 삼각형이 이등변삼각형이라는 것을 논리적으로 가정하면 결론적으로 두 밑각의 크기가 같음을 함의한다. 셋째, 부분-전체 관계(part-whole relationships)이다. 이것은 앞에서 기술한 포함(inclusions)과 일반화(generalizations)를 하나의 범주로 묶은 것이다. 하나의 개념은 부분과 전체의 관계로 다른 개념과 관련된다. 이때 부분은 전체의 구성요소(포함)가 될 수 있으며, 때로는 일반화된 개념의 특수한 예가 될 수도 있다. 넷째, 절차(procedures)이다. 알고리즘 절차는 특정 개념과 관련되어 있다. 개념으로부터 이를 다루는 것과 관련된 절차가 파생되며, 반대로 절차들로부터 새로운 개념이 만들어지기도 한다. 다섯째, 수업을 위한 연결성(instruction-oriented connections)이다. 이 범주는 수업을 위한 목적으로 고안된 것으로 수학적 아이디어들은 수학적 관련성 때문에 연결이 되기도 하지만 때로는 교수학적인 목적으로 의도적으로 관련을 짓기도 한다. 이런 수업을 위한 연결성은 두 가지 방식으로 이뤄진다. 첫째, 새로운 주제와 학습자의 이전 지식을 관련짓는 것이 중요하다는 것을 언급한다. 학생의 이전 지식과 특수한 관련성을 맺는 것은 학생이 알고 있는 것을 확장하는 것이라 할 수 있다. 둘째, 일련의 수학적 개념과 절차들을 새로운 주제를 학습하기 전에 숙달해야 하는 선결 개념, 기능, 용어로서 서로 관련짓는다. 새로운 개념을 학습하기 전에 관련된 배경지식이나 사전지식을 서로 관련짓는 것만으로도 새로운 수학적 주제를 학습하는 데 큰 도움이 될 수 있다.

## 2.2 수학과 교육과정에서의 수학적 연결성

수학은 학년별, 영역별로 나누어져 있기 때문에 관련성이 없이 분리된 것처럼 보인다. 그러나 수학은 잘 통합된 학문 영역(NCTM, 2000; Reys et al., 2009)으로 수학적 아이디어들은 서로 긴밀하게 연결되어 수학의 체계를 구성한다.

2009 개정 수학과 교육과정의 수학교육의 목표를 살펴보면 수학적 연결성을 암묵적으로 강조하고 있음을 알 수 있다.

> 수학적 개념, 원리, 법칙을 이해하고, 수학적으로 사고하고 의사소통하는 능력을 길러, 여러 가지 현상과 문제를 수학적으로 고찰함으로써 합리적이고 창의적으로 해결하며, 수학 학습자로서 바람직한 인성과 태도를 기른다.
>
> 가. 생활 주변이나 사회 및 자연 현상을 수학적으로 관찰, 분석, 조직, 표현하는 경험을 통하여 수학의 기본적인 기능과 개념, 원리, 법칙과 이들 사이의 관계를 이해하는 능력을 기른다.
>
> 나. 수학적으로 사고하고 의사소통하는 능력을 길러, 생활 주변이나 사회 및 자연의 수학적 현상에서 파악된 문제를 합리적이고 창의적으로 해결하는 능력을 기른다. (교육과학기술부, 2011, p.3)

'여러 가지 현상과 문제를 수학적으로 고찰함으로써…', '생활 주변이나 사회 및 자연 현상을 수학적으로 관찰, 분석, 조직, 표현하는 경험을 통하여' 등의 기술을 통해서 여러 가지 현상을 활용하여 수학학습을 할 것을 언급함으로써 수학과 실생활 및 타 분야와의 관련성을 바탕으로 학습이 이뤄져야 한다는 수학 외적 연결성을 강조하고 있음을 알 수 있다. 또한 '수학의 기본적인 기능과 개념, 원리, 법칙과 이들 사이의 관계를 이해하는 능력을 기른다'고 언급함으로써 학습에서의 수학 내적 연결성을 강조하고 있다. 수학적 연결성에 대한 언급은 교수·학습 방법에서도 계속해서 강조되고 있음을 확인할 수 있다.

> 마. 수학의 개념, 원리, 법칙, 기능의 교수·학습에서는 다음 사항에 유의한다.
> (1) 생활 주변 현상, 사회 현상, 자연 현상 등의 여러 가지 현상을 학습 소재로 하여 수학의 개념, 원리, 법칙을 도입한다.
> 아. 수학적 문제 해결력을 신장시키기 위하여 교수·학습에서 다음 사항에 유의한다.
> (4) 생활 주변 현상, 사회 현상, 자연 현상 등의 여러 가지 현상에서 파악된 문제를 해결하면서 수학적 개념, 원리, 법칙을 탐구하고, 이를 일반화하게 한다.
> 자. 수학적 추론 능력을 신장시키기 위하여 교수·학습에서 다음 사항에 유의한다.
> (2) 수학적 사실이나 명제를 분석하고, 수학적 관계를 조직하고 종합하며, 학생 자신의 사고 과정을 반성하게 한다.
> 차. 수학적 의사소통 능력을 신장시키기 위하여 교수·학습에서 다음 사항에 유의한다.
> (2) 수학적 아이디어를 말과 글로 설명하거나 시각적으로 표현하여 다른 사람과 효율적으로 의사소통할 수 있게 한다. (교육과학기술부, 2011, pp.34-36)

수학은 실생활의 문제를 해결하는 과정에서 발생되어 발전되었으므로 실생활과 분리될 수 없다. 따라서 교육과정의 목표에서 언급하고 있는 것처럼, 수학학습의 출발점은 우리 주변의 여러 가지 현상이 되어야 하며, 현상에 숨겨진 수학적 구조를 발견하는 것이 곧 수학의 학습이다. 이 과정에서 학생들은 수학과 실생활과의 관련성을 인식하게 되며, 이를 바탕으로 학습한 수학내용을 실생활에 적용할 수 있게 된다.

다른 한편으로 수학은 계통성이 강한 학문이다. 계통성이란 수학적 개념의 확장은 기초적인 내용을 기반으로 다른 내용을 첨가함으로써 이뤄진다는 것으로 수학 교육과정 구성의 주요 원리 중 하나이다. 즉, 계통성은 학습 내용의 순서를 정할 때 논리적 연결성을 가지고 학습이 단계적으로 이루어지도록 해 주는 것이다(김경화, 2009). 이런 측면에서 수학의 계통성을 강조한다는 것은 이미 학습한 수학의 내용과 새롭게 학습할 내용의 연결성을 강조하는 것이다.

2015 개정 수학과 교육과정의 수학과 목표에서도 비슷한 내용을 찾아볼 수 있다:

> 수학의 지식을 이해하고 기능을 숙달하며 수학적으로 추론하고 의사소통하는 능력을 길러, 생활 주변과 사회 및 자연 현상을 수학적으로 이해하고 합리적으로 문제를 해결하며, 수학에 대한 바람직한 학습 태도를 갖추고 실천하는 능력을 기른다.
> (1) 생활 주변 현상을 수학적으로 관찰하고 표현하는 경험을 통하여 수학의 기초적인 개념, 원리, 법칙을 이해하고 수학의 기능을 숙달한다.
> (2) 수학적으로 추론하고 의사소통하며 창의·융합적 사고와 정보처리 능력을 바탕으로 합리적으로 문제를 해결한다. (교육부, 2015, p.192)

2009 개정 수학과 교육과정의 내용과 비슷하게 생활 주변과 사회 및 자연 현상과는 관련성을 강조하고 있으며 특히 2015 개정 수학과 교육과정에서는 창의·융합적 사고를 강조하였다. 창의·융합적 사고 능력은 2015 개정 수학과 교육과정의 수학교과역량의 하나로, 이광우(2014)는 '해당 분야의 전문지식과 소양을 토대로 새롭고 의미 있는 결과나 아이디어를 산출해내고, 자신이 학습하거나 경험한 것을 다양한 현상에 융합적으로 활용할 수 있는 사고 역량'(p.33)으로 정의하였다. 특히 융합적 사고를 '창의적 사고 기능과 창의적 사고 성향을 활용하여 서로 다른 분야의 지식과 기술들을 융합하여 의미 있고 새로운 것을 산출하는 사고 능력'이라고 설명하고 있다(박선화, 2015). 이런 융합적 사고는 서로 다른 영역이나 분야의 지식과 기술들을 연결하는 사고 능력으로 NCTM(1989, 2000)의 규준에서 말하는 '연결성'이라고 볼 수 있다. 따라서 이전 교육과정과는 달리 2015 개정 수학과 교육과정에서는 수학적 연결성을 '융합'이라는 용어를 써서 명시적으로 언급하며 강조하고 있음을 알 수 있다.

〈표 1〉 융합적 사고의 하위 요소와 교수·학습 예시(박선화, 2015, p.29에서 부분발췌)

| 하위요소 | 의미 | 초등학교 | 기능 |
|---|---|---|---|
| 수학 내적 연결성 | 다른 영역 또는 다른 학년의 수학적 개념, 원리, 법칙, 기능 등을 관련지어 적용하는 능력 | 다른 영역 또는 다른 학년의 수학적 개념, 원리, 법칙, 기능 등을 관련지어 적용하기 | 수학적 개념, 원리, 법칙, 기능 간의 관련성 찾아보기, (문제 상황에) 두 개 이상의 개념, 원리, 법칙, 기능을 적용하기 |
| 수학 외적 연결성 | 수학적 개념, 원리, 법칙, 기능을 실생활이나 타 교과에 적용하는 능력 | 수학적 개념이나 기능을 실생활이나 타 교과에 적용해보기 | 실생활이나 타 교과 상황과 관련된 수학적 개념, 원리, 법칙, 기능 찾아보기, 실생활이나 타 교과 상황에 수학적 개념, 원리, 법칙, 기능을 적용하기 |

한편 2015 개정 수학과 교육과정의 교수·학습 및 평가의 방향에서는 문제 해결 능력 함양을 위한 수학적 모델링 능력 신장을 위해 생활 주변이나 사회 및 자연 현상 등 다양한 맥락에서 파악된 문제를 해결하면서 수학적 개념, 원리, 법칙을 탐구하고 이를 일반화하게 할 것과 창의·융합 능력 함양을 위해 교수·학습에서는 여러 수학적 지식, 기능, 경험을 연결하거나 수학과 타 교과나 실생활의 지식, 기능, 경험을 연결·융합하여 새로운 지식, 기능, 경험을 생성하고 문제를 해결할 것을 언급함으로써 수학적 연결성을 강조하고 있다.

## 2.3 수업에서의 수학적 연결성과 교사의 역할

〈표 2〉 수학적 연결성의 특성과 교사의 역할(NCTM, 2000, 김유경, 2013에서 재인용)

| 학년 | 수학적 연결성의 특성 | 교사 역할 |
|---|---|---|
| K-2 | 다양한 대상의 연결이 비형식적 경험과 형식적 수학의 연결로 이루어진다. | • 질문을 제기함으로써 연결이 형성되도록 한다.<br>• 이전에 학습한 수학 주제들을 다시 다룰 수 있는 새로운 과제를 계획해야 한다.<br>• 연결성을 강조함으로써 수학적으로 사고하는 방법을 학습하도록 돕는다.<br>• 학생들의 연결성을 평가하고 이를 활용하여 새롭고 다양한 연결성을 확립할 수 있는 활동을 계획한다.<br>• 학생들의 수학적 아이디어들을 연결함에 있어서 자신의 고유한 전략을 사용하도록 격려해야 한다. |
| 3-5 | 많은 양의 수학 내용이 학습되므로 연결능력에 따라 이해력과 새로운 아이디어를 관리하는 능력이 달라진다. | • 좀 더 정교한 수학적 아이디어를 탐구하고 발달시킬 수 있도록 과제를 선정하여야 한다.<br>• 이미 알고 있는 수학에 기초하여 새로운 아이디어를 설명하고 새로운 전략을 계발할 수 있는 질문을 해야 한다. |
| 6-8 | 명시적으로 연결성을 찾고, 연결성을 구축하도록 함으로써 수학에 대한 이해를 증진시킨다. | • 학생들이 명시적으로 아이디어를 연결하도록 하고 전략들 사이의 관계와 공통성에 주목하도록 한다.<br>• 연결성을 이용할 뿐 아니라 찾으려는 성향을 촉진하는 기기회로 활용한다.<br>• 단지 수학을 다른 과목에 적용하는 것이 아니라 간학문적 경험에 의하여 수학적 아이디어를 다시 탐구하게 하고 학생들로 하여금 수학 이외의 상황에서 수학이 유용하다는 것을 확인하게 한다. |
| 9-12 | 수학 내용 영역간의 연결은 수학을 통합된 전체로 인식하게 한다. | • 연결 가능성이 많은 문제나 상황을 제시하여 연결성을 탐색할 수 있도록 한다.<br>• 문제를 직접 해결하는 상황과 더불어 수학적 아이디어를 찾아내도록 격려하는 교실 환경을 조성한다. |

수학학습에서 학생들이 수학적 아이디어들을 서로 관련지을 수 있다면 수학적 이해는 더 깊어지고 오래 지속된다(NCTM, 2000). 수학적으로 이해하기 위해서는 수학적 아이디어, 사실, 절차, 관계들을 관련지어야 한다. 따라서 수학적 연결성은 수학적 이해와 직접적으로 관련된다. 특히 수학문제를 성공적으로 해결하기 위해서는 다양한 연결성을 이해하고 활용할 수 있어야 한다. 이런 측면에서 학습자가 다양한 수학적 연결성을 인식하고 이해할 수 있도록 학습과제를 구성하여 제시하고 과제 수행을 돕는 교사의 역할은 매우 중요하다.

Anthony & Walshaw(2009)는 효과적인 수학수업의 특징 중 하나로 수학적 연결성을 들었다. 여러 가지 문제해결 방법이 서로 어떻게 관련되는지, 여러 수학 주제들이 서로 어떻게 관련되는지, 수학과 일상생활의 경험이 어떻게 관련되는지를 학습자가 이해하도록 돕는 것이 효과적인 수업을 위한 교사의 역할이다.

NCTM(2000)에서 제시한 수학적 연결성을 위한 교사의 역할을 다음과 같다. 먼저, 교사는 이미 알고 있는 수학에 기초하여 새로운 아이디어를 설명하고 새로운 전략을 계발하며 수학 이외의 상황과 연결을 꾀할 수 있도록 질문을 제기해야 한다. 둘째, 이전에 학습한 수학주제들을 다시 다루고 수학적 아이디어들을 정교화하고 발달시킬 수 있도록 연결성이 많이 내포된 과제를 계획하고 제시해야 한다. 셋째, 수학적 연결성을 강조함으로써 학생들이 관계나 공통성에 주목하고 수학적 아이디어 사이의 연결을 찾아내도록 격려하는 교실 환경을 조성해야 한다.

## 3 수학의 내적 연결성 강화를 위한 수학 과제의 구성2)

수학적 연결성은 크게 수학 내적 연결성과 수학 외적 연결성으로 나눌 수 있다. 이 가운데 수학 내적 연결성은 수학의 아이디어, 주제, 영역 간의 연결로 개념적 지식과 절차적 지식 연결하기, 수학 주제들 간의 연결을 활용하고 그 가치 평가하기, 같은 개념에 대한 여러 가지 표상 인식하기, 수학을 일관된 전체로 인식하기 등이 포함된다.

수학 내적 연결성은 수학적 아이디어(개념)의 상호관계이다(NCTM, 2000). Businskas

**2)** 이 장의 내용은 권성룡(2015)의 Ⅱ장 내용을 수정, 보완하여 작성된 것이다.

(2008)는 수학에서의 주제들을 연결하는 데 이용할 수 있는 수학적 아이디어나 수학적 절차들 사이의 관계, 수학적 아이디어들을 관련짓거나 관련성을 인식하는 과정, 두 가지 이상의 수학적 아이디어들을 연합, 두 가지 수학적 실체 간의 논리적 인과관계 또는 의존관계를 수학적 연결성이라고 보았다. Barmby, Harries, Higgins & Suggate(2009)는 학습자의 수학적 이해의 깊이는 서로 다른 수학적 아이디어들 사이에 만들어진 연결성, 수학적 아이디어에 대한 서로 다른 표상, 서로 다른 수학적 아이디어들에 대한 추론을 통해서 드러난다고 보았다. 따라서 학습자의 수학적 개념에 대한 이해정도를 평가하기 위해서는 그 개념에 대한 연결성을 조사해보는 것이 중요하다.

수학적 개념은 다른 개념과의 관련성을 바탕으로 학습이 이뤄져야 한다. 예를 들면, 곱셈의 개념은 덧셈 개념과의 관련성을 바탕으로 한다. $5\times6$은 $5+5+5+5+5+5$로 약속하고 이를 통해서 계산 값을 얻을 수 있다. 마찬가지로 소수의 개념은 분모가 10의 거듭제곱인 분수와의 관련성을 바탕으로 도입된다. 따라서 새로 학습하는 개념은 이전에 학습한 개념을 바탕으로 이뤄져야 하므로 새로운 개념을 도입하기 전에 그 개념과 관련되는 선수개념을 학습자가 이해하고 있는지를 확인할 필요가 있다.

수학적 개념과 절차 사이의 연결성은 개념에 대한 지식과 절차에 대한 지식의 관련성을 바탕으로 한다. 수학교육에서 절차적 지식(기능)과 개념적 지식(이해) 중 무엇을 더 강조해야 할 것인지에 대해서는 논쟁의 여지가 있다. 수학학습에 있어서 절차가 우선이라는 관점은 문제해결에서 절차적 기능의 반복된 사용을 통해서 산술적인 개념의 이해를 발달시킬 수 있다는 주장을 바탕으로 하는 반면, 개념이 우선이라는 관점은 개념적 지식이 기초가 되어야 적절한 절차를 선택하고 발달시킬 수 있다는 생각을 바탕으로 한다. 그러나 최근의 연구에 따르면, 개념이나 절차 중 어느 하나가 다른 것의 우위에 있는 것이 아니라 수학적 개념과 절차적 기능이 함께 발달하고 서로 영향을 준다고 본다(Baroody, 2003; Gray & Tall, 1994, 김유경, 2013에서 재인용). 개념적 지식과 절차적 지식은 서로에게 영향을 미치며 점진적으로 발달한다. 하나의 수학적 개념이 구성되면 이를 바탕으로 관련된 절차를 이해할 수 있게 되기 때문이다. 예를 들면, 등분할 분수를 통해서 분수의 개념을 이해하고 나면 이를 바탕으로 분수의 덧셈을 이해할 수 있다. 이 경우, 분수의 덧셈 절차는 분수 개념을 바탕으로 한다. $\frac{2}{3}$는 하나의 전체를 셋으로 똑같이 나눈 것 중 둘이다. 각각은 셋으로 나눈 것 중 하나이므로 $\frac{1}{3}$이고, $\frac{1}{3}$이 2개 있으면 $\frac{2}{3}$가 된다. 이 과정에 분모가 같은 분수의 덧셈이 포함되어 있다. 즉, $\frac{2}{3}=\frac{1}{3}+\frac{1}{3}$임을 알 수 있다. 분수에 대한 이런 개념적인 이해가 토대가 되어 이후에 분모가 같은 분수의 덧셈에서는 분자끼리의 합이 분수의 합이라는 것을 이해할 수 있다.

한편 수학적 개념을 바탕으로 구성된 절차적 지식은 또 다른 절차적 지식과 관련성을 가진다. 예를 들면, 이분모분수의 덧셈 절차에는 두 분수를 통분하는 절차와 통분된 두 분수를 더하는 절차가 통합된 것이라고 볼 수 있다. 따라서 두 절차가 모두 올바로 실행되고 올바로 연결되어야만 문제를 해결할 수 있다. 따라서 절차들 간의 연결성 역시 수학 수업에서 강조해야만 한다.

### 3.1 개념적 지식과 절차적 지식

학생들이 '수학은 유기적으로 관련된 하나의 전체'라는 시각을 가지게 되면 점차적으로 수학적 개념과 기능이 별개라는 생각에서 벗어나게 된다. 수학적 개념으로부터 절차가 유도되면 개념적 이해와 절차가 관련성을 맺게 된다. 이렇게 되면 이전에 서로 분리되어 있던 규칙들이 서로 의미 있는 연결고리를 형성함으로써 '수학은 임의의 규칙의 모임'이라는 시각에서 벗어나게 된다. 이런 측면에서 개념과 절차의 통합은 학교수학의 핵심이 되어야 한다(NCTM, 2000).

개념적 지식과 절차적 지식은 분리할 수 없지만 둘의 연결성을 이해하기 위해서는 두 가지 지식을 구별하는 것이 필요하다. 개념은 '특수한 사례로부터 일반화되고 추상화된 포괄적 아이디어'라고 볼 수 있는데, 이런 개념에 대한 지식을 개념적 지식이라고 할 수 있다(Byrnes & Wasik, 1991). 이는 다양한 관련성을 특성으로 가지는 지식(Hiebert, 1986)이며 수학적 개념, 연산, 관계에 대한 이해(Kilpatrick, Swafford, & Findell, 2001)이다. 초보자의 개념적 지식은 대체로 분절되어 있어서 학습을 통해서 통합될 필요가 있다. 반면 전문가의 개념적 지식은 지속적으로 확장되어 더 잘 조직된다.

절차는 목표를 달성하기 위한 일련의 단계나 활동이라고 볼 수 있는데, 이런 절차에 관한 지식을 절차적 지식이라고 한다(Canobi, 2009). 절차는 올바로 실행되면 정답에 이르게 하는 미리 정해진 일련의 활동인 알고리즘, 또는 주어진 문제를 해결하기 위해서 적절히 실행되어야 할 일련의 가능한 활동이다. 이처럼 절차적 지식은 어떻게 하는지에 관한 지식으로 알고리즘, 문제해결을 위한 연속된 활동이라고 할 수 있으며, 다양한 목표에 도달하는 데 필요한 단계들에 대한 지식이다. 이처럼 절차적 지식은 문제해결을 경험하는 과정에서 개발되므로 특정한 문제와 관련되어 있다.

개념적 지식과 절차적 지식의 관계에 대해서는 네 가지 서로 다른 관점이 있어왔다. 첫째, 개념적 지식이 우선되어야 한다는 관점(예, Gelman & Williams, 1998)이다. 이는 아동들이 먼저 특정 영역에서 개념적 지식을 개발한 뒤 이를 활용하여 이 영역에서의 문제를 반복적으로 해결하는 과정에서 절차적 지식이 구성된다고 보는 것이다. 이 관점과 일관되는 연구결과들이 계산과 비례추론과 같은 여러 주제에서 발견되었다. 이를 통해서 절차적 지식을 지도하기 전에 개념적 지식을 먼저 가르쳐야 한다는 수학수업의 방향에 정당성이 부여되었었다. 둘째, 절차적 지식이 우선되어야 한다는 관점이다. 이 관점은 아동이 절차를 먼저 학습한 후 추상화의 과정을 통해서 개념적 지식이 구성된다고 보는 입장이다. 이 관점과 일관된 연구결과들이 아동의 세기와 분수곱셈 영역에서 확인되었다. 셋째, 개념적 지식과 절차적 지식이 독립적으로 발달한다는 관점이다. 넷째, 개념적 지식과 절차적 지식이 서로에게 상호 영향을 주면서 발달한다는 관점이다.

네 가지 관점 가운데 가장 널리 인정받는 관점은 두 가지 지식이 시간이 지남에 따라 상호 영향을 주고받으면서 점진적으로 발전한다고 보는 관점이다. 이때 최초의 지식은 개념적 지식일 수도, 절차적 지식일 수도 있다. 개념적 지식과 절차적 지식이 모두 중요하다는 입장에서 볼 때, 두 지식 모두의 발달을 촉진하는 수업방법이 활용될 필요가 있다. Rittle-Johnson & Schneider(2015)는 두 가지 지식의 발달을 동시에 촉진하는 수업방법을 세 가지 제안하였다. 먼저, 대안적인 해결 절차를 비교하도록 하는 방법이다. 두 가지의 절차를 비교하는 과정에서 학생들의 절차적 지식에 대한 이해가 깊어졌으며 때로는 관련된 개념적 지식에 대한 이해도 깊어졌다. 경우에 따라서는 옳은 절차와 옳지 않은 절차를 비교하도록 함으로써 관련된 개념적 지식과 절차적 지식에 대한 이해를 심화할 뿐 아니라 오개념도 줄일 수 있다. 두 번째, 문제해결절차를 학습할 때 자기설명을 격려하는 방법이다. 문제를 해결한 후, 얻은 해답이 왜 옳은지에 대해서 설명하도록 함으로써 개념적 지식과 절차적 지식에 대한 이해도를 높일 수 있다. 세 번째 방법은 수업 전에 문제를 탐구할 수 있는 기회를 제공하는 것이다. 수업을 받기 전에 문제를 탐구하는 학생들이 수업을 받은 후에 문제를 탐구하는 학생들보다 개념적 지식과 절차적 지식 모두 더 잘 이해한다.

## 3.2 수학적 연결성 강화를 위한 수학과제

수학적 연결성을 강화하기 위해서 교사는 학습자의 수학적 개념과 절차를 의미 있게 관련지을 수 있는 과제를 개발하거나 선택하여 학생들에게 제공해야만 한다. 이런 측면에서 과제는 수학적 연결성을 강화하기 위한 수업의 출발점이라고 할 수 있다.

일반적으로 수학 과제란 학생들의 수학적 발달을 위한 지적인 맥락을 제공하는 프로젝트나 질문, 문제, 작도, 응용, 연습 등을 말하는 것(NCTM, 1991)으로, 학생들이 수학을 학습하기 위해 참여하는 활동을 총칭하는 것이다. Artzt & Armour-Thomas(2002)는 과제, 학습 환경, 담화를 구성요소로 교사의 교수관행을 분석하고 있는데, 이때 과제란 지식과 새로운 정보를 관련시켜 문제해결에 능동적으로 참여할 수 있는 기회를 제공하는 모든 자료를 말한다. Hiebert et al.(2004)은 학습 환경의 구성 요소 중 하나로 과제특성을 제시하면서 과제를 수업시스템의 첫 번째 주요 요소로 보았다. 이처럼 성공적인 수업을 위해서는 학습자의 흥미를 유발하는 동시에 수학적 연결성을 풍부히 탐구하고 이를 이해할 수 있는 수학 과제가 필요하다.

수업에서 수학적 과제를 선택하는 것이 교사의 중요한 책임 중 하나이다. 바람직한 수학적 과제는 중요한 수학 내용을 담고 있어야 하며, 학습자의 이해나 관심 또는 경험을 바탕으로 수학적 아이디어들을 연결하여 하나의 일관된 체계를 개발할 수 있도록 문제해결, 추론, 의사소통이 요구된다(NCTM, 1991). 이런 측면에서 좋은 과제를 선택하고 구성하는 것은 성공적인 수학지도의 핵심이다(Doyle, 1988). 따라서 수학 과제를 선택하거나 수정 또는 구성함에 있어서 교사는 수학적 내용과 학생 그리고 학생이 수학을 학습하는 방법을 고려해야만 한다.

학습자들은 수학 과제를 통해서 수학을 하는 것이 무엇인지를 알게 된다. 과제를 수행하면서 학습자들은 수학과 수학학습의 본질이 무엇인지에 대한 생각을 개발한다(Hodge, Zhao, Visnovska, & Cobb, 2007). 따라서 유능한 교사는 모든 학생들이 특정 영역의 수학적 이해를 발전시키고 고등 수학적 사고 활동에 참여할 수 있도록 돕는 수학과제인지에 관심을 가진다(Henningsen & Stein, 1997). 교사는 중요한 수학적 개념과 관계에 대해 학습자가 독창적으로 사고하도록 하는 과제를 설정하여 학습경험을 제공함으로써 학습자가 효과적으로 수학을 행하고 학습하는 방법을 익히도록 돕는다(Ainley, Pratt, & Hansen, 2006). 과제는 학습자가 이미 학습한 알고리즘을 연습하는 것 이상의 활동에 참여할 수 있는 기회를 제공해야만 한다. 학습자에게 중요한 수학적 아이디어에 대해 탐구할 수 있는 기회를 제공해야 한다. 학습자에게 도전이 될 적당한 수준의 과제를 제공해줌으로써 더 세련된 수학적 사고와 추론 활동을 개발하고 이를 활용할 수 있게 해준다.

수학 과제를 고려함에 있어서 과제가 어떤 수학 내용과 관련되는지를 알아야 할 뿐만 아니라 과제를 해결하는 것이 어떤 인지 과정과 관련되는지에 대해서도 고려할 필요가 있다. 사실 수학학습에서 학생들에게 제공되는 과제의 유형과 학생들의 학습 사이의 관계는 오랫동안 중요한 연구주제였다(Arbaugh & Brown, 2005). 연구결과(예를 들면, Marx & Walsh, 1988; Hiebert & Wearne, 1993; Stein & Lane, 1996)를 통해서, 수학 과제가 요구하는 학생들의 사고수준과 수학에 대한 학생들의 이해 사이에는 밀접한 관계가 있음을 알 수 있다.

교사는 핵심적인 수학적 아이디어를 학습자에게 보여주기 위해서 문제해결전략을 포함한 일련의 예들을 주의 깊게 계열화하여 활용함으로써 학습자가 수학적으로 연결할 수 있도록 도와야 한다. 동수누가와 곱셈을 관련지음으로써 학생들이 덧셈을 이용해서 곱셈을 이해할 수 있도록 돕는 것처럼, 학습자가 현재 이해한 것을 활용하여 이를 점진적으로 발전시킴으로써 교사는 수학의 서로 다른 아이디어들 간의 관련성을 강조할 수 있다. 서로 다른 수학주제들을 관련짓는 것은 개념적 이해를 돕는 데 중요하다. 예를 들면, 분수, 소수, 백분율, 비례 등은 개별적으로 학습할 수 있지만 서로 다른 표현을 탐구함으로써 서로 관련지어 학습할 수 있다.

학습자들은 개념이나 기능이 다른 수학적 아이디어와 어떻게 다양하게 관련되는지를 이해할 필요가 있다. 유능한 교사라면 학습자에게 복합적인 과제를 해결하고, 자신의 사고과정과 해결전략을 설명하고, 다른 사람의 사고과정을 듣는 기회를 제공함으로써 수학적으로 연결할 수 있도록 돕는다(Anghileri, 2006).

## 3.3 수학적 연결성과 과제의 인지적 요구 수준

좋은 수학수업을 위해서는 학습자에게 지적으로 도전이 되는 과제가 있어야만 한다. 더불어 수학 과제를 해결하기 위해 개인적, 협력적으로 노력하는 과정에서 발생한 중요한 수학적 아이디어들에 대해서 토론할 수 있을 기회를 소집단활동이나 전체학급활동에서 충분히 제공해 주어야 한다. 이 두 가지 모두 학습자의 능동적인 참여와 노력이 동반되어야 하지만 더 중요한 것은 교사의 역할이다. 교사가 수학적으로 도전적인 과제를 선택하거나 구성하여 학습자에게 제공하고 교실에서의 풍성한 담화기회를 제공해야 한다. 특히 과제해결과 관련된 교실에서의 담화는 학습자에게 중요한 학습기회를 제공한다. 이 때 학습자가 경험하는 학습기회는 과제가 제공하는 인지적 요구 수준에 따라 달라진다. 과제가 단순히 암기한 사실을 재생하도록 요구한다면 교사가 담화의 기회를 효과적으로 제공한다고 해도 개념적 이해를 심화할 수 있는 기회를 갖기는 어렵다. 따라서 과제의 인지적 요구 수준은 좋은 수학수업을 결정하는 중요한 요인 중 하나이다.

Doyle(1988)은 인지적 요구 수준이 다른 과제는 다른 종류의 학습을 제공한다고 보았다. 복잡한 문제를 해결해야만 하는 과제는 인지적으로 도전적인 과제인 반면에 그렇지 않은 과제들도 있다. 따라서 인지적 요구 수준이 다른 과제의 특성을 이해하는 것은 학생들의 학습 기회를 이해하는 데 도움이 된다. Doyle(1983, 1988)과 Hiebert & Wearne (1993)의 연구를 이론적 바탕으로 QUASAR 프로젝트 팀(Smith & Stein, 1998; Stein et al., 1996; Stein & Smith, 1998; Stein et al., 2000)에서는 수학 과제의 인지적 수준을 낮은 수준(암기, 연결성 없는 절차)과 높은 수준(연결성 있는 절차, 수학 행하기)으로 구분하였다.

낮은 수준의 과제를 해결하기 위해서 학생들은 암기한 사실을 재생하거나 관련된 수학적 아이디어와의 연결성이 결여된 일상화된 절차를 활용하기만 하면 된다. 반면 높은 수준의 과제를 해결하기 위해서 학생들은 관련된 개념과의 연결성을 바탕으로 한 절차를 활용해야만 하며 문제해결과정에 대해 설명하고 정당화하고 일반화해야 한다.

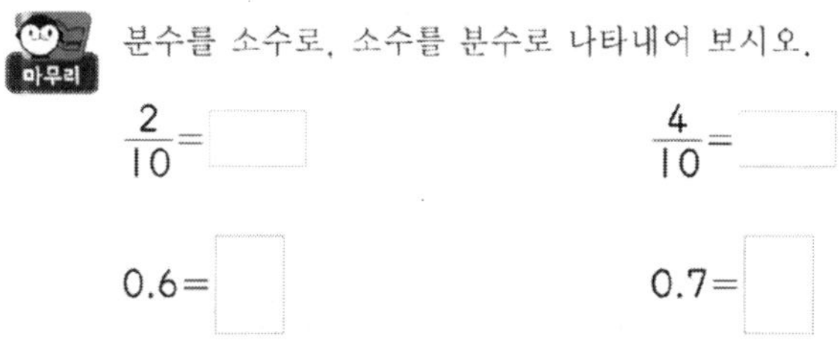


**[그림 8]** 암기과제(수학 3학년 1학기, p.213)

암기(memorization) 과제는 이전에 학습한 사실, 규칙, 공식, 정의 등에 대한 기억을 재생하는 것만으로도 문제해결이 가능한 과제이다. 이런 과제는 관련된 절차가 존재하지 않거나 절차를 사용하지 않고서도 해결할 수 있는 과제를 말하는 것으로 $\frac{1}{2}$, $\frac{1}{4}$ 등과 같이 익숙한 분수를 소수와 퍼센트로 나타내는 과제가 그 예이다.

〈표 3〉 수학 과제의 인지적 요구 수준의 특성(Stein & Smith, 1998)

| 암기(memorization) 과제 | 연결성 없는 절차(procedures without connections) 과제 |
|---|---|
| - 이전에 배운 사실, 규칙, 공식, 정의를 재생하거나 이를 암기하는 것과 관련된다.<br>- 관련 절차가 없거나 과제 수행을 위해 제공된 시간이 짧기 때문에 절차를 이용해서 문제를 해결할 수 없다.<br>- 이전에 경험한 자료를 그대로 재생하는 과제이며 재생할 내용이 직접적으로 명확히 언급되어 있기 때문에 불분명하지 않다.<br>- 학습하거나 재생할 사실, 규칙, 공식, 정의의 근거가 되는 개념이나 의미와의 관련성이 없다. | - 절차의 이용이 구체적으로 요구되거나, 이전의 수업, 경험 또는 과제의 배치를 바탕으로 볼 때 절차의 이용이 분명해서 절차를 따르기만 하면 된다(algorithmic).<br>- 과제의 성공적인 수행에 필요한 인지적 요구가 제한적이다. 무엇을 어떻게 해야 하는지 불분명하지 않다.<br>- 이용할 절차의 근거가 되는 개념이나 의미와의 관련성이 없다.<br>- 수학적 이해의 심화보다는 정답을 구하는 데 초점을 맞춘다.<br>- 설명이 필요 없거나, 이용한 절차를 기술하는 것에만 초점을 맞춘 설명이 요구된다. |
| **연결성 있는 절차(procedures with connections) 과제** | **수학 행하기(doing mathematics) 과제** |
| - 수학적 개념이나 아이디어의 이해를 심화하기 위한 목적으로 학생들이 절차를 활용하도록 하는 데 초점을 둔다.<br>- 근거가 되는 개념이 불분명한 좁은 절차를 따르도록 하는 것이 아니라 근거가 되는 개념적 아이디어와 밀접한 관련이 있는 일반적인 절차를 명시적으로나 암묵적으로 따르도록 길을 제안한다.<br>- 다양한 표상을 활용한다(예를 들면, 시각적 그림, 구체물, 기호, 문제 상황). 의미개발을 위해서 다양한 표상들 간의 관련성을 맺게 한다.<br>- 상당한 정도의 인지적인 노력이 필요하다. 일반적인 절차를 따르더라도 아무 생각 없이 따를 수는 없다. 학생들은 과제를 성공적으로 수행하고 이해를 심화하기 위해서 근거가 되는 절차의 개념적 아이디어를 경험해야 한다. | - 복잡하며 미리 정해진 사고가 없다(즉, 과제나 과제에 대한 안내 또는 예제에서 명확히 제안되어 예측가능하거나 미리 연습된 접근 방법이나 방법이 존재하지 않는다.)<br>- 학생들이 수학적 개념, 절차, 관계의 특성을 탐구하고 이해해야만 한다.<br>- 자신의 인지과정을 스스로 점검하고 조절해야만 한다.<br>- 학생들이 과제를 수행하면서 관련된 지식과 경험을 접하고 이를 적절히 활용할 수 있어야 한다.<br>- 학생들이 가능한 해결전략이나 해답을 제한하는 과제에서의 단서들을 분석하고 적극적으로 조사해야만 한다.<br>- 상당한 정도의 인지적 노력이 필요할 뿐 아니라 문제해결과정이 예측불가능하기 때문에 학생들에게 어느 정도의 불안을 유발할 수 있다. |

연결성 없는 절차(procedures without connections) 과제는 해결에 이용되는 절차가 이해나 의미 또는 관련 개념과 연결성이 떨어지는 과제로 알고리즘적이라고 할 수 있다. 이런 유형의 과제는 문제해결에 이용할 특정절차가 문제에 명시적으로 제시되어 있거나 이전수업, 경험 또는 과제의 특성에 기초해 보았을 때 어떤 절차를 사용해야 하는지가 분명하기 때문에 인지적 요구 수준이 높지 않다. 절차의 활용이 수학적 이해보다는 정확한 답을 얻는 데 초점을 두기 때문에 설명을 요구하지 않거나 사용한 절차를 간단하게 기술하는 정도의 과제로 $\frac{3}{8}$을 소수와 퍼센트로 바꾸어 나타내는 과제와 같이 지정된 절차를 적용하면 쉽게 해결할 수 있는 과제가 그 예라고 할 수 있다.

**2** 민희는 한 상자에 담긴 개수가 똑같은 달걀 4상자를 샀습니다. 산 달걀이 모두 32개라면 민희가 산 달걀은 한 상자에 몇 개씩 담긴 상자입니까?

**[그림 9]** 연결성 없는 절차 과제(수학 2학년 2학기, p.70)

연결성 있는 절차(procedures with connections) 과제는 과제해결을 위해서 절차를 이용해야 한다는 점은 연결성 없는 절차와 같지만 이용하는 절차가 이해나 의미 또는 관련 개념과 연결성을 가진다는 점이 다르다. 이런 관련성을 바탕으로 학습자들은 수학적 개념과 아이디어에 대해 좀 더 깊이 이해하게 된다. 과제에서 이용할 절차가 명시적으로나 암묵적으로 제시되어 있지만 개념적 관련성을 고려하지 않고서는 그 절차를 수행하기 어렵기 때문에 인지적 요구 수준이 높다. 성공적인 과제수행을 위해서는 관련된 개념이나 수학적 아이디어를 이해해야만 한다. 10×10 모눈종이를 이용해서 $\frac{3}{5}$과 크기가 같은 소수와 퍼센트를 나타내는 과제가 그 예라고 할 수 있다.

**6** 어떤 두 수가 있습니다. 이 두 수의 최대공약수가 10일 때 두 수의 공약수를 모두 구하시오.

**[그림 10]** 연결성 있는 절차(수학 5학년 1학기, p.25)

수학 행하기(doing mathematics) 과제는 명확히 제안되거나 예측 가능한 미리 연습된 접근방법이나 방법이 존재하지 않는 과제로 해결을 위해서는 복잡하고 비알고리즘적인 사고가 필요하다. 따라서 학생들이 관련된 수학적 개념, 절차, 관계의 특성을 탐구하고 이해해야만 문제를 해결할 수 있다. 따라서 과제에서 요구하는 인지적 수준이 높으며, 해결방법이 명확하게 드러나지 않기 때문에 이로 인한 일정한 정도의 불안을 겪을 수도 있다. 4×10 직사각형의 일부가 색칠된 격자를 보고 색칠된 영역을 퍼센트, 소수, 분수로 나타내고 설명하는 활동이 그 예이다.

수업에서의 수학적 활동은 수학 과제를 중심으로 조직되며, 수학 과제에 대한 경험을 바탕으로 수학학습이 이뤄진다. 수업에서 활용되는 과제에 대한 이런 경험이 누적되어 학습자는 수학, 수학학습, 수학적 이해 등에 대한 생각을 만들게 된다. 따라서 어떤 과제를 경험했는지는 중요하며 특히 교사는 학습목표가 무엇인지를 명확히 인식하고 이를 바탕으로 목표에 부합하는 수학 과제를 설정해야만 한다. 예를 들면, 학생들이 자신의 사고과정이나 문제해결과정을 설명하고 정당화하기를 원한다면 이런 기회를 제공할 수 있는 과제를 선택해야만 한다. 단순히 정확하고 빠른 계산이 필요한 과제를 제공해서는 이런 종류의 수학적 경험을 제공하기 어렵다. 수학적 활동의 핵심이 수학적 사고에 있다면, 양질의 수학수업을 위해서 수학 과제는 학생들의 인지 과정을 자극할 수 있어야 한다 (Hiebert & Wearne, 1993).

지원이와 민수는 성냥개비 퍼즐 놀이를 하고 있습니다. 찾을 수 있는 서로 다른 정사각형은 모두 몇 개인지 알아보시오.

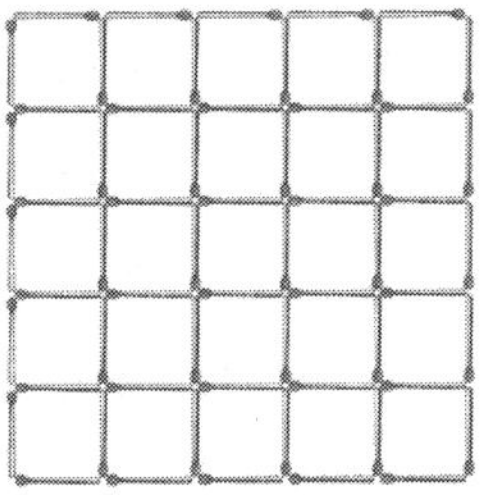

[그림 11] 수학 행하기 과제(수학 4학년 2학기, p.184)

## 3.4 수학-과제 지식(mathematical-task knowledge for teaching)

수업에서 활용할 수학 과제는 교사에 의해서 결정된다. 이런 측면에서 학생들이 경험하게 될 수학 과제의 질은 교사의 책임이다(NCTM, 1991). 양질의 수학 과제를 준비하기 위해서 교사는 수학 과제에 대한 깊이 있는 이해가 필요하다. 이런 이해는 수학 과제에 대한 다양한 지식을 바탕으로 한다.

Chapman(2013)은 수학 과제에 대한 교사의 지식을 '교수를 위한 수학-과제 지식(mathematical-task knowledge for teaching, 이하 MtKT)'이라고 명명하고, 수학에 대한 학생들의 개념적 이해를 촉진하고 수학적 사고의 발달을 지원하며 학생의 흥미와 호기심을 유발할 수 있는 과제를 교사가 선택하고 개발하는 데뿐만 아니라 이런 과제가 가진 학습 잠재성을 최대로 활용하는 데에 MtKT가 필요하다고 보았다.

Chapman(2013)에 따르면 교사는 수학 과제에 대한 다음의 몇 가지의 지식이 필요하다. 첫째, 교사는 수학적으로 가치 있는 과제의 특성을 이해해야 한다. 예를 들면, 과제가 중요한 수학 내용과 관련되는지, 여러 가지 방법으로 해결가능한지, 다양한 표상을 활용하는지, 다른 수학 아이디어와 연결되는지, 학생에게 정당화하고 해석하고 추측하게 하는지, 높은 수준의 인지적 요구를 하는지 등을 판단할 수 있어야 한다. 둘째, 내용 면에서 수학적으로 풍성하고, 깊이 있는 이해를 수반하는 의미 있는 수학학습의 측면에서 교수학적으로 풍성하고, 흥미와 학습의 필요성이란 측면에서 개인적으로 풍성한 과제가 무엇인지를 알고 이를 선택하고 만들 수 있는 능력이 있어야 한다. 셋째, 과제의 인지적 요구 수준에 대한 지식이 필요하다. 더불어 이런 지식을 바탕으로 과제가 제공하는 학습의 수준 및 수학적 이해의 관점에서 과제의 인지적 요구 수준과 과제의 목표 간의 관계에 대한 지식이 필요하다. 넷째, 학생의 이해, 관심, 경험에 대한 지식이 필요하며 학생들의 다양한 수학 학습에 대한 지식이 필요하다. 다섯째, 교사의 과제 선택 및 수업에서의 과제 활용이 학생들이 수학을 이해하고 수학을 행하고 이를 적용하는 데 어떤 영향을 미치는지에 대해서 이해해야만 한다. 여섯째, 과제의 어떤 측면을 강조할 것인지, 학생의 활동을 어떻게 조직하고 조화시킬 것인지, 수준이 다른 학생들을 어떤 질문을 통해서 사고를 자극할 것인지, 학생들의 사고 기회를 박탈하지 않으면서 학생들의 사고를 어떻게 지원할 것인지에 대한 지식이 필요하다.

MtKT가 수학교수를 위한 지식(mathematical knowledge for teaching, 이하 MKT)의 일부분이라는 측면에서 보면, 수학적 연결성에 대한 이해와 더불어 수학적 연결성을 강화하는 수학 과제를 실제로 구성해보는 경험이 필요하다. 특히 실제 수업 상황을 바탕으로 교사의 MtKT를 개발할 수 있다는 측면에서 교실에서 실제 활용할 수 있는 수학적 연결성이 강화된 다양한 수학 과제를 개발하여 활용하고 이를 바탕으로 수정해보는 활동은 교사의 수학과제에 대한 지식을 향상시키는 데 도움이 될 것이다.

## 3.5 과제 설정과 과제 실행에서의 수학적 과제의 인지적 수준 변화 양상

성공적인 수학수업을 위해서는 인지적 요구 수준이 높은 과제를 학습자에게 제공하는 것이 필요하지만, 수학적 연결성이 강조된 인지적 요구 수준이 높은 과제를 구성하는 것만으로 좋은 수학수업이 보장되지는 않는다. 특히 이를 수학수업에 활용하는 것만으로 수학과제의 원래 목표를 달성할 수는 없다. Stein et al.(2009)에 의하면, 수학 수업에서 과제의 높은 인지적 수준이 계속 유지되기 위해서는 과제 설정 단계에서 '수학 행하기 과제'를 설정하고 과제 실행 단계에서 '수학 행하기 과제'를 실행하는 경우, 과제 설정 단계에서 '연결성 있는 절차형 과제'를 설정하고 과제 실행 단계에서 '연결성 있는 절차형 과제'를 실행하는 경우이다.

과제의 높은 인지적 수준이 수학 수업 동안 퇴보되는 유형에는 크게 네 가지가 있다. 과제 설정 단계에서 '수학 행하기 과제'를 설정하였으나 과제 실행 단계에서 '연결성 없는 절차형 과제'로 퇴보하거나 '비체계적인 탐구'로 퇴보하거나 '비수학적인 활동'으로 퇴보하는 경우, 과제 설정 단계에서 '연결성 있는 절차형 과제'를 설정하였으나 '연결성 없는 절차형 과제'로 퇴보하는 경우이다.

### 가. 과제의 높은 인지적 수준의 유지

학생들이 의미 있는 방법으로 수학적으로 사고하고 추론하도록 할 경우, 과제의 인지적 수준은 높게 유지된다. 과제의 인지적 수준을 높게 유지하는 요인으로 학생들의 사전지식에 토대를 둔 과제 제시, 학생의 사고와 추론의 비계 제공, 교사 또는 능력 있는 학생의 수학적으로 수준 높은 수행 모델 제시가 있다(이은영, 이광호, 2015). 이 외에도 학생들이 자신의 과정을 검토할 수 있는 수단을 제공하고, 교사가 지속적으로 질문하고 비평하며 피드백을 제공함으로써, 학생들이 정당화하고 설명하며 의미를 추구하게 하며, 과제의 개념적 아이디어를 지속적으로 강조하고, 과제를 탐구하는 데 충분한 시간을 제공할 경우 과제의 인지적 수준은 높게 유지된다.

### 나. 연결성 없는 절차로의 퇴보

높은 인지적 수준의 과제가 제시되어도 절차적이거나 기계적인 방법을 사용하여 과제에 접근할 경우 과제의 인지적 수준은 의미와 연결성 없는 절차로 퇴보하게 된다. 과제의 인지적 수준을 퇴보시키는 주된 요인 중 하나는 학생들이 해야 할 과제의 도전적인 부분을 교사가 대신하는 것이다. 인지적 수준이 높은 과제를 해결하기 위해 학생들이 교사에게 세부적으로 단계를 나누어 달라고 하거나, 사용해야 할 정확한 절차를 구체적으로 요구하고 또는 교사가 학생들을 대신해 과제를 해결하기도 한다. 이런 경우 사고와 추론을 발달시킬 수 있는 기회와 의미 있게 수학을 이해할 수 있는 기회가 상실된다(이은영, 이광호, 2015).

#### 다. 비체계적 탐구로의 퇴보

수학 행하기 과제로 설정되었던 과제가 제대로 실행되지 않으면 비체계적 탐구로 퇴보하게 된다. 학생들은 나름대로 진지하게 과제에 참여하고, 추측하고, 논의하고, 정당화하는 등 수학적 과정을 수행하려고 시도하였지만 과제에 내재되어 있는 중요한 수학적 아이디어에 대한 이해로 발전되지 못한 경우이다. 과제의 인지적 수준을 퇴보시키는 일을 교사가 하지 않더라도 학생들의 사고를 자극하는 질문을 제공하지 못하거나, 많은 시간을 제공하여 과제 해결과는 관계없는 행동을 하게 될 경우 학생들은 수학적 이해에 실패하게 된다.

#### 라. 비수학적 활동으로의 퇴보

높은 인지적 수준의 과제가 제시되어도 수학적 주제와 거리가 먼 이야기를 하거나 조작활동을 하면서 과제에서 벗어난 행동을 할 경우 비수학적 활동으로 퇴보하게 된다. 과제가 학생들의 사전학습 경험과 적절히 관련되지 못하거나 과제에 대한 안내가 불분명하여 학생들이 무엇을 해야 하는지 구체적이지 못한 경우 이러한 유형의 퇴보가 나타난다(이은영, 이광호, 2015). 또 수업 경영 측면의 문제로 학생들이 교실을 배회하거나, 그룹활동 시간에 친구들과 떠들거나, 교육 자료로 교실을 혼란스럽게 할 경우, 학생들의 복잡한 과제에 대한 참여는 제한받는다.

#### 마. 불충분한 탐구로의 퇴보

학생들이 자유롭게 자신의 의견을 발표하고 의미탐구를 위한 질문과 활동에 적극적으로 참여하지만 수업에서 탐구한 내용을 무비판적으로 받아들이고, 의미에 대한 충분한 탐구를 하지 못할 경우 과제의 인지적 수준은 퇴보하게 된다. 또 잘 수행된 모델만을 제공하여 내재된 개념의 일부만 살펴보거나 학생들의 오류를 간과하는 경우 과제를 통해 충분한 의미 탐구가 이루어지기 어렵기 때문에 성공적인 과제수행으로 이어지기 어렵다.

수업의 목표를 달성하기 위해 인지적 수준이 높은 과제를 설정하고 이를 통해서 수학적 연결성을 강화하기 위해서는 교사의 역할이 중요하다. 특히 좋은 수학 과제를 구성하는 것만큼 중요한 것이 수학과제에서 요구되는 인지적 요구 수준을 수업 내내 유지하는 것이다. 수학의 과제는 좋은 수업의 출발점일 뿐이다. 과제를 활용하여 수학교실에서 어떤 활동이 이뤄질 것인지는 교실마다 다를 수 있다. 과제를 통해서 달성하고자 하는 목표, 이를 위한 수학적 연결성, 학습자의 이해 등을 지속적으로 점검하여 원래의 목적을 달성할 수 있도록 교사의 노력이 필요하다.

## 4 결론

수학의 학습은 자신이 기존에 알고 있던 수학적 지식을 활용하여 새로운 지식을 구성하는 과정이다. 이 과정에서 기존 지식들 간의 관련성 탐색이나 기존 지식과 새로운 지식의 관련성을 찾아야 한다. 특히 수학은 이전에 배운 지식을 바탕으로 새로운 지식이 점진적으로 확대·발전되는 특성이 강하기 때문에 이전에 학습한 내용과 새로 학습할 내용을 연결시키는 것은 성공적인 수학학습에 꼭 필요하다.

수학학습을 위해서 교사는 수학적 연결성을 강화하는 방향으로 수업을 계획하고 실행해야 한다. 수학적 연결성은 변화하는 사회에서 자신이 가진 지식을 창의적으로 융합하여 새로운 지식을 구성하는 데 필수적이다. 특히 수학적 사고능력을 기르기 위해서는 자신이 가진 배경지식과 새로 학습한 지식과의 의미 있는 연결성을 찾아 새로운 지식과 의미를 구성해야 한다. 이런 측면에서 수학적 개념들 간의 연결성, 개념과 절차의 연결성, 절차들 간의 연결성과 같은 수학 내적 연결성의 강화를 위해서 교사는 노력해야 한다.

수학의 내적 연결성 강화를 위해 수학의 개념적 지식과 절차적 지식이 의미 있게 연결되도록 학습과제를 구성하고 활동을 제공할 수 있다. 이를 위해서 교사가 고려해야 할 것이 수학 과제의 인지적 요구 수준이다. 인지적 요구 수준이 높은 과제를 선택하거나 구성하여 학습자에게 제공함으로써 개념적 지식과 절차적 지식의 연결뿐만 아니라 개념과 절차에 대한 다양한 표상들을 연결하여 서로 다른 수학 주제들 사이의 관계를 인식할 수 있는 기회를 제공할 수 있다. 이런 경험은 하나의 수학적 아이디어를 활용하여 다른 수학적 아이디어를 이해하도록 돕는다.

Businskas는 수학의 내적 연결성이 대안 표상, 동치 표상, 공통성질, 포함, 함의, 일반화, 절차의 7가지 특징을 가지는 것으로 보았다. 이를 바탕으로 실제 교사들을 대상으로 한 수학적 연결성 인식 조사 결과, 상이한 표상, 함의, 부분-전체관계, 절차, 수업을 위한 연결성으로 정리하였다. 이 가운데 교사의 교육적 의도가 담긴 수업을 위한 연결성에 주목해야 한다.

효과적인 수학수업을 위해서 교사는 다양한 종류의 지식을 필요로 한다. 수학적으로 가치 있는 과제, 특히 과제가 중요한 수학 내용과 관련되는지, 여러 가지 방법으로 해결 가능한지, 다양한 표상을 활용하는지, 다른 수학 아이디어와 연결되는지, 학생에게 정당화하고 해석하고 추측하게 하는지, 높은 수준의 인지적 요구를 하는지 등을 판단할 수 있어야 한다. 특히 과제의 인지적 요구 수준에 대한 지식이 필요하다. 특히 과제의 인지적 요구 수준과 과제의 목표 간의 관계에 대한 지식이 필요하다.

교사가 어떤 수학 과제를 선택할 것이며 수업에서의 과제 활용이 학생들이 수학을 이해하고 수학을 행하고 이를 적용하는 데 어떤 영향을 미치는지에 대해서 이해해야만 한다. 이 과정에서 과제의 어떤 측면을 강조할 것인지, 학생의 활동을 어떻게 조직하고 조화시킬 것인지, 수준이 다른 학생들을 어떤 질문을 통해서 사고를 자극할 것인지, 학생들의 사고 기회를 박탈하지 않으면서 학생들의 사고를 어떻게 지원할 것인지에 대한 지식이 필요하다. 이런 측면에서 교사의 MKT 특히 MtKT에 대해서 좀 더 강조할 필요가 있다. 대부분의 교사들이 교과서에 제시된 과제를 그대로 활용하거나 일부 수정하여 활용한다고 가정하면, 교과서에 제시된 수학 과제의 인지적 요구 수준을 점검하여 학습자에게 보다 높은 인지적 수준을 요구하는 과제를 제시할 필요가 있다. 인지적 요구 수준이 높은 수학 과제의 제시만큼 중요한 것이 과제의 인지적 요구 수준을 수업 과정 내내 유지하는 일이다. 이를 위해서는 과제의 인지적 요구 수준을 떨어뜨리는 요인은 무엇이 있는지를 이해해야 하며 이를 바탕으로 수학 과제의 인지적 요구 수준을 유지하기 위해서는 어떤 노력이 필요한지를 이해할 수 있는 기회를 제공함으로써 현장교사나 예비교사들이 보다 좋은 수업을 할 수 있도록 지원해야만 한다.

교육과학기술부(2011). **수학과 교육과정. 교육과학기술부고시 제2011-361호 [별책 8]**. 서울: 교육과학기술부.

교육부(2015). **초등학교 교육과정. 교육부 고시 제2015-74호 [별책 2]**. 서울: 교육부.

권미선, 방정숙(2009). 좋은 수학 수업에 대한 초등 교사의 인식 조사. **한국수학교육학회지 시리즈 E 〈수학교육논문집〉, 23**(2), 231-253.

권성룡(2015). 초등예비교사의 수학수업에서의 학습과제의 인지적 수준 분석. **한국수학교육학회지 시리즈 C 〈초등수학교육〉, 18**(2), 61-75.

김경화(2009). **중학교 1학년 학생들의 영역별 문제 설정 분석과 이를 통한 수학적 연결성 연구**. 한국교원대학교 대학원 석사학위 논문.

김유경(2013). **초등학교 수학 수업에서 수학적 연결성 구현을 위한 지도방안 탐색**. 한국교원대학교 대학원 박사학위논문.

김유경, 방정숙(2012). 초등학교 수학 수업에 나타난 수학적 연결의 대상과 방법 분석. **한국수학교육학회지 시리즈 A 〈수학교육〉, 51**(4), 455-469.

박경미, 이환철(2015). **2015 개정 수학과 교육과정의 개정 방향 및 연구 현황**. 2015 개정 수학과 교육과정 시안 개발 정책 연구 공개토론회.

박선화(2015). **수학 교과 핵심역량과 수학과의 성격 및 목표 시안**. 2015 개정 수학과 교육과정 시간 개발 정책 연구 공개토론회.

박영숙(2009). **유엔미래보고서 2**. 교보문고.

박재윤, 이정미, 김택형(2010). **미래교육비전연구**. 연구보고 RR2010-08. 한국교육개발원.

우정호(2000). **수학 학습-지도 원리와 방법**. 서울: 서울대학교출판부.

이광우(2014). **교과 교육과정 개발의 방향**. 2015 문·이과 통합형 교육과정 개정을 위한 교과교육과정 개발 정책연구진 합동 워크숍 자료집. 교육부, 한국교육과정평가원, 한국과학창의재단, 서울특별시 교육청.

이근호, 곽영순, 이승미, 최정순(2012). **미래 사회 대비 핵심역량 함양을 위한 국가 교육 과정 구상**(연구보고 RRC 2012-4). 서울: 한국교육과정평가원.

이은영, 이광호(2015). **교사의 수업반성이 수학 수업에 주는 영향: 수학적 과제의 인지적 수준을 중심으로**. 초등수학교육, 18(2), 155-173.

이종희(1999). 수학적 연결성에 대한 연구-수학과 미술과의 연결. **교과교육학연구, 3**(2), 147-160.

장윤정(2010). **초등학교 수학과 좋은 수업에 대한 실패분석 및 수업에서 이루어지는 수학적 연결성에 대한 연구**. 한국교원대학교 대학원 석사학위논문.

한국과학창의재단 (2011). **STEM 교육 국제 세미나 및 STEAM 교사 연구회 오리엔테이션 자료집**. http://www.kofac.re.kr/com/jsp/board.

Ainley, J., Pratt, D., & Hansen, A. (2006). Connecting engagement and focus in pedagogic task design. ***British Educational Research Journal***, 32(1), 23-38.

Anghileri, J. (2006). Scaffolding practices that enhance mathematics learning. ***Journal of Mathematics Teacher Education***, 9, 33-52.

Anthony, G., & Walshaw, M. (2009). Characteristics of Effective Teaching of Mathematics: A View from the West. ***Journal of Mathematics Education***, 2(2), 147-164.

Arbaugh, F., & Brown C. A. (2005). Analyzing mathematical tasks: Catalyst for change? ***Journal of Mathematics Teacher Education***, 8, 499-536.

Artzt, A. F., & Armour-Thomas, E. (2002). ***Becoming a reflective mathematics teacher.*** Mahwah, NJ: Lawrence Erlbaum Associates.

Ball, D. L. (2000). Foreword. In M. K. Stein, M. S. Smith, M. A. Henningsen, & E. A. Silver (Eds.), ***Implementing standards-based mathematics instruction: A case book for professional development*** (p.ix-xiv). New York: Columbia University.

Barmby, P., Harries, T., Higgins, S., & Suggate, J. (2009). The array representation and primary children's understanding and reasoning in multiplication. ***Educational Studies in Mathematics***, 70(3), 217－241. http://dx.doi.org/10.1007/s10649-008-9145-1

Blum, W., Galbraith, P. L., Henn, H.-W., & Niss, M. (2007). ***Modelling and applications in mathematics education.*** New York: Springer. http://dx.doi.org/10.1007/978-0- 387-29822-1

Businskas, A. M. (2008). ***Conversations about connections: How secondary mathematics teachers conceptualize and contend with mathematical connections.*** (Unpublished doctoral dissertation). Simon Fraser University, Burnaby, BC, Canada.

Byrnes, J. P. & Wasik, B. A. (1991). Role of conceptual knowledge in mathematical procedural learning. ***Developmental Psychology***, 27, 777-786. doi: 10.1037//0012- 1649.27.5.777.

Canobi, K. H. (2009). Concept-procedure interactions in children's addition and subtraction. ***Journal of Experimental Child Psychology***, 102, 131-149. doi: 10.1016/j.jecp.2008.07.008.

Chapman, O. (2013). Mathematical-task knowledge for teaching. ***Journal of Mathematics Teacher Education***, 16, 1-6.

Cho, C. S. (2002). An elementary teacher's practical knowledge of using mathematical tasks for promoting students' understanding and discourse. ***Research in Mathematical Education***, 6(1), 39-51.

Doyle, W. (1983). Academic work. ***Review of Educational Research***, 53(2), 159-99.

Doyle, W. (1988). Work in mathematics classes: The context of students' thinking during instruction. ***Educational Psychologist***, 23, 67-180.

English, L. D. (1998). Children's perspectives on the engagement potential of mathematical problem tasks. ***School Science and Mathematics***, 98(2), 67-72.

Gelman, R., & Williams, E. M. (1998). Enabling constraints for cognitive development and learning: Domain specificity and epigenesis. In D. Kuhn & R. S. Siegler (Eds.), ***Handbook of child psychology: Vol. 2. Cognition, perception, and language*** (5th ed., pp.575-630). New York, NY: Wiley.

Heinnigsen, M. A., & Stein, M. K. (1997). Mathematical tasks and student cognition: Classroom-based factors that support and inhibit high-level mathematical thinking and reasoning. ***Journal for Research in Mathematics Education***, 29(5), 524-549.

Hiebert, J. (1986). ***Conceptual and Procedural Knowledge: The Case of Mathematics***. Hillsdale, NJ: Erlbaum.

Hiebert, J., & Carpenter, T. (1992). Learning and teaching with understanding. In D. Grouws (Ed.), ***Handbook of research on mathematics teaching and learning*** (pp.65-97). New York: Macmillan.

Hiebert, J., Carpernter, T. P., Fennema, E., Fuson, K. C., Wearne, D., Murray, H., Olivier, A., & Human, P. (2004). ***Making sense: Teaching and learning mathematics with understanding***. Portsmouth, NH: Heinemann. **어떻게 이해하지**. (김수환, 박영희, 이경화, 한대희 역). 서울: 경문사.

Hiebert, J., & Wearne, D. (1993). Instructional tasks, classroom discourse, and students' learning in second-grade arithmetic. ***American Educational Research Journal***, 30, 393-425.

Hodge, L., Zhao, Q., Visnovska, J., & Cobb, P. (2007). What does it mean for an instructional task to be effective? In J. Watson & K. Beswick (Eds.), ***Mathematics: Essential research, essential practice*** (Vol. 1, pp.329-401). Hobart: MERGA.

Hodgson, T. R. (1995). Connections as problem-solving tools. In P. A. Hourse & A. F. Coxford (Eds.), ***1995 Yearbook of the national council of teachers of mathematics*** (pp.13-21). Reston, VA: National Council of Teachers of Mathematics.

Jacqueline, L. (1999). When the task is not just a task: What one mathematics teacher learned about facilitating student discourse. Paper presented at the annual meeting of American Educational Research Association. Montreal, CA.

JeongSuk Pang(2009). Good mathematics instruction in South Korea. ***Mathematics Education***, 41, 349-362.

Jones, D. L., Tarr J. E. (2007). An examination of the levels of cognitive demand required by probability tasks in middle grades mathematics textbooks. ***Statistics Education Research Journal***, 6(2), 4-27.

Kilpatrick, J., Swafford, J. O., & Findell, B. (2001). ***Adding it up: Helping Children Learn Mathematics***. Washington, DC: National Academy Press.

Lampert, M. (2001). ***Teaching problems and the problems of teaching***. CT: Yale University.

Leong, Y. H. (2012). Presenting mathematics as connected in the secondary classroom. In B. Kaur, & T. L. Toh (Eds). ***Reasoning, Communication and Connections in Mathematics*** (pp.239-260). Singapore, Association of Mathematics Educators.

Ma, L. (1999). ***Knowing and teaching elementary mathematics***. Mahwah: Lawerence Erlbaum Associates.

Marx, R. W. & Walsh, J. (1988). Learning from academic tasks. ***The Elementary School Journal***, 88(3), 207-19.

Merriam, S. B. (1998). ***Qualitative research and case study application in education***. San

Francisco, CA: Jossey-Bass.

Meyer, R. D. & Wilkerson, T. L. (2011). Lesson Study: The Impact on Teachers' Knowledge for Teaching Mathematics. In Lynn C. Hart, Alice S. Alston, & Aki Murata (Eds.), ***Lesson Study Research and Practice in Mathematics Education: Learning Together***(pp.15-26). Dordrecht: Springer.

Moore, E. H. (1902). On the Foundations of Mathematics. (Presidential address before the American Mathematical Society, 29 December 1902). In J. K. Bidwell and R. G. Clason, Eds. (1970). ***Readings in the History of Mathematics Education.*** Washington, DC: National Council of Teachers of Mathematics.

Moore, E. H. (1902). On the Foundations of Mathematics. (Presidential address before the American mathematical Society, 29, December 1902). In J. K. Bidwell & R. G. Clason(Eds.)(1970). ***Readings in the History of Mathematics Education,*** Washington, DC: National Council of Teachers of Mathematics.

Moschkovich, J., Schoenfeld, A. H., & Arcavi, A. (1993). Aspects of understanding: On multiple perspectives and representations of linear relations and connections among them. In T. Romberg, E. Fennema, & T. Carpenter(Eds.), ***Integrating research in the graphical representation of function*** (pp.69–100). Hillsdale, NJ: Lawrence Erlbaum Associates.

National Council of Teachers of Mathematics(NCTM, 1989). ***Curriculum and evaluation standards for school mathematics.*** Reston, VA: Author.

National Council of Teachers of Mathematics(NCTM, 1991). ***Professional standards for teaching mathematics.*** Reston, VA: Author.

National Council of Teachers of Mathematics(NCTM, 2000). ***Principles and standards for school mathematics.*** Reston, VA: Author.

Nohda, N. (1995). Teaching and evaluating using "open-ended problem" in classroom. ***Zentralblatt für Didaktic der Mathematik,*** 27(2), 55-57.

Oljace, G. (2013). ***STEM is elementary: Why elementary science, technology, engineering, and mathematics prepares students to beat the gaps.*** STEM is Elementary, LLC.

Pang, J. (2009). Good mathematics instruction in South Korea. ***Mathematics Education,*** 41, 349-362.

Reys, R., Lindquist, M. M., Lambdin, D. V., & Smith, N. L. (2009). ***Helping children learn mathematics.*** NY: John Wiley & Sons Inc, 박성선, 김민경, 방정숙, 권점례 공역(2012). **초등 교사를 위한 수학과 교수법.** 서울: 경문사.

Rittle-Johnson, B., & Schneider, M. (2015). Developing Conceptual and Procedural Knowledge of Mathematics. In R. C. Kadosh & A. Dowker(Eds.), ***The Oxford Handbook of Numerical Cognition.*** Oxford University Press.

Rowan, T. E., Mumme, J., & Shepherd, N. (1990). Communicating in mathematics. ***Arithmetic Teacher,*** 38(1), 18-22.

Shimizu, Y., Kaur, B., Huang, R., & Clarke, D. (2010). The Role of Mathematical Tasks in Different Cultures. In Y. Shimizu, B. Kaur, R. Huang and D. J. Clarke(Eds.),

***Mathematical Tasks in Classrooms around the World***(pp.1-14). Sense Publisher.

Skemp, R. R. (1978). Relational understanding and instrumental understanding. ***Arithmetic Teacher***, 26(3), 9-15.

Skemp, R. R. (1989). ***Mathematics in the primary school***. London: Routledge.

Smith Ⅲ, J. P. (2002). The development of students' knowledge of fractions and ratios. In L. Bonnie (Ed.), ***Making sense of fractions, ratios, and proportions*** (2002 Yearbook, pp.3-17). Reston, VA: National Council of Teachers of Mathematics.

Smith, M. S., & Stein, M. K. (1998). Selecting and creating mathematical tasks: From research to practice. ***Mathematics Teaching in the Middle School***, 3, 344-350.

Smith, M. S., & Stein, M. K. (2011). ***5 practices for orchestrating productive mathematics discussions***. Reston, VA: NCTM. 방정숙 역 (2013). **효과적인 수학적 논의를 위해 교사가 알아야 할 5가지 관행**. 서울: 경문사.

Stein, M. K., & Smith, M. S. (1998). Mathematical tasks as a framework for reflection. ***Mathematics Teaching in the Middle School***, 3, 268-275.

Stein, M. K., Grover, B. W., & Henningsen, M. (1996). Building student capacity for mathematical thinking and reasoning: An analysis of mathematical tasks used in reform classrooms. ***American Educational Research Journal***, 33(2), 455-488.

Stein, M. K., Smith, M. S., Henningsen, M., & Silver, E. A. (2000). ***Implementing standards-based mathematics instruction: A casebook for professional development***. New York: Teachers College Press.

Stein, M. K., Smith, M. S., Henningsen, M. A., & Silver, E. A. (2009). ***Implementing standards-based mathematics instruction: A casebook for professional development*** (2nd ed.). New York: Columbia University.

Stein, M. S. & Lane, S. (1996). Instructional tasks and the development of student capacity to think and reason: An analysis of the relationship between teaching and learning in a reform mathematics project. ***Educational Research and Evaluation***, 2, 50-80.

Stephen, M., & Whitenack, J. (2003). Establishing classroom social mathematical norms for problem solving. In F. K. Lester & I. charles (Eds.), ***Teaching mathematics through problem solving*** (pp.149-168). Reston, VA: NCTM.

Stodolsky, S. (1988). ***The subject matters: Classroom activity in math and social studies***. Chicago: The University of Chicago Press.

Suominen, A. L. (2015). Abstract algebra and secondary school mathematics: Identifying and classifying mathematical connections. (Unpublished doctoral dissertation). University of Georgia, Athens, GA, USA.

Van de Walle, J. A. (2003). Designing and selecting problem-based tasks. In F. K. Lester & I. charles (Eds.), ***Teaching mathematics through problem solving*** (pp.67-84). Reston, VA: NCTM.

Vasquez, J. A., Sneider, C., & Comer, M. (2013). ***STEM lesson essentials, grades 3-8***. Portsmouth, NH: Heinemann.

# 8장
# 초등수학과 타 교과와의 연결성[1)]

박 선 주(서울언북초등학교) · 백 석 윤(서울교육대학교)

## 1 서론

20세기가 분과된 학문을 전문적으로 연구하는 시대였다면, 21세기는 학문 전체를 종합적으로 연구하는 시대라고 할 수 있다. 이러한 흐름은 융합적인 사고를 통하여 문제를 해결하는 소위 창의적 인재의 육성을 목표로 하는 요즘 우리나라의 교육과정(교육과학기술부, 2011)에도 잘 나타나 있다. 이와 같이 요즈음의 사회적 요구에 따라 주변의 과학기술 강국들은 수학, 과학, 공학 등 여러 학교 교과목을 융합하는 교육정책을 시도하고 있다. 대표적으로 STEM(Science, Technology, Engineering & Mathematics) 교육으로, 미국의 교육계는 STEM 교육을 통해 과학기술 경쟁력을 제고하고 과학기술 인재를 육성하기 위해 노력하고 있다. 이와 같은 추세에 따라 우리나라에서도 융합교육의 중요성을 인식하고, STEM에 예술(Art) 요소를 추가하여 한국형 융합인재교육(STEAM)을 개발하여 추진하고 있음은 주지하는 바이다. 즉, 정부 차원에서 STEAM 교육에 대해 높은 관심을 가지고 다양한 교수·학습 프로그램을 개발하여 각급 학교 현장에 적용하기 위하여

1) 본 연구에서는 박선주(2015)의 석사학위 논문 연구에서 사용했던 자료의 일부가 재사용되었음을 밝혀 둔다.

노력하고 있다(교육과학기술부, 2011).

이러한 융합적 교육에 대한 강조는 근래의 수학과 교육과정에서 여러 차례 찾아볼 수 있다. 특히, 2009 개정 수학과 교육과정(교육과학기술부, 2011)에서는 학생의 전인적 성장의 기반 위에 개성의 발달과 진로 개척을 추구하며, 기초 능력을 바탕으로 하여 새로운 발상과 도전을 통하여 창의성을 발휘하는 학생을 모델로 삼고 있다. 그리고 2015 개정 수학과 교육과정(교육부, 2015)에서는 초·중·고등학교에서 학습한 수학은 자연과학, 공학, 의학뿐만 아니라, 경제·경영학과 같은 사회과학, 인문학, 예술 및 체육 분야에서의 학습에 기초가 되며 나아가 창의적 지식 생산 역량을 갖춘 융합인재로 성장하는데 기반을 제공하는 것으로 강조하고 있다.

STEAM 교육과 관련된 초등학교 교과목에 대하여 Yakman(2008)이 분류한 방법을 다음 <표 1>과 같이 정리해 볼 수 있다.

<표 1> Yakman(2008)의 세부 내용 및 대응 교과

| STEAM | 세부 내용 | 초등학교 교과 |
|---|---|---|
| S(Science) | 생물학, 생화학, 화학, 지구과학, 탐구, 물리와 우주, 생명공학, 생물의학 | 과학 |
| T(Technology) | 농협, 건축, 통신, 정보, 제조, 의학, 힘과 에너지, 생산과 운송 | 실과 및 창의적 체험활동 |
| E(Engineering) | 항공우주, 농업, 건축, 화학, 민간, 컴퓨터, 전자, 환경, 유체, 산업·시스템, 재료학, 기계학, 해군과 해양 | |
| A(Arts) | 순수미술, 언어학·인문학, 운동·신체(교육, 역사, 철학, 정치, 심리, 사회학, 신학 포함) | 국어, 외국어, 도덕, 음악, 미술, 체육, 사회, 역사 등 |
| M(Mathematics) | 대수, 셈하기, 통신, 데이터 분석·확률, 기하학, 수·연산, 문제해결, 증거·증명, 이론과 삼각법 | 수학 |

이와 같은 맥락에서 수학, 과학, 사회, 실과 과목들의 상호 연결성에 대한 연구가 그동안 많이 이루어져왔다(서보억 외, 2008; 김가람, 2011; 조정남, 2013; 박선주, 2015). 초등학교급에서는 기초적인 교과 내용을 학습하며, 담임교사가 대부분의 교과를 지도하는 시스템이기에 교과 간의 융통성 있는 교육과정 운영이 중등에 비해 비교적 편리하므로 초등학교에서 교과 간의 연결성을 알아보는 것은 보다 큰 의미가 있을 것으로 생각한다

(박선주, 2015).

여기서 연결성이라 함은 대체로 교육과정 조직에 있어서 연관성 또는 계속성을 가지는 공통된 특성을 의미한다. 이러한 연결성은 수직적 또는 수평적 연결성으로 구분해 볼 수 있다. 수직적 연결성은 지도시기와 계열성과 관련이 있는 것으로 어떤 순서로 학습내용을 배열하는가에 초점을 둔 연결성 개념이다. 반면에 수평적 연결성은 타 교과와의 관계에 초점을 둔 연결성 개념으로, 서로 다른 교과의 내용을 어떻게 통합적으로 조직하여 제시하는가에 초점을 맞춘다. 한편 Tyler(1949)는 수직적 연결성 측면에서 계열성과 연속성의 원리를, 수평적 연결성 측면에서 통합성의 원리를 제시하고 있다.

수학의 내적 연결성과 타 교과와의 외적 연결성에 대한 강조 및 중요성은 2009 개정 교육과정(교육과학기술부, 2011)에서 수학과의 목표 중에 하나로서 '주변의 여러 가지 현상을 수학적으로 관찰하고 해석하기'나 2015 개정 교육과정(교육부, 2015)에서의 '생활 주변과 사회 및 자연 현상을 수학적으로 이해하기' 등에서 찾아볼 수 있다. 급변하는 현대사회의 현상을 해석하고 해결하는 능력을 기르기 위해서는 수학의 도구 교과로서의 역할이 중요하다. 따라서 본 연구에서는 2009 개정 수학과 교육과정의 초등학교 수학과를 기준으로 과학과, 사회과, 실과와의 연결성을 교과용 도서 범위에서 지도시기와 활용방식의 측면에 대하여 알아보고자 한다.

## 2 연구 방법 및 절차

본 연구에서는 2009 개정 교육과정의 초등학교 교과용 도서 중 3, 4, 5, 6학년의 과학, 실과, 사회 교과서와 교사용 지도서에 제시된 수학 관련 내용요소를 분석하고, 학습 내용의 상호관련성 및 수학과와의 지도시기와 활용방식을 비교·분석하여 수학과와 타 교과간의 바람직한 연결성을 제안해 보고자 한다. 따라서 필요한 자료의 선정 및 수집을 위하여 다음의 교과용 도서를 비교하여 분석하였다.

## 2.1 교과서

2009 개정 1~6학년 수학교과서

2009 개정 3학년, 4학년, 5학년 1학기, 6학년 1학기 과학교과서와 실험관찰

2009 개정 3학년, 4학년, 5학년 1학기 사회교과서

2009 개정 5~6학년 실과교과서(동아출판)

## 2.2 교사용 지도서

2009 개정 1~6학년 수학과 교사용 지도서

2009 개정 3학년, 4학년, 5학년 1학기, 6학년 1학기 과학과 교사용 지도서

2009 개정 3학년, 4학년, 5학년 1학기 사회과 교사용 지도서

2009 개정 5~6학년 실과 교사용 지도서(동아출판)

수학과 내용과 관련된 과학과, 사회과, 실과 교과용 도서에 나타난 내용의 지도 시기와 활용 방식을 분석하기 위해서 수학과의 내용을 수와 연산, 도형, 측정, 규칙성, 확률과 통계의 다섯 가지 영역으로 분류하고, 수학과의 각 내용 영역별로 과학과, 사회과, 실과의 내용 지도 순서에 맞추어 비교하기 위해 〈표 2〉의 방법을 사용하였다.

**〈표 2〉 수학과와 비교교과(과학과, 사회과, 실과) 교과서의 비교**

| 수학 | | | | | 비교 교과(과학과, 사회과, 실과) | | | |
|---|---|---|---|---|---|---|---|---|
| 내용 영역 | 지도시기 | | 관련 수학 내용 | 활용 방식 | 지도시기 | | 비교 교과 내용 | 활용 방식 |
| | 학년 | 월 | | | 학년 | 월 | | |
| 확률과 통계 | 2 | 6월 2주 | ◉분류하기<br>①기준으로 분류하여 개수 세기 | 적용 | 3 | 3월 1주 | **기초 탐구 활동 익히기**<br>◉관찰에 대하여 알아봅시다. | 적용 |

〈표 2〉의 방식으로 교과서 내용을 분석하는 데에 있어서 고려된 점은 다음과 같다. 첫째, 수학과 내용 영역을 기준으로 분석하였다. 둘째, 교사용 지도서에서 연간 지도 계획으로 제시된 부분에서 월과 주 단위로 배열된 지도시기 순서를 활용하였다. 셋째, 이원목적분류표를 이용하여 각 교과의 내용 활용 방식을 분석하였다. 넷째, 교사용 지도서는 필

수지도 요소와 참고지도 요소 두 가지로 분류하였다. 교사용 지도서의 필수지도 요소는 교수·학습 과정상 직접적으로 나타나는 내용으로, 각 교과별 단원 내 차시의 도입-전개-정리의 흐름에 포함된 지도내용 부분을 말한다. 교사용 지도서의 참고지도 요소는 각 교과별 필수지도 요소를 제외한 교사용 지도서의 해당 부분을 말한다.

수학과와 비교 교과의 각 영역별 관련된 수학 내용의 출현빈도를 알아보고, 수학과 교육과정상에서의 지도시기를 비교하기 위하여 〈표 3〉의 방법을 사용하였다.

〈표 3〉 내용영역별 비교교과에 나타난 수학 관련 내용요소 지도시기 비교

| 수학 | | | | 비교 교과(과학과, 사회과, 실과) | | | 계 |
|---|---|---|---|---|---|---|---|
| 내용 영역 | 지도시기 | | 관련 수학 내용 | 비교 교과 내용 | 내용영역 | | |
| | 학년 | 월 | | | 물·에 | 생·지 | |
| 수와 연산 | 4 | 3월 2주 | • 다섯 자리 이상의 수 크기 비교 이해 | • 멸종 위기의 동물 | | 1 | 2 |
| | | | (음수 개념 없음) | • 우주복의 기능 | 1 | | |

## 3 연구 결과 및 논의

본 연구는 초등학교 수학과의 내용과 관련된 과학과, 사회과, 실과 교과용 도서에 나타난 내용의 연결성을 분석하여 수학 교과를 지도함에 있어서 수학 이외 교과와 밀접히 연결된 도구교과로서 적합한 수학 교과 학습 지도의 방향 정비와, 수학은 물론 타 관련 교과의 교과용 도서 편찬에 있어서 기초 자료를 제공하는 데 연구의 목적이 있다.

### 3.1 과학과, 사회과, 실과 교과용 도서 내용 중 수학 연결 내용요소 출현빈도

#### 3.1.1. 수학과 내용 영역별 과학과 교과용 도서에서의 연결 내용요소 출현빈도 분석

2009 개정 과학 교과서에서는 수학과 내용 영역 중에서 전반적으로 가장 두드러진 연결성을 보이는 것이 측정 영역이다. 즉, 측정 영역은 전반적으로 높은 연결성을 보이지만, 3학년에서 6학년으로 갈수록 그 빈도가 줄어드는 경향을 나타낸다. 반면에 [그림 1], [그

림 2]에서 나타나듯이 확률과 통계 영역은 3학년보다는 5~6학년군에서 더 높은 연결성을 보이는 것을 알 수 있다.

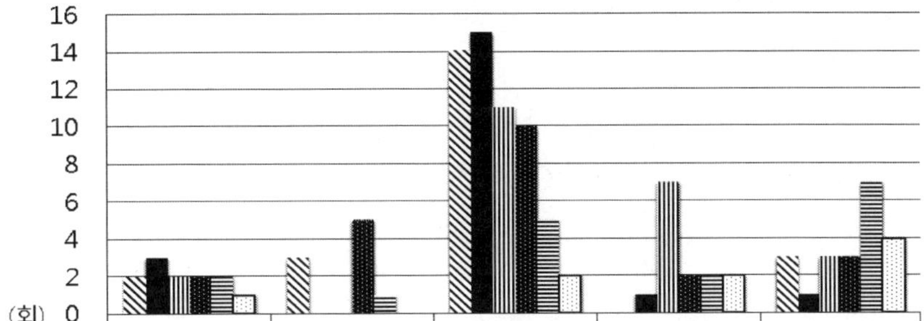


| | 수와 연산 | 도형 | 측정 | 규칙성 | 확률과 통계 |
|---|---|---|---|---|---|
| 3학년 1학기 | 2 | 3 | 14 | 0 | 3 |
| 3학년 2학기 | 3 | 0 | 15 | 1 | 1 |
| 4학년 1학기 | 2 | 0 | 11 | 7 | 3 |
| 4학년 2학기 | 2 | 5 | 10 | 2 | 3 |
| 5학년 1학기 | 2 | 1 | 5 | 2 | 7 |
| 6학년 1학기 | 1 | 0 | 2 | 2 | 4 |

**[그림 1]** 수학과 내용 영역별 과학과 교과서의 연결 내용요소 출현빈도 비교

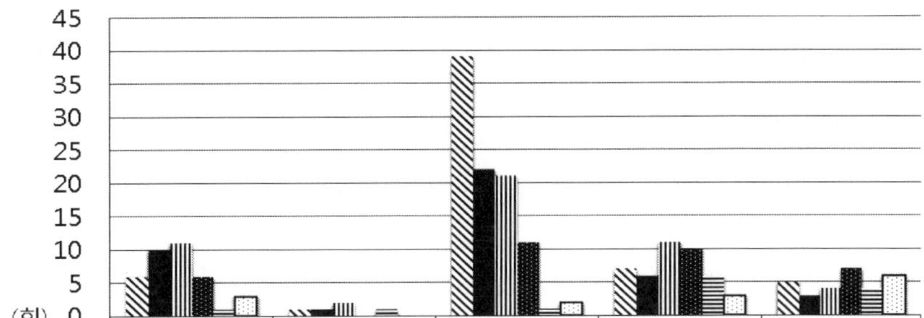


| | 수와 연산 | 도형 | 측정 | 규칙성 | 확률과 통계 |
|---|---|---|---|---|---|
| 3학년 1학기 | 6 | 1 | 39 | 7 | 5 |
| 3학년 2학기 | 10 | 1 | 22 | 6 | 3 |
| 4학년 1학기 | 11 | 2 | 21 | 11 | 4 |
| 4학년 2학기 | 6 | 0 | 11 | 10 | 7 |
| 5학년 1학기 | 1 | 1 | 1 | 6 | 4 |
| 6학년 1학기 | 3 | 0 | 2 | 3 | 6 |

**[그림 2]** 수학과 내용 영역별 과학과 교사용 지도서의 연결 내용요소 출현빈도 비교

### 3.1.2 수학과 내용 영역별 사회과 교과용 도서에서의 연결 내용요소 출현빈도 분석

2009 개정 사회과 교과서에서는 수학과 영역 중에서 전반적으로 가장 두드러지게 연결성을 보이는 것이 확률과 통계 영역이다. [그림 3]이 보여주듯이, 학년에 따라서도 수학과 내용 영역별로 다른 연결성을 나타내고 있다. 먼저 확률과 통계 영역은 전반적으로 높은 연결성을 보이지만 3학년에서 5학년으로 올라갈수록 그 출현빈도가 급격히 늘어나는 경향을 보인다. 이는 사회과 교육과정 특성상 자료를 표나 그래프로 해석하는 활동이 많이 제시되어 있기 때문인 것으로 보인다.

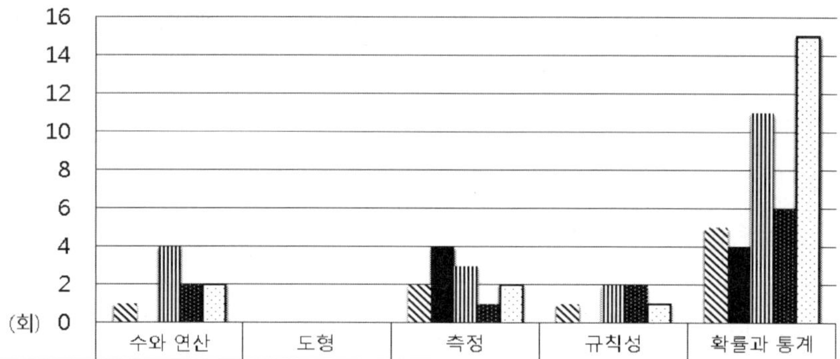


| | 수와 연산 | 도형 | 측정 | 규칙성 | 확률과 통계 |
|---|---|---|---|---|---|
| 3학년 1학기 | 1 | 0 | 2 | 1 | 5 |
| 3학년 2학기 | 0 | 0 | 4 | 0 | 4 |
| 4학년 1학기 | 4 | 0 | 3 | 2 | 11 |
| 4학년 2학기 | 2 | 0 | 1 | 2 | 6 |
| 5학년 1학기 | 2 | 0 | 2 | 1 | 15 |

**[그림 3]** 수학과 내용 영역별 사회과 교과서의 연결 내용요소 출현빈도 비교

사회과 교사용 지도서에서도 사회과 교과서와 비슷하게 확률과 통계 영역이 모든 학년에서 높은 연결성을 보이지만, 수와 연산 영역, 측정 영역, 규칙성 영역에 있어서 학년별로 높은 연결성을 보이는 영역이 다르게 나타나는 것을 알 수 있다.

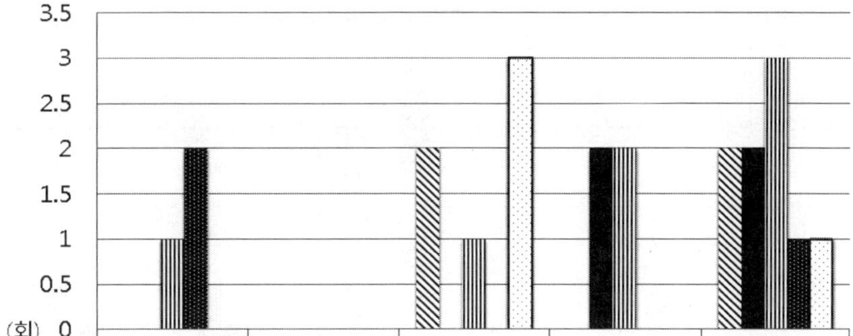


| | 수와 연산 | 도형 | 측정 | 규칙성 | 확률과 통계 |
|---|---|---|---|---|---|
| 3학년 1학기 | 0 | 0 | 2 | 0 | 2 |
| 3학년 2학기 | 0 | 0 | 0 | 2 | 2 |
| 4학년 1학기 | 1 | 0 | 1 | 2 | 3 |
| 4학년 2학기 | 2 | 0 | 0 | 0 | 1 |
| 5학년 1학기 | 0 | 0 | 3 | 0 | 1 |

**[그림 4]** 수학과 내용 영역별 사회과 교사용 지도서의 연결 내용요소 출현빈도 비교

### 3.1.3 수학과 내용 영역별 실과 교과용 도서에서의 연결 내용요소 출현빈도 분석

2009 개정 실과 교과서에서는 수학과 영역 중에서 전반적으로 긴밀한 연결성을 보이는 것이 측정 영역이고, 이러한 경향은 5학년 1학기에 특히 두드러지게 나타난다. 실과 교육과정 특성상 실제 생활에서 노작활동을 하는 것이 주를 이루기 때문인 것으로 보인다.

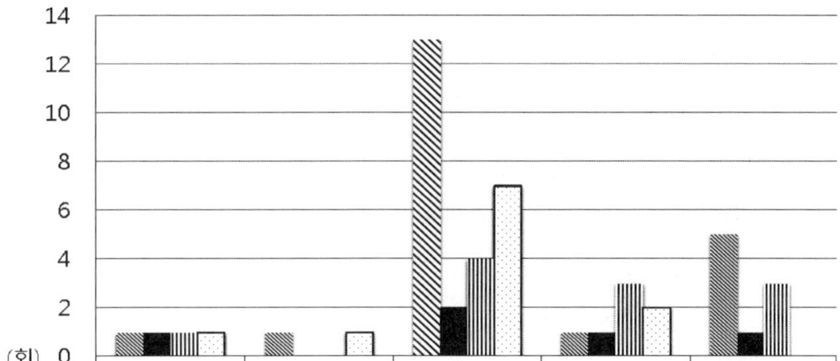


| | 수와 연산 | 도형 | 측정 | 규칙성 | 확률과 통계 |
|---|---|---|---|---|---|
| 5학년 1학기 | 1 | 1 | 13 | 1 | 5 |
| 5학년 2학기 | 1 | 0 | 2 | 1 | 1 |
| 6학년 1학기 | 1 | 0 | 4 | 3 | 3 |
| 6학년 2학기 | 1 | 1 | 7 | 2 | 0 |

**[그림 5]** 수학과 내용 영역별 실과 교과서의 연결 내용 출현빈도 비교

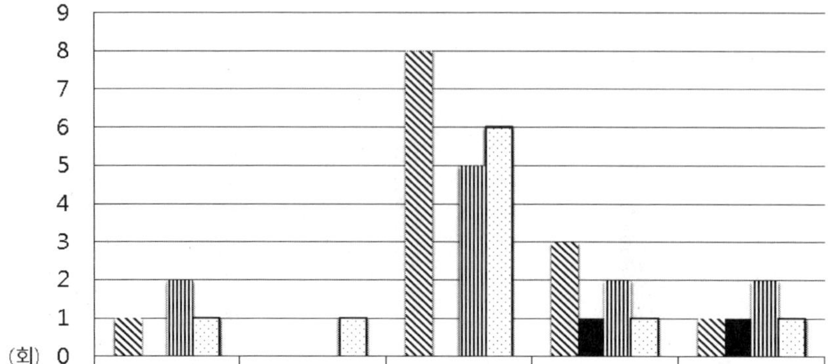


| | 수와 연산 | 도형 | 측정 | 규칙성 | 확률과 통계 |
|---|---|---|---|---|---|
| 5학년 1학기 | 1 | 0 | 8 | 3 | 1 |
| 5학년 2학기 | 0 | 0 | 0 | 1 | 1 |
| 6학년 1학기 | 2 | 0 | 5 | 2 | 2 |
| 6학년 2학기 | 1 | 1 | 6 | 1 | 1 |

**[그림 6]** 수학과 내용 영역별 실과 교사용 지도서의 연결 내용요소 출현빈도 비교

## 3.2 과학과, 사회과, 실과 교과용 도서 내용 중 수학 관련 내용요소 지도시기

### 3.2.1 수학과 내용 영역별 과학과 교과용 도서에서의 수학 연결 내용요소 지도시기 분석

<표 4>에서는 과학과 교과서에 나타난 수학 관련 내용요소 중 지도시기가 일치하지 않는 내용을 분석하였다.

**<표 4>** 과학과 교과용 도서에 나타난 수학 연결 내용요소 지도시기 수학과와 비교

| 수학 | | | | 과학과 교과용 도서 | | | 계 |
|---|---|---|---|---|---|---|---|
| 내용 영역 | 지도시기 | | 관련 수학 내용 | 비교 교과 내용 | 내용영역 | | |
| | 학년 | 월 | | | 물·에 | 생·지 | |
| 수와 연산 | 4 | 3월 2주 | • 다섯 자리 이상의 수 크기 비교 이해 | • 멸종 위기의 동물 | | 1 | 2 |
| | | | (음수 개념 없음) | • 우주복의 기능 | 1 | | |
| 측정 | 3 | 6월 1주 | • 길이 단위(mm, km) | • 배추흰나비의 크기 측정 | | 1 | 10 |
| | 3 | 11월 1주 | • 들이 측정과 어림 | • 공기의 모양 | 1 | | |
| | 4 | 10월 4주 | • 이상, 이하, 초과, 미만 | • 흙의 물 빠짐 비교(관) | | 1 | |

| | | | | | | | |
|---|---|---|---|---|---|---|---|
| | 6 | 6월<br>1주 | • 원주와 원주율 | • 풍선 둘레의 길이 | 1 | | |
| | 6 | 7월<br>1주 | • 부피 단위($cm^3$, $m^3$)의 관계 이해 | • 가로, 세로, 높이가 모두 1m 인 공간 공기의 무게 | 1 | | |
| | 6 | 10월<br>1주 | • 입체도형의 부피 구하기 (높이 개념 없음)* | • 물을 담은 그릇 높이 비교 (교/관)<br>• 물이 얼 때의 부피(높이) | 2 | | |
| | | | (온도 단위 없음) | • 온도의 정의<br>• 온도 측정하기<br>• 우주복의 기능 | 3 | | |
| 규칙성 | 4 | 12월<br>1주 | • 변화 규칙을 찾아 수나 식으로 나타내기 | • 무게가 같은/다른 물체 수평 잡기 | 1 | | 11 |
| | 4 | 12월<br>1주 | • 기호를 이용한 대응 관계 나타내기 | • 용수철이 늘어난 길이 측정하기 | 1 | | |
| | 6 | 5월<br>1주 | • 비의 이해 | • 혼합물의 정의 | 1 | | |
| | 6 | 5월<br>2주 | • 비율과 분수, 소수, 백분율의 관계 이해 | • 식물의 한 살이 관찰<br>• 물의 구성<br>• 물의 이용<br>• 과학이야기: 리튬<br>• 행성들의 상대적 크기와 거리 비교 | 4 | 3 | |
| | 6 | 11월<br>2주 | • 정비례와 반비례 표나 식으로 나타내기 | • 용수철이 늘어난 길이 측정하기 | 1 | | |
| 확률과 통계 | 5 | 11월<br>4주 | • 그림그래프의 활용 | • 물의 종류 그림으로 나타내기 | 1 | | 2 |
| | 5 | 12월<br>2주 | • 목적에 맞는 그래프로 나타내기 | • 1분 단위 온도 표 작성 | 1 | | |
| 계 | | | | | 19 | 6 | 25 |

*(교): 교과서, (관): 실험관찰

<표 4>에서의 지도시기가 일치하지 않는 내용을 수학과 내용영역별로 정리해보면 다음과 같다. 수와 연산 영역에서는 지도시기가 일치하지 않는 부분이 2회 나오므로 다른 영역에 비해서 확률과 통계와 더불어 상대적으로 적은 편이라고 할 수 있다.

측정 영역은 길이, 들이, 무게, 어림하기, 원주율과 원의 넓이, 겉넓이, 부피와 같이 지도시기가 일치하지 않는 부분이 높게 나타나는(10회) 영역이다. 그리고 10회 중에서 8회가 물질과 에너지에 해당하는 내용으로, 과학과에서 물질과 에너지는 수학과와 측정 영역

에서 밀접한 연관성을 가지므로 지도시기가 일치하지 않는 부분 또한 물질과 에너지 영역에서 두드러지는 것으로 보인다.

규칙성 영역은 지도시기가 일치하지 않는 출현빈도가 가장 높게(11회) 나타나는 영역이다. 규칙 찾기, 규칙과 대응, 비와 비율, 정비례와 반비례 같은 하위 요소에서 지도시기의 시차가 나타나고 있다. 그중에서도 가장 주의를 해야 할 수학 내용요소는 비와 비율이다. 단원상으로는 무게 재기(4-1-1) 단원 중 추의 무게와 용수철이 늘어난 길이 사이의 관계를 알아보는 실험에서 규칙과 대응, 정비례와 반비례와 같이 지도시기가 맞지 않는 수학과 내용이 많이 등장함을 주의해야 할 것이다. 또한 정비례를 그래프로 나타내는 활동은 초등학교 학생에게는 어려운 개념일 수 있으므로 교과서 내용이나 학년 간 지도시기가 교육과정 개정 때 고려되어야 할 것으로 생각한다.

확률과 통계 영역은 지도시기가 일치하지 않는 경우가 2회로 수와 연산 영역과 같다. '물의 상태 변화(4-2-2)'에서는 물의 종류를 그림으로 나타내고, 이산량의 비율을 표현하는 활동이 제시되어 있다. 이는 그림그래프의 활용과 관련이 있다고 할 수 있다.

앞서 살펴본 바와 같이, 수학과보다 과학과에서 먼저 관련 개념을 제시한 경우는 총 25회로 나타났고, 물질과 에너지 영역은 19회, 생명과 지구 영역은 6회로 물질과 에너지 영역에서 더 두드러지게 나타난다고 볼 수 있다. 이는 과학과 교육과정상 실험이 많다보니 실험 결과를 측정하고 그 규칙성을 찾는 활동이 많이 삽입되어 있기 때문인 것으로 생각할 수 있다. 이에 따라 수학과 영역별로도 측정 영역과 규칙성 영역에서 지도시기가 일치하지 않는 부분이 많이 나타남을 알 수 있다.

### 3.2.2 수학과 내용 영역별 사회과 교과용 도서에서의 수학 연결 내용요소 지도시기 분석

〈표 5〉에서는 사회과 교과서에 나타난 수학 관련 내용요소 중 지도시기가 일치하지 않는 내용을 분석·정리하였다.

수와 연산 영역에서는 지리 영역에서 2회, 역사 영역에서 1회 나타난다. 계절별 기온 그래프와 연평균 기온 지도에서 영하 온도가 제시되는 경우이다. 이 경우의 음수 개념은 초등학교 수학과 교육과정에 들어있지 않다.

수와 연산 영역과 마찬가지로 측정 영역에서도 지리 영역과 관련하여 2회 나타난다. 연평균 기온을 제시하는 부분에서 온도 단위를 수학과 교육과정에서는 직접적으로 제시하지 않는다. '우리가 살아가는 곳(3-1-1)'에서 지도에 대해서 배우고 축척의 개념을 다룬다. 축척은 수학과 교육과정에서 다루어지지 않는 학습 내용이다. 축척의 개념과 비슷한 영역이 규칙성 영역에서 비와 비율이라고 할 수 있다. 따라서 축척은 사회과 학습에 있어서 중요한 학습내용 요소이므로 교과 간의 관련성 측면에서 교육과정 개정 시에 고려되어야할 점이라고 생각한다.

〈표 5〉 사회과 교과용 도서에 나타난 수학 연결 내용요소 지도시기 수학과와 비교

| 수학 | | | | 사회과 교과용 도서 | | | | 계 |
|---|---|---|---|---|---|---|---|---|
| 내용 영역 | 지도시기 | | 관련 수학 내용 | 비교 교과 내용 | 내용영역 | | | |
| | 학년 | 월 | | | 일반 | 지리 | 역사 | |
| 수와 연산 | 4 | 8월 2주 | • 소수 두 자리, 세 자리 수 | • 전국 아파트 전셋값 꺾은선그래프 | | | 1 | 3 |
| | | | (음수 개념 없음) | • 등온선 : 연평균 기온 | | 2 | | |
| 측정 | | | (온도 단위 없음) | • 등온선: 연평균 기온 | | 2 | | 2 |
| 규칙성 | 4 | 12월 2주 | • 규칙 추측과 확인 | • 촌락의 인구 변화 막대그래프, 촌락의 노인 인구 비율 변화 꺾은선그래프 | | 1 | | 3 |
| | 6 | 5월 1주 | • 비의 이해 | • 지도의 의미(축척) | | 1 | | |
| | 6 | 5월 2주 | • 비율과 분수, 소수, 백분율의 관계 이해 | • 지형에서 산지가 이루는 비율 | | 1 | | |
| 확률과 통계 | 3 | 12월 1주 | • 그림그래프로 표현, 표와 그래프의 장점 이해 | • 소개 계획서 만들기 | 1 | | | 24 |
| | 4 | 6월 4주 | • 막대그래프로 표현 | • 부산에서 서울까지 걸리는 시간, 농촌 가구 수, 주택보급률 막대그래프 | 1 | 1 | 1 | |
| | 4 | 10월 4주 | • 이상, 이하, 초과, 미만 | • 그림그래프 : 인구 5만 명 이상 도시 | | | 2 | |
| | 4 | 11월 3주 | • 막대그래프와 꺾은선그래프의 특성 비교 | • 촌락의 노인 인구 비율변화 막대그래프, 꺾은선그래프 | | 1 | | |
| | 4 | 11월 4주 | • 꺾은선그래프로 표현 | • 자동차 등록 대수와 도로 길이의 변화 꺾은선그래프<br>• 아파트 전셋값 꺾은선그래프 | | | 2 | |
| | 5 | 11월 4주 | • 평균의 의미 이해 | • 계절별 기온과 강수량<br>• 등온선 : 연평균 기온 | | 3 | | |
| | 5 | 11월 4주 | • 그림그래프의 활용 | • 인구분포도 해석 | | | 1 | |
| | 5 | 12월 2주 | • 목적에 맞는 그래프로 나타내기 | • 경제 성장 다양한 그래프 해석 | 2 | | | |
| | 6 | 10월 3주 | • 띠그래프, 원그래프의 표현 | • 촌락과 도시의 인구 원그래프 | 1 | | 1 | |

| | | | | | | | | |
|---|---|---|---|---|---|---|---|---|
| | 6 | 10월<br>4주 | • 비율그래프 해석 | • 국토 면적 비율그래프<br>• 국민 총소득 꺾은선그래프와 비율그래프<br>• 국가별 무역액 비율그래프<br>• 중산층 비율 그래프 | 3 | 1 | | |
| | | | (좌표 개념 없음) | • 방위로 위치 찾기<br>• 좌표 찾아 쓰기 | 2 | 1 | | |
| 계 | | | | | 10 | 14 | 8 | 32 |

*일반: 일반사회

확률과 통계 영역은 총 24회로 가장 많은 부분에서 지도시기가 일치하지 않는 것으로 나타났다. 이는 사회과 교육과정 특성상 자료를 표나 그래프로 나타내고 해석하는 활동이 많기 때문인 것으로 생각된다. 각종 정치, 경제, 사회적인 현상을 이해하고 설명하기 위해서 막대그래프, 꺾은선그래프, 띠그래프, 원그래프와 같은 다양한 그래프를 해석하는 활동이 사회과 세 가지 영역(일반사회, 지리, 역사)에 걸쳐서 골고루 나타나 있음을 알 수 있다. 그 다음으로 유의하여야 할 부분은 좌표 개념이다. '우리가 살아가는 곳(3-1-1)'에서는 기준점과 방향을 이용하여 위치를 찾는 좌표의 개념을 내포하고 있다. 그러나 초등학교 수학과 교육과정에서 좌표의 개념을 다루지 않는다.

위에서 살펴보았듯이, 수학과보다 사회과에서 먼저 관련 개념을 제시한 경우는 총 32회로 나타났고, 일반사회 영역은 10회, 지리 영역은 14회, 역사 영역은 8회로 약간의 차이는 있지만 세 영역에서 고르게 나타나고 있음을 알 수 있다. 수학과 내용 영역별로는 확률과 통계 영역에서 지도시기가 일치하지 않는 부분이 24회로 가장 많이 나타났다. 이는 사회과 교육과정 특성상 사회 현상을 해석하기 위해서 주어진 자료를 표나 그래프로 정리하고 이를 해석하는 활동이 주를 이루기 때문인 것으로 보인다. 그리고 좌표, 축척과 같이 초등학교 수학과 교육과정에서는 제시하고 있지 않지만 사회과 교육과정에서 핵심이 되는 내용들은 교과 간의 연결성 측면에서 반드시 고려되어야 할 점으로 보인다.

### 3.2.3 수학과 내용 영역별 실과 교과용 도서에서의 수학 연결 내용요소 지도시기 분석

실과 교과용 도서와 지도시기가 일치하지 않는 내용을 수학과 내용영역별로 분석해보면 다음 <표 6>과 같다.

〈표 6〉 실과 교과용 도서에 나타난 수학 연결 내용요소 지도시기 수학과와 비교

| 수학 | | | | 실과 교과용 도서(동아출판) | | | 계 |
|---|---|---|---|---|---|---|---|
| 내용 영역 | 지도시기 | | 관련 수학 내용 | 비교 교과 내용 | 내용영역 | | |
| | 학년 | 월 | | | 가정 | 기술 | |
| 측정 | 6 | 6월 4주 | • 입체도형의 겉넓이 구하기 | • 창의적인 제품 만들기: 구상도, 제작도 그리기<br>• 헝겊 용품 만들기: cm, 높이, 너비(너비 개념 없음)* | | 2 | 5 |
| | | | (온도 단위 없음) | • 생활 속의 식물 가꾸기: 식물 가꾸는 환경 조건 알기 | | 1 | |
| | | | (mg 단위 없음) | • 영양 성분표 읽기 | 2 | | |
| 규칙성 | 6 | 5월 1주 | • 비의 이해 | • 친환경 농축산물 생산: 분변토 비율 맞춰서 섞기<br>• 건강간식 만들기: 우유를 마셔야하는 이유 | 1 | 1 | 5 |
| | 6 | 5월 2주 | • 비율과 분수, 소수, 백분율의 관계 이해 | • 쾌적한 주거환경: 집먼지 진드기 알레르기 비율<br>• 생활 폐기물 종류별 발생량 원그래프<br>• 플라스틱 아일랜드 구성 비율 | 3 | | |
| 확률과 통계 | 6 | 10월 3주 | • 띠그래프, 원그래프의 표현 | • 식품구성 자전거 해석 및 작성<br>• 생활 폐기물 종류별 발생량 원그래프 | 2 | | 3 |
| | 6 | 10월 4주 | • 비율그래프 해석 | • 효율적인 시간 관리 방법 비율그래프 | 1 | | |
| 계 | | | | | 9 | 4 | 13 |

*가정: 가정생활, 기술: 기술의 세계

측정 영역에서는 지도시기가 일치하지 않는 부분이 5회(38.5%)로 나타났다. 구상도, 제작도 그리기 활동은 수학과에서 입체도형의 겉넓이 구하기와 관련이 있는 내용으로 6학년 6월 4주차에 지도된다. 또한 무게의 단위(mg)는 초등학교 수학과 교육과정에 포함되지 않는 내용이다.

규칙성 영역에서도 측정 영역에서와 마찬가지로 지도시기가 일치하지 않는 부분이 5회(38.5%)로 나타났다. 가장 두드러지게 나타나는 것이 비와 비율 개념이다.

확률과 통계 영역에서 지도시기가 일치하지 않는 부분은 3회(23%)로, 띠그래프와 원그래프 같은 비율그래프 내용이 주를 이루고 있다.

앞서 살펴본 바와 같이, 수학과보다 실과에서 먼저 관련 개념을 제시한 경우는 총 13

회로 나타났고, 가정생활 영역은 9회, 기술의 세계 영역은 4회로 가정생활에서 더 많이 나타남을 알 수 있다. 그리고 규칙성 영역에서 비와 비율 개념과 확률과 통계 영역에서 비율그래프 개념에 있어서 두드러지게 지도시기의 차이가 있음을 알 수 있다.

## 3.3 과학과, 사회과, 실과 교과용 도서 내용 중 수학 연결 내용요소 활용방식

### 3.3.1 수학과 내용 영역별 과학과 교과용 도서에서의 수학 연결 내용요소 활용방식 분석

과학과 교과용 도서의 수학 관련 내용 중 활용방식 수준의 측면에서 수학과 내용영역별로 경향을 분석한 결과는 <표 7>과 같다.

<표 7> 수학과 내용영역별 과학과 교과용 도서에서의 수학 연결 내용요소 활용방식의 수준

| 과학과 / 수학과 | 수와 연산 | | | 도형 | | | 측정 | | | 규칙성 | | | 확률과 통계 | | | 계 |
|---|---|---|---|---|---|---|---|---|---|---|---|---|---|---|---|---|
| | 지식 | 이해 | 적용 | 지식 | 이해 | 적용 | 지식 | 이해 | 적용 | 지식 | 이해 | 적용 | 지식 | 이해 | 적용 | |
| 지식 | 2 | 2 | | 2 | | 1 | 13 | 2 | 6 | 1 | | | | | | 29 |
| 이해 | 4 | 2 | | | | 1 | 3 | 1 | 3 | 5 | 4 | 4 | | 1 | | 28 |
| 적용 | | | | | | | 8 | 3 | 4 | | | 2 | | 2 | 7 | 26 |
| (해당 없음) | 1 | | | | | | 3 | | | | | | | | | 4 |
| 계 | 7 | 4 | 0 | 2 | 0 | 2 | 27 | 6 | 13 | 6 | 4 | 6 | 0 | 3 | 7 | 87 |

수와 연산 영역에서는 <표 7>에 나타난 바와 같이 활용방식 측면에서 지식, 이해수준의 경향성이 두드러지게 나타남을 알 수 있다. 수학과(이해) - 과학과(지식)의 활용방식으로 연결된 경우가 4회(36.4%)로 가장 높게 나타났다. 도형 영역에서는 수학 관련 과학 교과서 내용빈도가 많지 않아 수학과(지식) - 과학과(지식)으로 나타난 활용방식이 2회(50.0%)로 가장 많음을 알 수 있다. [그림 7], [그림 8]처럼, 측정 영역의 활용 방식에서 가장 두드러지게 나타나는 것은 과학과(지식)인 경우로 27회(58.7%) 나타나고 있다. 이는 과학과 교과용 도서가 수학과 측정 영역에서 여러 수준으로 배운 다양한 단위를 제시하기 때문인 것으로 생각된다.

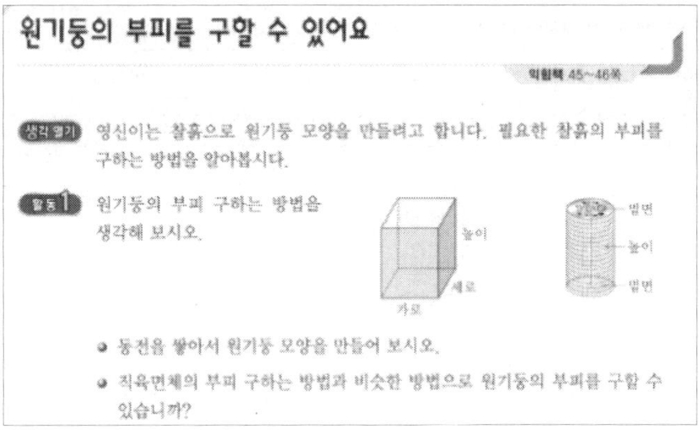


**[그림 7]** 수학 6-2 (p.78)

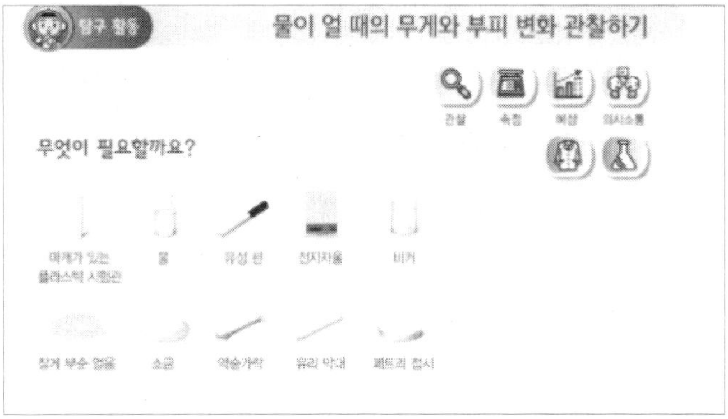


**[그림 8]** 과학 4-2(p.76)

규칙성 영역은 <표 7>에서 보면 수학과(이해)인 경우가 13회(81.3%)로 가장 두드러진 반면, 과학과에서는 세 수준이 고르게 분포됨을 알 수 있다. 확률과 통계 영역은 수학과(적용) - 과학과(적용)인 경우가 7회(70.0%)로 가장 높게 나타남을 알 수 있다. 수학과와 과학과 모두 지식수준의 활용방식은 없는 것으로 나타났다. 전반적으로 과학과 교과용 도서의 수학 내용요소는 지식수준에서 서술되는 반면에, 해당 내용을 수학과에서는 지식, 이해, 적용 세 가지 수준으로 다양하게 설명하고 있음을 알 수 있다.

### 3.3.2 수학과 내용 영역별 사회과 교과용 도서에서의 수학 연결 내용요소 활용방식 분석

사회과 교과용 도서의 수학 관련 내용 중 활용방식 수준의 측면에서 수학과 내용영역별로 경향을 분석한 결과는 <표 8>과 같다.

〈표 8〉 수학과 내용영역별 사회과 교과용 도서에서의 수학 연결 내용요소 활용방식의 수준

| 사회과 / 수학과 | 수와 연산 | | | 도형 | | | 측정 | | | 규칙성 | | | 확률과 통계 | | | 계 |
|---|---|---|---|---|---|---|---|---|---|---|---|---|---|---|---|---|
| | 지식 | 이해 | 적용 | 지식 | 이해 | 적용 | 지식 | 이해 | 적용 | 지식 | 이해 | 적용 | 지식 | 이해 | 적용 | |
| 지식 | 2 | 1 | | | | | 3 | 1 | | | | | | | | 7 |
| 이해 | 1 | 2 | | | | | 5 | 1 | | 2 | 3 | | 2 | 7 | | 23 |
| 적용 | | | | | | | | | | | | | | 26 | 4 | 30 |
| (해당 없음) | 2 | 1 | | | | | 1 | | | | | | | 2 | 1 | 7 |
| 계 | 5 | 4 | 0 | 0 | 0 | 0 | 9 | 2 | 0 | 2 | 3 | 0 | 2 | 35 | 5 | 67 |

수와 연산 영역은 〈표 8〉에서 알 수 있듯이 수학과와 사회과 모두 지식, 이해수준의 활용방식이 높게 나타남을 알 수 있다. 수학과 교육과정에는 나타나지 않지만 사회과의 지식, 이해수준에 해당하는 내용도 3회 나타나는 것을 알 수 있다. 측정 영역은 〈표 8〉에서 나타난 바와 같이 사회과에서는 지식수준의 활용방식으로 나타나되, 수학과에서는 지식, 이해수준에 고르게 분포된 활용방식이 8회로 72.7%에 해당하는 비율임을 알 수 있다.

[그림 9] 수학 6-1(p.118)

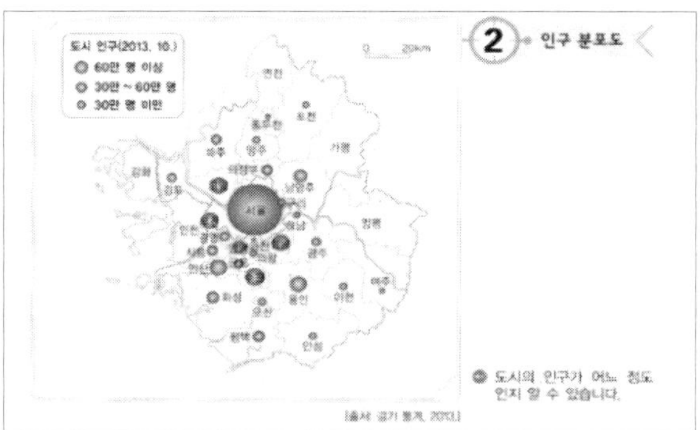


[그림 10] 사회 4-1(p.76)

규칙성 영역에서는 수학과(이해) - 사회과(지식)인 경우가 2회(40.0%), 수학과(이해) - 사회과(이해)인 경우가 3회(60.0%) 나타남을 알 수 있다. 확률과 통계 영역은 <표 8>에서 알 수 있듯이, 수학과(적용) - 사회과(이해)로 연결되는 활용방식 수준([그림 9], [그림 10] 참조)이 26회(61.9%)로 가장 두드러지게 나타난다. 이는 사회과에서 표와 그래프를 제시하는 경우가 많은데 수학과에서는 표와 그래프를 학생들 스스로 그려보고 특성을 파악하는 적용 수준까지의 활용방식을 택하고 있고, 사회과에서는 주어진 표와 그래프를 해석하는 수준에서 그치기 때문인 것으로 생각된다.

### 3.3.3 수학과 내용 영역별 실과 교과용 도서에서의 수학 연결 내용요소 활용방식 분석

실과 교과용 도서의 수학 관련 내용 중 활용방식 수준의 측면에서 수학과 내용영역별로 경향을 분석한 결과는 <표 9>와 같다.

**<표 9> 수학과 내용영역별 실과 교과용 도서에서의 수학 연결 내용요소 활용방식의 수준**

| 실과 / 수학과 | 수와 연산 | | | 도형 | | | 측정 | | | 규칙성 | | | 확률과 통계 | | | 계 |
|---|---|---|---|---|---|---|---|---|---|---|---|---|---|---|---|---|
| | 지식 | 이해 | 적용 | 지식 | 이해 | 적용 | 지식 | 이해 | 적용 | 지식 | 이해 | 적용 | 지식 | 이해 | 적용 | |
| 지식 | 1 | | | | | | 18 | 1 | | 1 | | | | | | 21 |
| 이해 | 2 | 1 | | | | | | | | 6 | | | | | 2 | 11 |
| 적용 | | | | | | | 6 | | | | | | 1 | 2 | 4 | 13 |
| (해당 없음) | | | | | | | | 1 | | | | | | | | 1 |
| 계 | 3 | 1 | 0 | 0 | 0 | 0 | 24 | 2 | 0 | 7 | 0 | 0 | 1 | 2 | 6 | 46 |

수와 연산 영역에서는 수학과 관련된 실과 내용요소가 많지 않음을 알 수 있다. 수학과(이해) - 실과(지식)로 연결된 활용방식의 경우가 2회(50.0%)로 가장 많았다. 측정 영역은 수학과(지식) - 실과(지식)로 연결된 활용방식이 18회(69.2%)로 가장 높게 나타남을 알 수 있었다. 수학과와 실과 모두 지식수준의 활용 방식 수준이 가장 많이 나타났는데, 이는 실과에서 다양한 측정 단위를 지식수준에서 단순 제시하는 경우가 많기 때문인 것으로 생각된다. 규칙성 영역은 <표 9>에서 나타난 바와 같이 규칙성 영역에서는 수학과(이해) - 실과(지식)으로 연결된 활용방식의 경우가 6회(85.7%)로 가장 높게 나타났다. 이와 같이 실과의 지식수준 활용방식 빈도가 가장 높은 이유는 실과 교과용 도서가 수학과에서 배우는 비와 비율의 개념을 단순 제시하는 것에 그치기 때문인 것으로 생각된다.

[그림 11], [그림 12]처럼, 확률과 통계 영역에서는 수학과(적용) - 실과(적용)으로 연결된 활용방식의 경우가 4회(44.4%)로 가장 두드러지게 나타남을 알 수 있다. 이는 실과 교과용 도서가 확률과 통계 영역에서 배운 다양한 그래프 개념을 제시하고 학생들이 직접 나타내는 활동이 주를 이루기 때문인 것으로 보인다. 그렇기 때문에 확률과 통계 영역에서 지식수준의 활용 방식은 거의 나타나지 않는다.

[그림 11] 수학 6-2(p.110)

[그림 12] 실과 5-2(미래엔, p.95)

## 3.4 수학과에서 사회과, 실과, 과학과 교과용 도서 내용 활용 방안에 대한 논의

앞서 살펴본 활용방식을 바탕으로 수학과의 입장에서 과학과, 사회과, 실과 교과 내용 중에서 어떤 맥락을 수학과 지도 시에 활용하는 것이 바람직할지, 즉 그 활용방안에 대하여 논의하고자 한다.

과학과, 사회과, 실과 교과용 도서 내용 중에서 활용방식 측면에서 논의하기 위해서 앞서 살펴보았던 수학 관련 내용의 빈도수, 지도시기, 활용방식의 경향을 종합적으로 반영하였다. 즉, 수학과에서 과학과, 사회과, 실과의 내용 맥락 활용방안을 논의하기 위해서 고려할 점은 다음과 같다.

### 1) 수학과의 활용방식이 과학과, 사회과, 실과 활용방식보다 더 상위 수준인 것이 바람직할 것이다.

〈표 10〉에서 막대그래프와 꺾은선그래프, 비율그래프를 지도하는 데 있어서 수학과의 활용방식은 적용수준이고, 사회과의 활용방식은 이해수준이다. 따라서 수학과에서 사회과의 관련 내용을 가져오는 데는 무리가 없을 것으로 판단된다. 수학과의 입장에서 타 교과의 내용과 연결하여 가르치는 것이 목표이기 때문에 타 교과 내용의 활용방식은 동일하거나 하위수준이어야 된다.

〈표 10〉 사회과 교과용 도서의 수학 관련 내용 활용방안 예시1

<table>
<tr><th colspan="5">수학</th><th colspan="4">사회</th></tr>
<tr><th rowspan="2">내용 영역</th><th colspan="2">지도시기</th><th rowspan="2">관련 수학 내용</th><th rowspan="2">활용 방식</th><th colspan="2">지도시기</th><th rowspan="2">비교 교과 내용</th><th rowspan="2">활용 방식</th></tr>
<tr><th>학년</th><th>월</th><th>학년</th><th>월</th></tr>
<tr><td>확률과 통계</td><td>6</td><td>10월 3주</td><td>◉비율그래프<br>①띠그래프, 원그래프의 표현</td><td>적용</td><td rowspan="3">4</td><td rowspan="3">5월 2주</td><td>2. 도시의 발달과 주민 생활<br>(3)도시의 문제와 해결<br>◉도시 문제의 종류와 발생원인 파악하기<br>• 촌락과 도시의 인구 원그래프로 나타내기</td><td>이해</td></tr>
<tr><td>확률과 통계</td><td>4</td><td>6월 4주</td><td>◉막대그래프와 꺾은선그래프<br>①막대그래프로 표현</td><td>적용</td><td>• 주택보급률 막대그래프(물결선 포함)로 나타내기</td><td>이해</td></tr>
<tr><td>확률과 통계</td><td>4</td><td>11월 4주</td><td>◉막대그래프와 꺾은선그래프<br>②꺾은선그래프로 표현</td><td>적용</td><td>• 자동차 등록 대수와 도로 길이의 변화 꺾은선그래프(물결선 포함)로 나타내기</td><td>이해</td></tr>
</table>

**2) 지도시기의 관점에서 볼 때, 수학과보다 타 교과에서 먼저 제시되는 내용의 경우는 수학과에서 지도 시 해당 내용을 심화시키는 맥락으로 활용하는 것이 바람직할 것으로 생각된다.**

예를 들어, <표 11>에서 실과에서 '나의 균형 잡힌 식생활(5-2-4)' 단원에서 '식품구성 자전거'를 해석 및 작성하는 활동이 제시된다. '식품 구성 저전거'는 수학과의 비율그래프로서 원그래프와 관련이 있는 개념이다. 따라서 실과의 '식품구성 자전거' 내용을 수학과에서 비율그래프를 배우는 6학년 10월 3주차에 활용하여 심화된 이해를 돕도록 지도하는 것이 수학과와 실과의 연결성 측면에서 의미 있는 활용 방안이라 생각된다.

**<표 11> 실과 교과용 도서의 수학 관련 내용 활용방안 예시**

| 수학 | | | | | 실과(동아출판) | | | | |
|---|---|---|---|---|---|---|---|---|---|
| 내용 영역 | 지도시기 | | 관련 수학 내용 | 활용 방식 | 지도시기 | | 비교 교과 내용 | 활용 방식 |
| | 학년 | 월 | | | 학년 | 월 | | |
| 확률과 통계 | 6 | 10월 3주 | ◉비율그래프<br>①띠그래프, 원그래프의 표현 | 적용 | 5 | 9월 2주 | **4. 나의 균형 잡힌 식생활**<br>(1)나의 영양과 식사<br>◉식품구성 자전거로 나의 식사 평가하기 | 이해 |

**3) 타 교과의 내용이 다양한 수학 관련 개념을 함의하고 있는지 고려할 필요가 있다.**

타 교과에서 맥락을 가져올 때, 한 가지 맥락 안에 다양한 수학 관련 내용을 융합하여 지도할 수 있다면 학생들의 종합적인 이해를 이끌어 낼 수 있을 것으로 예상되기 때문이다. <표 12>에서 보면, 과학과의 '태양계와 별'이란 주제 아래에 수학과 내용 영역으로 도형, 규칙성, 확률과 통계의 세 가지 영역이 통합적으로 드러나 있음을 알 수 있다. 이처럼 수학과에서 타 교과의 주제를 가져와 활용할 때에 다양한 내용 영역을 통합하여 가르치는 주제를 활용한다면 학생들의 종합적인 수학적 사고력을 향상시킬 수 있을 것이다.

〈표 12〉 과학과 교과용 도서의 수학 관련 내용 활용방안 예시

<table>
<tr><th colspan="5">수학</th><th colspan="4">과학</th></tr>
<tr><th rowspan="2">내용 영역</th><th colspan="2">지도시기</th><th rowspan="2">관련 수학 내용</th><th rowspan="2">활용 방식</th><th colspan="2">지도시기</th><th rowspan="2">비교 교과 내용</th><th rowspan="2">활용 방식</th></tr>
<tr><th>학년</th><th>월</th><th>학년</th><th>월</th></tr>
<tr><td>확률과 통계</td><td>2</td><td>6월 2주</td><td>◉분류하기<br>①기준을 정하여 분류하기</td><td>적용</td><td>5</td><td>4월 2주</td><td>2. 태양계와 별<br>◉태양계에는 어떤 구성원이 있을까요?<br>•태양계 행성 분류하기</td><td>적용</td></tr>
<tr><td>도형</td><td>3</td><td>10월 1주</td><td>◉원의 구성요소<br>①원의 구성요소(원의 중심, 반지름, 지름)</td><td>지식</td><td rowspan="2">5</td><td rowspan="2">4월 3주</td><td rowspan="2">◉태양계 행성의 크기를 비교하여 볼까요?<br>•태양계 행성의 반지름 비교</td><td rowspan="2">적용</td></tr>
<tr><td>규칙성</td><td>6</td><td>5월 2주</td><td>◉비와 비율<br>②비율과 분수, 소수, 백분율의 관계 이해</td><td>이해</td></tr>
<tr><td>규칙성</td><td>6</td><td>5월 2주</td><td>◉비와 비율<br>②비율과 분수, 소수, 백분율의 관계 이해</td><td>이해</td><td rowspan="2">5</td><td rowspan="2">4월 3주</td><td rowspan="2">◉태양에서 행성까지의 거리를 비교하여 볼까요?<br>•태양에서 행성까지의 상대적인 거리 표(교/관)</td><td rowspan="2">적용</td></tr>
<tr><td>확률과 통계</td><td>2</td><td>11월 1주</td><td>◉표 만들기<br>①분류한 자료로 표 만들기</td><td>적용</td></tr>
</table>

*(교): 교과서/(관): 실험 관찰

## 4 결론

본 연구는 2009 개정 교육과정을 기반으로 과학과, 사회과, 실과 교과용 도서에 나타난 수학과 관련 내용을 비교·분석하여 수학과 지도 시에 바람직한 연결방향을 제시하고 더 나아가서는 교육과정 개정의 방향을 제시하는 데 그 목적이 있다. 본 연구에서는 수학과 내용 영역별로 과학과, 사회과, 실과 교과용 도서의 내용을 출현빈도, 지도시기, 활용방식 측면에서 분석하여 다음의 결론을 얻을 수 있었다.

과학과, 사회과, 실과 교과용 도서 내용 요소 중에서 수학과 내용 영역별로 수학 관련 내용요소 출현빈도의 경향을 살펴본 결과, 과학과는 측정 영역에서 두드러진 연결성을 보였으며 학년이 올라갈수록 그 연결성이 떨어지는 경향을 보였다. 사회과는 확률과 통계 영역에서 수학과와 높은 연결성이 나타났고, 학년별로는 학년이 올라갈수록 출현빈도가

급격히 늘어나는 경향을 보였다. 실과는 측정 영역에서 높은 연결성을 보였고, 5~6학년 전반에 걸쳐서 출현빈도가 비슷하게 나타남을 알 수 있었다.

수학과 관련된 과학과, 사회과, 실과 교과용 내용 요소를 지도시기 측면에서 분석한 결과, 과목별로 지도시기가 일치하지 않는 수학과 내용 영역과 그 개념이 반복적으로 나타나는 경향을 보임을 알 수 있었다. 과학과 교과용 도서는 측정 영역과 규칙성 영역에서, 사회과 교과용 도서는 확률과 통계 영역에서 지도시기 조정이 잘 이루어지지 못했다. 실과 교과용 도서는 측정, 규칙성, 확률과 통계 영역 전반에 걸쳐 지도시기 조정이 필요한 것으로 나타났다.

수학과 관련된 과학과, 사회과, 실과 교과용 내용 요소를 활용방식 측면에서 경향을 분석한 결과, 대부분 수학과가 활용방식 면에서 수준이 과학과, 사회과, 실과보다 높은 것으로 나타났다. 첫째, 과학 교과서에서 수학과 측정 영역 관련 내용이 같은 수학과(지식) - 과학과(지식)의 활용방식의 수준이 13회(28.2%), 수학과(적용) - 과학과(지식)인 경우가 8회(17.4%)로 많음을 알 수 있다. 이는 측정 영역에서 측정 단위의 경우 수학과와 과학과 모두 단순 제시를 한 경우가 많아 지식수준의 활용방식이 많고, 수학과에서는 직접 측정을 하는 법을 지도하는 단계까지 나타나기 때문에 적용수준의 활용방식 또한 많은 것으로 나타났다. 둘째, 사회과 교과서에서는 확률과 통계 영역에서 수학과(적용) - 사회과(이해)의 활용방식 양상이 26회(61.9%)로 가장 많이 나타남을 알 수 있다. 이는 사회과 교육과정 특성상 다양한 표나 그래프의 해석이 많이 나타나기 때문에 사회과에서 이해수준에 그치지만, 수학과에서는 표나 그래프를 직접 만들어보는 적용수준까지 지도하기 때문인 것으로 생각된다. 셋째, 실과 교과서에서 수학과 측정 영역과 관련된 수학 내용은 수학과(지식) - 실과(지식)의 활용방식 수준으로 제시된 경우가 18회(69.2%)로 현저하게 높음을 알 수 있다. 이는 실과에서 다양한 측정 단위들이 단순히 제시되는 활동이 많기 때문인 것으로 판단된다. 반면에 확률과 통계 영역에서는 수학과(적용) - 실과(적용)인 경우가 4회(44.4%)로 높게 나타난다. 이는 실과에서도 수학과와 마찬가지로 여러 가지 표나 그래프를 작성하는 활동이 많기 때문인 것으로 판단된다.

앞서 살펴본 바와 같이, 본 연구에서 수학과와 관련된 과학과, 사회과, 실과 교과용 도서의 연결성을 통해서 내용 영역별로 관련된 내용요소의 출현빈도 경향이나 지도시기, 활용방식 면에서 그 특성을 알 수 있었다. 이를 통해 수학과와 다른 교과의 연결성 지도를 위한 기본적인 자료를 제공할 뿐만 아니라, 더 나아가 수학과의 입장에서 타 교과의 내용을 활용할 수 있는 가능성을 제시할 수 있을 것으로 기대한다.

# 참고문헌


교육과학기술부(2011). **과학과 교육과정.** 교육과학기술부.

교육과학기술부(2011). **사회과 교육과정.** 교육과학기술부.

교육과학기술부(2011). **수학과 교육과정**. 교육과학기술부.

교육과학기술부(2011). **실과 교육과정.** 교육과학기술부.

교육과학기술부(2011), **융합인재교육(STEAM) 추진성과 보고.** 교육과학기술부, 한국창의재단.

교육과학기술부(2011). **초등학교 과학 교과서, 실험관찰**(3-1, 3-2, 4-1, 4-2, 5-1, 6-1). 서울: 미래엔.

교육과학기술부(2011). **초등학교 과학 교사용 지도서**(3-1, 3-2, 4-1, 4-2, 5-1, 6-1). 서울: 미래엔.

교육과학기술부(2011). **초등학교 사회 교과서**(3-1, 3-2, 4-1, 4-2, 5-1, 6-1). 서울: 천재교육.

교육과학기술부(2011). **초등학교 사회 교사용 지도서**(3-1, 3-2, 4-1, 4-2, 5-1, 6-1). 서울: 천재교육.

교육과학기술부(2011). **초등학교 수학 교사용 지도서**(1-1, 1-2, 2-1, 2-2, 3-1, 3-2, 4-1, 4-2, 5-1, 5-2, 6-1, 6-2). 서울: 천재교육.

교육과학기술부(2011). **초등학교 실과 교과서**(5, 6). 서울: 동아출판.

교육과학기술부(2011). **초등학교 실과 교사용 지도서**(5, 6). 서울: 동아출판.

교육부(2015). **수학과 교육과정**. 교육부.

김가람(2011). **초등학교 과학 교과와 수학 교과의 연계성 분석**. 석사학위논문, 경인교육대학교 대학원.

박선주(2015). **초등학교 수학과와 관련된 과학과, 사회과, 실과 교과용 도서에 나타난 내용의 연계성 분석**. 서울교육대학교 교육전문대학원 석사학위 논문.

서보억, 김혜경, 김주영, 김종재, 김현지, 채정림(2008). 수학의 이해가 과학의 학습에 미치는 경향 분석 및 교과연계성에 대한 연구. **한국학교수학회논문집, 11**(4), 677-694.

조정남(2013). **초등 과학과 수학 및 실과 교과와의 내용 연계도 개발**. 서울교육대학교 교육대학원 석사학위논문.

Tyler, R. (1949). ***Basic principles of curriculum and instruction.*** Chicago: The University Chicago Press.

Yakman, G. (2008). ***STΣ@M Education: an overview of creating a model of integrative education***, PATT. http://www.steamedu.com/2088˙PATT˙Publication.pdf에서 2015. 05. 08 인출.

9장

# 수학적 연결성 관점에서 본 수학적 모델링

김 정 하 (인천삼산초등학교), 이 종 희 (이화여자대학교)

## 1 서론

수학 학습 내용 또는 교과별 내용이 강제적으로 분리되어 기술됨으로써 학습이 단절되고 있다고 지적하면서 수학의 내적 연결성과 외적 연결성의 추구로 학생들의 이해를 도와야 한다는 주장이 일고 있다(양성현, 이환철, 2012). 교육과학기술부(2011)는 개정 교육과정에서는 학년 간, 학교급 간, 교과 간의 연계성을 강화하고 연관된 내용은 밀접하게 관련지어 학습할 수 있도록 함으로써 학습 효과를 높일 수 있게 하였다고 논하고 있다. NCTM(1989)은 『Curriculum and Evaluation Standards for School Mathematics』에서 네 가지 규준 중의 하나로 수학적 연결성을 정하고 수학과 수학 즉 수학 내적 연결성과, 수학과 다른 교과 또는 생활과의 연결 즉 외적 연결성을 강조하고 있다. 이러한 현실에서 수학자나 수학교육자들은 지금까지의 교과서 중심의 학교 수학의 학교 밖의 현실세계와 간극이 너무 크다는 인식에서 수학의 내적, 외적 연결성을 살릴 수 있는 수학적 모델링에 관심을 기울이게 되었다(Mousoulides, Sriraman & Christou, 2007). 즉 한 방향으로만 생각하게 하는 문제들을 생각하는 데에 국한되어 있으면 다양한 생각을 할 수 없어 학교 밖에서 만나게 되는 문제를 해결하기에는 부족하다(Lesh, 2007)는 것이다.

Velten(2009)은 우리의 일상생활에서 우리가 깨닫지 못하는 사이에 수학적 모델을 사용하고 있으며, 특히 과학이나 엔지니어링, 의학, 경제 및 사회적 현상을 이해하는 데에도 수학은 하나의 언어이며 수학적 모델링은 모든 과정의 필수적인 단계라고 하면서 수학적 모델링의 학습을 강조하였다. 이혜숙, 임해미, 문종은(2010)은 수학과 물리, 특히 이 가운데에서도 순간속도와 순간변화율에 대한 주제를 중심으로 하여 외적 연결을 시도하고, Kim et al.(2015)은 화학 실험으로 얻은 자료를 통해 수학적 모델링을 하고 이 모델링된 식을 통해 현상을 이해한다. 이와 같이 실생활과 밀접한 관련이 있는 깊이 있는 문제를 해결해 보는 모델링 과정을 통해 학생들은 문제 해결방법을 찾는 데에 참여하므로 문제해결에 대한 긍정적인 신념을 갖도록 할 수 있다(정인수, 2011; 신현용, 정인수, 2012).

NCTM(2000)과 CCSSM[1](NGAC, 2010)에서는 실생활을 수학의 교실로 들이기 위해 수학적 모델링이 학교 수학에서 다루어져야 함을 강조한다. 특히 CCSSI(2010)는 CCSSM에서 실행을 위한 규준 중에 네 번째에 수학을 통한 모델링을 유치원에서부터 제시하고 있다. 특히 고등학교에서는 개념의 범주를 나열함에 있어, 수와 양, 대수, 함수, 모델링, 기하, 통계와 확률로 제시한다. 유치원에서부터 시작되어야 한다고 주장하는 내용은 수학적 모델링이 대학수학이나 의학, 공학에서 응용수학으로만 받아들여지던 것과는 다른 큰 변화라고 할 수 있다. 이에 반해 교육부(2015)는 2015 개정 수학과 교육과정에서 수학적 모델링에 대한 중요성을 구체화하지 않았다. 단지 교수·학습 및 평가의 방향에서 문제해결 능력을 함양하기 위한 교수·학습의 하나의 방법으로만 다음과 같이 제시하고 있으며 수학적 모델링 능력이 무엇인지에 대한 설명은 생략되어 있다.

> 수학적 모델링 능력을 신장하기 위해 생활 주변이나 사회 및 자연 현상 등 다양한 맥락에서 파악된 문제를 해결하면서 수학적 개념, 원리, 법칙을 탐구하고 이를 일반화하게 한다(p.38).

수학적 모델링 능력이 무엇인지 알지 못하는 상태에서 이러한 능력을 신장시킨다는 것

---

**1)** 'Common Core State Standards for Mathematics(CCSSM)' 보고서는 미국의 어떤 주에서 교육을 받든지 모든 학생들이 대학 진학과 직업에서 요구하는 수학적 소양을 갖출 수 있도록 하기 위해 미국 주지사 협회(National Governors Association)와 주정부 학교교육 협의회(Council of Chief State School Officers)의 후원을 받아 2010년 6월에 발간되었다(차성현, 2012).

이 가히 쉬운 일이 아닐 것이다. 2015 개정 수학과 교육과정(교육부, 2015)에서 수학교육의 목표를 "수학의 개념, 원리, 법칙을 이해하고 기능을 습득하며 수학적으로 추론하고 의사소통하는 능력을 길러, 생활 주변과 사회 및 자연현상을 수학적으로 이해하고 문제를 합리적이고 창의적으로 해결하며, 수학 학습자로서 바람직한 태도와 실천 능력을 기른다(p.4)"고 밝히고 있지만 이 모든 목표를 이루기에 적합한 방법인 수학적 모델링에 대해서는 아주 미세하게 다루어지고 있는 것이다.

수학적 모델링은 수학을 넘어선 다른 학문과 실생활과의 연결 즉 수학의 외적 연결성, 그리고 수학적 지식의 내적 연결을 경험할 수 있는 방법이며 여러 학자들의 주장과 같이 어린 학생들로부터 다양한 경험과 지식의 융합을 꾀하여 미래사회에 대비할 수 있도록 학습지도 방법이 구안되어야 할 것이다.

# 2 수학의 연결성과 수학적 모델링

## 2.1 수학의 연결성

수학의 연결성이라는 입장에서 볼 때, 수학의 내적 연결성에는 수학을 통합된 전체로 보는 입장에서 수학적 개념 사이의 연결성이라고 정의할 수 있으며, 개념적 지식과 절차적 지식의 연결, 수학적 주제들 간의 연결, 같은 개념 간의 동등한 표현 인식하기 등을 들 수 있다. 수학의 외적 연결성에는 다른 교육과정 영역에서의 수학의 사용, 예술, 음악, 심리학, 과학, 산업 등과 같은 다른 분야에서 발생하는 문제들을 풀기 위해 수학적 사고와 모델링 적용하기, 일상생활에서의 문제에 대한 수학적 해결 등을 포함한다고 할 수 있다(이종희, 1999; 양성현, 이환철, 2012).

NCTM(1989)에서 각 학년의 연결성의 규준 목표를 제시한 것을 살펴보면, 유치원에서부터 12학년에 이르기까지, 내적 연결성으로 개념적 지식과 절차적 지식의 관련성, 다양한 개념이나 절차의 표상 간의 관련성, 수학에서 다른 내용들 사이의 관계를 인식을 들고 있으며, 외적 연결성으로는 다른 학문과 일상생활과 수학과의 관련성을 들고 있다.

NCTM(2000)에서는 유치원-12학년에서 수학적 연결성 규준의 목표를 첫째, 수학적 아이디어들 간의 연결성을 인식하고 활용할 수 있어야 하고(수학의 내적 연결성), 둘째,

수학적 아이디어가 서로 어떻게 연결되는지를 이해하고(수학의 내적 연결성), 각각의 아이디어를 연결하여 응집된 전체를 만들 수 있어야 하며, 셋째, 수학 이외의 상황에서 수학을 인식하고 활용할 수 있다(수학의 외적 연결성)고 한다.

이와 같이 수학의 올바른 이해와 적용을 위해 필요한 것은 수학의 내적·외적 연결성이해라고 할 수 있다. 서창환(2011)은 행렬과 실생활에서의 외적 연결성을 버스 노선, 암호문, 먹이사슬을 통해 알아보고, 내적 연결성을 도형의 대칭이동과 여러 함수의 관계를 통해 살펴보았다. 이종희(1999)는 중학교 수학과 미술의 연결성에 대해 살펴봄으로써 학생들이 수학적 개념, 원리, 법칙은 학교 안팎에서 연결될 때 더욱 그 개념이 분명해질 뿐 아니라 유용성이 더해질 수 있다고 기술하였다. 신현성, 이명화(2011)는 실세계 상황과 수학의 연결성을 연구하면서 수학적 모델링 과제 설정 효과에 대해 연구하였고, 조지희(2014)는 수학과 음악과의 연결성을 이용한 수업전개로 학생들의 수학에 대한 흥미뿐 아니라 문제해결력에 있어서도 긍정적인 효과가 나타났다는 결론을 얻었다.

수학의 내적·외적 연결성을 추구하기에 적합한 방법으로 수학적 모델링을 들고 있다. 다음 절에서 수학적 모델링과 수학적 모델링의 과정에 대해 살펴보고, 특히 초등 수학에서 적용 가능한 수학적 모델링 과정을 구안하고자 한다.

## 2.2 수학적 모델링의 정의

수학적 모델링에 대한 정의나 관점은 다양하나 수학적 모델링이 실세계의 상황을 기반으로 수학적 모델을 이끌어 내고 거기에서 얻어진 결과를 다시 실세계의 상황에 적용해 봄으로써 지식이 문제를 해결하는 데 그치지 않고 유용하게 쓰일 수 있도록 하는 과정이라는 점에서 공통점을 갖는다(박진형, 이경화, 2013)고 할 수 있다. Lesh & Lehrer(2003)는 수학적 모델링을 과정에 초점을 두고, 특수한 상황에서 특수한 목적을 위해 표상적 설명의 발전과정이라고 하였다. Mousoulides, Sriraman & Christou(2007)는 모델링은 근본적으로 목적을 가진 묘사, 설명 또는 개념화(양화, 차원화, 좌표화 등), 계산과 연역의 과정 또한 포함된다고 하였다. CCSSM(CCSSI, 2010)에서 모델링은 경험 상황을 분석하기 위해, 보다 더 잘 이해하기 위해, 그리고 결정을 발전시키기 위해 적절한 통계나 수학을 이용하거나 선택하는 과정이라고 정의하는데, Lesh(2016)는 이러한 CCSSM의 정의가 모델링의 진정한 의미를 전달하지 못한다고 비판하면서, (1) 수학화의 경험을 위한 모델은 K-16 학년의 교육과정의 가장 중요한 목표 중의 하나가 되어야 하며

(2) 이러한 모델들의 개발은 전통적으로 강조되어온 교육과정의 목표의 개념적 이해를 발달시키기 위한 중요한 부분을 나타내며, (3) 모델 개발에 있어서의 숙달은 많은 고차적인 역량의 중요한 개념과 연결 지을 수 있으므로 보다 더 수학적 모델링의 가치를 중요하게 다루어야 한다고 주장한다. 정인수(2011)는 수학적 모델링을 “세계(실제적 상황)에 대한 모델을 구성하여 문제를 해결하는 과정이며 문제 진술의 요소들을 실생활과 관련지어 인식하는 것과 문제를 효과적으로 이해하고 해결하기 위한 수학적 힘을 이용할 수 있게 해주는 중요한 수학적 구조를 발견하는 것 사이의 적절한 균형을 찾아가는 과정(pp.56-57)”이라고 하면서, 수학적 모델은 어떤 특정한 목적을 위해 여러 표상적 미디어(그림, 언어, 기호 등)를 이용하여 표현된 개념 체계로 정의하였다. 즉 수학적 모델링은 이러한 실세계 상황을 수학적으로 해결하기 위해 가장 적당한 수학적 표상을 형성해 가는 과정이라고 할 수 있으며, 이 수학적 모델링은 모델을 형성하여 문제를 해결하는 데서 그치지 않고 또 다른 실생활에 적용시켜보아 검증하거나 타당화하는 과정을 거치면서 성장해가는 과정 전체를 지칭한다고 할 수 있다. 즉 실세계와 수학의 연결성을 생각하고 이를 수학으로 들인 후에는 수학의 내적 연결성을 찾아 적당한 표상을 형성할 수 있도록 한다고 할 수 있다.

오영열(2013)은 수학적 모델링의 특징을 수정가능성과 확장 가능성으로 보고 실세계의 상황과 수학적 상황이 서로 자유롭게 이동할 수 있는 특징을 가지고 있다고 하였다.

많은 연구를 바탕으로 초등학교에서의 수학적 모델링은 일반적인 사회현상을 모델링하기에는 학생들의 수학적 지식이 많지 않으므로 사회적 현상을 직접 반영하기는 쉽지 않을 수 있다. 따라서 학생들의 지식의 수준을 고려하여 학생들이 이미 학습한 수학적 지식을 이용하여 해결할 수 있는 실제 상황이 제시될 수 있도록 하여 수학의 외적 연결성을 생각해 보게 하고, 학생들이 그래픽, 수적, 물리적, 대수적, 언어적 모델 또는 표상을 통해 문제를 탐구하고 결과를 기술할 수 있도록(NCTM, 1989) 함으로써 수학 내에서 연결성을 생각해 보게 한다.

## 2.3 수학적 모델링의 과정

황혜정(2007)은 수학적 모델링 과정은 일반적으로 ‘실세계 탐구 → 상황 모델 개발 → 수학 모델 개발 → 모델 적용’의 네 단계로 나누어 설명하고 있으나, Lesh et al.(2013)은 수학적 모델-도출, 모델-탐색, 모델-적용의 세 단계로 나누어 설명한다. 첫째, 모델-도출은 문제 상황에서 학생들은 토론을 통하여 상황과 구조적으로 관련이 있는 모델을 도출한다. 둘째, 모델-탐색 과정에서는 학생들이 찾고자 하는 개념 체계를 이해하기 위해 보다 더 세련된 표현을 만들어 내는 과정이다. 일단 도출된 모델에 대해 보다 더 강력한 언어나 표현체계를 개발하는 단계이다. 셋째, 모델-적용 단계에서는 모델링을 활동을 통하여 개발된 개념 체계를 적용해 보는 데에 그 목적을 둔다. 어떤 특수한 문제 상황에서 도출되고 발전된 모델을 새로운 상황에 적용하고자 할 때 적합하지 않을 수도 있다. 이때에는 개발된 모델을 수정하거나 새로운 모델링 활동을 시작하게 될 수도 있다. 초기의 모델 도출의 단계보다는 상위의, 세련되고 보다 일반적인 모델을 찾기 위한 활동이 이루어진다. Velten(2009)는 수학적 모델은 특별한 목적을 위해 만들어지고 사실성과 관련된 구조를 지니며 추상적이고 단순화된 것이라고 기술하였다.

CCSSM(CCSSI, 2010)은 수학적 모델링은 모든 학년과 모든 영역에 걸쳐서 수학 학습을 위한 규준으로 다루어져야 한다고 강조하면서 유치원에서부터 고등학교에 이르기까지 실행규준에 포함시키고 고등학교에서는 내용규준으로도 제시하고 있다. 첫째, 주어진 상황에서 변수가 될 만한 것들을 찾고 핵심적인 특징을 나타낼 수 있는 것을 선택하기, 둘째, 변수들의 관계를 설명할 수 있는 기하, 대수, 그래프, 표, 도는 통계적 표현을 선택하고 만들어내는 것으로 모델을 형식화하기, 셋째, 결론을 이끌어내기 위해 그 관계를 바탕으로 연산을 하고 분석하기 넷째, 원래의 주어진 상황에서 도출된 수학적 결과를 해석하기, 다섯째, 상황과 결과를 비교해서 결론을 타당화하기 그리고 가능하다면 모델 개선하기, 여섯째, 근거와 결론을 바탕으로 보고서 작성하기의 과정을 거치며, 선택, 가정, 추정은 이 과정 중에 나타난다.

Lesh & Doerr(2003)는 [그림 1]과 같은 4단계의 모델링 단계를 구성된다고 한다. 첫째, 실제의 또는 상상한 세계로부터 모델의 세계로 맵핑하는 묘사의 단계이다. 둘째, 원래의 문제 해결 상활과 관련이 있는 예상 또는 활동을 하기 위한 모델 조작의 단계이다. 셋째, 실제의 또는 상상한 세계로 관련된 결론을 되돌려 예상하기 또는 번역하기이다. 넷째, 활동이나 예상의 유용성과 관련하여 검증하기이다.

그러나 불행하게도 복잡한 문제 상황을 잘 해석하기 위해서는 하나의 모델링 사이클로는 충분하지 않다는 것을 문제를 해결하는 사람들은 알게 될 것이다. 문제 상황을 해석하기 위해서는 묘사, 설명, 예상이 여러 가지 시도에서 주어지는 피드백을 기반으로 하여 적용 가능하지 않다면 버려지기도 하고 수정되기도 하면서 수학적 모델이 세련되어 간다(Lesh & Doerr, 2003). 따라서 하나의 일반적인 문제해결에서 하나의 답을 원한다면 모델링을 통한 문제해결에서는 몇 가지 다른 수준의 그리고 다른 결과를 얻게 될 수 있다. 정해진 답이 없으므로 학생들은 어떤 모델이 더 유용한지를 판단할 수 있어야 한다.

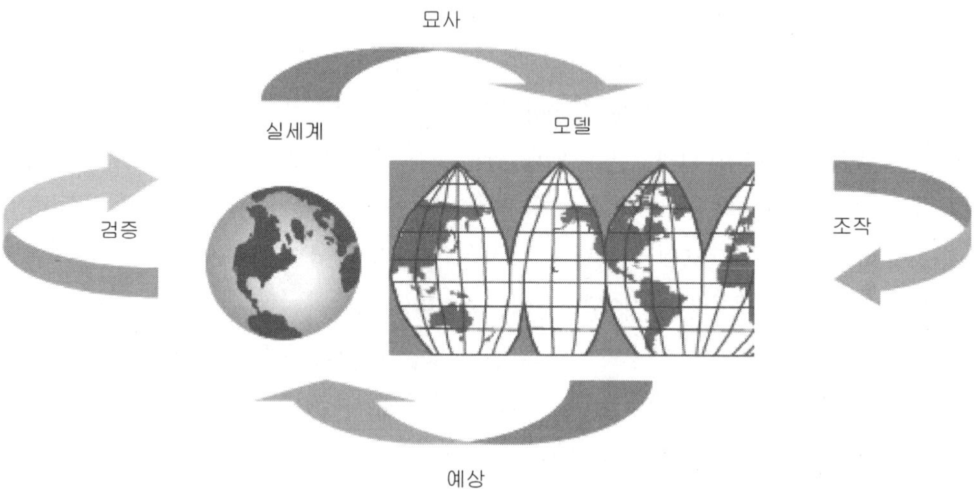


**[그림 1]** 4단계 모델링 사이클(Lesh & Doerr, 2003, p.17)

김민경(2010)의 초등 수학에서의 수학적 모델링의 과정을 살펴보면, 먼저 실생활 문제 단계에서 소그룹 활동을 통해 문제를 더 자세히 관찰 이해하고 단순화하며 시행착오를 거쳐 문제해결을 위한 모델을 형성하게 된다. 모델을 형식화 추상화함으로서 수학적 결론에 도달하게 된다. 수학적 결론 단계에서는 각 모둠별로 형성된 모델을 발표함으로써 모델 탐색을 하게 되는데 이 과정에서 모둠별 모델을 살펴봄으로써 자신들이 만들어낸 과정과 방법에 포함된 수학적 개념, 원리, 법칙을 정리하게 된다. 마지막 단계인 모델 적용 단계에서는 학급 전체 토의를 통해 수학적 결론을 해석하고 분석하면서 여러 모델 중에서 문제 해결을 위해 가장 적합한 방법이 무엇이며 더 좋은 대안적 모델이 있는지에 대한 의견을 공유하고 나아가 모델을 어떻게 다른 상황에서 사용할 수 있는지 논의하여 모델을 실세계 상황에 일반화 할 수 있는 방법을 모색하게 된다.

Polka는 수학적 모델링을 [그림 2]와 같이 8단계의 과정을 제시하였다. 제1단계, 실세계 현상에서 무엇을 알고자 하는지 문제를 제기한다. 제2단계, 실세계 문제에서 중요하다고 생각되는 변수를 찾아보고 중요한 개념을 발견한다. 제3단계, 변수들 중 중요한 것과 무시해도 좋을 것들을 결정하고 실생활의 상황을 이상화된 문제 상황으로 전환한다. 제4

단계, 이상화된 문제 상황을 수학적 용어와 기호를 사용하여 수학적 모델을 형성한다. 제5단계, 수학적 모델이 어떤 수학적 영역과 관련이 있는지 확인한다. 제6단계, 수학적 방법과 통찰력을 활용하여 문제를 해결한다. 제7단계, 문제 해결 결과를 바탕으로 이상화된 문제에 대한 이론을 형성한다. 제8단계, 이론이 현실성이 있는지, 합리적인지 수용할 만한지를 검증하고 수용할만 하면 마무리하지만 그렇지 못하다면 다시 실세계 현상으로 돌아가 다시 사이클을 돌게 된다(오영열, 2013). Pollka의 수학적 모델링 과정은 그 단계를 세분화하여 제시하여 각 단계별 활동을 이해하기 쉬운 장점을 가지고 있다.

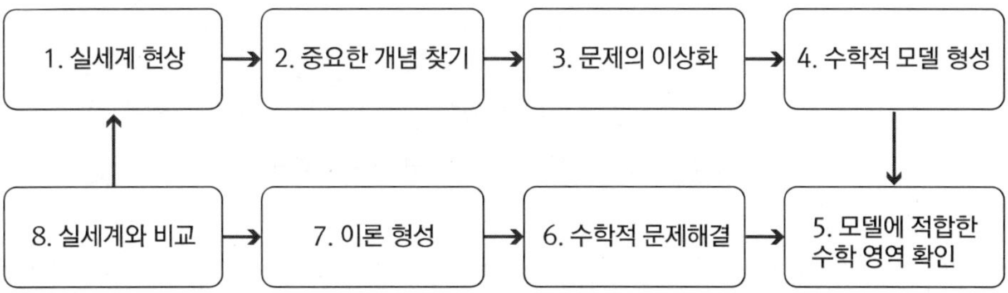


**[그림 2]** Pollak의 8단계 수학적 모델링 과정(오영열, 2013, p.491)

위에서 제시된 수학적 모델링의 과정의 공통점을 바로 실세계 현상에서부터 출발한다는 것이다. 즉 수학의 외적 연결성을 먼저 생각해 보는 것이다. 그 다음으로 이 상황을 교실로 끌어들여 필요로 하는 수학적 개념과 표상들 간의 수학적 내적 연결성을 고려하여 수학적 모델을 형성해 가고 이를 문제해결에 적용하며 마지막 단계에는 다시 실세계에 적용함으로써 형성된 수학의 내적 연결성을 다시 외적 연결성으로 순환시키는 것을 알 수 있다.

초등학교의 특징상 수학을 전공하지 않은 교사 또는 수학을 좋아하지 않았던 교사에게 수학적 모델링의 수업은 결코 쉬운 일이 아닐 것이다. 구체적인 단계가 주어지지 않으면 그것을 적용하기 쉽지 않다. 여러 학자들의 수학적 모델링 과정을 비교하여 초등학생들과 교사들이 이해하고 적용 가능한 구체적인 수학적 모델링 과정을 [그림 3]과 같이 제안하고자 한다.

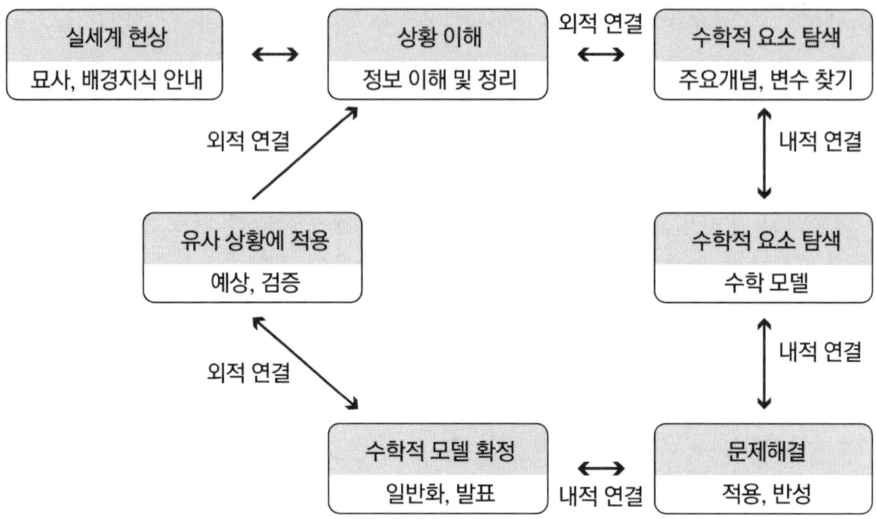


**[그림 3]** 초등학생을 위한 수학적 모델링 과정

초등학생을 위한 수학적 모델링 과정을 수학적 연결성이라는 관점에서 살펴보면, 실세계 상황을 보고 상황을 이해하며 이를 통해 수학적 요소를 탐색하는 과정은 수학의 외적 연결성이 적용된 단계라고 할 수 있다. 수학적 요소를 탐색하고 이를 바탕으로 수학적 모델을 개발하기 위해서는 주요개념 그리고 개념 간의 연결을 살펴보고 필요한 변수를 찾는 과정, 수학적 내적 연결을 통해 만들어진 수학모델을 이용하여 문제를 해결하고 해결한 결과가 수학적으로 결함이 없는지 반성해 보는 과정, 만들어진 수학적 모델을 일반화하기 위해 발표하고 공인을 받아 확정 짓는 과정은 수학의 내적 연결성과 관련이 있다. 확정된 모델을 유사 상황에 적용해 보는 수학의 외적 연결을 도모하는 과정이라고 할 수 있다. 특히 일반화와 유사상황에의 재사용의 단계는 모델링 수업에 있어서 중요한 단계이다. Lesh & Lehrer(2003)는 모델링은 본질적으로 의미 있는 일반화와 전이가능성을 포함하게 된다고 주장하였다. 이와 같이 효과적인 수학적 모델링의 과정에는 수학의 내적 연결성과 수학의 외적 연결성이 함께 작용하는 것을 확인할 수 있다. 이와 같이 수학적 모델링은 수학의 계통적 이해와 수학의 유용성이라는 두 가지 측면을 모두 만족시킬 수 있는 과정이라고 할 수 있다.

## 2.4 초등수학에서의 수학적 모델링 적용

English(2008)는 수학적 모델링이 나이와 학년에 상관없이 모두에게 과학과 수학 교실에서 그 개념을 이해하는 데에 중심적인 역할을 하며, 중고등학생과 그 이상의 학생들에게 학습이 가능하다는 그전의 생각에 반대하고 어린 학생들도 단순한 수세기나 측정이상의 상황을 잘 해결할 수 있음이 많은 논문에 의해 증명되었음을 주장하였다. 김민경, 홍지연, 김혜원(2010)은 초등학교에 적용 가능한 수학적 모델링 문제 상황을 개발·적용해 봄으로써 수학적 문제해결 능력이 향상되었음을 보였다.

수학적 모델링이란 어려운 내용이어서 중등 수학이나 대학 수학에서 가르쳐야 하는 것이냐고 물을 수 있으나, 많은 연구들은 초등학교 학생들이 복잡한 데이터를 가진 문제에서도 성공적으로 모델링을 할 수 있는 능력을 지님을 보여주고 있으며, 이러한 모델링 활동은 수학적이고 과학적인 추론 능력의 향상에 도움을 주므로 어릴 때부터 학습해야 한다고 주장한다(English, 2008; English & Watter, 2004a, 2004b; 조수빈, 2013; 홍지연, 2007; 엄선영, 권혁진, 2011; 정인수, 2011). 특히 Lesh et al.(2013)은 모델링이 어린 학생들에게 가장 강력한 아이디어라고 주장하면서 어린 학생들에게 역시 어른들처럼 실제의 상황 문제가 필요하며 재사용이 가능하며 다른 사람과 공유할 만하고 일반화가 가능한 방법을 교실상황에서 경험할 수 있어야 한다고 기술한다. English (2008), 조수빈(2013), 엄선영, 권혁진(2011)은 6학년을, Verschaffel & De Corte(1997)는 5학년, English & Watter(2004b)는 3학년을, English(2011)는 1학년과 4학년을 대상으로 수학적 모델링 수업을 성공적으로 진행하였다. English & Watter(2004a)는 모델링 활동은 소그룹 활동으로 디자인할 수 있으며 이는 학생들로 하여금 묘사하기, 설명하기, 정당화하기, 수학적 표상을 포함하는 공유할 수 있는 결과를 찾을 것을 요구하게 된다고 하였다. 박만구(2015)는 탈학문적 융합 기반의 주제 중심 초등교과서의 샘플 연구에서 탈학문적 접근방식으로 학습자들의 실생활에서 사고가 시작되어 점차 교과지식으로 학습할 때에 학생들은 수학적 개념이나 기호 또는 수학적 도구를 사용하여 수학적 모델링을 하게 되고 합리적인 의사를 결정하고 평가 적용하게 될 것이라고 하였다.

다양한 수학적 모델링 과정이 가지고 있는 공통적인 특징인 실세계 현상 또는 상황으로서의 문제가 주어진다는 것이다. 수학적으로 이상화되어 있는 단순히 주어진 문제의 답을 구하는 것을 문제의 해결이라고 본다면 수학은 수동적이며 참여의 기회가 그리 많아 보이지 않는다. 그러나 교육부(2015)가 고시한 수학과 교육과정의 성격에서 문제해결에 대해 다음과 같이 언급하고 있다.

> 교과 역량으로서의 문제 해결은 해결 방법을 알고 있지 않은 문제 상황에서 수학의 지식과 기능을 활용하여 해결 전략을 탐색하고 최적의 해결 방안을 선택하여 주어진 문제를 해결하는 능력이다. (교육부, 2015, p.3)

문제 상황을 만나게 되었을 때 해결방법을 찾고 가장 알맞은 해결 방안을 선택하는 과정이 바로 수학적 모델링 과정이라고 할 수 있다.

'그렇다면 기존의 교육과정에서 강조해 오던 문제해결과 수학적 모델링이 무엇이 다른 것일까? 말 바꾸기에 지나지 않은가?'라는 의문을 가지게 된다. Lesh & Doerr(2003)는 [그림 4]와 같이 전통적인 문제해결은 모델 도출 활동의 특수한 형태로 다루어질 수 있다고 주장하면서 전통적 관점에서의 문제해결과 모델링 관점에서의 문제해결에 대해 설명하였다.

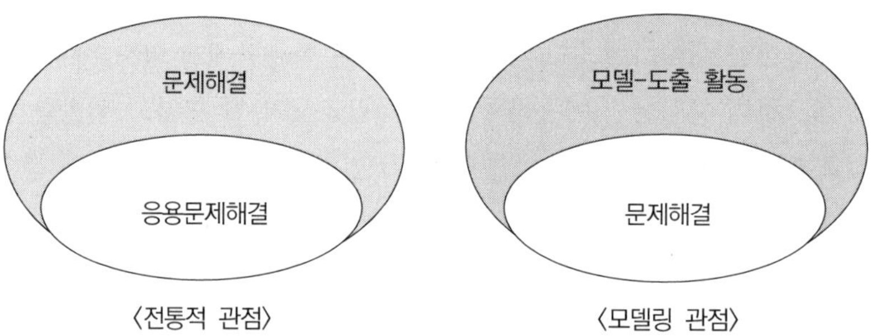


**[그림 4]** 응용문제 해결 ≠ 모델-도출 활동(Lesh & Doerr, 2003, p.4)

전통적 관점에서의 문제해결은 "해결방법이 명확하지 않을 때 주어진 것으로부터 목표로 나아가기 위한 과정(p.31)"이지만 수학교실에서의 문제해결은 어떤 사람에 의해 만들어지거나 다른 사람에 의해 설명된 상황에 대한 질문에 대답하는 것으로 제한이 된다. 즉 인공적이고 실제적이지 않은 방법으로 제한된 규칙들을 이용하며 주어진 목표로 나아가는 과정이라고 설명할 수 있다. 이에 반해 모델링 관점에서의 문제 해결은 묘사하기, 설명하기, 예상하기를 통해 점차 섬세하고 발전해 가는 모델링 사이클에 의해 해결방법을 찾는다. 그리고 무엇보다도 실제의 삶 속의 문제 해결은 겉으로 드러나는 것 이상의 규칙과 가능한 해결방법들, 목표 및 주어진 것의 본질에 대해 해석하는 유용한 방법으로 발전할 수 있게 한다. 즉 기존의 문제해결과 수학적 모델링을 구분할 수 있는 기준은 주어진 문제 상황이 얼마나 더 실제의 삶에 가까운가 하는 것이다. 문제해결을 위해 주어진 문제는 인위적인 것이어서 때로는 직접 경험하는 세계를 학습하고자 하는 주제에 따라 어느 정도 수정한 형태라고 한다면, 수학적 모델링을 위한 문제는 실제의 삶의 모습을 각색하거나 수정하지 않고 수업 현장으로 들여와 필요한 수학적 지식을 도출해 내는 것이다.

English(2008, 2010)는 문장제와 다른 모델링 문제의 원칙으로 다섯 가지를 들고 있다. 첫째, 학생들의 삶과 관련이 있어서 이해가 되는 의미 있는 문제여야 한다(개인적 의미 원칙). 둘째, 학생들이 의미 있는 복합 시스템의 수학적 구조 이해, 설명, 묘사, 예상을 할 수 있어야 한다(모델 구성 원칙). 여기에서 구성된 모델은 수학적으로 의미 있으며 핵심 아이디어와의 관계를 포함한 구조적 특징에 초점을 맞출 수 있어야 한다. 셋째, 학생들이 그들의 생각과 이유를 가능한 한 많은 방법으로 구체화할 수 있도록 해야 한다(모델 문서화 원칙). 넷째, 학생들이 주어진 복잡한 시스템을 다루기에 충분한 효과적인 최종의 모델인지를 결정할 수 있는 충분한 범주 안에 있어야 한다. 다섯째, 만들어낸 모델은 다른 관련된 문제에 적용 가능해야 한다(모델 일반성의 원칙). Mousoulides, Sriraman & Christou(2007)도 이와 비슷한 단계를 논의하며, 이러한 모델링 문제들은 소그룹 활동이 가능해야 하고 소그룹 활동을 통해서 질문하기, 논의하기, 수정하기, 결론내리기와 같은 활동이 가능해야 한다. 기존의 문제해결 활동이 개인의 성적을 판정하기 위한 활동인 반면 수학적 모델링 활동은 학생들이 배움 공동체를 형성하여 함께 문제를 해석하고 해결하는 활동을 강조한다고 할 수 있다.

모델링 문제는 그전의 개념이 주어지고 문장제를 해결하는 전통적인 수업보다는 보다 풍부한 학습 경험을 제공할 수 있으며 그 상황이 유용한 체계나 모델들을 도출할 만한 실세계 맥락을 이용하므로 수학에만 국한되지 않고 여러 다른 과목으로부터 이끌어 내어질 수 있다. 문장제 문제가 인위적으로 실생활과는 관계가 없이 만들어지기 때문에 학생들이 문제를 해결한 경험이 실생활에 이용되지 못했다(Verschaffel & De Corte, 1997). 예를 들어, "36명이 탈 수 있는 버스가 있습니다. 만약에 1128명의 군인들이 훈련지로 옮겨가려고 한다면, 버스는 몇 대가 필요할까요?"라고 물었을 때 "1128 나누기 36"을 해서 그 결과 "$31\frac{1}{3}$" 또는 "31 나머지 12"라고 계산을 정확히 학생들은 70%가 되었으나, 정확히 계산한 학생 중에 $\frac{1}{3}$만이 "32대의 버스가 필요하다"고 답했다고 한다. $\frac{1}{3}$은 자연수가 아닌 수로 답을 썼고, 나머지 $\frac{1}{3}$은 "31대가 버스가 필요하다"라고 답을 했다. 이러한 현상은 틀에 짜인 문장제 문제 해결과 비현실적 모델링 때문이라고 Verschaffel & De Corte

(1997)는 주장한다. 그들이 제시한 실세계 문제를 살펴보면, "수조에 일정한 비율로 수도를 틀어서 채우려고 합니다. 만약 4cm 깊이를 채우는 데에 10초가 걸렸다면 30초 동안에 채울 수 있는 물의 깊이는 얼마일까요?(p.584)"와 같은 문제들이었다. 정인수(2011)는 탐구문제로 다음과 같은 문제를 제시하였다. "시아와 현수는 같은 반 친구이다. 내일은 놀이 공원 체험학습을 가는 날인데, 선생님께서 놀이공원에서 같은 모둠으로 다닐 친구들을 적어오라고 하셨다. 시아는 3명의 친구들의 이름을 적었고, 현수는 4명의 친구의 이름을 적었다. 시아와 현수가 적은 친구들 모두 같이 다니게 된다면 몇 명이 함께 다니게 되는가?(p.102)" 모델링 과정을 적용하여 학생들은 5, 6, 7명이라는 답을 얻었고, 이러한 형태의 수학적 모델링 학습이 문장제 해결에 긍정적인 신념을 형성해 줄 수 있다는 결과를 얻었다.

그러나 이와 같은 문장제 문제들이 기존의 비현실적인 문장제의 틀을 약간은 벗어난 것처럼 보이나 본질적으로는 문장제 문제의 전형적인 틀을 그다지 벗어나 있는 것으로 보이지는 않는다. 오영열(2013)은 국내외 초등학생을 대상으로 한 학회지 투고 연구들을 분석한 결과(〈표 1〉)를 보면, 수학적 모델링을 우리나라 초등학생에게 적용한 결과 현재 초등수학에 대한 국내 연구들이 과제 제시 면에서 지나치게 이상화된 실생활 문제들이 제시됨으로써 마치 실생활 문제를 기반으로 한 수학적 문제 해결학습과 별 차이가 없이 이미 알고 있는 지식을 응용해 보는 단계에 그치고 있으나, 국외의 논문이 국내의 논문보다 수학적 모델링에 대한 연구가 학습 영역 및 학년 등의 측면에 있어서 더욱 활성화되어 있었다고 밝히고 있다.

English(2008)는 Indooroopilly Times의 주 정부와 초등학교 3학년 학생들이 Moggill 시내(Creek)를 보호하기 위해 운동을 벌이는 기사와 함께 모델링 활동을 제시하면서 모델링 활동에 도움을 줄 수 있는 다양한 자료를 제공한다. English & Watters(2004b)에서는 초등학교 3학년을 대상으로 처음에는 농부들이 키우는 여러 종의 콩에 대해 안내하고, "Butter Beans"라는 문제를 주어 (1) 어떤 조건이 작물을 키우기에 더 좋은지를 결정하고, (2) 12주에 생산하게 될 콩의 무게를 예상해야 한다. 또한 농부들의 그 방법을 사용할 수 있도록 예상이 나오게 된 이유를 설명한다. English(2010)는 초등학교 4학년 학생들을 대상으로 연구가 이루어졌다. 먼저 Australian Commonwealth Games에 대한 배경과 과정을 설명하였고 준비를 위한 약간의 질문을 한 후 〈표 2〉를 제시하면서, 100m 자유형 수영 대회의 두 챔피언을 뽑기 위해 Australian Commonwealth Games Committee에게 두 선수를 뽑는 방법을 제안하는 편지를 쓰도록 했다. 학생들은 다양한 방법으로 이

〈표 1〉 국내외의 초등학생을 대상으로 한 수학적 모델링 연구(오영열, 2013, p.492, p.494)

| 모델링 과제 | 대상 | 학습요소 | 연구자 |
|---|---|---|---|
| 태양계 모형제작, 학급 파티에 필요한 준비물 등 | 6학년 | 문제해결, 추상화 | 김민경, 홍지연, 김혜원 (2010) |
| 마네킹 퍼포먼스 | 6학년 | 입체도형의 겉넓이 | 홍지연, 김민경 (2011) |
| 실생활 문제 | 5학년 | 규칙성과 문제해결 | 신현용, 정인수 (2012) |
| 문장제 문제 | 5-6학년 | 문제해결, 수와 연산 | Verschaffel & De Corte (1997) |
| TV 프로그램활용 | 3학년 | 기수법, 시간의 동치, 분수개념 | Bonotto (2003) |
| 여름캠프, 날씨 문제 등 | 6학년 | 자료 분석을 통한 추론, 모델 추출 | Doerr & English (2003) |
| 버터콩 문제 | 3학년 | 자료분석 통한 평균 | English & Watter (2004b) |
| 100미터 수영종목 대표 선수 선발 | 4학년 | 자료분석을 통한수학적 모델 도출 | English (2010) |
| 일하는 시간과 임금 관계 | 6학년 | 자료분석을 통한 모델도출 | Mousoulides (2010) |

〈표 2〉 남자 100m 자유형 기록(English, 2010, p.299)

*Men's 100m Freestyle Results recorded by Australian Competitors (seconds)**

| Competition | Ashley Callus | Michael Klim | Eamon Sullivan | Ian Thorpe | Andrew Mewing | Antony Matkovich | Patrick Murphy | Casey Flouch | Cameron Prosser |
|---|---|---|---|---|---|---|---|---|---|
| 2005 FINA World Championships | DNC | 49.32 | DNC | DNC | 49.99 | DNC | DNC | DNC | DNC |
| 2005 Telstra Grand Prix | DNC | 50.04 | 51.64 | DNC | 50.95 | DNC | 50.96 | DNC | 51.28 |
| 2005 Telstra Trials | 50.24 | 49.02 | 50.05 | DNC | 49.72 | 50.25 | 50.38 | 51.30 | 51.43 |
| 2004 Telstra FINA World Cup | DNC | DNC | 49.82 | DNC | 48.96 | 49.69 | DNC | 49.08 | DNC |
| 2004 Athens Olympics | 50.56 | DNC | DNC | 48.56 | DNC | DNC | DNC | DNC | DNC |
| 2004 Telstra Grand Prix | DNC | 50.44 | 50.35 | 49.23 | 51.09 | 52.17 | 51.20 | 50.91 | 51.28 |
| 2004 Telstra Olympics Team Trials | 49.31 | 49.78 | 50.06 | 48.83 | 49.98 | 50.15 | 50.48 | 50.51 | 51.57 |
| 2003 Telstra FINA World Cup | 47.93 | DNC | 50.24 | 49.36 | DNC | 49.50 | 49.46 | 49.11 | 50.55 |
| 2003 Telstra Australian Championships | 49.07 | DNC | 51.86 | 49.07 | 50.52 | 50.58 | 50.95 | 50.20 | DNC |
| 2002 Commonwealth Games | 49.45 | DNC | DNC | 48.73 | DNC | DNC | DNC | DNC | DNC |
| Personal Best Times | 48.92 | 48.18 | 50.06 | 48.71 | 49.72 | 50.15 | 50.29 | 50.20 | 49.38 |

*DNC: Did not compete.*

문제를 해결하기 위해 수학적 모델링 활동을 하였고 다양한 결과가 도출되었다. 수학적 모델로서의 표를 이해하고 평균, 빈도, 등의 수학적 개념을 이해하여 이를 바탕으로 어떤 선수를 뽑을 것인지 실세계에 연결시킬 수 있다.

조수빈(2013)은 6학년 학생들을 대상으로 비와 비율에 대한 수학적 모델링을 시도하였다. 주어진 주제는 6학년 학생들이 놀이동산으로 체험학습을 가려는 상황이 주어지고 친구들과 함께 어떤 놀이기구를 탈 것인지 그리고 주어진 5시간 안에 어떻게 효과적으로 움직여서 놀이기구를 탈 것인지 등을 논의하여 결정하도록 하였다. 어린이들의 걷는 평균 속도 50m/분으로 주어지고 지도의 축적은 1cm당 100m, A, B, C 세 구역의 놀이기구 한 가지 이상 타기, 점심 먹는 시간 40분, 간식 먹는 시간 20분, 기념품 가게 20분, 그리고 기다리는 시간과 탑승시간을 포함하도록 하면서 〈표 3〉이 주어졌다.

〈표 3〉 주요놀이 시설안내(조수빈, 2014, p.84)

| | 번호 | 이름 | 이용시간(분) | 조건 | 난이도 |
|---|---|---|---|---|---|
| A 구역 | 28 | 더블락스핀 | 10 | 140cm- | ★★★★ |
| | 31 | 렛츠트위스트 | 15 | 140-195cm | ★★★★ |
| | 32 | 콜링엑스트레인 | 20 | 120cm- | ★★★★ |
| | 34 | 허리케인 | 20 | 130-195cm | ★★★★ |
| | 36 | 챔피언십 로데오 | 10 | 130-195cm | ★★★ |
| | 38 | 콜럼버스 대탐험 | 10 | 110cm- | ★★★★ |
| B 구역 | 45 | 레이싱코스터 | 15 | 100-195cm | ★★★ |
| | 52 | 릴리댄스 | 10 | 100-195cm | ★★★ |
| | 56 | 지구마을 | 15 | - | ★ |
| | 57 | 후룸라이드 | 30 | 100cm- | ★★★★ |
| | 62 | 오즈의 성 | 10 | 110-195cm | ★ |
| | 66 | 범퍼카 | 20 | 120cm- | ★★★ |
| | 67 | 스카이댄싱 | 10 | 100cm- | ★★ |
| | 74 | 스푸키 펀 하우스 | 15 | - | ★★★ |
| C 구역 | 101 | 스플래쉬 퍼레이드 | 30분공연 | 14:00-14:30 | ★ |
| | 105 | 미스터리멘션 | 10 | 110-195cm | ★★ |
| | 106 | 로테이팅하우스 | 10 | 110cm- | ★★★★ |
| | 110 | T 익스프레스 | 60 | 130-195cm | ★★★★★ |

학생들은 모델링 탐색활동을 통해 단위 값, 비율, 변수 등을 인식하였다. 즉 시간과 거리를 계산하여 지도상에서 1cm를 이동하기 위해서는 2분 정도가 걸린다는 것을 알고 단

위의 개념으로 지도상에 측정된 거리에 곱하기 2를 하고, 50m : 1분 = 100m : 2분이라는 비례식으로 구하기도 하였다. 이를 일반화하기 위해 발표를 하고 이를 적용해 볼 수 있는 유사상황을 생각해보게 하였다. 학생들은 가족여행, 또 다른 현장체험학습 등의 사례에 적용 가능하다고 응답하였다.

이와 같이 모델링 활동은 수학과 과학, 그리고 예술, 생활 등이 조화를 이루어 다양한 경험을 학생들에게 제공할 수 있도록 해주며 단순한 문제 해결을 넘어서 풍부한 경험과 학문적 융합을 꾀할 수 있게 해 준다. 학생들은 문제를 해결하는 과정에서 수학의 내적 연결과 외적 연결을 자연스럽게 넘나들며 수학의 깊이와 유용성을 체험하면서 자신들의 수학을 만들어 갈 수 있게 될 수도 있을 것이다.

따라서 수학적 모델링은 학생들은 의사소통하며 팀워크를 하게 됨으로써 자연스럽게 배움의 공동체를 형성할 수 있게 도와주며, 수학에 바탕을 두고 여러 학문과 연결을 짓는 융합교육과도 그 맥락을 함께 한다고 할 수 있다. 또한 모델링에 바탕을 둔 수업은 프로젝트 학습을 위한 주초가 될 것이다.

## 3 결론

수학적 모델링에 관한 연구가 국내외에서 활발하게 이루어지고 있고 수학교육에 있어서 초등학생에서부터 대학생에 이르기까지 수학 학습의 강력한 방법이며, 모델링 활동이 메타수준의 수학적 담론을 생성하고 메타 규칙의 변화를 포함하는 메타수준 학습을 촉진시킬 수 있는 방법(박진형, 이경화, 2014)임에도 불구하고, 우리나라 초등학교 교사들의 수학적 모델링에 관한 인식의 정도는 매우 낮았으며, 이러한 인식의 저조는 수학적 모델링을 교육과정에 적용시키기 위한 저해요인으로 나타나고 있다(김민경, 민선희, 강선미, 2009; 이경화, 2010).

우리나라의 교육과정에서도 7차 교육과정에서 2009 개정 교육과정, 그리고 2015 개정 교육과정을 거치면서 수학 교과서가 변화함에 따라, 실세계 맥락의 상황 제시는 다양해지고 그 비율이 증가하였다(정승요, 박만구, 2016). 그러나 초등에서 이러한 실세계 맥락을 수학적 모델링의 과정으로 해결해 가는 활동을 하기에는 아직 많은 문제들이 산재해 있다.

그러나 수학적 모델링은 생활 주변이나 사회 및 자연 현상 등 다양한 맥락에서 파악된 문제를 해결하면서 수학적 개념, 원리, 법칙을 탐구하고 이를 일반화하고 이를 또 다른 상황에 적용해 보게 함으로써 학생들이 스스로 수학을 하게 하고 수학의 내적 연결과 외적 연결을 경험할 수 있게 해 주는 교수학습 방법이라고 하겠다. 이미 공학과 과학 계열에서 수학적 모델링을 이용해 데이터를 정리하는 활동이 많이 있어 왔다(Ledder, 2013). 그러나 그들은 이를 수학을 통해 학습하는 것이 아니라 별도로 모델링 공부를 해야 했다. 많은 국내외 연구에서 확인할 수 있듯이 수학적 모델링은 어려운 것이 아니라 초등학생도 할 수 있으며 초등학교에서부터 지도되어야 하는 활동이라는 것에 주목해야 한다. 이를 위해 무엇보다도 수학적 모델링에 대한 교사들의 인식을 높이기 위한 다양한 교사 연수가 필요하다. 그리고 교사들이 수업 중에 사용할 수 있는 다양한 자료를 제작하여 제공해야 할 것이다. 특히 초등학교 교사들은 수학 한 과목만을 지도하는 것이 아니므로 쉽게 적용할 수 있도록 각 과정 및 학습지가 상세히 제공되어야 할 것이다.

# 참고문헌


교육과학기술부(2011). **수학과 교육과정**. 교육과학기술부 고시 제 2011-361호.

교육부(2015). **수학과 교육과정**. 교육부 고시 제 2015-74호.

김민경(2010). **수학적 모델링: 초등수학 중심으로**. 서울: 교우사.

김민경, 민선희, 강선미(2009). 초등 교사들의 수학적 모델링에 대한 인식 조사 연구. **한국학교수학회 논문집, 12**(4), 411-431.

김민경, 홍지연, 김혜원(2010). 수학적 모델링 적용을 위한 문제상황 개발 및 적용. **수학교육, 49**(3), 313-328.

김연식, 정영옥(1997). Freudenthal의 수학화 학습-지도론 연구. **대한수학학회논문집, 7**(2), 1-23.

박만구(2015). 주제 중심의 초등학교 수학교과서 모형 연구. **학교수학, 17**(1), 79-98.

박진형, 이경화(2013). 수학적 모델링 과정에서 수학화의 기호학적 분석. **수학교육학 연구, 23**(2), 95-116.

박진형, 이경화(2014). 모델링 활동을 통한 메타수준 학습에 대한 연구. **학교수학, 16**(3), 409-444.

서창환(2011). **고등학교 수학에서의 행렬의 내적연결성과 외적연결성**. 부산외국어대학교 교육대학원 석사학위 논문.

신현성, 이명화(2011). 실세계 상황에서 수학적 모델링 과제 설정 효과. **한국학교수학회논문집, 14**(4), 423-442.

신현용, 정인수(2012). 수학적 모델링 학습이 문장제 해결에 미치는 효과. **한국수학교육학회지시리즈C 〈초등수학교육〉, 15**(2), 107-134.

양성현, 이환철(2012). 수학 내적 연결성에 관한 형식적 측면 연구. **한국학교수학회논문집, 15**(3), 395-410.

엄선영, 권혁진(2011). 학업 성취도에 따른 초등학교 6학년 학생의 비례 추론 능력 및 전략 분석. **수학교육 논문집 시리즈 E, 25**(3), 537-556.

오영열(2013). 초등수학에서 수학적 모델링 적용 필요성에 대한 연구. **한국 초등수학교육학회지, 17**(3), 483-501.

우정호(2000). **수학 학습-지도 원리와 방법**. 서울: 서울대학교출판문화원.

이경화(2010). 모델링 관점에 대한 논의에서 본 한국 수학교육의 관점 탐색. **수학교육학연 구, 20**(3), 221-239.

이종희(1999). 수학적 연결성에 대한 연구. **교과교육학 연구, 3**(2), 147-160.

이혜숙, 임해미, 문종은(2010). 수학과학통합교육의 설계 및 실행에 대한 연구. **한국수학교육학회지 시리즈 A 〈수학교육〉, 49**(2), 175-198.

정승요, 박만구(2016). 수학과 교육과정의 변화에 따른 초등학교 3, 4학년 교과서의 수학적 모델링 관련 제시 방법 분석. **한국학교수학회 논문집, 19**(1), 103-122.

정인수(2011). **수학적 모델링 학습이 문장제 해결 능력 및 모델링 과정에 미치는 효과**. 한국교원대학교 대학원 박사학위 논문.

조수빈(2013). **수학적 모델링을 활용한 비와 비례 수업이 초등학교 6학년 아동의 문제해결력과 문제추론 전략의 활용능력에 미치는 효과**. 이화여자대학교 석사학위 논문.

조지희(2014). **개인적 흥미에 따른 수학과 음악의 연결성 수업 효과 분석**. 이화여자대학교 석사학위 논문.

차성현(2012). **미국의 수학 공통 핵심 교육과정 및 우리나라 수학교육 개선을 위한 시사점**. 서울: 한국교육개발원.

홍지연(2007). **수학적 모델링을 활용한 수업이 초등학교 4학년 수와 연산 학습에 미치는 효과**. 이화여자대학교 교육대학원 석사학위 논문.

황혜정(2007). 수학적 모델링의 이해-국내 연구 결과 분석을 중심으로. **학교수학, 9**(1), 65-97.

Common Core State Standards Initiative(CCSSI) (2010). ***Common core state standards for mathematics***. http://www.corestandards.org/assets/CCSSI˙Math%20Standards.pdf.

English, L. D. (2006). Mathematical modeling in the primary school: children's construction of a consumer guide. ***Educational Studies in Mathematics***, 63(3), 303-323.

English, L. D. (2008). Mathematical modeling: linking mathematics, science and arts in the primary curriculum. B. Sriraman, C. Beckmann & V. Freiman(Eds.). ***Proceedings of the Second International Symposium on Mathematics and its Connections to the Arts and Science***(MACAS2). University of Southern Denmark Press, 5-36.

English, L. D., & Watter, J. J. (2004a). Mathematical modeling in early school years. ***Mathematics Education Research Journal***, 16(3), 58-79.

English, L. D., & Watters, J. J. (2004b). Mathematical modeling with young children. ***Proceedings of the 28th Conference of the International Group for the Psychology of Mathematics Education***(pp.335-342). Bergen, Norway.

English, L. (2010). Modeling with complex data in the primary school. In R. Lesh, P. L. Galbraith, C. R. Haines, & A. Hurford (Eds.), ***Modeling students' mathematical modeling competencies: ICTMA 13*** (pp.287-299). New York, NY: Springer.

English, L. D. (2011). Complex modeling in the primary/middle school years. In Stillman & Brown, Jill (Eds.) ***ICTMA Book of abstracts***. Australian Catholic University; Melbourne, VIC., 1-9.

Kim, J. et al. (2015). A simple method for determining the osmolarity of aqueous solutions using visibly-colored hydro-gels: an undergraduate chemistry experiment. ***Chemistry Educator***, 20, 1-4.

Ledder, G. (2013). ***Mathematics for the life science: calculus, modeling, probability and dynamical systems***. Springer Undergraduate Texts in Mathematics and Technology, DOI.

Lesh, R. (2007). Research design in mathematics education: focusing on design experiments. In L. English (Ed.), ***International handbook of research design in mathematics education*** (pp.27-49). Hillsdale: Erlbaum.

Lesh, R., & Doerr, H. (2003). Foundation of models and modeling perspectives on mathematics teaching, learning, and problem solving. In R. Lesh & H. Dorerr (Eds.), ***Beyond constructivism: Models and modeling perspectives on mathematics problem solving, learning and teaching.***(pp.3-34). Nahwah, NJ: erlbaum.

Lesh, R. English, L., Sevis, S. & Riggs, C. (2013). Modeling as a means for making powerful ideas accessible to children at early age. In Stephen J. Hegedus, Jeremy Roschelle (Eds.), ***The SimCalc Vision and Contributions Democratizing Access to Important Mathematics*** (pp.419-436), Springer.

Lesh, R., & Lehrer, R. (2003). Models and modeling perspectives on the development of students and teachers. ***Mathematical Thinking and Learning,*** 5(2&3), 109-129.

Lesh, R. (2016). ***Research on models and modeling and implications for common core state curriculum standards.*** http://www.uwyo.edu/wisdome/'files/documents/lesh.pdf.

Mousoulides, N., Sriraman, B., & Christou, C. (2007). From problem solving to modeling; the emergence if models and modeling perspectives. ***Nordic Studies in Mathematics Education,*** 12(1), 23-47.

National Council of Teachers of Mathematics(NCTM, 1989). ***Curriculum and evaluation standards for school mathematics.*** Reston, VA: Author.

National Council of Teachers of Mathematics(NCTM, 2000). ***Principle and standards for school mathematics.*** Reston, VA: Author.

Velten, K. (2009). ***Mathematical modeling and simulation: Introduction for scientists and engineers.*** Wiley-VCH Verlag GmbH & Co. KGaA, Weinheim.

Verschaffel, L., & De Corte, E. (1997). Teaching realistic mathematical modeling in the elementary school: a teaching experiment with fifth graders. ***Journal for Research in Mathematics Education,*** 28(5), 577-601.

# 10장
# 수학적 연결성 구현을 위한 초등 수학 교수·학습의 실제[1)]

김 유 경 (상촌초등학교), 방 정 숙 (한국교원대학교)

## 1 서론

미래 사회는 급변하는 정보화 사회로 폭증하는 지식과 정보를 모두 학습하기에는 한계가 있으며 여러 지식들을 잘 연결 짓고 융합하여 새로운 지식을 창출하는 능력을 요구한다. 이러한 사회적 요구에 따라 2015 개정 교육과정은 미래 사회가 요구하는 핵심역량을 함양한 바른 인성을 갖춘 창의·융합형 인재 양성을 목표로 하고 있으며(교육부, 2015a), 이를 기반으로 만들어진 2015 개정 수학과 교육과정에서도 수학 교과 역량으로 문제해결, 추론, 의사소통, 정보처리, 태도 및 실천과 더불어 창의·융합을 강조하고 있다(교육부, 2015b). 이에 제2차 수학교육종합계획에서는 실생활과의 연계를 통해 수학의 가치와 유용성을 인식할 수 있는 수학 기반의 융합 교육을 강화하고 있다(교육부, 2015c).

이러한 수학교육의 변화는 수학 외적·내적인 연결을 통해 수학적으로 탐구하는 수학적 연결성에 대한 관심을 새롭게 불러일으키고 있다. 미국수학교사협의회(NCTM, 2000)는 '학교 수학을 위한 원리와 규준'에서 문제해결, 의사소통, 추론과 증명, 표현, 연결성을 제시한 바 있다. 또한 우리나라 수학과 교육과정에서도 수학적 연결성을 명시적으로 다루

1) 본 장의 일부 내용은 김유경(2013)의 박사학위논문의 내용이다.

고 있지는 않지만, '수학의 개념, 원리, 법칙을 이해하고 기능을 습득하며 수학적으로 추론하고 의사소통하는 능력을 길러 생활주변과 사회 및 자연현상을 수학적으로 이해하고 문제를 합리적이고 창의적으로 해결하며 수학 학습자로서 바람직한 태도와 실천능력을 기르는 것'을 목표로 하고 있다(교육부, 2015b, p.4). 그동안 우리나라 수학과 교육과정에서 수학적 연결성은 문제해결, 의사소통, 추론과 같은 교과 역량에 비해 크게 주목받지는 못했으나 꾸준히 중요성이 인정되어 왔다. 특히 최근 대두되고 있는 융합교육이나 창의성 교육은 실생활을 비롯한 다양한 맥락의 지식들을 융합하고 총체적으로 사고하며 창의적으로 해결하도록 함으로써 수학적 연결성에 대한 의미를 다시금 살펴보게 하고 있다.

수학적 연결성을 구현하는 교수·학습 자료나 수업 사례와 관련된 연구는 주로 1990년대 후반부터 국내에서 행해졌다. 예를 들어, 수학적 연결성을 강화한 프로그램 개발 연구(김시년, 2000), 수학 내적 연결성 측면에서 함수, 상관도, 연속확률분포에 대한 교수·학습 방법을 살펴본 연구(최지영, 2004; 황석근, 윤정호, 2011), 수학 외적 연결성 측면에서 스토리텔링이나 수학 기반의 융합 프로그램 개발 연구(전미숙, 박문환, 2015; 정윤회, 김성준, 2013), 교과서에 구현된 수학적 연결성을 분석한 연구(김지예, 2012; 이현지, 2014; 유별아, 2015), 수학적 연결성을 구현한 수업 사례를 통해 지도방안을 탐색한 연구(김유경, 2013; 황샘이, 2014) 등이 있다. 대체적으로 수학 외적 연결성 측면에서 교과서 분석이나 교수·학습 자료가 개발되었으며 수학 내적 연결성 측면에서는 교수·학습 자료보다는 특정 수학 내용에 대해 위계 및 연결 관계를 바탕으로 교수·학습 방법을 제안한 연구가 행해졌다. 이는 수학 내적 연결성이 단순히 외형적인 교수·학습 자료를 통해 구현하기 어렵고 실제 수업에서 개념, 절차들 간의 관계를 파악하는 교수·학습과 관련이 되기 때문이다. 그러나 수학 외적 연결성을 강조한 교수·학습 자료도 수학 학습 내용을 보다 잘 가르치기 위해 개발된 자료로서 내적인 연결을 내포한다고 할 수 있으며, 외형적으로 보이는 연결뿐만 아니라, 내적인 연결로 이끄는 수학적 탐구가 구현될 필요가 있다.

그러나 이현지(2014)는 수학 교과서를 수학적 연결성 측면에서 분석한 결과, 단순 소재의 연결이 많고 연결의 깊이가 낮아 깊이 있는 수학적 탐구로 이끌 수 있는 자료가 부족하다고 하였다. 또한 유별아(2015)는 한 가지 종류의 맥락과의 연결이 아니라, 실생활을 비롯한 다양한 연결이 포함된 풍부한 상황 맥락을 통해서 수학적 연결성을 구현해 나가야 한다고 하였다. 한편 김유경(2013)은 같은 자료라 하더라도 실제 수업에서 그러한 연결이 이루어지는지, 그렇지 않은지는 학생들의 반응을 민감하게 받아들이고 적절한 교수·학습으로 이끄는 교사의 역할에 따라 달라질 수 있으므로 수학적 연결성을 구현하는 다양한 수업 사례를 통해 역량을 길러나갈 필요가 있다고 하였다. 또한 수학적 개념, 절차, 문제 해결 등 학습하는 내용에 따라 수학적 연결성의 구현 양상도 달라지므로 다양한 수업 상황에서 수학적 연결성을 구현하는 방법에 대한 연구가 필요하다고 할 수 있다.

이에 본 연구에서는 수학적 개념, 절차, 문제 해결을 다루는 수업에서 수학적 연결성을 구현할 수 있는 수업 모형을 제안하고, 단순 소재의 연결에서 벗어나 풍부한 상황 맥락을 포함하고 깊이 있는 연결을 구현할 수 있는 교수·학습 자료를 구안한 사례를 제공하고자 한다. 또한 실제 수업을 실시한 결과를 분석하되 수학적 연결의 구현 양상을 집중적으로 살펴보며, 이를 통해 수학적 연결성을 구현하는 교수·학습 과정에 대한 시사점을 제공하고자 한다.

## 2 초등 수업에서 수학적 연결성을 강조한 수학 수업 모형

본 절에서 제시하는 수업 모형은 김유경(2013) 연구의 일부분으로 수학적 개념, 절차, 문제 해결을 학습하는 수업에서 수학적 연결성을 구현하도록 설계된 수업 모형으로 개념의 연결을 강조한 수학 수업 모형, 절차의 연결을 강조한 수학 수업 모형, 실생활의 연결을 강조한 수학 수업 모형으로 구분하여 제시한다. 본 수업 모형의 개발 과정은 기존 수업 모형들(개념형성수업모형, 원리탐구수업모형, 문제해결수업모형, 모델링과정을 활용한 수업모형 등)을 분석하고, 수학적 연결성을 구현하는 수업에 대한 사고 실험을 통해 수업 모형을 구안하였으며, 수업 모형의 각 단계가 적합한지 실제 수업을 통해 확인하였다. 개발과정과 관련한 자세한 사항은 지면 관계상 생략하고 수업 모형의 각 단계에서 나타날 수 있는 수학적 연결을 중심으로 설명하면 다음과 같다.

### 2.1 개념의 연결을 강조한 수학 수업 모형

개념의 연결을 강조한 수학 수업의 흐름은 [그림 1]과 같이 '맥락 제시 - 개념 추출 - 개념 분석·개념 정의·속성 탐구 - 관계 강조 - 정리 - 다음 수업 연결'로 이루어진다.

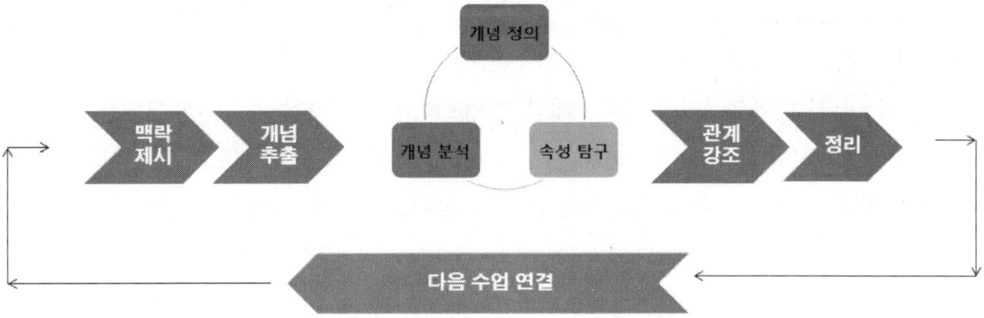


**[그림 1]** 개념의 연결을 강조한 수학 수업 모형(김유경, 2013, p.89)

'맥락 제시'에서는 추상적인 속성을 가진 개념을 학생들에게 실제적인 것으로 인지시켜야 하므로 실생활 맥락이나 학생들에게 친숙한 맥락을 통해 학습할 개념이 제시된다. 이때 맥락은 복잡한 문제 상황보다는 개념 추출이 용이한 상황으로, 학습할 본시 개념 이외에 관련된 개념이 포함된다면 외적인 연결뿐만 아니라 개념과 개념의 연결을 꾀할 수 있다.

'개념 추출'에서는 이미 알고 있는 개념과 다른, 본 수업에서 새롭게 학습하게 될 개념이 추출된다. 이는 선행 개념과 다른 특징을 갖는 새로운 개념에 대해 학생들의 관심을 불러일으키고 학습의 필요성을 느끼게 한다.

'개념 분석'에서는 선행 개념 및 본시 학습 개념에 대한 분석이 행해진다. 예를 들어 원기둥에 대해 학습하는 경우, 원기둥과 원기둥이 아닌 것(각기둥 등)으로 분류하고 정례(원기둥)에 대한 추상화를 통해서 원기둥의 개념을 정의하고 성질을 탐구하게 된다. 이때 비례(각기둥 등)는 원기둥 학습을 위해 도입하는 소재가 아니라 본시 개념과 관련된 선행 개념으로, 이에 대한 분석은 정례(원기둥)에 대한 개념 분석의 토대가 되며, 개념과 개념의 연결을 형성한다.

'개념 정의'는 비례와 다른 정례들에 대한 개념 분석 결과를 추상화하여 정의하는 단계이다. 예를 들어 다양한 원기둥을 탐구하고 공통성을 추상화하여 두 밑면이 평행하고 합동인 원으로 된 기둥모양이라는 개념이 정의될 수 있다. 이 또한 개념 분석, 속성 탐구와 함께 얽혀 이루어지며, 순서가 바뀌기도 하고 경우에 따라서는 생략되기도 한다.

'속성 탐구'는 본시 개념 형성을 위해 성질을 파악하는 단계로, 관련 개념의 속성과 연결 지으며 탐구할 수 있다. 예를 들어 원기둥의 속성을 탐구하는 경우, 각기둥과 비교하며 밑면, 높이, 옆면, 모서리와 같은 구성요소나 성질에 대해 탐구할 수 있다. 이처럼 '개념 분석·개념 정의·속성 탐구'의 단계는 개념을 학습하는 수업에서 핵심적인 과정으로

일 방향으로 진행되는 것이 아니라, 복합적으로 구현된다고 할 수 있다.

이렇게 학습한 개념은 새로운 맥락에서 다시금 개념들 간의 관계가 강조되고 정교화될 수 있다. 이전 단계인 '개념 분석·개념 정의·속성 탐구' 단계는 선행 개념으로부터 유도되어 본시 개념과 연결이 이루어지는 단계라면, '관계 강조'는 새로운 맥락에서 개념들 간의 공통점과 차이점을 분석하고 포함관계를 살펴봄으로써 각각의 개념에 대한 이해를 공고히 하고 개념장 내의 개념들을 구조화하는 단계로 진행할 수 있다.

'정리'에서는 일반적으로 평가나 정리를 통해 개념에 대한 학생들의 이해를 점검한다. 그러므로 개념 간의 연결을 고려하여 선행 개념, 주요 아이디어 등 관련 개념들을 포함시켜 문장을 만들거나 본시 개념을 설명하도록 함으로써 본시 개념과 관련 개념들 사이의 관계적 이해를 확대할 수 있다. 또한 학습한 개념을 실생활 상황으로 적용하도록 하여 수학 외적 연결을 꾀할 수도 있다.

'다음 수업 연결'은 오늘 수업을 바탕으로 다음 수업을 계획하는 단계로, 본시 학습 개념이 전체 개념도에서 어느 부분에 해당하며 다음 수업과 어떠한 관계를 갖는지 학생들에게 생각해보게 하는 단계이다. 기존 수업 모형에서 차시 예고는 단순히 다음 차시의 학습 내용을 소개하는 데 그치지만 다음 수업 연결은 단원 전체의 내용 중에서 오늘 학습한 내용은 어디까지이고 다음에는 어떠한 내용을 학습할 것인지 학생들에게 인식시켜 수학 내용을 연결 짓고 구조화하는 데 도움을 준다.

## 2.2 절차의 연결을 강조한 수학 수업 모형

절차의 연결을 강조한 수학 수업의 흐름은 [그림 2]와 같이 '맥락 제시 - 개념 추출 - 개념 분석 - 개념적 절차·대안적 절차·표준화된 절차·절차 - 절차 연결 - 절차 익히기 - 정리 - 다음 수업 연결'로 이루어진다.

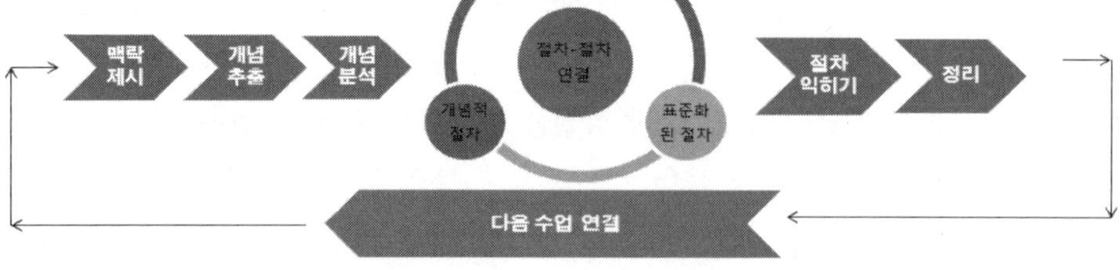


[그림 2] 절차의 연결을 강조한 수학 수업 모형(김유경, 2013, p.95)

'맥락 제시'는 개념을 학습하는 차시와 유사하게 실생활 맥락이나 학생들에게 친숙한 이야기 맥락을 통해서 계산하거나 해결해야 하는 문제 상황이 제시된다. 이때 맥락은 개념의 연결을 강조한 수학 수업처럼 복잡하지 않은 맥락으로 절차를 학습해야 할 필요성이 제기되며, '개념 추출'에서는 절차의 학습을 위해 탐색해야 할 관련된 개념이 추출된다.

'개념 분석'은 여러 가지 방법으로 문제를 해결하는 데 근본이 되는 것으로 추출된 개념과 관련된 내용을 분석하는 단계이다. 예를 들어 직육면체의 겉넓이를 구하는 절차를 찾아내기 위해 겉넓이가 무엇인지, 직육면체가 어떠한 도형이며, 어떠한 성질을 가지고 있는지 살펴봄으로써 직육면체의 겉넓이를 구하는 방법을 찾아낼 수 있다.

'개념적 절차'는 개념에 근거하여 도출된 절차이다. 반면에 '대안적 절차'와 '표준화된 절차'는 개념적 절차 이외에 다양한 방법으로 문제를 해결하려는 노력이 나타난 것으로, 보다 효율적이고 일반화된 새로운 방법으로의 문제 해결을 가능하게 한다. 예를 들어 직육면체의 겉넓이를 구하는 경우, 겉넓이의 개념을 바탕으로 직육면체를 둘러싸고 있는 6개의 면의 넓이를 모두 더하는 개념적 절차가 있을 수 있고, 마주보는 면이 합동인 성질을 활용한 대안적 절차와, 보편적인 방법인 '(밑넓이)×2+(옆넓이)'의 표준화된 절차가 있을 수 있다. 그러나 개념적 절차, 대안적 절차, 표준화된 절차에 의한 문제 해결이 실제 수업에서 항상 순서대로 나타나는 것은 아니다. 또한 학습 주제에 따라서 대안적 절차에 의한 문제 해결이 나타나지 않을 수도 있으며, 학생들의 수준에 따라 찾아내지 못하는 경우도 있다. 단지 개념적 절차에서 표준화된 절차로 연결을 형성하는 것이 절차를 형식화하고 학생들의 이해를 형성하는 데 도움을 주기 때문에 교사들은 이러한 순서대로 수업이 전개되기를 희망하고 유도하는 것뿐이다. 그러므로 학생들의 문제 해결 과정을 파악한 후, 수업 상황 및 학생들의 사고의 흐름을 고려하여 필요한 절차를 선택하거나 학생들의 발표 순서를 조정할 필요가 있다.

'절차 - 절차 연결'은 여러 가지 문제 해결 절차들이 어떠한 관련성을 가지고 있는지 절차들의 공통점을 찾고 공통적으로 내재해 있는 원리를 찾음으로써 형식화하는 방법으로 또는 문제 상황에 적절한 절차를 찾아 새로운 문제를 해결함으로써 절차 간의 연결을 공고히 하는 과정으로 구현될 수 있다. 즉, 절차 - 절차 연결은 각각의 문제 해결 절차들의 특징을 이해하고 장점을 파악하여 보편성, 효율성, 공통성 등의 차원에서 절차들 간의 관계를 탐구하는 단계라 할 수 있다.

다음 단계는 '절차 익히기'이다. 개념의 경우 새로운 맥락에서 개념을 정교화함으로써 관계를 강조하고 개념에 대한 이해를 높였으나 절차는 개념과 달리 연습의 과정이 필수적이다. 그러나 단순 반복적이거나 복잡한 계산을 지양하고, 개념과 절차의 연결을 공고히 할 수 있는 절차의 활용이어야 한다(Reys, Lindquist, Lambdin, & Smith, 2009). 그러므로 문제 상황에 적합한 절차를 찾아 익힐 수 있도록 구성되어야 하며 학습 주제에 따라서 익히는 절차는 달라질 수 있다. 예를 들어, 받아올림이 있는 덧셈의 표준화된 알고리듬을 학습하는 차시라면 표준화된 절차를 주로 익힐 수 있지만, 수 감각을 바탕으로 한 대안적 절차를 학습하는 차시라면 대안적 절차가 익히기의 대상이 될 수 있다.

'정리'에서는 문제를 해결하는 절차에 대한 정리가 이루어지며, '다음 수업 연결'은 본시 학습 결과를 토대로 다음 수업을 계획하고 실행하는 것과 관련된다. 오늘 수업의 결과를 다음 수업에 반영하고 일관성 있게 수업을 구성하는 것은 학생들의 학습에 안정감을 제공하며 보다 지적인 탐구를 가능하게 할 수 있다.

## 2.3 실생활의 연결을 강조한 수학 수업 모형

실생활의 연결을 강조한 수학 수업의 흐름은 [그림 3]과 같이 '맥락 제시 - 활동 추출 - 수학적 관찰·수학으로 연결·개별적 문제해결 - 집단적 의사결정 - 정리 - 다음 수업 연결'로 이루어진다.

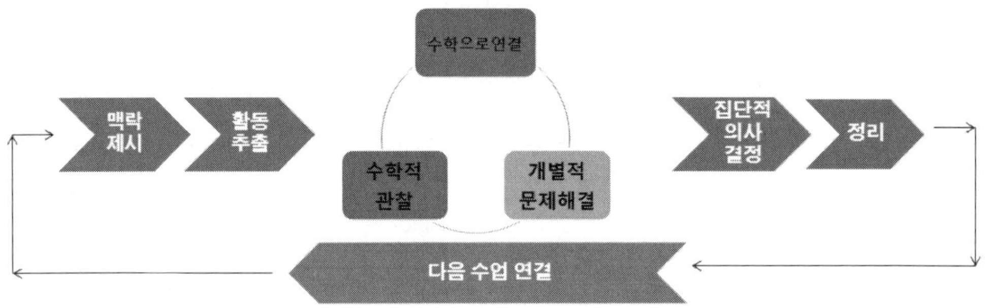


**[그림 3]** 실생활의 연결을 강조한 수학 수업 모형(김유경, 2015, p.101)

'맥락 제시'는 개념이나 절차의 연결을 강조한 수학 수업에서처럼 맥락이 포함된 실생활 문제 상황이 제시된다. 그러나 맥락의 성격은 앞에서 제시되었던 맥락과 다르다. 앞에서는 개념을 추출하기 쉬운 복잡하지 않은 맥락이 제시되었지만, 실생활의 연결을 강조한 수학 수업에서는 다수의 수학 개념들이 포함된 복잡한 문제 상황일 수 있다. 또한 여러 관점에서 문제를 해결할 수 있도록 다양한 실생활 사례가 제시될 수 있다.

'활동 추출'은 오늘 수업에서 구체적으로 어떤 활동을 하는지 알아보는 단계이다. 실생활의 연결을 강조한 수업은 실제 문제가 해결되는 과정에서 행해지는 활동들이 축약되어 수업에서 이루어지므로 활동 안내를 통해 문제 해결을 위해 구체적으로 어떠한 활동을 하는지 명확하게 살펴볼 필요가 있다.

'수학적 관찰'은 문제를 이해하고 실생활의 문제 맥락에 포함된 문제의 조건과 가정을 수학적인 관점에서 관찰하여 문제 해결의 기초가 될 토대를 마련하는 과정이고, '수학으로 연결'은 수학적인 관찰을 통해 문제의 조건과 가정을 수학의 변수나 속성으로 연결시키는 과정이다. 예를 들어 다양한 조건을 충족하는 건물을 설계하는 실생활 문제는 직육면체와 같은 입체도형에 대해 탐구하는 것으로, 겉면에 붙일 벽돌이나 유리의 넓이를 구하는 것은 겉넓이를 구하는 것으로 바꿀 수 있다. 이러한 수학화의 과정은 교사와 학생, 학생과 학생 간의 의사소통을 요구한다(Zbiek & Conner, 2006).

'개별적 문제해결'의 단계는 수학적으로 변환이 이루어진 뒤 문제를 해결하는 단계이다. 예를 들어 필요한 타일이나 유리의 넓이를 고려하여 건물을 설계하는 것은 겉넓이를 고려하여 건물로 설계할 입체도형의 모양을 결정하는 것으로 바뀌었고, 이는 입체도형에 따라 다른 절차를 활용하여 겉넓이를 계산하는 것으로 나타난다. 즉, 개별적 문제해결은 수학의 개념과 절차로 변환된 문제를 해결하는 과정이라 할 수 있다. 그러나 실생활적인 요소가 수학적으로 변환되었다 하더라도 실생활 상황과의 관련은 계속적으로 나타난다. 왜냐하면 실생활의 연결을 강조한 수학 수업에서의 문제 맥락은 다양한 수학 개념과 수학 외적인 요소들을 포함하고 있는 복잡한 것이므로 문제 해결 과정이 올바른지 계속적으로 확인이 필요하다. 예를 들어 비용이 적게 드는 건축물을 설계하기 위해서 건축물의 모양, 내부의 배치, 재료 등을 선택하지만 비용 외적인 면인 일조권, 주차 공간 등을 생각하여 건축물의 모양, 내부의 배치, 재료 등을 수정할 수도 있기 때문에 여러 가지 요소들을 고려한 문제 해결이 필요하다. 그러므로 수학적으로 변환이 모두 이루어져 개별적으로 문제를 해결하는 과정 중에도 처음으로 돌아가 문제의 조건을 수학적으로 관찰하는 경우가 나타날 수 있다. 또한 실생활의 문제를 해결하는 과정에서 다른 관점의 새로운 아이디어가 떠오르는 경우, 처음의 설계를 수정하여 문제를 해결할 수 있으며, 처음의 계획대로 문제가 해결되지 않는 경우에도 문제의 조건을 수학적으로 관찰하고 다시 수학적으로 변환하며 문제를 해결하는 과정이 필요하다. 즉, 실생활과 수학의 연결은 '수학적 관찰·수학으로 연결·개별적 문제해결'의 과정에서 지속적으로 나타나고, 이들 단계는 순환하며 반복적으로 구현된다고 할 수 있다.

'집단적 의사결정' 단계는 실생활의 문제 맥락이 여러 가지 요소를 포함한 복합적인 성격을 지니고 있기 때문에 나타나는 의사결정 과정이라 할 수 있다. 지금까지는 개인이 문제를 수학적으로 바라보고 해결하는 과정을 나타낸 것이라면 집단적 의사결정 단계는 여러 사람들이 함께 문제 해결 과정을 살펴보고, 가장 좋은 문제 해결 방법을 선택하는 과정이라 할 수 있다. 예를 들어 개개의 학생들은 건축물을 설계하는 데 있어서 초점을 두는 부분이 다를 수 있으며 같은 관점에서 건물을 설계한다고 하더라도 미세한 부분에 있어서는 차이가 나타날 수 있다. 예를 들어 경제적인 부분, 미적인 부분 등 건물을 설계하는 관점이 다를 수 있으며 경제적인 부분에 초점을 두어 건물을 짓는다 하더라도 건물의 모양, 사용할 재료, 사무실, 주차장 등 내부의 구성은 달라질 수 있다. 즉, 수학적인 문제해결 과정이 옳다 하더라도 건축물을 설계하는 관점이 서로 다르기 때문에 건축물을 설계한 결과가 달라질 수 있다. 그러므로 집단적 의사결정 단계는 문제 해결에 고려한 요소, 자신이 설계한 건축물의 장점 등을 모둠원이나 반 학생들에게 소개하고, 다른 건축물이 갖는 장점을 살펴보면서 의사결정 하는 과정으로, 다양한 연결을 구현한 결과를 집단적 차원에서 검토한다고 할 수 있다. 실생활의 문제는 하나의 정답이 아니라 여러 개의 답이 있을 수 있는 개방형 문제이기 때문에 여러 가지 문제 해결 과정이 어떠한 면에서 좋은지 의사소통하는 것은 미처 생각하지 못한 요소나 크게 비중을 두어 다루지 않았던 부분에 대해서 사고를 확장하고 깊이 있는 연결로 이끌 수 있다.

'정리' 단계에서는 오늘 학습에 대한 느낀 점, 반성 등 정의적인 부분에서의 평가 및 정리가 이루어지고, 이러한 감성적 체험은 다음 수업이나 생활 속의 문제에 대해 수학적인 눈으로 바라보고 해결하려는 의지를 내면화하는 데 긍정적인 영향을 준다.

실생활의 연결을 강조한 수학 수업에서 '다음 수업 연결'은 이미 학습한 수학의 개념이나 절차를 문제 해결에 활용하는 수업에서의 수업 간 연결이므로 이전 수업의 영향을 많이 받는다고 할 수 있다. 또한 실생활의 연결을 강조한 수학 수업을 통해 신장된 문제해결력, 의사소통능력, 수학적 사고력 등은 다음번 수업에서 문제를 해결하는 데 긍정적인 영향을 끼친다고 할 수 있다.

# 3 수학적 연결성을 강조한 초등 수업의 실제

본 절에서는 앞서 살펴본 수학 수업 모형별로 저학년, 고학년의 실제 수업 사례를 제시하고, 수업 모형의 각 단계별로 수학적 연결의 구현 양상을 분석하였다.

## 3.1 개념의 연결을 강조한 수학 수업 사례

개념의 연결을 강조한 저학년 수업으로, '□, △, ○ 모양 알아보기' 수업을 실시하였다. 수업의 흐름은 〈표 1〉과 같이 숭숭이와 친구들이 여행 도중 마녀의 집을 방문하게 되고, 마녀 집에 있는 □, △, ○ 모양의 물건에 붙임딱지를 붙이며 직관적으로 도형을 학습하였다. 이후, 학생들은 주어진 시간 내에 교실에 있는 □, △, ○ 모양의 물건들을 찾아오는 활동을 하였다. 두 활동은 외형적으로 유사해 보이지만 붙임딱지를 붙이는 첫 번째 활동은 직관적으로 도형을 인식하는 것이라면, 물건을 찾는 두 번째 활동은 '왜 □ 모양을 찾는데 이 물건을 찾았니?'라는 발문을 추가하여 모양과 속성을 연결시키며 좀 더 심화된 활동으로 진행하였다. 물론 1학년 학생들은 꼭짓점, 변과 같은 수학적 용어를 사용하지 못하고 뾰족한 부분, 선이라는 표현을 사용하여 설명하였다. 또한 '마녀의 고깔모자는 △ 모양이 아닌가요?'라는 학생의 질문에 실제 고깔을 보여 주며 뾰족한 부분, 선이 몇 개 있는지를 확인해 보는 과정에서 오개념을 수정하고 도형의 모양, 이름, 속성 간의 연결을 꾀하였다. 또한 교실에 있는 물건들은 입체로 존재하기 때문에 〈에피소드 1〉처럼 교사가 의도적으로 이전에 학습한 직육면체와 본시 학습 내용인 □ 사이의 관계에 대해 질문함으로써 선행 개념과 연결 지을 수 있었다.

과자 상차리기는 새로운 맥락에서 개념들 사이의 관계를 다시금 알아보는 활동으로 학생들은 보지 않고 만져보며 어떤 모양의 과자인지를 알아맞히었으며, 얼굴, 기차 모양 등 창의적으로 과자 상을 차렸다. 학생들은 과자 상차리기를 통해 실생활을 비롯한 미술, 실과 등 타 교과와의 연결을 이루었으며, 과자를 만져보면서 □, △, ○의 속성과 연결시켜 도형의 모양을 추측하고 왜 그렇게 생각하는지를 설명함으로써 수학 내적 연결성을 구현하였다. 그러나 본시 학습에 대한 충분한 이해에도 불구하고 다음 수업이나 생활 속에서 □, △, ○과 관련하여 더 알고 싶은 내용이나 하고 싶은 활동이 무엇인지를 묻는 교사의 질문에는 답변이 원활히 이루어지지 못했다.

〈표 1〉 개념의 연결을 강조한 저학년 수업의 흐름

| 단계 | 수업의 흐름 | 수학적 연결성 구현 양상 |
|---|---|---|
| 맥락 제시<br>개념 추출 | • 숭숭이 이야기를 통해 □, △, ○ 모양을 찾는 학습내용 인지 | • 이야기-수학 외적 연결 |
| 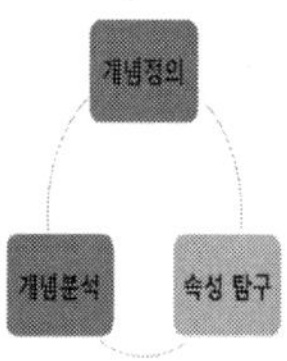  | • 마녀 집에서 모양 찾기-붙임딱지 붙이기<br>- 조작활동을 통한 직관적 개념인식 | • 붙임딱지 조작활동-수학 외적 연결<br>• 학생 질문(오개념)-개념과 개념의 연결 |
| | • 교실에서 모양 찾기-물건 가져오기<br>- 실생활 연결을 통한 수학의 유용성 인식<br>- 왜 그 물건을 찾았는지 속성에 대한 수학적 의사소통 | • 물건 찾기 활동-실생활 연결<br>• 교사 발문-개념과 개념의 연결 |
| 관계 강조 | • 모양을 맞추고 과자 상차리기<br>- 수학에 대한 긍정적 가치, 협력적 태도, 융합능력 신장<br>- 도형의 속성과 연결하여 도형의 모양 추측 | • 상차리기-실생활, 타교과 연결<br>• 문제해결과정, 추론, 학생 설명-개념과 개념의 연결 |
| 정리<br>다음수업연결 | • 배운 내용, 느낀 점, 다음 수업에서 하고 싶은 활동 발문<br>- 감성적 체험의 결과를 다음 수업으로 연결 | • 교사 발문-수업 간 연결, 실생활 연결 |

**에피소드 1** 발문을 통한 개념과 개념의 연결

T: 이번에는 여러분이 찾아온 □모양 물건들을 살펴볼게요. 상자도 있고, 책도 있고,

T: (□바구니의 주사위를 꺼내며) 여러분은 이 모양을 지난번에 상자 모양이라고 배웠는데, □바구니에 들어 있네요. 상자 모양 아닌가요? 왜 □모양으로 생각했나요?

S1: (갸우뚱) 그러게. 아~ 주사위의 저 부분이 □모양이에요.

T: 그래요. 우리가 공부하는 □모양은 주사위의 일부분이에요. 오늘 우리가 배우는 □, △, ○는 여러분이 가져온 물건의 일부분이에요. 그런데 이 부분(가리키며)은 왜 □모양이라고 생각했나요?

S2: ○는 구부러졌는데, □는 뾰족한 부분이 4개 있고요, 반듯한 선도 4개 있어서요.

개념의 연결을 강조한 고학년 '원기둥 알아보기' 수업은 <표 2>처럼 도형 올림픽에서 새롭게 우승을 차지한 원기둥이 어떻게 금메달을 따게 되었는지 알아보기 위해, 지난 대회 우승자 각기둥과의 비교를 통해서 속성을 탐구해 나가는 방향으로 수업이 진행되었다. 출전 선수들의 분류활동을 통해서 원기둥과 원기둥이 아닌 것을 분류하였고, 원기둥에 대한 구성 요소를 탐색하면서 각기둥과 다른 원기둥을 정의하고 밑면, 옆면, 모서리 등 속성을 탐구하였다. 이 과정에서 '원기둥에도 모서리가 있을 수 있다'는 학생의 오개념에 대해 모서리는 평면과 평면이 만나서 생기는 것으로, 곡면과 평면이 만나는 경우에는 모서리가 생기지 않음을 탐구하였다. 관계 강조 단계에서는 각기둥과 원기둥의 공통점과 차이점을 표로 정리하였으며 정리 단계에서는 원기둥, 각기둥, 밑면, 옆면 등 관련 단어들을 조합하여 의미 있는 문장을 만들도록 하였고 원기둥이 실생활에 활용된 예를 질문하였다. 그러나 학생들은 본시 학습 내용에 대한 충분한 이해에도 불구하고 실생활로의 확장은 원활히 이루어지지 못했다.

〈표 2〉 개념의 연결을 강조한 고학년 수업의 흐름

| 단계 | 수업의 흐름 | 수학적 연결성 구현 양상 |
|---|---|---|
| 맥락 제시<br>개념 추출 | • 입체도형의 육상경기 이야기를 통해 원기둥 학습 인지<br>- 지난 대회 우승자: 각기둥<br>- 이번 대회 우승자: 원기둥 | • 이야기-수학 외적 연결 |
| 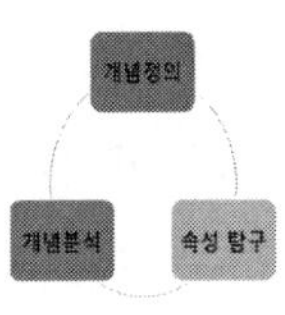 | • 출전선수 분류 및 분석<br>- 비례인 각기둥에 대한 개념 상기<br>- 정례인 원기둥 분석, 추상화<br>• 원기둥의 모양, 이름, 속성 연결<br>• 각기둥과 원기둥의 구성요소(밑면, 옆면, 모서리, 높이 등) 비교 | • 분류 조작활동-개념과 개념의 연결<br>• 오개념-개념과 개념의 연결 |
| 관계 강조 | • 각기둥과 원기둥의 공통점과 차이점 분석 | • 의사소통-개념과 개념의 연결 |
| 정리<br>다음수업연결 | • 관련된 단어를 사용하여 원기둥 설명하기<br>• 실생활에서 원기둥 사용 설명하기<br>• 개념도를 통한 차시예고<br>• 반성을 통한 다음 수업 반영 | • 교사 발문-개념과 개념의 연결, 실생활 연결<br>• 개념도-수업 간 연결 |

개념의 연결을 강조한 수학 수업은 이야기 자료, 조작활동, 교사의 발문, 오개념, 의사소통 등을 통해 수업의 각 단계에서 수학 내적·외적 연결이 다양하게 구현되었다. 특히

개념을 학습하는 차시인 만큼 선행 개념의 토대 위에 새로운 개념을 학습하였으며, 도형의 모양, 속성들과의 수학 내적 연결이 원활히 이루어졌다. 보다 구체적으로 개념과 개념의 연결이 이루어진 상황을 살펴보면, 교사는 학습 주제와 관련한 내용들의 관계에 대한 충분한 이해를 바탕으로 직관적 탐구에서 속성에 대한 분석적 탐구로 이어지도록 수업을 설계하였으며, 실제 수업에서도 <에피소드 1>처럼 교사가 직접적으로 수학적 관계에 대해 발문하거나 학생들이 오류를 보이는 경우 이를 놓치지 않고 왜 그렇지 않은지에 대해 수학적인 탐구를 실시함으로써 수학적 연결성이 구현되었다. 한편 수학 외적 연결성은 교사가 준비한 이야기 자료나 교실에서 물건 찾기 활동, 상차리기 활동 등 풍부한 상황 맥락이 포함된 과제를 통한 연결이 두드러졌으며, 학습한 수학 개념을 학생들 스스로 수학 외적 상황으로 확장하는 연결은 원활히 이루어지지 못했다.

## 3.2 절차의 연결을 강조한 수학 수업 사례

절차의 연결을 강조한 저학년 수업으로, 3학년 '이산량에서 분수만큼 나타내기' 수업을 실시하였다(<표 3> 참고). 맥락 제시에서는 소풍 도시락에 담겨져 있는 음식 이야기로 $\frac{1}{2}$만큼의 피자 빵, $\frac{1}{4}$만큼의 음료수와 같이 전체가 1인 연속량에서 분수만큼을 나타내는 것과, 사탕 6개를 $\frac{1}{3}$씩 나눠먹는 이산량에서 분수만큼을 나타내는 문제를 모두 포함시켰다. 개념 추출 및 분석에서는 연속량에서 분수만큼을 알아봤던 선행 개념을 상기시키고 문제의 공통점과 차이점을 살펴보면서 이산량에서 분수만큼을 어떻게 나타낼 것인지 탐색하였다. 원, 사각형 등 다양한 모양의 영역 모델과 길이 모델로 분수를 표현해 보고, 연속량에서 전체-부분으로서의 분수 개념을 살펴보았으며, 이를 이산량으로 확장하여 집합 모델에서 묶음을 나누고 묶음 내의 수를 구하는 것에 대해 알아보았다. 즉 연속량에서의 전체-부분으로서의 분수 개념, 나눗셈에서의 제수, 몫의 개념을 토대로 이산량에서 분수만큼을 알아보는 내용으로 선행 개념과의 연결을 구현하였고 다양한 분수 모델을 활용하여 표현들 간의 연결을 꾀하였다.

〈표 3〉 절차의 연결을 강조한 저학년 수업의 흐름

| 단계 | 수업의 흐름 | 수학적 연결성 구현 양상 |
|---|---|---|
| 맥락 제시<br>개념 추출 | • 소풍 도시락에 연속량, 이산량의 분수만큼 담겨 있는 음식 이야기 | • 이야기-수학 외적 연결 |
| 개념 분석 | • 사탕 6개의 $\frac{1}{3}$과 피자빵 $\frac{1}{2}$ 문제의 공통점과 차이점 분석<br>• 연속량에서 전체-부분으로서의 분수를 다양한 모델로 표현, 집합모델에서 묶음, 묶음 내의 수 표현 | • 문제이해-개념과 개념의 연결<br>• 표현-개념과 절차의 연결 |
| 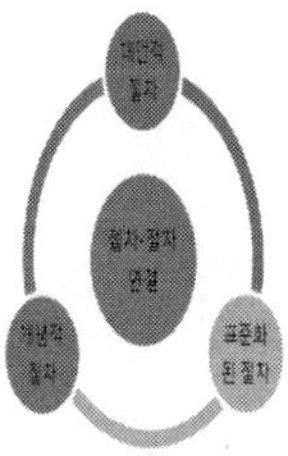 | • 사탕 6개의 $\frac{1}{3}$을 알아보는 다양한 방법<br>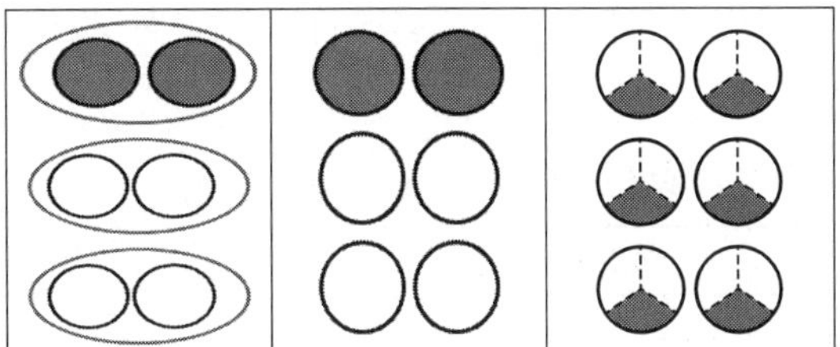<br>이산량에서 전체-부분으로서 분수 의미 / 6÷3 / 연속량에서의 $\frac{1}{3}$의미 연결 | • 문제해결과정-개념과 절차의 연결<br>• 다양한 방법, 표현-절차와 절차의 연결 |
| 절차 익히기 | • 사다리를 타서 나오는 문제 해결하기 | • 문제해결, 표현-개념과 절차의 연결 |
| 정리<br>다음수업연결 | • 이산량에서 분수만큼 알아보는 방법 정리<br>• 차시예고 | • 교사 발문-개념 절차의 연결<br>• 교사 설명-수업 간 연결 |

그 결과, 〈표 3〉 내의 그림처럼 학생들은 전체-부분으로서의 분수 개념을 토대로 3묶음으로 나눈 것 중 1묶음에 해당하는 2라는 결과를 얻었으며, 6의 $\frac{1}{3}$은 6÷3과 같다는 절차를 제안하였다. 또한 1개의 사탕을 3조각으로 나누는 것을 6개 사탕 모두에 행하여, 18개의 조각을 3명에게 나누어 주는 대안적 절차를 통해 2개라는 결과도 얻었다. 이 방법은 사탕을 조각으로 쪼개는 비현실적인 방법이지만, 연속량에서 분수만큼을 나타낼 때 조각으로 나누었던 연속량에서의 $\frac{1}{3}$의 개념과 연결이 이루어졌다. 즉 문제에 포함된 개념과 절차 간의 긴밀한 연결은 다양한 문제 해결 방법으로 나타났으며, 문제 해결 방법 간의 연결은 절차와 절차의 연결을 구현하게 만들었다. 절차 익히기에서는 사다리 타기를

통해 딸기 30개의 $\frac{1}{5}$, 12m 끈의 $\frac{2}{4}$, 36의 $\frac{1}{6}$ 등 다양한 모델의 사용을 요구하는 문제로 개념과 절차의 연결을 공고히 하였고, 표현과의 연결도 이끌어 냈다.

절차의 연결을 강조한 고학년 '원기둥의 겉넓이 구하기' 수업은 <표 4>처럼 도형 올림픽에서 우승을 차지한 원기둥의 금 옷을 제작하는 디자이너들의 이야기로 시작하였다. 옷을 만들기 위해 길이를 측정해야 할 부분, 전개도, 겉넓이 등에 대한 개념 분석을 토대로 다양한 방법으로 원기둥의 겉넓이 구하는 방법을 탐색하도록 하여 개념과 절차의 연결을 구현하였다. 학생들은 전개도에 대한 이해를 바탕으로 '(밑넓이)×2+(옆넓이)'라는 절차를 찾아냈으며, 대안적 절차로 원을 직사각형으로 변형시켜 겉넓이를 구한 '(원주)×{(높이)+(반지름)}'도 찾아냈다. 그러나 원기둥을 직육면체로 바꾸어 겉넓이를 구하겠다는

**<표 4> 절차의 연결을 강조한 고학년 수업의 흐름**

| 단계 | 수업의 흐름 | 수학적 연결성 구현 양상 |
|---|---|---|
| 맥락 제시<br>개념 추출 | • 금메달리스트 원기둥의 금 옷을 만드는 디자이너들의 고민<br>- 원기둥의 겉넓이를 구할 필요성 제기 | • 이야기-수학 외적 연결 |
| 개념 분석 | • 원기둥의 전개도, 겉넓이, 측정해야 할 길이 등 관련 개념 분석<br>• 직육면체 겉넓이를 구했던 절차, 원의 넓이를 구했던 절차 상기, 원기둥의 겉넓이 구하는 방법 탐색 | • 문제해결 방법 탐색-개념과 개념의 연결, 개념과 절차의 연결 |
| 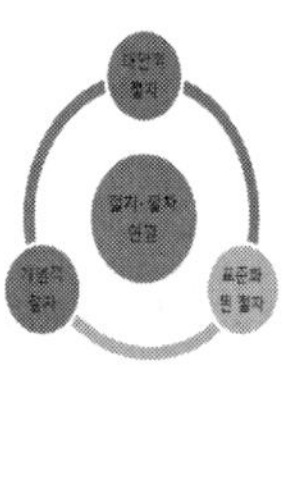 | • 원기둥의 겉넓이 구하는 방법 구안 및 겉넓이 계산하기<br>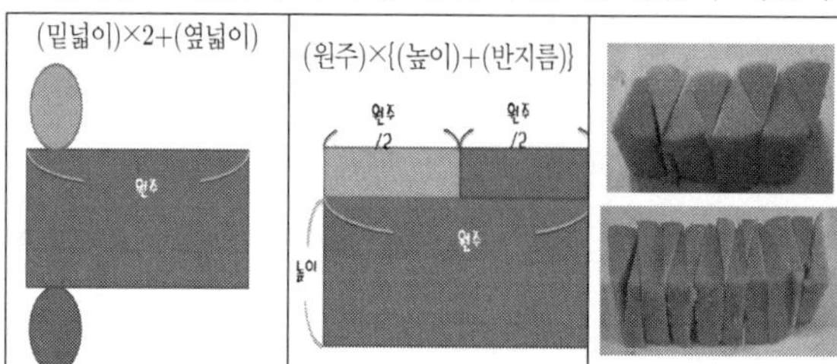<br><br>개념적 절차 표준화된 절차 / 대안적 절차 / 오개념<br>• 절차들 간의 공통점, 차이점, 효율성, 보편성 논의 | • 문제해결과정-개념과 절차의 연결<br>• 오개념-개념과 개념의 연결<br>• 교사발문, 표현-절차와 절차의 연결 |
| 절차 익히기 | • 원기둥의 겉넓이 구하는 문제 해결 | |
| 정리<br>다음수업연결 | • 실생활에서 원기둥의 겉넓이가 활용되는 예(과자상자, 병에 붙이는 비닐, 금메달) 설명<br>• 오늘 수업에 대한 느낀 점, 반성을 통한 다음 수업 반영 | • 교사발문-실생활과 연결 수업 간 연결 |

아이디어는 겉넓이를 부피처럼 인식하는 것으로 오개념을 수정할 필요가 있었다. 그리고 절차와 절차의 연결에서는 〈에피소드 2〉처럼 절차들 간의 공통점, 차이점, 효율성, 보편성에 대한 의사소통으로 나타났다.

**에피소드 2** 절차들 간의 공통점, 차이점, 효율성, 보편성 탐색

T: '(밑넓이)×2+(옆넓이)' 방법과 '원주×{(반지름)+(높이)}' 방법의 공통점은 무엇일까?

S1: 공통점은 답이 똑같습니다.

S2: 둘 다 원기둥을 전개도 모양으로 펼쳐서 생각한 방법입니다.

T: 차이점은 무엇이지?

S3: 첫 번째 답 '(밑넓이)×2+(옆넓이)'는 원기둥의 전개도에서 원을 그대로 구한 것이고 두 번째 답 '원주×{(반지름)+(높이)}'는 원기둥의 전개도에서 원을 직사각형으로 변형하여 계산한 것입니다.

T: '(밑넓이)×2+(옆넓이)'는 원을 그대로, '원주×{(반지름)+(높이)}'는 변형해서. 나는 1번이 더 효율적이다? 나는 2번이 더 효율적이다? 각자가 더 효율적이라고 생각하는 방법으로 구하면 됩니다. 근데, 어제 사각기둥의 겉넓이를 구했지? 그리고 오늘은 원기둥의 겉넓이를 구했는데, 기둥모양의 겉넓이를 구하는데 어느 방법이 더 효율적일까?

S4: 첫 번째 방법. 두 번째 방법은 원에만 해당되기 때문입니다.

절차의 연결을 강조한 수학 수업은 수업의 도입부와 정리 단계에서 이야기와 교사의 발문을 통해 수학 외적 연결이 구현되었으나 개념과 절차의 연결, 절차와 절차의 연결이 주로 나타났다. 맥락 제시 단계에서는 개념과 절차의 연결을 위한 필요성이 제기되었고, 개념 분석 단계에서는 관련 개념을 분석하고 그림, 모델을 활용하여 문제 해결 방법을 찾아가는 과정에서 절차를 구안하게 되고 개념과 절차의 연결이 나타났다. 즉 학습할 주된 내용인 절차에 초점을 두는 것이 아니라, 개념을 구체적 모델로 표현하는 과정에서 개념적 이해에 토대를 둔 절차를 구안하고, 표준화된 절차, 대안적 절차를 찾아냈다. 또한 절차들 간의 관련성을 파악하고 공통점, 차이점, 효율성, 보편성에 대한 논의를 통해 절차와 절차의 연결을 구현하였다. 정리 단계에서는 관련된 개념을 사용하여 절차를 설명하고 학습한 개념이 실생활에 활용되는 예를 찾아봄으로써 개념과 절차의 연결, 개념과 실생활의 연결이 나타났다.

## 3.3 실생활의 연결을 강조한 수학 수업 사례

실생활을 비롯한 수학 외적 연결성이 강조된 저학년 수업으로 2학년 '분류하기' 수업을 실시하였다(〈표 5〉 참고). 지구 생활에 필요한 생필품을 사야 하는 투투를 위해 '잘 판다 마트'를 만들고 직접 장을 보았다. 우선 과일코너, 정육코너, 전자제품 코너와 같이 코너를 만들어 전단지의 그림을 분류하였으며 분류한 결과를 친구들과 함께 검토하며 투투가 보다 효율적으로 시장을 볼 수 있는 방안에 대해 의사소통하였다. 특히 손님들이 물건을 쉽게 사기 위해서 분류가 필요하며, 실제 장을 볼 때에도 같은 종류의 물건을 사고 다른 곳으로 이동하는 것이 편리함을 이해하는 등 실생활의 연결이 이루어졌다. 또한 학생들은 같은 종류의 장난감끼리 정리해야 다음에 또 놀 수 있고, 쓰레기 분리수거도 잘 하겠다고 다짐하며 수업의 결과를 생활 및 다음 수업으로 연결하였다.

〈표 5〉 실생활의 연결을 강조한 저학년 수업의 흐름

| 단계 | 수업의 흐름 | 수학적 연결성 구현 양상 |
| --- | --- | --- |
| 맥락 제시<br>활동 추출 | • 투투가 사야 할 물건 이야기 듣기<br>• 활동 추출: 마트 만들기, 마트에서 시장 보기 | • 이야기-수학 외적 연결 |
| 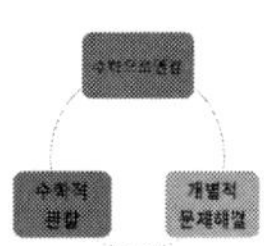 | • '잘 판다 마트' 개업<br>- 마트 내의 필요한 코너 알기, 코너 꾸미는 방법 계획<br>• 전단지의 그림을 잘라 마트에 필요한 코너 꾸미기 | • 마트 꾸미기-수학 외적 연결 |
| 집단적<br>의사결정 | • 코너별 발표, 분류 결과 잘못 정리된 물건 찾기<br>• 물건을 효율적으로 사는 방법 의사소통<br>• 투투가 되어 주어진 시간 내에 물건 사기 | • 물건사기활동-수학 외적 연결<br>• 의사소통-수학 내적 연결 |
| 정리<br>다음수업연결 | • 생활 속에서 분류가 이루어진 예 찾기<br>• 감성적 체험의 결과를 다음 수업으로 연결 | • 교사 발문-수학 외적 연결 |

실생활의 연결을 강조한 고학년 '음료수 용기 설계하기' 수업은 입체도형, 겉넓이와 부피를 학습한 후 실생활과 융합된 문제 해결 수업으로 진행하였다(〈표 6〉 참고). 도형 올림픽에 출전했던 원뿔, 직육면체, 원기둥 등 다양한 입체도형들이 은퇴 후 음료수 용기로 활약하는 모습을 보고, 내가 만들고 싶은 음료수 용기 모양을 설계하고 겉면에 사용할 종

〈표 6〉 실생활의 연결을 강조한 고학년 수업의 흐름

| 단계 | 수업의 흐름 | 수학적 연결성 구현 양상 |
|---|---|---|
| 맥락 제시<br>활동 추출 | • 도형 올림픽에 출전했던 선수들이 은퇴 후 음료수 용기로 활용되는 활약상 보기<br>• 활동 추출: 음료수 용기 설계, 비용 계산, 가장 합리적인 음료수 용기 선정하기 | • 사진자료: 수학 외적 연결 |
| 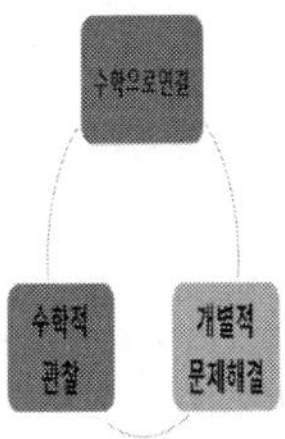 | • 조건 탐색<br>- 500ml용기, 종이·플라스틱·비닐·철 비용, 도형의 모양 조건 탐색<br>• 수학으로 연결<br>- 용기의 부피를 계산하여 500ml를 담을 수 있는지 확인하고 겉넓이를 구하여 비용을 계산함<br>• 문제해결<br>- 음료수 용기 설계, 예상 비용 산출, 자신의 음료수 용기의 장점 쓰기 | • 문제이해-실생활 연결<br>• 문제해결-실생활, 타교과 연결(수학외적연결), 개념과 개념, 개념과 절차 연결(수학내적연결) |
| 집단적<br>의사결정 | - 모둠원들이 돌아가며 자신의 용기의 장점을 설명함<br>- 모둠의 용기 그리기, 비용 계산, 장점 목록화<br>- 기준에 따라 가장 좋은 음료수 용기 결정 | • 문제해결검토-개념과 개념, 절차와 절차의 연결(수학내적연결)<br>• 의사결정-수학외적연결 |
| 정리<br>다음수업연결 | • 오늘 수업에 대한 느낀 점<br>• 개념도를 통한 전체 수업 정리 | • 교사발문-수학 외적 연결 |

이, 플라스틱, 비닐 등의 재료를 선택하여 비용을 계산하였다. 학생들은 [그림 4]와 같이 직육면체 모양으로 종이를 사용하여 비용을 절감하지만 비닐을 사용하여 속이 보이도록 설계한 경우도 있었고, 직육면체보다 비용이 적게 드는 원기둥 모양에 안이 보이는 플라스틱을 재료로 정하기도 하였다. 집단적 의사결정 단계에서는 〈에피소드 3〉처럼 문제 해결 과정을 점검하고 우리 반의 음료수 용기를 선정하기 위해 장점을 검토하는 중 같은 부피를 가지면서 겉넓이가 가장 작은 형태가 원기둥이라는 개념과의 연결이 이루어졌다. 또한 자신은 미처 생각하지 못하였지만 다른 친구가 문제 해결에 고려한 실생활 요소, 간편한 문제 해결 절차 등을 탐색하면서, 다양한 연결을 구현하였고 사고를 확장하였다. 그러나 이러한 연결은 학생들을 수학적 의사소통에 참여시키고 집단적 차원에서 문제 해결 과정을 검토하고 의사결정을 할 수 있도록 과제를 선정하고 학습 집단을 조직한 교사의

수업 설계와 관련이 있었다. 또한 학생들의 의사소통을 의미 있는 수학적 논의로 이끄는 교사의 역할이 수반되어야 가능하였다.

**에피소드 3** '집단적 의사결정' 단계에서 수학적 의사소통

S1: ([그림 4]의 오른쪽)반지름은 5cm이고 높이는 13cm여서 부피를 구하면 501.25cm$^2$가 나왔고요. 이것은 510.25ml와 같습니다.

S2: 세제곱 아니에요?

S1: 겉넓이를 구하고 플라스틱 40원을 곱하면 26,600원이 나옵니다. 장점은요. 직육면체로 만들었을 때보다 저렴하고 플라스틱이므로 안이 보이며 크기가 적당해서 보관하기에 편해요.

S3: 질문? 직육면체로 만들었을 때보다 왜 저렴하냐? 종이로 만들어야 저렴하지?

S1: 종이로 만들면 가장 저렴하지만 안이 안 보이니까 안 되고, 플라스틱으로 만든 것 중에서 직육면체보다 원기둥이 더 겉넓이가 적게 되잖아. 그니까 비용이 더 저렴하지.

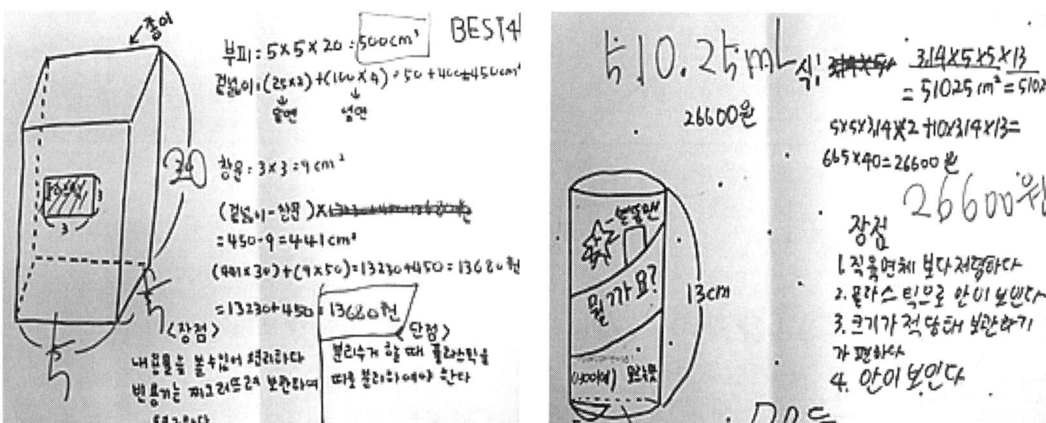


**[그림 4]** 학생들이 설계한 음료수 용기

실생활의 연결을 강조한 수학 수업은 개념의 연결을 강조한 수학 수업이나 절차의 연결을 강조한 수학 수업에서보다 수학 외적 연결이 두드러지게 나타났다. 학생들은 경제성, 심미성, 편리성 등 다양한 실생활 요소를 복합적으로 문제 해결에 고려하였고, 친구들과 함께 문제 해결 과정을 검토하고 우리 반 음료수 용기를 선정하거나 마트를 꾸민 결

과에 따라 실제 물건을 사는 의사결정 단계에서 다양한 연결이 구현되었다. 그러나 음료수 용기를 설계하거나 마트를 꾸미고 시장을 보는 활동이 단순히 흥미 위주의 학습이 되지 않기 위해서는 활동에 포함된 수학적 의미에 대해 발문하고, 수학적 개념, 절차들과 지속적으로 연결 지을 수 있도록 탐구 중심 수업을 진행해야 했다. 즉 실생활 및 타 교과와 융합된 주제 중심의 수업을 진행함에도 불구하고 입체도형의 속성을 고려하여 음료수 용기의 모양을 결정하고, 겉넓이, 부피 개념과 관련지어 비용을 계산하며, 자료 정리의 기초 단계로서 분류의 필요성을 인식할 수 있도록 교사는 교수·학습 자료의 수학적 의미에 관심을 둘 필요가 있었다.

## 4 결론

본 연구는 창의성 교육, 스토리텔링, 실생활 및 타 교과와의 융합 등으로 인해 수학 외적 연결이 강화되는 수학 교육에서 단순 소재의 연결, 흥미 위주의 수업이 아닌 수학이 중심이 되고 수학 내적·외적 연결성이 구현되는 수학 수업이 어떻게 이루어질 수 있는지에 대한 가이드라인을 제공하고자 하였다. 이에 수학적 연결성이 강조된 수업 모형을 개념의 연결을 강조한 수학 수업 모형, 절차의 연결을 강조한 수학 수업 모형, 실생활의 연결을 강조한 수학 수업 모형으로 나누어 제시하고, 각 유형별로 저학년, 고학년 수업 사례 및 수학적 연결성 구현 양상을 살펴보았다. 이를 토대로 수학적 연결성을 구현하는 교수·학습 및 자료개발을 위한 시사점을 제시하면 다음과 같다.

첫째, 개념의 연결을 강조한 수학 수업은 수업의 도입부나 마무리 단계에서 스토리텔링, 학습한 개념의 적용 및 확장 등을 통해 부분적으로 수학 외적 연결이 나타났으나, 선행 개념의 토대 위에 새로운 개념을 학습하는 개념과 개념의 연결이 주로 나타났다. 그러나 개념과 개념의 연결은 학생들이 수행하는 활동 그 자체에서 자동적으로 연결이 이루어지는 것이 아니라 활동의 의미에 대해 사고할 수 있도록 교사의 의도적인 발문이 요구되었다. 즉 오개념 및 선행개념, 관련 개념에 대한 풍부한 지식을 바탕으로 한 수업 실행이 수학을 낱낱의 지식이 아닌 하나의 전체로서 이해하는 데 도움을 주었다. 그러므로 수학적 연결성을 구현하는 수업을 위해서 본시 학습 개념과 연결 지어 수학적 논의를 이끄는 교사의 역량을 신장시킬 필요가 있다. 또한 수학적 연결성을 구현하는 교수·학습 자료를 개발하는 데 있어서도 이를 반영할 필요가 있다. 기존 선행 연구(유별아, 2015; 이현지, 2014)에서는 단순 연결이 아닌 다양한 연결을 내포하는 풍부한 상황 맥락의 교수·학습 자료 개발을 제언하였다 이에 더 나아가 개념도를 토대로 학습 내용과 관련된 개념, 오개념을 제시하고 발문을 통해 수학적 연결을 구현하는 과정을 구체적으로 제시해주는 교수·학습 자료 개발 연구가 행해질 필요가 있다고 여겨진다.

둘째, 절차의 연결을 강조한 수학 수업은 문제 해결을 위한 방법을 고안하고, 이러한 방법 중 보다 효율적이고 보편적인 절차를 구안하는 과정에서 개념과 절차의 연결, 절차와 절차의 연결이 주로 구현되었다. 수학 교육에서 개념과 절차는 그 중요성이 지속적으로 강조되어 온 것으로(Hiebert, Grouws, 2007), National Research Council(2001)에서 수학적 소양으로 제시한 개념적 이해, 절차적 유창성, 전략적 능력, 적절한 추론 능력, 생산적이고 긍정적 성향 중 특히 개념적 이해와 절차적 유창성과 관련이 깊다. 절차의 연결을 강조한 수학 수업은 주된 학습 내용이 절차이지만, 학생들은 기계적으로 공식을 사용하는 것이 아니라 모델을 사용하고 개념적 이해를 통해 문제 해결의 절차를 고안하며, 절차를 효율적이고 정확하게 사용하는 절차적 기능을 개발할 수 있었다. 또한 개념적 절차, 대안적 절차, 표준화된 절차를 연결 짓는 방안으로 수행한 공통점, 차이점, 보편성, 효율성에 대한 논의는 상황에 적합한 절차를 선택하여 융통성 있고 적절하게 사용하는 절차적 유창성을 기르는 데 도움이 되었다.

한편 장윤정(2012)은 우수 수업 동영상을 수학적 연결성의 관점에서 분석한 결과, 절차를 형식화하는 단계에서 개념과 연결이 없는 단절된 연결성의 수업, 교사 주도의 절제된 연결성의 수업이 많음을 지적하였다. 학생들에게 활동 결과를 탐구할 기회를 제공하지 않고 교사 주도로 수학적 절차를 설명하거나 미리 준비한 단계화되고 절제된 질문을 통해 수학 공식을 유도함으로써 학생들의 사고에 있어 개념과 절차가 연결되지 않음을 우려하였다. 그러므로 학생들이 개념에 대한 이해를 바탕으로 절차를 고안해 내고 다양한 절차들 사이의 관계를 파악하는 의미 있는 수학적 연결의 수업 사례를 발굴하고 이를 교사들에게 제공하여 적절한 수학적 연결이 수업에서 구현될 수 있도록 할 필요가 있다.

셋째, 실생활의 연결을 강조한 수학 수업은 수업의 각 단계에서 수학 외적 연결이 두드러지게 나타났다. 수학 외적 연결은 수학의 유용성을 인식시킬 뿐만 아니라 수학 학습에 주의를 집중시키고, 자신감, 만족감 등 학습 동기 및 수학적 태도에 긍정적인 영향을 준다(전미숙, 박문환, 2015; 정윤회, 김성준, 2013). 그러나 실생활 및 다양한 요소와의 융합으로 인해 발생될 수 있는 수학적 탐구에 대한 결여, 흥미 위주의 구성 등은 지양해야 한다. 따라서 실생활의 연결을 강조한 수업을 설계하고 자료를 개발하는 데 있어 실생활적인 요소를 가미하는 것뿐만 아니라 관련 수학 개념, 절차를 포함하고 수학적 역량을 기를 수 있는 내용으로 구성할 필요가 있다. 또한 교수·학습 자료를 활용하는 일반 교사들이 수업을 실행할 때, 외형적인 연결만을 고려하는 것이 아니라 깊이 있는 수학적 탐구를 통해 다양한 연결을 구현할 수 있도록 이끌어내야 하는 수학 내적 연결 및 방법에 대해서도 안내해줄 필요가 있다.

한편 개념의 연결을 강조한 수학 수업, 절차의 연결을 강조한 수학 수업에서도 부분적으로 실생활의 연결이 원활히 나타났는데, 대체로 교사가 제공한 자료를 통해 실생활에서 수학으로 연결이 이루어졌다. 반면에 정리 단계에서 학습한 개념이나 절차가 실생활에 활용된 예를 묻는 교사의 발문에는 답변이 원활하지 못한 경우가 있었다. 이는 수학과 수학 외적 상황을 연결하는 데 있어 교사의 의도적인 발문뿐만 아니라, 적절한 자료의 제공이 필요하다고 할 수 있다. 특히 수업을 마무리 짓는 정리 단계에서는 학습한 수학 개념을 새로운 실생활 맥락에 적용하는 것으로 인지수준이 높은 활동이라 할 수 있다. 그러므로 적절한 자료의 투입을 통해 다음 수업의 학습과 연결 짓거나 교실에서 학습한 내용을 실제 자신의 생활에 활용할 수 있도록 할 필요가 있다. 이와 같이 실생활과 연계된 활동 경험의 누적과 실생활의 문제를 해결하는 과정에서 겪게 되는 실생활과 수학의 순환적 사고과정 등은 융합적인 상황에서 알고 있는 지식들을 종합적으로 활용하여 창조적인 활동을 하는 데 기여하리라 기대된다.

# 참고 문헌

교육부(2015a). **초·중등학교 교육과정 총론**. 교육부 고시 제 2015-80호 [별책 1].

교육부(2015b). **수학과 교육과정**. 교육부 고시 제 2015-74호 [별책 8].

교육부(2015c). **제2차 수학교육종합계획(2015-2019)**.

김시년(2000). **수학적 연결성 강화 프로그램 개발 연구**. 한국교원대학교 대학원 석사학위논문.

김유경(2013). **초등학교 수학 수업에서 수학적 연결성 구현을 위한 지도방안 탐색**. 한국교원대학교 대학원 박사학위논문.

김유경(2015). 수학 기반 융합 수업 모형의 가능성 탐색. **초등수학교육, 18**(2), 107-122.

김지예(2012). **수학적 연결성 관점에서의 고등학교 수학 교과서 분석: 복소수 단원을 중심으로**. 이화여자대학교 교육대학원 석사학위논문.

유별아(2015). **수학적 연결성 관점에서의 2009 개정 중학교 2학년 수학 교과서 분석: 외적 연결성을 중심으로**. 이화여자대학교 교육대학원 석사학위논문.

이현지(2014). **수학적 연결성에 대한 초등학교 수학교과서 비교 분석: 한국, 미국, 일본, 핀란드를 중심으로**. 서울교육대학교 교육전문대학원 석사학위논문.

장윤정(2010). **초등학교 수학과 좋은 수업에 대한 실태 분석 및 수업에서 이루어지는 수학적 연결성에 대한 연구**. 한국교원대학교 교육대학원 석사학위논문.

전미숙, 박문환(2015). 수학 기반 융합인재교육(STEAM) 프로그램 개발 및 적용: 초등학교 1학년을 대상으로. **초등수학교육, 18**(2), 91-106.

정윤회, 김성준(2013). 융합인재교육을 적용한 초등수학 수업자료 개발 연구. **한국학교수학회논문집, 16**(4), 745-770.

최지영(2004). 함수와 상관도의 수학적 연결성 증대방안. **교과교육학연구, 8**(3), 363-384.

황샘이(2014). **수학적 연결성 구현을 위한 초등수학 수업자료 개발 연구: 초등학교 4학년을 중심으로**. 부산교육대학교 교육대학원 석사학위논문.

황석근, 윤정호(2011) 수학적 연결성을 고려한 연속확률분포단원의 지도방안 연구. **학교수학, 13**(3), 423-445.

Hiebert, J., & Grouws, D. A. (2007). The effects of classroom mathematics teaching on students' learning. In F. K, Lester, Jr. (Ed.) ***Second handbook of research on mathematics teaching and learning*** (pp.371-404). Charlotte, NC: Information Age.

National Council of Teachers of Mathematics(NCTM, 2000). ***Principles and standards for school mathematics***. Reston, VA: Author. 류희찬, 조완영, 이경화, 나귀수, 김남균, 방정숙 공역(2007). **학교수학을 위한 원리와 규준**. 서울: 경문사.

National Research Council (2001). ***Adding it up: Helping children learn mathematics.*** Kilpatrick, J. Swafford, and B. Rindell (Eds.). Washington, DC: National Academy Press.

Reys, R., Lindquist, M. M., Lambdin, D. V., & Smith, N. L. (2009). ***Helping children learn*** *mathematics* (9th ed.). NY: John Wiley & Sons. 박성선, 김민경, 방정숙, 권점례 공역(2012). **초등 교사를 위한 수학과 교수법**. 서울: 경문사.

Zbiek, R. M., & Conner, A. (2006). Beyond motivation: Exploring mathematical modeling as a context for deepening students' understandings of curricular mathematics. ***Educational Studies in Mathematics 63***, 89-112.

# 11장
# 국내외 수학 주제 중심 관련 프로젝트 사례 분석

김 은 혜 (서울교육대학교 교육전문대학원), 박 만 구 (서울교육대학교)

## 1 서론

현재 학교를 다니는 학생들이 장차 성인으로서 사회의 주역을 살아갈 시대는 지금과는 매우 다른 사회가 될 것이다. 앞으로 성인들은 유능한 시민으로서 보다 많은 정보를 처리하고 편리한 첨단 기기의 효과적으로 사용하면서 매 상황 속에서 다양한 정보를 분석하고 통합하여 비판적인 사고를 기반으로 최적의 결정을 내릴 수 있어야 한다. 수학교육에서도 이런 요구를 반영하여 학교 수학에서 문제해결, 추론, 의사소통, 연결성, 표현 등을 강조하도록 하고 있다(NCTM, 2000; 교육부, 2015). 특히, 2015 개정 수학과 교육과정에서는 연결성과 함께 창의·융합을 새롭게 수학과의 역량으로 강조함으로써, 수학 내에서의 연계를 강조한 내적 연결성, 타교과와 그리고 실생활과의 연결성인 외적 연결성을 강조하고 있다. 이러한 연결성은 학생들로 하여금 수학적 개념을 일상생활의 경험이나 학교에서의 경험 등과 연결하여 수학의 내용뿐만 아니라 수학의 유용성에 대해서도 인식하면서 수학을 학습할 수 있게 한다.

최근에는 특히 수학의 유용성을 학습할 수 있는 외적 연결성에 대한 관심이 높아졌다. 이는 수학이 우리가 살고 있는 세상과 관련이 있고 다른 학문과도 연관성이 있으며, 실생활과 관련된 수학의 적용이 탐구되어야 함을 반영한 것이다. 2015 개정 수학과 교육과정(교육부, 2015)에는 "수학의 필요성과 유용성을 이해하고 수학 학습의 즐거움을 느끼며, 수학에 대한 흥미와 자신감을 기를 수(p.3)" 있도록 함을 수학과의 성격으로 규정하고, "수학의 개념, 원리, 법칙을 이해하고 기능을 습득하며 수학적으로 추론하고 의사소통하는 능력을 길러, 생활 주변과 사회 및 자연 현상을 수학적으로 이해하고 문제를 합리적이고 창의적으로 해결하며, 수학 학습자로서 바람직한 태도와 실천 능력(p.3)"을 기르도록 함을 목표로 하고 있다. 또한 초등학교에서는 "생활 주변 현상을 수학적으로 관찰하고 표현하는 경험을 통하여(p.3)", "창의·융합적 사고와 정보 처리 능력을 바탕으로 생활 주변 현상을 수학적으로 이해하고 문제를 합리적이고 창의적으로 해결(p.3)"해야 함을 강조한다. 그리고 수학에 대한 유용성을 인식하면서 수학 학습의 즐거움을 느끼고 수학 학습자로서 바람직한 태도와 실천 능력을 기르도록 하고 있다.

이와 같은 수학과의 목표나 교과 역량을 위하여 학생들로 하여금 수학의 개념과 연계하여 보다 넓은 관점에서 보도록 할 필요가 있다. 이는 수학을 눈을 통하여 세상을 보는 것과 세상 속의 현상에서 수학을 볼 수 있는 눈을 가지도록 하는 것이 중요함을 말해 준다(Freudenthal, 1991, Skemp, 1987; 박만구 외, 2015). Freudenthal(1991)은 현실의 의미를 파악하고 조직하여 수학화해 갈 수 있도록 지도해야 한다는 RME(Realistic Mathematics Education)를 강조하였다. Skemp(1987)는 학생들로 하여금 보다 깊은 수학적 사고와 연계성을 파악하도록 하는 관계적 이해의 중요성을 강조하였다. 우리나라에서 초등학교 주제 중심의 수학교과서의 연구를 한 박만구 외(2015)는 실생활 속에서 학생들에게 흥미 있는 소재를 가지고 다양한 통합적인 접근 방법으로 학생들로 하여금 자신들에게 현실적인 수학을 학습하도록 할 필요가 있음을 주장하였다.

이 장에서는 장차 미래를 살아갈 학생들에게 더 중요해지고 있는 수학교육에서 연결성의 측면에서 현실 세계 문맥을 반영을 강조하는 접근의 하나인 주제 중심 방식으로 연구된 국내외 초등학교 주제 중심 교과서 프로젝트 사례를 소개하고, 수학교과서의 개발 및 교수·학습에서의 시사점을 제시하였다.

# 2 이론적 배경

## 2.1 수학에서의 연결성

수학에서의 연결성은 학생들이 다양한 수학적 소재를 연결하거나 상호작용을 경험할 기회에 따라 내적 연결성(internal connection)과 외적 연결성(external connection)으로 나눌 수 있다(NCTM, 2000).

수학에서의 연결성의 유형을 정리하면, 〈표 1〉과 같이 구분할 수 있다.

〈표 1〉 수학적 연결성 유형 구분 기준

| 유형 | 구분 | 기준 |
|---|---|---|
| 수학 내적 연결성 | 개념 | • 개념 사이의 관련성 인식<br>• 개념과 절차의 관련성 인식<br>• 절차 사이의 관련성 인식 |
| | 표현 | • 수학적 기호 사이의 관계와 동치 표현 인식<br>• 수학 대상(개념)을 표나 그림 등의 표상과 연결<br>• 수학 대상(개념)을 일상 언어를 사용하여 비유 및 은유<br>• 수학 대상(개념)을 도형이나 수학적 기호나 식과 연결 |
| 수학 외적 연결성 | 교과 | • 수학 외 교과과정(과학, 사회, 미술, 음악 등)과의 공통 주제 추출 |
| | 맥락 | • 수학사와 연계하거나 의미 있는 수학사를 인용하여 연계<br>• 수학 대상의 실생활 활용 분야 추출(교육과정 외 포함)하여 연계<br>• 테크놀로지를 활용한 연계<br>• 수학 대상(개념)의 실생활 상황과의 연계 |

수학 내적 연결성은 수학 내 다른 영역 사이의 개념적 지식 사이의 연결성을 인식하고, 이는 개념 지식과 절차적 지식을 관련짓거나 개념이나 절차의 다양한 표현을 서로 관련지어 인식함으로써 수학적 아이디어들의 상호관계와 구조를 이해하는 것을 말한다. 이는 여러 가지 수학적 개념을 연계하여 이해하도록 도와야 수학적 이해를 깊게 할 수 있다는 수학적 다양성(Dienes, 1960)과도 관계가 깊다.

수학 외적 연결성은 수학과 다른 교육과정 사이의 관계 또는 다른 학문과의 관계를 인식하는 것으로, 수학 외의 과학이나 미술, 사회, 음악 등의 교과 과정에서 다루는 주제와의 연관성, 수학사, 테크놀로지 활용, 해당 개념의 실생활 활용분야 소개 혹은 실생활 상황에 비유하여 연계성을 고려한 연관성을 말한다(NCTM, 1989, 2000). 특히 수학 외적 연결성은 수학 외 교과과정과 연결하는 교과 연결성 유형과 수학사와 연계, 수학 대상의 실생활 활용 분야와 연계, 테크놀로지를 활용한 연계, 수학 대상의 실생활 상황과의 연계 등을 포함하는 맥락 연결성 유형으로 나눌 수 있다. 이는 최근 우리나라에서 관심이 고조되고 있는 융합기반 STEAM(Science, Technology, Engineering, Arts, and Mathematics) 교육과도 관계가 깊다.

### 2.2 수학 외적 연결성과 주제 중심 수학 교육

수학 외적 연결성은 교과 간의 연결성과 실생활에서의 맥락적 측면의 연결성을 생각해 볼 수 있다. 수학 외적 연결성이 강조된 수업에서는 어떤 주제로 두 개 이상의 교과의 내용을 연결하는지 그리고 어떤 주제로 현실 세계의 상황을 활용하여 교육을 하는지가 중요한 요소로 작용한다. 이 중 수학 외 교과와의 통합을 통한 연결성에 대한 주제는 문학과 수학의 연결성에 관한 연구(Whitin, 1995), 수학과 미술 간의 연결성에 관한 연구(이종희, 1999), 수학과 화학 간의 연결성에 관한 연구(박조령, 고상숙, 2011) 등이 있다. 맥락적 측면에서는 현실 세계와 관련한 프로젝트를 통해 수학을 학습하는 방법 연구(McConnell, 1995), 수학화를 위한 신문 활용 방안에 관한 연구(임정렬, 송상헌, 2002) 등이 있다.

이 연구들에서 제시된 프로그램의 공통된 특징은 특정 주제를 중심으로 수학과 타 과목 또는 현실 세계의 상황이나 현상을 연결하고 있다는 점이다. 따라서 수학 외적 연결성을 강조하기 위해서는 주제 중심으로 구성할 수 있으며, 이를 위해 학생들에게 가장 적합한 맥락을 제시하는 것으로 판단되는 주제 중심 관련 프로젝트 연구에 대해 국내와 국외로 나누어 분석하였다.

## 3 연구 방법

이 장에서는 나라와 학년 수준, 그리고 풍부한 자료의 접근 가능성을 고려하여 국내외의 주제 중심 초등 수학교과서와 관련한 다섯 가지 연구를 분석하였다. 국내 초등 수학교과서는 국정으로 별도의 주제 중심 초등 수학교과서는 없으므로, 최근 이루어진 주제 중심 초등학교 수학교과서 모형 연구를 분석하였다. 그리고 국외의 경우, 미국의 MiC와 주제 중심에 대한 연구가 활발한 미국, 영국의 주제 중심 수학교과서에 대한 프로젝트 중 3가지를 선정하여 분석하였다. 프로젝트의 선정 기준은 초등학생을 대상으로 한 프로그램으로 10개 이상의 주제 중심 프로그램을 포함하고 현실 맥락을 반영하여 현재도 꾸준히 적용되고 연구하는 것으로 하였다. 본 연구에서 선정한 주제 중심 관련 프로젝트는 다음 <표 2>와 같다.

**<표 2> 선정한 국내외 주제 중심 초등 수학교육 프로젝트**

| 구분 | 주제 중심의 초등 수학교과서 연구 | MiC 교과서 | NRICH (Enriching Mathematics) | Teach21 Project Based Learning | CIESE |
|---|---|---|---|---|---|
| 국가 | 한국 | 미국 | 영국 | 미국 | 미국 |
| 개발팀 | 서울교육대학교 박만구 교수팀 | National Center for Research in Mathematical Sciences Education/ University of Wisconsin, Madison/ Utrecht University Freudenthal Institute | NRICH Team in the Millennium Mathematics Project | West-Virginia Department of Education | CIESE (The Center for Innovation in Engineering and Science Education) |
| 지원기관 | 한국과학창의재단 | NSF(National Science Foundation) | University of Cambridge | West-Virginia 주정부 | STEVENS 공대 |

위 프로젝트에서 학교급 및 프로젝트의 목적, 개발 동기 및 특징, 주제 중심의 수학교육 방법의 특징, 제시한 사례, 그리고 각 프로젝트에서 연결성의 측면에서의 특징 등을 분석하였다.

# 4 주제 중심 관련 수학교육 연구

## 4.1 국내 주제 중심 초등학교 수학교과서 모형 연구

그동안 국내에서 주제 중심 초등학교 수학교과서에 대한 연구는 활발히 이루어지지 못했다. 본 장에서 다루고자 하는 주제 중심 초등학교 수학교과서 모형 연구가 거의 유일한 것으로, 초·중·고등학교의 수준에서 진행된 연구이다. 초등의 경우 박만구 교수팀이 한국과학창의재단의 지원을 받아 2013~2014년까지 약 2년간 학교급별로 연구팀을 구성하여 활발한 연구가 이루어졌다.

이 주제 주심의 초등 수학교과서 개발 연구는 융합적으로 사고할 수 있는 실력과 인성을 갖춘 소통적 창의 인간의 육성을 위한 것이었다. 국내외 연구를 분석하고 핵심역량 추출 및 교수 학습 모형을 정립한 후 초등학교 주제 중심의 수학교과서를 개발하는 것을 목적으로 하였다. 이에 따라 개발된 교과서를 학교 현장에 적용한 후, 효과성을 검증하여 차후 수학교과서 개발에 유의미한 대안을 제시하였다.

초등학교 5~6학년 학생들을 대상으로 이루어진 본 연구는, 다학문적(multi-disciplinary), 간학문적(inter-disciplinary), 탈학문적(extra-disciplinary)의 3가지 융합 유형에 따라 주제별로 10차시씩의 교과서를 구성하였으며([그림 1], [그림 2], [그림 3]), 타교과 또는 맥락 안에서 수학 외적 연결성이 시도되었다.

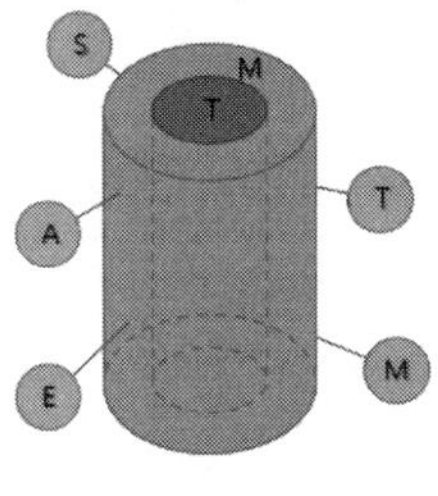


[그림 1] 다학문적 통합

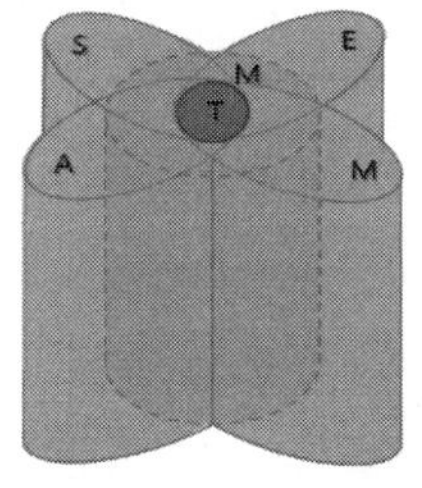


[그림 2] 간학문적 통합

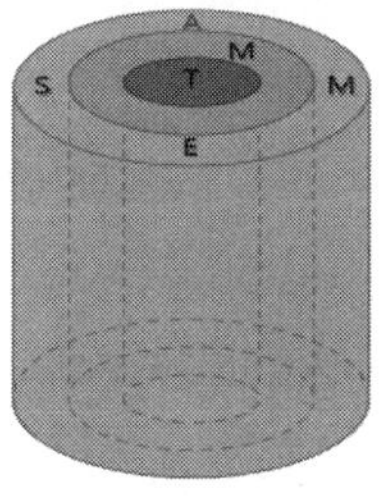


[그림 3] 탈학문적 통합

교과서 단원의 집필 상세 내용은 〈표 3〉과 같다.

〈표 3〉 단원의 집필 상세 내용

| 대주제 | 대상 학년 | 수학적 내용 | 융합 형태 |
|---|---|---|---|
| 건강한 삶 | 5 | 비, 비례식, 비율 그래프 | 다학문 |
| 지속 가능한 삶 | 6 | 통계, 그래프 해석 | 간학문 |
| 더불어 사는 삶 | 6 | 평면도형의 넓이, 여러 가지 단위 | 탈학문 |

'건강한 삶' 교과서는 '건강한 삶을 위한 점검과 계획'을 주제로 하며 이를 달성하기 위해 비의 활용, 비율 그래프의 해석 및 표현이라는 수학 요소를 인문사회, 예술, 자연과학, 공학 분야가 다학문적 접근으로 구성하였다. '지속가능한 삶' 교과서는 '올바른 물 사용과 미래 사회에 대한 준비'를 주제로 하며, 이를 달성하기 위해 통계의 사용과 그래프 해석의 중요성이라는 수학 요소를 과학 및 사회 분야의 간학문적 접근으로 구성하였다. '더불어 사는 삶' 교과서는 '더불어 사는 삶'을 주제로 하며, 이를 달성하기 위해 측정 방법, 비율, 입체도형의 전개도, 축척이라는 수학 요소를 도덕과의 공정, 그리고 사회과와 관련한 지도의 활용을 포함한 탈학문적 접근으로 구성하였다.

이 주제 중심 교과서의 체제 면에서는 본문 학습에 포함되는 '맥락 속으로', '모둠 토의', '실천하기', '참여수학', '스마트 교과서', '읽을거리' 등에서 연결성을 찾을 수 있다. '맥락 속으로'는 그 차시와 관련된 도입으로 학습자를 끌어들이기 위한 활동으로 신문기사, 이야기 등의 자료와 발문으로 구성하였다. '모둠 토의'는 학습활동 후 수학적 사고력을 키우고, 수학적 의사소통능력을 높이고자 하였으며, 이를 '실천하기'를 통해 실천할 수 있도록 하였다. '참여수학'은 프로젝트 활동에서 얻은 결과를 토대로 내 주변의 문제를 해결하는 활동으로 수학을 활용하고 수학의 가치를 느낄 수 있는 기회를 제공하고 있다. 또한 '스마트 교과서'와 '읽을거리' 등을 제시하여 생활 속에서 수학적 고민을 해결할 수 있는 기회를 제공하고 있다.

주제 중심 초등학교 수학 교과서의 연결성은 다음과 같은 특징을 갖는다. 첫째, 외적 연결성을 중시한 교과서로 교과서 전반에 걸쳐 다양하게 연결성을 반영하고 있다. 둘째, 외적 연결성을 위해 사용된 소재는 생활 속에 있는 맥락이 대부분이며, 적극적으로 학생들의 생활 속 맥락을 수학 학습에 활용하기 위해 공학도구 등 다양한 방식을 사용하고 있다. 셋째, 건강한 삶, 지속가능한 삶, 더불어 사는 삶이라는 3개의 대주제 아래 세부 맥락을 사용하고 있으며 인성적인 면을 강조한 생활 속 맥락을 사용하고 있다. 또한 학생들이

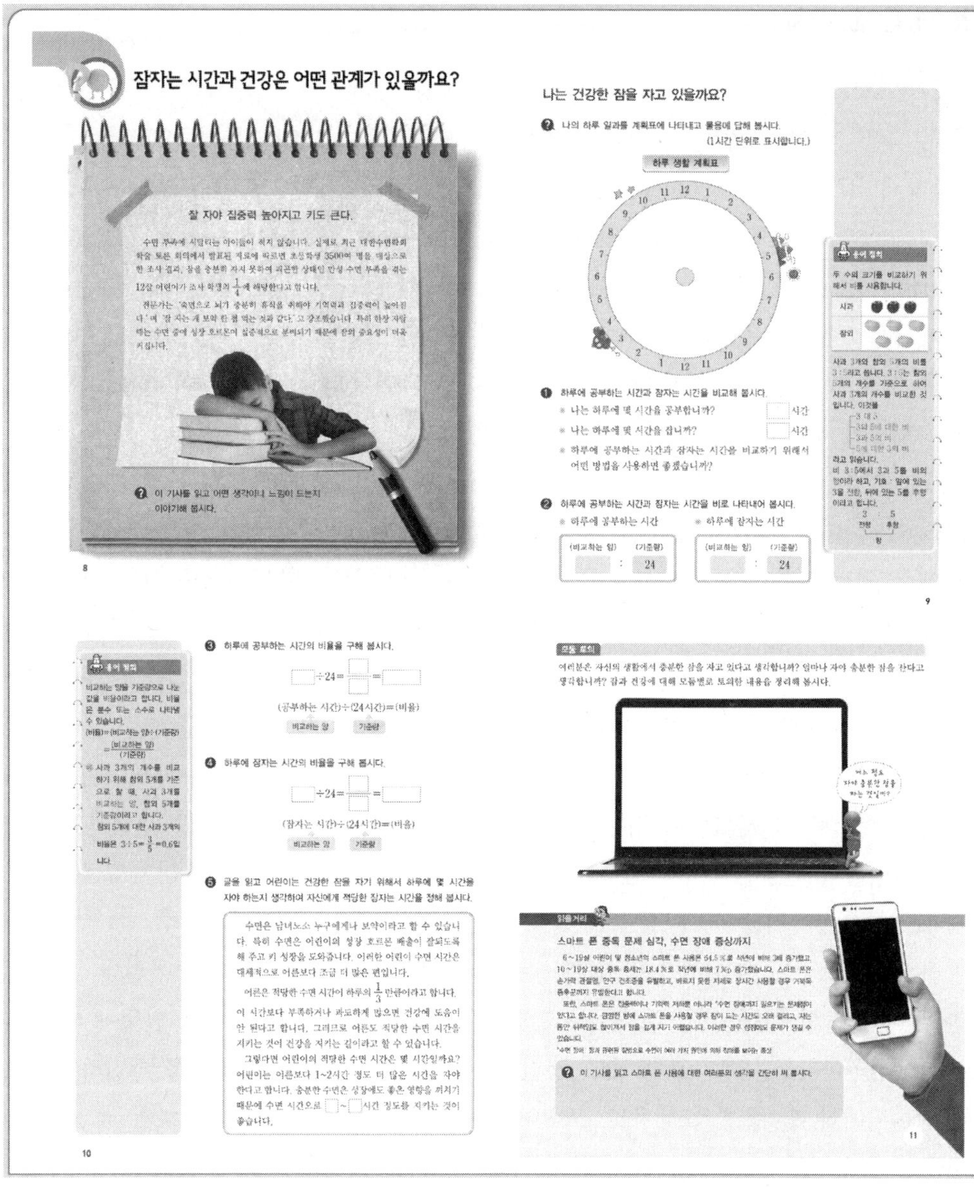


[그림 4] 주제 중심 초등학교 수학 교과서의 '건강한 삶'의 차시 구성 예시

보다 재미있게 공부하고 더 나아가 수학의 희열을 맛보게 함으로써 수학에 대한 긍정적인 태도 함양에 기여하게 하며, 학생들로 하여금 융합적으로 사고하는 태도와 능력을 기르고 수학의 힘을 경험하게 하도록 한다.

## 4.2 MiC 교과서

MiC는 Mathematics in Context의 의미로 상황 속의 수학을 생각해보도록 구성되어 있다. 수학을 통하여 생활을 연결하기 위한 이 프로젝트는 1991년부터 1996년까지 미국 국립과학재단(National Science Foundation: NSF)의 지원으로 Wisconsin-Madison 대학의 교육연구센터(National Center for Research in Mathematical Sciences Education)와 네덜란드 Utrecht 대학의 Freudenthal 연구소가 공동으로 추진하였다. 대상 학년은 5학년에서 8학년 또는 6학년에서 8학년이며, 실생활과 연결을 시도하는 수학 교육 프로그램이다. 우리나라에는 책으로 대부분 소개되었으며, 특히 나온교육연구소에서 주제별로 번역하여 출판하여 보급하고 있다.

MiC를 기존 학교 수학과 비교해 볼 때 실제의 삶과 관련된 또는 의미 있는 맥락 속의 문제를 제시하여 여기에서 수학적 개념을 도출하고 수학적 추상화가 이루어지도록 한다는 점에서 외적 연결성을 고려하고 있다고 할 수 있다. 특히 학생 자신들이 속한 사회의 역사적, 문화적, 경제적, 사회적 사실들을 자료화한 학습 소재를 활용하여 학습 활동을 전개한다. 예를 들면, 'Dealing with data(자료 다루기)'라는 책에서는 역대 대통령의 취임 당시 나이와 관련된 사회적, 역사적 자료를 학습 소재로 활용하여 '줄기와 잎 그래프'로 다루고 있다. 그뿐만 아니라 실생활 적용 이야기와 많은 질문을 통해 학생들이 교과서를 접하고 스스로 학습하는 데 지루함을 거의 느끼지 않도록 학습 소재를 채택하고 있다. 따라서 실생활과 밀접한 관련이 있는 문제를 하나씩 절차적으로 해결해 나가도록 구성하고 흥미 있는 이야기를 학습 소재로 활용한다.

이 프로젝트에서는 자료 수집을 위한 상황도 좀 더 현실적인 상황이 주어진다. 예를 들어, 어머니와 딸의 키를 직접 조사해보도록 하는 등 실제적인 자료 수집 활동에 많은 부분을 할애하였다. 수집된 자료를 보고 정리하는 것을 학습하기보다 자료를 수집하는 과정에서 학습되어야 할 통계적 내용도 포함하는 특징을 가지고 있다.

MiC 교과서는 하나의 이야기 속에서 역사적, 문화적, 경제적, 사회적, 과학적인 사실들을 다루고 있어 흥미롭게 문제를 접할 수 있도록 하였다. 또한 하나의 주제에 대해서 총체적인 파악이 가능하도록 하였다. 하나의 맥락 속에서 각각의 상황을 해결해 나가는 과정을 통해 학습이 이루어지도록 하였다. 다시 말하면, 수학적으로 다듬어지고 학생들의 상상력이 작용될 수 있는 자연스러운 동기를 부여할 수 있는 문제들과 학생들의 지식과 개인적 경험이 의도적으로 사용될 수 있는 문제들로 '수학화'해야 할 영역으로서의 맥락을 적절하게 활용하고 있다.

## 4.3 NRICH(Enriching Mathematics)

NRICH 프로젝트는 영국에서 1996년에 수학에 흥미가 높은 학생을 위한 온라인 수학 클럽으로 시작되었다. 현재는 유아부터 고등학생까지 무료로 학습하고 토론할 수 있는 학습 자료를 제공하고 있다. NRICH의 목표는 모든 학생들로 하여금 수학을 탐구하여 수학적 의사소통 능력, 사고력, 문제해결력을 향상시킬 수 있도록 하는 것이다. 따라서 NRICH 프로그램은 수학이 삶 속에서 어떻게 활용되는지를 보여주고 교사들과 학생들이 서로 도와가며 수학에 대한 이해하도록 하고 능력을 발전시키도록 한다. 학생과 교사는 학습하고자 하는 수준을 선택한다. 그리고 가장 최근의 수학과 관련된 주제에 대해 학습할 수 있고 과거의 자료도 확인할 수 있도록 한다. NRICH 프로그램의 웹페이지는 학생들의 눈높이에 맞는 디자인과 인터페이스를 제공한다는 특징이 있다.

NRICH 프로젝트의 가장 큰 특징은 주제별 수업 자료가 계속적으로 개발되어 보급된다는 점이다. 적은 자료를 모아 하나의 흐름이 되도록 구성한다. 현장에 있는 교사들에게 수학과 함께 가르치기 좋은 개념, 과목, 단원을 찾아 수업 자료를 계속해서 만들고 홍보하는 것이 중요하다. 이를 위해 주제 중심 수업 자료, 영상자료, 학습지 등을 계속해서 탑재하고 알릴 수 있는 홈페이지를 운영하여 교사, 학생, 학부모가 쉽게 접근하고 배울 수 있도록 공개하고 지속적으로 업그레이드하고 있다.

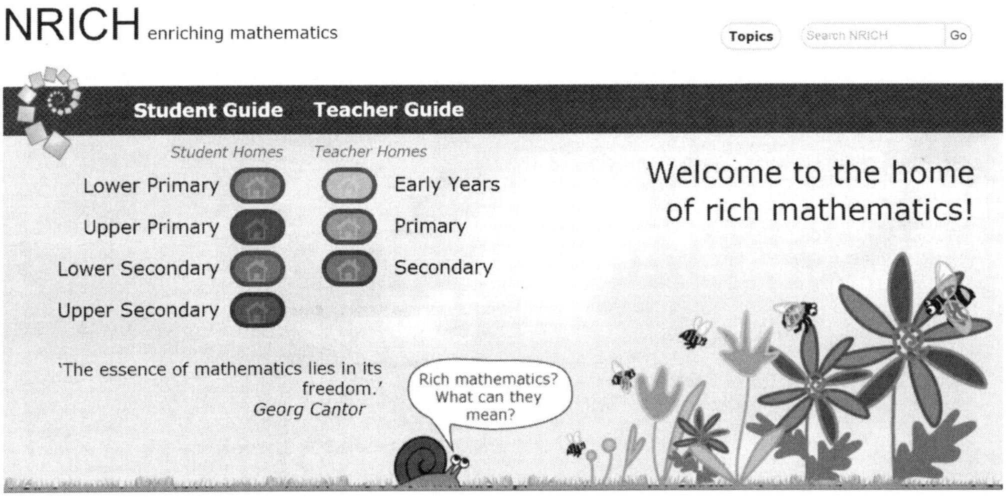


[그림 5] 학생과 교사 수준 선택 화면

**Alternatively search for a topic:** [          ] search

or select from the list below

| **Broad topic** | **Resources available** |
|---|---|
| Using, Applying and Reasoning about Mathematics | 2775 |
| Applications | 707 |
| Languages | 11 |
| Downloads | 88 |
| Roadshow | 289 |
| Numbers and the Number System | 1441 |
| Fractions, Decimals, Percentages, Ratio and Proportion | 417 |
| Calculations and Numerical Methods | 666 |
| Algebra | 652 |
| Advanced Algebra | 205 |
| Sequences, Functions and Graphs | 555 |
| 2D Geometry, Shape and Space | 1072 |
| 3D Geometry, Shape and Space | 276 |
| Trigonometry | 130 |
| Transformations and their Properties | 490 |
| Vectors | 71 |
| Coordinates and Coordinate Geometry | 115 |
| Measures and Mensuration | 680 |
| Collecting Data | 30 |
| Handling, Processing and Representing Data | 256 |
| Probability | 268 |
| Advanced Probability and Statistics | 56 |
| Decision Mathematics and Combinatorics | 422 |
| Mechanics | 115 |
| Pre-Calculus and Calculus | 161 |
| History and Philosophy of Mathematics | 86 |
| Mathematics Tools | 347 |
| Information and Communications Technology | 799 |
| University and Careers | 26 |
| Mathematics Education and Research | 437 |

**[그림 6]** 주제별 분류에 따른 검색 화면

## Past Monthly Themed Issues

Each month's content on the NRICH website used to be based upon a mathematical theme. Here is a list of previous themes.

September 2012
*Welcome to the new site*
Stage 1&2 | Stage 2&3 | Stage 3&4 | Stage 5

July 2012
*Random Spectacular!*
Stage 1&2 | Stage 2&3 | Stage 3&4 | Stage 5

June 2012
*Sport*
Stage 1&2 | Stage 2&3 | Stage 3&4 | Stage 5

May 2012
*Representations and models*
Stage 1&2 | Stage 2&3 | Stage 3&4 | Stage 5

**[그림 7]** 지난 월별 주제 목록

**Student Guide**

Below is a guide to using the NRICH website on Desktops and tablets, a mobile phone guide will be available soon.

There is a difference between not knowing and not knowing yet. *Sheila Tobias*

NRICH problems are here for you to get your teeth into.

- We aim to provide you with engaging mathematical activities.
- We hope to provoke you into mathematical thinking.
- We'd love you to explore, question, notice and discuss.

Immerse yourself in the mathematics...

This is what a typical student home page looks like.

Mouse over the boxed areas for further explanation.

We suggest that you find the student home that suits you best and go there regularly for updates.

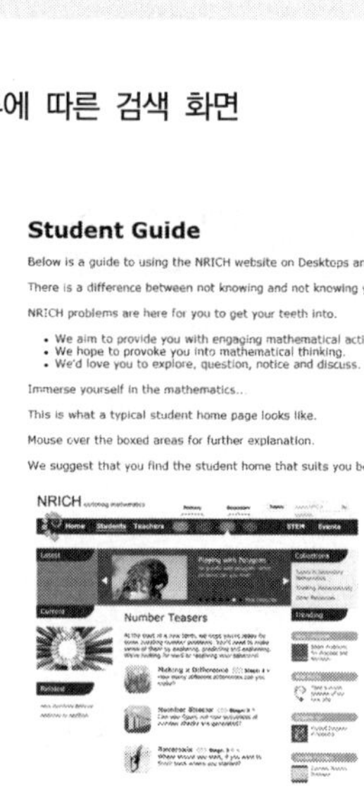


**[그림 8]** 학생을 위한 학습 가이드

## 4.4 Teach21 Project Based Learning

Teach21 Project Based Learning은 웨스트버지니아 대학의 교육학과에서 만든 주제 중심 프로그램이다. 이 프로젝트는 언어, 수학, 사회, 과학, 시각 미술, 연극, 음악의 분야에서 3학년 이상의 학생 대상 프로그램을 제시하고 있다. 각 프로그램마다 프로젝트의 기준과 목표, 요구 능력, 수행 목표, 평가 반영, 학습 내용 요소, 생산물, 활용 가능한 활동지, 참고할 만한 웹사이트, 책 등을 제시한다.

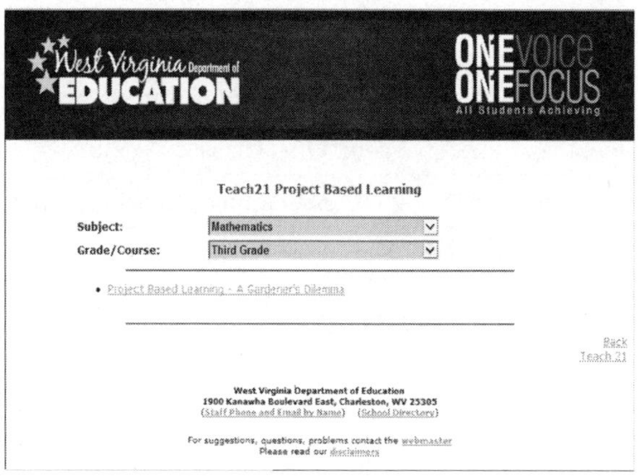


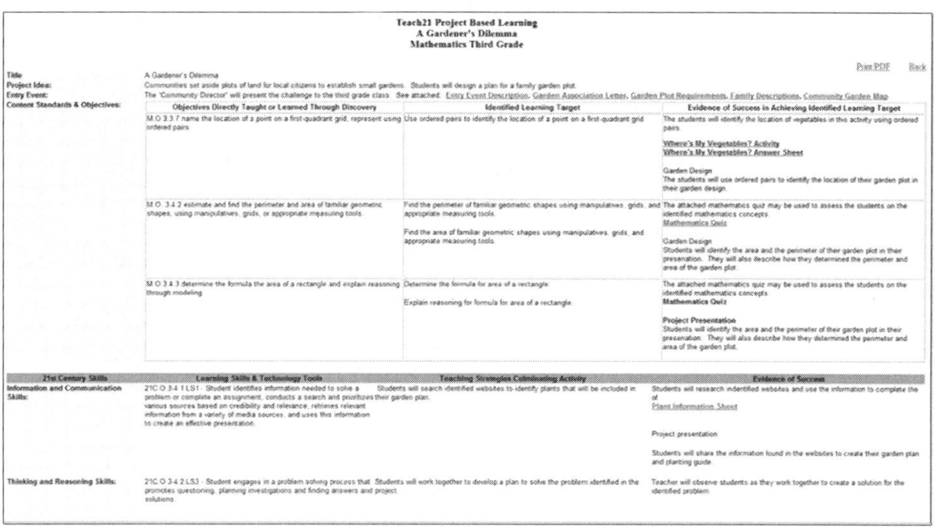


[그림 9] Teach21 Project Based Learning의 시작 페이지와 주제별 페이지

수학 중심 프로젝트의 3학년~6학년에 해당되는 주제 제목을 적어보면 다음 <표 4>와 같다. 예를 들어, 3학년 대상의 'Gardener's Dilemma'에서는 학생들이 작은 가족 정원을 만드는 것을 목표로 한다. 4주에 걸쳐 진행하는 프로그램으로 1주에는 전체적인 프로

**<표 4> Teach21 Project Based Learning의 학년별 수학 중심 프로젝트 학습 주제**

| 학년 | 주제 제목 |
|---|---|
| 3 | A Gardener's Dilemma |
| 4 | A Mountain of Trails |
| | Family Time-What's It Cost? |
| | Fiscal Responsibility |
| | From Our Class to Yours |
| | Learning Through Landscaping: Investing in Our School |
| 5 | BTW IDK Y talking w/my BFF costs 2 much |
| | California, Here We Come! |
| | Get Moving! |
| | How Smart Is Your Food? |
| | Kids Make a Difference |
| | Mobile Home Design Star! |
| | Selling a Cell |
| | So Just How Strong Are You? |
| 6 | As Easy as One, Two, Negative Three |
| | Calling All Cell Phones |
| | Computers: The Root of All Evil or The Essence of Our Being? |
| | Custom Coasters |
| | Let's Party! |
| | Life is Full of Surprises |
| | More for Your Money |
| | Prime Putt - Putt |
| | Step Right Up for a Good Cause |
| | Thirsty? Have a Drink of Water! |
| | Whose Park Is This? Designing a Youth-Oriented Park |

젝트에 대해 안내하고 이 프로젝트를 위해 알아야 할 것을 토의한다. 다음으로 문제의 조건을 정한다. 예를 들어, 가족의 수를 정하고, 무엇을 심을지를 고민하고 어떤 것을 얼마나 심을지를 정한다. 이 과정에서 학생의 실제 생활에 대해 이야기하고 실제적인 요소를 활용하게 되며 수학적 요소로는 위치에 대한 개념을 학습하고 활용하게 된다. 그리고 정원의 크기를 주제로 수학적 내용을 학습한다. 2주차에는 'Yard'의 개념, 둘레, 넓이, 넓이의 구성 요소 등을 학습한다. 이때 학생들은 범위, 넓이, 모양 등의 수학적 내용을 활용하여 문제를 해결하게 된다. 3주차에는 정원을 만들기 위한 계획을 세우고, 이를 발표할 준비를 하고, 4주차에는 발표를 통해 친구들과 공유하는 과정을 가진다.

이 프로젝트에서 연결성은 과목에 대한 것과 실생활에 대한 것을 모두 포함한다. 예를 들어, 과목 간의 연결성은 6학년의 'Custom Coasters'와 같이 미술 영역과 융합된 것, 'BTW IDK Y talking w/my BFF costs 2 much?'와 같이 도덕과 융합하는 것 등이 있다. 또 실생활의 문맥을 반영하는 것에는 나에 대한 주제, 가족에 대한 주제, 사회 전반에 관련된 문제 등을 섞어 제시한다. 이는 활용하는 수학적 내용 중심으로 주제가 배치되기 때문이다. 프로젝트에 연결된 실생활 주제는 학생들의 흥미를 끌 수 있는 것 또는 고민이 될 만한 문제 상황을 제시함으로 인하여 학생들이 문제 해결에 대한 의지가 생기도록 하고 있다.

이 프로그램의 연결성은 다음과 같은 특징을 갖는다. 첫째, 학생들의 생활과 관련된 풍부한 문맥을 제공하다. 학생들의 생활, 문맥, 학생들이 살고 있는 지역과 관련이 있는 실생활 문제를 연결하거나 실생활 자료를 문제를 해결하기 위한 도구로서 작용하도록 연결하여 제시하였다. 문제를 해결하는 과정에 필요한 웹사이트나 자료, 공학도구 등의 현실세계 보조자료를 제공하여 이 연결성을 더욱 강하게 한다. 둘째, 타 교과의 지식을 문제 해결에 활용할 수 있도록 하거나 문제를 해결하는 과정에서 학습되도록 한다. 마지막으로, 주제 중심의 프로그램으로 수학의 학습 내용에 맞게 자연스러운 주제를 선정하여 수업을 진행한다.

## 4.5 The Center for Innovation in Engineering and Science Education

CIESE는 The Innovation University에서 지원하는 공학과 과학교육을 위한 센터이다. 이 센터에서는 실생활에서 활용 가능한 맥락을 활용하여 다양한 STEM 교육과정을 고안한다. 이 주된 프로그램은 과학, 기술, 공학, 수학과 다른 핵심과목을 활용하여

PBL(Problem-Based Learning), 협동학습, 고차원적 사고력, 비판적 분석 능력 등을 기르는 것을 목적으로 한다.

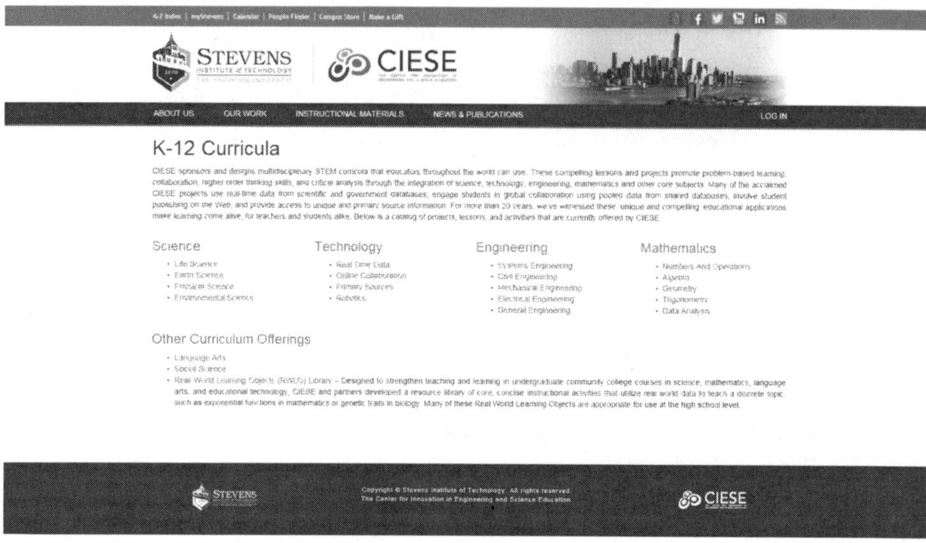


[그림 10] CIESE 홈페이지 화면

[그림 11] 인구 성장 프로젝트 웹페이지

이 프로그램은 과학, 기술, 공학, 수학, 다른 교과를 활용하여 각각에 대해 세부 요목별로 주제 중심 프로그램을 제공하고 있다. 예를 들어, 수학의 경우 내용 영역으로 '자료 분석'을 선택하면, '끓는점 프로젝트', '인류유전 프로젝트', '인구증가 프로젝트'와 같은 프로그램이 제공한다. 이 프로그램에 대하여 [그림 11]과 같이 다시 새로운 웹페이지를 제공하여 프로젝트에 대한 정보, 교사 가이드, 학생 활동지, 참고자료 등을 별도로 제시한다. 또한 전문가에게 질의를 하는 매뉴얼도 제공한다. 특히 이 중 별도로 분류되어 있는 RWLO(Real World Objects) Library는 과학, 수학, 언어학, 교육기술을 전공한 졸업생의 교수학습을 강화하도록 고안되었기 때문에 구체적인 주제를 가르칠 수 있는 실제 데이터를 활용한 핵심적이고 간결한 교수 활동을 제공한다.

이 프로그램의 외적 연결성은 다음과 같은 특징을 갖는다. 첫째, 실제적인 문맥을 활용하고 이것이 사회적으로 다시 활용될 수 있도록 공유할 수 있는 실제적인 장을 제공한다. 실제적인 데이터를 제공하고, 역으로 학생들이 조사하도록 하고 이를 보고 토의할 수 있도록 한 후 문제해결에 참여하게 한다. 이 모든 과정에서 문제를 해결하는 데 현실 세계를 연결하여 활용하게 된다. 또한 같은 주제를 학습하고 있는 학교끼리 이를 공유할 수 있는 메뉴가 있어 자신의 지역 또는 학교가 아닌 곳에서 문제가 어떠한 방식으로 해결되고 있는지를 확인할 수 있도록 하고 있다. 그리고 외적 연결성의 범위를 넓힐 수 있도록 한다. 각 프로그램별로 프로젝트에 대한 교사의 가이드를 제공하는데 이 가이드 중 하나로 심화활동이 있다. 이 심화활동은 실제세계의 범위를 확대하거나 학생들에게 확장된 자료나 문맥을 제공함으로써 심화된 학습을 제공할 수 있도록 하고 있다.

지금까지 분석해 본 5개의 주제 중심 초등 수학교과서 및 프로젝트를 정리해보면 <표 5>와 같다.

**<표 5> 주요 주제 중심 초등 수학교과서 및 프로젝트**

| 구분 | 주제 중심 초등수학교과서 | MiC 교과서 | NRICH | Teach21 Project Based Learning | CIESE |
|---|---|---|---|---|---|
| 국가 | 한국 | 미국 | 영국 | 미국 | 미국 |
| 개발팀 | 서울교육대학교 박만구 교수팀 | National Center for Research in Mathematical Sciences Education/ University of Wisconsin Madison/ Utrecht University Freudenthal Institute | NRICH Team in the Millennium Mathematics Project | West-Virginia Department of Education | CIESE (The Center for Innovation in Engineering and Science Education) |

| 지원 기관 | 한국과학창의재단 | NSF(National Science Foundation) | University of Cambridge | West-Virginia 주정부 | STEVENS 공대 |
|---|---|---|---|---|---|
| 연구 기간 | 2013~2014 | 1991~1996 | 1997~ | 2013~ | 1988~ |
| 유형 | 프로젝트 | 교과서 | 프로젝트 | 프로젝트 | 프로젝트 |
| 교육 대상 | 초등학교 5~6학년 | 5~8학년 | 1~12학년 | 3학년~12학년 | K~12학년 |
| 목표 | 융합적 사고를 할 수 있는 실력과 인성을 갖춘 소통적 창의 인간의 육성 | 수학을 통하여 생활을 연결 | 학습자의 수학적 경험 확대 | 학생들의 주제에 대한 학습능력 강화 | 효과적이고 혁신적인 교육과정의 개발 및 STEAM 문해 능력 강화 |
| 주요 주제 (소재) | 건강, 환경, 정의(공정) | 학교생활, 생활 주변 소재 | 게임, 퍼즐, 자연과학, 기술 등으로 수준을 높여가며 다양한 소재를 활용 | 학교생활, 생활 주변 소재 | 사회과학, 자연과학 소재 |
| 제시 방식 | 학생들의 생활 속에서 문제시 할 수 있는 주제를 학습 동기가 되는 맥락으로 이용하며 전체 학습을 이끌어가도록 함. | 실제 삶 또는 의미 있는 맥락 속의 문제 제시를 통해 수학적 개념을 도출하고 수학적 추상화를 함. | 하나의 주제에 따라 비슷한 형태의 놀이나 활동을 전개하여 학습할 수 있도록 함. | 생활 주변의 맥락 문제를 프로젝트 식으로 해결하며 수학의 내용적인 측면을 학습 하도록 함. | 프로젝트 형식으로 문제를 해결하기 위해 실험, 데이터 분석, 토론 등의 방법을 사용 하도록 함. |
| 수학 학습 내용 | 비, 통계, 평면도형의 넓이와 단위 | 수학 전 영역 (수, 대수, 기하, 통계) | 수학 전 영역 | 수학 전 영역(3~8학년은 주제 중심, 이후는 내용 영역 중심) | 수학 전 영역 |
| 특징 | • 맥락을 도입 및 참여수학 등 다양한 부분에 사용하여 수학의 가치를 느끼게 함.<br>• 스마트 교과서의 형태를 띄며 공학적 교구 사용을 가능하게 함. | • 문제 해결을 하고 이를 다른 사람에게 설명할 기회를 유도함.<br>• 추상화 단계는 뒤에 등장하고 최대한 구체적인 상황에서 학습하도록 함.<br>• 배우는 내용 사이에 관련성을 학습할 수 있음. | • 주제에 따라 검색하여 학습도 가능하여 다른 과목 등과 연계가 쉬움.<br>• 수준별로 프로그램이 제시되며 따로 페이지를 나누어 학습하도록 되어 있음.<br>• 상황이나 문제 등이 꾸준히 업데이트 됨. | • 프로그램 별로 목표부터 의도까지 다양한 자료가 제공되어 사용자가 편리하게 활용이 가능함.<br>• 상황 맥락이 매우 구체적이고 학생들 사이에 일어날 수 있는 인성적인 측면, 비판적 측면도 포함함. | • 사회과학, 자연과학 소재를 사용하며 모든 학년에 걸쳐 이용하도록 함.<br>• 사용 가능한 데이터와 도구를 별도로 제시함.<br>• 전문가와 다양한 방법으로 소통할 수 있도록 하며, 이후 발전된 프로젝트로 연결됨. |

## 5 결론

이 장에서는 수학 외적 연결성 관점에서 주제 중심 교과서 및 관련 프로젝트에 대해 알아보았다. 국내 초등학교 주제 중심 교과서 관련 프로젝트는 '주제 중심 초등학교 수학 교과서 모형 연구'를, 국외 초등학교 주제 중심 관련 프로젝트로, 'MiC 교과서', 'NRICH (Enriching mathematics)', 'Teach21 Project Based Learning', 'CIESE(The Center for Innovation in Engineering and Science Education)'를 분석하였다.

분석 결과 국내외 주제 중심 교과서 및 관련 프로젝트의 공통점은 다음과 같다.

첫째, 국내외 주제 중심 교과서 및 관련 프로젝트는 수학 외적 연결성을 중시하여 교과서나 자료 전반에 걸쳐 건강한 삶, 지속 가능한 삶, 정의로운 삶을 주제로 다양하게 연결을 시도하고 있다. 각 주제별로 문제를 해결하기 위한 과정에 활용될 수 있는 수학 내용 요소 및 수학 외적 요소를 동시에 학습할 수 있도록 교과서를 구성하였다.

둘째, 수학 외적 연결성을 위해 사용된 소재는 교과 연결성보다는 맥락 연결성을 더 많이 제시하고 있다. 학생을 수학적 맥락 속에 자연스럽게 참여하게 하여 수학 학습을 가능토록 하기 위해서 학생들이 흥미 있어 하는 문제 또는 맥락의 제시가 중요하다. 이를 위하여 타 교과와의 연결보다는 현실 생활 속에 있는 맥락과의 연결을 많이 사용하고 있다.

셋째, 공학도구의 활용을 통해 수학 외적 연결성의 맥락 연결성을 강화한다. 문제해결의 적극성을 격려하고 이를 다시 생활 속에 적용하기 위해, 적극적으로 생활 속 맥락을 수학 학습에 활용하기 위하여 공학 도구를 다양한 방식으로 활용하고 있다. 특히 최근에는 휴대폰 사용이 많아지면서 QR코드나 어플리케이션을 통한 검색 및 활동의 공유를 가능하도록 하는 경우도 있다.

넷째, 인성적인 측면의 학습을 가능하게 한다. 국내의 초등학교 주제 중심 교과서 연구에 나타나는 것처럼, 인성적인 측면이 드러나게 이를 포함하여 제시할 수도 있으나 나아가 생활 속 맥락을 해결하는 과정에서 자신의 생활과 사회 전반에 걸친 문제에 대한 관심과 이를 해결하려는 관심과 의지를 기르도록 한다. 또한 학생들이 보다 흥미를 가지고 학습하도록 하고 더 나아가 수학의 희열을 맛보게 함으로써 수학에 대한 긍정적인 태도 함양에 기여하게 하며, 융합적으로 사고하는 태도와 능력을 기르고 수학의 힘을 경험하게 한다.

이런 주제 중심 초등학교 교과서 및 관련 프로젝트의 공통점을 바탕으로 다음과 같은 몇 가지 시사점을 얻을 수 있다.

첫째, 풍부한 맥락을 지닌 좋은 주제를 선택해야 한다. 풍부한 맥락을 지닌 좋은 주제란 학습자들로 하여금 다양한 수학 내용 요소를 학습하고, 동시에 수학 외적 요소에 대한 학습을 가능하도록 하는 주제를 말한다. 따라서 현실 상황에서 학생들의 흥미를 끌 수 있으며 목표가 뚜렷한 문제나 문제를 해결하기 위하여 수학적으로 풍부한 맥락을 가지고 있어야 한다.

둘째, 수학의 내용적 학습뿐만 아니라 수학의 가치를 느낄 수 있도록 하기 위하여, 학습자의 입장에서 실제적 상황을 포함하는 맥락적 연결성을 고려해야 한다. 그동안 강조되어 온 STEAM 또는 융합교육은 타 교과와의 통합 또는 융합을 통해 이루어지는 경우에 머문 경우가 많았다. 그러나 교과간의 연계는 교육과정의 체계적 운영 및 학생들이 교과의 흥미를 지속적으로 갖도록 하기가 쉽지 않고, 실제적인 소제 및 맥락을 기반으로 한 주제 중심 수학교육 연구는 학습자들로 하여금 자신들의 문제에 진지하게 참여하도록 하는 맥락 기반 연결성을 요구한다. 따라서 앞으로 보다 다양한 맥락적 연결성을 더욱 강조할 수 있는 주제 중심 교과서의 개발이 필요하다.

셋째, 수학 외적 연결성을 기를 수 있는 다양한 공학도구의 개발과 활용에 대한 자료의 개발이 필요하다. 국내외 주제 중심 교과서 및 관련 프로젝트에 등장한 공학 도구는 대부분 기존에 사용하던 계산기, 휴대폰을 이용한 어플리케이션, 인터넷을 활용한 활동이 대부분이다. 앞으로 공학도구의 발달과 함께 다양한 기능을 활용하여 수학 외적 연결성을 촉진할 필요가 있다. 또한 대부분의 연구에서 중심이 되던 어플리케이션이나 인터넷 웹사이트의 유용한 활용을 위해 좀 더 실제적인 어플리케이션과 웹사이트의 개발이 필요하다. 그리고 이를 활용하기 위해 Teach21 Project Based Learning에서와 같이 프로그램의 흐름에 따라 활용할 사이트 및 참고할 것들을 하나로 모아놓은 맵핑 활동도 필요하고, 지속적인 자료의 개발과 관리가 필요하다.

마지막으로, 수학교육에서도 인성적인 측면의 학습을 강조할 필요가 있다. 주제 중심 수학 교과서는 수학 활동에서 인성교육을 가능하게 할 뿐만 아니라 수학을 통하여 사회정의를 포함한 사회적 문제해결을 통해 수학적 가치를 학습할 수 있게 한다. 수학교육에서 사회정의나 공정에 대한 문제를 생각해 보도록 하고 있다. 이와 같은 광범위한 소재와 맥락을 기반으로 한 정교한 연결성을 기반으로 한 자료의 활용은 수학교과서에 주어진 수학 개념이나 기능만을 가르치는 것으로 생각하는 교사들로 하여금 보다 넓은 관점에서 수학을 바라볼 수 있도록 할 것이다. 그리고 수학 학습에 흥미를 잃고 수학에 대하여 부정적인 태도를 가진 학생들에게 의미 있는 맥락 속에서 문제를 해결하면서 수학의 힘을 경험하도록 하면서 수학에 대하여 새로운 눈을 가지도록 할 수 있을 것이다. 앞으로의 과제는 보다 세련된 자료의 개발과 수학 교실에서 실험을 통하여 검증을 기반한 연구를 지속해 갈 필요가 있다. 그리고 가장 중요한 것 중의 하나가 교사들의 주제 중심 수학 수업을 수행할 수 있는 능력의 함양이므로, 교사들의 주제 중심 교수·학습에 대한 지식과 이해를 넓고 깊게 할 실제적인 연수가 필요하다.

# 참고 문헌


교육부(2015). **수학과 교육과정**. 교육부고시 제2015-80호. 서울: 교육과학기술부.

김유경(2013). **초등학교 수학 수업에서 수학적 연결성 구현을 위한 지도방안 탐색**. 한국교원대학교 대학원 박사학위논문.

김윤태(2006). **수학적 연결성에 관한 연구**. 중앙대학교 교육대학원 석사학위논문.

김지예(2012). **수학적 연결성 관점에서의 고등학교 수학교과서 분석**. 이화여자대학교 교육대학원 석사학위논문.

박만구 외(2015). 주제 중심 초등학교 수학교과서 모형 연구. **대한수학교육학회지 〈학교수학〉, 17**(1), 79-98.

박조령, 고상숙(2011). 수학과 화학 통합교육의 실행을 위한 교수·학습의 실제. **한국수학교육학회지 시리즈 E 〈수학교육 논문집〉, 25**(3), 497-524.

양성현, 이환철(2012). 수학 내적 연결성에 관한 형식적 측면 연구. **한국학교수학회논문집, 15**(2), 395-410.

유별아(2014). **수학적 연결성 관점에서의 2009 개정 중학교 2학년 수학 교과서 분석**. 이화여자대학교 교육대학원 석사학위논문.

이영하, 최지영(2005). 중학교 수학 교과서에서 일차함수와 상관관계의 내적 외적 연결성 증대를 위한 제언. **교과교육학연구, 9**(1), 99-124.

이윤나(2014). **수학적 연결성을 바탕으로 한 고등학교 수학 I 교과서 방정식 영역 분석**. 연세대학교 교육대학원 석사학위논문.

이종희(1999). 수학적 연결성에 대한 연구: 수학과 미술과의 연결. **교과교육학연구, 3**(2), 147-160. 이화여자대학교 교과교육연구소.

이현지(2014). **수학적 연결성에 대한 초등학교 수학교과서 비교 분석**. 서울교육대학교 교육전문대학원 석사학위논문.

임정렬, 송상헌(2002). 초등학교 수학 교실에서의 수학화를 위한 신문 활용 방안에 관한 연구. **대한수학교육학회지 시리즈 A 〈학교수학〉, 4**(2), 261-281.

조보형(2011). **수학적 연결성 관점에서 본 곱셈공식과 인수분해**. 아주대학교 교육대학원 석사학위논문.

추재임, 이종학, 김원경(2013). 한국 수학 교과서와 미국 CMP 교과서의 비교 · 분석. **한국수학교육학회지 시리즈 A 〈수학교육〉, 52**(1), 43-63.

한아름(2012). **중학교 3학년 수학의 기하영역에서의 수학적 연결성 분석**. 충남대학교 교육대학원 석사학위논문.

황샘이(2014). **수학적 연결성 구현을 위한 초등수학 수업자료 개발 연구**. 부산교육대학교 교육대학원 석사학위논문.

De Jong J. A., Querelle, N., Meyer, M. R., & Simon, A. N. (1998). Tracking graphs. In T. A. Romberg (Ed.), ***Mathematics in contexts: A connected curriculum for grades 5-8.***

Chicago: Encyclopedia Britannica Educational Corporation.

Dienes, Z. (1960). ***Building up mathematics*** (4th edition). London: Hutchinson Educational Ltd.

Freudenthal, H. (1991). ***Revisiting mathematics education.*** Dordrecht: Kluwer.

Handal, B. & Bobis, J. (2003). Instructional styles in the teaching of mathematics thematically. ***International Journal for Mathematics Teaching and Learning, 10***(2), 181-187.

K12Kidz Online School (2016). Imagine mars. Retrieved on May 10, 2016 from http://www.k12kidz.com/courses/imagine-mars/

McConnell, J. W. (1995). Forging links with projects in mathematics. In F. A. House, & A. F. Coxford (Eds.), ***Connecting mathematics across the curriculum,*** 198-209. 1995 NCTM Yearbook.

Michigan State University Board of Trustees (2016). ***Connected Mathematics Project(CMP).*** Retrieved on May 10, 2016 at https://connectedmath.msu.edu/

Min, K. C., Rashid, A. M., & Nazri, M. I. (2012). Teachers understanding and practice towards thematic approach in teaching integrated living skills (ILS) in Malaysia. ***International Journal of Humanities and Social Science, 2***(23), 273-281.

National Council of Teachers of Mathematics(NCTM, 1989). ***Curriculum and evaluation standards for school mathematics.*** Reston, VA: Author.

National Council of Teachers of Mathematics(NCTM, 2000). ***Principles and standards for school mathematics.*** Reston, VA: Author.

Pomeroy, D. C. H. (2011). ***Thematic teaching and student engagement in a non-academic Year 12 mathematics course.*** Unpublished master's thesis at the Victoria University of Wellington.

Skemp, R. R. (1987). **수학 학습 심리학**. 황우형(역) (2000). 서울: 사이언스북스.

The Innovation University (2016). ***K-12 curricula.*** Center for Innovation in Engineering and Science Education. Retrieved on May 10, 2016 from http://www.ciese.org/materials/k12/

University of Cambridge (2016). ***Past monthly themed issues.*** Enriching mathematics(NRICH). Retrieved on May 10, 2016 from http://nrich.maths.org/public/themes.php/

West Virginia Department of Education (2016). Teach21 Project Based Learning. Retrieved on May 10, 2016 from http://wveis.k12.wv.us/teach21/public/project/MainMenu.cfm?tsele1= 2&tsele2=0

Whitin, D. J. (1995). Connecting literature and mathematics. In P. A. House & A. F. Coxford (Eds.), ***Connecting mathematics across the curriculum,*** 134-142. 1995 NCTM Yearbook.

# III

# 중학교 수학에서의 수학적 연결성

12장

# 중학교 수학에서의 수학적 연결성

김 남 희 (전주대학교)

본고에서는 학교수학에서도 특히 중학교 학교급에서 수학적 연결성을 어떻게 다루어야 하는가에 대해 논의하고자 한다. 이 책의 주 독자가 수학교육에 관심을 가진 연구자, 교사 그리고 대학원에서 수학교육을 전공하는 학생들임을 고려하여 크게 네 가지 방향으로 논의를 진행해 보고자 한다. 첫째, 우리나라 수학교육과정에서 특히 중학교 수학교육과정에서 수학적 연결성이 어떻게 드러나 있는지 분석한다. 둘째, 중학교 수학을 초등학교 수학과 고등학교 수학의 연결선상에서 바라보면서 초·중등수학을 수학적 연결성의 관점에서 살펴보는 구체적인 사례를 제시해 본다. 셋째, 중학교 수학을 대상으로 한 수학적 연결성에 관한 연구가 어떤 방향으로 진행 가능한지 탐색해 본다. 넷째, 13장~17장에 제시되는 연구의 내용을 살펴보면서 후속 연구에 대해 기대해본다.

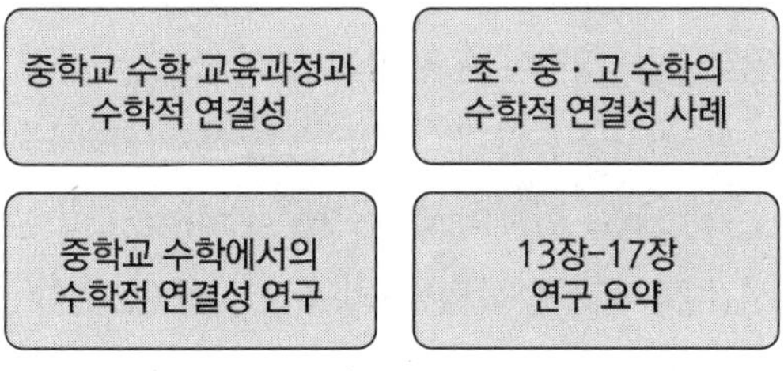


**[그림 1]** 이 장의 주요 내용

먼저, 우리나라 수학교육과정에서 특히 중학교 수학교육과정에서 수학적 연결성이 어떻게 드러나 있는지 알아보자. 수학적 연결성은 이전 교육과정에서와 마찬가지로 2015 개정 수학과 교육과정에서도 적극적으로 강조되고 있다. 강조의 배경으로는 여러 가지 요인을 들 수 있겠지만 무엇보다도 최근의 교육 방향에서 중시되는 창의적인 문제해결능력 개발에 대한 관심이 가장 큰 요인이 아닌가 생각된다. 최근의 교육에서 중요시 되는 것은 학생들이 지식을 소유하는 것에서 벗어나, 새로운 상황이나 의미 있는 맥락에서 지식을 활용하고 실제적인 과제를 수행하는 능력이다. 한편 한국과학창의재단(2015)의 연구 분석에서 드러났듯이 우리나라 학생들이 수학과 실세계를 연계시키는 능력이 다른 능력에 비해 상대적으로 낮은 편이라는 주장에 따라, 우리나라 중학교 수학교육과정에서는 수학 내적 연결성 보다는 수학 외적 연결성 특히 수학과 실생활과의 연결성에 더욱 주목하고 있는 것으로 보인다. 그리고 2015 개정 수학과 교육과정에서 강조하는 핵심 교과역량 개발을 위해서도 수학과 실생활과의 연계 즉, 수학 외적 연결성을 명시적으로 강조하고 있음을 확인할 수 있다.

> 수학과 실생활을 연계하는 수학 외적 연결성을 수학과 교육과정에서 강화할 필요가 있다. (한국과학창의재단, 2015, p.6)

> 수학 교수·학습을 통해 교과 역량을 신장시키기 위해서는 탐구 활동을 강조하고 다양한 해결 방안을 모색하는 한편 실생활과 연계시키면서 수학의 유용성을 인식하는 것이 필수적이다. (한국과학창의재단, 2015, p.20)

우리나라 중학교 수학 교육과정의 목표, 교수·학습 방법 및 유의사항, 교수·학습 방법에 대한 제안에서는 수학적 연결성이 어떻게 드러나 있을까? 중학교 수학과의 목표는 '(1) 사회 및 자연 현상을 수학적으로 관찰, 분석, 조직, 표현하는 경험을 통하여 수학의 개념, 원리, 법칙과 이들 사이의 관계를 이해하고 수학의 기능을 습득한다 (2) 수학적으로 추론하고 의사소통하며, 창의·융합적 사고와 정보 처리 능력을 바탕으로 사회 및 자연 현상을 수학적으로 이해하고 문제를 합리적이고 창의적으로 해결한다 (3) 수학에 대한 흥미와 자신감을 갖고 수학의 가치를 인식하며 수학 학습자로서 바람직한 태도와 실천 능력을 기른다(교육부, 2015, p.5)'이다. 중학교 수학의 목표에서는 수학 내적 연결성이 암묵적으로 다루어지고 수학 외적 연결성이 명시적으로 강조되고 있음을 알 수 있다. 교수·학습 방법 및 유의사항에서 각 영역별로 제시되는 내용을 살펴보면 수학적 연결성을 언급하는 내용을 추출해 볼 수도 있다. 수와 연산 영역에서는 '수는 수학에서 다루는 가장 기본적인 개념으로, 실생활뿐 아니라 타 교과나 수학의 다른 영역을 학습하는 데 필수적이다(교육부,

2015, p.28)', '실생활에서 사용되는 무리수의 예를 찾아보는 활동을 통해 무리수의 필요성과 유용성을 인식하게 한다(교육부, 2015, p.29)', 문자와 식 영역에서는 '방정식과 부등식을 활용하여 실생활 문제를 해결하고 그 유용성과 편리함을 인식하게 한다(교육부, 2015, p.31)', '실생활에서 좌표가 사용되는 예를 찾아보고 이를 수직선과 좌표평면 위에 표현해보며, 그 유용성과 편리함을 인식하게 한다. 속력과 거리, 속력과 시간과 같은 실생활의 예를 통해 정비례와 반비례 관계를 직관적으로 이해하게 하고, 정비례와 반비례 관계가 성립하는 실생활의 예를 찾아 설명하게 한다(교육부, 2015, p.32)' 기하 영역에서는 '주변의 형태는 여러 가지 평면도형이나 입체도형으로 범주화 되고 … (중략) … 평면도형이나 입체도형의 성질에 대한 이해는 다양한 분야의 실생활 문제를 해결하는 데 기초가 되며, 수학의 다른 영역의 개념과 밀접하게 관련되어 있다(교육부, 2015, p.33)', '삼각비를 활용하여 직접 측정하기 어려운 거리나 높이 등을 구해보는 활동을 통해 그 유용성을 인식하게 한다(교육부, 2015, p.35)', 확률과 통계 영역에서는 '사건이 일어날 가능성을 수치화한 확률, 그리고 자료를 수집, 정리, 해석하는 통계는 현대 정보화 사회의 불확실성을 이해하는 중요한 도구이다. 다양한 자료를 수집, 정리, 해석하고, 확률을 이해함으로써, 미래를 예측하고 합리적인 의사 결정을 하는 민주 시민으로서의 기본 소양을 기를 수 있다(교육부, 2015, p.34)'를 강조한다. 특히 실생활 자료를 다룬 수학 외적 연결성에 대한 강조를 다음과 같은 성취기준으로 명시적으로 언급하기도 한다[1].

> [9수05-03] 공학적 도구를 이용하여 실생활과 관련된 자료를 수집하고 표나 그래프로 정리하고 해석할 수 있다. (교육부, 2015, pp.35-36)

2015 개정 수학 교육과정에서 중학교 수학의 교수·학습 방법 및 유의사항으로 언급한 내용을 종합해 볼 때 우리나라 중학교 수학 교육과정에서는 수학 내적 연결성보다는 수학을

1) 확률과 통계 영역에서 성취기준으로 실생활과의 연결을 강조한 것은 최근 학업성취도 국제비교 연구 결과를 반영한 것으로 보인다. 우리나라 학생들은 수학 내용 영역 중에서 확률과 통계에 대한 소양이 다른 나라 학생에 비해 상대적으로 낮은 것으로 나타났다는 것이다. 선행 연구에서는 우리나라의 확률과 통계 교육과정을 점검하고 교수·학습 방법을 개선할 필요가 있음을 시사하면서 동시에 기존 교육과정의 통계 내용이 주어진 자료의 수동적인 처리에 머무는 경향이 있음을 비판하면서 실생활 맥락의 통계 교육으로 패러다임을 전환할 필요가 있음을 제안했다. 실제 확률과 통계는 교과서에 갇힌 생명력을 잃은 지식이 아니라 교과서 밖으로 나와 일상과 유기적으로 연계되기에 가장 적합한 학교수학의 주제이므로, 현실 세계의 자료를 대상으로 수집, 정리, 분석, 해석 등 일련의 과정이 다루어지도록 할 필요가 있다는 것이다(한국과학창의재단, 2015, p.22).

실생활과 관련짓는 수학 외적 연결성에 더 큰 강조점을 두고 있는 것이 다시금 확인된다.

중학교 수학 교육과정의 교수·학습 방법에 대한 제안에서는 수학적 연결성이 어떻게 드러나 있을까? 수학과 교육과정에서는 교과 역량으로 문제 해결, 추론, 창의·융합, 의사소통, 정보 처리, 태도 및 실천의 6가지를 선정하였는데, 특히 문제 해결, 창의·융합, 정보 처리, 태도 및 실천 분야에 대한 제안으로 수학적 연결성을 언급하고 있다. 문제 해결 능력을 함양하기 위한 교수·학습에서는 '③ 수학적 모델링 능력을 신장하기 위해 생활 주변이나 사회 및 자연 현상 등 다양한 맥락에서 파악된 문제를 해결하면서 수학적 개념, 원리, 법칙을 탐구하고 이를 일반화하게 한다(교육부, 2015, p.38)'로 수학적 연결성 구현 방안으로 수학적 모델링 능력의 신장을 강조한다. 창의·융합 능력을 함양하기 위한 교수·학습에서는 '③ 여러 수학적 지식, 기능, 경험을 연결하거나 수학과 타 교과나 실생활의 지식, 기능, 경험을 연결·융합하여 새로운 지식, 기능, 경험을 생성하고 문제를 해결하게 한다(교육부, 2015, p.39)'로 수학과 타 교과, 수학과 실생활을 연결하는 외적 연결뿐만 아니라 여러 수학적 지식을 연결하는 내적 연결에 대한 강조를 명시적으로 하였다. 정보 처리 능력을 함양하기 위한 교수·학습에서는 '① 실생활 및 수학적 문제 상황에서 적절한 자료를 탐색하여 수집하고, 목적에 맞게 정리, 분석, 평가하며, 분석한 정보를 문제 상황에 적합하게 활용할 수 있게 한다(교육부, 2015, p.39)'로 태도 및 실천 능력을 함양하기 위한 교수·학습에서는 '① 수학을 생활 주변과 사회 및 자연 현상과 관련지어 지도하여 수학의 필요성과 유용성을 알게 하고, 수학의 역할과 가치를 인식할 수 있게 한다(교육부, 2015, p.39)'로 모두 실생활과의 연결에 관심을 둔 표현을 강조하고 있다. 교수·학습 방법에 대한 제안에서도 수학적 연결성은 주로 실생활과 관련된 수학 외적 연결성에 초점이 맞추어져 있음을 알 수 있다.

중학교 수학에서 수학 내적 연결성에 대한 강조가 드러나 있지 않은 것이 다소 아쉬운 측면이 있지만, 수학 내적 연결성은 고등학교 수학에서 주로 언급되는 것으로 확인된다. 고등학교 수학에서는 특히 대수와 기하의 연결성을 명시적으로 강조하면서 교수-학습 방법에 중학교 수학 내용과의 연결을 강조하고 있다.

- 직선의 방정식과 원의 방정식은 중학교에서 학습한 내용과 연계하여 다룬다.
- 도형의 방정식 학습을 통해 기하와 대수의 연결성을 이해할 수 있도록 다양한 교수·학습 경험을 제공한다. (교육부, 2015, p.50)

김남희(전주대학교)

이제, 중학교 수학을 초등수학과 고등수학의 연결선상에서 바라보면서 초중등수학을 수학적 연결성의 관점에서 살펴보는 구체적인 사례를 찾아보자. 위 분석에서 드러났듯이 우리나라 교육과정을 보면 중학교 수학 교육과정에서는 수학 외적 연결 특히 실생활과의 연결에 매우 관심을 집중하고 있기 때문에 수학 내적 연결성에 대한 지도가 소홀해질 가능성이 있다. 이에 본고에서는 중학교 수학에서 다룰 수 있는 수학 내적 연결성에 초점을 맞추어 사례를 탐색해보고자 한다. 초등학교 수학과 중학교 수학, 중학교 수학과 고등학교 수학이 내용적으로도 얼마나 긴밀하게 관계되어 있는지를 살펴보는 구체적인 사례를 제시하면서 수학적 연결성을 다루고 나아가 수학교육 이론과의 접목을 시도해 본다.

초등학교 수학 → 중학교 수학 → 고등학교 수학으로 진행되는 학교수학의 학습에서 중학교 수학은 초등학교 수학을 기반으로 보다 심화, 발전되어 전개되면서 고등학교 수학 학습을 위한 발판으로서의 중요한 의미를 가진다. 수학과 교육과정의 내용체계표를 보아도 중학교 수학의 학습 주제들은 초등학교 수학과 고등학교 수학 사이의 간극을 메우는 다리 역할을 하고 있음을 알 수 있다[2].

초등학교 교사 교육과 중등학교 교사 교육이 분리되어 있는 상황에서 우리가 무의식중에 범하는 실수 중의 하나는 초등학교 수학과 중등학교 수학을 단절시키는 것이다. 중등교사들 중에서는 중학교 수학과 고등학교 수학의 연결성을 고려하는 것에는 그다지 관심 없는 교사도 많다. 이에 본고에서는 교사들이 초등학교 수학과 중학교 수학, 중학교 수학과 고등학교 수학이 내용적으로 얼마나 긴밀하게 관계되어 있는지를 인식하는 데 도움을 주는 사례를 제시하면서 수학적 연결성의 주제를 다루어 보고자 한다. 아래에서는 우선적으로 수학 내적 연결성을 주로 다루면서 수학교육 이론과의 접목도 시도해 본다.

먼저 초등학교 수학과 중학교 수학과의 연결성을 생각해 보자. 초등학교 수학에서 학습하는 문제해결 학습과 중학교 수학에서 학습하는 방정식 단원의 연결성을 사례로 들어보자. 문제해결의 경우 중학교 수학에서는 문자와 식을 도입한 방정식의 문제해결을 본격적으로 취급한다. 초등학교 수학에서는 다양한 문제해결 방법, 문제해결 방법의 비교 학습이 주로 이루어진다. 실제로 해보기, 그림그리기, 규칙찾기, 예상과 확인, 표만들기, 거꾸로 풀기, 식만들기 등의 다양한 문제해결 전략이 초등학교 수학에서 다루어진다. 초등학교 수학에서는 다양한 문제를 적절한 방법으로 해결하거나, 문제해결의 여러 가지 방법을 비교하고, 적절한 방법을 선택할 수 있도록 하는 학습을 통해 중학교 수학에서 문자와

---

**2)** 이는 수학의 계통성 측면에서 중학교 수학의 5개 영역(수와 연산, 문자와 식, 함수, 기하, 확률과 통계)이 초등학교 수학과 고등학교 수학의 연결 고리로서 중요한 역할을 하고 있음을 말하는 것이다.

식을 이용한 방정식의 학습을 할 토대를 마련한다. 중학교 수학에서는 문제 해결을 간단하고, 명확하게 나타내는 방법으로서 '식 만들기' 전략이 유용함을 인식하고 '문자의 사용'을 도입, 이후 대수 학습에서 자주 다루게 될 문자식의 조작과 복잡한 문제의 해결에 문자를 사용한 식을 본격적으로 다루기 시작한다(김남희 외, 2011, pp.84-85). 이는 연립방정식, 연립부등식의 학습으로 확장되면서 고등학교 수학에 이르러 더욱 다양한 방정식, 부등식의 학습으로 심화 전개된다. 이러한 입장에서 보면 초등학교 수학에서의 문제해결 전략의 학습은 중학교 수학에서의 문자와 식에 의한 문제해결 학습과 수학 내적으로 긴밀히 연결되어 있다고 할 수 있다. 초등학교 수학과 중학교 수학의 연결성을 증명문제의 경우에서도 살펴볼 수도 있다. '삼각형의 세 내각의 합이 180도이다'를 초등학교 수학에서는 직관적, 귀납적 방법으로 접근한다. 삼각형 모양의 종이를 접어보거나, 각도기로 세 각을 측정하거나 하는 방법으로 내용을 이해하며 발견적 추론 양식을 배우는 단계이다. 중학교 수학에서는 모든 삼각형에서 그 사실이 참임을 보이기 위해 논리적, 형식적 방법으로 접근한다. 증명에 의한 연역적 추론 양식을 배우는 단계이다. 초등학교 수학과 중학교 수학에서는 같은 내용을 서로 다른 접근 방법으로 다루지만 실제 수학의 추론 지도 입장에서는 서로 긴밀하게 연결되어 있는 것이다. 이를 의식하는 수학교사들은 수학 수업에서 학생들을 지도할 때 학생들의 인지수준과 학습 동기를 고려하면서 추론 지도와 관련하여 보다 의미 있는 지도 방법을 구사할 수 있게 된다. 같은 명제에 대해 서로 다른 추론 방식을 의식하면서 학생들의 추론 능력을 배양할 수 있는 지도 방안에 대해 수업 연구를 할 수 있게 되는 것이다. 위 증명 학습의 사례는 수학교육이론에서 다루는 반힐레의 기하학습 수준이론과 접목하여 이해할 수도 있고 Lakatos의 준경험주의에서 강조하는 발견의 맥락과 정당화의 맥락을 통합하는 시도 측면에서도 해석해 볼 수 있다. 초등학교 수학에서 이루어진 2수준(기술적 분석적 인식 수준)의 학습이 중학교 수학에서 들어가서 3수준(관계적 추상적 인식 수준)으로 진전되면서 국소적 조직화의 학습이 진행되고 있는 것이다. 한편 초기의 추측이 어떤 점에서 오류가 있는지를 생각하고 이를 수정, 보완해가면서 경험적이고 직관적인 이해를 논리적이고 형식적인 증명으로 개선해가는 측면에서 볼 때 증명교육이 발견의 맥락에서 정당화의 맥락으로 통합되고 있는 사례이기도 하다.

중학교 수학과 고등학교 수학과의 연결성이 드러나는 사례도 간단히 살펴보자. 학교수학에서 Euclid의 종합 기하는 중학교 수학에서 주로 다루어지며, Descartes의 해석 기하는 고등학교 수학에서 본격적으로 시작된다. 동일한 수학 명제에 대해 종합 기하와 해석 기하의 증명 방법은 다르다. 예를 들어 '$\Delta ABC$의 세 변의 수직이등분선은 한 점에서 만난다'라는 수학 명제에 대해 종합 기하와 해석 기하는 아래와 같이 각각 서로 다른 증명 방법으로 접근한다.

오른쪽 그림과 같이 △ABC에서 변 AB, AC의 수직이등분선의 교점을 O라 하고, 점 O에서 변 AB, BC, CA에 내린 수선의 발을 각각 D, E, F라고 하자.

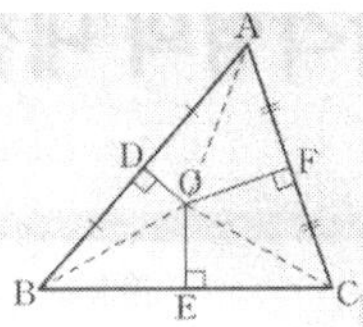


63쪽의 예제 1에 의하여

$\overline{OA}=\overline{OB}=\overline{OC}$

따라서 △BOE, △COE에서 $\overline{OB}=\overline{OC}$, $\overline{OE}$는 공통이므로 직각삼각형의 합동조건에 의하여

△BOE≡△COE

∴ $\overline{BE}=\overline{CE}$

즉, $\overline{OE}$는 변 BC의 수직이등분선이다.

그러므로 세 변의 수직이등분선은 한 점 O에서 만난다.

(1) 중학교 수학에서의 증명
(양승갑 외, 2001, p.65)

생각열기 △ABC의 세 꼭지점을 A$(a, b)$, B$(-c, 0)$, C$(c, 0)$으로 정한다. 이 때, 변 AB, AC의 수직이등분선의 방정식을 구하여 그 교점이 $y$축 위에 있음을 보인다.

증명 △ABC에서 $\overline{OB}=\overline{OC}$가 되도록 변 BC를 $x$축 위에 잡고, 꼭지점 A를 좌표평면 위의 임의의 점으로 한다. 이 때, 각 꼭지점의 좌표는

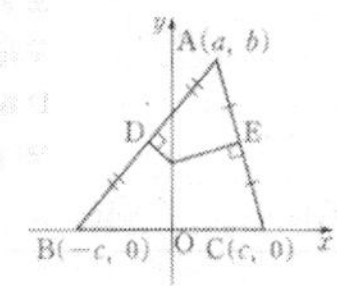


A$(a, b)$, B$(-c, 0)$, C$(c, 0)$

으로 놓을 수 있다. $\overline{AB}$와 $\overline{AC}$의 중점을 각각 D, E라고 하면,

$$D\left(\frac{a-c}{2}, \frac{b}{2}\right), \quad E\left(\frac{a+c}{2}, \frac{b}{2}\right)$$

직선 AB에 수직인 직선의 기울기는 $-\frac{a+c}{b}$이므로, $\overline{AB}$의 수직이등분선의 방정식은

$$y-\frac{b}{2}=-\frac{a+c}{b}\left(x-\frac{a-c}{2}\right), \quad \text{곧 } y=-\frac{a+c}{b}x+\frac{a^2+b^2-c^2}{2b} \cdots ①$$

직선 AC에 수직인 직선의 기울기는 $-\frac{a-c}{b}$이므로, $\overline{AC}$의 수직이등분선의 방정식은

$$y-\frac{b}{2}=-\frac{a-c}{b}\left(x-\frac{a+c}{2}\right), \quad \text{곧 } y=-\frac{a-c}{b}x+\frac{a^2+b^2-c^2}{2b} \cdots ②$$

①, ②의 $y$절편이 같으므로 $\overline{AB}$와 $\overline{AC}$에 대한 수직이등분선의 교점은 $y$축 위에 있다.

이 때, $y$축은 $\overline{BC}$의 수직이등분선이므로, △ABC의 세 변의 수직이등분선은 한 점에서 만난다.

(2) 고등학교 수학에서의 증명
(임재훈 외, 2001, p.33)

**[그림 2]** 중학교 수학에서의 증명과 고등학교 수학에서의 증명 비교

[그림 2]는 중학교 수학에서 배우는 삼각형의 외심에 관한 문제 해결이 고등학교 수학에서 배우는 직선의 방정식의 학습과 연결되면서 기하를 대수적으로 접근하는 해석기하의 내용으로 전개되는 것이다. 수학 내적 연결성을 논의할 때 가장 많이 거론되는 대수와 기하의 연결성이 드러나는 사례라고 할 수 있다.

중학교 수학에서 유리수와 순환소수를 다룰 때 0.3333....=1/3임을 보이는 내용도 고등학교 수학과 연결되어 있다. [그림 3]에서 (1)은 중학교 수학, (2)는 고등학교 수학에서 접근하는 방법이다. 동일한 문제를 고등학교 수학에서는 무한등비급수에 의한 증명으로 해결한다. 중학교 수학의 '수와 연산' 영역의 학습이 고등학교 수학의 '수열과 급수'의 학습과 연결되어 확장되는 것이다.

<table>
<tr>
<td>
(1) $x=0.\dot{3}$라고 하면,<br>
$x=0.333\cdots$ ①<br>
①의 양변에 10을 곱하면<br>
$10x=3.333\cdots$ ②<br>
②에서 ①을 빼면<br>
$9x=3$이므로<br>
$x=\frac{3}{9}=\frac{1}{3}$<br>
따라서, $0.\dot{3}=\frac{1}{3}$이다.
</td>
<td>
(2) $x=0.\dot{3}$라고 하면<br>
$x=0.3+0.03+0.003+\cdots$이므로<br>
$x$는 초항이 0.3이고, 공비가 0.1인 무한등비급수의 합과 같다.<br>
$|0.1|<1\,(|r|<1)$이므로<br>
$x=\frac{0.3}{1-0.1}=\frac{0.3}{0.9}=\frac{1}{3}$<br>
따라서, $0.\dot{3}=\frac{1}{3}$이다.
</td>
</tr>
</table>

**[그림 3]** $0.3333\cdots=\frac{1}{3}$

피타고라스의 정리에 대한 사례도 흥미롭다. 중학교 수학에서 증명한 피타고라스 정리는 '직각삼각형이 아니면 어떻게 될까?'라는 단순한 문제 제기에 의해서 고등학교 수학에서 다루는 제 2 코사인 법칙으로 일반화된다. 중학교 수학의 학습내용과 고등학교 수학의 학습 내용이 연결된 사례를 수학교육이론과 접목시켜 이해해보는 것도 의미있다. 이 사례를 Polya의 수학문제해결이론과 관련지어 본다면 문제해결의 반성단계에서 새로운 문제로의 확장을 유도한 사례로 해석되고, Brown & Walter(1983)가 강조한 문제제기의 실질적인 예가 될 수도 있는 것이다.

중학교 수학에서 배우는 접선의 개념을 고등학교 수학에서 배우는 접선의 개념과 연결하여 이해하는 것도 Lakatos의 준경험주의 이론과 접목가능하다. 미분법에서 중요하게 다루는 '접선(tangent line)'개념은 중학교 수학에서 처음 도입된다. 중학교 수학에서 접선은 원과 직선의 위치 관계에서 '원과 한 점에서 만나는 직선'으로 정의된다. 학생들은 중학교 수학에서 '한 점에서 만나는 직선'으로 접선을 배우다가 반례의 출현에 의해 접선을 '곡선과 스치면서 만나는 직선'이라는 개념으로 수정해서 이해하다가 계속된 반례의 출현에 의해 기존 개념을 개선해 나가게 된다. 이후 고등학교 수학에서 학생들이 극한 개념을 습득한 후에는 '할선의 극한'이라는 의미를 도입하게 된다. 중학교 수학과 고등학교 수학의 연결성을 염두에 둔 지도를 하다보면 Lakatos의 수리철학이 수학적 개념에 대한 학습자의 인지적 재구성을 촉진시키는 지도 방법을 구안하는 데 많은 시사점을 제공하고 있음을 알 수 있다. '반례를 통한 기존 지식의 수정'이라는 Lakatos의 아이디어는 접선 개념을 수정, 재구성하는 과정에 적용될 수 있는 것이다(김남희 외, 2011, pp.298-301). 이처럼 학습자가 이전 학교급 또는 학년에서의 학습을 통해 형성된 개념을 이후 학교급 또는 학년에서 연결해서 지도하는 것에 관심을 가진 교사는 수학적으로 연결된 개념을 의미 있게 다루면서 학생들에게 반성, 수정, 개선하는 학습 경험을 제공해 줄 수 있다.

이제 중학교 수학을 대상으로 한 수학적 연결성에 관한 연구가 어떤 방향으로 진행 가능한지에 대해 생각해 보고자 한다. 앞으로의 연구를 생각해볼 때 선행 연구물들을 분석하여 연구 영역을 분류해보면 수학적 연결성에 관한 논의를 어떤 방향으로 진행할지 구체화하는 것이 용이하다. 연구자는 수학적 연결성을 다룬 선행 연구들의 내용을 토대로 앞으로 우리가 연구할 방향을 다음의 6가지 영역으로 구분해 보았다.

| 이론적 논의에 관한 연구 | 교사 교육 관련 연구 | 교육과정 관련 연구 |
|---|---|---|
| 수학 교과서 관련 연구 | 학생 지도 관련 연구 | 교수-학습 자료 개발 연구 |

**[그림 4]** 중학교 수학에서의 수학적 연결성에 관한 연구 방향의 예

위 6가지 연구 방향은 앞으로 중학교 수학과 관련된 수학적 연결성의 논의가 어떤 방향으로 전개 가능한지에 대해 편의상 구분한 것으로서 관점에 따라서 영역 구분은 수정, 보완가능하며 새로운 연구 영역이 추가될 수도 있다.

먼저 이론적 논의에 관한 연구를 생각해 보자. 수학적 연결성의 의미, 학교수학 전반에 걸쳐서 수학적 연결성이 중요한 이유, 수학적 연결성 구현의 단계 등 일반적으로 다루는 이론적 논의는 우리나라 교육과정과 미국수학교사협의회(NCTM)의 연구물, 이 책에서 이제까지 다룬 연구들에서 이미 많이 논의되었다고 생각된다(교육부, 2015; NCTM, 1992, 2007). 앞으로는 각 학교급별로 수학적 연결성이 갖는 의미를 이론적으로 뒷받침하는 연구가 필요하다고 생각된다. 특히 제3부의 논의 대상인 중학교 수학은 초등학교 수학의 연장선상에서 그리고 고등학교 수학으로의 기초로서 대단히 중요한 의미를 지닌다. 수학의 계통성을 생각해 볼 때 중학교 수학은 초등, 고등의 의미 있는 수학 학습과 매우 밀접한 관계에 있다. 중학교 수학을 초등학교 수학과 고등학교 수학을 연결 짓는 매개로 볼 때, 수학의 내적 연결성 구현을 위한 이론적 토대를 제시하는 연구가 이루어지면 좋을 것이다. 또 다른 연구로 중학교 수학에서 수학적 연결성의 구현이 여러 교수-학습 이론의

구현과 어떤 관련성이 있는지를 드러내는 연구도 가능할 것이다. 이를테면 중학교 수학에서의 수학적 연결성을 Freudenthal의 교수학적 현상학 관점에서 해석해보거나 역사발생적 원리의 구현 측면에서 그 의미를 새겨보거나, 문제해결교육 이론과 접목하여 다루어 보거나 교수학적 상황론에 비추어 정리해 보는 등이 그 예가 될 수 있을 것이다. 한편 중학교 수학의 수학적 연결성에 관한 국내외 선행 연구물들을 분석하여 중학교 수학에서 수학적 연결성은 왜 중요한지, 다른 나라의 연구에서 얻을 시사점은 무엇인지에 대해 다루어보는 연구도 가능할 것이다.

다음으로 중학교 수학의 수학적 연결성에 관한 교사교육의 문제를 생각해 보자. 선행 연구에서는 교사교육에 관한 연구를 그다지 쉽게 찾아보기 어렵다. 교사를 대상으로 한 연구는 14장의 경우처럼 주로 설문조사 연구로 이루어지는 경우가 많다. 이제는 예비 수학 교사 교육(사범대학의 수학교육과 학생 지도 과정)과 현직 수학 교사 교육(교사 연수 과정)에서 중학교 수학에서 수학적 연결성을 어떻게 구현하는지, 어떤 방법으로 지도하면 좋은지 등에 관한 논의가 필요하다. 중학교 수학에 수학적 연결성을 구현하기 위해서 교사들이 공부해야 할 영역에 대한 기초 연구, 중학교 수학에서 수학 내적(또는 외적) 연결성을 지도하기 위한 방안에 대한 연구, 중학교 수학의 지도에서 수학적 연결성을 지도했을 때 평가 방안에 대한 연구, 수학적 연결성 지도에서 중학교 수학 교사의 역할에 대한 연구, 중학교 수학에서의 수학적 연결성 구현을 위한 교사 공동체 연구 방안 관한 접근 등이 이어질 필요가 있다.

다음으로 중학교 수학의 수학적 연결성에 관한 교육과정 연구를 생각해 보자. 이는 교육과정의 변화 과정 속에서 수학적 연결성이 어떻게 강조되어 왔는지, 특히 중학교 수학에서는 수학적 연결성을 어떤 측면에서 부각시키고 있는지, 중학교 수학 교육과정에서 수학적 연결성의 지도와 관련하여 보강해야 할 내용이 무엇인지를 탐색하는 연구 등이 필요할 것이다.

위 교육과정 연구를 다루면서 중학교 수학 교과서 연구 측면도 생각해 볼 수 있다. 8장, 14장의 연구처럼 각 학교급에서 구현된 타 교과와의 연결성 구현을 다룬 연구나 나미영, 권오남(2012)의 연구처럼 수학 외적 연결성 관점에서 수학 교과서를 분석하는 연구, 유별아(2015)의 연구처럼 학년 중심의 교과서 분석 연구 등 국내 연구도 쉽게 찾아볼 수 있긴 하지만 분석의 관점에 따라 다양하고 새로운 접근의 연구도 가능할 것이다. 이를테면 횡적인 관점에서 또는 종적인 관점에서 수학적 연결성이 교과서에서 어떻게 구현되어 있는지를 살펴보는 것이다. 횡적인 관점에서는 수학적 연결성이 중학교 수학 교과서 내에서 영역 간에 어떻게 관련지어 구현되는지를 세분화하여 다루어볼 수도 있을 것이다. 종적인 관점에서는 중학교 수학 교과서의 내용이 초등학교 수학 교과서의 내용과 수학 내적으로 어떻게 연결되어 있는지를 구체화하는 연구, 혹은 고등학교 수학 교과서의 내용과 수학 내적으로 어떻게 연결되어있는지를 구체화하는 연구로도 전개 가능할 것이다.

중학교 수학의 수학적 연결성을 학생 지도 관점에서 접근하는 연구 영역도 생각해 볼 필요가 있다. 수학적 연결성을 중학교 학생들에게 지도하는 방안에 대한 연구, 수학적 연결성의 과제 수행에 있어서 학생들의 인지적 수준의 변화에 관한 연구, 수학적 연결성 지도와 관련된 학습 관찰 사례 연구, 2015 개정 수학과 교육과정에서 강조하는 창의·융합적 사고 교육을 위한 중학교 수학 학습 지도에 관한 연구, 중학교 수학에서 수학적 연결성을 구현했을 때 학생들의 인지적 측면, 정의적 측면의 발달과의 관련성에 관한 연구, 수학적 연결성 지도를 창의·인성적 측면의 개발과 관련짓는 연구 등도 가능해 보인다.

위의 여러 관점을 생각하다보면 자연스럽게 수학적 연결성을 위한 중학교 수학의 교수-학습 자료 개발에 관한 연구도 빼놓을 수 없는 연구 분야로 등장하게 된다. 최근 한국과학창의재단의 연구물들을 보면 다른 교과와 수학을 통합한 교수-학습 자료 개발 연구가 활발했음을 알 수 있다. 연구 결과로 타 교과와 수학의 연결, 실생활과 수학의 연결을 다룬 수학 외적 연결성 구현에 자료가 제시되었다(박종률 외, 2013; 박혜숙 외, 2012; 송상헌 외, 2013; 전재복 외, 2012; 신준국 외, 2012 등). 이와 관련된 연구도 지속적으로 보완되어야겠지만 중학교 수학의 수학 내적 연결성을 구현하는 교수-학습 자료 개발에 대한 연구도 진행되어야 할 것이다. 수학적 연결성을 구현하기 위한 교수학습 자료 개발 연구가 이루어지면 이를 학생 지도에 적용한 사례 연구도 뒷받침되어야 할 것이다. 한편 수학적 연결성을 문제중심학습(PBL)에 활용하는 교수학습 자료 개발 연구, 중학교 수학의 각 영역에서 다루는 개념의 이해를 확장하기 위한 수학적 연결성 구현 교수학습 자료 개발 연구 등도 가능할 것이다.

이제 이 책의 13장~17장에서 제시되는 연구들이 중학교 수학과 수학적 연결성을 어떤 관점에서 다룬 연구들인지 구체적으로 살펴보면서 그 내용을 요약하고 관련 후속 연구에 대해서도 생각해 보고자 한다.

제13장 'Archimedes의 연구가 중학교 수학의 연결성에 주는 시사점'에서는 그리스 수학자 Archimedes의 연구를 토대로 수학 내적 연결성에 대해 다루었다. 기원전에 이루어진 연구를 기초로 하여 중학교 수학에서 다루는 주제인 원주율, 구의 부피와 겉넓이, 무

계중심의 학습에서 수학적 연결성이 어떻게 구현될 수 있는지, 그 가능성을 생각해 본 연구이다. 이 연구를 통해 우리는 과거 선인들의 연구물 속에서 현재 학생들이 배우는 수학적 개념을 다시금 분석해 보고 현재보다 더 나은 지도 방법을 모색해 보는 연구를 계속 시도해 볼 수 있을 것이다.

제14장 '중학교 수학과 타 교과의 연결성'은 수학 외적 연결성을 다룬 연구로서 중학교 수학이 타 교과의 내용과 어떻게 연결되어 있는지를 파악해 보기 위해 중학교 교사(과학, 국어, 영어, 사회, 기술가정, 정보, 미술, 체육 교사)를 대상으로 설문조사를 실시하고 각 교과별 교과서 분석을 실시하였다. 타 교과를 학습하는 데 반드시 필요한 중학교 수학 학습 내용이 무엇이지, 그리고 타 교과에서는 학교수학의 내용요소를 어떻게 활용해야 하는 것인지에 대한 근거를 제공하고 있다. 연구에서는 타 교과 중에서 특히 과학과 사회 관련 교과가 다른 교과보다 중학교 수학 학습 내용을 많이 연결하여 제시하고 있음을 보이고 있다. 이는 국어, 영어, 기술가정, 미술, 체육 등의 교과와 수학을 보다 긴밀히 연결하는 교수-학습 자료 개발에 대한 연구가 필요함을 시사하는 것이기도 하다.

제15장 '중학교 수학과 수학적 모델링으로서의 연결성'에서는 먼저, 수학적 모델링이 NCTM과 PISA의 연구 그리고 우리나라 교육과정에서 어떻게 강조되어 있는가를 살펴본다. 그리고 선행 연구를 토대로 수학적 모델링의 의미, 수학적 모델링의 단계, 중학교 학생들을 위한 수학적 모델링 과제의 구체적인 예를 다룬다. 이후 현실의 조직화로서의 모델링의 관점에서 수학적 모델링을 재조명한다. 수학적 모델링은 학교수학의 교육에서 비중 있게 다루는 주제로서 교육과정에서도 강조하고 있는 바, 수학적 모델링을 통한 수학적 연결성 구현의 사례 개발에 대한 연구가 지속적으로 이어지기를 기대해본다.

제16장 '중학교 수학 학습 내용의 연결성'에서는 중학교 수학에서 내용 간의 수직적 연결성 즉, 계통성에 대한 논의를 중심으로 학교수학 내용의 선후관계와 계통성의 문제, 중학교 수학의 5개 영역의 주요 주제와 이들 사이의 연결성에 대해 살펴본 후 수평적 연결성을 확인할 수 있는 구체적인 사례를 살펴보았다. 현재 중학교 수학 교육과정에서 주로 수학 외적 연결에 대한 강조가 부각되고 있는 가운데, 이 연구는 수학 내용을 중심으로 한 수학 내적 연결성을 다룬 연구로서 큰 의미가 있다고 생각한다. 이 연구에서는 수와 연산 영역, 확률과 통계 영역의 내용 계통도를 예시하면서 학교수학 내용의 선후 관계를 살펴보고 있다. 우리는 이 연구의 내용을 토대로 하여 학교수학의 다른 영역(문자와 식, 함수, 기하 등)에 대한 내적 연결성을 다루는 연구를 시도해 볼 수도 있을 것이다. 한편 이 연구에서는 서로 다른 두 개념이 각각의 의미를 표현하고 설명하는 데 서로 도움이 되

거나 각각의 개념을 통해 어떤 현상을 이해할 수 있다면 두 개념은 서로 수평적으로 연결되어 있다고 보고 인수분해와 소인수분해의 연결성, 인수분해와 이차방정식의 해의 연결성, 방정식과 함수의 연결성 등을 다루었다. 이 연구를 참고로 하여 앞으로 학교수학에서 서로 연결되어 있는 두 개념을 추출하고 두 개념 간의 수평적 연결성을 탐구해보는 후속연구가 계속 이어지기를 기대해본다.

제17장 '수학적 연결성의 연결소재와 수학적 능력 관점에서 중학교 수학교과서 분석'에서는 수학적 연결성 관점에서 중학교 수학 교과서를 분석하였다. 이 연구에서는 연결된 문제 상황이나 소재를 구체적으로 분석해서 수학 외적으로 연결된 문제에서 요구하는 수학적 능력이 무엇인지를 다루었다. 수학 맥락 및 다른 교과와의 연결이 간단한 사고만을 요구하는지 아니면 고등사고과정이 필요한지를 알기 위해 어떤 수학적 능력을 사용하도록 이루어졌는지에 대해 연구하였다. 특히 중학교 2학년 수학 교과서를 중심으로 수학 외적 연결성의 관점에서 분석한 결과를 제시한다. 이 연구를 기초로 하여 중학교 1학년 수학, 중학교 3학년 수학으로 확장한 후속연구들이 이어지기를 기대해본다.

# 참고 문헌

교육부(2015). **수학과 교육과정**, 교육부.

김남희, 나귀수, 박경미, 이경화, 정영옥, 홍진곤(2011). **수학교육과정과 교재연구**. 경문사.

나미영, 권오남(2012). 실생활 맥락 문제에 대한 이해를 위한 중학교 교과서 분석-중학교 1학년 문자와 식 단원 중심으로-. **수학교육 학술지, 2012(1)**, 150-163.

박종률, 김인수, 강순자, 신보미, 정진영, 문준희, 김경주, 정대원, 나아람, 김아영, 조혜정, 박정하(2013). **예술(음/미)과 수학 통합 교수·학습 자료 개발**. 한국과학창의재단.

박혜숙, 김영국, 박규홍, 박윤범, 도종훈(2012). **사회(역사 포함)와 수학 통합 교수·학습 자료 개발**. 한국과학창의재단.

송상헌, 권석일, 남진영, 류희수, 신영준, 여상인, 이규호, 임재훈, 김교희, 김양권 조유미(2013). **과학과 수학 통합 교수·학습 자료 개발**. 한국과학창의재단.

신준국, 부덕훈, 강병개, 장훈, 권오남, 이정례, 강홍규, 김명중, 이준희, 박지현, 윤옥교, 오국환, 강민정, 이혁재, 문현주, 신현진(2012). **실생활 연계 수학 콘텐츠 개발**. 한국과학창의재단.

양승갑 외 6인(2001). **수학 8-나**. 금성출판사.

유별아(2015). **수학적 연결성 관점에서의 2009 개정 중학교 2학년 수학 교과서 분석: 외적 연결성을 중심으로**. 이화여자대학교 교육대학원 석사학위논문.

임재훈 외 7인(2001). **수학 10-나**. (주)두산.

전재복, 박태훈, 이대택, 이장주, 김영혜, 고재범, 정경숙, 조준모(2012). **체육과 수학 통합 교수·학습 자료 개발**. 한국과학창의재단.

한국과학창의재단(2015). **2015 개정 교육과정에 따른 수학과 교육과정(교수-학습방법 및 평가) 개발 연구**. 한국과학창의재단.

Brown, S.I. & M. I. Walter(1983). ***The art of Problem Posing***, The Franklin Institute Press,

National Council of Teachers of Mathematics(NCTM, 1992). **수학 교육과정과 평가의 새로운 방향**. (구광조·오병승·류희찬 역). 서울: 경문사. (영어 원작은 1989년 출판).

National Council of Teachers of Mathematics(NCTM, 2007). **학교수학을 위한 원리와 규준**. (류희찬·조완영·이경화·나귀수·김남균·방정숙). 서울: 경문사. (영어 원작은 2000년 출판).

OECD(2014). ***PISA 2012 results: what students know and can do - student performance in mathematics, reading and science*** (Vol. I, Revised Edition). Paris: OECD.

# 13장
# Archimedes의 연구가 중학교 수학의 연결성에 주는 시사점

홍 갑 주 (부산교육대학교)

## 1 서론

기원전 3세기 헬레니즘 시대의 수학자인 Archimedes는 현재까지도 역사상 가장 뛰어난 수학자 중의 한 사람으로 손꼽히고 있다. 저명한 수학자인 G. H. Hardy는 수학의 영속성을 상징하는 인물로서 Archimedes를 다음과 같이 언급한다. “Aeschylus는 잊히겠지만 Archimedes는 영원히 기억될 것이다. 언어는 소멸하지만 수학적 아이디어는 불멸하기 때문이다”(Hardy, 1940). F. Klein은 Archimedes의 학문적 관심과 연구 결과를 Euclid 《원론》이 가진 제한된 내용에 대비시키면서 이론과 응용에 동등하게 관심을 가지고 양 분야에서 탁월한 업적을 남긴 위대한 수학자라고 그를 묘사한다(Klein, 1939, p.190).

Archimedes는 시칠리아 섬의 그리스 식민도시인 시라쿠사 사람이며, 젊은 시절 당시의 경제적, 문화적 중심 도시인 알렉산드리아로 건너가 공부했고, 시라쿠사로 돌아와 수학과 공학 연구에 몰두했으며, 로마와 카르타고 사이의 제2차 포에니 전쟁 당시 시라쿠사의 함락(기원전 212년)과 함께 75세의 나이로 로마 병사에게 살해되었다고 일반적으로 알려져 있다. 그의 생애의 많은 부분은 후대 사람들의 단편적인 기록과 전설에 의존하므로 확실한 부분은 많지 않다(Netz & Noel, 2007, pp.32-37). 그러나 Archimedes의 수학적 연구 내용은 지금까지 상당 부분 보존되어 있으며, 학자로서 Archimedes의 성격도 그의 글을 통해 어느 정도 짐작할 수 있다. 남아있는 그의 연구는 알렉산드리아의 동료 학자들에게 보낸 서신 속에 담겨 있는 것이 많기 때문이다. 교육적인 관점에서 그의 서신이 특히 흥미로운 것은, 그가 어떠한 과정을 통해 그렇게 뛰어난 결과에 이르렀는지, 수학적 엄밀성에 대한 그의 입장은 어떠한지, 자신의 결과를 어떻게 평가하는지를 엿볼 수 있기 때문이다.

원의 넓이와 원주율, 구와 같은 입체도형의 부피와 겉넓이, 도형의 무게중심과 같은 Archimedes의 연구 주제는 현대의 중·고등학교 교육내용과 깊은 관련이 있다. 그가 이 주제들을 다루면서 사용한 발견술적 사고 역시 교육적 시사점을 준다(홍갑주, 2008, p.2). 이 글에서는 Archimedes의 연구 중, 구의 부피와 겉넓이, 원주율, 무게중심 각각을 중학교 수학 내용과 관련지어 간략히 살펴보면서 연결성 관점에서의 시사점을 생각해 보기로 한다.

## 2 구의 부피와 겉넓이

교육과정상 구의 부피와 겉넓이는 중학교 1학년 교과서에서 처음 다룬다. 구의 부피와 겉넓이를 배운 지 몇 년이 지난 후, 학생들은 어떤 것을 기억할까? 홍갑주, 최영기, 안숙영, 김건욱(2008)은 고등학교 1학년 학생 103명에게 구의 부피와 겉넓이에 관련된 설문을 실시하였는데, 그 결과는 관련된 교과서 내용에서 반성적으로 검토할 지점을 보여주었다. 이 설문에서 반지름 $r$인 구의 부피를 $\frac{4}{3}\pi r^3$으로 맞게 적은 학생은 총 9명(8.7%), 구의 겉넓이를 $4\pi r^2$으로 맞게 적은 학생은 총 2명(1.9%)이었으며, 둘 다 맞게 적은 학생은 단 1명뿐이었다. 수업시간에 구의 부피와 겉넓이를 어떻게 구했는지 생각나는 것을 모두 적으라는 문항에 대한 응답 대부분의 요지는 "암기했다"는 것이었다. 또한 구의 부피와 겉넓이 사이에 어떤 관계가 있는지 묻는 문항에 대해 수학적으로 의미 있는 응답은 거의 없었다.

학생들이 구의 부피와 겉넓이를 암기하지 못하고 있는 것 자체가 큰 문제라 할 수는 없다. 진정한 문제는 그들이 답을 상기하는 데 도움이 될 만한 추론을 하지 못했다는 데에, 그리고 그 답에 관련된 수학적 연결성을 알지 못했다는 데에 있다. 이러한 결과의 주된 요인은 교과서 자체라고 보인다. 일반적으로 교과서는 구의 겉넓이에 대해 오렌지 껍질을 조각내어 그 지름과 같은 지름을 가지는 4개의 원 안에 모으기와 같은 실험적 방법으로 설명한다. 구의 부피 역시 외접하는 원기둥 모양 수조에 구를 넣었다 뺀 후 남은 물의 높이를 측정하는 실험적 방법으로 주로 설명한다. 중학교 수학 교과서에서 이렇게 구체물을 통한 단순한 실험으로 구의 부피와 겉넓이를 설명하는 데에는 수학 수준상의 이유가 있다. 그러나 위 연구의 저자들은 수준상의 이유를 인정하더라도, 교과서의 설명방식을 개선하거나 보완하기 위한 논의는 필요하다고 주장한다. 실험을 통한 설명만으로 그친다면 학생들은 수학과 실험과학의 방법론 사이에서 혼란을 가질 수 있으며, 이러한 설명만으로는 새로운 사실들이 기존의 지식들과 관련성을 가지지 못하고 개별적인 현상의 기술로만 남게 된다는 것이다.

구를 비롯한, 곡면으로 둘러싸인 입체도형의 부피와 겉넓이를 최초로 구한 것은 고대 그리스의 수학자 Archimedes의 업적으로 알려져 있다. 《구와 원기둥에 대하여》 I 권에서 그는 원뿔에 대한 연구로부터 출발하여 구의 부피와 겉넓이를 엄밀한 방법으로 구한다. 《the Method(방법론)》에서는 "역학적 방법"을 통해 포물선 조각의 넓이, 구, 포물회전체를 비롯한 여러 입체도형의 부피와 무게중심을 구하는데, 이 논문에는 그의 발견의 과정을 알 수 있는 단서 또한 담겨 있다.

## 2.1 구의 부피와 겉넓이에 대한 Archimedes의 연구

《구와 원기둥에 대하여》 I 권에서 Archimedes가 Dositheus 앞으로 보내는 서신은 구의 겉넓이와 부피에 대한 자신의 발견을 담고 있다. 즉, 구의 겉넓이는 구의 중심을 가로지르는 단면 넓이의 4배라는 것, 구를 평면으로 잘라 얻은 임의의 곡면 조각의 넓이는 그 조각의 중심에서 가장자리까지 이르는 선분을 그 반지름으로 하는 원의 넓이와 같다는 것, 그리고 구의 대원을 밑면으로 하고 구의 지름을 높이로 하는 원기둥과 그 구는 부피와 겉넓이의 비가 모두 3 : 2라는 것이다. 이에 이어 Archimedes는 구에 내재한 이러한 단순한 비를 뿔과 그에 대응하는 기둥의 부피 사이의 비가 1 : 3이라는 Eudoxus의 발견에 견주며, 이번 발견에 대한 스스로의 놀라움과 자부심을 드러낸다. Dijksterhuis(1987, p.143)에 의하면, 여기서 그가 느낀 놀라움은 도형의 정의 자체에는 들어있지 않지만 그

정의가 만들어 내는, 아주 단순하지만 오랫동안 발견되지 않은 풍부한 성질을 발견하게 되었을 때 수학자들이 느끼게 되는 전형적인 감정이다.

실제로, 《구와 원기둥에 대하여》 I 권에서 Archimedes는 극한을 다루는 자신의 정교한 기법을 이용하여 Dositheus에게 말한 명제들을 엄밀하게 증명한다. 그러나 증명 이전에, 그 명제들을 어떻게 발견할 수 있었을까? 그의 연구 《the Method》는 그 발견 과정의 단서를 제공한다. Archimedes는 그 연구의 두 번째 명제에서 "역학적 방법"을 통해 구의 부피를 밝힌 다음, 이 결과를 바탕으로 자신이 구의 겉넓이에 대한 추측에 이를 수 있었음을 다음과 같이 밝힌다.

> 나는 이 정리로부터 구의 겉넓이는 그 대원의 넓이의 네 배임을 알아챘다. 즉, 나는 원의 넓이가 그 둘레를 밑변으로 하고 반지름을 높이로 하는 삼각형의 넓이와 같다는 사실로부터[1)] 그와 같은 방법으로 임의의 구는 그 겉넓이를 밑면으로 하고 반지름을 높이로 하는 원뿔과 같을 것이라고 생각했다. (Heath, 1912, pp.20-21)

《구와 원기둥에 대하여》 I 권과 《원의 측정》에 제시된 여러 명제의 표현과 증명 과정을 고려해 보면, 여기서 Archimedes는 자신에게 익숙한 무한소 도형을 통해 원과 구 사이의 유추관계를 발견한 것이라고 추측할 수 있다(Aaboe & Berggren, 1996). 이를 풀어서 설명하면 다음과 같다.

원을 여러 개의 부채꼴로 쪼갠다. 충분히 잘게 쪼갰다면 그 부채꼴들은 원의 반지름을 높이로 가지는 삼각형과 거의 일치한다. 그 삼각형들을 (원래 원호였던) 밑변을 붙여 나열하고 높이를 유지한 채 꼭짓점들을 한 점으로 모은다. 이렇게 만들어진 큰 삼각형은 원의 둘레를 밑변으로 가지고 반지름을 높이로 가지는 삼각형이다([그림 1]). 식으로 표현하면, (원의 넓이) $= \frac{1}{2} \times$ (원의 둘레) $\times$ (원의 반지름). 이로부터 원의 넓이와 둘레는 명확한 관계로 서로 연결된 값임을 알 수 있다.

비슷하게, 구에 대해 생각해 보자. 구를 반지름을 높이로 가지는 가느다란 뿔들로 분해한다. 그 밑면을 모으고 꼭짓점을 한 점으로 모아 큰 원뿔 하나를 만든다([그림 2]). 이

1) Archimedes는 《원의 측정》에서 이 사실을 엄밀하게 증명한다. 이 증명에서 원은 내접·외접 정다각형으로 근사된다. 정다각형은 그 중심을 한 꼭짓점으로 하고 각각의 변을 밑변으로 가지는 삼각형들로 분할될 수 있다. 이 삼각형들은 밑변과 높이를 유지한 채 한데 모여 하나의 큰 직각삼각형으로 간주됨으로써, 결국 명제에서 언급하는 직각삼각형과 넓이가 비교된다.

원뿔의 밑면의 넓이는 구의 겉넓이와 같고, 높이는 구의 반지름과 같다. 이 발견을 통해 구의 부피와 겉넓이는 명확한 관계로 서로 연결된 값임을 알 수 있다. 식으로 표현하면, (구의 부피) $= \frac{1}{3} \times$(구의 겉넓이)$\times$(구의 반지름). 원에서와 마찬가지로, 둘 중 하나를 알면 다른 하나를 안다. 《the Method》에서 Archimedes는 반지름 $r$인 구의 부피가 $\frac{4}{3}\pi r^3$임을 알게 되었으므로, 위의 관계에서 구의 겉넓이가 $4\pi r^2$임을 추측할 수 있다.

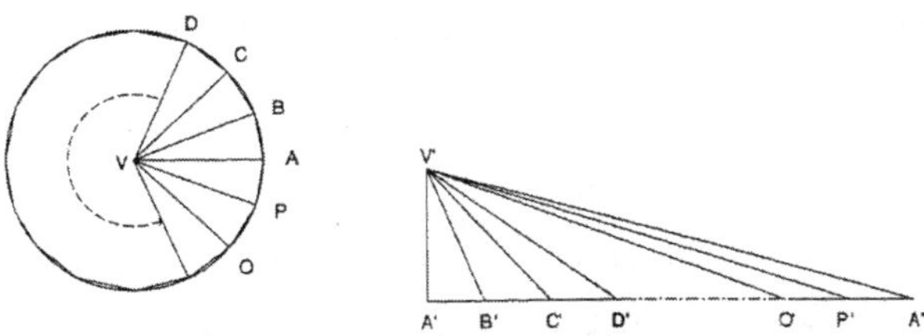


**[그림 1]** 원의 둘레와 넓이(Aaboe & Berggren, 1996)

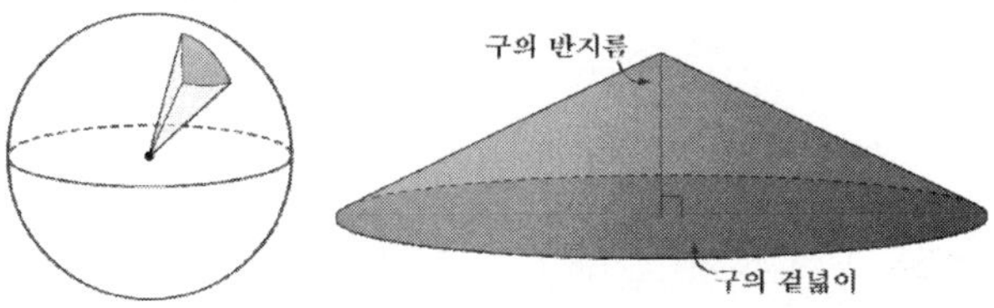


**[그림 2]** 구의 겉넓이와 부피(홍갑주 외, 2008)

## 2.2 시사점

구의 부피와 겉넓이에 내재한 단순한 비에 대해 Archimedes가 나타낸 놀라움은 그와 같이 구에 대해 오랜 시간 연구하여 증명의 아이디어를 발견하고 실제로 증명을 완성해 낸 사람만 온전히 느낄 수 있을 것이다. 그러나 그 놀라움의 일부는 구에 대해 배우는 현대의 학생들도 마땅히 느낄 필요가 있다. 우리나라의 일부 교과서에도 이와 같이 구를 원뿔로 바꾸는 착상을 통해 구의 부피로부터 겉넓이를 구하는 방법이 제시되지만 원과의 유추관계를 통해 도입되고 있는 것은 아니며 그 가치가 크게 부각되지도 않는다. 무한소 도형으로의 분할을 통해 원을 삼각형으로, 구를 원뿔로 변형하는 이러한 접근의 이점은 원의 넓이와 둘레, 그리고 구의 부피와 겉넓이 사이의 연결성을 명확히 보여준다는 데 있다. 또한 이 발견은 구의 부피 공식에 포함된 계수 $\frac{1}{3}$을 뿔의 부피에서 유래한 의미 있는, 따라서 기억하기 쉬운 값으로 만들어준다. 많은 학생들은 구의 부피에서의 비례상수 4/3와 구의 겉넓이에서의 비례상수 4를 단순히 암기하려고 하며 그마저도 어려움을 겪는다. 구의 겉넓이와 대원의 넓이, 구의 겉넓이와 부피 사이의 관계성의 파악하에 이 값들은 단순히 암기할 대상이 아니라 그 관련성을 상기함으로써 필요할 때 복구할 수 있는 값이 된다. 더욱이 이렇게 원과 구 사이의 명시적인 유추관계를 통해 결론을 얻는 과정은 학생들에게 수학에서 유추의 의미와 그 활용 방법을 보여주는 좋은 예이다(홍갑주 외, 2008).

요약하자면, 원과 구의 측정에 대한 Archimedes의 연구는 원의 넓이와 둘레 사이의 관계, 구의 부피와 겉넓이 사이의 관계, 그리고 그 두 관계 사이의 유추적인 관계를 드러낸다. 더 일반적인 관점에서, 이 연구는 추측과 논증이라는 수학의 두 국면을, 그리고 이성과 감정이라는 학문의 두 정신적 축을 보여준다.

## 3 원주율

평면기하학의 여러 명제는 중학교 수학의 주요 내용 중 하나이다. 아래의 명제는 그중 하나이다. 교과서에 따라 명제의 형태가 아닌, 구체적인 값을 구하는 문제의 형태로 제시하는 경우도 있지만, 대부분의 중학교 수학 교과서는 어떤 형태로든 이 명제를 다루고 있다.

생각넓히기 | 추론

오른쪽 그림과 같이 $\triangle$ABC에서 $\overline{AD}$는 $\angle$A의 이등분선이고, 점 C를 지나고 $\overline{AD}$에 평행한 직선이 $\overline{AB}$의 연장선과 만나는 점을 E라고 할 때,

$$\overline{AB} : \overline{AC} = \overline{BD} : \overline{DC}$$

임을 설명하여라.

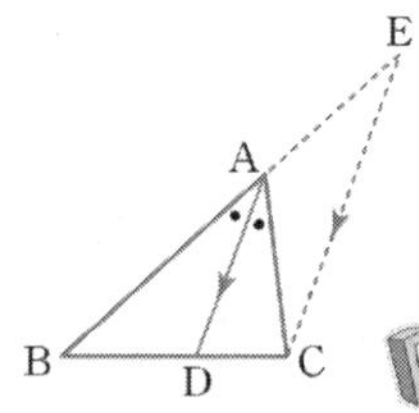


[그림 3] 삼각형 한 내각의 이등분선에 대한 선분 길이 비(김서령, 2013, p.305)

그런데 이 명제는 어떤 의미가 있는가? 혹은 어디에 쓸 수 있는가? 교과서에서 이 명제는 삼각형에서 평행선과 선분의 길이 비의 응용문제로서 다루어질 뿐, 이후에 다른 문제의 해결을 위해 다시 등장하지는 않는다. 이런 의미에서 이 명제는 그 자체로 학생들이 중학교 수학 교과서에서 얻는 최종 결과물 중의 하나이다. 그러나 Archimedes라면 이 명제의 숨은 의미를 다음과 같이 평가했을지 모른다.

"아, 그것으로 원주율을 구할 수 있습니다."

도대체 원주율의 계산과 이 명제는 어떤 관련이 있을까?

## 3.1 원주율에 대한 Archimedes의 연구

Archimedes는 그의 연구 《원의 측정》에서 $3\frac{10}{71} < \pi < 3\frac{1}{7}$이라는 원주율의 범위를 구했다. $3\frac{10}{71} \simeq 3.14085$이고, $3\frac{1}{7} \simeq 3.14286$ 이므로 이는 우리가 지금 알고 있는 원주율 값에 대한 상당히 정밀한 추정이다. 그러나 Archimedes가 《원의 측정》에서 진정으로 추구한 것은 그 이상이었다. 그는 원주율의 어떤 특정한 범위가 아니라, 원하는 만큼 원주율에 가까이 접근할 수 있는 수학적 절차를 원했다. 실제로 그는 재귀적인 형태의 근사 알고리즘을 찾음으로써 그 목표를 달성한다. 원주율은 무리수이므로 그 완전한 값을 분수나 유한자리 소수로 표기할 수는 없음을 고려하면, 그러한 알고리즘을 얻음으로써 Archimedes는 원주율을 완전하게 구한 셈이다. Toeplitz(1963, pp.18-22)는 역사발생적 원리로 미적분학을 전개한 자신의 저서에서 무한과정의 특징을 보여주는 예로서 Archimedes의 원주율 계산법을 소개하고 있다. 그의 알고리즘은 완전히 정확하게 계산될 수 없는 양에 대해, 임의의 원하는 정확도까지 근사시킬 수 있는 원리를 제공한 역사상 최초의 업적이다. 학교 수학과 관련하여 특히 흥미로운 점은 Archimedes의 알고리즘이 지금 중학교에서 배우는 몇 가지 간단한 기하학적 명제들의 조합으로부터 얻어진다는 점이다. 그중 핵심적인 것이 삼각형에서 한 내각이 이등분될 때의 선분 길이에 대한 [그림 3]의 명제이다. Archimedes가 실제로 한 것을 요약하여 살펴보자(홍갑주, 2008, pp.107-109).

우선 그가 논의의 바탕으로 삼은 원리는 원의 내접다각형과 외접다각형에 대해 '(내접

다각형 둘레의 길이) < (원 둘레의 길이) < (외접다각형 둘레의 길이)'라는 관계가 성립하며, 변의 개수를 점점 늘려 나갈 때 내접 정다각형 둘레의 길이는 점점 커지고, 외접 정다각형 둘레의 길이는 점점 작아져서 그 차이는 원하는 임의의 값 이하로 줄어들 수 있다는 것이다([그림 4]).[2] 그러면 원의 내접 정다각형과 외접 정다각형의 둘레의 길이 사이의 값으로서 원의 둘레를 근사할 수 있다. 남은 과제는 내접 정다각형과 외접 정다각형의 둘레를 실제로 구하는 것이다.

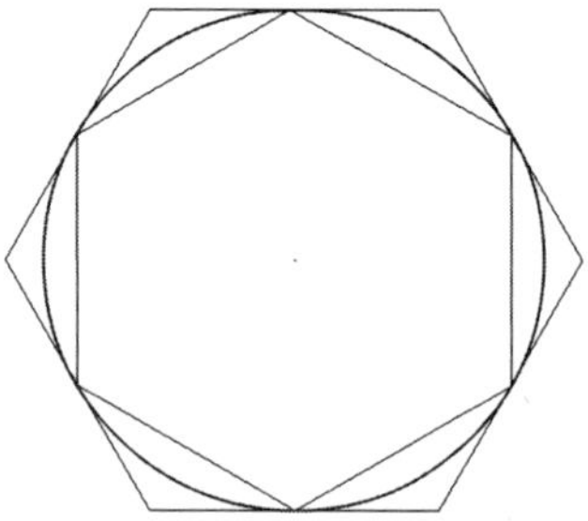

**[그림 4]** 원의 내접 다각형과 외접 다각형

Archimedes는 내접, 외접 정다각형의 변의 개수를 2배씩 증가시키면서 그 둘레의 길이를 구하였는데, 그는 이 값들을 개별적으로 다룬 것이 아니라 현대적인 용어로 말하자면 정$2n$각형의 둘레와 정$n$각형의 둘레 사이의 점화식을 구하였다.

외접 정다각형의 경우를 살펴보자. [그림 5]에서 원 O는 단위원이고, $\overline{\mathrm{AC}}$는 외접 정$n$각형의 한 변의 절반, $\overline{\mathrm{AD}}$는 외접 정$2n$각형의 한 변의 절반을 나타낸다. 삼각형 한 내각의 이등분에 대한 명제에 의해 $\frac{\overline{\mathrm{AD}}}{\overline{\mathrm{OA}}} = \frac{\overline{\mathrm{CD}}}{\overline{\mathrm{OC}}}$ 즉, $\frac{\overline{\mathrm{OC}}}{\overline{\mathrm{OA}}} = \frac{\overline{\mathrm{CD}}}{\overline{\mathrm{AD}}}$이다. 따라서 $\frac{\overline{\mathrm{OC}}+\overline{\mathrm{OA}}}{\overline{\mathrm{OA}}} = \frac{\overline{\mathrm{CD}}+\overline{\mathrm{AD}}}{\overline{\mathrm{AD}}} = \frac{\overline{\mathrm{AC}}}{\overline{\mathrm{AD}}}$ 즉, $\frac{\overline{\mathrm{OA}}}{\overline{\mathrm{AD}}} = \frac{\overline{\mathrm{OA}}+\overline{\mathrm{OC}}}{\overline{\mathrm{AC}}}$. 그런데 여기서 $\overline{\mathrm{OA}} = 1$이고, $\overline{\mathrm{OC}}$는 Pythagoras의 정리에 의해 $\sqrt{1^2+\overline{\mathrm{AC}}^2}$이므로, $\overline{\mathrm{AD}}$와 $\overline{\mathrm{AC}}$ 사이의 관계식 $\overline{\mathrm{AD}} = \frac{\overline{\mathrm{AC}}}{1+\sqrt{1+\overline{\mathrm{AC}}^2}}$이 얻어진다.[3] Archimedes는 외접 정6각형에 대한 계산에서 출발하여 이 식을 반복 적용한다. 결국 외접 정96각형에 이르러 $\pi < \frac{22}{7}$을 얻었다.

---

2) Archimedes는 이 사실들을 그의 이전 연구 《구와 원기둥에 대하여》 I 권의 앞부분에서 증명했다.

3) $t_{2n} = \overline{\mathrm{AD}}$, $t_n = \overline{\mathrm{AC}}$라 두면 $t_{2n} = \frac{t_n}{1+\sqrt{1+t_n^2}}$으로 나타낼 수 있다.

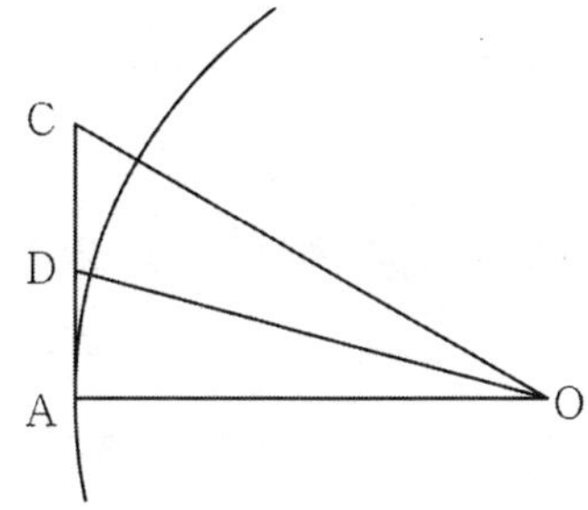

**[그림 5]** 외접 정$n$각형과 정$2n$각형의 한 변의 길이의 절반을 각각 $\overline{\mathrm{AC}}$, $\overline{\mathrm{AD}}$로 나타내었다.

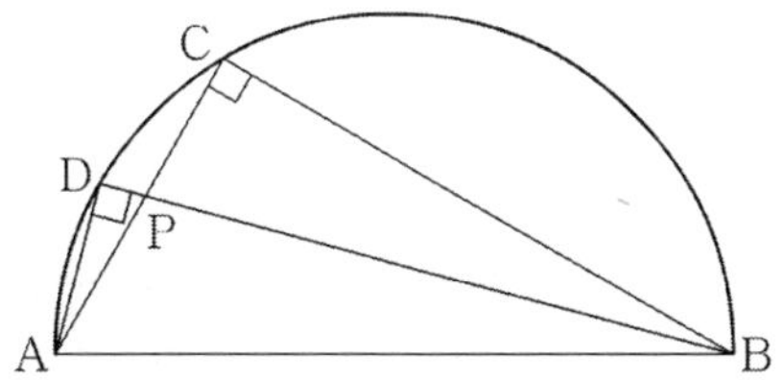

**[그림 6]** 내접 정$n$각형과 정$2n$각형의 한 변의 길이. 각각 $\overline{\mathrm{AC}}$, $\overline{\mathrm{AD}}$로 나타내었다.

이제 원의 내접 정다각형의 경우를 살펴보자. [그림 6]에서 원 O는 단위원이고, $\overline{\mathrm{AC}}$는 내접 정$n$각형의 한 변을, $\overline{\mathrm{AD}}$는 내접 정$2n$각형의 한 변을 나타낸다. 이때 $\overline{\mathrm{BD}}$는 각 ABC를 이등분하므로, 역시 삼각형 내각의 이등분에 대한 명제와 직각삼각형들의 닮음에 의해 $\dfrac{\overline{\mathrm{BD}}}{\overline{\mathrm{AD}}}=\dfrac{\overline{\mathrm{BC}}}{\overline{\mathrm{PC}}}=\dfrac{\overline{\mathrm{AB}}}{\overline{\mathrm{PA}}}$. 따라서 $\dfrac{\overline{\mathrm{BD}}}{\overline{\mathrm{AD}}}=\dfrac{\overline{\mathrm{BC}}+\overline{\mathrm{BA}}}{\overline{\mathrm{PC}}+\overline{\mathrm{PA}}}=\dfrac{\overline{\mathrm{BC}}+\overline{\mathrm{AB}}}{\overline{\mathrm{AC}}}$.[4] 그런데 여기서 $\overline{\mathrm{AB}}=2$이고, $\overline{\mathrm{BC}}$와 $\overline{\mathrm{BD}}$는 Pythagoras의 정리에 의해 각각 $\sqrt{2^2-\overline{\mathrm{AC}}^2}$, $\sqrt{2^2-\overline{\mathrm{AD}}^2}$이므로 $\dfrac{\overline{\mathrm{AC}}}{\overline{\mathrm{AD}}}=\dfrac{\sqrt{4-\overline{\mathrm{AC}}^2}+2}{\sqrt{4-\overline{\mathrm{AD}}^2}}$. 이를 정리하면 $\overline{\mathrm{AD}}^2=\dfrac{\overline{\mathrm{AC}}^2}{2+\sqrt{4-\overline{\mathrm{AC}}^2}}$이 된다.[5] Archimedes는 내접 정6각형에 대한 계산에서 출발하여 이 식을 반복 적용한다. 결국 내접 정96각형에 이르러 $\pi>3\dfrac{10}{71}$을 얻었다.

---

**4)** 이때 반지름이 아니라 지름을 한 변으로 하는 삼각형들을 이용한 것은 주목할 가치가 있다. 이렇게 함으로써 그는 직각삼각형들의 닮음비를 이용할 수 있었고, 계산에 Pythagoras의 정리를 이용할 수 있었다.

**5)** $s_{2n}=\overline{\mathrm{AD}}$, $s_n=\overline{\mathrm{AC}}$라 두면 $s_{2n}^2=\dfrac{s_n^2}{2+\sqrt{4-s_n^2}}$으로 나타낼 수 있다.

## 3.2 시사점

3.14라는 원주율의 근삿값은 구체물의 측정을 통해 초등학교 교육과정에서 일찍이 다루어진다. 원의 둘레 혹은 넓이에 관계된 계산에 그 값이 필요하기 때문이다. 중학교 수학에서 학생들은 기하학의 다양한 명제들을 배우고 대수적인 기술에 점차 능숙해진다. 그러나 원주율이 무리수라는 것을 소개하는 부분이 있을 뿐, 중학교에서 학생들의 수학적 성장을 바탕으로 원주율에 대한 보다 심화된 논의를 전개하지는 않는다. 중학교에서 원주율은 '초등학교 때 이미 배운' 지식이다. 완전하진 않더라도 중학 수준의 지식과 수학적 추론을 통해 원주율을 좀 더 심화하여 새로이 다루는 것은 교육적으로 고려할 가치가 있다.

원주율에 대한 Archimedes의 연구에서 어떠한 사실들이 이용되었는지 살펴보자. 삼각형 한 내각의 이등분선에 대한 명제, 가비의 리, Pythagoras의 정리, 반원의 원주각, 제곱근 등등. 특히 삼각형 한 내각의 이등분선에 대한 명제는 정$2n$각형의 한 변의 길이와 정$n$각형의 한 변의 길이를 맺어주는 데 핵심적인 역할을 했다. 중학교 수학의 교육 내용인 이들 각각은 Archimedes의 머릿속에서 마치 마술과 같이 연결되어 원주율이라는 멋진 목표를 이루었다. 이렇게 보면 Archimedes의 원주율은 지금 중학교에서 가르치는 평면 기하학 지식의 총 집약 판이라고 볼 수도 있겠다. 홍갑주(2008)는 Archimedes의 원주율 연구가 무리수와 제곱근의 계산을 배운 학생들에게 흥미로운 예를 통한 계산 연습의 기회를 제공하고, 수학에서의 알고리즘의 의미와 그 효율성에 대한 논의를 유도하며, 중학수준의 기하와 대수에 걸친 수학적 아이디어들이 조화롭게 결합되는 과정을 보여준다고 평가한 바 있다.

물론 지식을 조합하여 더 발전된 새로운 지식을 얻는 과정에는 추가적인 지적 어려움이 발생하는 것이 일반적이다. 개별 명제도 어려워하는 학생들에게 원주율에 대한 Archimedes의 연구와 같이 그것들이 융합되어 얻어지는 더 수준 높은 결과물을 전달할 수는 없다는 우려도 있다. 그러나 다른 한편으로 보면, 지식의 놀라운 연결이야 말로 어려움을 극복하도록 이끄는 지적 욕구의 원천일 것이다. Archimedes의 원주율은 그러한 관점에서 학교 수학에서 다룰 만한 가치가 있는 여러 선택지 중 하나일 뿐이지만, 학생들이 배우는 개별 지식들이 좀 더 의미 있도록 배치되고 조합되어 전달될 수 있을 것이라는 기대를 가지게 한다.

## 4 삼각형의 무게중심

무게중심은 역학의 가장 중요한 개념 중 하나이다. 배와 비행기의 안전한 운행, 자전거의 외발타기, 무거운 물건을 두 팔로 안아 들 때 상체를 무의식 중에 활처럼 뒤로 굽히는 것 등은 모두 무게중심을 바탕으로 설명할 수 있다. 자동차 공학, 로봇 공학, 스포츠 과학, 애니메이션과 비디오게임 캐릭터의 동작 구현 등의 분야에서 무게중심은 빠질 수 없는 주제어 중 하나이다.

삼각형이라는 특정한 도형에 대해, 그 무게중심은 중학교 수학 교과의 전통적인 주제로 다루어져 왔다. 일반적으로 교과서는 삼각형의 세 중선이 한 점에서 만나며 그 교점은 중선을 2 : 1로 내분한다는 사실을 보인 후, 그 교점을 삼각형의 무게중심으로 정의한다. 그리고 주로 중선의 내분 비와 관련하여 몇 개의 연습문제를 제시한다. 그런데 교과서는 세 중선의 교점 위에서 삼각형이 실제로 평형을 잡는다는 것을 그림을 통해 보여주기는 하지만, 왜 그렇게 되는지를 무게중심과 관련된 물리적 성질에 근거하여 설명하는 경우는 드물다.

홍갑주(2005)는 삼각형 무게중심의 물리적 의미에 관련된 오개념과 잘못된 추론에 대해 논의한 바 있다. 즉, 어떤 학생과 교사들은 '넓이를 이등분하는 직선의 교점이 무게중심'이라는 오개념에 근거하여 삼각형 무게중심 위치를 설명한다. 삼각형의 무게중심을 지나면서 한 변에 평행한 직선은 삼각형의 넓이를 1 : 1이 아닌 4 : 5로 내분하며, 따라서 그 직선에 평행하면서 넓이를 이등분하는 직선은 무게중심을 지날 수 없음을 확인함으로써 이 추론이 잘못임을 알 수 있다. 또한 사각형, 그리고 합동인 두 직사각형이 모여 만들어진 T자형 도형의 무게중심을 구하는 문제에서, 대부분의 학생들은 실세계의 경험적 원리를 고려하지 않고 삼각형 중선의 개념을 사각형에 단순하게 적용하거나([그림 7], [그림 8]), 무게중심은 넓이를 이등분하는 직선의 교점이라는 오개념에 의존한 잘못된 전략([그림 9])을 제시하였다. 홍갑주(2005)는 교육적인 고려하에, 무게중심과 관련된 일반적인 이론을 모르고 있는 전략의 제안자 입장에서 이 전략들을 검토하여 오류를 확인할 수 있는 수학적 방법들을 제안하였다. 예를 들어 [그림 7]의 중선전략 1에 대해서는 사각형의 한 변의 길이를 점차 줄여 삼각형으로 퇴화시켜 본다. 그 전략에 의해 결정되는 무게중심 위치는 삼각형의 한 중선을 1 : 1로 내분하는 점이 된다. 이는 삼각형의 무게중심에 대해 우리가 이미 알고 있는 사실과 다르다.

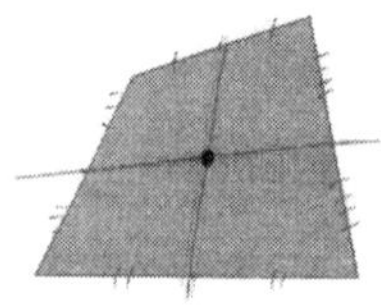

[그림 7] 중선 전략 1(홍갑주, 2005)

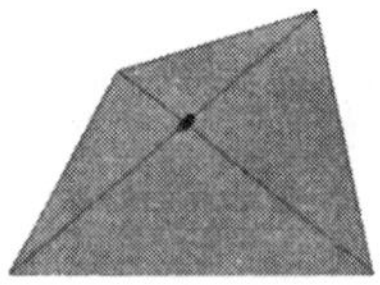

[그림 8] 중선 전략 2(홍갑주, 2005)

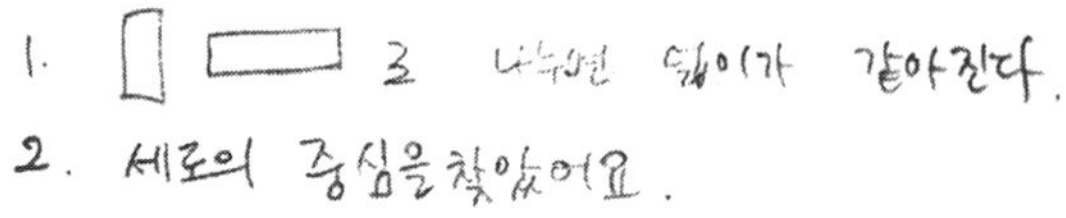


[그림 9] 넓이 이등분 전략(홍갑주, 2005)

한편 무게중심에 대한 최초의 체계적인 연구는 Archimedes에 의해 이루어졌다. 그는 지레의 법칙을 증명하고, 여러 평면도형과 입체도형의 무게중심 위치를 구했다. 또한 그 결과를 부력에 대한 자신의 연구와 결합하여 여러 형태를 가진 부체의 평형 조건에 대한 공학적 연구로 나아갔다. 《The Method》에서는 자신이 증명한 물리적 법칙인 지레의 법칙을 이용하여 얇은 단면들의 합으로 간주한 여러 회전체의 부피와 무게중심을 구하는, 놀랍도록 창의적이면서도 강력한 기법을 보여준다.

이러한 일련의 연구는 후대의 과학자에게 물리적 현상에 대한 수학적 연구 방법론의 전형이 되었다. 예를 들어, Galileo는 저서 《새로운 두 과학》에서 Archimedes를 자주 인용하고 칭송한다. 단지 기하학적인 것이 아니라 역학적 현상에 대한 기술이었던, 등속운동에 대한 그의 공리계는 물체의 평형에 대한 Archimedes의 공리계를 연상시킨다 (Gruender, 1981). 물리적 체계를 수학의 법칙을 따르는 기하학적 표상으로 환원하는 Newton의 방법은 바로 자연과학에 대한 Archimedes의 청사진을 따라 이루어진 것이다 (Netz & Noel, 2007).

삼각형 세 중선의 교점이 실제로 삼각형 모양 물체의 평형을 잡아주는 점이라는 사실을 Archimedes가 어떻게 증명했는지 요약적으로 살펴보자.

## 4.1 삼각형 무게중심에 대한 Archimedes의 연구

무게가 각각 $W_1$, $W_2$인 두 물체가 지레팔의 양쪽에, 받침점에서 각각 $d_1$, $d_2$의 거리에 매달려 있다고 하자. $W_1 : W_2 = d_2 : d_1$ 즉, $W_1 d_1 = W_2 d_2$의 조건을 만족할 때 지레는 평형을 이루며, 이를 지레의 법칙이라고 한다. 《평면도형의 평형》 I 권에서 Archimedes는 공리적인 방법으로 지레의 법칙을 증명하고, 지레의 법칙을 평행사변형, 삼각형, 사다리꼴 등이 가진 기하학적 특징과 조화시켜 그들 각각의 무게중심을 구한다. Ⅱ 권에서는 극한을 다루는 자신의 기술을 활용하여 포물선과 현으로 둘러싸인 도형의 무게중심 위치를 구한다(홍갑주, 2008, p.50). I 권에서 그가 가정한 총 일곱 개의 공리는 다음과 같다. 그의 공리들은 물체의 평형과 관련하여 가장 근본적이라고 보이는 몇 가지 원리를 담고 있다.

**공리1** 같은 두 무게가 받침점으로부터 같은 거리에 놓이면 평형을 이룬다. 같은 두 무게가 받침점으로부터 다른 거리에 놓이면 평형을 이루지 않으며, 받침점으로부터 거리가 먼 무게 쪽으로 기운다.

**공리2** 무게가 평형을 이루고 있을 때, 어느 한쪽에 무게를 더하면 평형이 깨어지며 무게가 더해진 쪽으로 기운다.

**공리3** 무게가 평형을 이루고 있을 때, 어느 한쪽의 무게를 덜어내면 평형이 깨어지며, 아무것도 덜어내지 않은 쪽으로 기운다.

**공리4** 합동인 닮은 도형들의 무게중심은 서로 닮은 위치에 있다.

**공리5** 합동이 아닌, 닮은 도형들의 무게중심은 서로 닮은 위치에 있다.

**공리6** 어떤 거리들에서 어떤 양들이 평형상태에 있으면 그것들과 동등한 다른 양들도 같은 거리들에서 평행상태에 있다.

**공리7** 볼록도형에 대해서 무게중심은 그 도형 내부에 있다.

여기서 앞의 세 개의 공리는 대칭에 의해 직관상 자명하거나 지레에 대한 가장 소박한 관찰로도 확인할 수 있는 원리로 보이지만, Archimedes는 이 세 개의 공리로부터 지레의 법칙이라는 자명하지 않은 관계를 증명해 낸다(홍갑주, 2008, p.51). 이제 지레의 법칙과 나머지 공리들을 이용하여 다각형의 무게중심을 찾을 수 있다. 삼각형 무게중심 위치에 대한 Archimedes의 증명은 다음과 같다(Heath, 2002, pp.199-200).

**증명** 삼각형 ABC의 무게중심 G가 중선 AE 위에 있지 않다고 하자. 변 AB, BC, CA의 중점을 각각 D, E, F로 두면 삼각형 DBE와 FEC는 삼각형 ABC와 닮은 삼각형이고 각 변의 길이는 삼각형 ABC의 절반과 같다. 따라서 (공리 5에 의해) 그 무게중심은 AG와 평행하며 길이가 절반인 선분 DH와 FI을 그어 찾을 수 있는 점 H와 I에 각각 있다.
삼각형 DBE와 FEC의 넓이는 같으므로, 그 전체의 무게중심은 H와 I의 중점인 K에 있다. 또 평행사변형 ADEF의 무게중심은 두 대각선의 교점인 J에 있다. 따라서 삼각형 ABC전체의 무게중심 G는 J와 K를 연결한 선분 JK 위에 있어야 한다. 그러나 AG와 JK는 평행이므로 이것은 모순이다. 즉, 삼각형의 무게중심 G는 중선 AE 위에 있어야 한다. 다른 두 중선에 대해서도 마찬가지이므로 삼각형의 무게중심은 세 중선의 교점에 위치한다. □

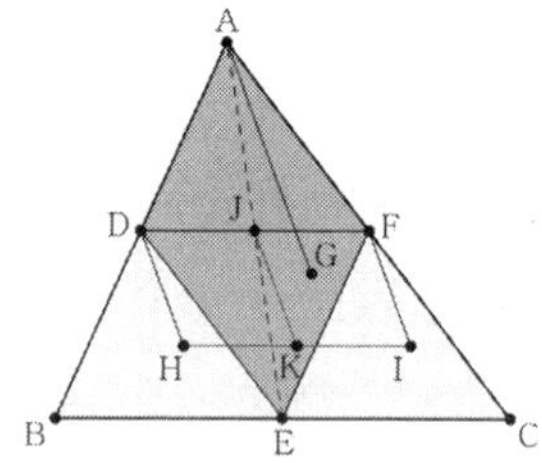

[그림 10] 삼각형의 무게중심

## 4.2 시사점

물리적 문제에 수학을 적용할 때, 과학자들은 문제를 해결하는 데 덜 중요하다고 판단되는 부분은 무시하고 본질적인 요소에 집중하곤 한다. 과학사적으로 무게중심에 대한 Archimedes의 연구는 이러한 '수학적 모델의 구성'에서 최초로 사례로 간주된다(Fauvel & Gray, 1987). 중학교 교과서에서 무게중심을 다룰 때, 무게중심이라는 용어만 물리적 현상에 기원을 두고 있을 뿐, 실질적인 내용 전개는 수학 내에서만 이루어진다. 이러한 상황은 학생들이 삼각형의 무게중심은 알지만, '삼각형의 무게중심'과 '무게중심'의 관계는 모르도록 만든다.

삼각형에 대해서 그 무게중심은 넓이를 이등분하는 직선의 교점이라는 오개념은 중선의 의미에 대한 잘못된 해석을 바탕으로 했다. 물체의 평형은 실세계의 물리적 현상이며, 또한 삼각형에 한정된 개념이 아니므로, 삼각형의 중선이 가지는 진정한 의미는 물체의 평형과 관계된 일반적인 물리법칙을 통해 해석되어야 한다. 삼각형 중선의 의미는 그것이 삼각형의 넓이를 이등분한다는 데 있는 것이 아니라, 현대적인 개념을 써서 이야기할 때, 그것이 축 양 쪽의 영역이 만드는 회전력의 크기를 일치시킨다는 데 있다. 또한 삼각형의 세 중선은 무게중심의 위치를 결정할 수 있는 유일한 직선이 아니다. 중선뿐 아니라 도형의 평형을 찾아주는 모든 방향의 직선은 한 점에서 만나며, 바로 그 교점이 도형의 무게중심이다. 중선은 이 직선들 중 작도에 유리하다는 점에서 특별한 직선이었을 뿐이다(홍갑주, 2005).

물리적 현상에 대한 수학적 이론을 전개하기 위해서도, 검증하기 위해서도 그 현상에 대한 수학적 추상화는 필수적으로 개입되어야 한다. 물체의 평형에 관한 가장 단순한, 그러나 한편 가장 믿을 수 있는 관찰로부터 추상한 공리로부터 무게중심에 대해 수학적으로 이론을 전개했던 Archimedes의 방법은 물리적 현상에 대한 수학적 탐구의 전형을 보여준다는 점에서 교육적 시사점이 있다(홍갑주, 2005).

## 5 결론

Archimedes는 역사상 가장 위대한 수학자 중 한 명으로 손꼽힌다. 서신 속의 생생한 목소리로 전달되는 그의 연구 결과와 사고 과정은 범접하기 힘든 천재의 면모를 선명하게 보여준다. 그러나 한편으로 그는 2200여 년 전의 수학자였고, 그가 이용했던 기하학적 명제들 중 상당수, 특히 이 글에서 언급한 세 주제에 이용된 명제들 대부분은 지금 중학교 교실에서 다루어진다. Archimedes는 이 지식들을 창의적이고 치밀하게 조합하여 결코 자명하지 않은 흥미로운 결론을 얻고 있으며, 이를 통해 일견 단순하고 단편적으로 보이는 사실들에 내재한 가치를 드러낸다(홍갑주, 2008, p.2). 이 점이 교육적인 관점에서 그의 연구가 특히 인상적인 지점이다. Archimedes의 연구는 우리가 학교 수학에서 다루는 지식들에 어떻게 보다 풍부한 의미를 부여할 수 있는지에 대한 단서를 구체적인 여러 사례를 통해 보여준다.

과감함과 엄밀함, 창의성과 정교함, 수학과 물리학, 발견과 정당화가 조화되는 모습을 Archimedes의 연구에서 볼 수 있다. 그의 연구를 보면 이러한 연결성이야 말로 수학의 주된 내용이자, 수학을 흥미롭게 만드는 근원이라는 생각을 하게 된다. Archimedes의 연구가 가진 이러한 측면은 수학 교과가 추구할 일반적인 이상이기도 할 것이다.

# 참고 문헌

김서령(2013). **중학교 수학 2**. 서울: 천재교육.

홍갑주(2005). 도형의 무게중심과 관련된 오개념 및 논리적 문제. **학교수학, 7**(4), 391-402.

홍갑주(2008). **Archimedes 수학의 교육적 연구**. 서울대학교 박사 학위 논문.

홍갑주, 최영기, 안숙영, 김건욱(2008). 중학수학에서의 입체도형의 부피와 겉넓이의 접근방법에 대한 고찰. **수학교육학연구, 18**(1), 81-101.

Aaboe, A., & Berggren, J, L. (1996). Didactical and other remarks on some theorems of Archimedes and infinitesimals. ***Centaurus, 38***, 295-316.

Dijksterhuis, E. J. (1987). ***Archimedes***. New Jersey: Princeton university press.

Fauvel, J., & Gray, J. (Eds)(1987). ***The History of Mathematics: A Reader***. MACMILILLAN PRESS.

Gruender, D. (1981). Galileo and the methods of science. In J. Hintikka, D. Gruender, & E. Agazzi (Eds.), ***Theory change, ancient axiomatics, and Galileo's methodology*** (vol. 1) (pp.259-270).

Hardy, G. H. (2005). **어느 수학자의 변명**. (정희성 역). 서울: 세시. (영어 원작은 1940년 출판).

Heath, T. L. (1912). ***The Method of Archimedes***. Cambridge University Press.

__________(2002). ***The works of Archimedes***. New York: Dover Publications.

Klein, F. (1939). ***Elementary mathematics from an advanced standpoint - Geometry***. New York: Dover Publications.

Netz, R., & Noel, W. (2007). ***The Archimedes codex***. Da Capo Press.

Toeplitz, O. (1963). ***The Calculus: A genetic approach***. The University of Chicago Press.

# 14장
# 중학교 수학과 타 교과의 연결성

김 수 철 (대구가톨릭대학교)

## 1 서론

2015 개정 수학과 교육과정에서 강조하고 있는 수학 교과 역량의 하나인 '창의·융합 요소를 학교수학에 어떻게 적용시킬 것인가'에 대하여 논의하기 위해서는 '수학 학습내용이 타 교과의 학습내용과 어떻게 연결되어 있는지'를 먼저 파악할 필요가 있다. 국어, 영어, 사회, 과학, 예술, 체육 등 중등학교의 여러 교과 학습내용에 중학교 수학 학습내용이 어떻게 연결되어 있는지를 확인하는 것은 중학교에서 수학을 지도할 때 '융합적인 요소를 어떻게 다루어야 하고 어떠한 부분을 강조해야 하는지'에 대한 함의를 제공할 수 있다. 이 장에서는 중·고등학교에 재직 중인 타 교과 교사들을 대상으로 실시된 '중학교 수학과 타 교과의 연결성'에 관한 설문 결과와 각 교과별 교과서 분석 결과를 토대로 '타 교과에 중학교 수학이 어떻게 연결되어 있는지'를 자세히 살펴보기로 한다. 교과서 분석을 위한 준거는 2009 개정 수학과 교육과정 문서에 제시된 영역별 학습내용 요소를 근거로 제시하였는데, 중학교 수학의 내용 영역인 수와 연산, 문자와 식, 함수, 확률과 통계, 기하 등 5개 영역에 대한 학습내용, 특히 성취기준에 따른 학습내용 요소로부터 분석 준거를 추출하였다. 또한 최근 고시된 2015 개정 수학과 교육과정(2015. 08)의 주요 변화 내

용, 즉 중학교 수학과 학습내용 중에서 초등학교에서 중학교로 상향 이동되거나 중학교에서 고등학교로 상향 이동된 요소를 상기의 분석 준거에 추가적으로 반영하였다.

중학교 수학과 타 교과의 연결성을 확인하는 일은 '수학적 연결성'을 확인하기 위한 방법 중의 하나로 볼 수 있다. 타 교과를 학습하는 데 반드시 필요한 중학교 수학 학습내용은 무엇이며, 수학 수업에서 다루어져야 할 융합적인 소재가 무엇인지를 논의하는 것은 창의·융합 역량 강화를 위한 수학 수업을 계획하고 실천하는 교사들에게 책무성을 부여하고, 동시에 학교수학에서 타 교과의 내용 요소를 어떻게 활용할 것인지에 대한 근거를 제공할 수 있다. 이는 중학교 교육현장에서 학생들의 창의·융합 역량을 신장시키기 위한 수학교사의 수업설계로 이어질 수 있으며, 수학적 연결성을 고려한 수업을 실천할 때 필요로 하는 수업 소재나 아이디어를 제공할 수도 있다.

## 2 중학교 수학과 타 교과의 연결성에 관한 교사 설문

### 2.1 교사 설문 개요

설문은 주관식 서술형으로 구성되었으며, 설문 내용에는 첫째, 자신이 지도하는 내용

〈표 1〉 문항별 설문 내용

| 문항 | 내용 |
|---|---|
| 1번 | 성별, 나이, 지도 과목, 교직 경력, 근무 지역, 자격 및 학위 등 |
| 2번 | 귀하가 지도하는 교과 내용 중에서 중학교 수학과 관련이 있는 주제 또는 내용은 무엇입니까? |
| 3번 | 귀하가 지도하는 교과 내용과의 연계성 측면에서 중학교 수학시간에 반드시 학습해야 할 필요가 있다고 생각하는 주제 또는 내용은 무엇입니까? |
| 4번 | 귀하는 교과 내용을 지도하는 과정에서 학생들의 수학적 역량 부족으로 인해 어려움은 겪은 적이 있습니까? 있다면 그 이유는 무엇입니까? |

중에서 중학교 수학과 관련이 있는 주제는 무엇인지, 둘째, 자신이 지도하는 교과 내용 중 수학 교과에서 반드시 학습해야 할 필요가 있다고 생각하는 주제는 무엇인지, 셋째, 자신의 교과를 지도하는 과정에서 학생들의 수학 역량 부족으로 어려움을 겪은 적은 없는지 등의 물음이 포함되었다. 교사의 설문 결과는 중학교 수학과 관련이 있는 타 교과의 내용 요소를 확인하기 위한 도구로 사용되었으며, 교과서 분석을 위한 기초 자료로도 활용되었다.

## 2.2 교과별 교사 설문 결과 분석

과학, 국어, 영어, 사회, 기술·가정, 정보, 미술, 체육 교과 등 K지역에 근무하는 중·고등학교 교사 40명을 대상으로 한 설문조사 결과를 과목별로 제시하면 다음과 같다.

### 2.2.1 과학 관련 교과

중등학교에 근무하는 과학 관련 교과 교사들은 중학교에서는 물상과 생물을 가르치고, 고등학교에서는 물리, 화학, 생물 등을 가르친다. 과학 관련 교과 교사들은 자신이 가르치는 과목에서 중학교 수학과 관련이 있는 학습내용으로 거리-속력-시간의 관계, 물과 화학 반응식, 분자의 구조, 산과 염기 등을 언급하였으며, 이러한 내용들은 중학교 수학의 수와 연산, 문자와 식, 함수, 확률과 통계, 기하 등의 영역과 관련이 있다. 각 영역별 학습내용은 다음 <표 2>에 제시된 것처럼, 수와 연산 영역에서는 소인수분해, 최소공배수, 정수와 유리수의 개념, 사칙계산, 대소 관계 등이, 문자와 식 영역에서는 다항식의 덧셈과 뺄셈, 비례식, 일차방정식, 연립일차방정식 등이, 함수 영역에서는 함수의 뜻, 정비례와 반비례 그래프, 일차함수와 이차함수의 의미와 그래프 등이 과학 관련 교과의 내용 요소와 관련이 있다. 또한 확률과 통계 영역에서는 유전 단원에서 우열의 법칙이나 ABO식 혈액형을 다룰 때 활용되는 확률의 개념 및 확률 계산 방법 등이 관련이 있으며, 기하 영역에서는 무게 중심, 도형의 성질, 작도 등이 과학 관련 교과의 내용 요소와 연결되어 있다.

〈표 2〉 과학 관련 교과 교사 설문 결과

| 문항<br>과목 | 2번 | 3번 | 4번 |
|---|---|---|---|
| 물리 | 거리-속력-시간의 관계, 일차함수와 이차함수의 그래프, 일차함수의 개념, 사칙계산, 소인수분해, 함수(거의 모든 부분), 일차방정식, 지수법칙, 다항식의 덧셈과 뺄셈, 연립일차방정식, 기하 | 수학교과에서 일차함수를 배운 후에 과학교과에서 운동 단원을 배우는 것이 효과적임. 이차함수, 피타고라스의 정리 | 수학교과에서 배운 함수 내용을 제대로 이해하고 있지 않아서 물리교과에서 물리적 변수(위치, 시간, 속도, 힘 등)를 이해하지 못함. 일차함수와 이차함수의 그래프의 이해 부족, 삼각비 또는 삼각함수의 개념 부족 |
| 화학 | 비례식, 일차함수(물과 화학 반응식), 다각형 및 다면체의 성질(분자의 구조), 최소공배수, 정수와 유리수의 개념, 대소 관계, 사칙계산(산과 염기) | 화학교과에는 그래프 해석하는 내용이 많으므로 함수 관련 단원은 반드시 학습해야 함. | 다면체의 모양을 잘 인지하지 못함. |
| 생물 | 확률과 통계(유전 단원) | 확률과 통계 | |

### 2.2.2 국어, 영어 등 언어 관련 교과

국어 교사들이 중학교에서 가르치는 학습내용 중 수학과 관련이 있는 것은 확률과 통계, 함수의 의미와 그래프, 정수와 유리수의 개념 등이며, 이는 비문학 지문 해석 시에 필요하다. 국어 교과와 관련이 있는 수학의 각 영역별 학습내용을 살펴보면, 수와 연산 영역에서는 정수와 유리수, 제곱근과 실수 등이며, 확률과 통계 영역에서는 히스토그램, 도수분포다각형 등이다. 〈표 3〉의 4번 문항에 대한 국어 교사의 설문 결과와 같이 학생들은 국어시간에 통계 자료, 그래프 등의 언어 외적 자료를 해석하거나 방정식과 함숫값 등을 계산할 때 어려움을 겪고 있다. 또한 국어 지문을 해석할 때 수학사적인 배경 지식도 요구된다는 설문 결과에도 주목할 필요가 있다.

영어 교사들은 문자와 식, 확률과 통계, 기하, 그리고 수학사의 내용이 영어 교과의 학습내용과 관련이 있다고 응답하였다. 각 영역별 학습내용은 〈표 3〉에 제시된 것과 같으며, 수와 연산 영역에서는 정수와 유리수의 사칙계산, 문자와 식 영역에서는 다양한 상황을 이용하여 일차방정식과 그 해의 의미를 이해하기, 확률과 통계 영역에서는 히스토그램, 도수분포 다각형, 기하 영역에서는 피타고라스 정리의 이해 등이 교과 지도에 필요하다고 답하였다. 국어교사들과 마찬가지로, 영어 교사들도 수학사적 내용을 수학시간에 다룰 필요가 있다는 의견을 제시하였다. 또한 영어 교사들은 학생들이 수학과 관련된 영어 지문을 해석할 때 수학적 개념이 부족하여 지도에 어려움을 겪고 있다고 언급하였다.

〈표 3〉 국어 및 영어 교사 설문 결과

| 문항 / 과목 | 2번 | 3번 | 4번 |
|---|---|---|---|
| 국어 | 확률과 통계, 함수의 의미와 그래프, 정수와 유리수의 개념(비문학 지문 해석 시 필요) | 확률과 통계, 정수와 유리수, 제곱근과 실수 등에 대한 학습이 필요, 수학사적 내용 | 통계, 그래프 등 언어 외적 자료를 해석하는 데 어려움을 겪음. 계산 능력 부족(방정식과 함숫값 등) |
| 영어 | 확률과 통계, 문자와 식, 기하와 관련된 내용(ebs 영어 지문에 가끔 등장), 수학사(피타고라스 학파, 아라비아 숫자 등 일반적 수학사 관련 내용) | 확률과 통계(히스토그램, 도수분포다각형 등), 수와 연산(사칙계산), 문자와 식(일차방정식과 그 해), 기하 | 기본적인 수학적 개념 이해 부족 |

### 2.2.3 사회 관련 교과

사회 관련 교과 교사들은 중학교에서 사회와 역사를 가르치고, 고등학교에서 사회, 한국사, 한국지리, 세계지리, 법과 정치, 경제 등을 가르친다. 〈표 4〉와 같이 사회 관련 교과 교사들은 자신들이 가르치는 과목에서 중학교 수학과 관련이 있는 학습내용으로, 수와 연산 영역에서는 정수와 유리수의 사칙계산, 문자와 식 영역에서는 일차식의 덧셈과 뺄셈, 이차방정식의 의미와 풀이, 함수 영역에서는 다양한 상황을 표와 식으로 나타내기, 함수의 개념 이해, 일차함수의 의미와 그래프, 확률과 통계 영역에서는 도수분포표, 히스토그램, 도수분포다각형 등의 자료와 그래프 해석하기를 언급하였다. 특히 사회 교사들은 학생들이 인구 성장률, 출산율, 선거 투표율, 수요 및 공급 곡선 등을 학습하는 장면에서 통계 자료나 함수의 그래프를 해석하는 능력이 반드시 요구된다고 강조하였고, 지리 교사들은 지도의 축척 계산, 지역별 통계 자료 해석 등을 학습하는 장면에서 비례식 계산과 같은 유리수의 사칙계산 능력, 통계 자료의 해석 능력이 필요하다고 응답하였다.

〈표 4〉 사회 관련 교과 교사 설문 결과

| 문항 / 과목 | 2번 | 3번 | 4번 |
|---|---|---|---|
| 사회 | 확률과 통계, 함수의 그래프(인구성장, 출산율, 선거 투표율, 수요 및 공급 곡선 등 자료 분석), 사칙계산, 일차방정식, 등식의 변형 | 통계(자료 해석 능력), 확률, 이차방정식, 함수(경제 단원을 학습할 때 꼭 필요함) | 문장제 문제를 수식으로 표현하는 능력 부족 |
| 역사 | 문자의 사용 | 사칙계산, 일차식의 덧셈과 뺄셈, 확률과 통계 | 문자와 식 이해력 부족(사칙 계산), 확률과 통계(그래프 해석) |
| 지리 | 일차 및 이차함수의 의미와 그래프, 사칙계산, 일차방정식, 도수분포표, 중앙값, 최빈값, 평균, 분산 | 일차 및 이차함수의 의미와 그래프, 통계(도수분포표, 중앙값, 최빈값, 평균, 분산) | 사칙 계산 능력 부족 |

### 2.2.4 기술·가정 및 정보 관련 교과

기술·가정 및 정보 교사들은 자신들이 가르치는 과목에서 중학교 수학과 관련이 있는 학습내용으로 BMI 계산, 식단 구성, 알고리즘 작성 등을 언급하였으며, 이들은 수와 연산, 문자와 식, 기하 등의 영역과 관련이 있다. 각 영역별 학습내용은 〈표 5〉와 같으며, 수와 연산 영역에서는 정수와 유리수의 사칙계산, 소인수분해하기, 실수의 대소 관계 등과 관련이 있다. 또한 문자와 식 영역에서는 다양한 상황을 문자를 사용한 식으로 나타내기, 식의 값 구하기, 일차식의 덧셈과 뺄셈, 다항식의 곱셈과 나눗셈, 지수법칙의 이해, 일차방정식의 풀이, 함수의 개념 등과 관련이 있다. 한편 정보 관련 교사들은 학생들에게 요구되는 수학적 능력으로 '기하적 사고 능력'과 '알고리즘 작성 능력' 등을 언급하였다.

〈표 5〉 기술·가정 및 정보 교사 설문 결과

| 문항 / 과목 | 2번 | 3번 | 4번 |
|---|---|---|---|
| 기술·가정 | 문자와 식(BMI 계산), 수와 연산(식단 구성, 전자) | 소인수분해, 실수의 대소 관계, 다항식의 사칙계산, 일차방정식, 문자의 사용, 지수법칙, 함수의 개념 | 다항식의 사칙계산, 일차방정식, 지수법칙 |
| 정보 | 수와 연산, 문자와 식, 기하 | 수와 연산, 문자와 식, 기하 | 수학적 알고리즘 작성 능력 부족 |

### 2.2.5 미술 및 체육 관련 교과

미술 교사들은 <표 6>과 같이 중학교 기하 단원의 '점-직선-평면 사이의 위치관계'를 이해하는 능력이 학생들에게 반드시 요구된다고 하였으며, 체육 교사들은 운동 역학과 관련된 학습내용을 지도할 때 학생들의 수학적 능력, 특히 다항식의 사칙계산 능력과 그래프 해석 능력이 부족하여 곤란을 겪은 적이 많다고 응답하였다.

<표 6> 미술 및 체육교사 설문 결과

| 문항 / 과목 | 2번 | 3번 | 4번 |
|---|---|---|---|
| 미술 | 기하 | 기하(점-직선-평면 사이의 위치관계) | |
| 체육 | 문자와 식, 함수(운동 역학) | 문자와 식, 확률과 통계 | 다항식의 사칙계산 능력 부족, 그래프 해석 능력 부족 |

## 3 타 교과 교과서 분석 결과

### 3.1 교과서 분석 기준

2009 개정 교육과정(2011. 8)에 제시된 중학교 수학과 영역별(수와 연산, 문자와 식, 함수, 확률과 통계, 기하) 성취 기준에 따른 학습내용에다 2015 개정 교육과정(2015. 8)에서 추가 또는 삭제된 내용을 반영한 '중학교 수학과 타 교과의 연결성 확인을 위한 교과서 분석 기준'을 제시하면 다음 <표 7>과 같다. 한편 2015 개정 교육과정 수학과 주요 변화 내용을 정리하면 다음과 같다. 먼저 문자와 식 영역의 경우, '연립일차부등식의 풀이'가 고등학교로 상향 이동되었다. 함수 영역의 경우, 초등학교의 '정비례와 반비례' 단원이 중학교로 상향 이동되었고, '이차함수의 최대, 최소' 단원은 고등학교로 상향 이동되었으며, 중학교에서는 그래프를 이해하고 해석하는 능력을 강조하고 있다. 기하 영역의 경우, '피타고라스의 정리' 단원이 중학교 3학년 과정에서 중학교 2학년 과정으로 하향 이동되었으며, 확률과 통계 영역의 경우, '도수분포표에서의 자료의 평균'이 삭제된 반면, '자료의 상관관계'는 추가되었다.

〈표 7〉 중학교 수학과 타 교과의 연결성 확인을 위한 교과서 분석 기준

| 영역 | 학습내용 | 성취기준에 따른 학습내용 |
|---|---|---|
| 수와 연산 | 소인수분해 | 소인수분해하기 |
| | | 최대공약수와 최소공배수 구하기 |
| | 정수와 유리수 | 정수와 유리수의 대소 관계 |
| | | 정수와 유리수의 사칙계산 |
| | 유리수와 순환소수 | 유리수와 순환소수의 관계 |
| | 제곱근과 실수 | 제곱근의 뜻과 무리수의 개념 |
| | | 실수의 대소 관계 |
| | 근호를 포함한 식의 계산 | 근호를 포함한 식의 사칙계산 |
| 문자와 식 | 문자의 사용과 식의 계산 | 다양한 상황을 문자를 사용한 식으로 나타내기 |
| | | 식의 값 구하기 |
| | | 일차식의 덧셈과 뺄셈 |
| | 일차방정식 | 다양한 상황을 이용하여 일차방정식과 그 해의 의미 이해하기 |
| | | 일차방정식의 풀이 |
| | 식의 계산 | 이차식의 덧셈과 뺄셈 |
| | | 지수법칙의 이해 |
| | | 다항식의 곱셈의 원리 및 곱셈공식 |
| | | 다항식의 나눗셈 계산 |
| | | **(−)간단한 등식의 변형** |
| | 미지수가 2개인 연립일차방정식 | 미지수가 2개인 연립일차정식의 풀이 |
| | 일차부등식과 연립일차부등식 | 다양한 상황을 이용하여 일차부등식과 그 해의 의미 이해하기 |
| | | 일차부등식의 풀이 |
| | | **(−)연립일차부등식의 풀이** |
| | 다항식의 인수분해 | 인수분해하기 |
| | 이차방정식 | 이차방정식의 의미와 풀이 |
| 함수 | 함수와 그래프 | **(+)정비례와 반비례의 개념** |
| | | 다양한 상황을 표와 식으로 나타내고 함수의 개념 이해하기 |
| | | 순서쌍과 좌표의 이해 |
| | | 함수를 그래프로 나타내기 |
| | 일차함수와 그래프 | 일차함수의 의미 이해 |
| | | 일차함수의 그래프 그리기 및 해석 |
| | 일차함수와 | 일차함수와 미지수가 2개인 일차방정식의 관계 이해 |

| | | |
|---|---|---|
| | 일차방정식의 관계 | |
| | 이차함수와 그래프 | 이차함수의 의미 이해 |
| | | 이차함수의 그래프 그리기 및 해석 |
| 확률과 통계 | 도수분포와 그래프 | 줄기와 잎 그림, 도수분포표, 히스토그램, 도수분포다각형을 이해하고 해석하기 |
| | | 상대도수 구하기 및 상대도수 분포의 이해 |
| | 확률과 그 기본 성질 | 경우의 수 구하기 |
| | | 확률의 계산 |
| | 대푯값과 산포도 | 중앙값, 최빈값, 평균의 의미 이해 및 계산 |
| | | 분산과 표준편차의 의미 이해 및 계산 |
| | | **(+)자료의 상관관계** |
| 기하 | 기본 도형 | 점, 선, 면, 각을 이해하고, 점, 직선, 평면의 위치 관계를 설명하기 |
| | | 동위각과 엇각의 성질 이해 |
| | 작도와 합동 | 삼각형의 작도 |
| | | 삼각형의 합동 조건 이해 |
| | 평면도형의 성질 | 다각형의 성질 |
| | | 부채꼴의 중심각과 호의 관계 이해<br>/부채꼴의 넓이와 호의 길이 계산 |
| | 입체도형의 성질 | 다면체의 뜻과 그 성질 |
| | | 회전체의 뜻과 그 성질 |
| | | 입체도형의 겉넓이와 부피 계산 |
| | 삼각형과 사각형의 성질 | 이등변삼각형의 성질 |
| | | 삼각형의 외심과 내심의 성질 |
| | | 사각형의 성질 |
| | 도형의 닮음 | 닮은 도형의 성질 이해 |
| | | 삼각형의 닮음조건 이해 |
| | 닮음의 활용 | 평행선 사이의 선분의 길이의 비 |
| | | 닮은 도형의 성질을 활용한 여러 가지 문제해결 |
| | 피타고라스 정리 | 피타고라스 정리의 이해 및 활용 |
| | 삼각비 | 삼각비의 값 구하기 |
| | | 삼각비를 활용한 실생활 문제해결 |
| | 원의 성질 | 원의 현에 관한 성질과 접선에 관한 성질 이해 |
| | | 원주각의 성질 이해 |

※ 2015개정 교육과정에 새로 추가된 학습내용은 (+), 삭제된 학습내용은 (−)로 표시하였음.

## 3.2 교과서 분석 결과

중학교 수학과 타 교과의 연결성을 조사하기 위하여 C사의 교과서 32권(중학교 교과서 24권, 고등학교 교과서 8권), D사의 교과서 32권(중학교 교과서 24권, 고등학교 교과서 8권) 등 총 64권의 중·고등학교 교과서를 분석하였다. 분석에 활용된 교과서는 검정 또는 인정 도서이므로 출판사별로 검·인정에 합격한 교과서의 교과목 종류 및 그 수가 상이하기 때문에 두 출판사가 공통적으로 보유하고 있는 과목의 교과서를 중심으로 분석을 실시하였다. 분석은 각 교과별 교과서에 중학교 수학 학습내용이 포함된 사례 수를 조사하는 방식으로 수행되었으며, 사례의 판단 여부는 위의 <표 7>을 근거로 하였다. 이와 같이 양적 분석에 활용된 교과서를 살펴보면, 중학교의 경우 과학1, 과학2, 과학3, 기술·가정1, 기술·가정2, 정보, 국어1, 국어2, 국어3, 국어4, 국어5, 국어6, 사회1, 사회2, 역사1, 역사2, 도덕1, 도덕2, 체육, 미술, 영어1, 영어2, 영어3, 음악 등 24권이고, 고등학교의 경우 기술·가정, 국어Ⅰ, 국어Ⅱ, 문학, 한국사, 운동과 건강생활, 영어Ⅰ, 영어Ⅱ 등 8권이다. 다음 <표 8>은 중학교 교과서 48권, <표 9>는 고등학교 교과서 16권의 양적 분석 결과이다.

<표 8> 중학교 교과서 2종의 분석 결과

| 영역 \ 교과 | 과학 1-3 | 기술 가정 1-2 | 정보 | 국어 1-6 | 사회 1-2 | 역사 1-2 | 도덕 1-2 | 체육 | 미술 | 영어 1-3 | 음악 | 계 |
|---|---|---|---|---|---|---|---|---|---|---|---|---|
| 수와 연산 | 6 | 0 | 1 | 0 | 0 | 0 | 0 | 0 | 0 | 0 | 1 | 8 |
| 문자와 식 | 40 | 4 | 7 | 0 | 1 | 0 | 0 | 3 | 0 | 0 | 0 | 55 |
| 함수 | 135 | 1 | 4 | 1 | 14 | 0 | 0 | 1 | 0 | 0 | 0 | 156 |
| 확률과 통계 | 3 | 15 | 1 | 9 | 47 | 9 | 2 | 1 | 0 | 3 | 0 | 90 |
| 기하 | 13 | 10 | 0 | 0 | 1 | 0 | 0 | 0 | 7 | 0 | 0 | 31 |
| 계 | 197 | 30 | 13 | 10 | 63 | 9 | 2 | 5 | 7 | 3 | 1 | 340 |

〈표 9〉 고등학교 교과서 2종의 분석 결과(1)

| 교과 / 영역 | 기술가정 | 국어 Ⅰ-Ⅱ | 문학 | 한국사 | 운동과 건강생활 | 영어 Ⅰ-Ⅱ | 계 |
|---|---|---|---|---|---|---|---|
| 수와 연산 | 0 | 0 | 0 | 0 | 4 | 2 | 6 |
| 문자와 식 | 0 | 0 | 0 | 0 | 6 | 3 | 9 |
| 함수 | 0 | 0 | 0 | 1 | 0 | 1 | 2 |
| 확률과 통계 | 3 | 6 | 3 | 38 | 4 | 0 | 54 |
| 기하 | 2 | 0 | 0 | 0 | 1 | 0 | 3 |
| 계 | 5 | 6 | 3 | 39 | 15 | 6 | 74 |

상기 분석표에 기재된 사례 수는 각 교과별 두 개의 출판사의 사례 수를 조사한 다음, 그 수를 합한 값으로 나타내었기 때문에 분석 결과를 일반화하기는 어렵다. 하지만 어떤 교과의 학습내용이 수학과 어느 정도 연결되어 있는지를 대략적으로 파악할 수 있으며, 이는 교과서의 질적인 분석을 보다 용이하게 할 것이라고 판단하였다. 중학교의 경우 과학 관련 교과에서의 사례가 가장 많이 확인되었으며, 그 다음으로 사회, 기술·가정, 정보, 국어, 역사, 미술 순이었다. 타 교과에 가장 많이 포함된 수학 내용 영역은 함수(46%)이고, 그 다음으로 확률과 통계(26%), 문자와 식(16%), 기하(9%) 등이다. 고등학교의 경우 과학 관련 교과를 제외하고는 한국사, 운동과 생활건강(체육 관련 교과), 국어(문학 포함), 영어, 기술·가정 순으로 사례 수의 빈도가 높았다. 영역별로는 확률과 통계(73%), 문자와 식(12%), 수와 연산(8%), 기하(4%), 함수(3%) 순이었다. 앞의 〈표 9〉는 과학 관련 교과를 제외한 결과로, 〈표 8〉의 결과를 미루어 본다면 고등학교도 중학교와 마찬가지로, 과학 관련 교과의 사례가 많을 것으로 예측하였다. 따라서 C출판사의 과학 관련 교과서인 물리Ⅰ, 물리Ⅱ 교과서를 추가로 분석하여 사례 수를 조사한 다음, 그 결과를 〈표 9〉와 합하여 다음 〈표 10〉과 같이 제시하였다[1].

---

1) 고등학교 과학 관련 교과 중 '물리'를 선택한 근거는 〈표 2〉의 2, 3, 4번 문항의 응답 결과로부터 확인할 수 있다. 한편 D사는 고등학교 물리 교과서를 출간하지 못한 관계로 C사의 자료만 분석하였다.

〈표 10〉 고등학교 교과서 2종의 분석 결과(2) (단, 물리 교과서는 1종만 분석)

| 교과 / 영역 | 물리 Ⅰ-Ⅱ | 기술가정 | 국어 Ⅰ-Ⅱ | 문학 | 한국사 | 운동과 건강생활 | 영어 Ⅰ-Ⅱ | 계 |
|---|---|---|---|---|---|---|---|---|
| 수와 연산 | 0 | 0 | 0 | 0 | 0 | 4 | 2 | 6 |
| 문자와 식 | 46 | 0 | 0 | 0 | 0 | 6 | 3 | 55 |
| 함수 | 45 | 0 | 0 | 0 | 1 | 0 | 1 | 47 |
| 확률과 통계 | 0 | 3 | 6 | 3 | 38 | 4 | 0 | 54 |
| 기하 | 9 | 2 | 0 | 0 | 0 | 1 | 0 | 12 |
| 계 | 100 | 5 | 6 | 3 | 39 | 15 | 6 | 174 |

위의 〈표 10〉에서와 같이 고등학교에 과학 관련 교과를 포함할 경우, 물리Ⅰ과 물리Ⅱ의 사례수의 합은 100건으로 가장 많으며2), 그 다음이 한국사, 운동과 건강생활 순이다. 영역별로는 문자와 식(32%), 확률과 통계(31%), 함수(27%)로 세 개의 영역이 비슷한 수준이며, 기하(7%) 영역과 수와 연산(3.5%) 영역의 사례는 적은 편이다. 상기의 분석 결과는 교과서 분석의 질적 사례를 제공하는 단서가 될 수 있다.

한편 교과서를 질적으로 분석하기 위하여 교사 설문 결과 및 〈표 8〉과 〈표 10〉의 교과서 분석 결과를 활용하였다. 교과별로 수학과 연결성이 높은 영역이 무엇인지, 교사의 설문에서 각 교과 담당 교사들이 강조한 부분이 무엇인지를 분석하여 대표 사례를 추출한 다음, 〈표 2〉부터 〈표 6〉까지의 교사 설문 분석 결과와 〈표 7〉의 교과서 분석 기준, 그리고 〈표 8〉의 중학교 교과서 분석 결과 및 〈표 10〉의 고등학교 교과서 분석 결과를 근거로 추출된 사례를 해석하였다. 또한 교사의 설문 결과를 토대로 질적 분석을 위한 교과서 사례를 충분히 확보하기 위하여 고등학교의 과학, 사회, 윤리 관련 교과서를 추가로 분석하였다3). 각 교과별 분석 결과는 다음과 같다.

### 3.2.1 과학 관련 교과의 대표 사례

과학 교과서에 중학교 수학 학습내용이 포함된 대표 사례를 살펴보면, [그림 1]과 같다.

2) 물리 교과는 1개의 출판사의 사례 수만을 조사하였음에도 불구하고, 다른 교과들(2개의 출판사의 사례 수의 합)보다 사례 수가 더 많았다.

3) C사의 생명과학Ⅰ, 생명과학Ⅱ, 화학Ⅰ, 화학Ⅱ, 한국지리, 생활과 윤리 등 6권의 교과서를 추가로 분석하였다.

김수철(대구가톨릭대학교)

중학교 과학1의 '용수철의 늘어난 길이에 따른 탄성력의 크기'는 '함수 영역의 정비례의 개념', '다양한 상황을 표와 식으로 나타내고 함수의 개념 이해하기', '함수를 그래프로 나타내기' 등의 수학 학습내용과 연결되어 있다. 앞의 <표 8>, <표 10>에서와 같이 중·고등학교에서는 과학 관련 교과에서 함수 영역의 사례를 가장 많이 확인할 수 있으며, 앞의 <표 2>에서와 같이, 과학 교사들은 함수 영역의 학습내용이 자신들이 가르치는 내용과 많은 관련이 있다고 언급하였다. 따라서 교과 간 연결을 고려할 때 중학교 1학년 함수 단원을 학습한 후, 과학1에서 '힘과 운동'과 관련된 주제를 다루는 것이 보다 효과적일 수 있다. 또한 '정비례와 반비례의 개념', '함수의 의미 및 그래프 해석' 등은 중학교 2학년 과정인 과학2에서도 계속적으로 등장하기 때문에 수업시간에 충실하게 지도할 필요가 있다.

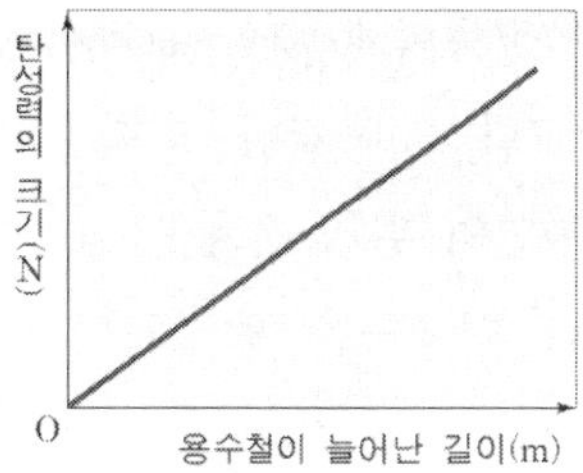

탄성력의 크기와 용수철이 늘어난 길이와의 관계 | 그림 III-13 |

**[그림 1]** 이면우 외 (2013, p.106)

고등학교 물리 교과서에 중학교 수학 학습내용이 포함된 대표 사례를 살펴보면, [그림 2]와 같다. 물리 I 의 '삼각형의 성질을 이용한 거리 측정'은 '점, 선, 면, 각의 이해', '닮은 도형의 성질 이해', '삼각비를 활용한 실생활 문제해결', '간단한 등식의 변형' 등의 수학 학습내용과 연결되어 있다. 학생들은 [그림 2]와 같은 문제를 해결할 때 중학교 2학년에서 배운 '닮은 도형의 성질'을 이용하거나 중학교 3학년에서 배운 '삼각비'를 활용하여 문제를 해결할 수 있으며, 비례식을 계산하여 주어진 문제의 답을 구하기 위해서는 '간단한 등식의 변형'도 할 수 있어야 한다.

그림 I-5와 같이 눈의 높이를 $h$, 교실 뒷벽까지의 거리를 $x$, 종이에 그린 닮은 꼴 삼각형의 높이를 $a$, 밑변의 길이를 $b$라고 하면 $h:x=a:b$이다. 따라서 $x=\frac{b}{a}h$가 되므로 교실 뒷벽까지의 거리 $x$를 구할 수 있다.

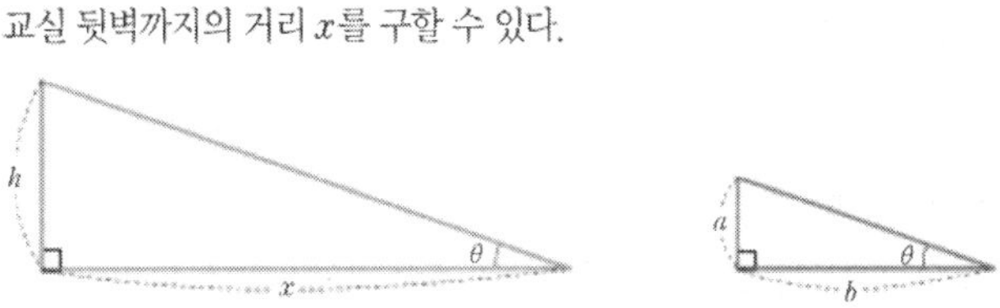

그림 I-5 삼각형의 성질을 이용한 거리 측정

**[그림 2]** 곽성일 외(2014, p.21)

고등학교 화학 교과서에 중학교 수학 학습내용이 포함된 대표 사례를 살펴보면, 다음 [그림 3]과 같다. 화학Ⅰ의 '탄소의 사면체 구조'는 '점, 선, 면, 각을 이해하고, 점-직선-평면의 위치 관계를 설명하기', '다면체의 뜻과 성질' 등의 수학 학습내용과 연결되어 있다. 학생들은 '탄소의 4개 공유 결합 위치'를 파악할 때 중학교 1학년에서 배운 '정사면체의 성질'을 이해하고 '점-직선-평면의 위치 관계'를 설명할 수 있어야 한다. 앞의 <표 2>의 화학 교사의 설문 결과에서와 같이 학생들이 정다면체의 성질을 잘 이해하고 있지 못한다면 [그림 3]과 같은 학습 장면에서 어려움을 겪을 수도 있다.

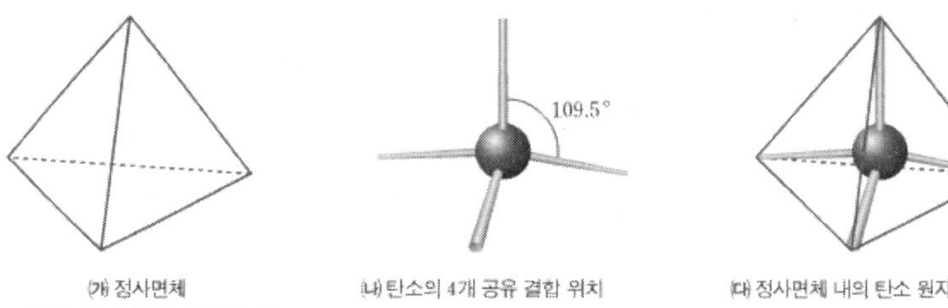


**[그림 3]** 노태희 외(2014, p.167)

고등학교 생명과학Ⅰ 교과서에 중학교 수학 학습내용이 포함된 대표 사례를 살펴보면, 왼쪽 [그림 4]와 같다. 생명과학Ⅰ 유전과 진화 단원의 '두 쌍의 대립 형질의 유전'은 '경우의 수 구하기', '확률의 계산' 등의 수학 학습내용과 연결되어 있다. 학생들은 '두 쌍의 대립 형질의 유전'을 학습할 때 잡종 2대에서 어떠한 생식 세포가 서로 결합하여 어떠한 형질로 유전이 되는지를 살펴본 다음, 각각의 형질이 우성과 열성으로 어떻게 유전되는지를 '확률'로 계산하여 확인할 수 있어야 한다. 앞의 <표 2>의 생물 교사의 설문 결과에서와 같이, [그림 4]의 내용을 이해하기 위해서는 '경우의 수와 확률의 계산'에 대한 학습이 선행될 필요가 있다.

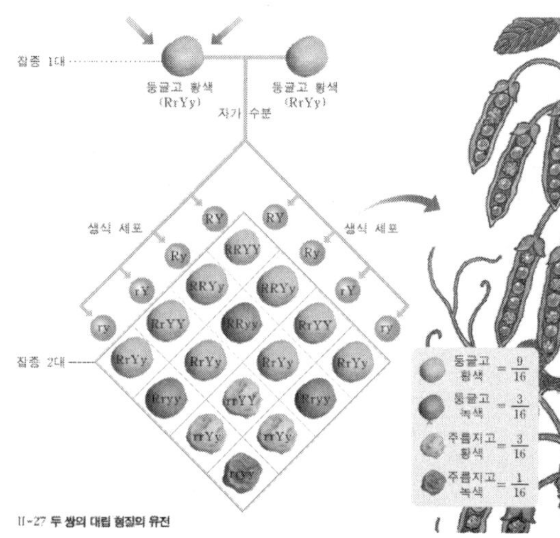


**[그림 4]** 이준규(2014, p.71)

### 3.2.2 국어 및 영어 교과의 대표 사례

문학 교과서에 중학교 수학 학습내용이 포함된 대표 사례를 살펴보면, 다음 [그림 5]와 같다. [그림 5]에 제시된 지문의 내용은 중학교 수학 확률과 통계 영역의 '히스토그램과 도수분포다각형을 이해하고 해석하기'와 연결되어 있다. <표 8>, <표 10>의 분석 결과는 국어 또는 문학 교과의 학습내용이 '확률과 통계' 영역과 연결성이 높다는 것을 잘 보여주고 있다. 고등학교 문학 교과에서는 비문학 소재로 '통계 자료의 이해 및 해석'과 관련된 주제가 종종 다루어지고 있기 때문에 수학교사가 수업시간에 확률과 통계 영역을 지도할 때, '다양한 통계적 자료를 그래프로 변환하고 그것을 해석하는 활동'을 강조할 필요가 있다.

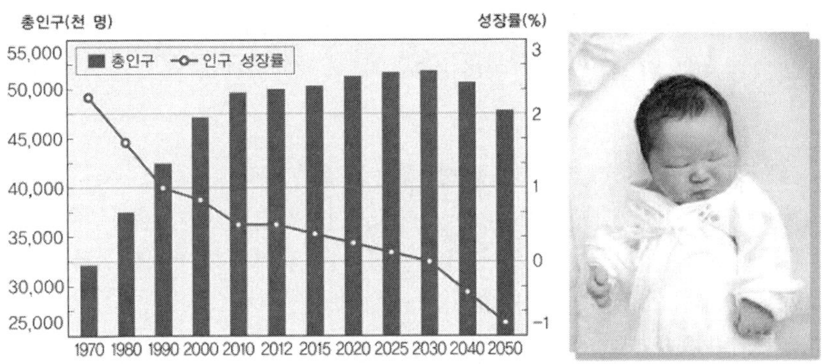


※ 인구 성장률: 자연 증가율과 사회적 증가율의 합으로 전년 대비 인구 변화율 및 특정 시점에서 비교되는 시점까지의 증가분을 나타내는 지표로, 전년 대비 인구 변화율임.

**[그림 5]** 김창원 외(2014, p.28)

영어 교과서에 중학교 수학 학습내용이 포함된 대표 사례를 살펴보면, [그림 6]과 같다. 고등학교 영어 I 교과서의 지문 속에 등장하는 실생활에서의 수학적 문제를 해결하는 장면은 '다양한 상황을 이용하여 일차방정식과 그 해의 의미 이해하기', '일차방정식의 풀이', '정수와 유리수의 대소 관계', '정수와 유리수의 사칙계산' 등과 연결되어 있다. 이처럼 고등학교 영어 교과서에는 수학적 사고력을 요

**Lotion in a Bottle**

Arthur bought his wife a gift,
a beautiful bottle of lotion.
He paid $10.
He intended to recycle the bottle,
so he asked about the price of the bottle.
The shopkeeper said,
"The lotion is worth $9 more than the bottle."
How much is the bottle worth?

**[그림 6]** 김진완 외(2013, p.185)

하는 지문이 종종 등장하고 있고, 이러한 내용들은 중학교 수준의 수학 학습내용과 직접적인 관련이 있으므로 수학교사들은 중학교에서 '수와 연산'이나 '문자와 식' 영역을 지도할 때 가르칠 내용과 관련이 있는 영어 지문을 수업의 소재로 활용함으로써 학생들이 수학과 관련된 영어 지문을 해석할 때 어려움을 겪지 않도록 미리 도움을 줄 수도 있다.

### 3.2.3 사회 관련 교과의 대표 사례

사회 교과서에 중학교 수학 학습내용이 포함된 대표 사례를 살펴보면, 다음 [그림 7]과 같다. 사회 수업시간에 학생들이 '공간 범위에 따라 어떤 지도를 활용하는 게 유용할까?' 라는 문제를 해결하기 위해서는 지도를 활용할 때 축척의 의미를 이해하고 지도 상에 표현된 거리와 실제 거리 사이의 관계도 파악해야 한다. 이는 중학교 기하 영역 '닮음의 활용' 단원의 '평행선 사이의 선분의 길이의 비', '닮은 도형의 성질을 활용한 여러 가지 문제해결' 등의 학습내용과 연결되어 있다.

**◯ 공간 범위에 따라 어떤 지도를 활용하는 게 유용할까?**

실제 땅 위에 나타나는 여러 가지 지리적 현상들을 지도 상에 나타내기 위해 실제 거리를 일정한 비율로 줄여서 나타내는데, 이를 축척이라고 한다. 1:50,000인 지도는 실제 거리 50,000cm를 지도 상에서 1cm로 줄여 표현한 것을 의미한다.

**[그림 7]** 김진수 외(2013, p.17)

고등학교 한국사 교과서의 대표 사례는 [그림 8]과 같다. '1921년부터 1927년까지 2년마다의 조선과 일본의 공장 수 및 생산액의 상관관계 그래프를 해석'하는 과정은 중학교 수학 확률과 통계 영역의 '히스토그램과 도수분포다각형'과 관련이 있다. 앞의 <표 4>에서도 알 수 있듯이, 역사 교사들은 '확률과 통계 영역에서의 그래프 해석 능력'이 학생들에게 반드시 요구된다고 강조하였으며, 앞의 <표 8>과 <표 10>의 결과를 통해서도 위의 사실을 잘 확인할 수 있다.

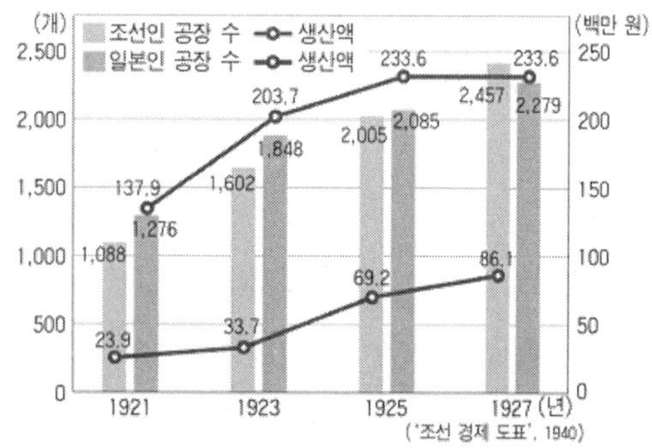


**[그림 8]** 왕현종 외(2014, p.217)

고등학교 한국지리 교과서의 '겨울철 새벽 운동은 건강에 좋을까?'라는 [그림 9]와 같은 사례에서 학생들이 분지 지형의 기온 변화 그래프를 해석하고 역전층의 개념을 이해하기 위해서는 '이차함수의 그래프 그리기 및 해석'이 가능해야 하며, 기온과 고도의 관계를 나타내는 그래프를 해석하기 위해서는 '순서쌍과 좌표의 이해', '함수를 그래프로 나타내기' 등의 학습내용을 제대로 이해하고 있어야 한다. 앞의 <표 4>의 지리 교사의 설문 결과는 이상의 분석 결과에 대한 근거를 제공하고 있다.

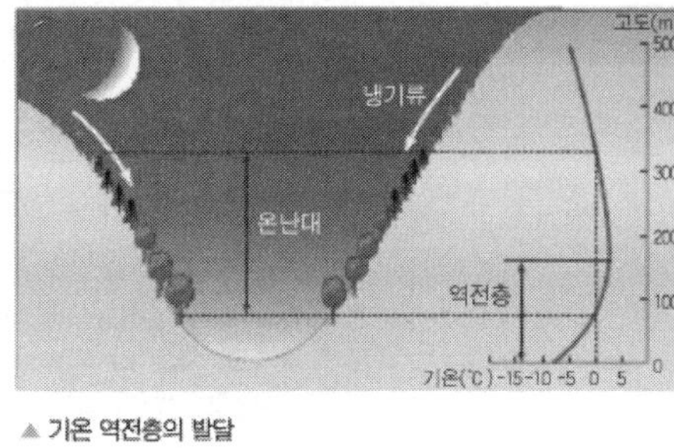


**[그림 9]** 박병익 외(2014, p.80)

### 3.2.4 기술·가정 및 정보 교과의 대표 사례

앞의 <표 8>에서와 같이 중학교 기술·가정 교과와 연결성이 높은 중학교 수학 내용 영역은 '확률과 통계', '문자와 식' 등이며, 그 대표 사례는 다음 [그림 10]과 같다. 이 학습내용은 비만도 측정과 관련된 것으로, 학생들이 체질량 지수(BMI)를 구할 때, 문자와 식 영역의 '식의 값 구하기'와 수와 연산 영역의 '정수와 유리수의 사칙계산' 등의 학습내용을 제대로 이해하고 있어야 한다.

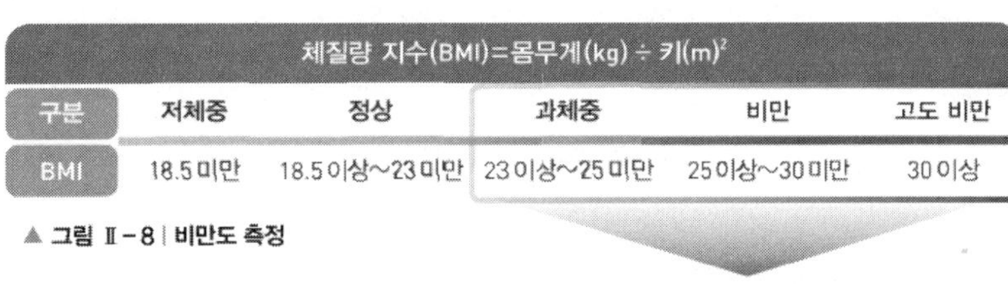

체질량 지수(BMI)=몸무게(kg) ÷ 키(m)²

| 구분 | 저체중 | 정상 | 과체중 | 비만 | 고도 비만 |
|---|---|---|---|---|---|
| BMI | 18.5 미만 | 18.5 이상~23 미만 | 23 이상~25 미만 | 25 이상~30 미만 | 30 이상 |

▲ 그림 Ⅱ-8 | 비만도 측정

**[그림 10]** 이춘식 외(2013, p.63)

한편 중학교 정보 교과서의 대표 사례를 살펴보면, 다음 [그림 11]과 같이 '프로그래밍 단원'에서 프로그래밍 언어를 작성하는 연산자로 이루어진 수식이 수학에서 사용하는 계산 순서와 유사하다는 것을 확인할 수 있으며, 이는 '정수와 유리수의 사칙계산'을 학습할 때 복잡한 사칙계산을 수행하는 학습내용과 연결되어 있다.

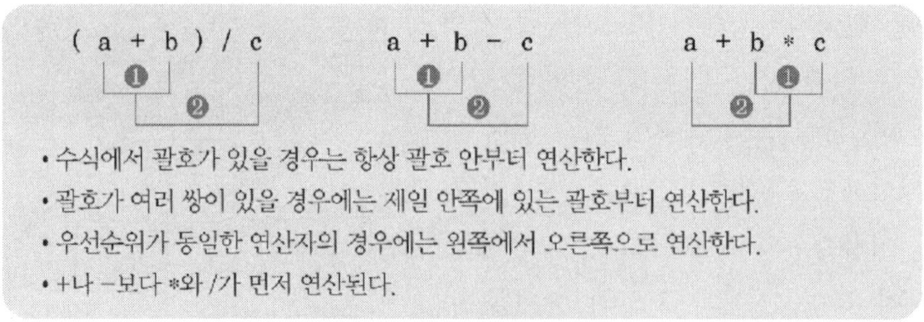


**[그림 11]** 이태욱 외(2013, p.197)

### 3.2.5 체육 및 예술 관련 교과의 대표 사례

고등학교 체육 관련 교과인 운동과 건강생활의 대표 사례는 다음 [그림 12]와 같으며, '표준 체중을 구하는 공식'과 '비만도 구하는 공식' 등은 중학교의 '문자와 식' 영역과 '수와 연산' 영역의 학습내용과 연결되어 있다. 예를 들어, 표준 체중을 구하기 위해서는 주어진 공식에 자신의 키를 대입하여 유리수 범위에서 사칙계산을 수행할 수 있어야 한다.

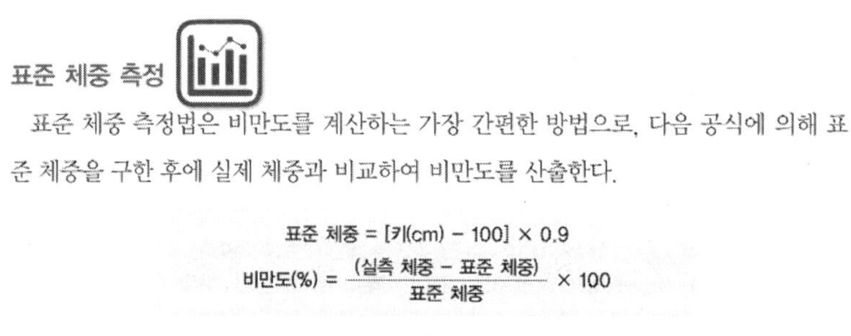
표준 체중 측정

표준 체중 측정법은 비만도를 계산하는 가장 간편한 방법으로, 다음 공식에 의해 표준 체중을 구한 후에 실제 체중과 비교하여 비만도를 산출한다.

$$\text{표준 체중} = [\text{키(cm)} - 100] \times 0.9$$

$$\text{비만도(\%)} = \frac{(\text{실측 체중} - \text{표준 체중})}{\text{표준 체중}} \times 100$$

**[그림 12]** 주명덕 외(2014, p.56)

한편 중학교 음악 교과의 대표 사례는 다음 [그림 13]과 같다. 이 사례는 $\frac{3}{4}$박자의 여러 가지 리듬 꼴을 만들어 보는 활동으로, 학생들은 $\frac{1}{2}+\frac{1}{2}=1$박, $\frac{1}{4}+\frac{3}{4}=1$박 등이 된다는 사실을 이해해야 하고, 한 마디가 3박자로 구성된다는 것도 이해할 수 있어야 한다. 이는 중학교 수학 '수와 연산' 영역의 학습내용 중 '정수와 유리수의 사칙계산'과 연결되어 있다.

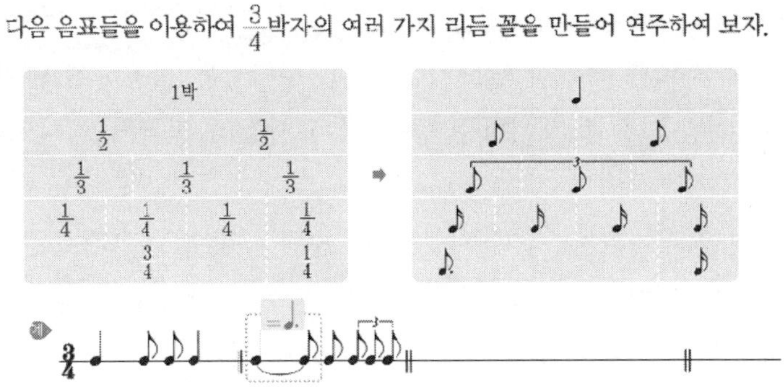


**[그림 13]** 최은식 외(2013, p.133)

## 4 결론

타 교과의 학습내용에 중학교 수학 학습내용이 포함된 사례는 과학, 사회 관련 교과가 타 교과보다 많은 편이며, 특히 과학 관련 교과는 '함수' 영역, 사회 관련 교과는 '확률과 통계' 영역과의 연결성이 높은 편이다. 고등학교 체육 관련 교과에서는 '수와 연산', '문자와 식', '확률과 통계' 영역과 관련된 학습 사례를, 중학교 기술·가정 교과에서는 '확률과 통계' 또는 '기하' 영역과 관련된 학습 사례를, 중학교 정보 교과에서는 '문자와 식', '함수' 영역과 관련된 학습 사례를 종종 확인할 수 있다. 반면에 국어, 영어 등과 같은 언어 관련 교과와 음악, 미술 등과 같은 예술 관련 교과, 그리고 정보 등과 같은 선택 교과에서는 수학 관련 사례를 확인하기가 쉽지는 않다.

한편 교과서의 질적 분석 결과는 다음과 같은 함의를 제공하고 있다.

첫째, 과학 관련 교과에서는 '일차 및 이차함수의 개념을 이해하고 그래프를 해석하는 능력', '닮은 도형의 성질을 이해하거나 삼각비를 활용한 실생활 문제를 해결하는 능력', '다면체의 성질을 이해하는 능력', '확률을 계산하는 능력' 등이 요구되므로 교사는 이러한 요소들을 수학 수업시간에 강조하고, 과학 관련 소재를 가르칠 내용과 적절히 연결시켜 지도할 필요가 있다.

둘째, 국어 및 영어 관련 교과에서는 '통계 자료를 해석하는 능력', '정수와 유리수의 계산 능력', '다양한 상황을 이용하여 일차방정식과 그 해의 의미를 이해하는 능력', '수학사를 이해하는 능력' 등이 요구되므로 수학 수업 설계 시 국어나 영어 교과서의 지문과 같은 수학 외적 자료를 수집할 필요가 있으며, 수학사를 활용하여 단원을 도입하거나 수학사와 관련된 수행 과제를 제시하는 등 수학 교사들의 적극적인 시도와 노력이 필요하다.

셋째, 사회 관련 교과에서는 '통계 자료 해석 능력', '함수의 그래프를 해석하는 능력', '닮은 도형의 성질을 이해하는 능력' 등이 요구되므로 중학교에서 '통계' 단원을 지도할 때 사회 관련 교과의 자료를 수업의 소재로 활용하고, '함수' 단원을 지도할 때에는 그래프를 해석하는 활동을 강조할 필요가 있다. 또한 '도형의 닮음' 단원 도입 시 지도를 활용하여 축척의 의미와 닮음비의 의미를 연결 지을 수도 있다.

넷째, 기술·가정 및 정보 교과에서는 '식의 값 구하기', '정수와 유리수의 사칙계산' 등과 같이 문자를 활용하거나 계산 능력을 요하는 학습내용을 많이 포함하고 있으므로 수학 수업시간에 대수적 구조와 원리를 이해하는 학습과 함께 계산 능력 배양과 관련된 학습이 강조될 필요가 있다.

다섯째, 음악 교과에는 음표를 이용하여 여러 가지 리듬을 만드는 과정에서 '유리수의 사칙계산 능력'이 요구되고, 미술 교과에서는 '기본 도형과 입체 도형의 성질을 이해하는 능력'이 요구된다. 또한 체육 교과에서는 비만도를 계산할 때 '식의 값을 계산하는 능력'이나 스포츠와 관련된 '통계 자료를 해석하는 능력' 등이 요구된다. 따라서 교사가 수업시간에 이러한 예술 또는 체육 분야의 소재를 수학과 연결 짓는 등 수학의 필요성과 유용성을 강조한다면 학생들이 수학에 대한 긍정적인 태도를 가질 수 있을 것이다.

# 참고문헌


강신복 외 (2013). **중학교 체육**. 서울: 동아출판.

고승혜 외 (2013). **중학교 미술**. 서울: 동아출판.

곽성일 외 (2014). **고등학교 물리Ⅰ**. 서울: 천재교육.

곽성일 외 (2014). **고등학교 물리Ⅱ**. 서울: 천재교육.

교육과학기술부(2011). **2009 개정 수학과 교육과정**. http://ncic.re.kr.

교육부 (2015). **2015 개정 수학과 교육과정**. http://ncic.re.kr.

김상협 외 (2013). **중학교 과학1**. 서울: 동아출판.

김상협 외 (2013). **중학교 과학2**. 서울: 동아출판.

김상협 외 (2013). **중학교 과학3**. 서울: 동아출판.

김선아 외 (2013). **중학교 미술**. 서울: 천재교육.

김종철 외 (2014). **고등학교 국어Ⅰ**. 서울: 천재교육.

김종철 외 (2014). **고등학교 국어Ⅱ**. 서울: 천재교육.

김진수 외 (2013). **중학교 사회1**. 서울: 동아출판.

김진수 외 (2013). **중학교 사회2**. 서울: 동아출판.

김진완 외 (2013). **고등학교 영어Ⅰ**. 서울: 천재교육.

김진완 외 (2013). **고등학교 영어Ⅱ**. 서울: 천재교육.

김창원 외 (2014). **고등학교 문학**. 서울: 동아출판.

김현철 외 (2013). **중학교 정보**. 서울: 천재교육.

노미숙 외 (2013). **중학교 국어1**. 서울: 천재교육.

노미숙 외 (2013). **중학교 국어2**. 서울: 천재교육.

노미숙 외 (2013). **중학교 국어3**. 서울: 천재교육.

노미숙 외 (2013). **중학교 국어4**. 서울: 천재교육.

노미숙 외 (2013). **중학교 국어5**. 서울: 천재교육.

노미숙 외 (2013). **중학교 국어6**. 서울: 천재교육.

노영준 외 (2013). **중학교 도덕1**. 서울: 동아출판.

노영준 외 (2013). **중학교 도덕2**. 서울: 동아출판.

노태희 외 (2014). **고등학교 화학Ⅰ**. 서울: 천재교육.

노태희 외 (2014). **고등학교 화학Ⅱ**. 서울: 천재교육.

류재명 외 (2013). **중학교 사회1**. 서울: 천재교과서.

류재명 외 (2013). **중학교 사회2**. 서울: 천재교과서.

민은기 외 (2013). **중학교 음악**. 서울: 천재교육.

박병익 외 (2014). **고등학교 한국지리**. 서울: 천재교육.

변순용 외 (2013). **중학교 도덕1**. 서울: 천재교육.

변순용 외 (2013). **중학교 도덕2**. 서울: 천재교육.

송일민 외 (2013). **중학교 기술·가정1**. 서울: 동아출판.

송일민 외 (2013). **중학교 기술·가정2**. 서울: 동아출판.

신동흔 외 (2014). **고등학교 국어Ⅰ**. 서울: 동아출판.

신동흔 외 (2014). **고등학교 국어Ⅱ**. 서울: 동아출판.

왕현종 외 (2014). **고등학교 한국사**. 서울: 동아출판.

윤민우 외 (2013). **고등학교 영어Ⅰ**. 서울: 동아출판.

윤민우 외 (2013). **고등학교 영어Ⅱ**. 서울: 동아출판.

이면우 외 (2013). **중학교 과학1**. 서울: 천재교육.

이면우 외 (2013). **중학교 과학2**. 서울: 천재교육.

이면우 외 (2013). **중학교 과학3**. 서울: 천재교육.

이문기 외 (2013). **중학교 역사1**. 서울: 동아출판.

이문기 외 (2013). **중학교 역사2**. 서울: 동아출판.

이병민 외 (2013). **중학교 영어1**. 서울: 동아출판.

이병민 외 (2013). **중학교 영어2**. 서울: 동아출판.

이병민 외 (2013). **중학교 영어3**. 서울: 동아출판.

이삼형 외 (2013). **중학교 국어1**. 서울: 동아출판.

이삼형 외 (2013). **중학교 국어2**. 서울: 동아출판.

이삼형 외 (2013). **중학교 국어3**. 서울: 동아출판.

이삼형 외 (2013). **중학교 국어4**. 서울: 동아출판.

이삼형 외 (2013). **중학교 국어5**. 서울: 동아출판.

이삼형 외 (2013). **중학교 국어6**. 서울: 동아출판.

이재영 외 (2013). **중학교 영어1**. 서울: 천재교육.

이재영 외 (2013). **중학교 영어2**. 서울: 천재교육.

이재영 외 (2013). **중학교 영어3**. 서울: 천재교육.

이종영 외 (2013). **중학교 체육**. 서울: 천재교육.

이종영 외 (2014). **고등학교 운동과 건강생활**. 서울: 천재교육.

이준규 외 (2014). **고등학교 생명과학Ⅰ**. 서울: 천재교육.

이준규 외 (2014). **고등학교 생명과학Ⅱ**. 서울: 천재교육.

이춘식 외 (2013). **중학교 기술·가정1**. 서울: 천재교육.

이춘식 외 (2013). **중학교 기술·가정2**. 서울: 천재교육.

이춘식 외 (2014). **고등학교 기술·가정**. 서울: 천재교육.

이태욱 외 (2013). **중학교 정보**. 서울: 동아출판.

정재찬 외 (2014). **고등학교 문학**. 서울: 천재교과서.

정철영 외 (2014). **고등학교 기술·가정**. 서울: 동아출판.

주명덕 외 (2014). **고등학교 운동과 건강생활**. 서울: 동아출판.

주진오 외 (2013). **중학교 역사1**. 서울: 천재교육.

주진오 외 (2013). **중학교 역사2**. 서울: 천재교육.

주진오 외 (2014). **고등학교 한국사**. 서울: 천재교육.

최은식 외 (2013). **중학교 음악**. 서울: 동아출판.

**14장 중학교 수학과 타 교과의 연결성**

김수철(대구가톨릭대학교)

# 15장
# 중학교 수학과 수학적 모델링으로서의 연결성

정 영 옥 (경인교육대학교)

## 1 서론

우리가 살아가고 있는 시대는 지식 기반의 정보화 사회로 단순히 수학적 규칙과 절차를 암기하고 연습하는 것이 아니라 현실 세계의 상황에서 문제를 찾고 창의적이고 융합적인 사고를 통해 문제를 해결하는 능력을 필요로 하고 있다. 이와 관련해서 많은 연구자들은 이런 지식 기반의 정보화 사회에서 필요한 학생들의 분석적 사고 능력과 문제 해결 능력 및 창의적이고 융합적인 사고 능력을 개발하기 위해 학교수학에서 수학적 모델링을 다룰 필요가 있음을 강조해 왔다(강옥기, 2010; 김선희, 2005; 박진형·이경화, 2013; 서지희·윤종국·이광호, 2013; 손홍찬·류희찬, 2007; 신은주·이종희, 2004; 황혜정, 2007; Arsevan, 2015; Baron, 2015; Kertil & Gurel, 2016; Felton, Anhalt, & Cortez, 2015; Gravemeijer & Stephan, 2002; Lesh & Doerr, 2003; Lesh, Hoover, Hole, Kelly, & Post, 2000; Schukajlow, Krug, & Rakoczy, 2015; Usiskin, 2015). 이와 같은 수학적 모델링은 새 수학의 실패 이후로 그 대안을 찾는 과정에서 시작된 것이지만 시대가 변하면서 점점 더 중요성이 강조되고 있다.

이런 시대의 변화와 더불어 수학 교육과정이나 국제 수학 평가에서도 수학적 모델링이 중요한 위치를 차지하고 있다. 예를 들면 미국수학교사협의회(NCTM, 1992)에서는 9-12 학년을 위한 문제해결로서의 수학 규준에 "실세계의 문제 상황에 수학적 모델링의 과정을 적용할 수 있어야 한다."를 포함하여 수학적 모델링을 강조해 왔다(p.195). 또한 최근 발표된 미국의 교육과정에 준하는 수학을 위한 공통 핵심 정부 규준인 Common Core State Standards for Mathematics(CCSSI, 2010: 이하에서는 CCSSM으로 약칭)에서는 수학적 실천을 위한 규준으로 문제를 이해하고 문제를 해결하는 데 노력하기, 추상적으로 양적으로 추론하기, 가능한 논증을 제시하고 다른 학생들의 추론을 비판하기, 수학으로 모델링하기, 적절한 도구를 전략적으로 사용하기, 정확성에 주의를 기울이기, 구조를 찾고 사용하기, 반복되는 추론에서 규칙성을 찾고 표현하기를 제시하고 있다(pp.6-8). 그뿐만 아니라 고등학교 교육과정에서는 내용 영역에서 개념 범주에 수와 양, 대수, 함수, 모델링, 기하, 통계와 확률을 포함하고 있을 정도로 모델링을 강조하고 있으며, 모델링은 다른 영역과 분리된 형태가 아니라 모든 내용 영역에서 지도하도록 하고 있다(p.57). 이와 같이 교육과정의 실천 규준의 하나가 수학적 모델링일 뿐만 아니라 모든 내용 영역에서 수학적 모델링을 강조함으로써 수학 교수·학습 전반에 걸쳐 이를 강조하고 있음을 알 수 있다.

한편 PISA(OECD, 2016)에서는 실제적 맥락에서 수학을 사용하는 것을 특별히 강조하고 있는데, 이와 관련하여 수학적 소양을 다음과 같이 제시하고 있다.

> 수학적 소양은 다양한 맥락에서 수학을 형식화하고, 적용하고, 해석하는 개인의 능력이다. 이는 수학적으로 추론하는 것과 수학적 개념, 절차, 사실, 도구를 사용해서 현상들을 기술하고, 설명하고, 예측하는 것을 포함한다. 이는 개인들이 수학이 세상에서 하는 역할을 인식하고 건설적이고, 참여적이며 반성적인 시민에게 필요한 충분한 근거가 있는 판단과 결정을 하는 것을 돕는다. (p.64)

이와 같이 수학적 소양을 정의할 때 다양한 맥락에서 형식화하기, 적용하기, 해석하기와 같은 수학적 소양의 구성 요소들은 수학적 모델링의 관념을 통합하고 있으며, 이런 수학적 모델링의 관념은 PISA가 시행된 초기부터 지금까지 PISA에서 사용하는 수학 틀의 초석으로 계속 강조되어 왔다.

시대의 변화와 최근의 수학교육 경향에 따라 우리나라의 2015 개정 교육과정(교육부, 2015)에서도 문제 해결 능력을 함양하기 위한 교수·학습에서 "수학적 모델링 능력을 신장하기 위해 생활 주변이나 사회 및 자연 현상 등 다양한 맥락에서 파악된 문제를 해결하면서 수학적 개념, 원리, 법칙을 탐구하고 이를 일반화하게 한다."의 항목을 넣어 수학적 모델링을 강조하고 있다(p.38). 그러나 아직 우리나라의 경우는 교육과정에 수학적 모델링에 대한 구체적인 내용이 제시되어 있지 않고, 수학교육의 실제에서는 수학적 모델링에 대한 경험이 많지 않기 때문에 이러한 수학적 모델링에 대한 방향이 정립되어 있지 않다.

한편 수학적 모델링을 보는 관점은 연구자들마다 서로 다른데, 대략적으로 두 가지의 관점으로 구분해 볼 수 있다. 하나는 내용으로서의 모델링 관점이고, 다른 하나는 도구로서의 모델링 관점이다. 내용으로서의 모델링 관점은 수학적 모델링도 하나의 가르쳐야 할 기본 능력으로 보고, 학생들이 이미 학습한 수학적 개념과 수학적 모델을 이용하여 모델링 사이클의 단계에 따라 현실 세계의 상황에 적용하도록 하는 것이다. 반면 도구로서의 모델링 관점은 수학적 모델링을 수학을 의미 있는 방식으로 가르치기 위한 의미 있는 문제 해결 상황으로 생각하고, 학생들이 스스로 비형식적인 수학적 지식과 모델을 구성하고 개발하는 데 도움을 주는 것으로 생각한다(Kertil & Gurel, 2016; Lesh & Doerr, 2003). 또한 이러한 도구로서의 모델링 관점은 일반화 가능한 체계를 개발하는 과정으로 보는 관점과 현실을 조직하는 과정으로 보는 관점으로 구분될 수 있다(신은주·이종희, 2004; 황혜정, 2007).

본 장에서는 학생들이 스스로 수학을 창조하는 의미 있는 활동으로서의 모델링에 초점을 두고 도구로서의 모델링 관점 중 전자의 대표적인 예로 Lesh와 Doerr의 관점과 현실적 수학교육(Realistic Mathematics Education: 이하 RME)의 관점을 중심으로 수학적 모델의 의미, 수학적 모델링의 의미, 수학적 모델링의 과정, 수학적 모델링 과제의 예를 살펴봄으로써 수학교육 실제에서 수학적 모델링에 대한 이해를 돕고자 한다.

## 2 일반화 가능한 체계 개발의 관점

### 2.1 수학적 모델의 의미

Lesh & Doerr(2003)에 의하면 "모델은 문제 상황을 구성하고, 기술하며, 설명하는 데 사용되는 외적인 기호 체계로 표현되는 개념 체계"이다(p.10). 이때 수학적 모델은 관련된 상황의 구조적 특성을 반영하며 이미 존재하는 모델을 사용할 수도 있고, 새롭게 개발된 모델일 수도 있는데, 표, 방정식, 그래프를 중심으로 일상 언어, 기호, 다이어그램이나 그림, 구체물 등 다양한 것이 포함된다(Lesh & Doerr, 2003). 또한 이러한 모델은 전체 가격을 한 개의 물건값과 물건 개수의 곱으로 나타내거나 일상생활에 쉽게 볼 수 있는 물건의 모양들을 여러 도형으로 나타내는 등 아주 간단한 것에서부터 배달 경로나 생산 계획처럼 좀 더 정교하고 복잡한 것이 있다(CCSSI, 2010).

따라서 수학에서의 모델은 문제 상황을 설명하기 위해 문제 상황에 내포된 수학 개념과 구조를 드러내는 이미 존재하는 또는 창조된 표현이다.

## 2.2 수학적 모델링의 의미

Lesh & Doerr(2003)에 따르면 수학적 모델링은 "현실 세계 문제 상황들 또는 수학적으로 중요한 체계들을 기술하고, 예측하고, 통제하는 공유가능하고 수정가능하며 재사용가능한 개념적 도구를 만드는 과정"이다(p.3). 이러한 관점은 개인은 그들의 정신적 모델을 사용하여 사건, 경험, 문제들을 조직하고, 해석하고, 능동적으로 자신의 모델을 만든다는 생각에 기초한다. 이런 생각으로 인해 학생들이 이미 알고 있는 수학적 아이디어를 단지 적용하는 대신 의미 있는 현실 세계 상황을 탐구하는 과정에서 학생들의 수학적 아이디어를 유도하거나 개발하는 것을 강조한다(Lesh & Doerr, 2003).

이와 같은 관점에서 보면 수학적 모델링은 수학을 학습해 가는 과정에서 가장 핵심적인 부분이며, 학생들은 현실 세계의 문제 상황을 탐구하면서 현실 세계에 내포된 수학적 아이디어를 직관적으로 인식하고, 자신이 이미 가지고 있는 모델을 사용할 수도 있지만 새로운 모델을 구성해서 자신의 아이디어를 표현하고, 이 모델을 통해 현실 세계의 상황을 수학적으로 더 잘 설명하고자 노력하게 되는 것이다.

이런 관점에 따라 Lesh et al.(2000)는 사고를 드러내는 활동, 즉 자신의 아이디어를 모델로 표현하는 활동이라는 의미로 한 시간 또는 두 시간 정도에 걸쳐 3명에서 5명의 학생들이 모둠활동을 하면서 모델을 유도하는 활동(Model-Eliciting Activity: 이하 MEA)을 설계하고, 이러한 MEA를 위한 설계 원리로 현실의 원리, 효과적인 전형의 원리, 모델 일반화의 원리, 모델 기록의 원리, 모델 구성의 원리, 자기 평가의 원리를 제시하고 있다. 여기서는 Lesh et al.(2000, pp.362-374)와 Lesh, et al.(2003, pp.43-44)을 중심으로 살펴보고자 한다.

모델 구성의 원리는 학생들이 관심 있는 현실 상황을 기술하고, 설명하고, 해석하는 데 사용하는 수학적으로 의미 있는 모델을 구성해야 한다는 것을 의미한다. 이러한 원리를 구현하기 위해서는 과제를 개발할 때 다음과 같은 질문들을 제기하는 것이 필요하다. 이 과제는 학생들이 모델이 구성되고, 수정되고, 확장되고 또는 정교화될 필요성을 명백하게 인식하도록 하는가? 이 과제는 수학적으로 중요한 체계를 구성하고, 기술하고, 설명하고, 조작하고, 예측하는 것을 포함하는가?

현실의 원리는 학생들은 현실 상황을 자기 자신의 개인적 지식과 경험을 확장한 것을 기초로 이해해야 한다는 것을 의미한다. 여기서 현실이라는 의미가 절대적인 의미에서 실제라는 것을 의미하는 것은 아니지만 제시된 문제 상황이 자신의 지식과 경험을 사용할 수 있도록 하는가 포기하도록 하는가를 고려해야 한다는 것을 의미한다. 수학 교과서의 문제 상황은 일반적으로 답이 하나로 고정되어 있지만, 현실적인 문제 상황에서는 어떤 의사결정을 해야 하는지, 시간이 얼마나 주어져 있는지에 따라 해결책이 매우 달라질 수도 있다. 이런 원리를 구현하기 위해서는 과제를 개발할 때 다음과 같은 질문들을 제기하는 것이 필요하다. 이것은 현실 세계 상황에서 실제로 일어날 수 있는가? 학생들이 그들 자신의 개인적 지식과 경험의 확장에 기초하여 현실 상황을 이해하도록 권장하는가? 문제 상황에 대한 학생들의 아이디어가 진지하게 받아들여지는지 아니면 교사가 옳다고 생각하는 관념에 순응하도록 하는가?

자기 평가의 원리는 모델이 발전하기 위해서는 학생들 스스로 선택하고 정교화하는 것이 필요하다는 것을 의미한다. 이런 원리를 구현하기 위해서는 과제를 개발할 때 다음과 같은 질문들을 제기하는 것이 필요하다. 문제의 진술이 대안적인 풀이의 유용성을 평가하기 위한 판별 기준을 학생들에게 명백하게 제시하고 있는가? 학생들은 스스로 그들의 풀이가 충분히 좋은지를 판단할 수 있는가? 결과가 어떤 목적에, 누구에게, 언제 필요한가?

구성 기록의 원리는 학생들이 문제 상황에 대해 생각한 것들이 명시적으로 표현되어야 한다는 것을 의미한다. 이런 원리를 구현하기 위해서는 과제를 개발할 때 다음과 같은 질문들을 제기하는 것이 필요하다. 문제 상황에 대한 풀이가 학생들이 주어진 것, 목표, 가능한 풀이 과정 등 문제 상황과 관련해서 어떻게 생각하고 있는지를 명시적으로 나타내도록 요구하고 있는가? 학생들이 수학적 대상, 관계, 연산, 패턴, 규칙성 등 어떤 유형의 체계에 대해 생각하고 있는가?

구성의 공유와 재사용 가능성의 원리는 모델의 일반화 원리라고도 하는데 학생들은 구조적으로 유사한 광범위한 상황들에 적용할 수 있는 모델을 개발해야 한다는 것을 의미한다. 이런 원리를 구현하기 위해서는 과제를 개발할 때 다음과 같은 질문들을 제기하는 것이 필요하다. 구성된 개념적 도구가 단지 특별한 상황에만 적용가능한가 아니면 광범위한 상황에 쉽게 적용하도록 수정되고 확장될 수 있는가? 학생들은 단일한 목적을 갖는 방법들을 만들어내는 것을 넘어서 일반적인 사고 방법을 개발할 필요성에 직면해야 한다.

효과적인 전형의 원리는 학생들은 다른 상황들을 해석하기 위한 수학적으로 의미 있고 유용하고 전형적인 단순한 모델을 제시해야 한다는 것을 의미한다. 이런 원리를 구현하기 위해서는 과제를 개발할 때 다음과 같은 질문들을 제기하는 것이 필요하다. 학생들의 풀이가 다른 구조적으로 유사한 상황들을 해석하기 위한 유용한 전형을 제공하는가? 문제를 해결한 경험이 중요한 수학적 아이디어를 학습하고 논의하기 위한 풍부하고 기억할 만한 맥락을 제공하는가?

따라서 수학적 모델링의 의미가 현실 세계 상황을 수학적으로 이해하기 위한 개념 체계인 모델을 학생들 스스로 만들어가는 과정이라면, 이러한 과정이 제대로 이루어지기 위해서는 위에서 언급한 원리들에 유념하여 과제들을 개발할 필요가 있다.

## 2.3 수학적 모델링의 단계

수학적 모델링의 과정은 연구자들마다 다양한 단계로 구분할 수 있다. 예를 들면, 미국 수학교사협의회(NCTM, 1992)는 수학적 모델링 과정을 단순화, 수학화, 변환, 해석, 타당화의 단계로 제시하였고(p.138), 손홍찬·류희찬(2007)은 수학적 모델링 과정을 문제 확인 단계, 가설 설정 단계, 모델 해석 단계, 모델 검증 단계, 모델 실행 여부의 판단 단계, 모델 수정 단계로 제시하고, 마지막 단계에서 해석한 결과가 상황을 충분히 설명하지 못할 때 좀 더 잘 설명할 수 있는 정련된 모델을 만드는데 이 과정을 모델의 정교화 과정으로 보고 있다(p.471). 한편 Lesh & Doerr(2003)는 수학적 모델링의 과정을 현실 세계에서 모델 세계로의 대응 관계를 정하는 기술 과정, 원래의 문제 해결 상황과 관련된 행동이나 예측을 위한 모델의 조작 과정, 결과를 현실 세계로 되돌리는 번역 또는 예측 과정, 행동과 예측의 유용성을 입증하는 타당화 과정으로 제시하고 있다(p.17). PISA (OECD, 2016)에서는 수학적 소양을 강조하면서 형식화하기, 적용하기, 해석하기의 단계를 제시하고 있고(p.64), 미국 교육과정 수학을 위한 공통 핵심 정부 규준 CCSSM (CCSSI, 2010)에서는 문제 상황 이해 단계, 형식화 단계, 계산 단계, 해석 단계, 타당화 단계, 보고 단계로 제시하고 있다(p.72).

이와 같이 모델링 과정의 단계는 연구자들마다 다양하지만, 유사한 단계들로 이루어져 있기 때문에 여기서는 CCSSM이 제시하는 단계에 초점을 맞추어 살펴보고자 한다.

첫째 문제 상황 이해 단계에서는 문제 상황을 이해하고 그 상황에서 변수들을 확인하고 필수적인 특징들을 나타내는 표현들을 선택하는 단계, 형식화 단계는 가설을 설정하고 기하, 그래프, 표, 대수 또는 통계에서 사용하는 표현을 창조하고 선택하여 변수들 사이의 관계를 기술하는 것을 통해 모델을 형식화하고 수학적 문제로 번역하는 단계, 계산 단계는 이런 관계들을 분석하고 계산을 수행해서 결과를 도출하고 그 결과가 옳은지를 점검하는 단계, 해석 단계는 수학적 결과를 원래의 상황에서 해석하고 그 결과가 원래 상황에서 무엇을 의미하는지 결론을 도출하는 단계, 타당화 단계는 결과들을 상황과 비교해서 결론을 타당화하거나 모델을 개선하는 단계, 여섯째 단계는 결론과 추론 과정을 공유하는 단계이다. 이러한 단계는 선형적이 아니라 모델이 상황에 적합하지 않으면 계속 정교화 과정을 거치기 때문에 순환적인 특징을 가진다(CCSSI, 2010, pp.72-73; Felton, Anhalt, Cortez, 2015, p.344).

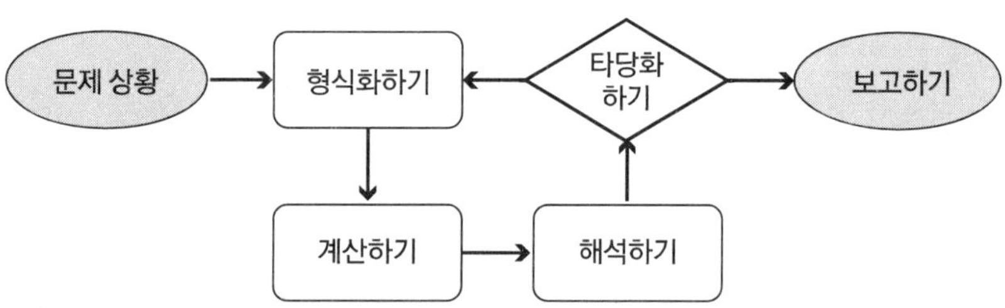


[그림 1] 모델링 과정(CCSSI, 2010, p.72)

지금까지 살펴본 바와 같이 수학적 모델링은 여러 단계를 순환하면서 일반화 가능한 개념 체계인 모델을 구성함으로써 현실 세계의 문제 상황을 더 잘 설명할 수 있을 뿐만 아니라 학생들의 정신적 모델 체계를 더욱 발전시켜 나가는 데 도움이 된다고 할 수 있다.

## 2.4 중학교 학생들을 위한 수학적 모델링 과제의 예

### 2.4.1 기금 모음 과제

이차함수 과제는 아프리카에 학교를 세우려고 기금을 모으려는 매우 적극적인 사회 정의를 구현하는 동호회가 있는 학교를 배경으로 만들어진 과제이다(Baron, 2015).

> 이 학교의 가나 프로젝트 위원회는 머핀을 팔아서 기금을 모으려고 한다. 위원회 회원들은 머핀을 직접 만들고 재료는 무료로 받고 있다. 위원회는 점심 때 머핀을 한 개당 2.75달러에 판매하고 1주일에 평균 117개의 머핀을 팔아 왔다. 위원장은 수입이 얼마인지에 관심이 있다. 그녀가 지난해 자료를 보니, 25센트 감소할 때마다 1주일에 머핀을 평균 8개 더 판매했다는 것을 알았다. 위원장이 수입을 나타내는 것을 도울 수 있는 방법은 무엇인가? 위원장이 여전히 갖게 되는 문제는 무엇인가? (Baron, 2015, pp.336-337).

이 과제는 이차함수가 내포된 문제 상황에서 모델링을 통해 이차함수를 도입하기 위해 제시된 것으로 학생들 스스로 최댓값과 최솟값을 파악하기를 기대하고 그들의 사고를 표현하는 데 도움이 되는 다양한 모델을 선택할 수 있도록 설계되었다.

학생들은 이 과제를 모둠별로 해결하면서, 표, 식, 그래프, 언어적 설명 등 다양한 모델을 사용할 수 있다. 표를 사용하는 경우는 머핀의 수, 머핀 한 개당 가격, 각 경우에 대한 총수입을 산술적으로 계산하여 한 개당 2.75달러에서 시작하여 머핀당 가격을 25센트씩 인상하면 총수입이 처음에는 증가하지만 이후에는 감소함을 발견하고, 한 개당 가격이 3.25달러일 때 총수입이 328.25달러로 최댓값을 갖는다는 것을 알 수 있다. 식을 사용하는 경우는 $(2.75-0.25\times\square)(117+8\times\square)$와 같이 총수입을 식으로 나타낸 후에 □의 값을 0, 1, 2, 3 등으로 변화시켜가면서 식의 값을 계산하여 한 개당 가격을 25센트씩 인하하면 총수입은 계속 줄어든다는 것을 발견하고 $(2.75+0.25\times\square)(117-8\times\square)$와 같이 식을 나타낸 후에 □의 값을 1, 2, 3으로 변화시키면서 한 개당 가격을 50센트 인상했을 때 총수입이 최댓값이 되며, 75센트가 되는 순간부터 총수입이 감소한다는 것을 발견할 수 있다. 그래프를 사용하는 경우는 한 개당 가격을 25센트일 때부터 25센트씩 증가할 때마다 총수입을 격자 위에 점으로 나타내어 그래프에서 가장 높은 점이 한 개당 가격이 3.25달러일 때 총수입 328.25달러로 최댓값임을 알 수 있다. 교사는 한 모둠이 과제를 해결했을 때 그들이 한 것을 다른 방식으로 해볼 것을 권하고, 각 모둠별로 모둠원들끼리 처음 모델의 타당성에 대해 생각하고 설명할 기회를 제공할 수 있다. 학생들은 이런 과정을 거친 후에 전체 학생들을 대상으로 각 모둠의 결과를 발표하며, 서로 질문을 주고받으며 자신들의 오류들을 수정할 수 있다.

이런 모델링 과정을 단계별로 요약해보면, 문제 상황 단계에서는 기금을 모으는 상황에 대한 이해를 바탕으로 머핀 한 개당 가격, 판매된 머핀의 수, 한 개당 가격에 따른 총수입이라는 변수들을 확인하며, 형식화 단계에서는 표, 식, 그래프 등 모델을 선택하고, 계산 단계에서는 각각 선택한 모델에 따라 한 개당 가격에 따른 총수입을 계산하거나 그래프에 나타내고, 해석 단계에서는 각각의 모델을 사용해서 나온 계산 결과들을 살펴보면서 한 개당 가격이 변화할 때 총수입에는 어떤 변화가 있는지를 살피면서 한 개당 가격이 얼마일 때 최댓값이 되는지를 해석하고, 타당화 단계에서는 다른 모델로도 해 보면서 원래의 모델이 상황에 비추어 적절한지를 서로 설명하면서 적합한지를 판단하며, 보고 단계에서는 전체 학급을 대상으로 발표하면서 자신들의 추론을 공유하고, 서로 다른 모델들을 연결하고, 다시 한번 수정의 기회를 갖는다.

이 과제는 이차함수를 도입하기 위한 것으로 이런 모델링의 단계를 거친 후에 교사는 전체 학급 학생들과 함께 이차함수를 정의하고, 학생들이 제시한 식을 문자 $x$를 써서 나타내고 전개를 하면서 이차식을 이끌어 내고, 계수, 변수, 지수, 최댓값, 최솟값, 꼭짓점과 같은 용어들을 다루며, 이차함수에 의해 생기는 포물선 모양에 대해 논의한다. 학생들은 이미 모델링 과정에서 이 과제에 적극적으로 참여하였고, 모든 함수가 직선이 아니라는 사실과 머핀 과제의 경우는 포물선 모양이 특징이고 그래프에서 최고점과 최저점이 어떤 중요성을 갖는지를 이미 파악하고 있었고, 이차함수식도 쉽고 의미 있게 받아들일 수 있다.

### 2.4.2 배구 과제

배구 과제는 작은 도시의 여름 배구 캠프에 대한 신문 기사를 보고 여기에 참석한 여학생들을 동등한 팀들로 분류하는 방법에 대해 캠프 운영자에게 편지를 쓰는 과제이다(Lesh & Doerr, 2003, pp.6-7; Lesh et al., 2003, pp.46-48; Jung, 2015, pp.44-47). 본 과제를 통해서는 앞에서 살펴본 Lesh et al.(2003)의 수업 설계 원리를 중심으로 수업 과정에서 이런 원리를 어떻게 적용할 수 있는지를 살펴보고자 한다.

> 수년 동안 배구는 몇몇 중학교에서 가을 학기의 주된 관심사가 되어 왔다. 여름 배구 캠프 기간 동안 감독들은 각 팀이 이길 수 있도록 돕는 일을 한다. 작년에 배구 캠프에 참여한 학생들 중 한 학생은 15 대 2로 졌던 것을 상기하였다. 경쟁력 부족으로 캠프에 대한 관심이 줄어들고 있다. 배구 캠프 운영자들은 경쟁력을 높이고자 한다. 운영자들은 테스트 결과와 감독으로부터 선수들의 일부에 대한 정보를 수집하였다. 다음은 몇몇 선수의 첫날 테스트 결과이다.

| 선수 | 키(cm) | 점프(cm) | 40m(초) | 서브 결과<br>(10개 중) | 스파이크 결과<br>(3번 시도 결과) |
|---|---|---|---|---|---|
| A | 183 | 51 | 6.21 | 8 | 리턴/킬/킬 |
| B | 157 | 64 | 5.98 | 7 | 킬/리턴/아웃 |
| C | 178 | 61 | 6.44 | 8 | 아웃/리턴/리턴 |
| D | 178 | 69 | 6.01 | 9 | 킬/킬/네트 인 |
| E | 167 | 64 | 6.95 | 10 | 아웃/네트 인/리턴 |
| F | 172 | 43 | 7.12 | 6 | 킬/리턴/킬 |
| G | 160 | 53 | 6.34 | 5 | 아웃/킬/네트 인 |
| H | 165 | 58 | 7.34 | 8 | 네트 인/킬/킬 |
| | | | … | | |

> 캠프 운영자는 여러분이 선수들을 두 개의 동등한 그룹으로 나누기를 원한다. 이 두 팀을 만드는 것 외에, 그들은 여러분이 두 개의 동등한 그룹을 어떻게 구성하였는지를 기술하는 편지를 써 주기를 원한다. 그들은 다음 캠프에 많은 선수들을 두 개의 동등한 그룹으로 나눌 때 여러분의 방법을 사용할 것이다. (Jung, 2015, p.45)

이 과제는 첫날 테스트 결과로 선수들의 키, 점프 기록, 달리기 기록, 서브 결과, 스파이크 결과와 감독의 평으로 선수들의 잠재력을 나타내는 지표를 만드는 것이다. 학생들은 신문 기사를 읽은 후에 18명의 테스트 결과에 대한 정보를 바탕으로 다음해 여름에 캠프에 참가할 여학생들을 두 개의 동등한 그룹으로 분류하는 모델을 개발해야 한다. 이때 학생들은 질적 정보를 수치화해야 하고 서로 다른 유형의 질적·양적 정보를 고려해야 한다.

학생들은 이 과제를 해결하면서 수직선이나 막대, 식, 언어적 표현 등 다양한 모델을 사용할 수 있다. 또한 6개의 정보에 대해 동등한 가치를 부여할 것인지 어떤 항목에 가중치를 줄 것인지에 따라 매우 다양한 모델이 구성될 수 있다. 수직선과 순위를 사용하여 모델을 제시하는 경우를 생각해 보면 달리기, 점프, 서브 결과, 스파이크 결과를 순서대로 수직선으로 사상하고, 관련된 수직선을 확대하거나 축소함으로써 가중치를 부여하고, 몇 개의 수직선 위에 있는 길이들을 결합해서 합을 탐구함으로써 배구 선수들의 우수성을 나타내는 지표를 결정할 수 있다. 조금 더 자세히 살펴보면, 처음에 달리기, 점프, 서브 결과, 스파이크 결과를 각각 서로 다른 수직선 위에 순서대로 1위부터 18위까지 표시한다. 예를 들면 두 선수 I, J의 달리기 능력이 7위와 2위라면 [그림 2]와 같이 수직선이나 막대 위에 그 위치를 나타낸다. 이어서 가중치를 부여하는데, 만약에 감독이 점프 능력이 달리기 능력의 두 배만큼 중요하다는 의견을 제시했거나 아니면 학생들이 그렇게 정했을 경우에 두 선수 I, J의 달리기 기록은 각각 7위와 2위, 점프 기록은 각각 2위와 7위라면, [그림 3]과 같이 두 선수의 순서를 수직선이나 막대에 표시하되 달리기 기록을 나타내는 막대를 1/2로 줄여서 표시하고 그 위치까지의 길이들을 합해서 우선순위를 정한다.

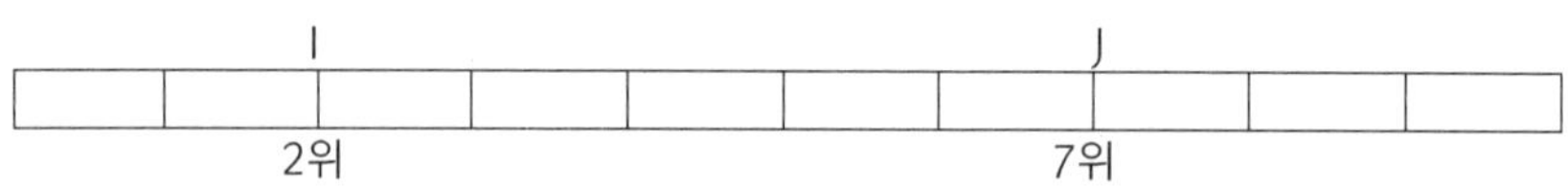


**[그림 2]** 수직선과 순위를 이용하여 달리기 기록을 표현한 모델(Lesh et al., 2003, p.46)

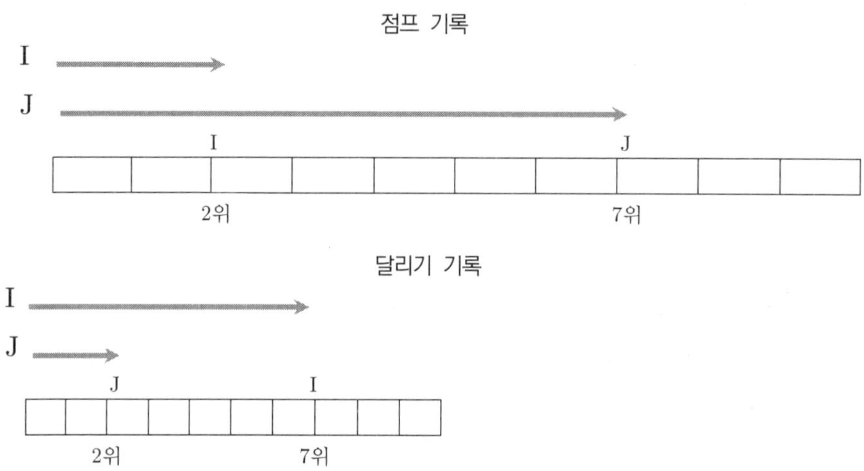


**[그림 3]** 수직선과 순위를 이용하여 가중치를 표현한 모델(Lesh et al., 2003, pp.46-47)

이 예에서는 [그림 4]와 같이 점프 능력이 더 좋은 I 선수가 좀 더 우수한 배구 선수로 예측이 된다. 이와 같이 여러 정보들에 적절한 가중치를 부여해서 각 선수에 해당하는 수직선의 길이들을 합해서 더 짧은 길이를 가지는 선수가 더 우수한 선수로 결정하면 된다. 이렇게 선수들의 전체적인 순위가 정해지면, 상위 그룹과 하위 그룹으로 나누어 두 그룹의 선수들이 적절히 섞이도록 두 그룹으로 구성할 수 있다.

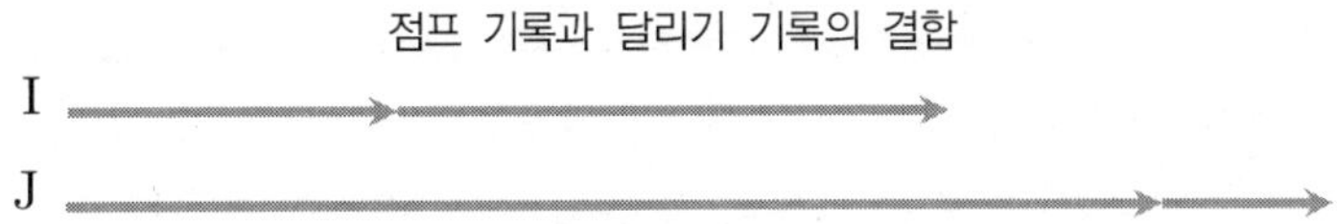


**[그림 4]** 배구 과제를 위한 모델(Lesh et al., 2003, p.47)

수직선과 점수를 사용하여 모델을 제시하는 경우를 생각해보면, 앞에서 제시한 방법에서 순위를 사용하는 대신 점수를 그대로 수직선 위에 제시하고 마찬가지로 가중치를 이용하여 그 수직선에 대응되는 길이들의 합으로 전체적인 순위를 고려하는 방법인데, 이 경우는 달리기 기록은 작을수록, 점프 기록은 클수록 좋은 점수라는 것을 고려해야 한다.

또 다른 모델로는 '$r$(선수)$= a\times$키$+ b\times$점프$+ c\times$달리기$+ d\times$서브$+ e\times$스파이크'와 같이 위에서 제시한 방법들을 가중치 $a$, $b$, $c$, $d$, $e$를 고려한 일차식의 결합으로 나타내는 방법이다. 이때도 키, 점프, 달리기, 서브, 스파이크의 값으로 순위를 사용할 수도 있고, 점수를 사용할 수도 있다.

언어적 표현은 얼마나 빨리 달렸는지에 따라 선수들의 순위를 매기기, 스파이크 결과와 서브 결과로 선수들의 순위를 매기기 등과 같이 자신들의 생각을 언어로 표현한 모델이다.

학생들은 이런 과정을 거친 후에 전체 학생들을 대상으로 각 모둠의 결과를 발표하며, 서로 질문을 주고받으며 자신들의 오류들을 수정할 수 있다. 예를 들면, 주어진 정보 중에 일부만을 사용했든지 하는 부분, 그리고 정보들의 범위가 서로 다를 때 그것들을 어떻게 처리해야 하는지에 대한 많은 논의가 제시될 수 있다. 이 과제에서 중요한 것은 각각의 정보의 중요성에 대한 학생들의 가정이 매우 다를 수 있다는 것이다.

이 과제는 실제로 우리가 많은 의사결정을 하게 될 때 필요한 내용을 포함하고 있는데, 예를 들면 우리가 학생들의 평가를 다룰 때도 하나의 정보에 의해서 등급을 매기는 것이 아닌 경우, 각 정보의 점수들을 어떻게 결합해서 하나의 성적을 나타내는 지표로 삼을 것인지를 생각할 때 평가자가 중요하다고 생각하는 항목에 가중치를 부여해서 이 과제와 같은 모델을 세워서 해결하는 것이 이에 해당된다.

이런 모델링 과정을 진행할 때, 교사는 Lesh et al.(2003)가 제시하고 있는 수업 원리가 구현되도록 안내할 필요가 있는데, 여기서는 Jung(2015)을 중심으로 살펴보고자 한다. 현실의 원리를 위해서는 수업 시작할 때 배구에 대한 짧은 비디오를 보면서 학생들과 배구를 해 본 경험에 대해 이야기하고, 과제를 같이 읽어 보면서 배구 캠프에 어떤 문제가 있는지, 작년에 캠프가 왜 경쟁력이 부족했는지를 이야기하고, 배구의 용어에 대해 알고 있는 학생이 다른 학생들을 위해 설명할 수 있도록 기회를 줄 수 있다. 효과적인 전형의 원리를 위해서는 학생들이 현실 상황을 수학적으로 접근할 수 있도록 가장 큰 선수가 누구인지, 가장 높게 점프한 선수는 누구인지, 두 선수가 같은지 또는 서브 결과나 스파이크 결과에서 10개 중에 6번의 서브나 스파이크 3번 중 킬이 2인 것을 백분율이나 분수로 나타내면 어떻게 될까 등을 질문함으로써 복잡한 상황에 대한 모델을 만드는 과제의 기초가 되는 수학적 개념들을 사용하도록 도울 수 있다. 모델 구성의 원리를 위해서는 개별적으로 생각하고 자신의 생각을 적은 뒤에 모둠원들과 여러 가지 정보 중에 특히 네 가지 정보를 사용한 이유와 같이 수학적으로 중요한 맥락에 대해서 논의할 기회를 가지도록 하는 것이 도움이 될 수 있다. 구성 기록의 원리를 위해서는 학생들이 사용한 모든 과정들을 기록하도록 하여서 모둠 내에서나 전체 학생들과 논의할 때 문제 맥락에 대한 수학적 개념뿐만 아니라 비수학적 개념에 대한 설명도 가능하도록 하는 것이 도움이 될 수 있다. 구성의 공유와 재사용 가능성의 원리를 위해서는 학생들은 과제를 해결할 때 다음 여름 캠프에 참가할 많은 학생들을 분류하는 데 사용할 모델을 개발하기보다는 현재 제시된 18명에 대해서만 가능한 모델을 개발하는 데 초점을 둘 수도 있는데, 교사는 학생들에게 캠프에 참여할 학생이 더 많을 수도 있음을 상기시켜서 자신들의 풀이가 더 광범위하게 적용될 수 있어야 한다는 것을 생각하도록 도움을 줄 수 있다. 자기 평가의 원리를 위해서는 학생들이 발표를 한 후에 여름 캠프 운영자들이 보기에 가장 최선의 방법이라고 생각할 만한 것이 어떤 방법이었는지를 적게 하고, 풀이 과정에서 사용한 수학적 개념에 대해 얼마나 잘 알고 있는지 점검하게 할 수 있다.

## 3 현실의 조직화로서의 모델링 관점

### 3.1 수학적 모델의 의미

수학에서 일반적으로 모델의 의미는 형식적이고 추상적인 수학적 지식이 구체물로 구체화된 것을 의미해 왔으나 그 의미는 변화되었는데, Van den Heuvel-Panhuizen (2003)에 의하면 모델은 문제 상황과 관련된 다양한 표현으로 문제 상황에 관련된 수학 개념과 구조의 본질적인 측면을 필연적으로 반영하지만 그 형태는 구체물, 시각적 스케치, 패러다임 상황, 도해와 모든 상징과 기호 등 다양하다(p.13). 특히 이때 모델은 단지 상황을 기술하는 것이 아니라 학생들이 맥락 문제를 해결하는 과정에서 학생들 자신의 정신적 활동의 결과를 기록하는 방법으로 출현하며, 이는 학생들 스스로 개발할 수도 있고 학생들에게 제공될 수도 있다(Gravemeijer & Stephan, 2002).

따라서 RME에서의 모델은 문제 상황을 탐구하면서 학생들의 정신적 활동을 통해 출현하는 형식적이고 비형식적인 모든 수학적 표현이라 볼 수 있다.

## 3.2 수학적 모델링의 의미

현실적 수학교육에 의하면 모델링은 수학 학습의 전반을 관통하는 매우 중요한 활동이다. Freudenthal(1991)은 수학은 현실의 문제 상황을 조직하는 인간의 활동이며, 이런 과정을 수학화라 부르고 수학화를 모델링에 비유하였다(pp.31-35). 이때 모델링은 자연과학자들이 현실을 이상화하고 단순화한 모델로 천체 현상을 설명하였듯이, 수학자들도 현실을 이상화하고 단순화하여 그 안에 내포된 수학적 아이디어를 표현한 모델을 통해 현실을 설명하고 조직한다는 의미이다. 이런 Freudenthal의 생각을 바탕으로 하는 RME에서 추구하는 관점이 현실의 조직화로서의 모델링 관점이다.

이러한 RME 관점에서는 모델은 의도하는 수학에서 유도되는 것이 아니라 학생들이 맥락 문제들을 풀이하는 방법에서 발생한다. 따라서 RME에서 모델은 모델링과 관련되는데, 학생들이 수학을 학습하는 출발점은 해결해야 하는 맥락이 포함된 문제 상황이며, 이 문제 상황으로부터 모델링을 통해 그 모델을 이용하여 문제를 해결해야 한다. 이때 모델링은 맥락 문제를 좀 더 수학적인 언어로 번역하는 것이 아니라 학생들의 정신적 활동을 통해 모델이 출현하는 조직화 활동이며, 이러한 모델링을 이용하여 학생들은 좀 더 추상적인 수학을 재발명하게 되는 것이다(Gravemeijer & Stephan, 2002).

이런 관점에서 모델링은 현실 세계 상황에서 직관적인 모델을 만들고, 이런 직관적인 모델에서 수학적 모델로 전환하고, 추상화와 형식화를 통해 수학적 풀이를 찾으며, 수학적 풀이에 대한 피드백과 수학적 모델을 새로운 상황에 적용함으로써 현실을 확장하는 과정이다(Gravemeijer, 1997).

따라서 현실의 조작화로서의 모델링 관점에서 수학적 모델링은 학생들이 수학을 학습한 후에 이루어지는 것이 아니라 수학을 학습하는 과정 자체가 모델링 과정의 연속으로 이루어진다. 따라서 RME에서는 수학적 모델링 과제를 설계한다는 의미보다는 모델링 활동 기반의 단원 설계 또는 교육과정 설계라는 말이 더 적합하다. 학생들의 수학 학습 과정은 학생들이 제시되는 문제 상황을 통해 스스로 이 상황을 조직하는 모델을 만들어 가는 과정이다.

## 3.3 수학적 모델링의 과정

현실의 조직화로서의 모델링 관점에서 수학적 모델링 과정은 De Lange & Verhage (1987)가 제안한 수업에서의 수학화 과정, 즉 현실 세계 맥락 탐구, 개념추출 및 반성, 추상화·형식화, 현실에의 응용 단계와 유사하게 신은주·이종희(2004)가 제안한 현실 세계 탐구 단계, 상황 모델 개발 단계, 수학적 모델 개발 단계, 모델 적용 단계로 제시할 수 있다. 현실 세계 탐구 단계는 학생들은 자신의 경험을 기초로 현실 세계 상황을 탐구하는 단계이고, 상황 모델 개발 단계는 상황의 핵심적인 요소들을 반영하는 비형식적 전략들을 개발하는 단계이며, 수학적 모델 개발 단계에서는 비형식적 상황 모델 안에 내재된 수학적 관계와 구조를 조직함으로써 수학적 추론을 위한 수학적 모델을 개발하는 단계이고, 모델 적용 단계에서는 수학적 모델을 다양한 현실 상황에 적용함으로써 일반화될 수 있는 모델을 개발하는 단계이다.

그러나 이러한 모델링 단계는 하나의 과제 안에서 이루어지는 것이 아니라 일련의 여러 과제나 한 단원 내지는 여러 단원에 걸쳐 이루어지는 특성을 지닌다. 또한 이때 모델이 의미하는 것은 문제 상황 내에서 이루어지는 학생들의 활동에 대한 모델이지, 어떤 대상 즉 수학적 지식에 대한 모델이 아니라는 것이다(Gravemeijer & Stephan, 2002).

이와 같이 RME에서는 모델은 학생들이 현실 세계 문제 상황을 탐구하면서 단순히 상황을 기술하는 것이 아니라 학생들 자신의 정신적 활동의 결과를 기록하는 방법으로 출현하며, 좀 더 형식적 수학으로 진행할 수 있도록 그 형태나 역할이 전환된다. 이런 과정을 Gravemeijer(1997)는 "상황의 모델(of model)"에서 "수학적 추론을 위한 모델(for model)"로 전환이라고 표현한다(p.30). 상황의 모델은 학생들이 상황을 탐구하면서 자신의 정신적 활동을 표현하는 모델이 출현하는 것을 말하며, 수학적 추론을 위한 모델은 상황의 모델이 좀 더 다양하고 일반적인 맥락에서 사용되는 모델로 전환된 것을 말한다(Gravemeijer, 2002; Van den Heuvel-Panhuizen, 2003). 이런 모델의 전환 과정은 [그림 5]의 왼쪽과 같이 4단계로 구분할 수 있는데, 상황 수준(situational level)은 주어진 문제 상황에서 활동을 통해 비형식적 지식과 전략이 나타나며, 참조 수준(referential level)은 이전 수준의 활동에서 나타난 비형식적 지식과 전략을 의미하는 모델을 가지고 활동하며, 일반 수준(general level)은 모델이 나타내는 특수한 문제 상황보다는 수학적 관계와 의미에 초점을 맞추고, 형식 수준(formal level)은 모델의 지원 없이도 수학적인 절차와 기호를 사용하여 수학적 추론을 하는 단계이다(Gravemeijer, 2002). 이때 이런 수준은 엄격한 위계를 의미하기보다는 발달 과정을 나타내며, 여러 가지 문제를 해결하거나 토론하면서 학생들은 여러 수준을 왔다 갔다 할 수 있다.

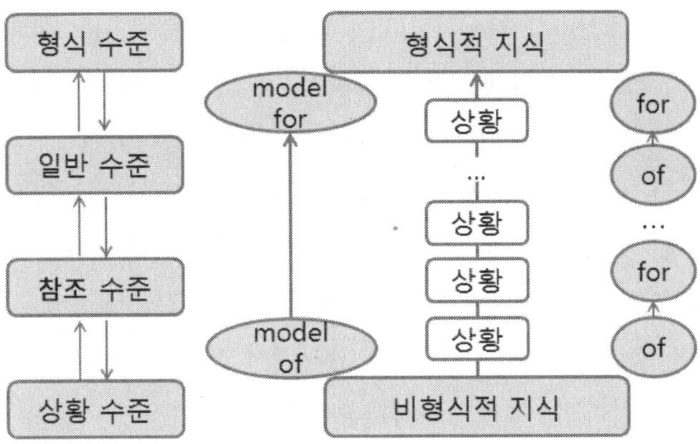


**[그림 5]** 모델의 전환 과정(Gravemeijer, 1997, p.30; Van de Heuvel-Panhuizen, 2003, p.30)

한편 Van den Heuvel-Panhuizen(2003)에 의하면 비형식적 수준의 지식에서 형식적 지식으로 수준 상승이 이루어질 때 모델의 전환 과정은 [그림 5]의 오른쪽과 같이 복잡한 과정을 거치며 여러 면에서 세분화될 수 있는데, 어떤 상황에서 사용된 모델이 다른 상황에서도 사용되는 상황의 전환, 한 가지 방법으로 사용된 모델이 다양한 방법으로 사용되는 기능의 전환, 여러 영역 중 한 영역에서 사용된 모델이 다른 영역에서도 사용되는 영역의 전환 등 다양하다(pp.29-31). 또한 이러한 수준의 구분은 매우 상대적인데, 그 이유는 비형식적 지식과 형식적 지식의 구분이 절대적인 것이 아니라 매우 상대적이기 때문이다. 그럼에도 불구하고 [그림 5]와 같은 발달 과정에 대한 다이어그램은 RME에서 추구하는 모델의 역할과 모델링의 과정을 개략적으로 이해하는 데 도움이 될 수 있다.

이와 같이 RME에서의 모델은 현실 상황의 문제를 해결하는 과정에서 학생들의 정신적 활동의 결과를 표현하는 방법으로 나타나며, 여러 현실 상황의 맥락들을 다루면서 좀 더 형식적 수학으로 나아갈 수 있도록 그 형태나 역할을 전환하면서 발달된다는 것을 알 수 있다.

학생들이 비형식적 지식에서 형식적 지식으로 전환하는 데 모델이 도움이 되기 위해서는 적어도 두 가지 특성을 지녀야 하는데, 첫째, 모델은 현실 상황에 근원을 두어야 하고, 좀 더 일반적 수준에서 사용할 수 있을 만큼 유연성이 있어야 하며, 둘째, 모델은 자신에 의해 재발명될 수 있어야 하는데, 이를 위해서 모델은 자연스럽고, 학생들의 비형식적 전략에 잘 맞아야 한다. 이러한 것이 가능하도록 모델이 출현해서 학생들의 이해 수준을 상승시킬 수 있는 모델로 전환이 가능하도록 전체적인 학습 경로에 적절한 문제 상황들을 찾는 것이 필요하여, 이를 위해서는 Freudenthal이 제안하는 교수현상학적 분석이 필수적이다(Van de Heuvel-Panhuizen, 2003). 따라서 RME에서는 수학적 모델링이 수학 학습 과정의 일부라기보다는 학생들의 비형식적 지식을 출발점으로 상황과 모델이 서로 어우러져서 모델의 다양한 전환이 이루어지면서 좀 더 형식적인 지식으로 수준 상승이 이루어지는 수학화의 전체적인 과정이라 볼 수 있다. 이를 위해서 학생들이 학습해야 할 수학에 대한 역사적, 수학적, 현상학적 분석이 매우 중요하다.

Lesh & Doerr을 중심으로 하는 모델링의 관점과 RME를 중심으로 하는 모델링의 관점은 공통점도 있지만 전자는 하나의 문제 상황에서 모델이 개발되고 그 안에서 모델의 일반화를 추구하는 것이라면, 후자는 여러 상황에 걸쳐 이것이 때로는 한 단원이나 여러 단원에 걸친 상황들일 수도 있으며 처음에 발생된 모델이 점차 추상적인 수학적인 추론을 위한 모델로 전환되면서 그 형태나 역할이 바뀌며 학생들의 비형식적 지식이 형식적 지식으로 추상화되는 수준 상승의 도구로 사용된다는 점이 차이점이라고 할 수 있다.

## 3.4 수학적 모델링 과제의 예

앞에서도 설명한 바와 같이 RME에서의 모델링 과정은 하나의 과제 내에서 이루어지는 것이 아니라 일련의 과제, 한 단원, 또는 여러 단원 걸쳐서 이루어지는 장기적인 과정이다. 여기서는 중학교에서 함수를 처음 시작하는 단원에서 모델링 과정이 어떻게 이루어지는지 RME에 기초하여 개발된 Mathematics in Context(이하 MiC로 약칭) 교과서를 참조하여 살펴보고자 한다. MiC 교과서에서 함수를 집중적으로 다루고 있는 단원은 〈Tracking Graphs(6/7학년)〉(De Jong, Querelle, Meyer, & Simon, 1998), 〈Ups and Downs(7/8학년)〉(Abels, de Jong, Meyer, Shew, Burrill, & Simon, 1998), 〈Graphing Equations(8/9학년)〉(Kindt, Wijers, Spence, Brinker, Pligge, & Burrill,

1998), 〈Growth(8/9학년)〉(Roodhardt, Spence, Burrill, & Christiansen, 1998)이다.

MiC 교과서에서는 이런 여러 단원에 걸쳐 전반적으로 다양한 변화 현상을 접하면서 종속성의 특징을 질적이고 직관적으로 파악하는 단계를 거쳐 이를 다소 비형식적으로 수량화하며, 그 다음 단계에서 형식적 대수화를 통해 형식적으로 함수를 다룬다. 이러한 과정은 RME의 모델링 과정에서도 언급한 바와 같이 함수의 발달 과정에 대한 교수현상학적 분석, 특히 역사적 발달 과정을 근거로 한다. 전반적으로는 그래프를 출발점으로 표와 식으로 함수 현상을 설명하는 모델을 발전시켜가며, 식도 화살표 식에서 점화식을 거쳐 일반식으로 전환된다. 또한 함수를 나타내는 여러 모델 사이의 변환을 강조하는데, 〈Tracking Graphs〉 단원에서는 그림, 언어적 설명, 표, 그래프 사이의 변환을 주로 강조하며, 〈Ups and Downs〉 단원에서는 그림, 표, 그래프, 언어적 설명, 화살표 열, 점화식을 강조하고, 〈Graphing Equations〉 단원과 〈Growth〉 단원에서는 그림, 표, 그래프, 언어적 설명, 화살표 열, 점화식, 일반식 사이의 변환을 주로 강조한다. 여기서는 〈Tracking Graphs: 이하 TG〉 단원의 그래프를 중심으로 하는 모델링의 과정이 어떻게 진행되는지 모델의 전환의 측면에서 살펴보고자 한다.

TG 단원은 다섯 개의 소단원으로 이루어지며, 학생들은 점차적으로 그래프를 전체적으로 살펴보고, 정확하고 상세한 측면보다는 모양, 감소와 증가 등의 본질적 특징에 초점을 맞추는 데 도전하도록 되어 있다. TG의 소단원은 [달리기의 그래프 표현], [온도의 변화 그래프], [장기간에 걸친 온도의 변화], [속도 변화 그래프], [밀물과 썰물의 변화 그래프]로 이루어져 있는데 여기서는 [달리기의 그래프 표현]과 [온도의 변화 그래프], [장기간에 걸친 온도의 변화]에 초점을 두고자 한다.

[달리기의 그래프 표현]에서는 베이징 올림픽의 100m 달리기 결과에 대한 스냅 사진을 보고 변화를 파악하는 활동, 학교 대항 2000m 달리기 대회에 대한 자료와 설명을 바탕으로 선수들의 위치를 몇 개의 점으로 나타내고 이를 연결하여 그래프를 그리고 해석하는 활동, 작년의 학교 대항 결과에 대한 그래프를 그리면서 그래프를 그리는 방법들을 좀 더 탐색하고 달리기에 관련된 그래프를 보고 간단한 기사를 작성하는 활동으로 이루어져 있다.

이를 좀 더 살펴보면, 첫째 과제는 바르셀로나 올림픽에서 100m 달리기 결선에 참여한 8명의 선수들의 달리기 과정과 어느 선수가 우승을 했는지를 알아보는 것이다. 학생들은 교사의 안내하에 동영상 등을 통해 선수들이 실제로 달리는 모습을 보고 선수들의 순위가 바뀌고 최종 우승자는 마지막에 결정된다고 할 때 선수들의 달리기 과정을 어떻게 나타낼 수 있을지를 생각한다. 학생들은 [그림 6]과 같이 선수들의 달리기 과정을 잘 보여주는 100m를 20m 간격으로 나누고 그 위치에 가장 먼저 도착한 선수를 기준으로 걸린 시간을 적고 그 순간 선수들의 위치를 포착한 스냅 사진을 살펴보면서, 두 선수의 달리기 과정을 비교하는 등 선수들의 달리기 상황에 대해 해석한다.

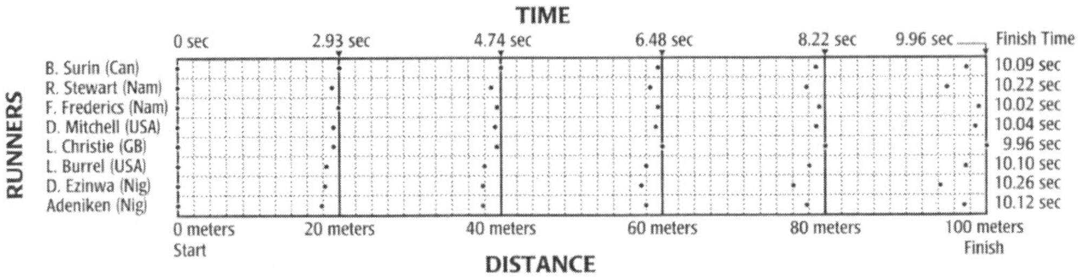


**[그림 6]** 선수들의 달리기 과정을 나타낸 스냅 사진(De Jong et al., 1998, p.1)

이때 스냅 사진을 통해 달리기 상황을 탐구하면서 생각해 낸 학생들의 아이디어를 바탕으로 시간을 중심으로 선수들의 위치를 나타내는 [그림 7]의 왼쪽 스냅 사진 모델이 출현한다.

학생들은 다음으로 학교 대항 2000m 달리기 대회에 대한 자료와 설명을 바탕으로 앞의 활동에서 사용했던 스냅 사진을 탐구하면서 자신들의 생각을 표현한 스냅 사진 모델을 이용해서 [그림 7]의 왼쪽처럼 3분, 5분, 7.5분, 9분, 10분 선수들의 위치를 나타낸 다음, 한 축은 시간, 다른 축은 거리를 나타내는 그래프 위의 점으로 옮기고 이 점들을 연결하여 선 그래프를 그리고 해석하는 활동을 한다. 이 과정에서 스냅 사진 모델은 꺾은선 그래프 모델로 모양이 변형되는데, 여기서 학생들이 재발명해야 하는 것은 스냅 사진 모델을 한 축을 시간으로 다른 축을 거리로 해서 나타내고자 하는 아이디어이다. 이어서 학생들은 지난해에 있었던 달리기 경기에 대한 설명을 보고 앞의 활동에서 다룬 꺾은선그래프를 그리고 그것을 바탕으로 꺾은선으로 이은 그래프가 아닌 곡선으로 이은 [그림 8]과 같은 선그래프 모델이 출현하며, 이를 이용해서 주어진 그래프에서 세 선수의 달리기 과정에 대한 기사를 작성한다.

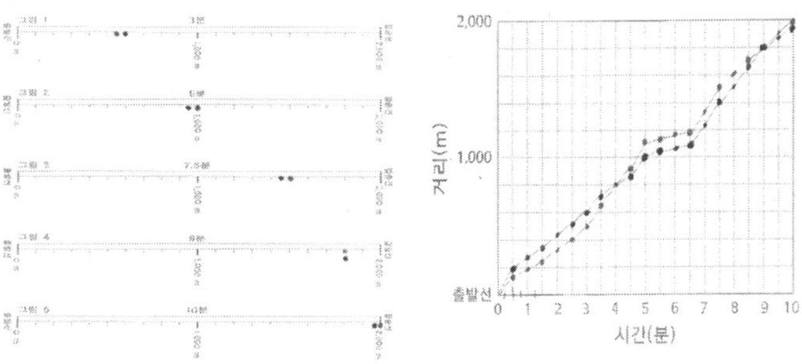


[그림 7] 한 학생의 스냅 사진 모델과 꺾은선그래프 모델

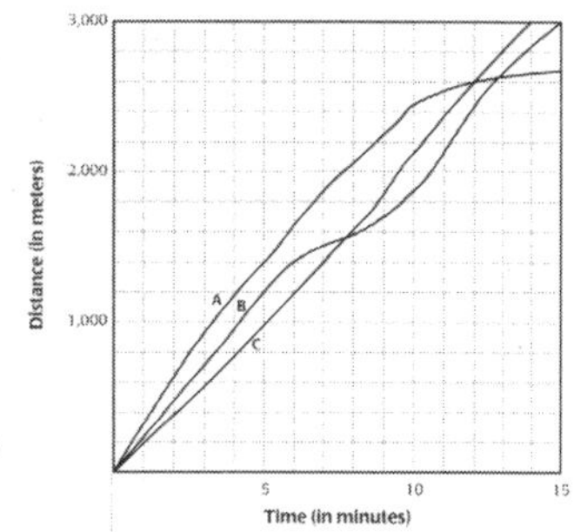


[그림 8] 달리기그래프 (De Jong et al., 1998, p.8)

[온도의 변화 그래프]와 [장기간의 온도 변화 그래프]에서도 여러 시간대에 걸쳐 집 안팎의 온도를 재는 상황에서 온도계에 표시된 온도를 읽는 활동을 시작으로 표에 제시된 온도를 [그림 9]와 같이 온도계 띠 모델에 나타내고, 온도계 띠 모델을 잘라 2시간 간격으로 온도를 나타내는 점을 찍고 사이에 있는 온도를 예측해 본 다음에 [그림 10]과 같은 꺾은선그래프로 나타내는 활동을 한 후에 [그림 11]과 같이 곡선으로 연결한 그래프를 통해 여러 다양한 상황에 대한 온도 그래프를 해석하며, 일주일의 각 요일별 온도, 일주일간, 한달간, 일년간의 온도의 변화를 탐구한다.

학생들은 달리기 상황에서 스냅 사진 모델에서 선그래프 모델로 전환한 것과 [온도의 변화 그래프], [장기간에 걸친 온도의 변화]에서 온도계 띠 모델에서 선그래프 모델로 전환한 것을 기초로 [속도 변화 그래프], [밀물과 썰물의 변화 그래프]에서 시간에 따라 불규칙하게 변하는 상황과 주기적으로 변하는 상황을 어떻게 조직할 것인지 탐구하면서 선그래프를 통해 해석하는 활동을 계속하며 점차적으로 처음의 달리기 상황에서 출현한 모델이 점점 더 일반적인 상황을 해석하는 모델로 전환된다.

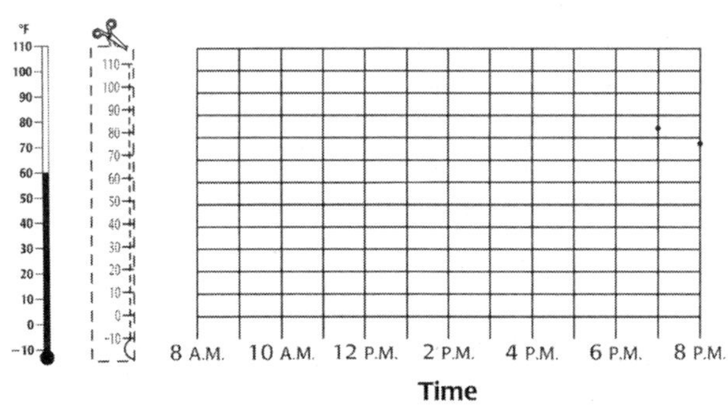


[그림 9] 온도계 띠 모델(De Jong et al., 1998, p.12)

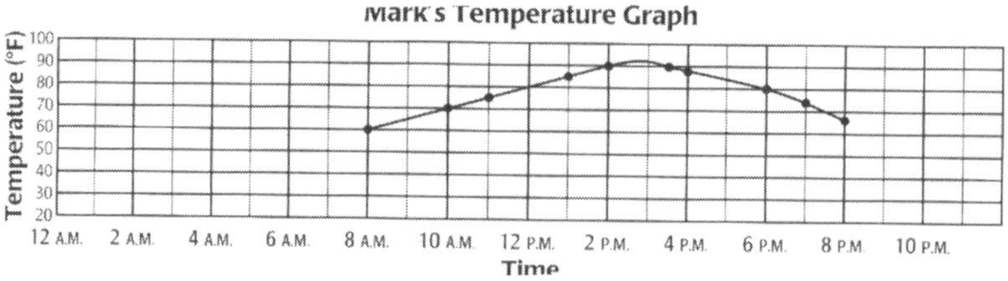


**[그림 10]** 온도 변화 꺾은선그래프(De Jong et al., 1998, p.15)

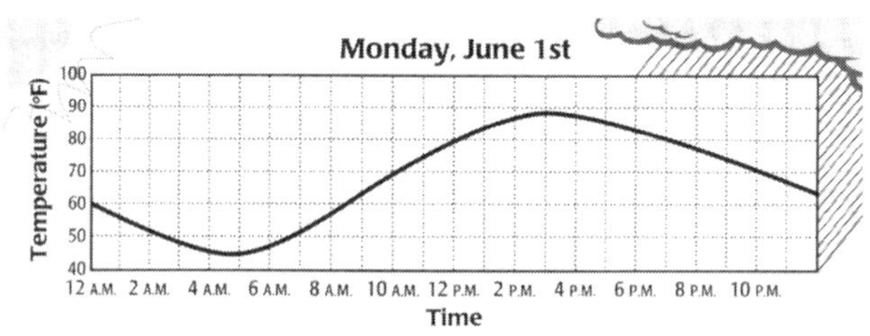


**[그림 11]** 온도 변화 그래프(De Jong et al., 1998, p.21)

이런 모델링 과정을 상황의 모델에서 수학적 추론을 위한 모델로의 전환 과정으로 분석해 보면, 이 과정은 바르셀로나 올림픽의 100m 달리기 결과에 대한 스냅 사진을 보고 탐구하는 상황에서 출현한 스냅 사진 모델이 그래프 모델로 전환되어 변화 상황에 대한 수학적 추론을 위한 모델로 전환되면서 학생들의 비형식적 지식의 형식적 지식으로 수준 상승이 이루어진다. 상황 수준에서는 달리기 상황에서의 활동을 통해 학생들의 비형식적 지식과 전략을 드러내는 스냅 사진 모델이 출현하며, 참조 수준에서는 이전 수준의 활동에서 스냅 사진 모델이 출현하고 이 모델을 가지고 활동하는 수준으로 스냅 사진을 이용하여 두 학교의 달리기 대회에서 두 선수의 달리기 과정에 대한 설명을 스냅 사진 모델에 표현한 후 꺾은선그래프 모델로 표현하고 해석하는 과정을 통해 시간에 따른 거리의 변화에 대한 특징을 알아간다. 이렇게 전환된 꺾은선그래프 모델은 작년에 있었던 달리기 상황에서 사용되면서 상황의 전환에 해당되는 국소적 전환이 이루어진다. 또한 주어진 정보를 표현하는 모델에서 다른 점들을 연결해서 내삽하는 과정을 통해 주어지지 않은 정보에 대한 추론의 역할로 기능의 전환이 이루어진다. 이어서 일반 수준에서는 선그래프를 이용하여 달리기 상황이 아닌 온도, 속도, 밀물과 썰물 등의 좀 더 새롭고 일반적인 변화 상황에 대한 추론이 이루어지며 형식적 수준의 기반이 형성된다. 이 과정에서도 온도의 변화에서 살펴보았듯이 여러 상황에 걸쳐 온도계 모델이 꺾은선그래프를 거쳐 선그래프로 전환되면서 상황의 모델에서 수학적 추론을 위한 모델로의 국소적 전환 과정이 계속 반복된다. 이런 과정을 거쳐 학생들의 변화 현상에 대한 비형식적인 지식이 그래프를 통해 시간에 따른 변화라는 좀 더 형식적인 지식으로 수준 상승이 이루어진다.

RME에서는 우리가 학생들에게 쉽게 가르치는 시간에 대한 그래프도 이미 많이 형식화되어 있는 것이기 때문에 이것도 재발명의 대상이고, 이것이 가능하도록 스냅 사진 모델, 온도계 띠 모델이라는 형식의 좀 더 비형식적인 모델을 출발점으로 모델링의 과정을 통해 이러한 모델을 전환하면서 상황의 모델(model of)에서 수학적 추론을 위한 모델(model for)로 전환을 경험케 하는 것이다. 또한 이러한 전환 과정 안에는 국소적인 전환 과정이 이루어지며 이러한 전환 과정은 계속 순환된다.

## 4 수학적 모델링과 연결성

학생들은 수학의 여러 영역 간 그리고 영역 내에서의 개념들을 서로 연결하며, 수학을 일상생활이나 다른 교과에 연결해 보는 경험을 통해 수학을 좀 더 깊이 있게 이해할 수 있을 뿐만 아니라 수학의 유용성을 인식할 수 있다. 이와 같은 관점에서 NCTM(1992, 2007)에서는 이미 오래 전부터 학생들이 갖추어야 할 능력으로 수학적 연결성을 강조해 왔다.

수학적 모델링은 이러한 수학적 연결성과 관련해서 매우 중요한 역할을 한다. 수학적 모델링의 중요성에 대해 많은 연구자들의 주장을 종합해 보면 수학적 모델링은 현실 상황에 포함된 기본적인 수학적 아이디어에 대한 의미 있는 학습을 가능하게 하고 이를 통해 학생들이 세계를 더 잘 이해할 수 있도록 도우며, 수학 학습에서 다양한 수학적 내용을 사용하기 때문에 수학 내적으로도 개념 형성에도 도움이 되고 수학적 절차를 연습할 수 있는 기회를 제공하기 때문에 수학적 수행 능력도 향상 시킬 뿐만 아니라 수학의 여러 개념과 절차들을 연결하고 수학적 관계를 강조할 수 있는 기회를 제공하고, 현실 세계 문제 상황을 다루며 수학 내의 개념을 연결하고 수학을 응용하는 경험을 통해 수학에 대한 이해를 개발하며, 제한된 문제 해결이 아니라 현실 세계의 문제를 해결함으로써 좀 더 포괄적이고 실제적인 의미의 문제 해결 능력을 개발하고, 수학을 배우는 의미를 인식할 수 있도록 하며, 교사들이 학생들과 의사소통하는 것을 도우며, 학생들에게 동기를 부여한다는 점을 강조한다(Arseven, 2015; Kertil & Gurel, 2016; Schukajlow, Krug, Rakoczy, 2015; Usiskin, 2015). 따라서 수학적 모델링은 학생들이 수학 내적·외적 연결성이라는 규준에서 추구하는 능력을 향상시키는 데 필수적이며, 수학에 대한 이해와 수학의 유용성을 인식하는 데 매우 중요하다.

이런 중요성을 실감하면서도 현장에서 수학적 모델링을 다루기는 쉽지 않은데, 무엇보다 교사에게 많은 부담을 준다는 점이다. 교사들이 수학적 모델링을 수업에서 실행하기 위해서는 현실 세계에 대한 많은 지식도 필요하고, 과제의 개발이나 선정도 어려울 뿐만 아니라 교사들이 더 많이 개방적인 수업을 해야 하기 때문이다.

Kertil & Gurel(2016)은 여러 연구자들의 의견을 종합하여 수학적 모델링이 수업에서 성공적으로 실행되기 위해 교사들이 갖추어야 할 능력으로 모델링 과제에 대한 지식, 모델링 활동 중에 수업을 조직하고 운영하는 방법에 대한 지식, 학생들의 사고에 대한 전략적인 개입과 학생들의 사고를 해석하고 대응하는 능력, 예견하지 않은 사고방식을 인식하는 능력과 이런 위기 상황에 대처하는 전략의 개발, 필요한 수학 내적·외적인 지식, 공학도구를 효과적으로 사용하는 능력을 제시하고 있다(p.47).

수학교육의 변화에 관련된 요인은 여러 가지 있지만, 그중에서 교사 역할의 중요성은 아무리 강조해도 지나치지 않은 것 같다. 새롭게 개정된 2015 교육과정에 수학적 모델링이 강조되면서, 교과서에 이와 관련된 내용이 포함될 것이지만 수학적 모델링을 강조하는 목적이 이루어지기 위해서는 무엇보다 교사의 관심과 능력이 중요하다. 이를 위해서는 적절한 뒷받침이 필요할 것이다.

## 5 결론

본고에서는 수학적 모델링에 대한 관점을 내용으로서의 모델링 관점과 도구로서의 모델링 관점으로 구분해서 살펴보았다. 어느 관점을 택하든 중요한 것은 학생들은 문제 상황을 접하면서 스스로 수학적 아이디어를 생각해 내고, 그 문제 상황을 해석할 수 있는 자신의 아이디어를 표현한 모델을 구성할 수 있어야 한다는 점이다. 때로는 그 모델이 먼저 제시되는 경우도 있지만, 그런 경우라 할지라도 학생들의 비형식적 지식과 경험에 자연스러워야 한다는 점이다. 따라서 수학에서 가장 핵심적인 부분이라 할 수 있는 수학적 모델링의 과정이 수업에 정착되기 위해서는 적절한 문제 상황과 학생들의 비형식적 지식에 대한 탐구가 절실히 필요할 것으로 생각된다.

우리가 살아가는 시대는 이미 알고 있는 지식을 잘 적용하는 것도 필요하지만 새롭게 접하는 문제 상황에서 그 상황을 인식하고, 그 문제를 해결하기 위한 도구를 스스로 창안해야 하는 시대이다. 미래를 살아갈 학생들에게는 더욱 이러한 능력이 요구될 것이라는 점을 고려하면, 수학을 의미 있게 학습할 수 있는 방법으로서만 아니라 필요한 도구들을 스스로 창안해 낼 수 있는 방법으로서도 수학적 모델링은 중요한 역할을 할 수 있을 것이다.

# 참고 문헌

강옥기(2010). 수학적 모델링의 정교화 과정 연구. **대한수학교육학회 수학교육학연구 20**(1), 73-84.

교육부(2015). 수학과 교육과정. 교육부 고시 제2015-74호[별책8]. 교육부.

김선희(2005). 문제 중심 학습의 방법으로서 수학적 모델링에 대한 고찰. **대한수학교육학회 학교수학 7**(3), 303-318.

박진형·이경화(2013). 수학적 모델링 과정에서 수학화의 기호학적 분석. **대한수학교육학회 수학교육학연구 23**(2), 95-116.

서지희·윤종국·이광호(2013). 중학교 3학년 수학 영재 학생들을 위한 수학적 모델링 교수·학습 자료의 개발 및 적용: 쓰나미를 소재로. **대한수학교육학회 학교수학 15**(4), 785-799.

손홍찬·류희찬(2007). 수학적 모델링에서 스프레드시트 환경이 수학적 모델의 정교화 과정에 미치는 역할. **대한수학교육학회 학교수학 9**(4), 467-486.

신은주·이종희(2004). 중학생들의 모델링 활동에서 메타인지 분석아 관한 사례연구. **대한수학교육학회 수학교육학연구 14**(4), 403-419.

황혜정(2007). 수학적 모델링의 이해-국내 연구 결과 분석을 중심으로-. **대한수학교육학회 학교수학 9**(1), 65-97.

Arseven, A. (2015). Mathematical Modelling approach in mathematics education. ***Universal Journal of Educational research 3***(12), 973-980.

Abels, M., de Jong J. A., Meyer, M. R., Shew, J. A., Burrill, G., & Simon, A. (1998). Ups and Downs. In T. A. Romberg (Ed.), ***Mathematics in Contexts: A Connected Curriculum for Grades 5-8***. Chicago: Encyclopedia Britannica Educational Corporation.

Baron, L. M. (2015). An authentic task that models quadratics. ***Mathematics Teaching in the Middle School, 20***(6), 335-340.

Common Core State Standards Initiative(2010). ***Common core standards for mathematics.*** http://www.corestandards.org/wp-content/uploads/Math˙Standards.pdf

De Jong J. A., Querelle, N., Meyer, M. R., & Simon, A. N. (1998). Tracking Graphs. In T. A. Romberg (Ed.), ***Mathematics in Contexts: A Connected Curriculum for Grades 5-8.*** Chicago: Encyclopedia Britannica Educational Corporation.

De Lange, J. & Verhage, H. B. (1987). Mathe A and achievement testing. ***Proceedings of the 11th International Conference for the Psychology of Mathematics Education, 3***, 243-248.

Felton, M. D., Anhalt, C. O., Cortez, R. (2015). Going with the flow: Challenging students to make assumptions. ***Mathematics Teaching in the Middle School, 20***(6), 342-349.

Freudenthal, H. (1991). ***Revisiting Mathematics Education. China Lectures***. Dordrecht: Kluwer Academic Publishers.

Gravemeijer, K. (1997). Instructional design for reform in mathematics education. In M. Beishuizen, K. Gravemeijer, & E. van Lieshout(Eds.), ***The Role of Contexts and Models***

***in the Development of Mathematical Strategies and Procedures***(pp.13-34). Culemborg: Technipress.

Gravemeijer, K. (2002). Emergent modeling as the basis for an instructional srquence on data analysis. In B. Phillips(Eds.), ***ICOTS-6 Proceedings***, Cape Town.

Gravemeijer, K., & Stephan, M. (2002). Emergent models as an instructional design heuristic. In K. Gravemeijer, R. Lehrer, Oers, B., & Vershaffer, L. (Eds.), Symbolizing, Modeling and Tool Use in Mathematics Education(pp.145-169). Dordrecht: Kluwer Academic Publishers.

Jung, H. (2015). Strategies to support-students'mathematical modeling. ***Mathematics Teaching in the Middle School, 21***(1), pp.42-48.

Kertil, M., & Gurel, C. (2016). Mathematical modeling: A bridge to stem education. ***International Journal of Education in Mathematics, Science and Technology, 4***(1), pp.44-55.

Kindt, M., Wijers, M., Spence, M. S., Brinker. L. J., Pligge, M. A., Burrill, J. (1998). ***Graphing Equations***. In T. A. Romberg (Ed.), ***Mathematics in Contexts: A Connected Curriculum for Grades 5-8***. Chicago: Encyclopedia Britannica Educational Corporation.

Lesh, R., Cramer, K., Doerr, H., Post, T., & Zawojewski, J. (2003). Model development sequences. In R. Lesh, & H. M. Doerr(Eds.), Beyond Constructivism: Models amd Modeling Perspectives on Mathematics Problem Solving, Learning, and Teaching(pp.35-58). Mahwah, NJ: Lawrence Erlbaum Associates.

Lesh, R., & Doerr, H. M. (2003). Foundations of a models and modeling perspective on mathematics teaching, learning, and problem solving. In R. Lesh, & H. M. Doerr(Eds.), Beyond Constructivism: Models amd Modeling Perspectives on Mathematics Problem Solving, Learning, and Teaching(pp.3-33). Mahwah, NJ: Lawrence Erlbaum Associates.

Lesh, R., Hoover, M., Hole, B., Kelly, A., & Post, T. (2000). Principles for developing thought-revealing activities for students and teachers. In R. Lesh, & A. Kelly (Eds.), Handbook of research design in mathematics and science education(pp.591-645). Hillsdale, NJ: Lawrence Erlbaum.

National Council of Teachers of Mathematics(1992). 수학 교육과정과 평가의 새로운 방향. (구광조·오병승·류희찬 역). 서울: 경문사. (영어 원작은 1989년 출판).

National Council of Teachers of Mathematics(2007). 학교수학을 위한 원리와 규준. (류희찬 · 조완영 · 이경화 · 나귀수 · 김남균 · 방정숙). 서울: 경문사. (영어 원작은 2000년 출판)

OECD(2016). "PISA 2015 Mathematics Framework". In PISA 2015 Assessment and Analytical Framework: Science, Reading, Mathematic and Financial Literacy(pp.63-78), OECD Publishing, Paris.

Roodhardt, A., Spence, M. S., Burrill, J., Christiansen, P. (1998). ***Growth***. In T. A. Romberg (Ed.), ***Mathematics in Contexts: A Connected Curriculum for Grades 5-8***. Chicago: Encyclopedia Britannica Educational Corporation.

Schukajlow, S., Krug, A., & Rakoczy, K. (2015). Effects of prompting multiple solutions for modelling problems on students' performance. ***Educational Studies in Mathematics, 89***, 393-417.

Usiskin, Z. (2015). Mathematical modeling and pure mathematics. ***Mathematics Teaching in the Middle School, 20***(8), 477-482.

Van den Heuvel Panhuizen, M. (2003). The didactical use of models in realistic mathematics education: An example from a longitudinal trajectory on percentage. ***Educational Studies in Mathematics 54***, 9-35.

16장

# 중학교 수학 학습 내용의 연결성

도 종 훈 (서원대학교)

## 1 서론

학교수학 내(內)의 여러 영역과 내용들은 서로 수직적으로 연결되어 있기도 하고, 수평적으로 연결되어 있기도 하다. 이를테면 개념 A가 개념 B의 상위 개념으로서 개념 B를 기반으로 정의되거나 다루어진다면 두 개념 A와 B는 서로 수직적으로 연결되어 있다고 할 수 있다. 학교수학에서 이전 차시에 학습한 내용과 이후 차시에 학습한 내용, 이전 학년이나 학교 급과 이후 학년이나 학교 급에서 다루는 내용에서 수직적 연결성을 발견할 수 있는 경우가 많다. 수직적 연결성은 수학교과서 내용 구성과 전개의 근간이 되며, 계통성과 유사한 의미를 지닌다. 한편 두 개념 A와 B가 수직적으로 연결되어 있지는 않지만, 서로가 서로의 의미를 표현하고 설명하는 데 도움이 되거나 어떤 현상을 A를 통해서 이해할 수도 있고 B를 통해서도 이해할 수 있다면 두 개념 A와 B는 서로 수평적으로 연결되어 있다고 할 수 있다. 수평적 연결성은 해당 수학 개념의 이해를 좀 더 깊고 풍부하게 해주는 역할을 한다고 볼 수 있다. 이 장에서는 먼저 중학교 수학에서 내용 간의 수직적 연결성 즉, 계통성에 대한 논의를 중심으로 학교수학 내용의 선후 관계와 계통성의 문제, 중학교 수학의 5개 내용 영역의 주요 주제와 이들 사이의 연결성에 대하여 살펴본 뒤, 중학교 수학에서 수평적 연결성을 확인할 수 있는 구체적인 사례 몇 가지를 살펴본다.

## 2 계통성 – 수직적 연결성

계통성이란 어떤 내용을 기반으로 그 내용을 수학적으로 확장하거나 그 기반 위에 다른 내용을 더 첨가함으로써 새로운 내용을 일관성 있게 전개해 나가는 것을 의미하며, 이렇게 확장되거나 전개되는 내용들 사이에는 선후 관계가 자연스럽게 존재하게 된다. 예를 들어 수 체계의 확장 즉, 자연수에서 정수, 정수에서 유리수, 유리수에서 실수, 실수에서 복소수로의 확장은 집합의 측면에서 볼 때 기존의 수 집합에 새로운 수를 첨가하여 수 집합을 확장해나간다는 계통성을 지니고 있으며, 이 과정에서 초기의 수 체계인 자연수에서의 연산(덧셈, 곱셈) 역시 수 체계의 확장과 함께 유지되거나 확장되어 간다. 이로 인해 자연수의 덧셈, 곱셈은 이후 실수나 복소수의 덧셈, 곱셈의 기초가 되고, 거꾸로 복소수의 관점에서 자연수나 정수의 연산을 재해석할 수 있다. 실제로 정수 연산 $(-1)\times(-1)=1$은 [그림 1]과 같이 복소수의 관점에서 기하적으로 간단하게 설명될 수 있는데, 이는 수 체계의 확장이 계통적이기 때문이다.

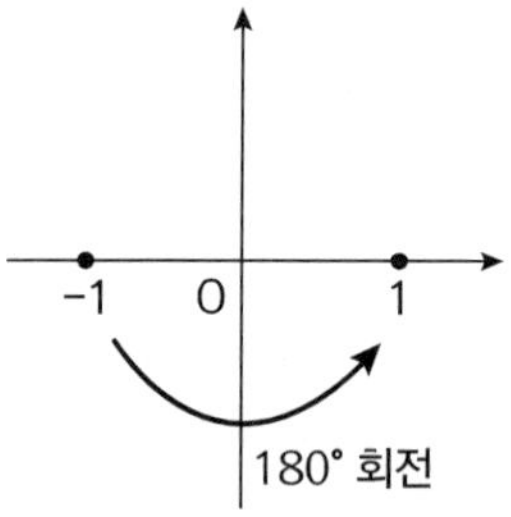


**[그림 1]** $(-1)\times(-1)=1$과 복소수의 연결성

이처럼 계통성은 수학 지식이 독립적으로 존재하지 않고 서로 연결되어 있음을 의미하는 것으로, 특히 수학 내용 간의 수직적 연결성 즉, 위계적이고 누적적인 특성을 띠는 수학 내용 간의 연결성을 의미한다. 수학 내용 사이에 수직적 연결성이 존재한다는 것은 곧

이들 사이에 선후 관계 즉, 계통성이 있다는 것을 의미하며, 역으로 서로 간에 선후 관계가 있는 내용들은 수직적으로 연결되어 있다고 할 수 있다. 이런 점에서 수학 내용 간의 수직적 연결성을 파악하다는 것은 곧 계통성을 파악한다는 것을 의미한다고 볼 수 있다.

박윤범 외(2014)는 2009 개정 수학과 교육과정의 내용을 중심으로 학교수학에서 다루는 수학 내용의 계통성을 분석하여 제시한 바 있다. [그림 2]는 박윤범 외(2014)에 제시된 중학교 확률과 통계 영역의 내용 계통도인데, 이를 통해 중학교 수학의 확률과 통계 영역은 크게 '통계' 관련 내용과 '경우의 수와 확률' 관련 내용으로 구성되어 있음을 확인할 수 있다.[1] 또한 중학교 수학의 확률과 통계 영역의 내용이 다른 학교급의 관련 내용과 어떻게 연결되는지 파악할 수도 있다. 이를테면 '대푯값' 관련 내용은 초등학교에서 다룬 바 있는 '평균' 관련 내용을 기반으로 전개되고, 이후 고등학교의 '이산확률변수의 기댓값' 관련 내용의 기초가 됨을 확인할 수 있다.

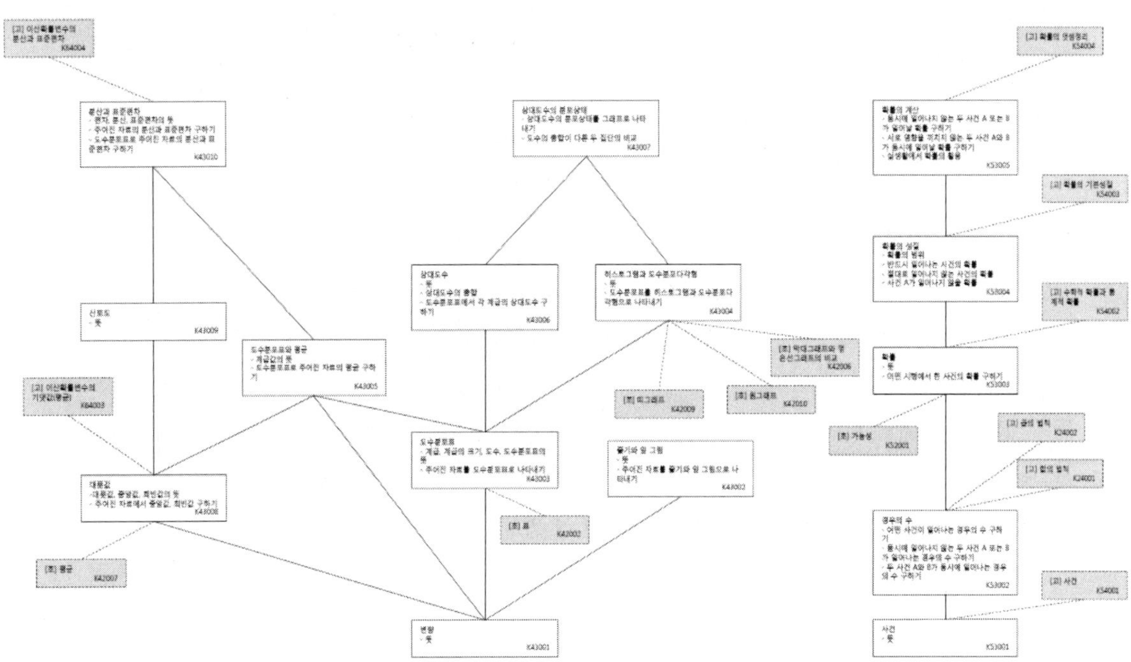

**[그림 2]** 중학교 확률과 통계 영역의 내용 계통도 작성 예시

1) 다른 학교급, 다른 내용 영역의 내용 계통도는 박윤범 외(2014)를 참고하기 바란다.

계통성은 교육과정이나 수업의 설계에서 학년 간 혹은 학기 내용의 순서를 정할 때 가장 먼저 고려해야 할 부분 중 하나로서 수학 교수·학습 설계를 위한 최소한의 필요조건이자 수학교사가 갖추어야 할 교수내용지식(Pedagogical Content Knowledge, PCK)의 근간이라고 할 수 있다. 특히 교수 경험이 부족한 교사나 예비교사는 수학 교육과정에 제시된 내용의 계통을 그림이나 도표 등의 형태로 작성해보는 활동을 통해 이들 내용의 전체적인 흐름과 구조를 파악할 필요가 있다([그림 3] 참고). 학생들 역시 일정 기간 이를테면, 한 학기 혹은 일 년 동안 학습한 내용의 계통도를 작성해보는 경험을 통해 자신이 학습한 내용의 전체적인 구조와 내용 간 연결성을 파악할 수 있을 것이다.

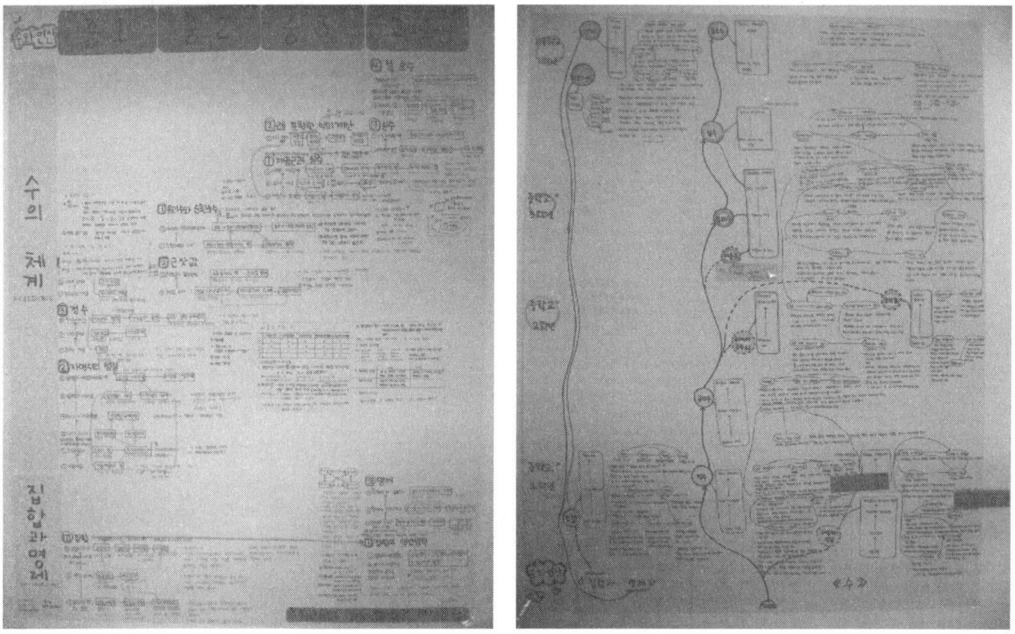


**[그림 3]** 예비교사의 수와 연산 영역 내용 지도 작성 예시

## 3 학교수학과 계통성

수학은 오랜 역사를 통해 누적적으로 발생하고 발달해 왔기에 특정 시기에 정립되어 다루어진 내용은 그 이전 시기에 다루어진 바 있는 내용으로부터 영향을 받았고 다시 이후의 새로운 내용 생성에 영향을 미친다. 즉, 역사적인 발생 및 발달 과정에서 서로 영향을 주고받은 내용들 사이에는 시간적인 선후 관계가 있기 마련이다. 그런데 오늘날 우리가 접하는 수학은 이들 지식을 그저 역사적인 발생 및 발달 순서에 따라 나열해 놓은 것이 아니라 논리적이고 연역적인 방법으로 재구성하여 체계화한 결과이기에 이들 사이에는 논리적인 선후 관계가 존재한다. 통상적으로 수학의 계통성은 수학 내용 간의 이러한 논리적인 선후 관계를 의미한다.

그러나 실제 학교수학의 내용 구성과 전개 과정에서는 논리적인 선후 관계뿐 아니라 역사발생적인 선후 관계가 반영되는 경우가 종종 있다. 이는 무엇보다 해당 교과서를 사용하는 학생들의 인지적, 심리적 발달 수준이나 사회적 필요를 고려한 결과인 경우가 많다. 대표적인 예로 중학교 수학에서 함수를 직관적인 방법으로 정의하고, 일차함수와 이차함수 등의 몇 가지 구체적인 함수를 다룬 뒤에, 고등학교 수학에서 함수를 다시 한번 (형식적으로) 정의하는 독특한 내용 전개 방식을 들 수 있다. 이와 같이 학교수학에서 내용의 선후 관계는 논리적인 선후 관계뿐 아니라 역사발생적인 관점에서의 시간적인 선후 관계, 학생들의 학습 가능성이나 용이성, 사회적인 필요와 요구 등을 고려하여 정해짐을 알 수 있다.[2)]

이런 이유로 학교수학에서 다루는 내용의 순서가 논리적인 선후 관계를 따르지 않는 경우가 발생한다. 예를 들어 원의 넓이 공식은 논리적인 선후 관계만을 고려한다면 극한의 개념이나 곡선으로 둘러싸인 영역의 넓이를 구하는 데 필요한 이론인 정적분을 다룬 이후에 다루어야 하지만, 우리나라 수학과 교육과정에서는 원의 넓이 공식을 초등학교 6학년 수학에서 다루고 있다. 이는 역사적으로 원의 넓이 측정이 정적분 개념이 수학적으로 명료하게 정의되기 전부터 다루어져 왔다는 점, 학생들이 원의 넓이 구하는 아이디어를 직관적으로 이해할 수 있으리라는 점, 그리고 실생활에서 원의 넓이 측정이 필요하다

**2)** 이런 점에서 논리적인 선후 관계를 '논리 연역적 계통성', 역사적 발생 순서에 따른 선후 관계를 '역사 발생적 계통성', 수학 교과서 및 수업 내용의 선후 관계를 '교수학적 계통성'이라 구분할 수도 있을 것이다.

는 점 등을 고려한 교수학적 변환의 결과라고 할 수 있다. 이 외에 뿔의 부피 공식과 정적분, 구의 부피 공식과 정적분, 순환소수의 분수 표현과 등비급수 등에서도 논리적인 선후 관계의 역전 현상을 찾아볼 수 있다.

이런 경우 해당 내용의 전개 과정에서 직관적인 방법의 사용이나 절차 중심의 설명이 불가피하게 된다. 실제로 중학교 수학 교과서에서 뿔의 부피 공식과 구의 부피 공식을 물리적인 실험에 의존하여 설명하는 경우가 많고, 순환소수의 분수 표현에 사용되는 절차 중심의 논법은 중학교 수학에서 해소하기 어려운 문제를 야기할 수 있다. 예를 들어 중학교 수학에서 $0.666\cdots = \frac{2}{3}$임을 설명하는 통상적인 방법은 다음과 같다. ① 순환소수 $0.666\cdots$을 $x$라 놓는다. ② 등식 $x = 0.666\cdots$과 이 등식의 양변에 10을 곱해서 얻은 등식 $10x = 6.666\cdots$을 얻는다. ③ 이로부터 등식 $9x = 6$을 얻는다. 이 논법을 점점 커지는 양수들의 합 $1+2+4+8+16+\cdots$에 그대로 적용하면 $1+2+4+8+16+\cdots = -1$을 얻는데, 절차만 놓고 보면 이 결과가 얻어지는 과정에서 문제점을 발견하기 어려우며 중학교 수학에서 이를 해소하는 것도 어렵다.

교사는 이와 같은 직관적인 방법의 사용이나 절차 중심의 설명이 논리적인 선후 관계의 역전으로부터 비롯된 것임을 파악하고 있어야 한다. 그리고 이후에 정적분이나 등비급수를 다룰 때 학생들이 이전에 직관적인 방법이나 절차를 중심으로 학습한 원의 넓이 공식, 뿔의 부피 공식, 구의 부피 공식, 순환소수의 분수 표현 등의 내용을 재음미하고, 이들 내용 사이의 논리적인 선후 관계 즉, 수직적 연결성을 (재)인식하게 할 필요가 있다.

한편 방금 살펴본 몇 가지 사례의 경우 논리적인 선후 관계의 역전이 비교적 명료하게 드러나서 교사가 이를 파악하는 것이 크게 어렵지 않지만, 경우에 따라서는 논리적인 선후 관계의 역전이 명료하게 드러나지 않는 경우도 있다. 예를 들어 중학교 수학교과서에서 삼각뿔의 부피 공식을 과학 교과서에서나 제시될 법한 물리적인 실험을 통해 설명하고 있는 경우가 많은데([그림 4] 참고), 언뜻 보면 이런 비수학적인 설명은 삼각뿔의 부피 공식에 대한 학생들의 직관적인 이해를 위한 교수학적 선택의 결과라고 생각할 수 있다.

도종훈(서원대학교)

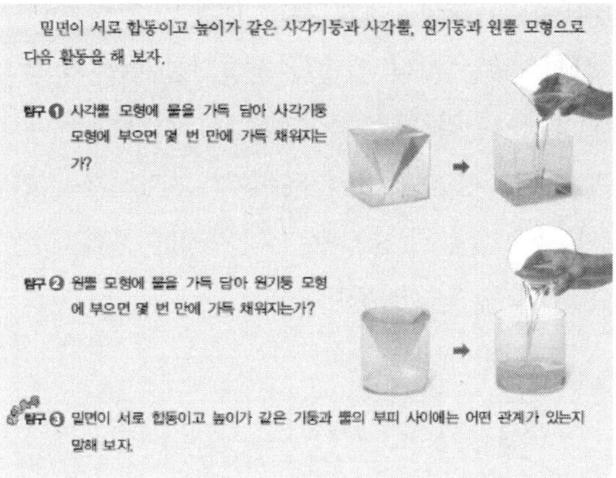

밑면이 서로 합동이고 높이가 같은 사각기둥과 사각뿔, 원기둥과 원뿔 모형으로 다음 활동을 해 보자.

탐구 ① 사각뿔 모형에 물을 가득 담아 사각기둥 모형에 부으면 몇 번 만에 가득 채워지는가?

탐구 ② 원뿔 모형에 물을 가득 담아 원기둥 모형에 부으면 몇 번 만에 가득 채워지는가?

탐구 ③ 밑면이 서로 합동이고 높이가 같은 기둥과 뿔의 부피 사이에는 어떤 관계가 있는지 말해 보자.

위의 탐구 활동에서 알 수 있듯이 각뿔과 원뿔 모형에 담은 물을 각각 세 번씩 부어야만 각기둥과 원기둥 모형을 채울 수 있다.

그러므로 각뿔이나 원뿔의 부피는 밑면이 서로 합동이고 높이가 같은 각기둥이나 원기둥의 부피의 $\frac{1}{3}$이다.

**[그림 4] 뿔의 부피 공식 설명 예시**

그리고 삼각형의 넓이 공식을 유도하는 방법으로 삼각뿔의 부피 공식도 유도할 수 있으리라 생각할 수 있다. 그러나 이것은 불가능한데, 삼각뿔의 부피 공식과 관련된 이 문제를 힐베르트(D. Hilbert)의 세 번째 문제라 부르기도 한다. 힐베르트는 1900년에 프랑스에서 열린 제2차 세계수학자대회(ICM)에서 20세기에 수학자들이 해결해야 할 23개의 문제를 제안하였다. 그중 세 번째 문제가 삼각뿔의 부피 공식 증명이 삼각형의 넓이 공식 증명과는 달리 극한 개념 즉, 무한 과정 없이는 불가능함을 엄밀하게 밝히는 것이었다. 힐베르트의 세 번째 문제는 힐베르트가 문제를 제기한 바로 다음 해인 1901년에 덴(M. Dehn, 1875-1952)에 의해 해결되었고, 이를 통해 삼각뿔의 부피 공식에 대한 증명은 어떤 식으로든 무한 과정을 반드시 포함해야 함이 밝혀졌다. 즉, 삼각뿔의 부피 공식에는 사실 극한 개념이 내재되어 있다는 것이다. 결국 삼각뿔의 부피 공식에 대한 중학교 수학 교과서의 비수학적인 설명 방식은 학생들의 이해나 인지 발달 수준을 고려한 것이라기보다는 극한 개념을 학습하지 않은 학생들에게 극한의 아이디어 없이 해당 내용을 설명해야 하는 상황에서 비롯된 불가피한 선택의 결과라고 할 수 있다(도종훈, 2015).

다른 예로 일차함수의 그래프와 삼각형의 닮음 사이의 연결성을 생각해보자. 중학교 수학교과서에서는 통상적으로 구체적인 몇 개의 일차함수에 대하여 몇 개의 순서쌍을 좌표평면에 점으로 찍어서 확인해보는 귀납적이고 직관적인 방법을 통해 일차함수의 그래프가 직선임을 설명한다. 이는 학생들에게 해당 내용을 보다 쉽고 직관적으로 설명하기 위함이기도 하겠지만, 한편으로는 보다 엄밀한 정당화를 위해서 삼각형의 닮음에 대한 이해가 필요한데 삼각형의 닮음은 일차함수의 그래프를 학습한 뒤에 다루기 때문이기도 하다(도종훈, 2008). 실제로 좌표평면에서 일차함수의 그래프가 직선임을 논리적으로 설명하려면, $x$값의 증가량에 대한 $y$값의 증가량의 비의 상수성과 함께 '삼각형의 닮음'의 성질이 필요함을 [그림 5]를 통해 알 수 있다.

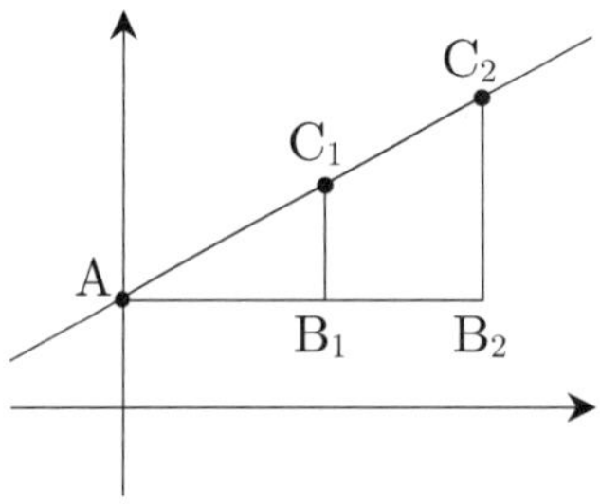


일차함수 $y=mx+n$의 그래프의 임의의 두 점을 $C_1(x_1,y_1)$, $C_2(x_2,y_2)$라 하면 다음이 성립한다.

$$\frac{y_1-n}{x_1-0}=\frac{y_2-n}{x_2-0}=m$$

그러므로 $\triangle AB_1C_1 \backsim \triangle AB_2C_2$이다.

따라서 세 점 A, $C_1$, $C_2$는 한 직선에 있다.

**[그림 5] 일차함수의 그래프와 삼각형의 닮음 사이의 연결성**

즉, 좌표평면에서 일차함수의 그래프가 직선임을 논리적으로 보장하기 위해서는 삼각형의 닮음의 성질이 필요하지만, 내용의 전개 순서상 이를 반영한 설명이 원칙적으로 불가능하다는 것이다. 이를 인식한 교사는 필요하다면 삼각형의 닮음의 성질을 학습하는 도중이나 학습한 직후에 그 이전에 학습한 일차함수의 그래프가 왜 직선이 되는지를 논리적으로 설명해보게 함으로써 이들 사이의 연결성을 확인하는 경험을 학생들에게 제공할 수 있을 것이다.

중학교 수학은 초등학교 수학에 비해서 덜 직관적이고 더 엄밀하지만, 고등학교 수학보다는 더 직관적이고 덜 엄밀한 방식으로 그 내용이 구성되고 다루어진다. 이런 이유로 내용 간의 논리적인 선후 관계 역시 고등학교 수학에 비해 불명료한 경우가 상대적으로 더 많이 존재할 수 있다. 앞서 살펴본 몇 가지 사례가 이에 해당한다. 이처럼 학교수학에 내재되어 있으나 명료하게 드러나지 않는 계통성을 명료하게 드러내고 파악하는 것은 수학교육 연구자와 수학 교사의 중요한 책무 중 하나로서 이에 대한 지속적인 논의와 연구가 필요하다.

# 4 중학교 수학의 내용 영역 및 주제 간 연결성

우리나라 수학과 교육과정에서 중학교 수학은 수와 연산, 문자와 식, 함수, 확률과 통계, 기하의 5개 영역으로 구성되어 있고, 수학 교과서 역시 각 학년에서 이들 5개 영역을 순서대로 학습하도록 구성된다. 이때 각 영역은 통상 그 자체로 내용이 완결되도록 구성되지만, 이와 동시에 새로운 영역의 새로운 주제 도입과 설명이 이전 영역의 주제를 기반으로 이루어진다는 점에서 (계통성에 근거한) 내용 영역 및 주제 간의 수직적 연결성이 교육과정과 교과서 내용 구성의 원리로 내재되어 있다고 할 수 있다. 교사는 각 영역의 주제뿐 아니라 서로 다른 영역의 주제들이 어떤 식으로 어떻게 연결되어 있고 각각의 주제가 서로에게 어떤 역할을 하는지 파악하고, 학생들이 이를 이해하도록 도울 필요가 있다.

먼저 중학교 수학의 5개 영역의 주요 주제를 간략하게 살펴보면 다음과 같다.

수와 연산 영역에서는 소인수분해와 그 활용, 정수와 유리수, 유리수의 소수 표현, 무리수와 실수와 그 연산 등의 주제를 다루는데, 소인수분해 관련 내용을 제외하면 정수에서 실수까지의 수 체계 확장이 주된 주제임을 알 수 있다. 예외적으로 소인수분해 관련 내용의 경우 초등학교에서 학습하는 자연수와 그 성질 관련 내용의 연장선상에 위치한 내용으로서, 중학교 수학에서는 이후에 다루는 다항식의 인수분해와 연결된 주제라 할 수 있다.

문자와 식 영역에서는 문자의 사용과 문자식, 다항식(일차식, 이차식)과 그 연산, 방정식(일차방정식, 연립일차방정식, 이차방정식), 부등식(일차부등식) 등의 주제를 다루는데, 일차식은 일차방정식, 일차부등식, 연립일차방정식의 선수 지식의 역할을 하고, 이차식은 이차방정식의 선수 지식의 역할을 한다는 점에서 몇몇 방정식과 부등식 관련 내용이 주된 주제임을 알 수 있다. 이로 인해 문자의 사용과 문자식 관련 내용이 소홀히 다루어질 수 있는데, 이들 내용은 수학적 연결성의 측면에서 매우 중요한 비중을 차지한다. 실제로 문자의 사용과 문자식 관련 내용은 다항식, 방정식, 부등식의 선수 지식의 역할도 하지만, 문자를 이용하여 식으로 나타내는 다양한 상황이 함수에 해당한다는 점에서 함수 개념과도 직접적으로 연결되어 있다.[3] 또한 수와 그 연산의 성질, 여러 가지 도형 및 도형의 성

3) 물론 문자식으로 나타낸 상황 중에는 일변수 함수뿐 아니라 이변수 함수나 삼변수 함수인 경우도 있다.

질과 길이, 넓이, 부피의 측정 방법, 확률과 통계의 개념과 성질 등에 대한 표현이 모두 문자식을 통해 이루어진다. 이런 점에서 문자와 문자식은 수학 언어로서 수학의 모든 영역의 모든 주제와 연결되어 있다고 할 수 있다.

함수 영역에서는 좌표평면과 변화 관계로서의 함수 개념, 일차함수, 이차함수 등의 주제를 다룬다. 일차함수, 이차함수는 각각 일차방정식, 이차방정식과 직접적으로 연결되어 있고, 변화 관계로서의 함수 개념은 비례와 반비례 관련 내용 및 문자와 식 영역의 문자의 사용과 문자식 관련 내용과 자연스럽게 연결된다. 특히 17세기에 데카르트(R. Descartes)와 페르마(P. Fermat)에 의해 고안된 좌표평면은 서로 독립적인 분야로 발달해 온 대수와 기하의 통합을 가능하게 했고, 도형의 방정식(직선의 방정식, 원의 방정식, 포물선의 방정식 등)이라는 독특한 용어와 개념이 도입되게 된 원천이기도 하며, 각종 방정식과 함수를 시각화할 수 있는 장치로서 대수와 기하 분야 사이의 연결고리 역할을 한다.

확률과 통계 영역에서는 자료의 수집과 정리 및 해석을 다루는 통계, 사건이 일어나는 가지 수를 체계적으로 세는 방법을 다루는 경우의 수, 불확실하거나 우연적인 사건의 발생 가능성을 수치화하여 다루는 확률의 독립적인 세 주제를 다룬다.[4] 중학교에서 다루는 이들 세 주제는 타 영역의 내용의 선수 지식의 역할을 하거나 타 영역의 내용을 선수 지식으로 필요로 하는 경우가 거의 없다는 점에서 타 영역과의 연결이 상대적으로 약하다고 할 수 있다.

기하 영역은 중학교 수학에서 가장 큰 비중을 차지하는 영역으로서 평행선의 성질, 삼각형과 다각형 및 원을 포함한 여러 가지 평면도형의 성질과 측도, 도형의 작도와 합동, 도형의 닮음, 피타고라스 정리, 삼각비, 입체도형과 그 성질 및 측도 등의 주제를 다룬다. 기하 영역에서 다루는 여러 가지 도형과 그 성질은 그들 사이의 연결성뿐 아니라 대수식으로 표현된 수학적 관계를 시각적으로 표현하거나 여러 가지 물체나 상황을 수학적으로 모델링할 때 수학적 모델로 종종 사용된다는 점에서 대수와 기하, 여러 가지 현상과 기하의 연결성의 측면에서 그 의의가 있다고 할 수 있다. 실제로 기하 영역에서 다루는 여러 가지 도형은 그 도형으로 나타낼 수 있는 모든 대상 혹은 현상과 관련을 맺는다. 탄소 분자나 화합물에 대한 정다면체 모형, 등가속도 운동을 하는 물체의 시간에 따른 위치를 나타낸 곡선, 지하철 노선이나 먹이 사슬을 점과 선으로 나타낸 그래프, 오행(토, 금, 수,

---

**4)** 물론 (수학적) 확률이 경우의 수의 비로 정의되고, (통계적) 확률의 개념을 상대도수로 설명한다는 점에서 이들 세 주제가 서로 연결되어 있다고 볼 수도 있다.

목, 화) 사이의 상생과 상극을 나타내는 원에 내접하는 정오각형과 그 대각선 그림([그림 6]) 등은 모두 기하와 타 분야와의 연결성을 보여주며, 이 외에도 이런 예는 너무나도 많다. 이처럼 점, 선, 면을 포함한 여러 가지 도형은 다양한 대상과 그 대상들 간의 관계를 시각화해주는 훌륭한 모델이다. 언뜻 보면 복잡해 보이는 문제도 주어진 상황을 점과 선을 이용하여 나타내기만 하면 쉽게 해결될 수 있음을 [그림 7]과 같은 과제를 통해 인식시킬 수 있다.[5] 그러나 확률과 통계 영역과 마찬가지로 중학교 수학에서 기하 영역의 여러 가지 주제들과 타 영역 주제들과의 수직적 연결성은 그리 크지 않다.

[그림 6] 오행의 기하적 표현

> 다음 [조건]을 모두 만족하도록 $a$명의 학생을 $b$개의 소모임으로 편성하려고 한다.
>
> [조건 1] 각 소모임에는 적어도 2명 이상의 학생이 있다.
> [조건 2] 어떤 두 학생이든 그 두 학생이 함께 소속된 소모임이 꼭 1개 있다.
> [조건 3] 어떤 소모임이든 그 소모임에 소속되지 않는 학생이 적어도 1명은 있다.
> [조건 4] 어떤 두 소모임이든 그 두 소모임에 동시에 소속되는 학생이 꼭 1명 있다.
>
> 위의 [조건]을 모두 만족하기 위한 $a$, $b$의 최솟값을 각각 찾아라. 또 [조건 1]을 『각 소모임에는 적어도 3명 이상의 학생이 있다.』로 바꾸었을 때 $a$, $b$의 최솟값을 각각 찾아라.

[그림 7] 기하 모델을 이용한 문제 해결의 예

중학교 수학의 5개 영역 중에서 확률과 통계 영역과 기하 영역의 경우 계통성 즉, 수직적 연결성의 측면에서 그 자체로서 독립적인 영역의 성격이 강하다. 그러나 수와 연산,

5) 학생을 점, 소모임을 선으로 나타내고, 학생이 소모임에 소속되는 것을 점이 선에 놓인 것으로, 학생이 소모임에 소속되지 않는 것을 점이 선에 놓여 있지 않은 것으로 해석하면, 4개의 조건을 만족시키는 점 3개, 선 3개로 이루어진 삼각형 모형을 얻을 수 있다.

문자와 식, 함수 영역의 주제들은 서로가 서로에게 선수 지식으로서 없어서는 안 되는 논리적인 연결고리의 역할을 한다는 점에서 보다 밀접한 관련이 있다.

이를테면 계통성의 측면에서 볼 때 (일차)함수를 다루려면 (일차)방정식을 다룰 수 있어야 하고 (일차)방정식을 다루려면 (일차)식의 계산을 할 수 있어야 하며, (일차)식의 계산은 정수와 유리수의 계산으로부터 확장된 것이므로, 교과서의 내용은 기본적으로 '수와 연산(정수와 유리수) → 문자와 식(일차식 → 일차방정식) → 함수(일차함수)'의 순서로 전개된다. 이들 내용은 대략 한 학기 분량의 학습 내용에 해당하며, 앞서 언급한 바와 같이 확률과 통계 영역이나 기하 영역에 비해 서로 보다 직접적인 관련을 맺고 있다. 그러나 이들 내용이 어떤 식으로 어떻게 관련되어 있고 각각의 내용이 서로에게 어떤 역할을 하는지에 대한 설명이나 안내가 교과서에 제시되는 경우는 드물다. 이로 인해 많게는 한 학기, 적게는 2-3주에 걸쳐 학습하는 내용의 전체적인 구조나 흐름을 학생들이 파악하기는 쉽지 않다. 홍원표 외(2015)는 이들 내용 사이의 연결성을 [그림 8]에 제시된 글과 같이 이들 영역의 주요 용어와 함께 제시한 바 있는데, 이는 교사가 학생들로 하여금 이들 내용 간의 연결성을 파악하도록 돕는 자료나 과제 제작을 위해 참고할 수 있을 것으로 보인다.

우리 주변에는 변하는 두 양 사이의 관계를 **변수**라고 불리는 문자를 사용한 식으로 나타낼 수 있는 경우가 많다. 예를 들어 한 권에 1000원인 공책 $x$권의 가격을 $y$원이라 할 때, 공책의 권 수를 나타내는 변수 $x$와 가격을 나타내는 변수 $y$ 사이의 관계는 $y = 1000 \times x$라는 식으로 나타낼 수 있다. 이때 변수 $x$의 값이 변하면 그에 따라 변수 $y$의 값도 하나로 정해지는데, 변화하는 두 변수 $x$와 $y$ 사이의 이런 관계를 **함수**라 한다.

함수의 식 $y = 1000 \times x$에 $x$ 대신 공책의 권 수 6을 **대입**하면 **식의 값** $1000 \times 6$을 얻을 수 있는데, 이 식의 값이 바로 공책 6권의 가격이다. 이번에는 거꾸로 함수의 식 $y = 1000 \times x$에 $y$ 대신 가격을 나타내는 수 7000을 대입하여 등식 $1000 \times x = 7000$을 얻을 수 있는데, 이 **등식**은 $x$의 값에 따라 성립하기도 하고 성립하지 않기도 한다. 이처럼 **미지수** $x$의 값에 따라 성립하기도 하고 성립하지 않기도 하는 등식을 **방정식**이라 한다. 7000원으로 살 수 있는 공책의 권 수를 구하려면 방정식 $1000 \times x = 7000$을 만족시키는 $x$의 값 즉, 주어진 방정식의 **해** 혹은 **근**을 찾아야 한다. 이때 방정식의 해 혹은 근을 찾는 것을 일컬어 **방정식을 푼다**고 한다. 예를 들어 위의 방정식 $1000 \times x = 7000$을 풀면 그 해는 7이고, 방정식 $x+1=1$의 해는 0임을 알 수 있다.

그렇다면 방정식 $x+1=0$과 $x+\frac{1}{2}=0$의 해는 무엇일까? 우리가 알고 있는 자연수나 분수 중에는 이 방정식들의 해가 없다. 이 방정식들을 풀려면 우리가 알고 있는 자연수, 분수 이외에 **음수**라고 불리는 다른 수다 더 필요하다. 음수는 일상생활에서 영상과 영하, 이익과 손해, 증가와 감소, 동쪽과 서쪽과 같이 서로 상대적인 수량을 나타낼 때 흔히 사용된다.

**[그림 8]** 수, 방정식, 함수 사이의 연결성

수와 연산, 문자와 식, 함수 영역 사이의 연결성에 대해 좀 더 구체적으로 생각해보자. 현대대수학의 관점에서 보면 군, 환, 체 등의 대수적 구조는 방정식 풀이에 대한 논의에서 비롯되었고, 우리에게 익숙한 자연수, 정수, 유리수, 실수, 복소수 등의 수 체계와 다항식 체계는 모두 대수적 구조의 일종이라는 점에서 수와 다항식 및 방정식은 서로 밀접한 관련이 있을 수밖에 없다. 예를 들어 자연수를 더 이상 분해할 수 없는 자연수인 소수들의 곱으로 나타내는 소인수분해와 다항식을 더 이상 분해할 수 없는 다항식인 기약다항식들의 곱으로 나타내는 인수분해는 대수적인 관점에서 사실상 동일한 개념이고, 자연수의 약수와 배수 개념은 다항식에도 유사하게 적용된다. 수와 다항식 사이의 이런 연결성을 인식시키기 위해 [그림 9]와 같은 과제를 생각해볼 수 있을 것이다.

자연수 $A$와 $B$를 각각 1보다 큰 두 자연수의 곱으로 나타내라.

$$A = 88^2 - 9^2,\ \ B = 67 \times 109 + 360$$

**[그림 9]** 소인분해와 인수분해의 연결성

수는 방정식과도 밀접한 관련이 있다. 학교수학에서 다루지는 않지만 $\pi$나 $e$와 같은 초월수(transcendental number)와 대수적인 수(algebraic number)의 개념은 방정식에서 비롯된 개념이고, 음수를 방정식의 해로 도입하거나 더 나아가 수 체계 확장의 논리를 방정식 풀이의 관점에서 설명하려는 시도(최병철, 2006; 정영우, 김부윤, 표성수, 2011)

는 모두 수와 방정식의 연결성에 그 기반을 두고 있다. 이런 관점은 현행 교과서에서도 찾아볼 수 있는데, 중학교에서 무리수 $\sqrt{2}$ 를 이차방정식 $x^2=2$ 의 해로 도입하거나 고등학교에서 복소수를 이차방정식의 해와 연계하여 도입하는 부분 등이 대표적인 예라고 할 수 있다. 그리고 이는 곧바로 다항식의 인수분해와 직결되어 있음을 [그림 10]과 같은 과제를 통해 확인할 수 있을 것이다.

> 다음 이차식을 계수가 실수인 일차식들의 곱으로 나타내라. 불가능하면 이유를 설명하라.
>
> (1) $x^2+x-1$
>
> (2) $x^2+x$
>
> (3) $x^2+x+1$

**[그림 10]** 인수분해와 이차방정식의 해의 연결성

방정식과 함수의 관계 또한 밀접하다. 일차방정식과 일차함수의 경우를 살펴보자. 현행 수학과 교육과정에서는 일차방정식과 일차함수를 각각 문자와 식 영역과 함수 영역에서 분리하여 다루고, 서로 다른 학년에서 다루며, 일차방정식을 일차함수에 앞서 다룬다. 그러나 일차방정식은 일차함수에서 $y$ 의 값이 일정한 경우에 해당하므로 일차방정식과 그 해의 개념을 일차함수를 이용하여 설명할 수도 있다. 실제로 우리나라 교수요목기 수학교과서에서 [그림 11]과 같이 일차방정식과 그 해를 일차함수 $y=ax+b$ 에서 $y$ 의 값이 일정한 경우와 그때의 $x$ 의 값으로 정의한 적이 있는데(정의택, 1954), 이는 일차방정식과 일차함수의 연결성을 직접적으로 보여주는 개념 설명의 예라고 할 수 있다.

**【1】 1 차 함수 $y=4x+10$ 에서 $y$ 의 값이 0 이 되는 때에 $x$ 의 값을 구하여라. 셈으로 생각하고 또 그림표를 그려 생각하여라.**

1 차 함수 $y=ax+b$ 에서 $y$ 의 값이 일정한 때에 즉 $a, b, c$ 가 일정한 수일 때에 $ax+b=c$ 를 1 차 방정식(方程式) 이라 하며, $x$ 의 값을 구하는 법을, 이 1 차 방정식을 **푼다**고 하고, $x$ 를 **미지수**(未知數), $ax+b$ 를 **왼 변**, $c$ 를 **오른 변**이라고 한다.

**[그림 11]** 일차함수와 연계한 일차방정식 도입

한편 정의택(1954)에서는 일차방정식뿐 아니라 미지수가 2개인 일차방정식과 연립일차방정식도 일차함수(의 그래프)와 연결하여 한 단원에서 통합적으로 함께 다루었는데, 이 과정에서 현행 수학교과서와는 달리 연립방정식의 풀이 방법으로 대입법과 등치법을 먼저 소개하고 가감법을 맨 마지막으로 소개하였다.[6] 가감법이 등식의 성질을 이용한 순수한 대수적 풀이 방법인 것에 비해 대입법과 등치법은 두 일차함수의 그래프의 '교점'의 좌표를 구하는 직접적인 방법을 나타낸다는 점에서, 이 또한 일차함수(의 그래프)와의 연결성을 고려한 내용 구성의 예라고 할 수 있다.

## 5 수평적 연결성

앞서 언급한 바와 같이 서로 다른 두 개념이 각각의 의미를 표현하고 설명하는 데 서로 도움이 되거나 각각의 개념을 통해 어떤 현상을 이해할 수 있다면 두 개념 A와 B는 서로 수평적으로 연결되어 있다고 할 수 있다.

예를 들어 도형으로서의 직선, 일차함수, 미지수가 2개인 일차방정식은 각각 그 자체가 독립적인 하나의 개념으로서, 어느 한 개념이 반드시 다른 개념의 상위 개념이거나 하위 개념이라고 할 수 없지만, 각각의 의미를 표현하고 설명하는 데 서로 도움이 될 뿐 아니라 모두 선형적인 변화 관계나 현상을 표현하고 설명하는 데 사용된다는 점에서 서로 수평적으로 연결되어 있다고 할 수 있다.[7] 즉, 일차함수라는 두 변수 사이의 선형적인 관계는 대수적으로는 미지수가 2개인 일차방정식의 형태로 표현되고, 기하적으로는 좌표평면을 통해 직선으로 표현된다. 또한 좌표평면에 그려진 직선은 미지수가 2개인 일차방정식으로 나타낼 수 있으며, 이런 방정식이나 직선으로 표현되는 두 변수 간의 관계가 바로 일차함수인 것이다. 그러나 일차함수는 직선과 무관하게 정의되는 개념이고, 일차방정식 역시 함수와 무관하게 미지수를 포함한 등식의 일종으로 존재하는 개념이며, 직선 역시 마찬가지이다. 그리고 이들은 서로의 의미를 풍부하게 해주는 역할을 한다. 한편 $y = ax$

6) 현행 수학교과서에서는 통상 가감법을 먼저 소개한 뒤 대입법을 소개하며 등치법은 다루지 않는다.

7) 그러나 직선의 방정식과 직선 사이, 그리고 직선의 방정식과 미지수가 2개인 일차방정식 사이에는 수직적 연결성이 존재한다. 그리고 이들 사이의 수평적, 수직적 연결은 모두 '문자를 사용한 식'과 '좌표평면'을 통해 이루어진다.

에서 $a$는 두 변수 $x$와 $y$의 일정한 변화 비율을 나타내는 '비례상수'이자 일차함수의 그래프인 직선의 '기울기'인 동시에 일차항의 '계수'이다. 동일한 대상을 나타내는 이들 세 용어를 통해서도 함수, 기하, 문자와 식 사이의 연결성을 확인할 수 있다.

이처럼 수학적 개념, 원리, 법칙과 이에 대한 여러 가지 표현 사이의 연결을 통해 수평적 연결성을 확인할 수 있다. 특히 문자와 식을 이용한 대수적 표현과 도형을 이용한 기하적 표현 사이의 연결성 인식은 수학 학습에서 필수적인 부분 중 하나라 할 수 있다.

이를테면 수와 다항식의 연산에 대한 결합법칙, 교환법칙, 분배법칙 등의 연산 법칙은 도형과는 논리적으로 무관하지만, 도형의 길이나 넓이로 시각화하여 나타낼 수 있다. 다항식의 곱셈공식과 인수분해 공식 역시 다항식의 연산 법칙의 반복 적용의 결과이지만, 이들 역시 도형의 넓이를 이용하여 시각화할 수 있다. 역으로 기하적인 개념이나 성질을 함수나 문자식을 이용하여 나타내는 경우도 많다. 현대수학에서 도형의 넓이는 통상 몇 가지 공리를 만족시키는 함수로 정의되며,[8] 직사각형의 넓이 공식 $S=ab$나 삼각형의 넓이 공식 $S=\frac{1}{2}ah$는 모두 일종의 함수식이다. 사실 '넓이 공식'이라는 용어만 보더라도 '넓이'라는 기하적 개념과 '공식'이라는 대수적 개념 사이의 연결성을 확인할 수 있다.[9] 또 직각삼각형의 고유한 성질인 피타고라스 정리는 [그림 12]와 같이 도형의 넓이를 이용하여 나타낼 수도 있고, $a^2+b^2=c^2$이라는 식으로도 나타낼 수 있으며, 이들을 연결하여 함께 나타낼 수도 있다.

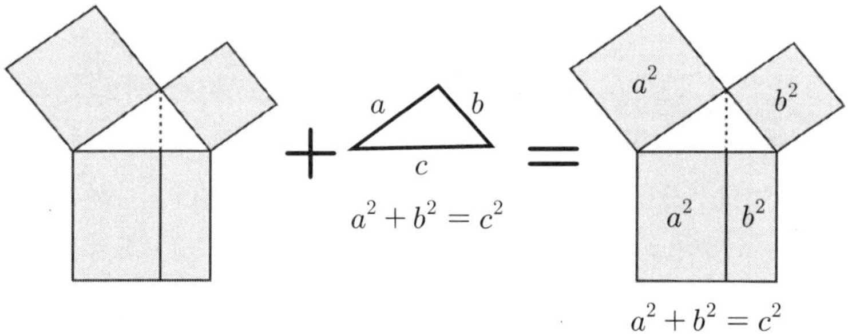


**[그림 12]** 피타고라스 정리에 대한 기하적-대수적 표현의 연결성

---

**8)** 넓이는 다음의 세 공리 (i), (ii), (iii)을 만족하면서 주어진 도형 $A$에 그것의 넓이라고 불리는 음이 아닌 실수 $\psi(A)$를 대응시키는 함수 $\psi$로 정의될 수 있다(Roe, 1995).

(i) $A$와 $B$가 합동이면 $\psi(A)=\psi(B)$이다.

(ii) $A_i \cap A_j = \varnothing \ (i \neq j)$이면 $\psi(\bigcup_i A_i) = \sum_i \psi(A_i)$이다.

(iii) 한 변의 길이가 1(단위 길이)인 정사각형 $P$에 대하여 $\psi(P)=1$이다.

**9)** 대수와 기하의 이런 연결성은 함수식, 도형의 방정식, 이차곡선 등의 용어에서도 확인된다.

학교수학에서 다루지는 않지만 도형의 작도와 수 역시 밀접한 관련이 있다. 고대 그리스의 3대 작도 문제로 잘 알려진 정육면체의 배적, 원적, 각의 삼등분 문제는 모두 기하학의 문제이지만 궁극적으로 이들은 각각 $\sqrt[3]{2}$, $\pi$, $\cos 20°$가 작도가능한 수(constructible number)인지 아닌지를 판정하는 대수학의 문제로 귀결되어 그 불가능성이 입증되었다(Bold, 1982).[10] 원주율 $\pi$를 제외하면 중학교에서 다루는 정수, 유리수, $a+b\sqrt{c}$ ($a$, $b$, $c$는 유리수)꼴의 수는 모두 작도 가능한 수이다. 작도 가능한 수의 개념을 도입하지 않더라도, 선분의 작도를 통해 단위의 동수누가로서의 자연수, 유리수, 양수의 제곱근의 의미를 기하적으로 해석하고, 이를 통해 수 개념에 대한 학생들의 이해를 보다 풍부하게 하는 [그림 13]과 같은 과제를 생각해볼 수도 있을 것이다.

아래 주어진 선분의 길이를 1 이라 할 때, 다음을 작도하라.

(1) 길이가 3 인 선분 (2) 길이가 $\frac{1}{3}$ 인 선분
(3) 길이가 $\frac{2}{3}$ 인 선분 (4) 길이가 $\sqrt{3}$ 인 선분
(5) 길이가 이차방정식 $x^2-2x-2=0$의 양의 해인 선분

**[그림 13]** 선분의 작도와 수 사이의 연결성

확률과 통계 영역의 주제들은 중학교 수학의 다른 영역의 어떤 개념과 어떻게 연결되는가? 물론 [그림 14]와 같은 문제를 통해 다른 영역의 다른 개념과의 연결을 시도할 수 있으나, 이런 인위적인 문제는 자연스러운 연결로 보기 어렵다.

주사위를 두 번 던져 나온 눈의 수를 각각 $a$, $b$라 하자. 이차방정식 $x^2+2ax+b=0$의 해가 정수일 확률을 기약분수 $\frac{m}{n}$으로 나타낼 때, $10n+m$의 값은 얼마인가?

**[그림 14]** 부자연스러운 연결의 예

10) 길이가 $|a|$인 선분을 작도할 수 있을 때, $a$를 작도가능한 수라 한다.

확률과 통계 영역의 주제와 수학의 다른 영역의 주제들처럼 서로 무관해 보이는 주제들 사이의 연결성을 발견하거나 파악하는 것은 그 자체로 의미가 있다. 예를 들어 원주율 $\pi$와 확률 사이의 연결성에 대해 생각해보자. [그림 15]에 제시된 자료는 $\pi$의 어림값을 통계적 확률을 이용하여 구해보는 실험 활동을 고안하는 데 참고할 수 있는 안내 자료로서(허민 외, 2013), 뷔퐁(G. Buffon)의 바늘 문제를 활용한 것이다(Stein, 2003).

**철사만 있으면 $\pi$의 값을 어림할 수 있다.**

프랑스의 수학자 조르주 뷔퐁(Georges Buffon, 1707-1788)은 다음과 같은 문제를 생각했다. 이 문제를 뷔퐁의 바늘 문제라고 한다.

간격이 일정한 평행선들이 그어져 있는 종이 바닥에 그 길이가 평행선들 사이의 간격과 같은 철사를 던졌을 때, 철사가 종이에 그려진 직선과 교차할 확률은 얼마인가?

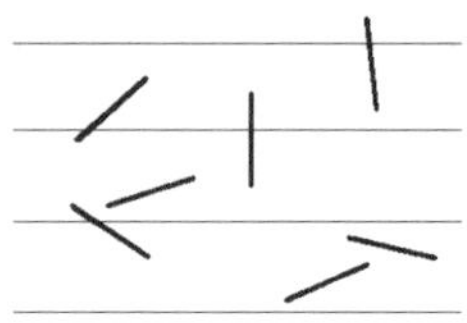

철사와 평행선의 평균 교차 횟수는 철사의 길이에 정비례한다. 그런데 지름의 길이가 평행선 사이의 간격과 같은 원 모양의 철사와 평행선의 평균 교차 횟수는 항상 2이다.

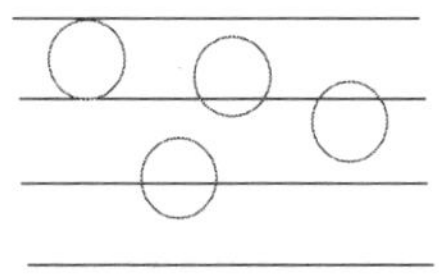

따라서 평행선 사이의 간격 즉, 철사의 길이를 $a$라 하고 이 철사가 직선과 교차할 확률을 $x$라고 하면, 다음과 같은 비례식을 얻을 수 있다.

$$a : x = a\pi : 2$$

이로부터 $x = \dfrac{2}{\pi}$ 즉, $\pi = \dfrac{2}{x}$임을 알 수 있다.

그러므로 철사를 100회, 200회, 혹은 1000회 던져서 $x$의 근삿값을 구한 후, 이로부터 다시 $\dfrac{2}{x}$의 값을 구하면 이 값이 바로 $\pi$의 근삿값이 된다.

**[그림 15] 원주율 $\pi$와 확률 사이의 연결성**

실제로 학생들이 원주율 $\pi$의 어림값을 직접 구하기는 쉽지 않은데, 뷔퐁의 바늘 문제는 평행선이 그어져 있는 종이에 여러 사람이 여러 개의 철사를 여러 번 반복해서 던지는 간단한 활동을 통해 원주율 $\pi$의 값을 어림해 볼 수 있는 경험을 제공할 수 있다. 이를 통해 원주율과 통계적 확률 및 상대도수 사이의 연결성을 확인해볼 수 있을 것이다.

## 6 결론

지금까지의 논의를 통해 중학교 수학 학습 내용 사이의 연결성을 몇 가지 측면에서 살펴보았다. 수학적 연결성은 크게 수학 내적 연결성과 수학 외적 연결성으로 구분하여 논의될 수 있다. 수학 내적 연결성으로 수학의 다양한 영역과 주제 간의 연결성, 수학적 개념에 대한 다양한 표현 간의 연결성 등을 생각할 수 있고, 수학 외적 연결성으로 수학과 (실생활을 포함한) 여러 가지 현상 사이의 연결성, 수학과 타 교과( 및 분야) 사이의 연결성 등을 생각할 수 있다. 학생들이 수학적 연결성의 다양한 측면을 폭넓게 이해하고 사고할 수 있을 때, 수학에 대한 학생들의 이해 역시 더욱 깊어지고 오래 지속되며, 수학을 서로 독립적인 낱낱의 주제들을 모아 놓은 학문이 아니라 연결된 주제와 아이디어의 학문으로 인식할 수 있게 된다. 이런 점에서 학생들은 무엇보다 수학 교과서에 제시된 여러 주제 사이의 관련성을 파악하고 각각의 주제를 여러 가지 현상이나 다른 교과(분야)의 내용과 관련짓는 활동을 통해 수학적 연결성을 인식하고 경험할 필요가 있다(NCTM, 2000).

이 장에서 살펴본 중학교 수학 학습 내용의 연결성에 대한 논의를 통해 중학교 수학에서의 수학 내적 연결성 즉, 수학 교과서에 제시된 여러 주제 사이의 관련성을 대략적으로 확인할 수 있을 것이다. 한편 수학을 실생활을 포함한 여러 가지 현상이나 다른 교과(분야)와 연결 짓는 수학 외적 연결성의 경우 프로이덴탈(H. Freudenthal)의 수학화 이론과 현실주의 수학교육론(RME) 및 이에 기반을 둔 MIC(Mathematics In Context) 교과서, 우리나라 수학과 교육과정 문서에 제시되는 수학교육의 목표, 교수·학습 방법, 교수·학습상의 유의점 등을 통해 지속적으로 강조되어 왔고, 이들 교육과정에 근거한 수학 교과서들 역시 내용 구성 및 전개 과정에서 이를 적극적으로 반영해왔다. 더구나 최근 들어서는 과학, 사회, 국어, 예술, 체육 등의 타 교과와 수학의 통합 교수·학습 자료 개발, 실생활 연계 수학 콘텐츠 개발, 주제 중심 혹은 스토리텔링 중심의 수학교과서 모형 개발 등이 교육부의 정책 연구를 통해 다양하게 이루어진 바 있어 학생들에게 수학 외적 연결성을 인식시킬 수 있는 교수·학습 자료가 상당히 풍부해졌다(박종률 외, 2013; 박혜숙 외, 2012; 신인선 외, 2015; 신준국 외, 2012; 송상헌 외, 2013; 이재학 외, 2013; 전재복 외, 2012; 황선욱 외, 2013). 교사(혹은 예비 교사)는 현행 수학교과서에 제시된 다양한 형태의 읽기 자료와 도입, 탐구, 문제해결 활동, 그리고 최근 개발된 여러 가지 교수·학습 자료 등을 이용하여 각각의 주제를 여러 가지 현상이나 다른 교과(분야)의 내용과 관련짓는 활동을 설계할 수 있을 것이다.

# 참고문헌


도종훈(2008). 직선의 대수적 표현과 직선성(直線性)으로서의 기울기. **수학교육논문집** 22(3), 337-347.

도종훈(2011). 교수요목기 초급중학교 수학교과서의 내용 구성과 전개 방식 분석: '직선' 관련 내용을 중심으로. **한국수학사학회지** 24(3), 95-108.

도종훈(2015). 삼각형의 넓이와 삼각뿔의 부피에 내재된 공리와 힐베르트의 세 번째 문제. **한국학교수학회논문집** 18(4), 371-385.

박윤범, 박혜숙, 도종훈, 한대희, 이미혜, 최은영, 박은미(2014). **우리나라 수학과 교육과정 내용 계통 연구**. 한국과학창의재단 연구보고서.

박종률, 김인수, 강순자, 신보미, 정진영, 문준희, 김경주, 정대원, 나아람, 김아영, 조혜정, 박정하(2013). **예술(음/미)과 수학 통합 교수·학습 자료 개발.** 한국과학창의재단.

박혜숙, 김영국, 박규홍, 박윤범, 도종훈(2012). **사회(역사 포함)와 수학 통합 교수·학습 자료 개발**. 한국과학창의재단.

송상헌, 권석일, 남진영, 류희수, 신영준, 여상인, 이규호, 임재훈, 김교희, 김양권 조유미(2013). **과학과 수학 통합 교수학습 자료 개발**. 한국과학창의재단.

신인선, 신현용, 조민식, 이수진, 김정은, 문주호, 반은섭, 백수연, 김인수(2015). **주제 중심의 중학교 수학교과서 모형 연구.** 한국과학창의재단.

신준국, 부덕훈, 강병개, 장훈, 권오남, 이정례, 강흥규, 김명중, 이준희, 박지현, 윤옥교, 오국환, 강민정, 이혁재, 문현주, 신현진(2012). **실생황 연계 수학 콘텐츠 개발**. 한국과학창의재단.

이재학, 고호경, 권영철, 김선희, 김영진, 김정자, 도종훈, 박윤범, 박혜숙, 서보억, 신준국, 신현용, 원유미, 이경언, 이근숙, 전윤배, 정상권, 최민식, 허선희(2013). **중학교 스토리텔링 모델교과서 개발**. 한국과학창의재단.

전재복, 박태훈, 이대택, 이장주, 김영혜, 고재범, 정경숙, 조준모(2012). **체육과 수학 통합 교수·학습 자료 개발.** 한국과학창의재단.

정영우, 김부윤, 표성수(2011). 수학적 연결성을 고려한 수 체계의 지도에 관한 연구. **수학교육논문집** 25(2), 473-495.

정의택(1954). **신교육 중등수학 2**. 민중서림.

최병철(2006). **음수 개념의 이해에 관한 교수학적 분석.** 서울대학교 대학원 박사학위논문.

허민, 김선희, 도종훈, 조혜정, 조숙영, 이경은, 양서윤, 이규희, 김소연(2013). **중학교 수학** ①. (주)대교.

홍원표, 박성수, 조기형, 이영아, 도종훈(2015). **실용 교과서 모형 개발 연구**. 2014 교육부 정책연구과제 최종보고서.

황선욱, 정달영, 오충연, 철휘, 남호영, 이정민, 김유정(2013). **국어와 수학 통합 교수·학습 자료 개발.** 한국과학창의재단.

황선욱, 박혜숙, 이광연, 고호경, 이종규, 한준희, 박문환, 박상의(2015). **주제 중심의 고등학교 수학 교과서 모형 개발**. 한국과학창의재단.

Bold, B. (1982). ***Famous Problems of Geometry and How to Solve Them.*** Dover Publications

Common Core State Standards Initiative(2016). ***Common Core State Standards for Mathematics.*** http://www.corestandards.org/Math/.

National Council of Teachers of Mathematics(NCTM, 2000). ***Principles and standards for school mathematics.*** Reston, VA: Author. 류희찬, 조완영, 이경화, 나귀수, 김남균, 방정숙 역(2007). 학교수학을 위한 원리와 규준. 경문사.

Roe, J. (1995). ***Elementary Geometry.*** Oxford Science Publications.

Stein, S. (2002). ***How the Other Half Thinks: Adventures in Mathematical Reasoning.*** McGraw-Hill Companies. 이충호 역(2003). 나머지 반은 어떻게 생각할까? 경문사.

17장

# 수학적 연결성의 연결소재와 수학적 능력 관점에서 중학교 수학교과서 분석[1)]

유 별 아 (이화여대 대학원) · 이 종 희 (이화여대)

## 1 서론

우리나라에서 고시된 2009 개정 교육과정은 사회와 정책의 변화를 적극 반영하여 '창의적 인재육성'을 위한 수학교육의 강화 방안을 강조하는 방향으로 개정하였다. 2009 개정 교육과정의 수학과 개정 기본 방향을 살펴보면, 수학 교과 내용 양의 경감, 문제해결, 의사소통, 추론 능력, 연결성 등과 같은 수학적 과정을 통한 수학적 창의성 강조, 학년군제를 반영한 학년별제 적용으로 특징지을 수 있다(황혜정 외, 2012).

2009 개정 교육과정 수학과목의 목표 중 '생활 주변이나 사회 및 자연 현상을 수학적으로 관찰, 분석, 조직, 표현하는 경험을 통하여 수학의 기본적인 기능과 개념, 원리, 법칙과 이들 사이의 관계를 이해하는 능력을 기른다.'에 의하면(교육과학기술부, 2011) 우리나라 수학과 교육과정에서 수학적 연결성을 중요시하고 있음을 알 수 있다.

수학적 연결성은 내적 연결성과 외적 연결성으로 나누고, 수학 내적 연결성은 개념적 지식과 절차적 지식을 관련 짓고, 다양한 개념이나 절차의 표상을 서로 관련 지으며, 수

1) 유별아(2015)의 석사학위논문을 재구성한 것이다.

학의 여러 내용들 사이의 관계를 인식하는 것 등을, 수학 외적 연결성은 일상생활에서 수학을 사용할 수 있어야 하는 것, 미술, 음악, 심리학, 과학 및 경제학과 같은 타 학문 분야의 문제를 해결하기 위해 수학을 적용할 수 있어야 하는 것 등을 말한다(NCTM, 1989/1992, 2000/2007).

학교수학은 자연스러운 상황과 수학 외적영역이 포함된 진정한 문제에서 출발되어야 한다. 진정한 문제에는 수학적인 해결 방법을 발명하거나 이미 발달된 수학 이론이 응용되는 상황이 포함되며, 여러 가지 교과의 내용을 조정하고 통합하는 상황이 포함되기도 한다(NCTM, 1989/1992, 2000/2007). 이러한 상황은 충분히 학생들의 관심을 끌 수 있는 상황이어야 하고, 상황과 학습할 수학적 아이디어와 자연스럽게 연결되어야 하며, 학습 목표에도 맞고, 이런 경험을 해서 학생들이 수학적 유용성을 인식할 수 있도록 해야 한다. 교육과정의 내용을 반영하여 실제 교육현장에서 사용하고 있는 것이 교과서이다. 특히 우리나라의 수학 교육현장에서는 대부분 교과서를 중심으로 수업이 이루어지고 있기 때문에 교과서는 매우 중요한 역할을 한다. 본 연구에서는 우리나라의 교육과정에서 그 필요성과 중요성을 강조해 온 수학적 연결성 중 수학 외적 연결성이 2009 개정 교육과정에 근거해 편찬된 중학교 2학년 수학교과서에 어떻게 나타나고 있는지 분석하고자 한다.

수학적 연결성의 관점으로 교과서를 분석하는 선행연구(나미영, 권오남, 2012; 정인철, 안희정, 2008)들은 대부분 연결된 내용이 무엇인지에 대한 연구였다. 그리고 수학과 맥락 및 다른 교과와의 연결이 간단한 사고만을 요구하는지, 아니면 고등사고과정이 필요한지를 알기 위해 어떤 수학적 능력을 사용하도록 이루어졌는지에 대한 연구는 거의 없었다. 따라서 본 연구에서는 연결된 문제 상황이나 소재를 좀 더 구체적으로 분석하고, 수학 외적으로 연결된 문제에서 요구하는 수학적 능력이 무엇인지를 분석하고자 한다. 이 연구결과는 학생들이 진정한 연결성을 경험할 수 있도록 수학적 연결성에 대한 교수, 학습 자료 개발 및 지도하는 데 도움이 될 것이다.

# 2 이론적 배경

본 장에서는 수학적 연결성을 소재와 필요한 수학적 능력 관점에서 분석하기 위해, PISA 2012와 De lange의 연구를 살펴본다.

## 2.1 PISA 2012

PISA 2012에서는 '다양한 맥락에서 수학을 형식화하고, 이용하고, 해석하는 개인적인 능력'으로 수학적 소양을 정의하고 이를 평가하기 위해 수학 평가틀을 마련하였다. PISA 2012에서는 수학 소양은 실세계에서 발생하는 문제들의 맥락에서 발생하여 수학적 사고와 수학적 과정을 통해 문제를 해결함으로써 길러질 수 있다(송미영 외, 2013)고 정의하였다.

PISA 2012의 수학 평가틀은 수학적 소양 평가를 위해 맥락(context), 수학적 내용(mathematical content), 수학적 과정(mathematical process)의 세 가지 영역으로 구성된다. 맥락은 문제가 제시되는 배경이고, 수학적 내용은 문제를 해결할 때 가장 중요하게 사용되고 조직되어야 하는 수학적 내용이며, 수학적 과정은 문제가 발생한 상황을 수학과 연결하고 문제를 해결하기 위해 요구되는 능력과 관련된다.

먼저 맥락은 개인적 상황, 사회적 상황, 직업적 상황, 과학적 상황의 네 가지 하위 요소로 구분된다. 개인적 상황은 학생 자신, 자신의 가족, 동료 집단에서의 활동과 관련되고, 사회적 상황은 지역사회, 국가, 세계에서 일어나는 사회적 맥락의 활동과 관련되고, 직업적 상황은 직업 세계에서 일어나는 활동과 관련되고, 과학적 상황은 수학을 자연계, 과학 및 공학과 관련된 문제 또는 주제에 응용하는 것과 관련된다. 이러한 맥락의 구분은 다양한 맥락 가운데 문항들을 선택할 수 있는 기초를 제공하며, 수학이 사용되는 광범위한 영역을 평가에 반영할 수 있게 한다.

수학적 내용은 양, 공간과 모양, 변화와 관계, 불확실성과 자료의 네 가지 하위요소로 구분된다. 수학적 내용은 학교 수학 교육과정의 내용 지식을 토대로 학교 밖에서 경험할 수 있는 복잡하고 도전적인 문제를 해결할 수 있는 능력을 중심으로 다룬다.

수학적 과정은 형식화하기, 이용하기, 해석하기의 세 가지 하위요소로 구분된다. 형식화하기는 학생들이 문제 상황에서 수학을 사용하는 능력을 얼마나 효과적으로 인식하고 구체화할 수 있는지, 맥락화된 문제에서 수학적 형식을 형식화하기 위해 수학적 구조를 찾을 수 있는지를 나타낸다. 이용하기는 학생들이 얼마나 연산과 조작을 잘 수행하는지, 수학적으로 형식화된 문제로부터 수학적 해를 구하기 위해 그들의 개념과 지식을 얼마나 잘 적용할 수 있는지를 나타낸다. 해석하기는 학생들이 수학적 해와 결과를 어느 정도 파악하고 있으며, 이를 실세계의 문제 맥락에서 해석할 수 있는지, 그 결과가 합리적인지 아닌지를 판단할 수 있는지를 나타낸다(조지민 외, 2011, p.21).

## 2.2 De Lange(1996, 1999)의 연구

De lange는 Freudenthal의 RME(Realistic Mathematics Education) 철학을 바탕으로 수학학습 평가틀을 개발하기 시작하였고, PISA의 평가틀을 위한 기초를 제공하면서 계속 수정·보완되고 있다(정영옥, 2004). 학생들을 평가하기 위해서는 여러 가지 요인을 고려해야 하는데, De Lange(1999)는 이러한 요인을 수학 내용, 이해(능력) 수준, 난이도의 세 차원으로 이루어진 피라미드 모델로 제시하고 있다. De Lange(1996)는 RME에서 강조하는 수학적 능력을 세 수준으로 구분하고 각 수준에 맞는 목표를 제시하였는데, 평가는 교육을 반영해야 하기 때문에 이 수준은 수학 교육 평가에서도 사용될 수 있다고 하였다.

수준1은 재생, 절차, 개념 및 정의가 해당된다. 대상의 지식, 정의, 기본 알고리즘과 관련된다. 구체적으로 사실에 대한 지식, 수학의 대상과 특성을 표현하고 동치임을 인식하기, 정형적인 절차를 수행하기, 표준 알고리즘을 적용하기 등의 능력을 다루며, 표준 형태의 공식과 기호를 포함하는 식을 세우고 조작하기도 이 수준과 관련된다. 이 수준의 질문은 이해나 통찰력을 많이 요구하지 않고 규칙적이고 통상적인 방법과 기술을 사용해 풀 수 있거나 암기학습을 통해 풀 수 있는 것이다.

수준2에서는 문제해결을 위해 연결과 통합이 사용된다. 둘 혹은 더 많은 개념이나 절차의 연결과 통합은 이 수준을 나타내는 용어이다. 전략을 선택하고, 수학적 도구를 사용하는 문제를 해결하기 위해 여러 요소와 영역을 통합하고 연결하기 시작하며, 문제를 해결하기 위해 다른 전략을 제안하거나 한 가지 접근법 이상을 제안하는 것과 관련된다. 또한 정의, 주장, 예시, 조건부 주장과 증명 같은 여러 가지 명제들을 구분할 수 있어야 하고, 상황과 목적에 따라 다양한 유형의 수학적 표현을 사용하여 문제에 있는 정보를 수학적 언어로 번역할 수 있어야 하며, 추론하고 자신의 추론 근거에 대해 설명하고 주장할 수 있어야 한다.

수준3에는 수학화, 수학적 사고와 추론 및 일반화와 통찰력이 포함된다. 수학적 사고, 추론, 의사소통, 비판적 태도, 창의성, 해석, 반성, 일반화, 수학화와 같은 복잡한 능력과 관련된다. 이 수준에서 학생들은 자신의 모델과 전략을 개발, 분석, 해석하며, 일반화와 증명을 포함한 수학적 논증을 할 수 있어야 하며, 여러 가지 방법으로 의사소통할 수 있어야 한다. 또한 문화와 역사적 측면을 포함하는 학문으로서의 수학의 특성에 대한 통찰력과 수학적 모델링을 통해 다른 교과를 포함한 여러 가지 현상에 수학이 적용된다는 것을 이해하는 것이 필요하다.

## 3 연구 방법

본 연구에서는 2009 개정 교육과정에 근거해 편찬된 중학교 2학년 수학 교과서에 나타난 수학 외적 연결성을 연결 맥락 및 타 교과와의 연결과 수학적 능력의 측면에서 분석한다.

### 3.1 분석 대상

본 연구에서 분석하는 교과서는 2009 개정 교육과정 방향에 따라 편찬된 중학교 2학년 교과서이다. 2009 교육과정에 따라 편찬된 중학교 수학교과서에서는 타 교과 및 실생활 맥락의 상황들과의 연결성이 많이 다루어질 것으로 예상하였고, 본 연구는 중학교 2학년 수학교과서 전체인 13종을 분석 대상으로 하였다.

13종의 교과서는 강옥기 외(2013), 고호경 외(2013), 김서령 외(2013), 김원경 외(2013), 류희찬 외(2013), 신준국 외(2014), 신항균 외(2013), 우정호 외(2013), 이강섭 외(2013), 이준열 외(2013), 정상권 외(2013), 허민 외(2013), 황선욱 외(2013)이다.

13종의 교과서들의 단원 구분이 조금씩 달랐기 때문에 여러 교과서에서 가장 많이 한 분류방식으로, 유리수와 순환소수, 식의 계산, 연립방정식, 부등식, 일차함수, 확률, 도형의 성질, 도형의 닮음의 8단원으로 구분하였다.

13종의 교과서를 살펴본 결과, 각 단원마다 크게 도입부분, 탐구활동, 예제와 문제, 창의력 및 수학적 과정을 위한 활동, 연습문제, 읽기자료로 구성되고 있음을 알 수 있었다. 이들 각각을 하나의 분석 단위로 보고 수학 외적으로 연결되고 있는 내용을 맥락연결과 타 교과 연결로 유형을 나누어 분류하였다. 또 이 중 해결할 수 있는 문제가 포함된 탐구 활동, 예제와 문제, 창의력 및 수학적 과정을 위한 활동, 연습문제는 맥락이나 타 교과의 내용이 배경이나 소재로만 사용되어 연결된 문제인지 다른 수학적 능력을 사용하여 해결할 수 있도록 연결된 문제인지를 알아보기 위해 문제에서 요구하고 있는 수학적 능력은 무엇인지 분석하였다.

## 3.2 분석 기준

본 연구에서는 교과서 내용을 맥락과 타 교과 연결성의 관점과 연결성을 학습할 때 어떠한 수학적 능력이 필요한지의 관점에서 분석한다. 이를 정리하면 다음 [그림 1]과 같다.

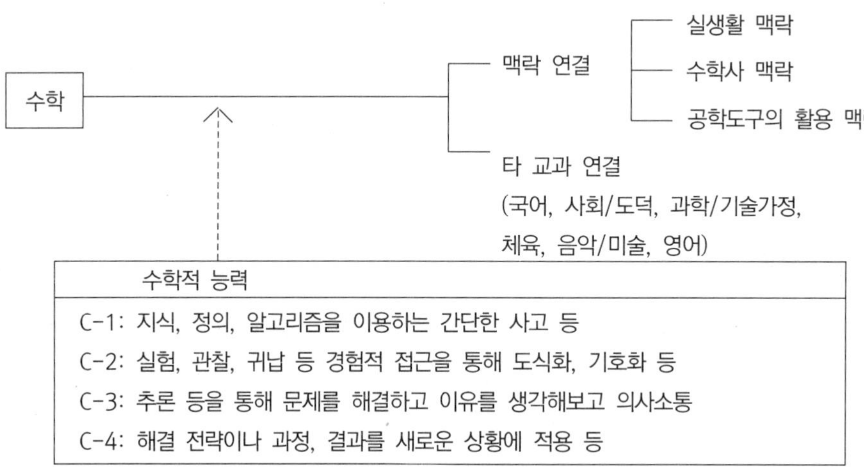


**[그림 1] 본 연구의 수학 외적 연결성 분석틀**

교과서의 내용을 수학 외적으로 연결된 소재나 문제 상황에 따라 맥락 연결성과 타 교과 연결성으로 나누어 분류하였다. 각 연결의 소재나 문제 상황을 좀 더 자세히 분석하기 위하여 선행연구(정인철, 안희정, 2008; 나미영, 권오남, 2012; 송미영 외, 2013)를 참고하여, 맥락 연결은 실생활 맥락, 수학사 맥락, 공학도구의 활용 맥락으로 분류할 수 있었다. 그리고 타 교과 연결은 2009 개정 교육과정의 교과군(국어, 사회/도덕, 과학/기술가정, 체육, 음악/미술, 영어)으로 분류하였다.

이론적 배경에서 살펴본 PISA 2012의 수학 평가틀의 세 가지 차원 중 맥락은 본 연구의 실생활 맥락 분석과 직접적인 연관이 있다고 볼 수 있으므로 맥락 차원을 하나의 기준으로 선정하였다. 이때 과학적 맥락은 본 연구에서 타 교과 연결과 중복되므로 분석 기준에서 제외하고, 실생활 맥락은 개인적, 사회적, 직업적 맥락으로 구분하기로 하였다.

수학사 맥락은 PISA의 틀에 의하면 사회적 맥락으로 포함시켜 분류할 수 있지만, 단순히 수학사와 연결된 내용의 유무를 따지기보다 어떠한 유형으로 수학사와 연결을 하고 있는지 살펴보기 위해, 수학사 맥락을 따로 분류하였다. 수학사 맥락 유형 분류는 문현진·박근생(1997)과 심상길(2009)의 연구를 토대로 본 연구에 맞게 수정하였다. 본 연구에서는 수학사적 맥락을 수학자의 업적 및 저서나 일화 소개, 수학사에 관련된 사실이나 이야기 소개, 개념 및 정리의 탄생·발달 과정, 수학사적 문제 및 풀이 소개로 나누기로 하고 분석 시 편의를 위해 수학사(Mathematics History)의 영어 앞 글자를 따서 H-1, H-2, H-3, H-4라 한다.

2009 개정 교육과정에서는 공학도구의 적극 활용을 권장하고 있고, 교과서에서도 공학도구를 활용하여 학습할 수 있도록 구성되어 있다. 따라서 이와 같은 내용을 공학도구의 활용 맥락으로 분류하였는데, 이 또한 PISA의 틀에 의하면 과학적 맥락에 포함될 수 있지만, 이는 본 연구에서 제외하였고, 공학도구는 교과서에서 어떻게 활용되는지 그 유형을 살펴보기 위해 공학도구 활용 맥락으로 따로 분류하였다. 이를 다시 공학도구 화면 제시, 공학도구 활용 방법, 공학도구를 활용한 문제 해결로 구분하였다. 이 또한 마찬가지로 분석상의 편의를 위하여 공학도구(수학적 도구 Mathematical Tool)의 영어 앞 글자를 따서 T-1, T-2, T-3라 한다.

타 교과와의 연결은 2009 개정 교육과정의 교과군으로 분류하되, 그 기준은 각 교과군의 교육과정에 있는 내용영역으로 삼는다. 이와 같은 내용을 정리하면 다음 〈표 1〉과 같다.

〈표 1〉 연결의 소재 및 문제 상황 분석틀

<table>
<tr><td rowspan="10">맥락 연결</td><td rowspan="3">실생활 맥락</td><td>개인적 맥락</td><td>개인적 맥락은 본인, 자신의 가족, 동료 집단에서의 활동과 개인의 생활에서 볼 수 있는 현상과 관련된다. 음식 준비, 쇼핑, 게임, 개인의 운송수단, 여행, 개인적인 일정, 재정 운영 등과 관련된 내용들이 이에 포함된다.</td></tr>
<tr><td>사회적 맥락</td><td>사회적 맥락은 지역사회, 국가, 세계에서 일어나는 사회적 맥락의 활동과 관련된다. 공공 운송기관, 정부, 공공 정책, 국가 통계 및 경제 등과 관련된 내용들이 이에 포함된다.</td></tr>
<tr><td>직업적 맥락</td><td>직업적 맥락은 직업 세계에서 일어나는 활동과 관련된다. 측정하기, 원가계산, 급여지급 및 회계, 품질관리, 일정관리, 재고조사, 설계 등 직업과 관련된 의사결정 등과 관련된 내용들이 이에 포함된다.</td></tr>
<tr><td rowspan="4">수학사 맥락</td><td colspan="2">수학자의 삶, 업적의 일화, 책 소개 (H-1)</td></tr>
<tr><td colspan="2">수학사에 관련된 사실이나 이야기 소개 (H-2)</td></tr>
<tr><td colspan="2">개념 및 정리의 탄생·발달 과정 (H-3)</td></tr>
<tr><td colspan="2">수학사적 문제 및 풀이 소개 (H-4)</td></tr>
<tr><td rowspan="3">공학 도구의 활용 맥락</td><td>공학도구 화면 제시 (T-1)</td><td>공학도구 활용방법이나 설명 없이 컴퓨터로 그린 그래프나 계산기 계산 결과와 같은 화면만 제시한 후 그에 관한 문제를 제시한 경우</td></tr>
<tr><td>공학도구 활용 방법 (T-2)</td><td>공학도구 활용 방법을 글이나 화면으로 제시하여 그 방법을 알게 한 경우와 그 후에 연습할 수 있는 문제를 제시한 경우</td></tr>
<tr><td>공학도구를 활용한 문제 해결 (T-3)</td><td>공학 도구 활용 방법이나 그에 관한 글 혹은 화면 제시 후 이를 통해 해결할 수 있는 새로운 문제를 제시한 경우</td></tr>
<tr><td rowspan="6">타 교과 연결</td><td colspan="2">국어</td><td rowspan="6">각 교육과정의 내용영역</td></tr>
<tr><td colspan="2">사회/도덕</td></tr>
<tr><td colspan="2">과학/기술가정</td></tr>
<tr><td colspan="2">체육</td></tr>
<tr><td colspan="2">음악/미술</td></tr>
<tr><td colspan="2">영어</td></tr>
</table>

수학 문제를 연결성의 관점에서 어떠한 수학적 능력이 사용되는지를 분석하기 위해 기

준을 설정하였다. 앞서 이론적 배경에서 살펴본 De Lange(1996, 1999)의 연구와 수학교과서의 문제를 맥락성 관점에서 비교분석하기 위해 김민경 외(2012)가 설정한 상황 맥락 과제의 분석 틀 중 수학적 잠재성 차원을 참고하여, 이를 수정하여 사용하였다. 본 연구에서는 De Lange(1999)가 능력 수준을 나눌 때 사용한 단어인 Competence Level의 앞 글자를 따서 C-1, C-2, C-3, C-4 유형이라 하였다.

〈표 2〉 수학적 능력에 대한 분석틀

| 유형 | 설명 | De Lange의 연구 |
|---|---|---|
| C-1 | • 맥락이나 타 교과의 내용이 수학의 개념을 이해하는 배경이나 수학적 알고리즘을 사용하기 위한 소재로만 활용되는 경우이다.<br>• 문제 상황이 지식, 정의, 기계적 기술, 표준 알고리즘처럼 간단한 사고과정으로 해결될 수 있게 제시되어 있다. | 1수준 |
| C-2 | • 문제 상황이 문제에 내재된 여러 특성을 연계하고 통합하여 문제를 해결하도록 제시되어있다.<br>• 문제 상황이 실험, 관찰, 귀납적 추론 등의 경험적 접근을 통해 도식화, 기호화하여 표현하도록 제시되어 있다. | 2수준 |
| C-3 | • 문제의 여러 특성을 연계하고 추론 등을 통해 문제를 해결한 후, 스스로 해결하여 내린 의사결정에 대한 이유를 생각해보고 의사소통할 수 있도록 제시되어 있다. | 2수준/<br>3수준 |
| C-4 | • 문제의 여러 특성을 연계하고 추론 등을 통해 문제를 해결한 후, 일반화, 정당화, 형식화, 창조활동 등의 고등 수준의 사고 과정을 요구하도록 제시되어 있다.<br>• 해결 전략이나 과정, 결과를 새로운 상황에 적용하도록 제시되어 있다. | 3수준 |

교과서의 예시를 위 분석의 기준에 따르면 다음과 같다. [그림 2]는 부등식 단원의 학생활동에서 생활 쓰레기가 땅속에 묻혔을 때 분해되는 시간을 언급하며 분리수거의 중요성을 강조하고, 쓰레기 매립 현황과 정책에 대해 조사하는 활동을 제시한다. 그리고 이와 관련된 실생활 문제를 부등식을 이용해 해결할 수 있도록 제시하고, 자신이 조사한 자료를 이용해 이와 같은 형태의 문제를 만들어 해결해 보도록 하고 있다. 부등식 문제를 해결할 뒤 단순히 숫자를 바꾸는 문제 만들기가 아닌 활동을 통해 본인이 수집한 정보를 가지고 사회적으로 문제 되는 상황을 스스로 만들어 문제를 만드는 창조활동이 포함되어 있으므로 실생활 맥락(사회적)/C-4 유형으로 분류하였다.

## 내가 사는 곳의 쓰레기 처리는?

생활 쓰레기가 땅속에 묻혔을 때 분해되는 시간은 생각보다 많이 걸린다. 예를 들어 일회용 종이컵이 분해되는 데 20년 이상 걸리고 플라스틱병은 500년 이상 걸린다고 한다.

따라서 쓰레기 분리수거를 통하여 자원을 재활용하면 쓰레기로 인한 환경 오염을 방지할 수 있을 뿐만 아니라 쓰레기 매립지를 줄임으로써 지구를 지킬 수 있을 것이다.

**1.** 행정 관청을 방문하거나 홈페이지를 통하여 내가 사는 지역의 쓰레기 매립의 현황과 정책에 대하여 조사해 보자.

**2.** 어느 지방 자치 단체에서 쓰레기 종량제를 실시하는 조례를 제정하려고 한다. 이 자치 단체에서는 매달 120톤의 쓰레기만 받아 땅에 묻으려고 한다. 이 매립지에 묻을 수 있는 최대 쓰레기의 양은 30000톤이며 현재 5000톤의 쓰레기가 묻혀 있다. 매달 120톤의 쓰레기가 쌓인다고 할 때, 5년 후에는 얼마만큼의 쓰레기가 쌓이겠는가? 또, 쓰레기의 양이 매립할 수 있는 최대량을 넘길 때는 언제부터인가?

**3.** 자신이 조사한 자료를 이용하여 **2**와 같은 형태의 문제를 만들어 해결해 보자.

**4.** 우리가 실천할 수 있는 구체적인 쓰레기 줄이기 방법에는 어떤 것이 있는지 토의하여 보자.

**[그림 2]** 실생활(사회적)맥락/C-4 유형의 예시(정상권 외, 2013, p.101)

# 4 분석 결과

2009 개정 교육과정에 따라 편찬된 중학교 2학년 수학교과서를 수학 외적 연결성의 관점에서 분석한 결과는 다음과 같다.

## 4.1 연결성의 소재 관점

<표 3>에서는 두 가지 이상의 맥락 혹은 타 교과와 연결된 경우 중복 코딩을 하였기 때문에, 맥락과 타 교과의 빈도수에는 단일로 연결된 경우와 중복으로 연결된 경우가 모두 포함되어 있으며, 따라서 이들의 합은 총 연결성보다 많다. 또한 중복 코딩된 경우를 살펴보기 위하여, 맥락+타 교과와 연결되어 중복으로 코딩된 경우는 따로 헤아려 맥락+타 교과 빈도수로 제시하였다. 백분율은 단원별 총 연결성을 100%로 하였을 때 나타나는 백분율이다.

연결 소재 및 문제 상황에 따라 맥락 연결과 타교과 연결유형으로 나눈 결과를 단원별로 살펴보면 다음 <표 3>과 같다.

<표 3> 단원별 수학 외적 연결성 유형의 빈도수와 백분율

| | 맥락 빈도수 | 맥락 백분율 | 타 교과 빈도수 | 타 교과 백분율 | 맥락+타 교과 빈도수 | 맥락+타 교과 백분율 | 총 연결성 |
|---|---|---|---|---|---|---|---|
| 유리수와 순환소수 | 43 | 47.78% | 59 | 65.56% | 12 | 13.33% | 90 |
| 식의계산 | 189 | 66.78% | 136 | 48.06% | 42 | 14.84% | 283 |
| 연립방정식 | 266 | 83.13% | 198 | 61.88% | 144 | 45.00% | 320 |
| 부등식 | 293 | 82.07% | 223 | 62.46% | 159 | 44.54% | 357 |
| 일차함수 | 239 | 68.48% | 198 | 56.73% | 88 | 25.21% | 349 |
| 확률 | 409 | 73.17% | 200 | 35.78% | 50 | 8.94% | 559 |
| 도형의 성질 | 179 | 88.18% | 42 | 20.69% | 18 | 8.87% | 203 |
| 도형의 닮음 | 247 | 77.19% | 91 | 28.44% | 18 | 5.63% | 320 |
| 합계 | 1865 | 75.17% | 1147 | 46.23% | 531 | 21.40% | 2481 |

단원별로 살펴본 결과 맥락 연결의 비율은 약 47%~88%이었고, 타 교과 연결의 비율은 약 20%~65%이었다. 대부분의 단원에서 맥락연결의 비율이 타 교과 연결의 비율보다 높았지만 유리수와 순환소수 단원만 유일하게 타 교과 연결 비율이 맥락 연결 비율보다 높았다. 맥락 연결의 비율이 가장 높은 단원은 맥락 연결의 비율이 단원 전체 중 88% 비율을 차지하고 있는 도형의 성질 단원이고, 타 교과 연결의 비율이 가장 높은 단원은 타 교과 연결 비율이 단원 전체 중 65% 비율을 차지하고 있는 유리수와 순환소수 단원이었다. 반대로 맥락 연결의 비율이 가장 낮은 단원은 유리수와 순환소수 단원이고, 타 교과 연결의 비율이 가장 낮은 단원은 도형의 성질 단원이다. 연립방정식, 부등식, 일차함수 단원은 맥락 연결과 타 교과 연결의 비율이 모두 50%를 넘으며 높은 비율을 차지하고 있었다. 맥락+타 교과 연결은 약 5%~45%이었다. 맥락 연결과 타 교과 연결의 비율이 모두 높았던 연립방정식, 부등식 단원의 맥락+타 교과 연결이 가장 높게 나타나고 있었고, 일차함수 단원이 그 뒤를 이었다. 도형의 닮음단원은 가장 낮은 비율로 맥락+타 교과 연결을 하고 있음을 알 수 있었다.

다음으로, 단원별로 맥락 연결과 타 교과 연결의 유형을 나누어 살펴보면 다음 〈표 4〉, 〈표 5〉와 같다. 〈표 4〉는 단원별로 맥락 연결의 유형을 빈도수와 백분율로 살펴본 표로, 실생활, 수학사, 공학도구 활용의 세분화된 유형으로 다시 나누어 각각의 빈도수와 백분율을 살펴보았는데, 백분율은 각 단원의 총 맥락 연결의 수를 100%로 하여 계산하였다. 〈표 5〉는 단원별로 타 교과 연결의 유형을 2009개정 교육과정의 교과군으로 나누어 각각의 빈도수와 백분율을 살펴보았는데, 이도 마찬가지로 각 단원의 총 타 교과 연결의 수를 100%로 하여 계산하였다.

모든 단원에서 맥락 연결 유형은 실생활 연결이 가장 높은 비율을 차지하고 있었고, 식의 계산, 부등식, 도형의 닮음 단원은 수학사 연결의 비율이, 나머지 단원은 공학도구 활용 연결의 비율이 높았다. 부등식과 확률단원은 실생활 맥락 연결 비율이 맥락 연결 전체의 95% 이상을 차지하고 있었고, 유리수와 순환소수, 일차함수, 도형의 성질단원은 공학도구 활용 맥락이 다른 단원에 비해 높은 비율을 차지하고 있었으며, 유리수와 순환소수 단원은 수학사 맥락의 연결 비율도 다른 단원에 비해 높은 비율을 차지하고 있었다.

〈표 4〉를 보면, 중학교 2학년 수학교과서에 나타난 수학 외적 연결성은 실생활 맥락과의 연결인 경우가 가장 많았고, 그중에서도 개인적 맥락과의 연결이 가장 많았는데, 생활 주변으로부터 개념을 탐구하고 이해하고 적용하도록 하는 교육과정의 영향으로 가장 친

숙한 환경과의 연결을 가장 많이 사용하는 것으로 이해할 수 있다. 반면에 실생활 맥락에서 사회적, 직업적 맥락은 낮은 비율로 나타나고 있었다. 수학사는 대체로 수학자의 삶(H-1)과 H-3은 많았으나 연립방정식 단원을 제외하고 H-2와 H-4는 적었다. 공학도구의 활용에서는 대체로 전 단원에서 T-2 항목이 많았다. <표 5>를 보면, 타 교과와의 연결의 경우, 과학교과와의 연결이 가장 많았는데, 이는 함께 발전해온 수학과 과학의 깊은 연관성 때문이라고 할 수 있다. 반면에 국어와 영어 교과와의 연결은 아주 낮은 비율로 나타나고 있었다.

**<표 4> 단원별 맥락 연결 유형 빈도수와 백분율**

| | 실생활 | | | 수학사 | | | | 공학도구 활용 | | | 합계 |
|---|---|---|---|---|---|---|---|---|---|---|---|
| | 개인적 | 사회적 | 직업적 | H-1 | H-2 | H-3 | H-4 | T-1 | T-2 | T-3 | |
| 유리수와 순환소수 | 16 | 5 | 2 | 1 | 0 | 8 | 1 | 3 | 3 | 4 | 43 |
| | 37.20% | 11.63% | 4.65% | 2.33% | 0.00% | 18.60% | 2.33% | 6.98% | 6.98% | 9.30% | 100% |
| 식의 계산 | 145 | 9 | 16 | 3 | 1 | 7 | 1 | 3 | 4 | 0 | 189 |
| | 76.72% | 4.76% | 8.467% | 1.59% | 0.53% | 3.70% | 0.53% | 1.59% | 2.12% | 0.00% | 100% |
| 연립방정식 | 209 | 2 | 14 | 3 | 2 | 7 | 26 | 1 | 2 | 0 | 266 |
| | 78.57% | 0.75% | 5.26% | 1.13% | 0.75% | 2.63% | 9.78% | 0.38% | 0.75% | 0.00% | 100% |
| 부등식 | 238 | 30 | 17 | 0 | 0 | 7 | 0 | 0 | 1 | 0 | 293 |
| | 81.23% | 10.24% | 5.80% | 0.00% | 0.00% | 2.39% | 0.00% | 0.00% | 0.34% | 0.00% | 100% |
| 일차함수 | 170 | 14 | 12 | 3 | 0 | 4 | 0 | 19 | 11 | 6 | 239 |
| | 71.13% | 5.86% | 5.02% | 1.26% | 0.00% | 1.67% | 0.00% | 7.95% | 4.60% | 2.51% | 100% |
| 확률 | 352 | 19 | 18 | 1 | 0 | 5 | 7 | 1 | 6 | 0 | 409 |
| | 86.07% | 4.65% | 4.40% | 0.24% | 0.00% | 1.22% | 1.71% | 0.24% | 1.47% | 0.00% | 100% |
| 도형의 성질 | 97 | 9 | 26 | 11 | 3 | 3 | 0 | 10 | 17 | 3 | 179 |
| | 54.19% | 5.03% | 14.53% | 6.15% | 1.67% | 1.67% | 0.00% | 5.59% | 9.50% | 1.67% | 100% |
| 도형의 닮음 | 178 | 7 | 27 | 20 | 1 | 1 | 1 | 5 | 7 | 0 | 247 |
| | 72.06% | 2.83% | 10.93% | 8.10% | 0.41% | 0.41% | 0.41% | 2.02% | 2.83% | 0.00% | 100% |
| 합계 | 1405 | 95 | 132 | 42 | 7 | 42 | 36 | 42 | 51 | 13 | 1865 |
| | 75.34% | 5.09% | 7.08% | 2.25% | 0.38% | 2.25% | 1.93% | 2.25% | 2.73% | 0.70% | 100% |

〈표 5〉 단원별 타 교과 연결 유형 빈도수와 백분율

| | 국어 | 사회/도덕 | 과학/기가 | 체육 | 미술/음악 | 영어 | 합계 |
|---|---|---|---|---|---|---|---|
| 유리수와 순환소수 | 8 | 5 | 7 | 28 | 11 | 0 | 59 |
| | 13.56% | 8.48% | 11.86% | 47.46% | 18.64% | 0.00% | 100% |
| 식의계산 | 3 | 20 | 81 | 8 | 23 | 1 | 136 |
| | 2.21% | 14.71% | 59.56% | 5.88% | 16.91% | 0.73% | 100% |
| 연립방정식 | 6 | 91 | 74 | 17 | 10 | 0 | 198 |
| | 3.03% | 45.96% | 37.37% | 8.59% | 5.05% | 0.00% | 100% |
| 부등식 | 3 | 104 | 99 | 11 | 5 | 1 | 223 |
| | 1.35% | 46.64% | 44.39% | 4.93% | 2.24% | 0.45% | 100% |
| 일차함수 | 12 | 27 | 132 | 22 | 4 | 1 | 198 |
| | 6.06% | 13.64% | 66.67% | 11.11% | 2.02% | 0.50% | 100% |
| 확률 | 16 | 46 | 46 | 67 | 12 | 13 | 200 |
| | 8.00% | 23.00% | 23.00% | 33.50% | 6.00% | 6.50% | 100% |
| 도형의 성질 | 1 | 12 | 7 | 1 | 21 | 0 | 42 |
| | 2.38% | 28.57% | 16.67% | 2.38% | 50.00% | 0.00% | 100% |
| 도형의 닮음 | 18 | 36 | 15 | 4 | 18 | 0 | 91 |
| | 19.78% | 39.56% | 16.48% | 4.40% | 19.78% | 0.00% | 100% |
| 합계 | 67 | 341 | 461 | 158 | 104 | 16 | 1147 |
| | 5.84% | 29.73% | 40.19% | 13.78% | 9.07% | 1.39% | 100% |

## 4.2 수학적 능력의 관점

2009 개정 교육과정에 따라 편찬된 중학교 2학년 교과서의 내용 구성 분류를 살펴보면 스스로 해결할 수 있는 문제가 포함되어 있는 것은 탐구활동, 예제와 문제, 학생활동, 연습문제이다. 교과서에 실린 문제를 해결하기 위해서 학생들이 어떠한 수학적 능력을 사용해야 하는지에 따라 문제를 분류하였다. 〈표 2〉의 분석틀에 따라 단원별, 내용 구성별로 수학 외적으로 연결된 문제를 분류한 결과를 빈도수와 백분율로 나타내었다. 13종의 교과서의 문제를 분류한 결과는 다음 〈표 6〉과 같다.

〈표 6〉 교과서 문제에 나타난 수학적 능력 유형 빈도수와 백분율

| | C-1 | C-2 | C-3 | C-4 | 합계 |
|---|---|---|---|---|---|
| 빈도수 | 1000 | 753 | 87 | 112 | 1952 |
| 백분율 | 51.23% | 38.57% | 4.46% | 5.74% | 100% |

문제가 포함된 분석의 대상 수는 전체 1952개이고 이를 100%로 하여 백분율을 계산하였다. C-1유형은 빈도수 1000개로 전체의 약 51%, C-2유형은 753개로 약 38%, C-3유형은 87개로 약 4%, C-4유형은 112개로 약 5%로 나타나고 있었다. 절반 이상을 C-1유형이 차지하고 있었고, 다음은 C-2유형이 나타나고 있었다. C-3유형과 C-4유형은 아주 적은 비율로 나타나고 있었다.

다음 〈표 7〉은 단원별로 연결성 문제에서 요구하는 수학적 능력을 분석한 결과이다. 단원별로 그 분포가 조금씩 다르게 나타나고 있음을 확인할 수 있다.

〈표 7〉 단원별 수학적 능력 유형의 빈도수와 백분율

| | C-1 | C-2 | C-3 | C-4 | 합계 |
|---|---|---|---|---|---|
| 유리수와 순환소수 | 36 | 10 | 4 | 1 | 51 |
| | 70.59% | 19.61% | 7.84% | 1.96% | 100% |
| 식의 계산 | 141 | 52 | 7 | 15 | 215 |
| | 65.58% | 24.19% | 3.25% | 6.98% | 100% |
| 연립방정식 | 118 | 134 | 3 | 13 | 268 |
| | 44.03% | 50.00% | 1.12% | 4.85% | 100% |
| 부등식 | 141 | 137 | 11 | 16 | 305 |
| | 46.23% | 44.92% | 3.61% | 5.24% | 100% |
| 일차함수 | 133 | 118 | 13 | 8 | 272 |
| | 48.90% | 43.38% | 4.78% | 2.94% | 100% |
| 확률 | 299 | 162 | 20 | 10 | 491 |
| | 60.90% | 32.99% | 4.07% | 2.04% | 100% |
| 도형의 성질 | 35 | 33 | 17 | 26 | 111 |
| | 31.53% | 29.73% | 15.32% | 23.42% | 100% |
| 도형의 닮음 | 97 | 107 | 12 | 23 | 239 |
| | 40.59% | 44.77% | 5.02% | 9.62% | 100% |
| 합계 | 1000 | 753 | 87 | 112 | 1952 |
| | 51.23% | 38.57% | 4.46% | 5.74% | 100% |

유리수와 순환소수 단원에서는 C-1유형의 문제가 약 71%로 압도적으로 많이 제시되어 있었고, 두 번째는 약 20%의 C-2유형, 다음은 C-3, C-4유형 순이었다. 이 단원에서는 대부분의 문제가 소수와 분수를 문제 상황 속에서 보여주고 단순한 알고리즘을 이용해 분수와 소수를 계산하도록 제시되고 있었다.

식의 계산 단원에서도 C-1유형의 문제가 약 65%로 가장 많았고, 두 번째는 약 24%의 C-2유형, 다음은 C-4, C-3유형 순이었다. 이 단원에서도 사각형 모양의 물체나 그림을 소재로 하여 식의 계산을 설명하려는 시도가 많았는데, 이러한 연결은 사각형으로 식의 계산을 설명하기 위해 일상생활에서 볼 수 있는 사각형 모양의 물체를 소재로 가져와 모양만을 활용해 넓이를 계산하도록 하는 C-1유형이다. 탐구활동에서 이를 통해 공식을 일반화하여 이끌어내는 활동을 하고 있는 경우도 드물게 나타났는데, 이는 C-4유형으로 분류하였다.

연립방정식 단원은 C-2유형의 문제가 50%로 가장 많은 비율을 차지하는 유일한 단원이었고, 다음은 44%의 C-1유형 문제, C-4, C-3유형 순이었다. 부등식과 일차함수 단원은 C-1유형의 문제가 각각 약 46%, 48%로 가장 많았고, 다음은 각각 44%와 43%의 비율인 C-2유형의 문제였다. 부등식 단원은 C-4, C-3유형 순, 일차함수 단원은 C-3, C-4유형 순으로 그 뒤를 이었다. 많이 나타나는 유형의 순위가 조금 다르긴 하지만 연립방정식, 부등식, 일차함수 단원 모두 C-1, C-2유형이 근소한 차이를 보이고 있으며 다른 단원에 비해 C-2유형의 비율도 높은 편이라는 공통점을 가지고 있다. 세 단원은 연결 소재나 문제 상황이 공통으로 활용되는 것이 많고, 문제에서 요구하는 수학적 능력의 분포도 비슷하게 가지고 있다.

확률 단원은 단원의 특성상 다른 단원에 비해 많은 수의 문제가 외적 상황이나 소재를 품고 있었는데, C-1유형의 문제가 약 61%, C-2유형의 문제가 약 33% 제시되어 있었고, C-3, C-4유형 순이었다. 확률 단원은 두 번째로 많은 C-2유형의 약 2배나 많을 정도로 C-1유형의 문제가 많았는데, 이는 문제 상황 속에서 간단한 알고리즘을 이용해 경우의 수나 확률을 계산하는 문제가 많기 때문이다.

도형의 성질 단원은 C-1유형이 약 32%, C-2유형이 약 29%, C-4유형이 약 23%, C-3유형이 약 15%로 나타났는데, C-1유형과 C-2유형이 대부분을 차지하는 다른 단원들과 달리 도형의 성질 단원에서는 C-4유형과 C-3유형의 비율이 C-1, C-2유형과 비슷했다. 도형 단원이기 때문에 문제를 해결하며 증명을 하거나 정당화하는 활동이 많이 포함되어 있었기 때문이다. 마지막 도형의 닮음 단원은 C-2유형이 약 45%, C-2유형이 약 41%로 비슷했고, 뒤를 이어 C-4유형과 C-3유형의 문제는 10%, 5%로 제시되어 있었다.

단원별로 문제에서 요구하는 수학적 능력 유형을 살펴보았을 때, 도형의 성질 단원을 제외한 모든 단원의 문제는 C-1유형과 C-2유형에 치우쳐 있었다. C-1유형과 C-2 유형의 합이 80% 이상일 정도로 C-3유형과 C-4유형은 부족했으므로, 수학적 사고 능력을 사용하고 자신의 해결과정을 돌아볼 수 있고 창의적으로 생각할 수 있는 활동이 포함되어 있는 문항으로의 개발이 필요하다. 특히 C-1유형에만 분포가 치우쳐있는 수와 식의 계산, 확률 단원에서 다양한 수학적 능력을 사용할 수 있는 문항을 개발하기 위한 연구가 필요하다 할 수 있다.

## 5 결론

본 연구에서는 2009 개정 교육과정에서 의해 편찬된 중학교 2학년 수학 교과서를 수학적 연결성의 관점에서 분석하였다. 수학 외적 연결성을 맥락 연결과 타 교과 연결로 나누어 분석 대상의 문제 상황 및 소재를 분석하고, 그러한 문제 상황에서 문제가 요구하고 있는 수학적 능력의 유형을 분류하여 분석하였다.

대부분의 단원에서 맥락 연결에서는 개인적 실생활 맥락 유형에, 타 교과 연결에서는 사회/도덕 교과 연결 유형 혹은 과학/기술가정 교과 연결 유형에 치우쳐 있었다. 그리고 연결성과 관련된 문제를 수학적 능력의 관점에서 분석했을 때, 절반 이상이 정의나 간단한 알고리즘만으로 해결할 수 있는 유형이었고, 여러 요소를 연결하거나 추론과 같은 사고과정으로 문제를 해결할 수 있는 유형이 그 다음이었으며, 의사결정에 대한 이유를 생각해보거나 정당화, 창조활동 등을 하도록 제시된 유형과 고등수준의 사고를 요구하거나 새로운 상황에 적응하기를 요구하는 유형은 아주 낮은 비율로 나타나고 있었다.

수학과 여러 맥락과 타 교과와 연결된 문제를 해결할 때, 다양한 맥락이나 교과가 연결되어 있어야 하고, 나아가 의사결정 이유를 생각해 보거나, 의사소통, 일반화, 정당화, 창조활동과 같은 수학적 능력을 사용하도록 문제가 제시되어야 한다. 이러한 문제는 단원마다 많이 제시될 필요는 없지만, 학생들이 이러한 경험을 해서 수학과 여러 소재들이 왜, 어떻게 관련되는지에 대해 생각해 볼 수 있을 때 학생들은 새로운 연결을 찾고 나름의 이해를 증진시킬 수 있을 것이다.

본 연구는 2009 개정 교육과정에 따라 편찬된 중학교 2학년 교과서에 한정하여 수학 외적 연결성을 분석하였다. 수학적 연결성 중 수학 외적 연결성에 중심을 두고 분석하였는데, 수학 내적, 외적 연결성을 종합적으로 분석하는 후속 연구가 필요하다. 또 연결성을 지도하는 데 있어서 수업시간에 교사의 역할은 크다고 볼 수 있다. 본 연구는 교과서를 연결성 관점에서 분석하는 데에 그쳤지만, 교과서의 문제 상황을 재구성하거나 연결성에 관한 자료를 개발하여 이를 적용한 결과나, 실제 수업에서 교과서를 이용해 효과적으로 연결성을 다루는 방법에 대한 연구도 필요하다.

# 참고문헌


강옥기 외 8인 (2013). **중학교 수학2**. 서울: 두산동아

고호경 외 12인 (2013). **중학교 수학2**. 서울: ㈜교학사

교육과학기술부 (2011). **수학과 교육과정**. 교육과학기술부 고시 제 2011-361호 [별책 8].

김민경, 박은정, 허지연 (2012). '맥락성' 관점에서 본 수학교과서의 문제 분석, **한국학교수학회논문집,** 15(1), 1-25.

김서령 외 9인 (2013). **중학교 수학2**. 서울: 천재교과서

김원경 외 8인 (2013). **중학교 수학2**. 서울:비상교육

나미영, 권오남 (2012). 실생활 맥락 문제에 대한 이해를 위한 중학교 교과서 분석-중학교 1학년 문자와 식 단원 중심으로-. **수학교육 학술지,** 2012(1), 150-163.

류희찬 외 9인 (2013). **중학교 수학2**. 서울: 천재교과서

문현진, 박근생 (1997). 중학교 수학교육에서의 수학사 지도. **수학교육 프로시딩.** 5, 388-405.

송미영 외 3인 (2013). **OECD 국제 학업성취도 평가 연구: PISA 2012 결과 보고서**. 한국교육과정평가원.

신준국 외 12인 (2014). **중학교 수학2**. 서울: 두배의 느낌

신항균 외 7인 (2013). **중학교 수학2**. 서울: ㈜지학사

심상길 (2009). 교과서 연립방정식 단원에 제시된 수학사의 소재 분석 및 교수학적 분석. **학교수학. 11(3)**, 415-429.

우정호 외 16인 (2013). **중학교 수학2**. 서울: 두산동아

유별아 (2015). **수학적 연결성 관점에서의 2009 개정 중학교 2학년 수학 교과서 분석 - 외적 연결성을 중심으로.** 이화여자대학교 교육대학원 석사학위논문.

이강섭 외 10인 (2013). **중학교 수학2**. 서울: ㈜미래엔

이준열 외 9인 (2013). **중학교 수학2**. 서울: 천재교과서

정상권 외 6인 (2013). **중학교 수학2.** 서울: ㈜금성출판사

정영옥 (2004). RME의 수학 학습 평가틀에 대한 고찰 -Jan de Lange의 수학 학습 평가틀을 중심으로 - . **수학교육학연구. 14(4)**, 347-364.

정인철, 안희정 (2008). 제7차 교육과정 중학교 수학교과서에 실린 문장제 문제의 분석. **한국학교수학회 논문집**. 11(1), 117-132.

조지민 외 9인 (2011). **2011 국제 학업성취도 평가연구(PISA/TIMSS):PISA 2012 예비검사 시행보고서**. 한국교육과정평가원.

허민 외 8인 (2013). **중학교 수학2**. 서울: 대교

황선욱 외 8인 (2013). **중학교 수학2**. 서울: 좋은책 신사고

황혜정, 나귀수, 최승현, 박경미, 임재훈, 서동엽 (2012). **수학교육학신론**. 서울: 문음사

De Lange, J. (1996). Mathematics education and assessment. ***Journal of the Association of Mathematics Education of South Africa, 42***, 14-20.

De Lange, J. (1999). ***Framework for classroom in mathematics***. Freudenthal Institute & National Center for Improving Student Learning and Achievement in Mathematics and Science.

National Council of Teacher of Mathematics(NCTM, 1989). ***Curriculum and evaluation standards for school mathematics***. 수학교육과정과 평가의 새로운 방향. 구광조, 오병승, 류희찬 역(1992). 서울: 경문사

National Council of Teachers of mathematics(NCTM, 2000). ***Principles and Standards for School Mathematics***. 학교수학을 위한 원리와 규준. 류희찬, 조완영, 이경화, 나귀수, 김남균, 방정숙 역(2007). 서울: 경문사

# IV

# 고등학교 수학에서의 수학적 연결성

# 18장
# 고등학교 수학에서의 수학적 연결성

이 동 환 (부산교육대학교)

초등학교, 중학교 수학과 비교했을 때, 고등학교 수학은 구체물이나 구체적 활동과의 관련성이 명확하지 않은 일반적이고 추상적인 개념을 다룬다. 고등학교에서 다루는 추상적 개념을 이해하기 위해서는 어떤 구체물을 떠올리기보다는 그 개념과 관련된 여러 수학적 개념과의 관계를 파악하는 것이 필요하다. 따라서 수학적 이해에서 수학적 연결성의 의미와 역할이 고등학교 수학에서 더욱 강조될 필요가 있는 것이다. 제4부의 도입부인 본고에서는 수학적 이해와 관련하여 수학적 연결성의 의미와 역할에 대해 개관하고 제4부에 포함된 고등학교 수학에서의 수학적 연결성에 대한 네 편의 원고에 대해 소개하고자 한다.

수학을 좋아하고 잘하는 학생과 그렇지 못한 학생 사이의 가장 큰 차이점 중 하나가 전자는 수학에 대해 외워야 할 것이 없어서 쉽다고 평가하고 후자는 외워야 할 것이 너무 많아서 어렵다고 평가한다는 것이다. 이러한 차이는 수학을 연결된 전체로서 이해하고 있는가 그렇지 못한가에서 비롯되었다고 볼 수 있다. 이와 관련하여 Sierpinska(1991)는 "언제 우리가 수학을 이해했다고 느끼는가?"라는 질문에 다음과 같이 답하였다.

> 사고에 있어서 질서와 조화 즉, '잘 맞는다'는 느낌이 가장 확실한 기준일 것이다. 우리는 자기반성을 통해서 이런 느낌을 받는다(Sierpinska, 1991, p.32).
>
> 우리가 이해하려는 대상들의 기초를 이루는 관계 즉, '통합하는 원리를 발견한

> 다'는 기준은 모든 이해행위에 적용되지는 않을 것이다. 그러나 추상적인 개념, 정리, 이론에 대해서는 이 기준이 분명 중요한 역할을 한다(Sierpinska, 1991, p.33).

우리는 수학지식들이 이루는 '질서와 조화'를 느낄 때 이해했다는 느낌을 받는다. Sierpinska(1991)가 지적했듯이, 추상적인 개념, 정리, 이론으로 이루어진 수학의 경우는 질서와 조화를 학생들이 쉽게 느낄 수 없기 때문에, 학생들은 적극적으로 수학지식의 이면에 있는 '통합하는 원리'를 찾아내야 한다. 학생들이 다양한 수학적 지식과 개념들이 서로 연결되어 있음을 파악할 때 즉, 수학적 연결성을 파악했을 때 비로소 수학지식을 이해한다는 것이다. 수학지식을 통합하는 원리를 스스로 발견하는 일이 어렵기 때문에, 학생들은 교사의 설명으로부터 그동안 별개로 보이던 수학지식들 사이의 조화와 질서를 구성하며 수학을 이해하게 된다. 따라서 교사의 설명은 학생들이 통합하는 원리를 발견하여 수학적 연결성을 경험하도록 도와주는 역할을 해야 한다. 수리철학자 Kitcher(1989) 역시 수학적 이해를 수학적 지식의 연결성과 관련하여 설명하였다.

> 현상을 이해한다는 것은 단지 '근본적으로 이해할 수 없는 것'을 줄여나가는 일이 아니라 처음엔 서로 다르게 보이던 것들 사이의 연결성(connection)과 공통된 패턴을 발견하는 일이다. (Kitcher, 1989, p.432)

Kitcher(1989)에 따르면, 수학적 설명은 세계에 대한 우리의 이해를 증대시켜야 한다. 어떻게 설명이 이해를 도와주고 강화하는가? 수학적 설명이란 현상을 통합해가는 과정이다. 숨겨진 연결성을 발견하여 이러한 통합을 이루었을 때, 우리는 이해를 하게 되는 것이다. 어떻게 이러한 통합을 이루어갈 수 있을까?

> 수학은 동일한 유형의 사고방식을 반복 사용하여 수많은 현상에 대한 설명을 도출하는(derivation) 방법을 우리에게 보여줌으로써 자연에 대한 우리의 이해를 발전시킨다. 이러한 과정에서 수학은 우리가 설명 없이 받아들여야 하는 사실들의 개수를 줄여나가는 법을 알려준다. (Kitcher, 1989, p.432)

Kitcher는 수학에서 통합을 이루는 방법이 '동일한 유형의 사고방식'을 사용하여 최대한 많은 수학지식을 연역하고 추론하는 일이라고 지적한다. 예를 들어, 형식불역의 원리를 생각할 수 있다. Freudenthal(1973)은 형식불역의 원리에 대해 수 개념 확장을 지도하는 교수학적으로 건전한 원리라고 평가했으며, 학교수학에서 형식불역의 원리는 주로 음수의 도입과(이병철, 2006) 지수의 확장을(이승우, 2002) 설명하는 교수학적 원리로서 주목을 받았다. Woo & Yim(2008)은 형식불역의 원리의 관점에서 0.999... 와 $(-8)^{\frac{1}{3}}$을 분석하고, 이러한 표현이 학교수학에서 다루는 수의 구조와 모순되는 부적절한 대상임을 밝혔다. 기존의 체계에서 성립하는 성질과 관계를 새로운 체계에서도 유지하려는 형식불역의 원리는 기존 지식과 새로운 지식의 연결성을 확보하여 이해하려는 수학자의 자연스러운 사고방식인 것이다. 또한 수학자들 역시 수학의 발전을 수학지식들 사이의 연결성과 관련하여 설명하고 있다.

> 수학이란 학문은 분리될 수 없는 전체이고 각 분야의 연결이 단단할수록 전체적으로 더 잘 발전하는 유기체라고 볼 수 있다. [...] 어떤 수학이론이 발전할수록, 그 이론은 더 조화로워지고 통일성을 더해가며 지금까지는 아무 관계가 없어 보이던 분야와의 관계가 나타난다. 따라서 수학이 확장되면 그 유기적인 성격을 상실하는 것이 아니라 오히려 더 명백하게 그것을 드러내게 된다. (Hilbert, 1926, p.83)

Hilbert 역시 통합을 이루는 과정에서 '지금까지 아무 관계가 없어 보이던 분야' 사이의 숨겨진 관계를 찾아내는 일이 중요함을 지적하고 있다. 수학의 발전은 곧 서로 별개로 보이던 수학적 지식 사이의 연결성을 확보해가는 과정인 것이다. Dorier(1998)는 선형대수의 역사를 분석하여 다음과 같은 인식론적 가설을 이끌어 냈다.

> 벡터공간론은 19세기 말에 등장하여 1930년대 널리 퍼진 최신 이론이다. 이 단계에서, 벡터공간론은 새로운 문제들을 해결하기 위해서라기보다는, 서로 다른 맥락에서 사용되던 여러 가지 방법과 수단들을 통합하고 일반화하는 방식으로 사용되었기 때문에 널리 퍼지게 되었다. 따라서 선형대수는 통합하고 일반화하는 이론이다. 그 결과, 그 이론은 또한 형식적인 이론이다.

Dorier(1998)가 보기에 수학에서 어떤 개념들은 새로운 문제를 해결하기 위해서만 발명된 것이 아니었다. 이 개념들의 목표는 동일한 수단을 사용하여 서로 다른 문제들을 해결할 수 있는 일반적인 방법을 찾는 것이다. 그는 이러한 개념을 가리켜 통합하고 일반화하는 개념(Unifying and Generalizing Concepts)이라고 하였다. 그는 통합하고 일반화하는 개념의 장점으로 다양한 상황에서 그 전부터 존재하던 여러 가지 방법과 기법 및 대상들을 통합하고 일반화하고, 수학의 다른 분야에 적용될 수 있는 일반화된 대상과 기법을 만들어내는 점을 주장했다. 통합하고 일반화하는 개념은 문제해결이 목표가 아니라 기존의 별개로 떨어져 있던 개념들 사이의 관계를 찾아내어 통합함으로써 수학체계에 대한 우리의 이해를 심화시키는 역할을 한다.

초등학교와 중학교 수학과 고등학교 수학의 차이는 각 학교급에서 다루는 개념의 차이도 있지만 기존에는 별개로 보이던 개념을 서로 관련지어 생각하는 것에서도 찾을 수 있다.

> 수학에서 진정한 발전이 있을 때마다 앞선 이론의 이해에 도움이 되고, 옛날의 복잡한 이론을 필요 없게 만드는 더 예리한 도구와 간단한 방법이 발명되었습니다. 따라서 이 더 예리한 도구와 간단한 방법을 체득한 사람은 다른 과학에서보다 더 용이하게 수학의 여러 분야를 이해할 수 있을 것입니다. (Hilbert, 1926, p.83)

이러한 수학적 개념과 방법들이 있기에 우리는 점점 넓어지고 복잡해지는 수학을 이해할 수 있다는 것이다. 대표적인 예로 복소수를 생각할 수 있다(이동환, 2010). 복소수를 통해 음수의 제곱근을 구할 수 있다는 의미보다는 복소수의 기하학적 해석으로 인해 복소수가 대수와 기하의 조화를 완성시키고 해석학에서도 중요한 역할을 하게 되었다는 것이 더욱 중요하다.

이러한 수학지식의 통합과 연결이 저절로 주어지는 것이 아니라 인간의 적극적인 노력의 결과임에 주목해야 한다.

> 수학은 사회적-역사적 발달을 거치면서, 다른 기타 과학지식과 달리, 수학지식의 독특한 통일성과 보편성을 이루어 왔다. 그러나 이러한 통일성(uniformity)을 수학의 절대적인 객관성의 표현으로 오해해서는 안 된다. 이러한 통일성은 수학자들이 노력하여 이룬 연구의 결실이다. 다시 말해, 수학의 통일성은 미리 결정되어 객관적으로 존재하던 것이 아니라 수학자의 전문적인 활동으로부터 창발된 것이다. (Steinbring, 2005 p.7)

이러한 Steinbring의 주장은 수학교육에 다음을 시사한다고 볼 수 있다. 교사는 학생들에게 통일성을 이룬 수학을 제시하기보다는 그러한 통일성을 이루어가는 수학자의 활동을 학생들이 경험하도록 해야 한다. 통일성은 수학자들이 적극적으로 수학지식들을 통합하려는 노력의 결과이다. 다시 말해, 학생들에게 여러 가지 수학적 개념을 나열하여 가르친다고 해서 저절로 학생들이 그것들 사이의 연결성을 파악하는 것이 아니다. 수학적 연결성은 수학교육을 통해 적극적으로 구성해야 하는 대상인 것이다.

지금까지 우리는 수학의 이해를 수학지식들 사이의 연결성을 만드는 과정으로 살펴보았다. 추상적인 개념을 특성으로 하는 수학 지식을 이해하는 일은 다양한 연결성을 확보하고 강화하는 것이다.

수학에 대한 심적 표상이 표상들의 네트워크의 일부가 될 때 우리는 수학을 이해했다고 한다. 수학적 이해의 정도는 이러한 네트워크와 얼마나 많이 연결되었는가 얼마나 강하게 연결되었는가에 의해 결정된다. 수학적 아이디어, 절차를 이해했다는 것은 그것이 기존의 네트워크와 더욱 강하게 결합되었거나 더 다양하게 결합되었음을 의미한다 (Hiebert & Carpenter, 1992, p.67).

이와 같이 수학적 이해를 수학적 연결성을 만드는 일로 파악하는 관점이 수학교육에 주는 시사점은 수학적 이해에는 끝이 있는 것이 아니라는 것이다. 어떤 수학적 개념에 대한 이해는 그것과 관련된 연결성을 확보하는 만큼 심화될 수 있다. 이러한 관점은 수학적 연결성에 대한 연구에도 적용될 수 있다. 제4부에서 다루는 고등학교 수학에서의 연결성을 이해하는 방식 역시 수학적 연결성을 다양한 주제와 연결하여 파악하는 것이다. 이를 위해 제4부에서는 고등학교 수학과 대학수학의 연결성, 고등학교 수학에서 문제중심학습을 통한 수학적 연결성의 구현, 수학적 모델링에서의 수학적 연결성의 의미, 수학적 연결성에 기초한 고등학교 교수학습자료 개발 등의 주제를 다루면서 수학적 연결성에 대한 이해의 폭을 넓히고자 한다.

이제 제4부에 담긴 네 편의 장별 내용을 간단히 소개하고자 한다.

제19장 '고등학교수학과 대학수학의 연결성: 실수, 연속성, 벡터 개념의 연구 사례 분석'에서는 실수, 연속함수, 벡터 개념과 관련된 기존 선행연구를 분석하여 고등학교 수학과 대학수학에서 다루는 수학적 지식의 차이를 파악하고 이를 연결하는 방법에 대해 정리하였다. 고등학교 수학과 대학수학의 차이는 해당 개념을 고등학생들이 이해하고 조작할 수 있는 수준에서 취급될 수 있도록 교수학적 변환을 거친 결과로서 자연스러운 현상으로 파악하였다. 중요한 것은 그러한 차이점이 있음을 인식함과 함께, 교수학적 변환이

이루어지기 이전에 해당 개념의 본질이 무엇이었는지를 충분히 이해하고, 왜 그러한 변환이 필요하였는지, 나아가 교수학적 변환의 결과 발생할 수밖에 없는 어려움이 무엇이며, 그것을 극복하기 위한 방안이 무엇인지를 모색하는 일이라고 주장하였다. 이러한 연구는 고등학교 교육과정을 이해하는 대안적인 관점이 될 수 있으며, 교사교육 연구에도 의미 있는 시사점을 줄 수 있을 것으로 기대한다.

제20장 '고등학교 수학에서 수학적 연결성을 강조한 문제중심학습'에서는 고등학교 수학수업에서 실천한 문제중심학습의 세 가지 사례를 통해 학생들이 일상생활과 수학이 밀접한 관계가 있음을 보이고 수학과 타 학문 간의 융합을 이해할 수 있음을 주장하였다. 첫 번째 사례는 첨성대와 관련하여 문화안내지도, 선덕여왕릉의 규모, 첨성대의 부피 등을 해결하는 과정 속에서 수학과 타 교과 즉, 미술, 한국사, 지구과학 교과와의 연결성을 지도하였다. 두 번째 사례는 불시착한 행성의 크기, 행성의 궤도, 거리 지수 등을 구하는 활동이다. 이 과정 속에서 에라토스테네스가 지구의 둘레의 길이 측정했던 방법을 이용하였고 Kepler의 제1법칙을 확인해 봄으로써 수학과 지구과학의 연결성을 제시하였다. 세 번째 과제는 비스듬히 날아가는 물체 즉, 공이나 창, 대포가 날아가는 자취 방정식을 구해봄으로써 수학과 물리, 체육, 세계사와의 연결성을 제시하였다. 이 연구를 통해 최근 교육과정에서 강조되는 융합교육의 실제를 수학적 연결성의 관점에서 살펴볼 수 있을 것이다.

제21장 '고등학교 수학과 수학적 모델링으로서의 연결성'에서는 수학적 모델링에 의한 수학적 연결성 추구의 의미를 세 가지 유형으로 범주화하여 논의하고 각각에 대한 구체적인 사례를 제시하였다. 첫 번째 방식의 수학적 모델링 접목은 RME 관점의 연구자들에 의해 주로 시도되었으며, 이들 연구자들은 주로 비형식적 수학과 형식적 수학의 연결을 안내하고 지원하기 위한 방법으로 수학적 모델링을 활용하였다. 두 번째 관점의 연구자들은 주로 수학과 수학이 응용 가능한 실세계 현상 사이의 연결성을 추구하고 있는 것으로 확인되었으며, 이들 연구자들은 최근 강조되고 있는 역량 함양 시도의 연장선에서 모델링 역량의 함양을 위한 방안을 모색하고 있었다. 세 번째 관점의 연구자들은 주로 비판적 교육을 시도하는 입장에서 수학적 모델링을 활용하여 학생들이 사회적인 현상을 비판하고 반성하는 기회를 제공하는 데 초점을 두고 있었다. 이러한 논의를 바탕으로 우리 수학 교육 실정에 맞는 혹은 적합한 관점은 어떠한 관점이며, 어떠한 방식으로 수학적 모델링이 수학적 연결성 추구를 위해 활용되는 것이 적합한지에 대해 논의할 필요성을 제기하였다. 이 연구는 수학적 연결성의 관점에서 수학적 모델링의 의미를 이해하는 데 적

절한 발판이 될 수 있을 것이다.

제22장 '수학적 연결성에 기초한 고등학교 미분 영역 교수학습 자료 개발'에서는 수학적 이해가 무엇인가에 대한 논의를 통해 수학적 연결성에 기초한 교수학습자료 개발 원리를 도출하고 이를 적용하여 미분계수를 중심으로 미분영역 교수학습자료 개발의 실제를 제시하였다. 수학적 연결성에 기초한 교수학습자료 개발 원리로 크게 두 가지를 제안하였다. 첫째, 수학적 연결성 즉, 이전 지식과 새로운 지식의 연결, 상황과 수학 개념 사이의 연결, 개념과 개념 사이의 연결, 수학과 응용상황과의 연결을 강조한다. 둘째, 통합적 이해의 관점을 반영한다. 통합적 이해는 개념의 발생맥락을 개념과 연결하여 이해하고, 개념과 개념의 다양한 표현, 개념을 다루는 응용 상황을 서로 유기적으로 연결하여 이해한다는 의미이다. 특히 저자는 통합적 이해가 '수학의 구조를 이해하면 응용할 수 있다'는 일반적인 수학 교육의 가정과는 다른 관점이며, 또한 수학을 하위 요소의 학습 후 통합하고자 시도하는 연합주의 심리학의 주장과도 다름을 강조하였다. 이 연구는 교수학습자료 개발의 실제를 제시하고 있어서 수학적 연결성을 학교수업에 도입하는 데 필요한 실질적인 도움을 제공한다.

# 참고 문헌

이동환 (2010). **복소수 지도를 위한 수학지식 연구**. 서울대학교 박사학위 논문.

이병철 (2006). **음수 개념의 이해에 관한 교수학적 분석**. 서울대학교 박사학위 논문.

이승우 (2002). 형식불역의 원리에 관한 소고. **학교수학 4**(3), 463-481.

Dorier, J. L. (1998). The Role of Formalism in the Teaching of the Theory of Vector Spaces. ***Linear Algebra and its Applications, 275***, 141-160.

Freudenthal, H. (1973). ***Mathematics as an Educational Task.*** Dordrecht: Riedel Publishing Company.

Hiebert, J., & Carpenter, T. P. (1992). Learning and teaching with understanding. In D. A. Grouws (Ed.), ***Handbook of research on mathematics teaching and learning*** (pp.65-97). New York: Mcmillan.

Hilbert, D. (1926). ***Über das Unendliche [On the infinite],*** Mathematische Annalen 95, (Lecture given Münster, 4 June 1925. English translation in van Heijenoort)

Kitcher, P. (1989) Explanatory Unification and the Causal Structure of the World, In P. Kitcher & W. Salmon (Ed.), ***Scientific Explanation***, (pp.410-505). Minneapolis: University of Minnesota Press

Sierpinska, A. (1991). ***Understanding in mathematics.*** Washington, D.C.: Falmer.

Steinbring, H. (2005). The Construction of New Mathematical Knowledge in Classroom Interaction. Springer.

Woo & Yim (2008) evisiting 0.999... and (-8)^1/3 in school mathematics from the perspective of the algebraic permanence principle. ***For the learning of mathematics, 28***(2), 11-16

19장

# 고등학교수학과 대학수학의 연결성: 실수, 연속성, 벡터 개념의 연구 사례 분석

오 택 근 (경기과학고등학교)

## 1 서론

학교수학에서 다루는 수학적 지식은 학문 수학이나 대학 수학과는 차이가 있다. 이는 엄밀한 논리적 전개와 형식성, 그리고 추상성을 특징으로 하는 학문 수준의 수학적 지식을 중고등학교 학생들에게 있는 그대로 제시하기 어려우며, 설령 추상적 수준의 지식을 학생들에게 제시한다고 하더라도 그 지식에 담겨있는 본질적인 내용을 학생들이 이해하는 데에는 많은 어려움이 따르기 때문이다.

수학적 지식이 갖는 추상성을 학생들이 그대로 이해하기 어렵기 때문에 학교수학에서는 이를 구체화하거나 시각화하여 학생들이 직관적인 수준에서 받아들이고 이해할 수 있도록 변형하는 것이 필요하다. 프랑스의 수학교육학자 Chevallard(1985)는 이와 같이 학문 수준의 지식을 교수 학습 상황에서 다룰 수 있도록 초보적인 방식으로 변환하는 것을 '교수학적 변환(Didactic transposition)'이라는 개념으로 설명하였다. Chevallard에 의해 교수학적 변환이라는 개념이 본격적으로 다루어지면서 그동안 수학교육계의 핵심적인 담론이었던 학습자의 경험을 강조한 구성주의적 관점에서 간과하였던 지식의 본체론 또는 존재론적인 관점을 고려하는 방향의 연구가 이루어지기 시작하였으며, 여전히 많은 연구자들이 이 문제에 대해서 지속적으로 연구하고 있다(이경화, 2016). 이경화(2016)에 따르면 최근 30여년 동안 교수학적 변환 이론에 관심을 가진 수학교육 연구자들은 수학 교과서와 수학수업에서 다루어지고 있는 수학적 지식이 학문으로서의 수학에서 다루는 지식과 그 성격이나 수준에 있어서 차이가 있다는 점에 주목해왔다. 이때 학문수준의 수학과 학교수학이 그 성격이나 수준에 있어서 차이가 난다는 것은 발생해서는 안 되는 문제점으로 인식되기보다는 필연적으로 나타날 수밖에 없는 현상으로 간주된다. 따라서 교수학적 변환 이론에서는 그 차이를 충분히 이해하고, 그러한 이해를 바탕으로 왜 그러한 차이가 나타날 수밖에 없는지, 그리고 어떻게 그러한 차이를 극복하여 수학 학습에 도움을 줄 것인지를 중요하게 고려함으로써 학습 과정에서 발생할 수 있는 지식의 파손성 문제를 극복하여 진정한 수학 학습의 발달을 돕는 것에 주목할 수 있게 해 준다.

또한 학교수학에서 학생들의 학습을 위해 사용하는 수학교과서에는 실제 수업에서 이루어질 교수학적 변환을 염두에 두면서 교과서 집필자들에 의해 가상의 교수학적 변환이 이루어진 결과를 담고 있다(이경화, 2016). 즉 학생들의 수학 학습 상황에서 다루어지는 수학적 지식은 이중, 삼중의 교수학적 변환 과정을 거치고 있는 것이다. 이경화(2016)는 학교수학에서 다루는 교과서에 담긴 수학적 지식은 과도기적 형태와 내용에 해당하는 수학적 지식을 제시할 수밖에 없다고 주장하였다. 교수학적 변환이라는 개념을 통해 학문수준의 수학과 학교수학이 그 성격이나 수준에 있어서 차이가 있음을 확인하고 지식의 본체론 또는 존재론적 관점을 고려하는 것의 중요성을 이론적으로 다룰 수 있게 되었다면, 수학적 연결성이라는 개념은 그러한 차이를 어떻게 극복할 것인가를 다루는 개념으로 생각할 수 있다. 즉 학교수학에서 학습자 수준에서 직관적으로 다룰 수 있도록 파손할 수밖에 없었던 지식의 본질이 무엇인지를 이해하고, 이를 바탕으로 학교수학과 학문수학을 서로 연결시킬 수 있는 방안을 모색하는 것은 교수학적 변환 이론을 통해 수학교육 연구자들이 추구하였던 목적을 실현시킬 수 있는 하나의 방안이 될 수 있을 것이다. 따라서 학교수학과 학문수학을 적절히 연결하기 위해서는 우선 학교수학이 학문수준의 수학과 어떤 차이를 보이고 있는지에 대해 제대로 이해하여야 한다.

학교수학과 대학수학에서 확인할 수 있는 대표적인 차이점 중 하나는 '정의'와 '증명' 개념을 다루는 방식이다. Tall(2003)에 따르면, 학교수학에서는 어떤 수학적인 대상에 대하여 알 수 있도록 구체적으로 기술하는 방식으로 정의를 다루고 있으며, 구체화된 표상들을 통해서 해당 개념과 관련된 성질들을 확인하는 방식으로 '증명'을 다루고 있다. 이에 반해 대학수학에서는 어떤 수학적인 대상에 대한 구체적인 기술 없이 그 대상이 만족하는 성질들을 형식적으로 제시하는 '정의하기'의 방식으로 다루며, 이러한 형식적 정의에 기초하여 해당 대상이 갖는 성질들을 논리적으로 증명하는 방식으로 '증명'을 다룬다. Tall은 학교수학에서 대학수학으로 이행하는 과정에서 정의와 증명의 개념 변화를 제대로 알아채지 못하는 경우 심각한 인식론적 장애를 발생시킨다고 주장하였다. 또한 이지현과 최영기(2011)는 많은 대학생들이 대학수학에서 형식적인 정의와 증명의 개념을 처음 접하게 되면서 학교수학과 대학수학의 심각한 단절을 느낄 수밖에 없음을 언급한 바 있다. 이와 같이 학교수학과 대학수학에서 다루는 수학적 지식에 차이가 있음을 이해하고, 이를 명확히 하는 것은 해당 개념을 어떻게 연결시킬 것인지에 대한 고민과 반성을 시작하는 계기를 제공할 수 있다. 이와 관련하여 그동안 일부 연구자들은 학교수학과 대학수학에서 중요한 차이를 보이는 개념을 포착하고 그 차이점들을 설명하여 왔으며, 그 차이를 극복하기 위한 나름의 방안을 제시하여 왔다.

본고에서는 이지현(2015), 정영우(2012), 정연준, 김재홍(2013), 오택근(2015)의 연구를 중심으로 실수, 함수의 연속성, 벡터의 내적과 외적 등에 대한 학교수학과 대학수학의 차이점을 제시하고 있는 연구 결과를 분석하여 학교수학과 대학수학을 연결하는 방법에 대하여 정리해 보고자 한다.

## 2 실수를 다루는 데 있어서 학교수학과 대학수학의 차이점 및 연결성

실수 개념은 학교수학과 대학수학에서 다루는 방식에 있어서 아주 큰 차이를 보이는 개념 중 하나이다. 이지현(2015)은 학교수학에서 실수를 유리수와 무리수의 합집합으로 설명하는 것을 대표적인 교수학적 변환의 예로 설명하면서, 이러한 변환 때문에 학생들이 실수를 자명하게 구성할 수 있는 수학적 대상으로 착각하게 만드는 경향이 있음을 주장하였다. 즉 유리수와 무리수를 먼저 학습한 후, 유리수와 무리수의 합집합으로 실수를 설명하는 방식이 가질 수밖에 없는 순환적인 정의 방식의 한계가 있음에도 불구하고, 대학수학을 학습한 예비교사들이 이러한 한계를 인식하지 못한 채 여전히 실수를 유리수와 무리수의 합집합으로 자명하게 구성할 수 있다는 피상적인 인식에서 벗어나지 못하고 있다는 것이다.

극한 개념을 알아야 적절히 이해할 수 있는 무한소수는 중학교에서 먼저 도입된다. 중학생들에게 극한 개념을 소개하는 것은 너무 어려우므로 이 단계에서도 교수학적 변환이 필요하다. 즉 $\frac{1}{3}$이라는 유리수를 소수로 나타내면 $0.333\cdots$과 같이 한없이 같은 수가 반복되어 나타난다는 것을 직관적으로 소개할 수밖에 없다. $\frac{1}{3}$이 $0.333\cdots$으로 나타내어진다는 것은 1을 3으로 직접 나누어봄으로써 확인할 수 있다. 역으로 순환소수를 유리수로 바꾸는 것은 소수점 아래에서 무한히 반복되는 부분이 서로 일치하도록 주어진 무한소수에 일정한 10의 거듭제곱을 곱하여 만든 두 수의 차를 이용하여 그 결과를 분수로 나타내는 알고리즘을 통해 다루고 있다. 조한혁과 최영기(1999)는 이러한 알고리즘적 접근이 중학생들에게 순환하는 무한소수를 유리수로 나타낼 수 있다는 확신을 주지 못한다고 지적하였다. 예를 들어 중학생들은 $0.999\cdots = 0.\dot{9} = 1$임을 기계적 절차에 의해서 확인한 후에도 그 값이 1이라는 것을 쉽게 받아들이지 못하였다. 이러한 연구 결과는 기계적인 계산 절차에 따라 주어진 무한소수를 계산하여 그 결과를 분수로 나타내는 것과 이 값이 유리수라는 확신을 갖는 것은 별개의 인식이 필요하다는 것을 보여준다. 이와 같이 중학교에서는 유리수를 유한소수와 순환하는 무한소수로 표현할 수 있음을 직관적으로 인식하게 하고, 소수로 나타냈을 때 유한소수나 순환하는 무한소수로 나타낼 수 없는 수들이 있음을 예를 들어 설명한 다음, 이러한 비순환 무한소수를 무리수라고 정의하며 도입하고 있다. 이지현(2015)은 이와 같은 현재 중학교 수학의 무리수 도입이 "왜 비순환 무한소수를 포함하여 임의의 무한소수가 하나의 수에 대응하도록 수 개념을 확장해야만 하는지에 대해 다루지 않은 채 무한히 수가 나타난다는 표상으로서의 무한소수 전체를 지시할 수 있음을 암묵적으로 가정하여 유리수에서 실수로 확장"(p.266)하는 방식이라고 설명하고 있다. 이때 순환하지 않는 무한소수의 예로 제시되는 대표적인 수가 $x^2 = 2$의 근으로 표현되는 $\sqrt{2}$와 같은 수이다. 중학교 수학에서는 이러한 수의 존재가 유리수에서 실수로 확장하기 위해 필요한 수이며 실수 중에 유리수로 나타낼 수 없는 무리수의 대표적인 예로 제시된다. 그러나 무리수 중에는 $\sqrt{a}$와 같이 대수적인 수로 표현되지 않는 훨씬 더 많은 수들이 있다. Bronner(1997)는 유리수에서 실수로 확장하는 이유를 학교수학에서 명확하기 설명하기 어려우며, 그 대신 유리수와 실수가 갖는 성질을 비교하여 나열하는 방식으로 다룰 수밖에 없음을 언급하며 이러한 접근을 학교수학이라는 제도에서 실수에 대한 '교수학적 공백(didactic void)'으로 표현하였다. 그러나 문제는 실수에 대한 교수학적 공백이 겉으로 잘 드러나지 않는다는 데에 있으며(Bronner, 1997), 특히 중고등학교에서 수학을 가르치는 교사들이 그러한 공백을 충분히 인식하지 못하는 데에 있다.

실수는 '완비순서체(complete ordered field)'의 공리체계로 정의되며, 데데킨트 절단·유리수 코시수열의 동치류 등의 여러 방법으로 유리수로부터 '완비순서체'를 형식적으로 구성함으로써 그 존재성을 증명할 수 있다. 해석학에서는 학교 수학과 달리 무리수 집합을 따로 기술하지 않고 실수와 유리수 집합의 차이를 완비성 공리를 통해 설명한다. 즉 '완비적인 공간에서는 공집합이 아닌 위로 유계인 부분집합의 최소 상계가 존재한다.'는 성질로 설명되는 완비성 공리에 의해 유리수의 집합과 실수의 집합이 갖는 본질적인 차이가 발생하는 것이다.

예를 들어 집합 $X=\left\{a_n \mid a_n=\left(1+\frac{1}{n}\right)^n,\ n\text{은 자연수}\right\}$을 살펴보자. 집합 $X$의 원소는 자연수 $n$에 대하여 $a_n=\left(1+\frac{1}{n}\right)^n$으로 표현되므로,

$$
\begin{aligned}
a_1 &= \left(1+\frac{1}{1}\right)^1 = 2, \\
a_2 &= \left(1+\frac{1}{2}\right)^2 = \frac{9}{4} \\
a_3 &= \left(1+\frac{1}{3}\right)^3 = \frac{64}{27} \\
&\cdots \\
\left(1+\frac{1}{n}\right)^n &= \frac{(n+1)^n}{n^n}
\end{aligned}
$$

등과 같이 나타난다. 따라서 자연수 $n$의 값이 정해지면 $a_n$은 항상 유리수임을 알 수 있다. 이는 집합 $X$가 유리수의 부분집합임을 보여준다. 또한 모든 자연수 $n$에 대하여 $a_n<3$임을 보일 수 있다. 즉 $X$는 유리수 범위에서 위로 유계인 부분집합이다. 그러나 집합 $X$의 상한은 다음과 같다는 사실이 알려져 있다.

$$sup(X)=\lim_{n\to\infty}\left(1+\frac{1}{n}\right)^n=e$$

이때 $e$는 유리수가 아니다. 즉 유리수 집합의 위로 유계인 부분집합은 그 상한이 유리수 범위에서 존재한다는 것을 보장할 수 없다. 그러나 실수 집합에서는 위로 유계인 부분집

합의 상한, 그리고 아래로 유계인 부분집합의 하한이 실수 범위에서 존재하며, 이를 보장하는 것이 바로 연속성을 전제하고 있는 실수의 완비성 공리이다. 즉 실수 개념의 본질을 제대로 이해하기 위해서는 그 본질적인 속성인 완비성 공리를 이해하여야 하며, 완비성 공리를 만족하는 집합이 유리수의 집합과 어떤 차이점을 갖는지에 대하여 설명할 수 있어야 한다. 그러나 교사가 실수를 완비성 공리와 연결시키지 못한 채 무리수의 존재를 직관적으로만 받아들이며 무비판적으로 수용하게 되면, 실수의 성질에 대해 더 이상 어떤 질문도 제기하지 않는 상태에 머무르게 된다. 이지현(2015)은 예비교사들이 실수에 대하여 갖고 있는 자명성의 착각으로부터 벗어날 수 있도록 비순환 무한소수로 표현되는 수가 왜 필요한지를 직접적으로 질문하는 과제 및 유리수에서 실수로 확장하는 것이 기존의 수 체계의 확장과 비교하여 어떤 차이점이 있는지에 대해 살펴보고 이를 토대로 완비성 공리를 실수와 연결하는 방식의 교수 계열을 제시하였다.

한편 정영우(2012)에 따르면 학교수학에서는 자연수, 정수, 유리수, 실수, 복소수 등을 정의함에 있어 고유의 수 표현방식에 초점을 두고 있다. 또한 고유의 수 표현 외에도 필요에 따라 다양한 수 표현방식이 제시되고 있다고 언급한다. 정영우(2012)는 '정수가 유한소수인가?'라는 질문을 제기하며 우리의 현재 교육과정이 이 질문에 대해 매우 혼란스러운 판단을 초래하고 있음을 지적하였다. 즉 주어진 분수에서 분자를 분모로 나눈 계산결과가 정수이거나 소수점 이하에서 0이 아닌 숫자가 유한개만 나타나는 경우를 유한소수, 그렇지 않은 경우를 무한소수로 구분하고 있는 교육과정에서 "경우"에 대한 범위가 명확하게 지칭되지 않아서 혼란을 야기한다는 것이다. 교육과정에서 정수는 유한소수임을 알게 한다는 문구가 분명하게 제시되어 있으면서도 정수 또는 유한소수라는 표현을 제시함으로써 정수와 유한소수가 서로 구분되는 수로서 인식되게 하는 혼란을 낳고 있음을 지적하였다. 이러한 혼란을 극복하기 위한 방안으로 정영우(2012)는 '십진체계에 의한 수의 확장과정'을 제시하였다. 십진체계에 따르면 소수는 정수가 아닌 유리수의 또 다른 표현 방식이며, 확대된 십진체계에서 정수는 10의 음수 지수를 갖는 수들의 계수가 모두 0으로 나타나는 수이므로 유한소수에 포함된다고 볼 수 있다. 그러나 한편으로 정수만을 다룰 때에는 소수가 의미가 없으며, 앞서 언급하였듯이 소수는 정수가 아닌 유리수를 다루는 맥락에서 의미를 가지므로 정수가 유한소수에 포함된다는 것은 그러한 맥락에서 다루어져야 한다고 주장한다. 따라서 '정수가 유한소수인가?'라는 질문은 어떤 맥락에서 제시된 것인지에 따라 다양하게 해석될 수 있으며, 앞서 언급한 논란은 필연적으로 나타날 수밖에 없는 현상으로 이해하여야 한다.

## 3 연속함수를 다루는 데 있어서 학교수학과 대학수학의 차이점 및 연결성

연속의 정의는 학교수학과 대학수학에서 다루고 있는 방식에 큰 차이가 있다. 이는 연속이라는 일상적인 용어가 갖는 직관적 속성과 수학에서 정의하는 형식성의 차이에서 기인한다.

Raman(2004)은 우리나라의 고등학교 수준에 해당하는 pre-calculus 교재, 이공계 대학의 1학년 수준에 해당하는 미적분학 교재, 그리고 수학을 전공하는 4학년 혹은 대학원 수준에 해당하는 해석학 교재에서 연속의 개념이 전혀 다른 방식으로 다루어지고 있음을 확인하였다. 고등학교 수준에서는 함수의 그래프의 연결성에 바탕을 두고 비형식적인 방식으로 연속성의 개념을 다룬다. 이와 달리 대학 수준에서는 공역에서 함숫값의 임의의 근방을 택할 때 그 함숫값에 대응되었던 정의역의 원소를 포함하는 적당한 근방의 정의역의 모든 원소들이 대응하는 함숫값들이 처음 선택하였던 공역의 근방에 항상 포함될 수 있도록 잡을 수 있다는 '$\epsilon-\delta$ 논법'에 기반한 형식적인 관점에서 연속을 정의한다. 그러나 Raman에 따르면 많은 대학생들이 고등학교에서 다루었던 연속의 정의와 대학에서 다루는 연속의 정의를 서로 잘 연결시키지 못하고 있다. 이는 연결성을 기반으로 한 직관적인 방식에서 형식적인 방식으로 대체되는 과정에서 그 필요성이나 별도의 부가적인 설명 없이 갑자기 제시되고 있기 때문이다. 많은 학생들이 '$\epsilon-\delta$ 논법'이 필요한 이유나 그 본질적인 의미에 대하여 충분히 고민하지 않은 채, 그저 수학자들이 사용하는 표준적인 방식이라는 권위적인 설명에 따라 형식적인 논법을 글자 그대로 외우고 적용하고 있는 것이다.

정연준과 김재홍(2013)은 함수의 연속성 개념의 역사적 발달 과정을 분석하여 제시하였다. 이들은 현재의 대학수학에서 제시되고 있는 형식화된 정의의 이면에 내재된 비형식적 맥락과 직관적 인식의 다양한 양상을 역사적 분석을 통해 드러내었으며, 이를 통해 연속성 개념에 대한 비형식적 직관과 형식적 지식사이의 관계를 강화할 수 있는 지도 방법에 대한 시사점을 제시하려고 하였다. 이들의 연구 결과에 따르면, 등가속도 운동과 같은 연속적인 변화에 대한 탐구를 통해 독립변수와 종속변수의 연속적인 변화에 대한 강한 심상이 형성되는 것이 연속성에 대한 개념의 출발이었다. 즉 연속성의 개념은 기하학적인 성질인 그래프의 모양에 의해 만들어진 직관적인 이해에서 출발한 것이다. 그러나 함수 개념에 대한 다양한 관점이 나타나면서 기하학적 심상에 의존하는 직관적인 이해만으로는 연속성의 개념을 충분히 설명하기 힘든 상황이 나타나기 시작하였다. 그 결과 하나의 대수적인 식으로 표현될 수 있는 경우만을 연속함수로 간주한다든지, 혹은 그래프가 끊어짐이 없이 그려지는 경우만을 연속함수로 간주한다든지 하는 방식의 다양한 해석이 나타나기 시작한 것이다. 이러한 다양한 해석과 논란을 해소하는 과정에서 함수의 연속성에 대한 형식적인 정의의 필요성이 대두되었으며, 현재의 형식적인 정의에까지 이르게 된 것이다. 정연준과 김재홍(2013)의 연구에서 주목할 만한 것은 함수의 연속성 개념에 대한 역사적 발달 과정에서 연속성의 개념에 핵심이 되는 성질을 무엇으로 볼 것이냐에 대한 관점을 크게 세 가지로 구분하여 제시하고 있다는 것이다. 이 세 가지 관점은 다음과 같다. 첫째, 연속적인 변화는 무한히 많은 단계를 거쳐야만 한다는 '무한 단계'의 관점으로 연속성의 개념이 처음 생겨나기 시작할 때 주목했던 성질이다. 둘째, 연속적인 변화에서는 어떠한 순간에서도 급격한 변화가 일어나지 않는다는 '비약 없음'의 관점으로, 연속성의 형식적인 정의의 토대가 되고 있는 성질이다. 마지막으로 연속적인 구간의 출발점과 도착점에서의 함숫값 사이에 있는 모든 값을 거칠 수밖에 없다는 '중간값' 관점으로, 기하학적 심상에서 핵심이 되고 있는 성질이다. 특히 '중간값' 관점에서는 독립변수의 연속성을 전제하고 있다. 정연준과 김재홍(2013)에 따르면, '비약 없음' 관점의 경우 '독립변수의 연속적인 행동', 즉 정의역에서의 연속성을 전제할 필요가 없다. 따라서 이들은 '비약 없음'의 관점이 정의해야 할 대상의 속성을 따로 전제하지 않고도 연속성을 정의할 수 있는 길을 제시하고 있다고 평가하였다. 이에 비해 '중간값' 관점은 강력한 기하학적 심상을 가지면서 직관적인 이해를 돕는 데 자주 사용되지만, 연속함수를 정의하기 위해 독립변수의 연속성을 먼저 전제해야만 하는 순환적인 방식의 논법을 포함할 수밖에 없음을 지적하였다.

예를 들어 함수 $f(x)=\frac{1}{x}$의 연속성에 대한 판단에서 '중간값'과 '비약 없음' 관점이 어떤 차이를 보이는지 살펴보자. 정연준과 김재홍(2013)에 따르면 '비약 없음' 관점에서 함수의 연속을 정의한 대표적인 수학자는 Euler이다. Euler는 $f(x)=\frac{1}{x}$을 연속함수로 간주하였는데, 그 이유는 이 함수가 대수적으로 하나의 식으로 표현되는 대수적 함수이며, 함숫값을 결정하는 규칙의 급격한 변화가 없이 일정하게 유지되고 있다는 점에서 이 함수가 연속함수라고 본 것이다. 반면에 '중간값' 관점에서 연속함수를 정의한 대표적인 수학자는 Cauchy이다. Cauchy는 연속함수의 정의를 직접 제시하지는 않았지만 $f(x)=\frac{1}{x}$

이 $x=0$에서 불연속이라고 보았다. 정연준과 김재홍(2013)에 따르면 $f(x)=\dfrac{1}{x}$이 $x=0$에서 불연속이라는 Cauchy의 판단은 20세기에 이르기까지 많은 수학자들의 지지를 얻었다고 한다. 이러한 경향은 연속성의 정의에 대한 '중간값' 관점이 당시까지 광범위하게 영향을 미치고 있었다는 것을 추론할 수 있다. 실제로 우리나라의 고등학교 교육과정 해설서에도 '중간값' 관점에 입각하여 다음과 같이 함수의 연속의 정의를 지도할 것을 권고하고 있다.

> 한 점에서 끊어진 함수의 그래프의 예를 통해 그 그래프가 이어지려면 어떤 조건이 필요한지 생각해 보게 함으로써 함수의 연속의 조건에 대한 직관적인 이해를 돕고, 함수의 연속에 대한 수학적 정의를 유도하도록 한다. (교육과학기술부, 2008, p.185)

특히 정연준과 김재홍(2013)은 연속함수를 정의하기 위한 토대가 되는 한 점에서의 연속을 다음과 같이 판별하도록 제시하는 것이 연속성에 대한 '중간값' 관점에서 벗어나지 못하는 것을 보여주는 대표적인 사례로 제시하고 있다.

i ) $x=a$에서 $f$의 함숫값 $f(a)$가 정의되어 있다.
ii ) $x=a$에서 $f$의 극한값 $\lim\limits_{x \to a} f(x)$가 존재한다.
iii) $x=a$에서 $f$의 극한값과 함숫값이 일치한다. 즉 $\lim\limits_{x \to a} f(x)=f(a)$.

위에서 제시한 연속성의 세 조건은 많은 교과서에 제시되고 있다. 그러나 정연준과 김재홍(2013)은 위 조건 중 첫 번째 조건이 연속의 판단 기준이 되는 것에 문제가 있다고 지적한다. 정의역의 어떤 값 $x=a$에서 함수가 정의되어 있다는 것, 즉 $f(a)$의 존재성은 $x=a$가 정의역의 원소임을 의미하는 것일 뿐, 연속함수의 판정조건이 되어서는 안 된다는 것이다. 이들은 $f(a)$의 존재성을 연속함수의 판정 조건으로 제시하는 것은 정의역에 속하지 않는 한 점에서의 연속성을 파악하려는 불필요한 행동을 낳게 되며, 이로 인해 '비약 없음'의 관점에 입각한 연속성의 정의가 크게 훼손될 수밖에 없다고 주장한다.

실제로 $f(a)$의 존재성을 연속함수의 조건으로 포함시키면, 함수 $f(x)=\dfrac{1}{x}$의 경우

$f(0)$이 정의되지 않으므로 $x=0$에서 불연속이라고 판단하게 되며, 결과적으로 연속함수가 아니라는 결론을 내릴 수 있다. 그러나 '정의역의 모든 점에서 연속인 함수'라는 연속함수의 정의에 비추어보면 함수가 정의되지 않는 점에서 연속성을 판단하는 것은 적절하지 않다. 특히 $f(x)=\dfrac{1}{x}$은 이 함수가 정의되는 모든 값, 즉 $x \neq 0$인 모든 값에서 연속이므로 연속함수이다.

한편 연속함수가 갖는 중요한 성질 중 하나로

> 폐구간 $[a, b]$에서 정의된 연속함수는 최댓값과 최솟값을 갖는다.

라는 '최댓값과 최솟값의 정리'가 있다. 이 정리를 이해하고 증명하기 위해서는 앞 절에서 언급한 '완비성 공리'를 이해하고 있어야 한다. 이와 관련하여 고등학교 교과서에서는 최댓값과 최솟값이 존재한다는 정리를 직접 다루지 않고, '롤의 정리', 즉

> 함수 $f(x)$가 폐구간 $[a, b]$에서 연속이고, 개구간 $(a, b)$에서 미분가능할 때, $f(a)=f(b)$이면 $f'(c)=0$인 $c$가 $a$와 $b$ 사이에 적어도 하나 존재한다. (정상권 외, 2014, p.120)

를 미분가능한 연속함수의 그래프를 통해 직관적으로 확인할 수 있도록 지도한 후, 이 정리를 토대로 '평균값 정리'를 증명할 수 있도록 제시되고 있다.

고등학교 수학과 대학 수학의 연결성을 생각한다면 롤의 정리를 증명하기 위해서 '최댓값과 최솟값의 정리'를 이용할 필요가 있으며, 더 나아가 '최댓값과 최솟값의 정리'를 증명하기 위해서는 실수의 유계인 부분집합이 상한과 하한을 갖는다는 '완비성 공리'를 적용할 필요가 있음을 연결할 수 있어야 한다. 이러한 연결 과정을 생각해 본다면, 연속함수를 제대로 이해하는 것은 실수의 완비적인 성질을 이해하는 것과 관련이 있음을 알 수 있다.

## 4 벡터를 다루는 데 있어서 학교수학과 대학수학의 차이점 및 연결성

벡터 개념은 고등학교 수학과 대학 수학에서 중요하게 다루어지는 내용 중 하나이다. 앞서 언급한 개념들과 마찬가지로 벡터 개념 역시 학교수학과 대학수학에서 그 접근 방식이 차이가 있다. Sierpinska(2002)에 따르면, 벡터 개념을 다루는 방식은 크게 세 가지로 구분된다. 첫째, 시점과 종점이 있는 화살표인 유향선분이라는 기하학적 심상을 매개로 하여 벡터를 정의하는 방식이다. 둘째, 유향선분으로 이해된 기하학적 대상인 벡터를 좌표평면이나 좌표공간에서의 위치벡터로 정의하는 방식이다. 셋째, 특정한 대수적 성질을 만족하는 집합을 벡터공간으로 정의하고, 그 집합의 원소를 벡터라고 정의하는 추상적이고 공리적인 접근 방식이다. 우리나라의 고등학교 교과서에서는 이 세 가지 방식 중에서 첫 번째와 두 번째 방식을 취하고 있다. 즉 유향선분을 사용하여 기하학적 관점에서 벡터의 개념을 도입하여 정의하고, 이러한 기하학적 심상에 익숙해진 후 유향선분을 평행이동하여 얻은 크기와 방향이 같은 벡터가 서로 같다는 성질에 입각하여 평면 혹은 공간에서 원점을 시점으로 하는 벡터의 종점의 좌표를 위치벡터라고 정의한 후 벡터의 합과 차, 실수배 등을 다룬다. 한편 대학 수학에서는 세 번째 접근 방식을 따른다. 즉 추상적이고 구조적인 관점에서 벡터공간을 도입하여 벡터를 정의하고, 벡터의 합과 실수배, 내적, 그리고 3차원 벡터의 외적 등을 다룬다.

고등학교 수학에서 기하학적 방식과 산술적 방식으로 정의되는 벡터를 다루고, 대학 수학에서 공리적이고 구조적인 방식으로 정의되는 벡터를 다루는 것은 학습자의 발달 단계와 수준을 고려한다면 자연스러운 과정으로 볼 수 있다. 그러나 벡터의 학습 지도에 있어서 기하학적 관점과 대수적 관점의 벡터를 서로 연결하기 위한 방안에 관한 연구는 아직 많지 않다.

기하학적 방식과 대수적 방식의 벡터를 서로 연결하기 위한 방안을 제시한 연구로 벡터의 내적과 외적의 연결성을 제시한 오택근(2015)의 연구를 들 수 있다. 이 연구에서는 평면과 공간에서 두 유향선분의 곱, 즉 두 벡터의 곱에 대한 역사적 발달 과정을 분석하여 벡터의 내적과 외적이 벡터의 곱을 잘 정의하기 위한 과정에서 만들어진 노력의 결과임을 확인하였다. 특히 현재 고등학교 수학과 대학 수학에서 서로 별개의 곱으로 정의하여 다루고 있는 벡터의 내적과 외적이 Hamilton에 의해 '공간을 표상하는 사원수의 곱'을 표현하기 위한 결과로 나타나는 벡터의 곱의 실수 부분과 벡터 부분임을 확인함으로써, 발생 초기에는 서로 분리된 곱으로 다루어지지 않고 하나의 곱으로 다루어졌다는 사실을 밝혔다(오택근, 2015).

벡터의 곱셈의 발달 과정을 요약하자면 다음과 같다. 우선 좌표평면에서의 두 유향선분의 합과 곱을 정의한 Wessel에 의해 벡터를 사용하여 실수에서 복소수로 확장된 수 체계가 승인될 수 있는 토대가 형성되었다. Wessel은 평면을 실수 방향과 실수에 수직인 방향으로 구분하였으며, 실수 방향의 단위 선분의 곱은 $1\times1=1$로, 실수에 수직인 방향의 단위 선분의 곱은 $\epsilon\times\epsilon=-1$로 정의하였다. 이는 현대적인 관점에서 허수단위 $i$에 대하여 $i^2=-1$로 정의되는 것과 같은 맥락이다. 이러한 대수적 정의는 기하학적으로 평면에서 두 유향선분의 곱의 결과가 각각의 길이의 곱에 방향각의 합을 만들어낸다는 의미를 지님으로써 자연스럽게 승인될 수 있었다(오택근, 2015).

평면을 표상하는 수로서 복소수가 승인되고 크기뿐 아니라 방향을 수학적인 대상으로 다루면서 합과 곱을 정의할 수 있게 된 이후, 많은 수학자들이 공간을 표상하는 수학적 대상을 고안하기 위해 노력하였다. 물론 이러한 노력은 쉽지 않았다. 공간을 표상하는 수학적 대상의 도입은 기존에 절대적인 상식으로 받아들여져 왔던 곱셈 규칙인 교환법칙을 포기하면서 이루어졌다. 이러한 확장은 Hamilton에 의해 공간을 표상하는 사원수의 곱셈 규칙이 도입되면서 가능하였다. Hamilton은 공간에서 서로 수직인 세 방향의 단위 벡터를 각각 $\mathbf{i}$, $\mathbf{j}$, $\mathbf{k}$로 표기하고, 이 세 벡터를 사용하여 공간에서 임의의 방향을 $q=w+\mathbf{i}x+\mathbf{j}y+\mathbf{k}z$의 꼴로 표현하였다. 이와 같은 표기를 바탕으로 공간에서 임의의 두 벡터 $\rho_1=\mathbf{i}x_1+\mathbf{j}y_1+\mathbf{k}z_1$과 $\rho_2=\mathbf{i}x_2+\mathbf{j}y_2+\mathbf{k}z_2$의 곱 $\rho_1\rho_2$을 계산하기 위해 다음과 같은 곱셈 규칙을 제시하였다.

$$\mathbf{i}^2=\mathbf{j}^2=\mathbf{k}^2=\mathbf{ijk}=-1 \quad (①)$$

$$\mathbf{ij}=-\mathbf{ji}=\mathbf{k},\ \mathbf{jk}=-\mathbf{kj}=\mathbf{i},\ \mathbf{ki}=-\mathbf{ik}=\mathbf{j} \quad (②)$$

위에 제시된 두 가지 방식의 정의를 적용하여 두 벡터의 곱 $\rho_1\rho_2$을 계산하면 다음과 같이 공간, 즉 3차원을 벗어나 실수부분을 포함하여 4차원으로 표현된다.

$$(\mathbf{i}x_1+\mathbf{j}y_1+\mathbf{k}z_1)(\mathbf{i}x_2+\mathbf{j}y_2+\mathbf{k}z_2)$$
$$=(\mathbf{i}^2\,x_1x_2+\mathbf{ij}\,x_1y_2+\mathbf{ik}\,x_1z_2)+(\mathbf{ji}\,y_1x_2+\mathbf{j}^2\,y_1y_2+\mathbf{jk}\,y_1z_2)$$

$$+(\mathbf{ki}\ z_1x_2 + \mathbf{kj}\ z_1y_2 + \mathbf{k}^2\ z_1z_2)$$

$$= \underbrace{-(x_1x_2 + y_1y_2 + z_1z_2)}_{S_{\rho_1\rho_2}} + \underbrace{\mathbf{i}(y_1z_2 - z_1y_2) + \mathbf{j}\ (z_1x_2 - x_1z_2) + \mathbf{k}(x_1y_2 - y_1x_2)}_{V_{\rho_1\rho_2}}$$

위의 규칙에서 ①은 Wessel이 평면에서 유향선분의 곱을 정의하는 과정에서 사용하였던 규칙과 유사하다. 이러한 사실은 공간에서 유향선분의 곱을 정의하려는 Hamilton의 시도가 복소수를 사용하여 평면을 대수화하였던 Wessel의 아이디어에 기반하고 있는 것으로 연속성의 원리가 작동하고 있음을 보여준다(오택근, 2015). 규칙 ①의 결과를 보면 같은 방향의 단위 벡터의 곱은 실수임을 나타낸다. 이는 평면에서 유향 선분의 곱의 결과가 실수가 될 수 있다는 것으로, 벡터의 '내적' 혹은 '스칼라 곱'과 관련이 있다.

한편 위의 규칙에서 ②에서 서로 곱하는 순서를 바꾼 결과는 그 부호가 다르게 나타나므로 교환법칙이 만족되지 않는다. 이러한 정의 방식은 당시로서는 매우 파격적이었다. Boyer & Merzbach(2000)은 이와 같은 새로운 곱셈 규칙의 도입이 수학자들로 하여금 기존의 기본적인 법칙을 따르는 제약으로부터 탈피하여 새로운 대수학을 확립할 수 있는 자유를 갖게 하였다고 평가하였다. 또한 ②의 의미를 생각해보면 공간에서 서로 수직인 두 방향의 단위 벡터의 곱이 그 두 벡터가 만드는 평면에 수직인 새로운 방향을 의미하고 있다. 이는 평면에서 복소수의 곱을 정의하는 방식과는 전혀 다른 접근이다. 한 평면에 있는 두 벡터의 곱이 그 평면을 벗어나 그 평면에 수직인 방향으로 나타난다는 발상은 평면에서의 곱을 그 평면 내에서 설명하지 못함을 의미한다. 이러한 의미에서 ②는 벡터의 '외적'이라는 용어의 기원과 관련이 있다.

Hamilton이 제시한 곱셈 규칙은 벡터의 곱셈을 대수적으로 정의하는 규칙인 동시에 다음과 같은 기하학적 의미를 내포하고 있다. 공간에서 임의의 두 벡터의 곱은 한 벡터를 다른 벡터에 나란한 방향과 수직인 방향으로 분해하여 곱할 수 있으며, 나란한 방향의 벡터의 곱은 실수 부분으로 나타나고, 수직인 방향의 벡터의 곱은 두 벡터가 만드는 평면에 수직인 새로운 벡터 부분으로 나타난다는 것이다. 이러한 사실에 입각하여 오택근(2015)의 연구에서는 벡터의 내적과 외적을 서로 별개의 곱으로 인식하도록 다루기보다는 공간에서 벡터의 곱을 대수적으로 정의하는 과정에서 발생한 실수부분과 벡터부분으로 통합하여 다루는 방식을 제안하였다.

## 5 결론

본고에서는 학교수학과 대학수학의 연결성을 알아보기 위해 일부 연구의 사례를 분석하였다. 특히 실수, 연속함수, 벡터 등의 개념에 대하여 학교수학과 대학수학에서 다루는 방식에는 차이가 있음을 확인한 연구를 제시하였다. 이러한 차이점이 나타나는 이유는 형식적 수학적 개념을 중고등학생들이 이해하고 조작할 수 있는 수준에서 취급할 수 있도록 교수학적 변환을 거쳤기 때문일 것이다. 중요한 것은 그러한 차이점이 있음을 인식함과 함께, 교수학적 변환이 이루어지기 이전에 해당 개념의 본질이 무엇이었는지를 충분히 이해하고, 왜 그러한 변환이 필요하였는지, 나아가 교수학적 변환의 결과 발생할 수밖에 없는 어려움이 무엇이며, 그것을 극복하기 위한 방안이 무엇인지를 모색하는 일이다.

앞서 살펴본 바와 같이 유리수에서 실수로 확장하는 과정에서 발생하는 순환적 정의의 문제, 그리고 정수가 유한소수에 포함되는지 여부 등에 대한 논란은 해당 개념을 처음 접하는 중학생들에게는 중요하게 부각되지 않는 문제로 간주될 수 있다. 또한 해당 개념의 본질을 중학생들에게 직접적으로 제시하는 것은 그 해결책이 될 수 없다. 그럼에도 불구하고 위 연구들에서 공통적으로 강조하고 있는 것은 해당 개념을 중학생들에게 가르치고 있는 교사의 입장에서 현재의 접근 방식이 과연 충분한가의 문제에 대해서 반성적으로 검토할 필요가 있다는 것이다. 앞서 말한 것처럼 교수학적 변환 과정을 거치면서 개념의 본질이나 존재론적 문제가 다소 취약하게 변화되는 것을 전혀 인식하지 못한 채, 어떠한 질문이나 문제제기도 하지 않고 교과서에 제시된 방식을 수동적으로 받아들이는 것은 자명성의 착각에서 머무르게 하며, 이는 곧 해당 개념을 더욱 발전적으로 이해할 수 있는 기회를 막는다. 특히 해당 개념을 배우는 학생들이 혹시라도 제기할 수 있는 질문들에 대해 유연하게 대처하지 못하며, 쓸데없는 질문 혹은 틀린 생각으로 치부해 버릴 위험이 크다. 따라서 보다 상위 수준에서, 특히 대학 수준에서 해당 개념이 어떻게 다루어지고 있는지를 이해하고 이것이 중고등학교 수학과 어떤 차이를 보이는지를 이해하며, 왜 그러한 변환이 이루어진 것인지에 대해 고민한다면 학생들이 해당 개념을 다루면서 상위 학교급에서 부딪히게 되는 단절의 문제를 벗어나게 할 수 있는 수학적 힘을 가질 수 있을 것이다.

또한 연속함수와 관련하여 고등학교 수학과 대학수학의 차이점을 이해하고 연속의 개념에 대하여 역사적으로 다양한 관점과 해석이 있었다는 것을 파악한다면 학생들이 연속함수를 학습하면서 겪게 되는 다양한 해석과 반응이 자연스러운 결과물로 인식될 수 있다. 따라서 수학교사 및 예비교사들은 대학수학에서 제시되는 연속과 관련된 형식적인 표현과 정리들을 충분히 이해하고, 역사적으로 어떤 필요에 의해서 그러한 표현이 정립되어 왔는지를 이해할 필요가 있다.

그리고 벡터의 내적과 외적을 연결하는 연구에서 살펴본 바와 같이 해당 개념이 역사적으로 어떻게 발전해 왔음을 이해하고, 현대 학교수학에서 다루어지는 용어들이 어떤 과정을 거쳐 만들어졌는지를 이해하는 것은 해당 개념의 본질을 이해하는 데 도움이 된다.

결론적으로 학교수학과 대학수학을 연결하기 위해서는 현재 다루어지고 있는 학교수학을 보다 넓은 시각에서 재조명하여 이해하는 것이 요구된다. 또한 학교수학에서 다루고 있는 수학적 개념이 발달해 온 역사적 과정을 살펴보는 것은 학교수학과 대학수학을 연결하는 데 도움이 된다는 것을 확인할 수 있었다.

# 참고 문헌

오택근(2015). 수학사에 기초한 벡터의 내적과 외적의 연결. **수학교육학연구, 25**(2), 177-188.

이경화(2016). 교수학적 변환 연구의 동향과 과제. **수학교육학연구, 26**(2), 173-188.

이지현(2015). 유리수와 무리수의 합집합을 넘어서: 실수가 자명하다는 착각으로부터 어떻게 벗어날 수 있는가?, **수학교육학연구, 25**(3), 263-279.

이지현·최영기(2011). 학교수학과 대학수학에서 정의와 증명 개념 변화에 대한 수학사적 분석, **수학교육학연구, 21**(1), 57-65.

정상권·이재학·박혜숙·홍진곤·박부성·최홍원·민진원·김호경(2013). **고등학교 미적분Ⅰ**, 서울: ㈜금성출판사.

정연준·김재홍(2013). 함수의 연속성 개념의 역사적 발달 과정 분석: 직관적 지도의 보완을 중심으로. **수학교육학연구, 23**(4), 567-584.

정영우(2012). 십진체계에 기초한 실수의 분류에 관한 연구. **수학교육학연구, 22**(2), 163-178.

조한혁·최영기(1999). 정적 동적 관점에서의 순환소수. **학교수학, 1**(2), 605-615.

Boyer, C. B., & Merzbach, U. C. (2000). **수학의 역사·상**(양영오· 조윤동 공역). 서울: 경문사.(영어 원작은 1991년 출판).

Bronner, A. (1997). Les rapports d'enseignants de troisieme et de seconde aux objets 《nombre reel》 et 《racine carree》. ***Recherches en didactique des mathematiques, 17***(3), 55-80.

Chevallard, Y. (1985). ***La transposition didactique.*** Grenoble: La pensée sauvage.

Raman, M.(2004). Epistemological messages conveyed by three high-school and college mathematics textbook. ***Journal of Mathematical Behavior 23***, 389-404.

Sierpinska, A. (2002). On some aspects of students' thinking in linear algebra. In ***On the teaching of linear algebra*** (pp.209-246). Springer Netherlands.

Tall, D. (2003). **고등수학적 사고**(류희찬·조완영·김인수 공역). 서울: 경문사. (영어 원작은 1991년 출판)

# 20장
# 고등학교 수학에서 수학적 연결성을 강조한 문제중심학습

김 동 근 (청구고등학교) · 윤 대 원 (경상대학교)

## 1 서론

수학과는 수학의 개념, 원리, 법칙을 이해하고 기능을 습득하여 주변의 여러 가지 현상을 수학적으로 관찰하고 해석하며 논리적으로 사고하고 합리적으로 문제를 해결하는 능력과 태도를 기르는 교과라고 제시하고 있다(교육인적자원부, 2007; 교육과학기술부, 2011; 교육부, 2015). 그리고 1955년 제1차 교육과정이 공표된 이래, 수학과 교육과정이 변천을 거듭하면서도 늘 변하지 않는 수학과 목표 중의 하나는 생활 주변이나 사회 및 자연 현상을 관찰, 분석, 조직, 표현하는 경험을 통해 실생활이나 타 교과에서도 수학이 이용되도록 목표(교육부, 1997; 교육인적자원부, 2007; 교육과학기술부, 2011; 교육부, 2015)를 설정하고 있다. 그래서 수학교과서에 일상생활이나 타 교과 관련 문제들이 제시되고 있다. 하지만 교과서에 제시된 문제들 중 실생활과 관련된 것 혹은 타 교과와 연계된 문제나 상황들은 학생들이 직접 직면한 상황이 아니기 때문에 자신의 문제로 인식하지 못하는 경향이 있다. 그래서 학생들은 여전히 수학이 일상생활과 동떨어진 교과이거나 타 교과와 관련성이 적은 교과로 인식하고 있다고 볼 수 있다. 이에 교육부(2013)에서는 교과 간의 연계 부족, 실생활 관련 내용 미흡, 개인차를 고려하지 못한 획일적이고 암기 위주의 수업 등의 문제점을 보완하기 새로운 교육 방법 즉, STEAM(Science, Technology, Engineering, Arts, & Mathematics) 교육에 대해 제시하고 있다. 이것은 Sanders (2009)가 제시한 STEM 교육에 예술적인 영역까지 포함된 것이라고 할 수 있다. STEAM 교육 학습 준거(교육과학기술부, 2012; 한국과학창의재단, 2012, p.16)에서 핵심 요소 중의 하나가 학생들이 문제 해결 필요성을 구체적으로 느낄 수 있는 상황 제시라고 나타내고 있다. 이렇게 제시된 상황을 자신의 문제로 인식하게 될 때, 학생들은 문제 해결 방법을 찾기 위해 이미 알고 있는 지식, 새롭게 알아야 할 지식, 다른 교과와의 연계 등을 생각하며 스스로 최적의 방안을 이끌어 낼 수 있을 것이다.

최근에 들어 각 대학교에서는 수시를 통한 학생 선발비율을 높이고 있는 만큼 학교 현장에서도 학생들의 다양한 활동이 강조될 것이고, 수학이 일상생활이나 타 교과와 밀접한 관계가 있다는 것을 학생들이 느끼도록 하기 위해서는 실제 상황에 직면했을 때 그 문제를 해결하는 주체가 되도록 하는 학습이 되어야 할 것이다. 즉 문제를 활용하여 학습자 중심으로 학습이 진행되는 문제중심학습(Problem Based Learning; PBL)(Barrows, 1994)이 필요하다고 할 수 있다. 이 학습을 Hmelo-Silver(2004)는 실제적인 문제를 학습자들이 해결하는 과정에서 학습이 이루어지는 학습자 중심의 모형이라고 제시하고 있다. 학생들은 집단 협업을 통해서 이미 알고 있는 것과 알아야 할 것, 문제 해결에 도움이 될 정보가 어디에 있으며 어떻게 접근해야 하는지를 찾아내게 된다(Schmidt et al., 2011). 이처럼 PBL 학습은 실제 상황에서 그 문제를 해결하는 학습으로 자신이 가지고 있는 지식과 문제를 해결하면서 부족한 지식을 습득할 수 있을 뿐만 아니라 비판적이고 구성주의적인 학습을 할 수 있을 것이다.

지금까지 진행된 선행연구로는 PBL의 핵심 요소인 문제설계 원리에 관한 연구(최정임, 2004), 웹기반을 활용한 문제중심학습의 효과에 관한 연구(강인애 외 3명, 1999; 서경선, 2002; 최욱, 전기훈, 2002; 최욱, 김민수, 2003)나 설계모형 개발에 관한 연구(장경원, 2005), PBL을 활용한 학습 효과에 관한 연구(박정환, 우옥희, 1999; Dochy, Segers, Bossche, & Gijbels, 2003), PBL 기반 과학영재프로그램이 창의성에 미치는 효과(최은열, 문성환, 2010)나 창의성 유형별 문제해결 과정의 특징에 관한 연구(유아람, 우애자, 2014)가 있다. 하지만 일반계 고등학교서 사용할 수 있는 문제나 사례에 관한 연구는 부족한 실정이다.

따라서 본 연구에서는 PBL을 활용하여 즉 직면한 문제 상황을 해결함으로써 일상생활과 수학이 밀접한 관계가 있다는 것을 보여 주고자 할 뿐만 아니라 타 학문과의 융합을 도모하기 위해서 구체적인 사례들에 대해 살펴보고자 한다.

# 2 본론

## 2.1 PBL의 특징

Barrows(1996)가 정의한 PBL 모델의 특징을 다음과 같이 정리할 수 있다.

첫째, 학습자 중심의 학습이다.
둘째, 소그룹 활동 중심으로 학습이 진행된다.
셋째, 교사의 역할은 학생을 안내하는 튜터(tutor)나 촉진자(facilitator)이다.
넷째, 문제는 그룹의 관심이나 학습 동기를 자극하는 기초가 된다.
다섯째, 문제는 인식과정을 자극하고 문제 해결 스킬(skill)을 발전시키는 도구가 된다.
여섯째, 자기 주도적 학습(self-directed learning)을 통해 새로운 지식이 습득된다.

PBL 학습의 진행 절차 중 첫 번째 단계가 학생들이 해결해야 할 문제를 제시하는 것이다(Barrows, 1996). 특히 PBL 학습에서 사용되는 문제는 실생활에서 접할 수 있는 사실적이고 실제적인 문제가 사용되어야 학생들이 학습의 당위성을 인식할 수 있는 만큼 개념이나 원리를 다 학습한 후 혹은 단원의 내용이 끝난 후 학습목표에 제대로 도달하였는지를 확인하기 위해 제공되는 전통적인 수업의 문제하고는 차이가 있다고 할 수 있으며, PBL 학습이 효과를 거두기 위해서는 무엇보다도 학생들에게 제시되는 문제가 중요하다고 할 수 있다.

## 2.2 첨성대 사례

<table>
<tr><td>사례1</td><td colspan="2">경주 박물관에서 근무하는 직원 ○○○는 2016년 5월 23일에 방문 예정인 대구 ○○ 고등학교 학생들에게 경주의 유명한 문화재를 소개하고 탐방 코스를 학생들에게 설명하여야 한다. 소개되는 내용 중에는 다음과 같은 미션(과제)이 포함되어야 한다.</td></tr>
<tr><td>과제</td><td colspan="2">1) 문화 안내지도를 나누어 주고 코스를 학생들에게 설명해 주어야 한다.<br>2) 선덕여왕릉과 첨성대를 소개하며 왕릉의 크기(혹은 부피)나 둘레의 길이, 높이 및 첨성대의 용도 및 첨성대의 크기(혹은 부피)를 소개하여야 한다.<br>3) 첨성대가 만들어진 후, 여러 차례 지진이 발생했지만 아직까지 무너지지 않고 아직까지 첨성대가 보존되어오고 있다. 첨성대의 구조나 특징을 학생들에게 설명할 수 있도록 모형을 제작하거나 설명하여야 한다.</td></tr>
<tr><td rowspan="2">배경 지식</td><td>한국사</td><td>• 선덕여왕-신라 제27대 왕인 선덕여왕은 우리나라 최초의 여왕이다. 그녀는 진평왕의 딸로, 당시 왕위 계승 자격을 갖춘 성골 남자가 없었기 때문에 여왕의 자리에 올랐다. 각 지방에 특사를 보내 유민을 구제하는 등 민생 안정을 우선시하였고, 불교 진흥에도 힘썼다. 분황사를 창건하고 황룡사 9층 목탑을 세웠으며, 당에 유학생을 파견하고 선진 문화의 수용에도 힘을 기울였다. 그리고 현재 동양 최고의 천문대로 추정되는 첨성대를 세웠다. 또한 백제 의자왕의 침입으로 나라가 위기에 처하자 김춘추를 당에 보내 원병을 요청하였을 뿐만 아니라 김유신에게 백제를 공격하게 하여 일곱 성을 빼앗기도 하였다. 이로써 선덕 여왕 때에는 신라가 삼국을 통일할 수 있는 기반이 마련되었다(도면회 외 7명, 2015, p.39).<br>[문화재청 소개]<br>• 첨성대-천체의 움직임을 관측하는 신라시대의 천문관측대이다. 또한 원통부는 부채꼴 모양의 돌로 27단을 쌓아 올렸으며, 매끄럽게 잘 다듬어진 외부에 비해 내부는 돌의 뒷뿌리가 삐죽삐죽 나와 벽면이 고르지 않다.</td></tr>
<tr><td>지구과학</td><td>[천체관측]과 관련된 내용<br>• 태양의 연주 운동-태양이 별자리 사이를 서에서 동으로 하루에 약 1° 움직여 가며 1년마다 천구를 한 바퀴씩 도는 것이다. 실제로 태양이 별자리 사이를 지나는 것이 아니라 지구가 1년에 한 번씩 태양 주위를 공전하기 때문에 나타나는 현상이다.<br>• 천구-관측자를 중심으로 할 때 하늘에 있는 반지름이 무한대인 가상의 구이다.<br>• 황도-태양이 천구 상에서 지나는 길이다.<br>• 춘분점-태양이 황도를 따라 천구의 남반구에서 북반부로 올라가며 천구의 적도와 만나는 점이다.<br>• 추분점-북반구에서 남반구로 내려가며 천구의 적도와 만나는 점이다.<br>• 하지점-태양이 천구 상에서 가장 북쪽에 놓이게 되는 점이다.<br>• 동지점-태양이 천구 상에서 가장 남쪽에 놓이게 되는 점이다.<br>• 남중고도-모든 천체는 지구의 자전에 의해 매일 남쪽 자오선을 통과하는데, 이렇게 천체가 남쪽 자오선을 넘는 순간을 남중이라 하고, 이때 천체의 고도를 말한다.</td></tr>
</table>

### 2.2.1 문화안내지도 제작

《삼국유사》에서 경주는 '사사성장 탑탑안행(寺寺星張 塔塔雁行)'이라고 묘사되어 있다. 이는 절이 하늘의 별만큼 많고, 탑은 기러기가 줄지어 서 있다는 것 같다는 뜻이다. 경주는 천 년 동안 신라의 수도였다. 천 년 왕국 신라의 수도였던 경주는 도시 전체가 문화재로 이루어졌다고 할 만큼 신라의 역사를 고스란히 간직하고 있다(도면회 외 7명, 2015, p.62).

세계문화유산으로 지정된 지역이나 문화 유적지, 관광지를 소개하거나 탐방할 지역을 미리 그려보는 것은 사전조사 방법 중의 하나로 유용할 것 같다. 다음 [그림 1]은 경주 ○○학교 학생들의 작품[1])이다.

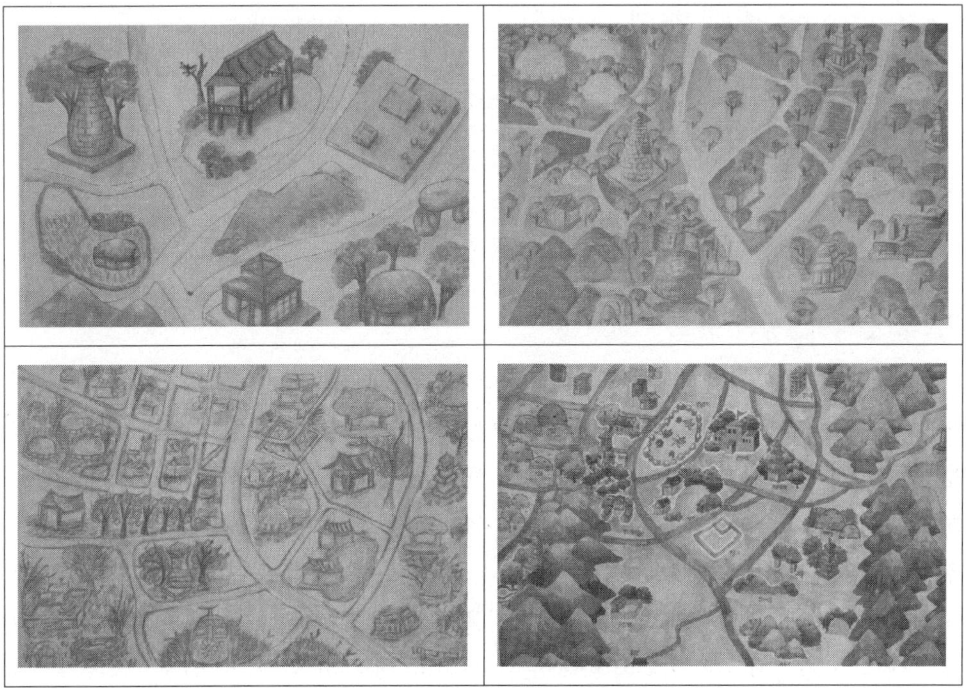

**[그림 1]** 문화안내 지도 학생 작품

문화안내 지도를 작성하는 것은 미술 교과와 관련이 있다. 이런 지도를 그리다보면 학생들에게 안내할 탐방 코스는 다양하게 나올 수 있다. 자신이 직접 그린 문화안내 지도에

1) http://cafe.naver.com/odart/955

탐방할 유적지나 문화재를 표시해서 코스를 짜보도록 하는 것은 고등학교 2학년 '경우의 수' 단원의 '곱의 법칙' 도입 단계에서 학생들의 흥미를 불러일으키는 데 적절하다고 생각한다. 경주역에서 출발해서 통일전까지 왕복할 수 있는 경우의 수는 총 20(가지)가 된다. 왜냐하면, 경주역에서 박물관까지 2가지, 박물관에서 통일전까지 5가지 즉 곱의 법칙에 의해 $2\times5=10$(가지)의 관람 코스가 생기고 왕복한다면 총 20(가지)의 경우의 수가 있다. 특히 주말이나 성수기에 많은 관광객들로 인해 경주역에서 박물관까지 교통체증이 심하다고 가정하자. 이를 해소하기 위해 대릉원에서 박물관까지 새로운 도로를 건설해야 하는 상황을 제시한다면 탐방코스는 더 다양해질 뿐만 아니라 학생들의 호기심도 자극할 수 있을 것이다.

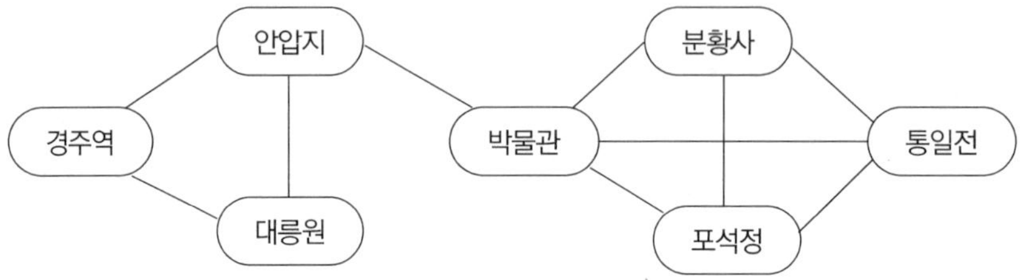


**[그림 2]** 탐방할 유적지와 문화재

### 2.2.2 선덕여왕릉의 규모

다음 [그림 3]은 문화재청[2)]에서 발췌한 것이다. 신라 최초의 여왕인 선덕여왕의 무덤은 둥글게 흙을 쌓은 원형으로 되어 있다고 한다. 오랜 세월 동안 풍화작용이 있었지만 선덕여왕릉은 지면에 의해 잘린 구(sphere)의 일부라고 할 수 있다. 왕릉의 높이나 부피를 측정하기 위해서는 구의 반지름의 길이를 알아야 한다. 반지름의 길이를 구하기 위해서는 우선 왕릉 위의 세 점 $A, B, C$를 잡아서 삼각형 $ABC$를 작도한다. 다음으로 각 변에 수직이등분선 $l, m, n$을 작도해서 만나는 점을 찾으면 그 점은 삼각형의 외심 $O$가 된다. 다음 그림은 Geogebra를 이용하여 작도한 것이며, 왕릉이 지면과 만나는 부분 즉 둘레의 길이를 구하기 위해서는 선분 $PT$의 길이를 구하면 된다. 구의 반지름 즉 $\overline{OP}=r$이라고 하자. 왕릉의 높이 즉 $\overline{RT}=h$라고 하면 $\overline{OT}=r-h$가 된다. 피타고라스 정리를 이용하면 $\overline{PT}=\sqrt{r^2-(r-h)^2}=\sqrt{2h(r+h)}$가 되므로 둘레의 길이는 $2\sqrt{2h(r+h)}\pi$가 된다.

---

**2)** http://www.cha.go.kr/korea

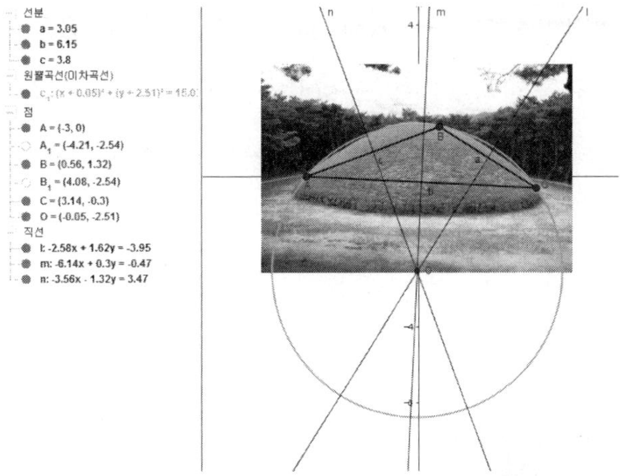


**[그림 3]** 선덕여왕릉

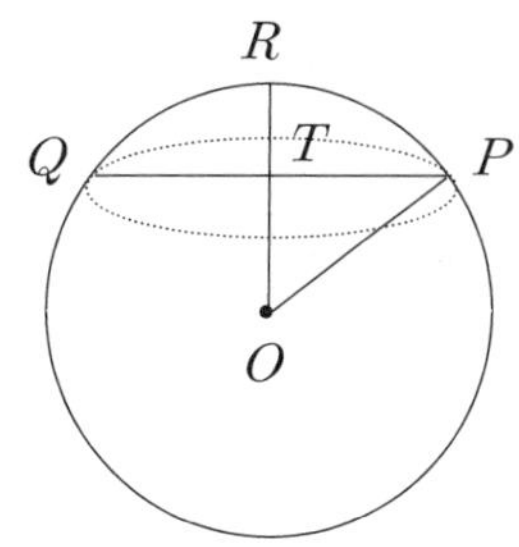


**[그림 4]** 구(sphere)

직교좌표공간에서 한 점의 위치를 세 실수의 순서쌍으로 나타낼 수 있듯이 지구상의 어떤 지점의 위치를 나타낼 때 위도와 경도, 그리고 고도를 이용하여 세 실수의 순서쌍으로 나타낼 수 있다. 세 실수 $a$, $b$, $c$를 찾을 수 있으면 중심이 $(a, b, c)$이고 반지름의 길이가 $r$인 구의 방정식은 $(x-a)^2+(y-b)^2+(z-c)^2=r^2$와 같이 나타낼 수 있다. 또한 위의 그림에서처럼 중심이 $T$이고 지름의 양끝점이 $P$와 $Q$인 원의 방정식도 구할 수 있을 것이다.

### 2.2.3 첨성대의 부피

첨성대의 아랫부분이 윗부분보다 넓은 원통형으로 되어 있는데, 다음 [그림 5]와 같이 곡선 형태를 이루고 있다는 것을 한눈에 봐도 알 수 있다. 곡선의 형태는 춘분, 하지, 추분, 동지일 때의 태양의 경로 즉 황도 곡선의 형태를 이루고 있다고 한다.[3] 황도 곡선은 1년마다 주기적으로 변하므로 주기함수라고 할 수 있다. 수학자 Fourier는 주기성을 갖는 파형을 삼각함수의 합으로 나타낼 수 있음을 알았는데, 이것을 Fourier 급수[4]라고 한다. 김희수(1997)에 따르면 광도변화는 공전주기의 함수이므로 차수를 증가시키면 광도곡선의 어떠한 변화도 푸리에 급수로 나타낼 수 있다고 한다. 이러한 사실을 바탕으로 첨

**3)** http://www.pressian.com/news/article.html?no=5574

**4)** $f(x)=a_0+\sum_{k=1}^{\infty}\{a_k\cdot\cos(kx)+b_k\cdot\sin(kx)\}$

성대의 곡선을 Geogbra를 이용하여 [그림 5]와 같이 나타내어 보았다. 위쪽 곡선 $f(x)=\frac{1}{2}\cdot\sin\left(\frac{x}{2}\right)-1.58$이고 아래쪽 곡선 $g(x)=-\frac{1}{2}\cdot\sin\left(\frac{x}{2}\right)+1.58$으로 $x$축을 중심으로 상하 즉 첨성대의 좌우가 상당히 대칭을 이루고 있다는 것을 알 수 있다.

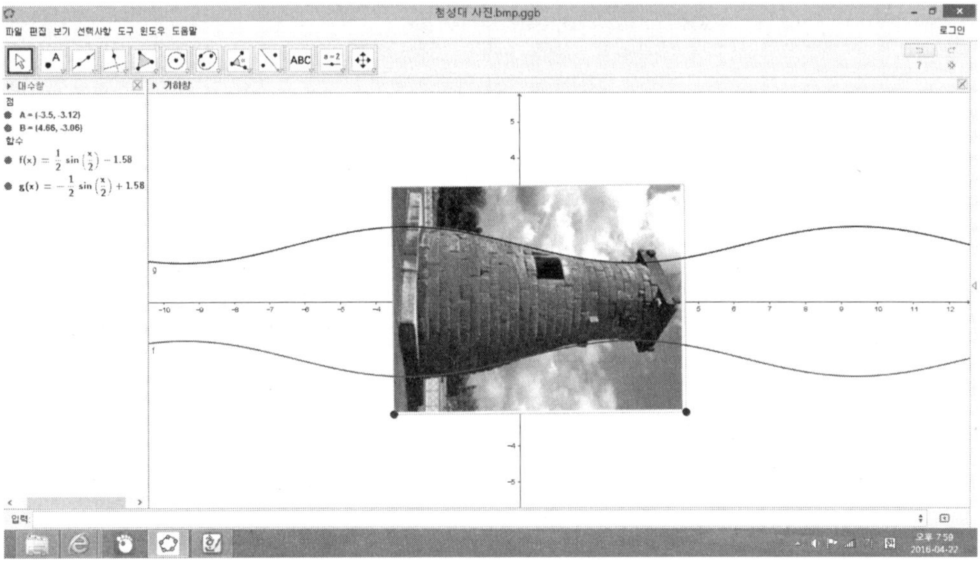


[그림 5] 첨성대의 곡선

그리고 첨성대는 별자리 관찰이나 태양의 이동 경로를 조사하는 곳이라고 전해지고 있다. 무엇보다 옛날에는 절기에 따른 남중고도가 중요했다. 남중고도와 관련하여 지구과학 시간에 학생들은 학습할 것이다. 그리고 위의 [그림 5]에서 알 수 있듯이 첨성대는 원통형을 이루고 있는데 각 단마다 하나의 작은 원기둥이 합쳐져서 첨성대가 완성된 것처럼 보인다. 이것은 구분구적법을 이용하여 입체도형의 부피를 구하는 한 예로 이용될 수 있을 것 같다.

$x$좌표가 $x$인 점을 지나고 $x$축에 수직인 평면으로 이 입체도형을 잘랐을 때의 단면의 넓이를 $S(x)$라고 하자. $x$축 위의 구간 $[a, b]$를 $n$등분하여 양 끝점과 각 점의 $x$좌표를 차례대로 $a=x_0, x_1, x_2, \cdots, x_n=b$라고 하고, 각 소구간의 길이를 $\Delta x$라고 하면, $\Delta x=\frac{b-a}{n}$, $x_k=a+k\Delta x\,(k=0, 1, 2, \cdots, n)$이다. 이때 밑면의 넓이가 $S(k)\,(k=0, 1, 2, \cdots, n)$이고 높이가 $\Delta x$인 $n$개의 입체도형의 부피의 합 $V_n$은 $V_n=\sum_{k=1}^{n}S(x_k)\Delta x$이다. 따라

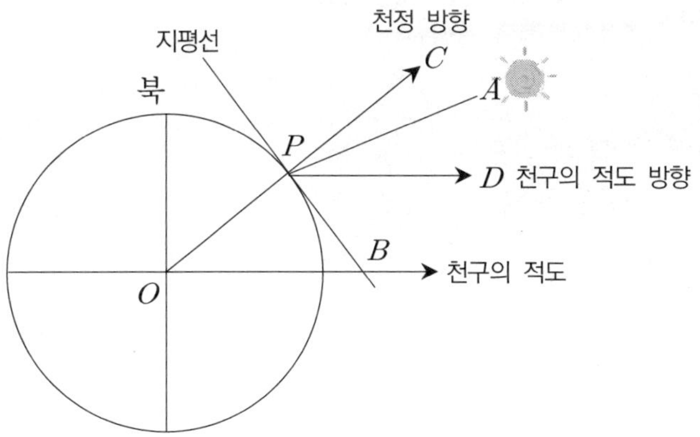


$\angle CPB = 90°$, $\overrightarrow{PD} /\!/ \overrightarrow{OB}$
$\angle COB = \angle CPD =$ 위도($\phi$)
$\angle APD =$ 태양의 적위($\delta$)
$\angle APB =$ 태양의 남중고도($h$)
$\therefore\ h = 90° - \phi + \delta$

**[그림 6]** 태양의 남중고도

서 정적분의 정의에 의하여 구하는 부피 $V$는 다음과 같다.

$$V = \lim_{n \to \infty} V_n = \lim_{n \to \infty} \sum_{k=1}^{n} S(x_k) \Delta x = \int_a^b S(x) dx$$

살펴본 것처럼, 첨성대는 별자리를 관찰하는 천문 도구이기도 하지만 수학과도 관련이 있다는 것을 알 수 있다.

### 2.2.4 첨성대의 내부 구조

[그림 7]에서처럼 첨성대의 외부의 모습을 관찰해 보면 일정한 형태의 돌들이 각 단마다 원통형으로 쌓여 매끄러운 곡선의 형태를 이루고 있다. 하지만 외부의 이런 모습과는 다르게 내부의 모습은 어떨까? 앞 배경 지식에서 제시했듯이 잘 다듬어진 벽돌 모양의 돌들로 쌓아 올렸을 것으로 추측되지만 실제로 다음 [그림 7[5]]처럼 각 단마다 부채꼴 형태의 돌들로 쌓아 올려졌다는 것을 확인할 수 있다. 첨성대 안쪽으로 둘레석들의 면적을 넓게 한 것은 안정성을 높이고 튼튼하게 축조하려고 한 것이 아닐까 싶다. 첨성대 1단의 둘레 길이는 약 16m이므로 16개로 나누어진 부채꼴 1개의 호의 길이는 약 1m 정도로 볼 수 있다. 그리고 1단의 밑지름이 약 4.93m이므로 반지름의 길이를 대략 2.5m라 하면 '둘레의 길이가 6m로 일정한 부채꼴의 넓이가 최대가 되도록 하는 중심각의 크기를 구해 보는 것'은 삼각함수 단원에서 자주 언급되는 문제 상황 중의 하나라고 할 수 있다.

---

5) http://blog.daum.net/˙blog/BlogTypeMain.do?blogid=03Pdg

벽돌 모양(추측)　　　　　　　　　　　　　　　　　　　　　첨성대 1단 돌모양(실제)

**[그림 7]** 첨성대 정자석(상부)

1단 둘레석들의 바깥쪽부분에서 안쪽으로 선을 연장해보면 부채꼴 모양처럼 보인다고 할 수 있다. 이것을 일렬로 나열해 보면 다음 [그림 8]과 같고, 첨성대가 원통형 축조물이므로 신라시대 사람들은 원의 넓이를 구할 수 있었을 것이라고 추측된다. 그리고 학생들이 지진에도 튼튼한 모형 첨성대를 설계하고 만들어 보는 것은 많은 흥미를 유발시킬 수 있을 것이라고 생각한다.

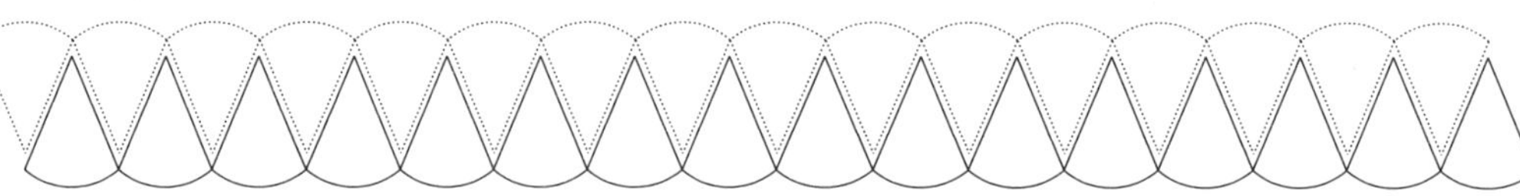

**[그림 8]** 원의 넓이를 구하는 방법

지금까지 살펴본 수학적 내용과 타 교과의 연결성을 정리해 보면 다음 <표 1>과 같다.

**<표 1>** 타 교과와 연결 내용

| 과제 | 수학적 내용 | STEAM |
|---|---|---|
| 문화안내지도 | 경우의 수 | 수학, 미술 |
| 선덕여왕릉의 규모(부피) | 적분 | 수학 |
| 첨성대의 부피 | 적분 | 수학, 지구과학 |
| 첨성대의 구조 | 함수의 연속 | 수학, 기술, 공학 |

## 2.3 행성 사례

<table>
<tr><td>사례2</td><td colspan="2">새로운 행성 탐사의 임무를 수행하기 위해 우주선을 타고 항해하는 도중 날아오는 유성을 피하다가 우주에 버려진 쓰레기들과 충돌하게 되었다. 불의의 사고로 우주인 Harlock은 어떤 행성에 불시착하게 되었고 이 행성의 정체(identify)를 모른다. 고향별 안드로메다에 구조 요청 신호를 보낼 수는 있지만 본인이 어느 행성에 불시착했는지 알아야 안드로메다에서 구조선을 보내 줄 수 있다. 자신이 관찰하여 얻을 수 있는 정보를 최대한 많이 보내 주어야 하는데, 다음과 같은 미션(과제)이 포함되어야 한다.</td></tr>
<tr><td>과제</td><td colspan="2">1) 불시착한 행성의 크기 즉 반지름의 길이<br>2) 불시착한 행성에서 관찰할 수 있는 다른 행성의 궤도 그리기<br>3) 겉보기 등급</td></tr>
<tr><td>배경 지식</td><td>지구 과학</td><td>[천체관측]과 관련된 내용<br>• 회합주기-내행성들이 내합(또는 외합)에서 다음 내합(또는 외합)에 이르는 데까지 걸리는 시간과 외행성들이 합(또는 충)에서 다음 합(또는 충)에 이르는 데까지 걸리는 시간이다.<br>• Kepler의 제1법칙-행성은 태양을 하나의 초점으로 하는 타원궤도를 그리며 공전한다.<br>• 겉보기 등급-별이 거리 $r$에 있을 때 맨눈으로 천체의 밝기를 등급화한 것이다.<br>• 절대 등급-별이 10pc(파섹: 3.26광년)의 거리에 있을 때 천체의 밝기를 등급화한 것이다.<br>• 거리지수-겉보기 등급과 절대 등급의 차이다.</td></tr>
</table>

### 2.3.1 불시착한 행성(지구-E)의 크기 구하기

우주인 Harlock은 낯선 행성(지구-E)의 사막 한가운데에 불시착을 했다고 가정하자. 불시착한 행성의 정체를 알 수 없으므로 자신의 고향에 구조 요청 신호를 보내기 위해서는 여러 가지 정보를 수집해서 보내주어야 한다. 하지만 자신이 측정할 수 있는 도구는 각도기, 막대기나 자, 종이, 필기구 등으로 굉장히 제한적이다.

처음 불시착한 날로부터 공전주기를 조사하니 이 행성의 공전주기가 약 365일이 된다는 것을 알았고 마침 불시착한 날에 바닥에 꽂혀 있는 막대기의 그림자가 없다는 사실을 알았다. 그래서 먼저 이 행성의 크기를 조사하기 위해서 딱 1년 후 같은 날 불시착한 점 $A$로부터 약 805m 떨어진 지점 $B$에 막대기를 꽂아서 각의 크기를 조사하니 $7.2°$가 된다는 것을 알았다. 이러한 사실로부터 이 행성의 반지름의 크기가 대략 6409km가 된다는 사실을 알았다. 이것은 에라토스테네스가 지구의 크기를 측정하는 원리와 동일한 방법이다.

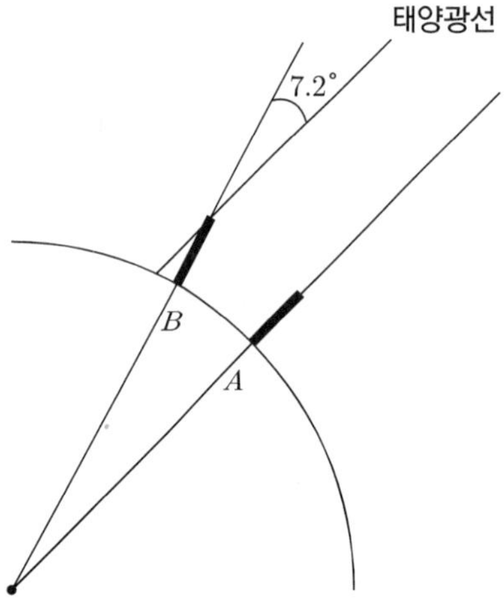


$A$: 처음 불시착한 지점

$B$: 지점 $A$로부터 805m 떨어진 지점

1 라디안 $= \dfrac{180°}{\pi}$이고 $1° = \dfrac{\pi}{180}$ 라디안

$7.2° = \dfrac{7.2 \times 3.14}{180} = 0.1256$ 라디안

중심각 $\theta$, 반지름 $r$, 호의 길이 $l$이라 하면

$\theta = \dfrac{l}{r}$이 성립하므로

$r = \dfrac{805}{0.1256} = 6,409\,\text{km}$

**[그림 9]** 행성의 크기 측정 방법

## 2.3.2 행성의 궤도 그리기

불시착한 행성에서 관찰되는 행성 중의 하나인 외행성의 공전 궤도를 그릴 수 있다. 불시착한 행성을 탐사하면서 틈틈이 주기적으로 태양과 불시착한 행성과 외행성이 이루는 각의 크기를 조사하였다. 다음 〈표 2〉에 제시된 내용은 최변각 외 7명(2015, p.254)가 제시한 내용을 일부 수정 및 각색하였다.

**〈표 2〉** 관찰날짜와 위치

| 관찰일 | E의 위치 | E-태양-춘분점 사이의 각(°) | 외행성-E-춘분점 사이의 각(°) | 외행성의 위치 |
|---|---|---|---|---|
| 2015. 4.13.<br>2017. 3. 1. | $E_1$<br>$E_1'$ | 202.5<br>160.0 | 159.0<br>212.0 | $M_1$ |
| 2019. 7.21.<br>2021. 6. 8. | $E_2$<br>$E_2'$ | 297.5<br>256.5 | 243.0<br>316.0 | $M_2$ |
| 2023.10.28.<br>2025. 9.15. | $E_3$<br>$E_3'$ | 34.0<br>351.5 | 30.5<br>77.5 | $M_3$ |
| 2027. 2. 4.<br>2029.12.23. | $E_4$<br>$E_4'$ | 134.5<br>90.5 | 118.0<br>162.5 | $M_4$ |

이 자료를 바탕으로 다음 [그림 10]과 같은 방법으로 외행성의 위치를 표시하여 자취를 그리면 타원과 비슷하게 그려질 것이다. ① 춘분점과 태양을 이은 선에서 반시계 방향으로 202.5°되는 지점에 $E_1$을 표시한다. ② $E_1$에서 태양과 춘분점을 잇는 선과 평행하게 선을 긋고, 그 선을 기준으로 반시계 방향으로 159.0°되게 선을 긋는다. 동일한 방법으로 ③ 태양과 춘분점을 잇는 선에서 반시계 방향으로 160.0°되는 지점에 $E_1'$을 표시한다. ④ $E_1'$에서 태양과 춘분점을 잇는 선과 평행하게 선을 긋고, 그 선을 기준으로 반시계 방향으로 212.0°되게 선을 긋는다. 두 선이 만나는 곳에 외행성의 위치 $M_1$을 표시한다. 이와 같은 과정을 반복하여 외행성의 위치를 연결하여 자취를 그리면 된다.

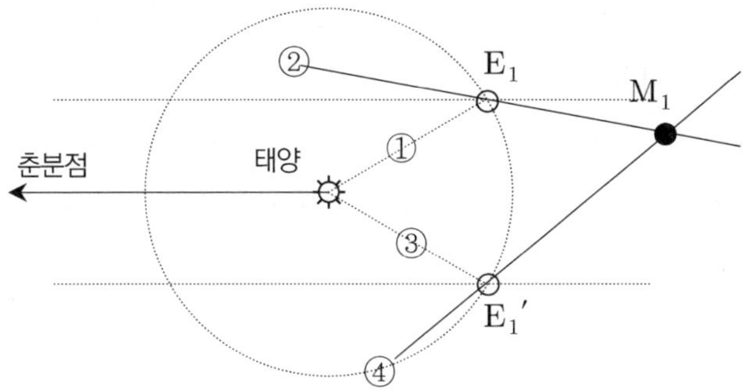


[그림 10] 행성의 궤도 그리는 방법

이런 활동을 통해 [그림 11]과 같이 Kepler의 제1법칙 즉 '모든 행성은 태양을 초점으로 하는 타원 궤도를 그리면 공전한다.'를 확인할 수 있다.

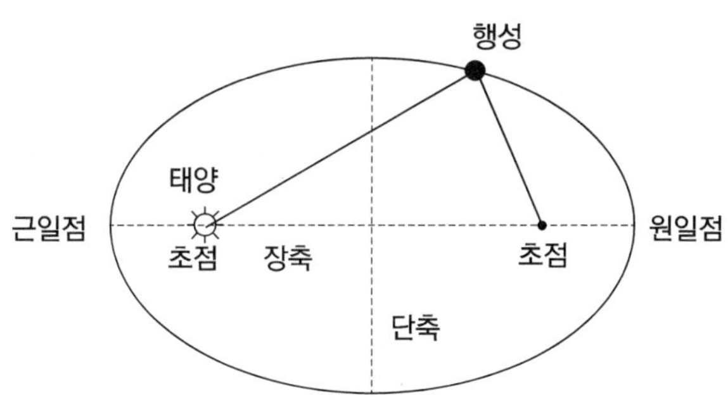


[그림 11] Kepler의 제1법칙

여기서 행성의 좌표를 $\mathrm{P}(x, y)$, 두 초점의 좌표를 각각 $\mathrm{F}(c, 0)$, $\mathrm{F}'(-c, 0)$라고 하면 두 점 사이의 거리의 합이 $2a$인 타원의 방정식을 구해보자. 타원의 정의에 의해 $\overline{\mathrm{PF}}+\overline{\mathrm{PF}'}=2a$이므로 $\sqrt{(x-c)^2+y^2}+\sqrt{(x+c)^2+y^2}=2a$이 된다. 양변을 제곱하고 식을 정리하면 $(a^2-c^2)x^2+a^2y^2=a^2(a^2-c^2)$이 된다. 이때 $a>c>0$으로부터 $a^2-c^2>0$이므로 $a^2-c^2=b^2(b>0)$으로 놓고 양변을 $a^2b^2$으로 나누면 타원방정식 $\dfrac{x^2}{a^2}+\dfrac{y^2}{b^2}=1$을 얻을 수 있다.

### 2.3.3 겉보기 등급

행성에 불시착한 우주인 Harlock은 낮에 자신의 우주선 근처를 탐사하러 나갔다가 늦은 밤에 고장난 우주선이 돌아오는 도중 길을 잃어 헤매다가 우주선에서 나오는 희미한 불빛을 발견하고 무사히 돌아올 수 있었다. 이때 Harlock은 물체가 멀리 있으면 희미하게 보이고 가까운 곳에 있는 물체일수록 밝게 보인다는 사실을 알고 다른 행성들의 밝기를 조사해 보았다. 우선 별의 밝기$(l)$와 별까지의 거리$(r)$ 사이의 관계를 알아보자.

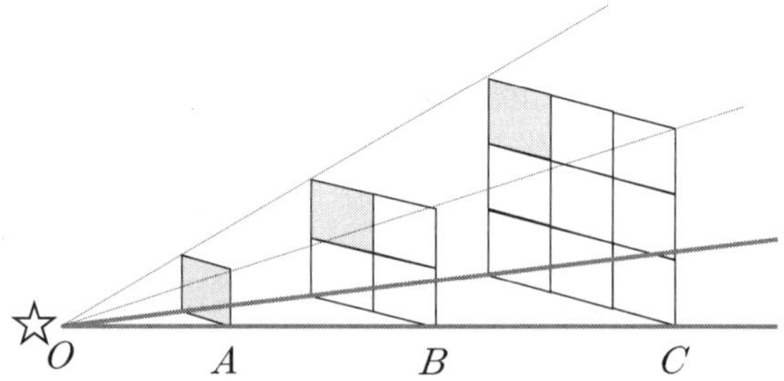


[그림 12] 밝기와 거리 사이의 관계

별까지의 거리가 멀어지면 멀어질수록 관찰하는 행성에서 받는 빛의 양은 원의 넓이와 같다. 즉 $\overline{OA}=r$, $\overline{OB}=2r$, $\overline{OC}=3r$가 되면 각 행성에서 받는 빛의 양은 각각 $\pi$, $4\pi$, $9\pi$가 되는데 이를 단위 면적에 도달하는 빛의 양을 위의 [그림 12]와 같이 간략하게 나타낼 수 있고 별의 밝기 $l$은 거리 $r$의 제곱에 반비례 즉 $l\propto\dfrac{1}{r^2}$이 성립함을 알 수 있다. 이러한 사실로부터 별까지의 거리를 $n$이라 하고 밝기를 $a_n$이라고 하면 $a_n=\dfrac{k}{n^2}$(단, $k$는 상수)로 나타낼 수 있으므로 거리와 밝기 사이에는 수열을 이루고 있음을 알 수 있다.

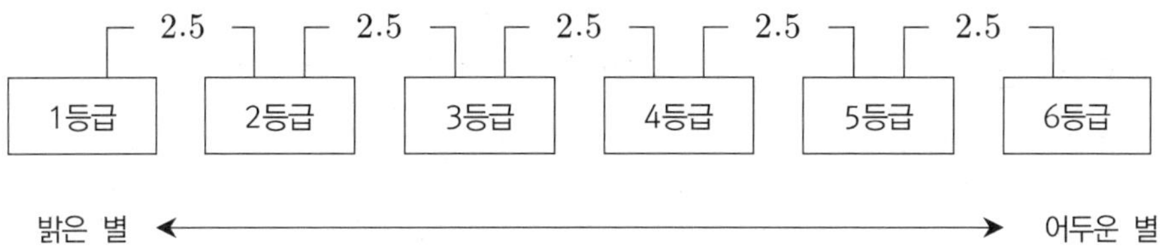


**[그림 13]** 밝기와 등급 사이의 관계

[그림 13]에서처럼 5등급 차이의 별은 100배 밝기의 차이가 생긴다는 사실이 알려져 있으므로 1등급 밝기의 차이를 $t$라고 하면 $t^5 = 100$이므로 $t = 100^{\frac{1}{5}}$과 같다. 즉 1등급 차의 별들의 밝기는 약 $100^{\frac{1}{5}} \fallingdotseq 2.5$배 차이가 난다. 그러므로 1등급의 별의 밝기는 6등급의 별의 밝기의 100배가 된다. 두 별의 겉보기 등급을 각각 $m_1$, $m_2$라 하고 밝기를 각각 $l_1$, $l_2$하자. 1등급 밝기의 차이는 $100^{\frac{1}{5}}$이므로 $\frac{l_2}{l_1} = 100^{\frac{1}{5}(m_1 - m_2)}$가 된다. 양변에 로그를 취하면 $\log \frac{l_2}{l_1} = \log 100^{\frac{1}{5}(m_1 - m_2)} = \frac{2}{5}(m_1 - m_2)$ 즉 $(m_1 - m_2) = \frac{5}{2}\log \frac{l_2}{l_1}$로 나타낼 수 있다. 이 식에 어떤 행성의 겉보기 등급을 $m$, 절대 등급을 $M$, 밝기를 각각 $l$, $L$이라고 하자. 그러면 $m - M = \frac{5}{2}\log \frac{L}{l}$의 관계가 성립한다. 그런데 밝기는 거리의 제곱에 반비례하므로 $\frac{L}{l} = \frac{r^2}{10^2}$이 된다. 이 값을 앞의 식에 대입하면 $m - M = \frac{5}{2}\log \frac{r^2}{10^2} = \frac{5}{2}(\log r^2 - \log 10^2) = 5(\log r - 1)$이 된다. 따라서 두 등급의 차이의 거리지수 $m - M = 5\log r - 5$의 관계식이 성립한다. 예를 들어 세 별 $A$, $B$, $C$의 겉보기 등급과 절대 등급이 다음 〈표 3〉과 같다고 하자.

**〈표 3〉 겉보기 등급과 절대 등급**

| | $A$ | $B$ | $C$ |
|---|---|---|---|
| 겉보기 등급($m$) | 6 | 3 | 1 |
| 절대 등급($M$) | 1 | 3 | 6 |

그 결과 별 $A$는 거리가 10pc보다 멀고, $B$는 거리가 10pc이고 별 $C$는 거리가 10pc보다 가깝다는 것을 알 수 있다. 이처럼 별까지의 거리를 구하려면 로그를 이용하여 구할

수 있다.

지금까지 살펴본 수학적 내용과 타 교과와의 연결성을 정리해 보면 다음 〈표 4〉와 같다.

〈표 4〉 타 교과와 연결 내용

| 과제 | 수학적 내용 | STEAM |
|---|---|---|
| 행성의 크기 | 삼각함수 | 수학, 지구과학 |
| 행성의 궤도 | 타원 방정식 | 수학, 지구과학 |
| 겉보기 등급 | 로그, 수열 | 수학, 지구과학 |

## 2.4 화살 사례

<table>
<tr><td>사례3</td><td colspan="2">이순신 장군은 외적이 조선의 땅에 발을 내딛기 전에 무찌를 수 있도록 해전을 준비해야 한다고 지시한다. 그래서 외적이 침략해 올 것을 대비하여 육지에서 사용하는 화살보다는 더 멀리 날아가는 새로운 무기(석궁)를 만들도록 나군관에서 명령을 내렸다. 나군관이 석궁을 만들 때, 다음과 같은 미션(과제)이 포함되어야 한다.</td></tr>
<tr><td>과제</td><td colspan="2">1) 날아가는 화살의 자취 구하기<br>2) 화살이 가장 멀리 날아가도록 하는 각의 크기 구하기</td></tr>
<tr><td rowspan="3">배경<br>지식</td><td>한국사</td><td>[이순신 장군의 업적]<br>전라좌수사에 부임한 이순신은 왜군의 침략을 예견하고 수군의 전력을 증강하기 위해 노력하였다. 먼저 군기를 확립하고 군비를 확충하였으며, 적에게 효과적으로 대응할 수 있는 거북선과 판옥선, 지자와 현자총통 등의 무기를 제작하였다. 옥포해전(1592.5.7.)은 이순신 장군의 첫 번째 해전이고, 세계 4대 해전으로 손꼽히는 한산도 해전(1592.7.8.)은 이순신 특유의 창의적 전술인 '학익진'을 사용한 전투이다. 그리고 명량해전(1597.9.16.)은 이순신 함대 13척으로 133척의 적선과 맞서 승리하였다. 이후 일본군과 마지막 해전 즉 노량해전(1598.11.19.)을 벌이게 되는데, 이 전투에서 이순신 장군은 적의 총탄에 맞아 전사한다.[6]</td></tr>
<tr><td>세계사</td><td>[석궁을 사용한 전쟁]<br>• 영국과 프랑스 사이의 백년전쟁 초반에 일어난 크레시 전투(1364년)에서 영국군은 석궁으로 무장한 궁수들로 인해 프랑스군에 승리를 한다(김후, 2005).</td></tr>
<tr><td>물리</td><td>[포물선 운동]<br>• 포물선 운동- 일정한 힘이 작용하는 공간에서 힘의 방향과 비스듬하게 던져진 물체가 포물선을 그리는 운동을 말한다(곽성일 외 7명, 2015).</td></tr>
</table>

나무젓가락으로 투석기를 만들어 활용한 STEAM 수업에서 학생들에게 좋은 반응을 보였듯이 석궁을 실제로 만들어 보는 것은 어렵지만 나무젓가락을 이용하여 석궁을 만들어보는 것도 학생들의 흥미를 유발시킬 수 있을 것이라고 생각한다. 하지만 나무젓가락으로 석궁 만드는 것은 여기서는 생략하고 석궁에서 날아간 화살의 자취 방정식을 찾아보도록 하자.

### 2.4.1 포물선의 방정식 찾기

나군관이 만든 석궁으로 지표 부근에서 수평면과 $\theta$의 각도로 처음 속도 $v_0$으로 비스듬하게 날아간 화살은 어떻게 운동하는지 알아보자. 수평방향으로는 힘을 받지 않으므로 수평 방향의 가속도는 0이다. 따라서 수평 방향의 속도는 등속 운동을 한다. 그리고 수직 방향으로는 연직 상방 운동을 하므로 연직 아래 방향으로 중력 $g$(중력 가속도)이 작용한다. 따라서 연직 방향으로는 등가속도 운동을 한다. 그러므로 화살에 작용하는 가속도의 $x$성분과 $y$성분은 각각 $a_x = 0$, $a_y = -g$가 된다. 화살이 수평면과 $\theta$의 각도로 날아가므로 처음 속도 $v_0$의 $x$성분과 $y$성분은 각각 $v_{0x} = v_0 \cos\theta$, $v_{0y} = v_0 \sin\theta$이고 시간 $t$일 때 속도 $v$의 $x$성분과 $y$성분은 각각 $v_x = v_0 \cos\theta$, $v_y = v_0 \sin\theta - gt \cdots$ ①이다. 속도 $v$와 수평 방향이 이루는 각의 크기를 $\phi$라고 하면 $v$의 크기는 $\sqrt{{v_x}^2 + {v_y}^2}$이고 방향은 $\tan\phi = \frac{v_y}{v_x} = \frac{v_0 \sin\theta - gt}{v_0 \cos\theta}$가 된다. 그리고 곽성일 외 7명(2015)은 시간 $t$일 때 수평 방향의 이동 거리 $x$와 연직 방향의 위치 $y$를 다음과 같이 나타내고 있다.

$$x = v_0 \cos\theta \cdot t, \qquad ②$$

$$y = v_{0y} \cdot t - \frac{1}{2}gt^2 = v_0 \sin\theta \cdot t - \frac{1}{2}gt^2 \qquad ③$$

위 두 식에서 $t$를 소거하면

$$y = \tan\theta \cdot x - \frac{g}{2{v_0}^2 \cos^2\theta} x^2$$

이 된다. 위 식의 포물선의 방정식의 기본형은 $x^2 = 4py$(단, $p \neq 0$)의 형태를 나타내고 있다.

6) http://yisunsinkr.prkorea.com

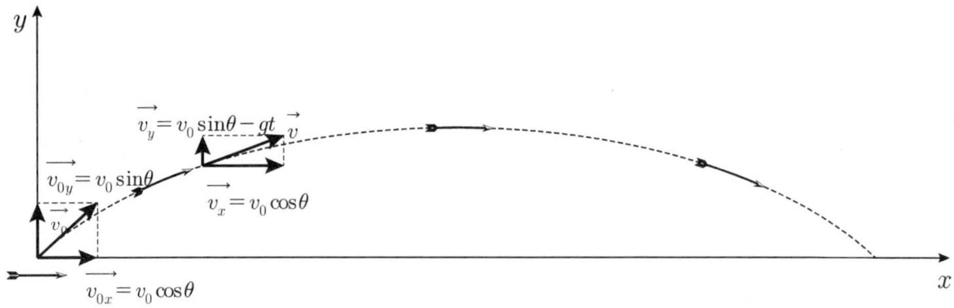


[그림 14] 비스듬하게 날아간 화살의 운동

### 2.4.2 각의 크기 구하기

최고점에서의 속도 $v$의 $x$성분은 $v_x = v_0 \cos\theta$이고 $y$성분은 $v_y = 0$이므로 화살이 최고 높이까지 올라가는 데 걸리는 시간 $t_1$과 최고점의 높이 $h$는 ①, ③에서

$$t_1 = \frac{v_0 \sin\theta}{g},\ h = \frac{{v_0}^2 \sin^2\theta}{2g}$$

이다. 지표면에서 화살은 연직 방향으로 등가속도 운동을 하므로 올라갔다 내려오는 시간 $t_2 = 2t_1$이며, 배각공식에 의해 $2\sin\theta\cos\theta = \sin 2\theta$와 같으므로 지표면에서 수평 방향 도달 거리 $R$는

$$R = v_0 \cos\theta \times 2t_1 = v_0 \cos\theta \cdot 2\frac{v_0 \sin\theta}{g} = \frac{{v_0}^2 \sin 2\theta}{g}$$

가 된다. $\sin 2\theta$는 $2\theta = 90°$일 때 최댓값을 가지므로 $\theta = 45°$일 때 수평 도달 거리는 최대가 된다(곽성일 외 7명, 2015).

육상경기 중 포환던지기는 투사높이, 투사각, 투사속도가 중요한 요인으로 작용한다(Hubbard, de Mestre, & Scott, 2001; Luthanen, 1998; Maheras, 1995; Hay, 1993; 박재명, 2011, 재인용). 이처럼 투사거리가 중요한 종목은 창, 원반 등이 있지만 이런 종목들은 학교 현장에서 안전의 문제로 쉽게 접하기 어렵기 때문에 공 던지기로 대체하면 될 것 같다. 학생들이 공을 던질 때 투사속도이나 투사각, 투사높이를 다르게 하여 던진 거리를 측정해 보고 가장 멀리 날아갈 때 작용하는 요인을 분석해 보면 좋을 것 같다. 이런 과정 속에서 자연스럽게 포물선 운동의 원리를 이해할 수 있을 것이고 개인의 기록 향상에도 도움이 될 것이다.

지금까지 살펴본 수학적 내용과 타 교과와의 연결성을 정리하면 다음 〈표 5〉와 같다.

〈표 5〉 타 교과와 연결 내용

| 과제 | 수학적 내용 | STEAM |
|---|---|---|
| 날아가는 화살의 자취 | 포물선의 방정식 | 수학, 물리, 한국사, 세계사 |
| 각의 크기 구하기 | 배각의 공식 | 수학, 물리, 체육 |

## 3 결론

대부분의 교과서에서 다루어지는 문제나 상황들은 학생들이 직접 직면한 상황이 아니기 때문에 여전히 타 교과와의 연계성이 낮다고 인식하는 경향이 있다. 따라서 본 연구에서는 수학 교과와 타 교과의 연계성을 높이는 대안을 제시하기 위한 연구를 진행하였다.

이러한 연구 목적에 따라 PBL을 활용한 세 가지 구체적인 사례들에 대해 살펴보았다. 첫 번째 사례에서는 주어진 미션(과제) 즉 문화안내지도, 선덕여왕릉의 규모, 첨성대의 부피 등을 해결하는 과정 속에서 수학이 타 교과인 미술, 한국사, 지구과학 교과와 밀접한 관계가 있다는 것을 알았다. 두 번째 사례에서는 불시착한 행성의 크기, 행성의 궤도, 거리 지수 등을 구해 보았다. 이 과정 속에서 에라토스테네스가 지구의 둘레의 길이 측정했던 방법을 이용하였고 kepler의 제1법칙을 확인해 봄으로써 수학이 지구과학 교과와 밀접한 관계가 있다는 것을 알았다. 마지막으로 세 번째 과제를 해결하는 과정 속에서 비스듬히 날아가는 물체 즉 공이나 창, 대포가 날아가는 자취는 포물선을 그리며 날아가고 이런 운동의 자취 방정식을 구해 봄으로써 수학이 물리, 체육, 한국사, 세계사와 관련이 있다는 것을 알았다.

지금까지 살펴본 구체적인 사례들은 PBL을 통해 수학 교과가 일상생활이나 타 교과와의 연결성을 높여줄 것으로 기대된다. 또한 수학의 중요성을 깨닫게 되는 계기가 될 것으로 본다.

# 참고 문헌

강인애 외 3명(1999). 웹기반 문제중심학습(Problem-Based Learning)의 개발 사례: 초등, 고등, 대학교의 경우. **교육공학연구, 15**(1), 301-330.

교육부(2015). **2015 개정 수학과 교육과정**. 교육부 고시 제2015-74호 [별책8], 서울: 교육부.

교육과학기술부(2011). **2009 개정 수학과 교육과정**. 교육과학기술부 고시 제2011-361호 [별책8호], 서울: 교육과학기술부.

교육인적자원부(2007). **2007 개정 수학과 교육과정**. 교육인적자원부 고시 제2007-79호 [별책8], 서울: 교육인적자원부.

교육부(1997). **7차 수학과 교육과정**. 교육부 고시 제1997-15호 [별책8], 서울: 교육부

교육부(2013). **STEAM으로 꿈과 끼를 키우다: STEAM 교육 현황 및 정책 방향**. 교육부.

교육과학기술부(2012). **융합인재교육의 활성화 방안 및 추진 현황**. 교육과학기술부.

김후(2005). **활이 바꾼 세계사**. 서울: 가람기획.

김희수(1997). 차등 광전관측 자료분석용 프로그램의 개발. **과학교육연구, 28**, 109-126.

곽성일 외 7명(2015). **물리 Ⅱ**. 서울: 천재교육.

도면회 외 7명(2015). **한국사**. 서울: 비상교육.

박재명(2011). 거리도전 활동 중 포환던지기의 글라이드 기술과 딜리버리 동자의 운동학적 교수단서 분석. **한국체육교육학회지, 16**(3), 1889-205.

박정환, 우옥희(1999). PBL이 학습자의 메타인지 수준에 따라 문제해결 과정에 미치는 효과. **교육공학연구, 15**(3), 55-82.

서경선(2002). 웹활용 문제중심학습 모형의 실증적 효과-초등학교 5학년 사회교과를 중심으로. **교육방법연구, 14**(2), 45-68.

유아람, 우애자(2014). 문제중심학습(PBL)에서 과학영재학생들의 창의성 유형별 문제해결 과정의 특징. **교과교육학연구, 18**(3), 807-825.

장경원(2005). **온라인 문제기반학습 설계모형 개발 연구**. 서울대학교 대학원 박사학위 논문.

최변각 외 7명(2015). **지구과학 Ⅰ**. 서울: 천재교육.

최욱, 김민수(2003). 인터넷 활용 문제중심 논쟁수업 모형 개발. **교육정보방송연구, 9**(2), 101-134.

최욱, 전기훈(2002). 인터넷활용 문제중심학습이 학업성취 수준에 따른 정보화 능력과 파지효과에 미치는 영향. **교육공학연구, 18**(3), 109-131.

최은열, 문성환(2010). 초등학생의 창의성 신장을 위한 PBL 기반 과학영재프로그램 개발. **교과교육학연구, 14**(2), 411-431.

최정임(2004). 사례분석을 통한 PBL의 문제설계의 원리에 대한 연구. **교육공학연구, 20**(1), 37-61.

한국과학창의재단(2012). **융합인재교육의 정책 소개**. 한국과학창의재단.

Barrows, H. S. (1994). ***Practice-based learning: Problem-based Learning applied to medical education.*** Springfield, IL: Southern Illinois University School of Medicine.

Barrows, H. S. (1996). "Problem-based learning in medicine and beyond: A brief overview." ***New Directions for Teaching and Learning, 68***, 3-12.

Dochy, F., Segers, M. Bossche, P. V., & Gijbels, D.(2003). Effects of problem-based learning: A meta-analysis. ***Learning and Instruction, 13***, 533-568.

Hmelo-Silver, C. E. (2004). "Problem-Based Learning: What and How Do Students Learn?". ***Educational Psychology Review, 16***(3), 235-266.

Sanders, M.(2009). STEM, STEM education, STEM mania. ***Technology Teacher, 68***(4), 20-26.

Schmidt, Henk G., Rotgans, Jerome I., Yew, Elaine HJ (2011). "The process of problem-based learning: What works and why". ***Medical Education, 45***(8), 792-806.

21장

# 고등학교 수학과 수학적 모델링으로서의 연결성

박 진 형 (명지대학교)

## 1 서론

수학적 모델링은 다양한 교육적 목적을 달성하기 위하여 수학 교수 학습에 접목되고 있다. 수학교육 연구 공동체에서 수학적 모델링이라는 용어의 의미나 쓰임새가 단일하지는 않으나, 이 글에서는 수학적 모델링을 실세계 현상을 수학적으로 이해하여 표현하고, 수학적 모델을 세워 문제를 해결하며, 다시 실세계 현상에 대한 재해석을 통해 실세계 그리고 관련된 수학적 모델에 대한 심층적인 이해를 꾀하는 활동으로 풀이한 박진형과 이경화(2013)의 정의를 사용하여 수학적 모델링에 의한 수학적 연결성 추구의 의미를 모색하고자 한다.

NTCM(2000)은 수학적 과정 규준 가운데 하나로 수학적 연결성의 추구를 제시하였으며, 구체적으로 학생들이 한편으로 수학 내적으로 수학적 아이디어들이 어떻게 연결되어 있는지를, 다른 한편으로 수학 외적인 맥락과 수학이 어떻게 관련되는지를 파악하게 하고, 이러한 수학 내·외적 연결성을 활용할 수 있는 기회를 학생들에게 제공할 것을 강조하였다. 이 글에서도 수학 교수 학습에서 수학적 연결성의 추구는 이처럼 수학 내·외적 연결성을 파악하고 이를 활용할 수 있는 기회를 학생들에게 제공하는 것으로 고려하고 논의를 전개하고자 한다.

박진형과 이경화(2014)는 수학 교수 학습에 활용되는 수학적 모델의 기능을 범주화한 바 있다. 수학 교수 학습에서 수학적 모델링이 활용될 수 있는 여러 기능들 가운데 본 원고에서는 비형식적 수학과 형식적 수학의 중재, 수학의 응용, 사회적 비판이라는 세 가지 주요 기능에 비추어 수학적 모델링에 의한 수학적 연결성 추구의 의미를 탐색하고자 한다.

## 2 비형식적 수학과 형식적 수학의 연결

Freudenthal을 중심으로 RME(Realistic mathematics education)를 추구하는 연구자들은 학생들에게 친숙한 문제 상황에서 출발하는 수학 교수 학습을 강조하고 이를 구체화하기 위하여 시도해왔다(Van den Heuvel-Panhuizen, 2001). 이러한 RME 관점의 수학 교수 학습을 추구한 연구자들이 당면하였던 핵심적인 이슈 가운데 하나는 현실적인 문제 상황으로부터 형식적인 수학으로의 수준 상승 여정을 어떠한 방식으로 학생들이 경험하게 할 수 있는가와 관련되었다(Gravemeijer & Stephan, 2002).

Piaget나 Sfard 등이 제시하였던 여러 인식론적·존재론적 논의들과 유사하게, Freudenthal 역시 수학의 발달은 현상에 대한 인간 활동으로부터 출발하여 이러한 인간 활동이 물화되며 본질이 도출되면서 이루어지며, 이러한 본질이 다시 현상으로 다루어지면서 새로운 본질이 도출되는 다층적인 수준 비약으로 풀이하였다(Freudenthal, 1991). 수학과 수학의 발달에 대한 Freudenthal의 관점을 토대로, RME 관점 연구자들은 현실적 문제 상황에서 출발하는 학생들의 활동 수준을 어떠한 방식으로 상승시킬 것인가에 대하여 주요하게 다루어왔다. 아래의 [그림 1]은 Gravemeijer(1999)가 학생들에게 제시되는 과제에서 출발하여, 형식적 수학으로의 수준 상승을 크게 네 단계로 범주화하여 제시한 것이다.

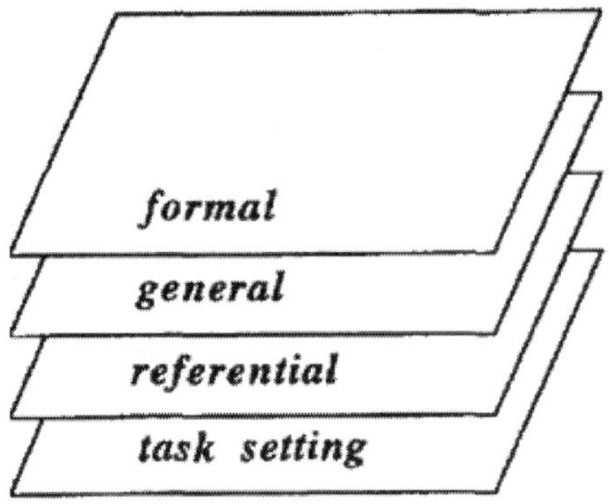


[그림 1] 수학적 활동의 수준들(Gravemeijer, 1999, p.163)

현실적 문제 상황에 대한 학생들의 비형식적인 활동의 수준을 상승시키도록 지원할 수 있는 방안으로 RME를 추구하는 연구자들에 의해 논의된 것 가운데 하나가 모델링 관점이다. 이경화(2016)에 따르면,

> 교수학적 분석에 기초하여 연구자, 교과서 저자, 교사가 모델을 개발한다. 학생은 이렇게 개발된 모델을 다루면서 왜 그리고 어떤 의미에서 이것이 모델이 되는가를 파악하게 된다. 이때 학생은 모델 자체가 아니라 모델의 '의미'를 창조하는 것이다. 모델 창조의 두 번째 의미는, 학생이 직접 모델을 창조하는 것이다. 앞서 말한 바와 같이 주어진 모델의 의미를 창조한 후, 자신이 창조한 모델의 의미를 공유하는 다른 모델들을 창조하는 것이다. (이경화, 2016, p.55)

다시 말해서, RME 관점의 연구자들은 Freudenthal이 강조하였던 교수학적 현상학에 초점을 둔 역사적·개념적 분석에 근거하여 학생들이 중심적으로 다루게 할 수학적 모델을 개발하고, 학생들이 이러한 모델들을 다루면서 수학적인 의미를 생성하기를 기대한다.

Gravemeijer(1999)는 이처럼 모델을 활용하여 학생들의 수준 상승을 지원하는 과정에서 인위적으로 만들어진 수학적 모델을 연구자나 교사의 개발 의도에 비추어 학생들이 사용하게 하는 것이 학습자의 입장에서 오히려 부가적인 학습 부담이 될 수 있다는 점을 지적하였다. 또한 학생들이 수학적 모델을 개발자의 의도에 맞게 사용할 것이라고 기대하기도 쉽지 않다는 점을 지적하기도 하였다. 마치 새로운 단어나 기호를 기존의 사용자들과 유사하게 사용하기 위해서는 부단한 미끄러짐이 일어날 수 있다는 기호학적인 논의에

빗대어, 학생들이 교사나 연구자에게 제공받은 모델을 사용하는 과정에서도 이러한 모델의 쓰임새가 개발자의 입장과 부합하고 형식적 수학으로의 입문에 적합하게 다듬어지는 과정이 간단하지 않다는 것이다.

이러한 점에서 RME 관점의 연구자들은 학생들이 주어진 문제 상황을 조직화하는 과정을 지원하고, 문제 상황에 대한 수학적 모델의 생성을 지원할 수 있는 보조적인 표상을 순차적으로 제공함으로써, 학생들이 스스로 주어진 문제 상황을 모델링하고 수학적 모델과 수학적 의미를 함께 생성하기를 기대하였다(Gravemeijer, 1999; Van den Heuvel-Panhuizen, 2003). 다시 말해서, 모델은 학생들에게 제공되는 것이 아니며, 학생들이 문제 상황을 표상들을 활용하여 조직화하는 과정에서 모델을 생성하게 하자는 것이다(Gravemeijer & Stephan, 2002).

예를 들어, Doorman, Drijvers, Gravemeijer, Boon & Reed(2012)는 함수 교수 학습에서 이러한 모델링을 접목한 사례를 보여준 바 있다. 이들은 함수 교수 학습에서 변화하는 두 양 사이의 관계를 파악하는 것이 핵심적인 사항이며 출발점이라는 점을 도출하였다. 그리고 변화하는 두 양 사이의 관계를 기술하는 표에서 출발하여, 독립변수와 종속변수 사이의 관계를 화살표 모양의 다이어그램을 사용하여 표현하도록 하면서, 학생들이 점진적으로 종속적인 관계에 대한 구조적 이해에 도달하고, 제공된 표상을 주어진 문제 상황과 변화하는 양 사이의 모델에서 함수적 사고에 대한 모델로 발달시키게 하고자 시도하였다.

함수에 대한 학생들의 탐구를 촉발하기 위하여 위 연구자들은 다음과 같은 과제를 설계하여 학생들에게 제시하였다.

〈표 1〉 휴대전화 요금 과제(Doorman et al., 2012, p.1254)

| 통신사에서 두 가지 요금제를 제안하였다.<br>Tom Seldom: 월 기본료 7.5유로, 통화 1분당 0.25유로. 무료통화 30분 제공<br>Tom Often: 월 기본료 22.5유로, 통화 1분당 0.15유로. 무료통화 80분 제공<br><br>Nadia의 한 달 통화량은 100분이다. 어느 요금제를 선택하는 것이 유리하겠는가?<br><br>통화량에 따라 Tom Often 요금제를 사용한 요금이 어떻게 변화하는지를 보여줄 수 있는 방법을 찾아보자. |
|---|

위 과제에 대한 학생들의 초기 반응들 가운데 하나는 다음 그림과 같다.

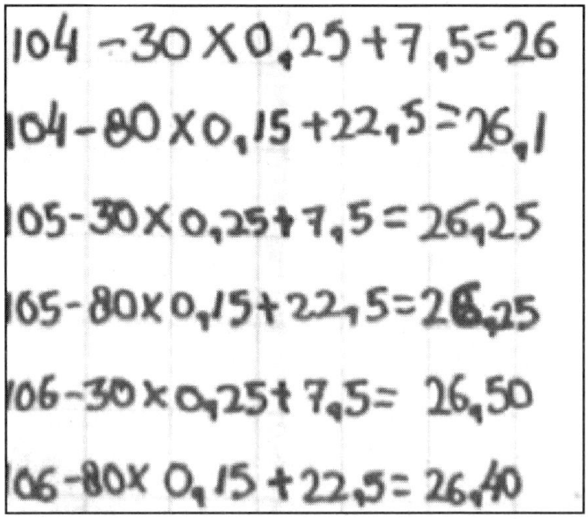


**[그림 2]** 학생들의 초기 반응(Doorman et al., 2012, p.1254)

위 그림에서 처음 두 수 사이의 괄호가 생략되어 있으나, 학생들은 통화량의 변화에 따른 통화료를 반복된 계산을 통하여 나타내고 있음이 확인된다. 또한 위와 같은 학생들의 문제해결 과정은 통화량을 변화시켜가면서 통화요금의 변화를 확인하는 방식으로 이루어졌음이 확인된다. 위와 같은 학생들의 탐구 과정은 함수라는 수학적 대상의 동적인 측면을 조명하는 것으로 풀이되었으며, 연구진의 핵심적인 목표 가운데 하나는 학생들이 위와 같이 개별적인 값을 대입하여 패턴을 찾는 활동에서 나아가 두 변량 사이의 관계에 주목하도록 하는 데 있었다.

이에 연구진은 위와 같은 두 변량 사이의 관계를 표상하는 도구로 화살표 모양의 다이어그램을 교수 학습 장면에 도입하였다. 아래의 그림은 학생들이 연구진이 도입한 화살표 다이어그램을 모델로 활용하여 앞서 제시된 과제를 해결한 과정이다.

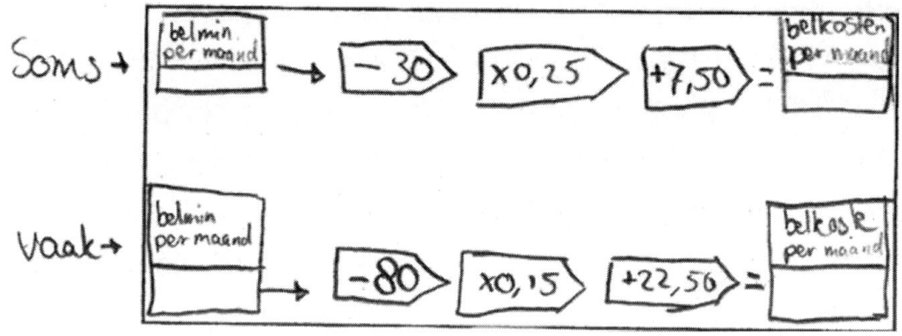


[그림 3] 학생들이 생성한 모델

Doorman et al.(2012)은 특히 학생들의 함수에 대한 탐구를 보조하기 위하여 공학 환경을 설계하여 학생들에게 제공하였다. 학생들에게 제공된 공학 환경은 다음 그림과 같다.

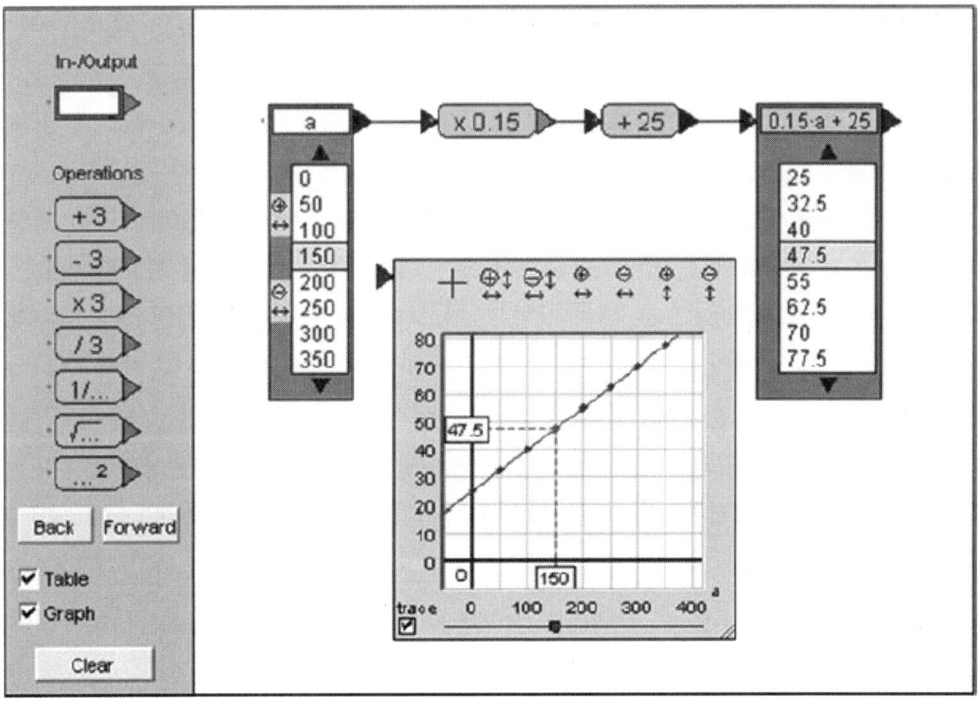


[그림 4] 연구진이 제공한 공학 환경

연구진은 앞서 다룬 과제와 유사한 과제들을 학생들에게 제공하면서 이어지는 수업을 진행하였다. 이 과정에서 위와 같은 공학도구 환경을 사용하면서 학생들이 문제 상황을 분석하고 조직화하는 방식의 변화가 확인되었다. 즉, 초기에는 학생들이 특수한 값을 대입하면서 다른 양의 변화를 계산하는 데 초점을 두었다면, 점진적으로 학생들은 두 양 사이의 관계 자체에 초점을 둔 탐구를 수행할 수 있게 됨이 확인되었다. 이처럼 반복된 계산에 불과하였던 학생들의 초기 탐구는, 두 양을 관련짓는 일련의 화살표 다이어그램으로 이루어진 모델을 활용하면서 점차 두 양 사이의 관계에 대한 탐구로 발전될 수 있었다.

Gravemeijer(1999)는 이러한 모델링에 의한 점진적 수학화와 형식화가 가능한 근거를 구조주의 관점을 바탕으로 한 Lacan의 미끄러짐(sliding) 개념을 통하여 설명한다. 즉, 학생들이 초기에 문제 상황과 더불어 비형식적인 활동을 나타내는 방식으로 사용하던 모델이 탈맥락화된 상황을 나타내고 이를 조직화하는 데 사용되면서 점진적으로 형식화될 수 있다는 것이다. 그러나 “Saussure가 기표와 기의의 분리 불가능성을 말하면서 의미의 안정성을 강조했다면, Lacan은 기표와 기의의 단절과 의미의 다의성을 강조한 것이라 볼 수 있다(홍진곤, 2012, p.468)”는 점에서, 미끄러짐이라는 개념을 활용한 수준 상승의 설명 시도는 부분적으로는 어색한 면이 있다.

요약하면, RME 계열의 연구자들이 주로 추구하는 모델링은 학생들에게 친숙한 현실적 문제 상황과 학생들의 비형식적인 추론 방식을 형식적인 수학과 연결 짓는 것을 시도한다. 이러한 점에서 모델링에 의한 수학적 연결성 추구의 의미 가운데 한 가닥은 비형식적 수학과 형식적 수학의 연결이라고 고려할 수 있다. 그리고 이를 달성하기 위하여 연구자나 교사는 학생들이 한편으로 문제 상황을, 다른 한편으로 자신들의 수학적 추론 과정을 모델링하는 데 사용하고 모델화할 수 있는 잠재력을 가진 표상들을 순차적으로 제공한다. 학생들은 이처럼 순차적으로 탈맥락화되는 방식으로 제공된 표상을 사용하면서, 이러한 표상들을 문제 상황과 자신들의 수학적 활동 모두에 대한 모델로 활용하게 되며, 연구진들은 이 과정에서 점진적인 수준 상승이 일어나기를 기대하는 것이다.

## 3 수학과 실세계의 연결

수학 교수 학습에서 수학의 응용을 강조해야 한다는 점을 지적하였던 Pollak(1968)의 주장 이래로, 많은 연구자들은 수학적 모델링을 활용하여 학생들로 하여금 수학의 응용을 경험하게 하고자 시도해왔다. 이러한 응용 중심의 수학적 모델링을 강조하는 연구자들은 수학과 실세계의 연결 경험을 제공한다는 점에서 수학적 모델링의 교육적 의의를 주장하고 있다(Kaiser & Sriraman, 2006).

OECD의 DeSeCo 프로젝트의 영향으로 우리의 교육과정에서도 핵심역량 기반의 교육과정이 대안적인 교육과정 기조로 고려되기 시작하였으며(이광우 외, 2008), 이러한 역량은 2015 개정 수학과 교육과정에서 본격적으로 강조되기 시작하였다(교육부, 2015). 여기서 역량이란 특정 분야에 대한 내용지식을 넘어서서 살아가면서 접하게 될 막대한 양의 지식과 정보를 처리, 활용하고 이를 토대로 새로운 지식을 생성하고 창출할 수 있는 능력(소경희, 2006)으로 풀이되고 있다.

수학적 역량의 함양을 강조하는 국제적인 연구 동향의 변화와 함께, 수학적 모델링을 도입한 수학 교수 학습에서 학생들이 수학의 응용을 경험하는 것을 강조하는 연구자들은 최근 특히 모델링 역량 함양의 중요성을 강조하고 있다(Blum & Borromeo Ferri, 2009; Galbraith & Stillman, 2006). Niss와 Jensen(2002)은 아래의 [그림 5]와 같이 수학적 역량을 이루는 여러 요인들 가운데 하나로 모델링 역량을 제시한 바 있다.

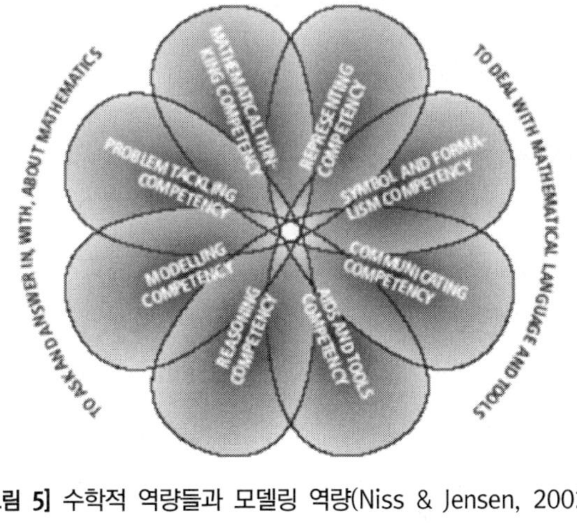


**[그림 5]** 수학적 역량들과 모델링 역량(Niss & Jensen, 2002)

위 [그림 5]에서 확인되는 바와 같이, 여러 수학적 역량들 가운데, 특히 실세계 상황에 대한 수학적 모델을 수행하고 평가할 수 있는 능력을 특히 모델링 역량으로 고려하고 있다. 구체적으로, 모델링 역량은 특정한 맥락에서 수학적 모델링 과정의 모든 부분들을 수행할 수 있는 능력으로 풀이되고 있으며(Blomhøj & Jensen, 2003), 이는 모델의 토대가 되는 현상이나 모델의 성질을 분석하고, 모델이 적용되는 범위와 모델의 타당성을 평가할 수 있는 능력(Niss & Højgaard, 2011) 또한 포함하는 것으로 알려져 있다. 여기서 말하는 수학적 모델링 과정은 연구자에 따라 단계의 수나 유형에 약간의 차이는 보이고 있으나, 대체로 실세계 문제 상황으로부터 수학적 모델을 수립하고 개선하는 일련의 순환적인 과정을 말하며 Galbraith & Stillman(2006)은 수학적 모델링 과정을 다음의 [그림 6]과 같이 나타낸 바 있다.

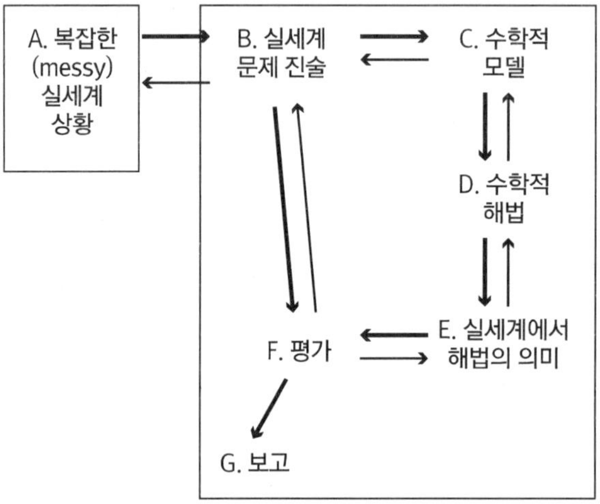


**[그림 6]** 수학적 모델링 과정(Galbraith & Stillman, 2006, p.144)

수학적 모델링에 의해 수학의 응용을 경험하는 데 초점을 두는 연구자들은 학생들이 위 [그림 6]과 같은 수학적 모델링 과정을 원활하게 수행하면서 문제 상황에 부합하는 수학적 모델을 수립하도록 하는 데 초점을 두는 경향이 있다. 그리고 위와 같은 수학적 모델링의 각 단계를 수행할 수 있는 역량의 함양과, 전반적으로 이 수학적 모델링 과정을 순환적으로 수행할 수 있는 역량의 함양을 함께 강조한다(Blomhøj & Kjeldsen, 2006). 예를 들어, Maaß(2006)은 이러한 수학적 모델링 과정에 비추어, 수학적 모델링 역량을 좀 더 세분화하여 제시한 바 있다. Maaß(2006)에 따르면, 수학적 모델링 역량은 문제 상황을 이해하고 이를 단순화하는 역량, 수학적 모델을 수립하는 역량, 수학적 모델을 활용하여 수학적 문제를 해결하는 역량, 수학적 모델을 활용한 문제해결 결과를 실세계에 비추어 해석하는 역량, 도출한 해를 검증하고 개선하는 역량으로 범주화 할 수 있었다. 이러한 전제를 토대로 많은 연구자들이 학생들의 모델링 역량 함양 방안을 모색하고 있다.

이러한 수학적 모델링을 기반으로 한 수학 교수 학습의 예는 Blomhøj & Kjeldsen (2006)에서 찾아볼 수 있다. 이들이 제시한 사례는 시간에 따른 박테리아의 수를 모델링하는 것이다. 연구진은 학생들에게 다음 그림과 같은 신문 기사를 제공하였다.

[그림 7] 학생들에게 제공된 신문 기사(Blomhøj & Kjeldsen, 2006, p.173)

위 신문 기사에는 25도 이상의 물에서, 20분 만에 박테리아 하나가 둘이 된다는 점이 작성되어 있다. 연구진은 학생들에게 위 정보를 활용하여 수영장에서 경과한 시간에 따라, 경과한 날짜에 따라 물속의 박테리아 수가 얼마나 증가하는지를 모델링하는 과제를 제시하였다. 이는 약 7차시 정도의 프로젝트형 수업으로 전개되었다.

수업을 진행한 교사는 모델링의 가장 초기 단계에서 학생들로 하여금 단위 시간에 박테리아 수의 변화율을 구하는 것이 위 과제를 해결하는 데 가장 핵심적인 사항임을 강조하였다. 특히 박테리아의 수를 $N$, 시간을 $t$라고 하였을 때, $N' = kt$로 가정하는 것이 박테리아 수 변화를 모델링하는 데 활용할 수 있는 가장 간단한 모델임을 설명하기도 하였다. 이와 함께, 수영장에 포함된 박테리아의 먹이의 수가 제한되어 있다는 점, 독성 물질을 뿜어내는 박테리아의 가능성 등과 같은 여러 실제적인 사항을 조사하고 가정하는 활동을 함께 요구하였다.

이러한 문제 상황에 대한 모델링 과정에서 학생들은 상당한 어려움을 겪었음이 보고되었다. 특히 박테리아 수의 변화를 나타내는 초기 모델 수립에서도 학생들은 어려움을 겪었으며, 교사가 요구한 여러 요인들(먹이의 제한, 독성 물질의 생성 등)을 함께 고려하여 모델링을 수행하는 것은 대단히 어려웠다. 여러 연구자들이 지적한 바와 같이, 학생들은 아주 간단한 수학적 모델을 수립하는 데에서도 어려움을 겪는다는 점이 알려져 있다(Galbraith & Stillman, 2006). 문제 상황을 단순화하고, 이를 설명할 수 있는 모델 수립 과정은 문제 상황에 대한 일종의 설명적 가설을 수립하는 과정이기 때문이다(Park & Lee, 2016).

이러한 모델링 수업 사례를 바탕으로 Blomhøj & Kjeldsen(2006)은 수학적 모델링 교수 학습에 대하여 다음과 같은 두 가지 주요한 논점을 제시하였다. 첫 번째로, 모델링 역량이라는 개념을 모델링 전체를 원활하게 수행할 수 있는 역량으로 전체적인 관점에서 고려하는 것이 적절한지, 아니면 모델링의 하위 단계들을 수행할 수 있는 역량들을 함양함으로써 전체 역량 함양을 지도하는 것이 적절한지의 문제이다. 앞서 [그림 6]에 제시된 것과 같이, 모델링은 여러 단계를 순환적으로 수행하면서 진전되는 것으로 알려져 있다. 이러한 모델링을 학생들이 원활하게 수행하도록 하는 것이 쉽지 않기 때문에, 연구진은 학생들이 모델링의 세부 단계 각각을 숙달하도록 하여 모델링 역량의 하위 역량을 우선적으로 함양하도록 하는 방안을 언급한 것이다. 하지만 여전히 남아 있는 문제는 모델링의 각 단계를 숙달한다고 해서 전반적인 모델링 과정을 원활하게 수행할 수 있을지는 장담하기 어렵다. 이러한 점에서 모델링의 각 하위 단계를 수행하는 데 필요한 역량들과, 모델링을 전반적으로 진전시켜나가는 데 필요한 역량 가운데 어느 쪽에 무게 중심을 둘 것인지, 그리고 하위 역량을 함양하는 것이 전체적인 역량의 증진에 도움이 되는지에 대해 후속적인 연구의 필요성이 제기된다.

두 번째는 모델링을 그 자체로 목적으로 다룰 것인지, 아니면 수학 학습의 수단으로 다룰 것인지의 문제이다. 앞서 2장에서 다루었던 RME 관점의 모델링은 모델링을 수학 교수 학습의 방법으로 활용하는 후자의 입장으로 고려할 수 있다. 이에 반하여 3장에서 다루고 있는 모델링 교수 학습 사례는 학생들이 모델링을 원활히 수행하도록 하는 데 목적을 두고 있다는 점에서 모델링을 그 자체로 목적으로 다루는 입장을 반영한다. 두 가지 목적이 동시 추구가 가능하다면 이러한 두 목적 가운데 하나를 선택하지 않아도 괜찮겠으나, 이러한 두 목적을 동시에 추구하는 것이 어렵다는 점이 위 연구 사례에서 부분적으로 확인되었다. 즉, 학생들이 새로운 수학적 내용이나 절차를 학습하는 것과, 수학적 모델링을 성공적으로 수행하도록 하는 것을 함께 수업에서 추구하기는 쉽지 않았다는 점이다. 이러한 점에서 두 관점을 어떠한 방식으로 수학 교수 학습에서 균형 있게 추구할 수 있을 것인가에 대한 후속 연구 필요성이 제기된다.

## 4 수학과 사회 비판적 논의의 연결

억압되거나 소외된 이들의 해방이라는 Freire의 교육관을 바탕으로 수학 교수 학습 역시 사회적인 부조리에 대한 비판과 함께 추구되어야 한다는 입장에서 Skovsmose나 D'Ambrosio와 같은 연구자들은 수학적 모델링에 주목하였다. 이처럼 수학적 모델링과 사회적 비판, 내지는 실세계 현상에 대한 비판적 탐구를 연결 지어 논의하는 연구자들은 수학적 지식이나 수학적 모델 역시 이데올로기적인 산물임을 강조한다(Skovesmose, 1990). 즉, 이러한 비판적 관점을 추구하는 연구자들은 수학을 실세계 현상을 비판적인 시각으로 보는 데 필요한 지적인 도구로 고려하고 있으며, 이러한 입장에서 수학적 모델링은 실세계를 검토하고 그에 내재한 부정의나 부조리한 요소를 도출하는 데 활용되는 것이다(D'Ambrosio, 1999).

이러한 비판적 수학교육 연구자들은 학생들이 수학을 통해서 사회의 어떤 정의롭지 못한 부분을 조명하고, 이에 대한 비판을 제기하도록 하는 데 초점을 두고 있는데, 우리 주변의 현상들에 내재된 어떤 부조리나 부정의를 수학을 이용해서 규명하는 데 초점을 두다보니 이 과정에서 수학적 모델링을 접목하려는 시도들이 확인된다.

예를 들어, Barbosa(2006)는 신문에서 발췌한 다음과 같은 분배 문제를 활용한 모델링 수업 사례를 제시한 바 있다.

> 콩 종자 25톤과 옥수수 종자 12.5톤을 8000명의 농부들에게 나눠주려고 한다. 시장은 농부 한 사람당 콩 종자 3kg과 옥수수 종자 2kg을 나눠줄 수 있다. 농부 한 사람에게 종자를 얼마씩 나누어주어야 할까? (Barbosa, 2006, p.295)

Barbosa(2006)는 이러한 수학적 모델링 과정에서 교사가 다양한 질문을 제기하면서 수업을 진행할 수 있음을 보여주었다. 예를 들어, 위 문제를 제시하면서 교사는 다음과 같은 질문을 학생들에게 제기하였다:
'위 기사에서 무엇을 확인할 수 있을까?' '이 기사는 무엇에 관한 것이니?'

이러한 교사의 질문으로부터 다양한 논의가 이루어졌으며, 학생들의 토론 과정에서 "8000명의 농부들에게 5kg의 종자밖에 나눠줄 수 없다면, 37.5톤은 충분하지 않다"와 같은 주장이 제기되기도 하였다.

이어서 교사는 어떤 조건을 고려하여 정부가 종자를 분배해야 할 것인가에 대해 질문하였으며, 학생들은 각 농부의 요구 사항에 따라 다양한 방식의 분배가 이뤄져야 한다는 점을 지적하였다. 이러한 논의에 이어 교사는 구체적으로 다음과 같은 질문을 제기하였다:
'어떤 분배 조건이 가장 공정할까?'

Barbosa(2006)는 이 문제가 인위적이지도 않고, 순수수학적인 질문도 아니라는 점에서 수학적 모델링 문제라고 판단하였다. 탐구 과정에서 일부 학생들은 각 농가의 구성원 수에 따라 종자를 분배하는 것이 적절하다고 주장하였다. 아래 그림은 이 학생들이 각 가정의 구성원 수와 분배되는 종자의 양을 관련지어 나타낸 것이다.

| p | s |
|---|---|
| 2 | 1.6 |
| 3 | 2.3 |
| 4 | 3.1 |
| 5 | 3.9 |
| 6 | 4.7 |
| 7 | 5.5 |
| 8 | 6.2 |
| 9 | 7.0 |
| 10 | 7.8 |

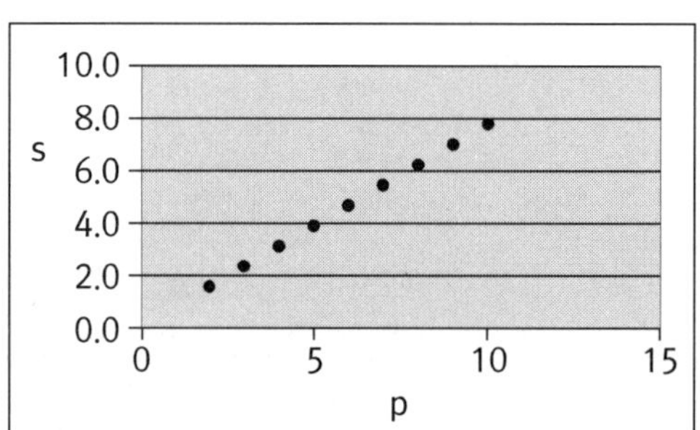


**[그림 8]** 각 가정의 구성원 수와 종자의 양을 관련지은 그래프와 표

이 연구에서는 위와 같은 학생들의 수학적 모델링 활동에서 제기된 논의를 크게 세 가지 유형으로 범주화하였다. 첫 번째 유형의 논의는 수학적인 논의이며, 두 번째 유형은 테크놀로지에 대한 논의, 그리고 세 번째 논의는 반성적인 논의이다. 우선 수학적 논의는 순수하게 수학적인 아이디어들의 활용과 관련되며, 테크놀로지에 대한 논의는 수학적 모델의 선택이나 수립에 활용되는 테크닉과 관련된 논의이다. 반성적 논의는 사회에서 수학의 역할을 고려하는 과정으로서, 수학적 모델의 수립에서 고려해야 할 요인들을 선정하고, 이러한 요인들이 사회적으로 타당한지에 대해 고려하는 것을 말한다. 즉, 위와 같은 분배 상황에서 어떠한 요인들을 고려해서 분배하는 것이 공정한가에 대하여 논의가 이루어진다면, 이는 곧 반성적 논의에 해당되는 것이다.

이러한 비판적 수학 교육에 대한 논의는 최근에 다양한 시도가 이루어지고 있으나(오국환, 2014; Frankenstein, 1983; Gustein, 2003), 여전히 국내외에서 실증적인 연구는 아직 부족한 실정이다. 우리 실정에서 추구할 수 있는 수학적 모델링에 의한 비판적 수학 교육 방안에 대하여 이론적·실증적 논의가 추가적으로 필요할 것으로 판단된다.

## 5 결론

이 글에서는 수학적 모델링을 수학 교수 학습에 접목하고자 시도하는 네 가지 유형의 연구 동향을 검토하였으며, 각 관점의 수학적 모델링 활용이 어떠한 방식으로 수학적 연결성의 추구와 관련되는지를 확인하였다. 첫 번째 방식의 수학적 모델링 접목은 RME 관점의 연구자들에 의해 주로 시도되었으며, 이들 연구자들은 주로 비형식적 수학과 형식적 수학의 연결을 안내하고 지원하기 위한 방법으로 수학적 모델링을 활용하였다. 두 번째 관점의 연구자들은 주로 수학과 수학이 응용 가능한 실세계 현상 사이의 연결성을 추구하고 있는 것으로 확인되었으며, 이들 연구자들은 최근 강조되고 있는 역량 함양 시도의 연장선에서 모델링 역량의 함양을 위한 방안을 모색하고 있었다. 세 번째 관점의 연구자들은 주로 비판적 교육을 시도하는 입장에서 수학적 모델링을 활용하여 학생들이 사회적인 현상을 비판하고 반성하는 기회를 제공하는 데 초점을 두고 있었으며, 이러한 점에서 이들 연구자들은 주로 수학과 사회 비판의 연결성을 추구하고 있는 것으로 고려할 수 있었다.

우리의 2015 개정 수학과 교육과정에서 수학적 모델링은 문제해결 능력의 함양을 위한 교수 학습 방법에서 다음과 같이 다루어지고 있다.

> 수학적 모델링 능력을 신장하기 위해 생활 주변이나 사회 및 자연 현상 등 다양한 맥락에서 파악된 문제를 해결하면서 수학적 개념, 원리, 법칙을 탐구하고 이를 일반화하게 한다. (p.38)

위와 같은 문구에서 수학적 모델링 능력은 수학적 모델을 수립하거나 개선하는 능력과 관련되기보다는, 수학적 문제해결 능력이나, 실세계에서 수학적 개념, 원리, 법칙을 도출하여 일반화하는 것과 관련되는 것으로 보인다. 하지만 우리의 수학과 교육과정에서는 수학적 모델링이라는 용어를 명시적으로 사용하고 있는 위 구절 이외에도 여러 부분에서 실생활이나 모델의 접목, 유용성 등과 같은 사항들을 강조하고 있다. 이러한 점에서, 우리의 수학과 교육과정에서는 어떠한 방식으로 수학적 모델링을 수학 교수 학습에 접목하고자 시도하고 있으며, 전반적인 기조나 방향은 어떠한지, 어떠한 관점들이 추구되거나 절충되었는지에 대하여 검토해볼 필요성이 제기된다. 그뿐만 아니라, 우리 수학 교육 실정에 맞는 혹은 적합한 관점은 어떠한 관점이며, 어떠한 방식으로 수학적 모델링이 수학적 연결성 추구를 위해 활용되는 것이 적합한지에 대해 논의할 필요성이 제기된다.

또한 앞서 다루었던 논의들 가운데 모델링 역량이라는 용어는 우리 교육과정에서 추구하고 있는 역량이라는 용어와 일관되게 사용될 수 있는지에 대해 검토해볼 필요가 있다고 판단된다. 수학 교수 학습에 수학적 모델링을 접목하고자 시도한 연구자들은 주로 수학의 응용을 경험하게 하기 위한 한 방안으로 수학적 모델링을 강조해왔으며, 이들의 논의가 모델링 역량의 함양 시도에 대한 논의로 이어져왔다. 그러나 소경희(2006)가 정의한 "지식과 정보를 처리, 활용하고 이를 토대로 새로운 지식을 생성하고 창출할 수 있는 능력"이라는 역량의 정의에 비추어보면, 모델링 역량에 대한 선행 연구자들의 논의(Blomhøj and Jensen, 2003; Blomhøj & Kjeldsen, 2006; Maaß, 2006; Niss & Højgaard, 2011)는 주로 '새로운 지식의 생성과 창출'보다는 '지식과 정보의 처리, 활용'에 가까운 것으로 보인다. 이러한 방식으로 모델링 역량의 의미를 해석하고 추구하는 것이 우리 수학 교수 학습 실정과, 우리 수학과 교육과정의 기조에 비추어 적합한지에 대해 이론적으로 검토해볼 필요성이 제기된다.

# 참고 문헌


교육부(2015). **2015 개정 수학과 교육과정**. 교육부 고시 제2015-74호 [별책8].

박진형, 이경화(2013). 수학적 모델링 과정에서 수학화의 기호학적 분석, **수학교육학연구, 23**(2), 95-116.

박진형, 이경화(2014). 수학교육에서 모델의 활용에 대한 국외 문헌 연구, **수학교육학연구, 24**(3), 285-310.

소경희(2006). 학교지식의 변화요구에 따른 대안적 교육과정 설계방향 탐색, **교육과정연구, 24**(3), 39-59.

오국환(2014). **비판적 수학교육을 적용한 수업 사례 연구**. 서울대학교 석사학위논문.

이경화(2016). 현실적 수학교육 이론의 재음미, **수학교육학연구, 26**(1), 47-62.

이광우, 이광우, 민용성, 전제철, 김미영, 김혜진(2008). **미래 한국인의 핵심 역량 증진을 위한 초·중등 학교 교육과정 비전 연구(II)**. 서울: 한국교육과정평가원.

홍진곤(2012). 주체, 구조, 담론, 그리고 수학 학습, **수학교육학연구, 22**(4), 459-475.

Barbosa, J. C. (2006). Mathematical modelling in classroom: a socio-critical and discursive perspective, ***ZDM, 38***(3), 293-301.

Blomhøj, M., and Jensen, T. H. (2003). Developing mathematical modeling competence: Conceptual clarification and educational planning. ***Teaching Mathematics and Its Applications, 22***, 123-139.

Blomhøj, M. & Kjeldsen, T. H. (2006). Teaching mathematical modelling through project work, ***ZDM, 38***(2), 163-177

Blum, W., & Borromeo Ferri, R. (2009). Mathematical Modelling: Can It Be Taught And Learnt? ***Journal of Mathematical Modelling and Application, 1***(1), 45-58.

D'Ambrosio, U. (1999). Literacy, matheracy and technocracy: A trivium for today. ***Mathematical Thinking and Learning, 1***(2), 131-153.

Doorman, M., Drijvers, P., Gravemeijer, K., Boon, P. & Reed, H. (2012). Tool use and the development of the function concept: From repeated calculations to functional thinking, ***International Journal of Science and Mathematics Education, 10***, 1243-1267.

Frankenstein, M. (1983). Critical Mathematics Education: An Application of Paulo Freire's Epistemology. ***Journal of Education, 165***(4), 315-339.

Freudenthal, H. (1991). ***Revisiting mathematics education china lectures***, London: Kluwer Academic Publishers.

Galbraith, P. & Stillman, G. (2006). A framework for identifying student blockages during transitions in the modelling process, ***ZDM, 38***(2), 143-162.

Gravemeijer, K. (1999). How emergent models may foster the constitution of formal mathematics, ***Mathematical thinking and learning, 1***(2), 155-177.

Gravemeijer, K. & Stephan, M. (2002). Emergent models as an instructional design heuristic. In K. Gravemeijer, R. Lehrer, B. V. Oers & L. Verschaffel (Eds.) ***Symbolizing, Modelling and Tool use in Mathematics Education*** (pp.145-169). Dordrecht: Kluwer Academic Publishers.

Gutstein, E. (2003). Teaching and Learning Mathematics for Social Justice in an Urban, Latino School. ***Journal for Research in Mathematics Education, 34***(1), 37-73.

Kaiser, G. & Sriraman, B. (2006). A global survey of international perspectives on modelling in mathematics education, ***ZDM, 38***(3), 302-310.

Lesh, R. A., Cramer, K., Doerr, H., Post, T. & Zawojewski, J. S. (2003). Model development sequences. In H. Doerr & R. A. Lesh (Eds) ***Beyond constructivism: Models and Modeling Perspectives on Mathematics Teaching, Learning, and Problem Solving*** (pp.35-58). Mahwah, NJ: Lawrence Erlbaum,

Lesh, R., & Doerr, H. (2003). In what ways does a models and modeling perspective move beyond constructivism? In R. Lesh & H. M. Doerr (Eds.), ***Beyond constructivism: Models and modeling perspectives on mathematics problem solving, learning, and teaching*** (pp.519-556). Mahwah, NJ: Lawrence Erlbaum Associates.

Maaß, K. (2006). What are modelling competencies? ***ZDM, 38***(2), 113-142.

National Council of Teachers of Mathematics(NCTM, 2000). ***Principles and standards for school mathematics.*** Reston, VA: Author.

Niss, M. & Højgaard, T. (2011). ***Competencies and Mathematical Learning - Ideas and inspiration for the development of mathematics teaching and learning in Denmark.*** Roskilde, Denmark: IMFUFA, Roskilde University.

Niss, M. & Jensen, T. H. (2002) Kompetencer og matematiklæring - Idéer og inspiration til udvikling af matematikundervisning i Danmark ('the KOM report'). Uddannelsesstyrelsens temahæfteserie 18. Copenhagen, Denmark: The Ministry of Education.

Park, J. H. & Lee, K.-H. (2016). How can Students Generalize the Chain Rule? The Roles of Abduction in Mathematical Modeling, ***Eurasia Journal of mathematics, science and technology education, 12***(9), 2331-2352.

Pollak, H. (1968). On some of the problems of teaching applications of mathematics, ***Educational studies in mathematics, 1***, 24-30.

Skovsmose, O. (1990). Mathematical education and democracy, ***Educational studies in mathematics, 21***, 109-128.

Van den Heuvel-Panhuizen, M. (2001). Realistic mathematics education as work in progress, In F. L. Lin (Ed.) ***Common Sense in Mathematics Education, Proceedings of 2001 The Netherlands and Taiwan Conference on Mathematics Education*** (pp.1-43). Taipei. Taiwan.

Van den Heuvel-Panhuizen, D. (2003). The didactical use of models in realistic mathematics education: An example from a longitudinal trajectory on percentage. ***Educational studies in mathematics, 54***, 9-35.

22장

# 수학적 연결성에 기초한 고등학교 미분 영역 교수학습 자료 개발

조 완 영 (충북대학교)

## 1 서론

두 가지 질문 즉 '학생들은 왜 수학을 어려워하는가?'와 '학생들은 수학을 왜 배워야 하는지를 인식하지 못하는가?'는 서로 다른 영역의 질문이지만 수학의 특징과 관련이 있다. 수학은 추상적인 학문이자 유용성이 뛰어난 학문이기도 하다. 학생들이 수학을 어려워하는 이유 중의 하나가 수학의 추상성 때문이며, 학생들이 수학의 교육적 가치를 인식하지 못하는 이유 중의 하나가 수학의 유용성을 경험하지 못하기 때문이다. 역사적으로 보면 중요한 수학적인 개념이나 원리 등은 현실적인 상황에서 실세계에 대한 경험으로부터 발생하였고(우정호, 2000), 수학화 과정을 거쳐 추상적인 수학개념으로 정리된 것이다. 더 나아가 수학은 실세계를 이해하고 정복하는 데 중요한 역할을 한다. 예를 들어 자유낙하 운동은 수학적으로 $s = \frac{1}{2}gt^2\,(g = 9.8\,\mathrm{m/s^2})$이라는 이차함수로 요약할 수 있으며, 포물선으로 이는 자연의 질서와 함수와의 관계를 잘 보여준다. 그러나 학교수학에서는 수학의 발생 과정 또는 유용성보다는 추상적인 수학 개념 자체만을 강조해 왔다(우정호,

2000). 이러한 현상은 수학계가 수학의 응용 가능성보다는 순수 학문으로서의 기초적 지식 탐구에 몰두하고 있다(과학기술정책연구원, 2015)는 것과 무관하지 않다.

수학의 발생 맥락과 추상적인 수학개념을 연결하는 것은 두 가지 의미가 있다. 첫째는 구체적인 상황과 추상적인 수학을 연결함으로써 수학에 의미를 부여하고 수학 개념을 이해하는 것을 도울 수 있다. 둘째, 수학의 유용성을 인식할 기회를 제공함으로써 수학의 교육적 가치를 이해시킬 수 있으며 수학 학습의 동기를 유발할 수 있다. 폴리아는 실험적 귀납적 과학으로서의 발생과정의 수학과 연역적 과학으로서의 완성된 수학을 구분하고 귀납과 유추에 의한 '사려있는 추측'을 통한 발견적 사고와 문제해결 교육의 중요성을 강조하였다(우정호, 2000에서 재인용). 프로이덴탈 또한 폴리아와 마찬가지로 활동 중의 수학인 실행수학과 결과적 지식체계로서의 수학인 기성수학으로 구분하고, 수학교육의 주요 문제는 주로 기성수학의 관점에서 수학을 가르쳐 온 데에서 기인한 것이라 주장하였다(우정호, 2000에서 재인용). 프로이덴탈은 또한 학생들이 수학의 유용성을 경험할 기회를 주지 못하는 것이 학교수학의 가장 큰 문제점이라고 하였다.

수학의 연결성은 이러한 의미에서 매우 중요한 수학의 과정 중의 하나이다. 수학적 연결성은 문제해결, 추론과 증명, 의사소통, 표현과 더불어 NCTM(1989, 2000)에서 제시하고 있는 수학의 과정 5가지 중 하나이다. 수학적 연결은 크게 수학 내용 사이의 연결과 수학과 다른 학문 및 실세계 현상 사이의 연결로 구분할 수 있으며, 여기에는 다양한 표현 사이의 번역 활동이 중요한 역할을 한다(NCTM, 1989, 2000). 수학적 연결성을 통해 학생들은 수학을 통합적 전체로 볼 수 있으며, 수학이 실세계의 다양한 현상과 관련이 있고 유용하다는 것을 인식할 수 있다(NCTM, 1989; 구광조·오병승·류희찬(역), 1992). 수학적으로 사고한다는 것은 수학적 연결을 탐구하는 것과 관련이 있으며, 수학을 이해한다는 것 특히 수학을 통합적으로 이해하는 것은 곧 수학을 연결하여 이해한다는 것을 의미한다. 수학적 연결성은 현재 우리나라 수학교육의 문제점을 해결하고 4차 산업혁명 시대에서 요구하는 수학교육의 방향에 포함되어야 하는 중요한 개념 중 하나로 프로이덴탈의 수학화 학습론과도 밀접한 관련이 있다,

본 장에서는 수학적 연결성 기반 교수학습 자료 개발의 구조를 정리하고 이를 이용하여 미분계수 개념에 대한 자료를 개발한다.

## 2 수학적 연결성의 의미와 중요성

수학 교육의 목적은 수학적으로 사고하는 역량과 태도를 개발하는 것이라 할 수 있다(우정호, 1998). '수학적으로 사고하는 역량과 태도'가 무엇인가에 대해서는 다양한 견해가 있겠지만, 수학적으로 사고한다는 의미에 수학적인 연결성을 찾고 이를 토대로 수학을 이해하는 것이 포함된다는 것은 분명하다(NCTM, 2000; 류희찬 외(역), 2007). 수학적 연결성은 형식적인 수학을 고립된 것이 아니라 통합된 전체로 보아야 한다는 점을 강조한다. 수학의 연결성은 크게 수학 내적 연결과 수학 외적 연결로 구분할 수 있으며, 이러한 연결 과정에서 다양한 수학적 표현 사이의 연결과 상호 번역이 중요하다.

NCTM(1989)에서는 실세계 또는 수학 이외의 학문에서 제기하는 문제 상황과 문제 상황의 수학적 표현 사이의 모델링 연결과 두 동치표현의 각각에서의 과정 사이의 수학적 연결을 일반적인 형태의 연결이라고 기술하여(구광조·오병승·류희찬(역), 1992, [그림 1] 참조) 연결성에서 수학적 표현의 역할을 강조한 바 있다. 같은 문제 상황 또는 수학 개념을 다양하게 표현할 수 있고 다양한 표현 사이를 번역할 수 있는 학생들은 수학 문제해결을 잘 할 수 있고 수학의 아름다움과 일관성을 잘 인식할 수 있다(NCTM, 1989; 구광조·오병승·류희찬(역), 1992).

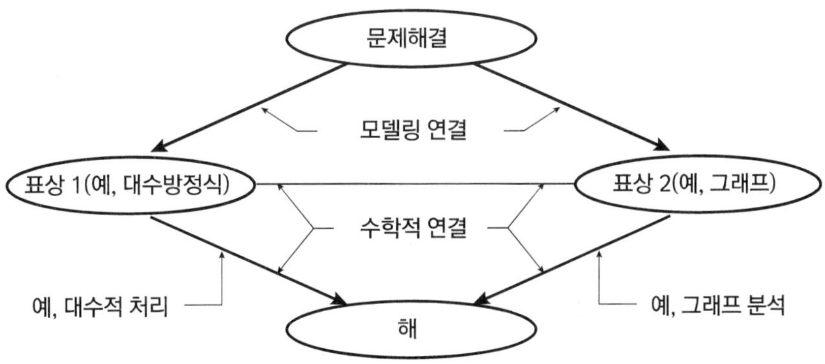


**[그림 1]** 연결성의 두 가지 일반적인 형태(구광조 · 오병승 · 류희찬, 1992, p.209)

수학 내적 연결에는 선수학습 내용과의 연결, 개념과 개념 사이의 연결로 구분할 수 있다. 수학 내적 연결은 새로운 개념을 어떻게 도입할 것인가에 영향을 끼친다. 따라서 수학 내적 연결의 관점에서 수학교육과정과 수학교과서를 면밀히 검토하고 그 결과에 대한 학계의 논의와 합의가 요구된다. 선수학습 내용과의 연결의 예로 삼각형의 외심을 생각해 보자. 삼각형의 외심 개념은 선분의 수직이등분선의 성질과 밀접한 관련이 있으며 이를 고려하여 삼각형의 외심을 도입하는 것을 고려할 수 있다. 본질적으로 선분의 수직이등분선은 두 점에서 같은 거리에 있는 점들의 집합이며, 삼각형의 외심은 세 점 또는 삼각형의 세 꼭짓점으로부터 같은 거리에 있는 점이다. 삼각형의 외접원의 중심도 같은 맥락이지만 선분의 수직이등분선 개념과의 연결을 고려하면 외접원의 중심보다는 세 점에서 같은 거리에 있는 점으로 삼각형의 외심을 도입하는 것이 더 타당해 보인다. 이 경우 '네 점에서 같은 거리에 있는 점은 존재하는가?' 또는 '사각형의 외접원이 존재하기 위한 조건은 무엇인가?'와 같은 후속 탐구와 자연스럽게 연결될 수 있다. 삼각형의 외심을 세 변의 수직이등분선의 교점 또는 삼각형의 외접원의 중심으로 이해하기보다 두 점으로부터 같은 거리에 있는 점들과 연결시켜 이해하는 것이 연결성 측면에서 볼 때 더 좋은 이해라 할 수 있다[1].

개념과 개념 사이의 연결 또는 표현 사이의 연결의 예로 중학교 2학년에서 다루고 있는 일차함수 개념 전개 방식을 생각해 보자. 현재의 중학교 2학년 수학교과서에서는 일차함수를 대수적 관점 즉 '함수 $y=f(x)$에서 $y$가 $x$에 대한 일차식으로 나타내어지는 함수'로 정의한([그림 2]) 후 일차함수의 그래프를 도입하고 이어서 일차함수의 그래프의 기울기를 정의하고 있다([그림 3]). 이러한 일차함수와 일차함수의 그래프의 기울기에 대한 정의 방식은 개념과 개념 사이의 연결 또는 표현 사이의 연결이라는 관점에서 몇 가지 문제가 있다.

일반적으로 함수 $y=f(x)$에서 $y$가 $x$에 대한 일차식

$$y=ax+b\,(a,\ b\text{는 상수},\ a\neq 0)$$

로 나타내어질 때, 이 함수를 **일차함수**라고 한다.

**[그림 2]** 일차함수의 정의(류희찬 외, 2013)

1) 수직이등분선과 연결하여 세 점으로부터 같은 거리에 있는 점, 세 변의 수직이등분선의 교점, 삼각형의 외접원의 중심을 연결시켜 삼각형의 외심을 이해하는 것이 다음에 논의되는 통합적 이해의 한 예이다.

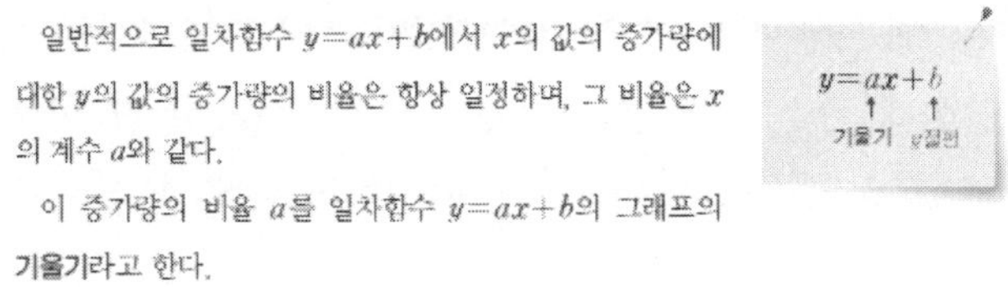

일반적으로 일차함수 $y=ax+b$에서 $x$의 값의 증가량에 대한 $y$의 값의 증가량의 비율은 항상 일정하며, 그 비율은 $x$의 계수 $a$와 같다.

이 증가량의 비율 $a$를 일차함수 $y=ax+b$의 그래프의 기울기라고 한다.



[그림 3] 일차함수의 그래프의 기울기 정의(류희찬 외, 2013)

첫째, 일차함수를 식으로만 정의하면 양과 양 사이의 변화관계를 이해하기 어렵다. 2009 개정 수학과 교육과정 함수 영역의 <교수·학습상의 유의점>에 "② 함수의 개념은 다양한 상황에서 한 양이 변함에 따라 다른 양이 하나씩 정해지는 두 양 사이의 대응 관계를 이용하여 도입한다."(교육과학기술부, 2011)고 제시하였듯이 중학교에서 함수 교육의 초점은 실세계의 다양한 현상 속에서의 변화를 인식하고, 변하는 대상간의 연관성이나 종속성을 기술·해석·예측할 수 있는 능력을 기르는데 있다(김남희 외, 2006). 따라서 일차함수를 변화율의 관점과 대수 표현과 기하 표현을 연결시켜 정의하는 방식을 고려해 볼 필요가 있다. 2009 개정 수학과 교육과정 함수 영역의 <교수·학습상의 유의점>에서도 "③ 다양한 상황을 표, 식, 그래프로 나타내고 설명하게 한다."(교육과학기술부, 2011)라고 표현 사이의 연결을 강조하였다. 따라서 일차함수 상황을 표, 식, 그래프로 나타내는 활동을 통하여 일차함수의 특징 예를 들어 일차함수는 변화율이 일정한 함수이고, 식으로 나타내면 일차식의 꼴이며 그래프는 직선이 된다는 것을 탐구한 후 일차함수를 정의할 필요가 있다.

둘째, 그래프의 기울기를 '변화율이 일정하다'는 관점에서 도입할 필요가 있다(NCTM, 2010). 즉 변화율이 일정한 함수가 일차함수이고 이것을 식으로 나타내면 일차식이 되고 그래프로 나타내면 직선이 된다는 것을 이해한 후, 일정한 변화율의 그래프 표현이 직선의 기울기라는 방식으로 전개할 수 있다. 기울기를 변화율의 관점에서 다루는 것은 순간변화율로서의 미분계수 개념을 이해하는 것과 연결된다. 즉 일차함수의 변화율은 일정하지만 대부분의 함수의 변화율은 일정하지 않다는 점을 비교하면서 평균변화율과 순간변화율의 의미를 도입하는 것이 학생들의 미분계수 개념 이해에 도움이 될 것이다. 또한 함수의 변화율은 함수가 모델링하는 실세계의 주요 특징을 이해하는 데 도움이 되며, 같은 함수족의 변화율은 동일한 유형이기 때문에 변화율을 관찰하여 함수족의 성질을 설명할 수 있다(NCTM, 2000). 순간변화율로서의 미분계수 개념은 평균변화율과 극한 개념에 연결되며 이 과정에서 대수 표현과 기하 표현 및 표현 사이의 번역이 중요한 역할을 한다.

셋째, 일차함수의 그래프는 식을 표로 나타낸 후, 표에 나타난 점들을 좌표평면에 찍는 방식으로 도입한다. 이때 함수의 정의와 그래프 사이의 연결이 잘 이루어지지 않고 있다. 즉 함수의 정의역에 따라 함수의 그래프가 달라진다는 것을 논의하지 않는다.

수학 내적 연결의 예로는 $|a-b|$는 수직선 위의 두 점 $A(a), B(b)$ 사이의 거리, 넓이 모델과 곱셈공식 또는 인수분해 공식의 연결, 방정식의 해를 구하는 것과 함수의 그래프의 $x$축과의 교점을 구하는 것, 미분계수와 접선의 기울기 사이의 연결 등이 있다.

수학 외적 연결은 다시 두 가지로 구분할 수 있다. 하나는 실세계 문제 상황에서 수학으로의 연결이고 다른 하나는 수학에서 실세계 상황으로의 연결이다. 프로이덴탈의 의미에서 전자는 개념의 수학화이고 후자는 응용의 수학화이다.

학생들은 수학적 연결을 통하여 수학을 통합적 전체로 볼 수 있어야 하며 같은 개념의 동치 표현을 인식하고 동치 표현 사이의 절차를 서로 연결시킬 수 있어야 한다. 또한 수학적 사고와 모델을 이용하여 자연과학은 물론 미술, 음악, 심리학 및 경제학과 같은 인문·사회 과학의 문제를 해결할 수 있어야 한다(NCTM, 1989). 이러한 관점에서 수학적 연결성은 산업수학과 관련하여 중요한 수학의 과정 중 하나라 할 수 있다.

또한 수학적으로 사고한다는 의미를 연결성에서 찾을 수 있다.(NCTM, 2000, 류희찬 외(역), 2007, p.329). 학생들이 수학적으로 연결하여 이해하지 못하면 개념과 기능을 개별적으로 고립된 채 배우고 암기해야 한다. 또한 삼각형의 외심과 내심을 묻는 문제를 틀렸지만 외심과 내심의 성질을 이용하여 각의 크기나 변의 길이를 구하는 문제는 모두 맞게 답을 선택한 학생처럼(수학 클리닉 교실 운영에 참가한 중학교 2학년 학생의 사례) 수학 문제해결과 수학 개념 사이의 연결이 부족한 경우도 있다.

## 3 수학적 연결성과 통합적 이해

수학 교수·학습 상황에서 교사는 학생들이 수학개념을 잘 이해하도록 가르치려고 노력한다. 수업 중에 "이해했나요?"라는 교사의 질문에 학생들은 "네" 또는 "아니요"라고 답한다. 이때 교사마다 '이해'의 의미가 다를 수도 있으며 교사가 생각하는 '이해'의 의미와 학생이 생각하는 '이해'의 의미가 다를 수도 있을 것이다. 한편 교사가 똑같은 설명을 했음에도 불구하고 어떤 학생은 이해하고 어떤 학생은 이해하지 못하는 경우도 있고, 교사의 훌륭한 가르침에도 불구하고 아주 간단해 보이는 수학 개념을 이해하는 데 실패하는 학생들도 있다. 왜 그런가?

이러한 의문에 대한 답을 찾기 위해서는 수학 교수·학습의 관점에서 이해가 무엇인지를 명확히 할 필요가 있다. 즉 '학생 A가 수학 개념 X를 이해한다'는 것이 어떤 의미인가를 명확히 할 필요가 있다. 조완영(2012)은 수학 개념을 이해한다는 것을 개념의 발생 맥락을 개념과 연결하여 이해하고, 개념과 개념의 다양한 표현, 개념을 다루는 응용 상황을 서로 유기적으로 연결하여 이해한다는 의미에서 통합적 이해를 제안한 바 있다. 통합적 이해는 다양한 표현을 이용한 맥락과 수학과의 연결, 수학과 응용의 연결을 강조한다는 점에서 수학적 연결성과 프로이덴탈의 수학화 학습 이론과 밀접한 관련이 있다. 이는 "수학의 구조를 이해하면 응용할 수 있다."는 현재의 수학 교육의 가정과는 다른 관점이며, 또한 수학을 하위 요소의 학습 후 통합하고자 시도하는 연합주의 심리학의 주장과도 다르다([그림 4])(이현주·류중현·조완영, 2015).

예를 들어, 현재의 수학교과서에서 미분계수를 평균변화율, 순간변화율로서의 미분계수, 미분가능성, 미분계수의 기하학적 의미를 순차적으로 제시하고 있지만, 통합적 이해의 관점에서는 이를 통합적으로 다룰 필요가 있다. 통합적 이해에서 수학과 응용의 연결은 다소 느슨한 의미가 있지만 개념을 구성하기 위한 맥락 상황과 응용 상황은 유기적으로 연결되어 있어 통합적으로 이해한 학생은 수학을 응용하는 능력도 좋을 것이라고 가정한다.

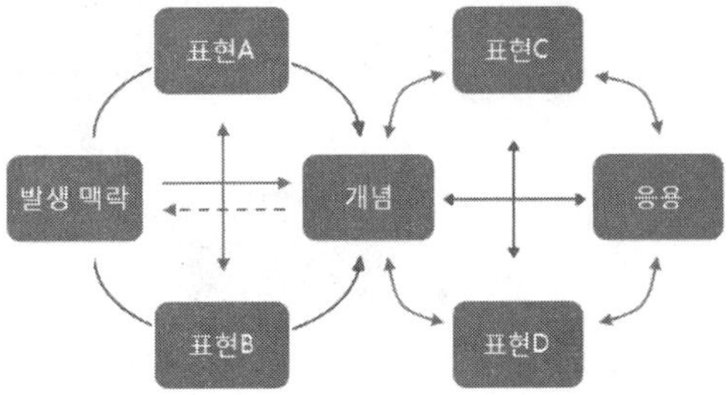

**[그림 4]** 개념의 통합적 이해

통합적 이해의 관점에서 미분계수 개념의 이해를 분석해 보자. Zandieh(1998)는 도함수 개념을 기하학적 의미에서 곡선의 한 점에서 접선의 기울기, 언어적으로 순간변화율, 물리적으로 속력이나 속도, 기호적으로 계차몫($\dfrac{\Delta y}{\Delta x}$)의 극한으로 표현하였다(임선정, 2005, 재인용). 강향임(2012)도 이와 비슷하게 미분계수 개념은 그 형식화 과정에서 고려된 기하학적 측면에서 접선의 기울기, 운동학적 측면에서 순간속도, 대수적인 측면에서 평균변화율의 극한값을 의미하는 등 다양한 측면을 포함한다고 보았다. 또한 그는 미분계수를 개념적으로 이해한다는 것은 미분계수가 포함하는 다양한 측면을 인식하고 문제 상황에 적용할 수 있는 것이라고 하였다. 정연준(2010)은 미분계수의 역사적 발달 과정에 대한 고찰을 통해 미분계수의 정의에 대한 이해는 접선과 순간속도에 대한 이해와 연결되도록 해야 한다고 하였으며 이렇게 될 때 미분계수를 이용하여 변화 현상을 파악할 수 있는 안목이 형성될 수 있을 것이라고 보았다.

미분계수 개념을 통합적으로 이해한다는 것의 의미를 미분계수의 발생맥락인 접선문제와 속도문제를 미분계수 개념과 연결하여 이해하고, 미분계수 개념, 미분계수의 대수적·기하적 표현, 미분계수를 다루는 응용 상황을 서로 유기적으로 연결하여 이해하는 것으로 정의할 수 있다. 이것을 그림으로 표현하면 [그림 5]와 같다(이현주·류중현·조완영, 2015).

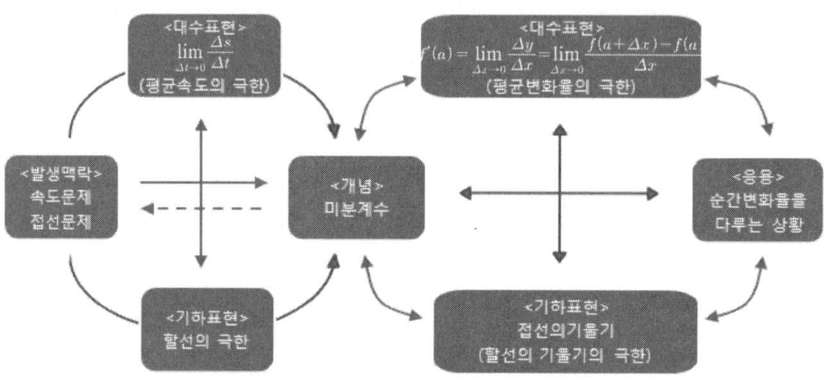


**[그림 5]** 미분계수 개념의 통합적 이해

## 4 수학적 연결성 기반 수학과 교수·학습 자료의 개발 구조

수학적 연결성 기반 수학과 교수·학습 자료 개발의 구조는 앞에서의 논의를 바탕으로 세 가지 관점에서 구성되었다. 첫째, 수학적 연결성 즉, 이전 지식과 새로운 지식의 연결, 상황과 수학 개념 사이의 연결, 개념과 개념 사이의 연결, 수학과 응용상황과의 연결을 반영하였으며, 이러한 과정에서 다양한 표현 사이의 번역 및 역할을 강조하였다. 또한 다양한 구체물과 탐구형 소프트웨어의 활용 가능성도 포함하였다. 둘째, 통합적 이해의 관점을 반영하였다. 개발된 교수·학습 자료를 활용하여 수업을 한 후, 학생들은 통합적 이해 즉 자료의 활용이 단순히 수업 과정을 연결하는 의미가 아니라 전체 과정이 서로 유기적으로 연결된 상태로 이해하기를 기대하였다. 셋째, 자료를 개발할 때의 학습목표는 수학적 연결성과 통합적 이해를 기반으로 설정한다. 넷째, 각 단계별에서의 수학과제는 기본적으로 수학적 연결성을 기반으로 하였으며, '수학 행하기'(Doing Math) 과제(Smith & Stein, 1998; 방정숙(역), 2013에서 재인용)를 중심으로 하였다. 수업 시간에 어떤 과제를 활용하느냐에 따라 학생들이 무엇을 어떻게 학습하느냐가 달라진다. 연결성 기반 교수학습 자료 개발에서 요구되는 과제는 학생들이 개념을 연결시켜 사고하고 통합적으로 이해하도록 하는 과제일 필요가 있다. 다섯째, 수학 내의 연결에서 현재의 교과서 등에서 강조하고 있는 개념적·절차적 지식 사이의 연결을 강조하였다. 수학적 연결성 기반 교수·학습 자료 개발 구조를 [그림 6]과 같이 나타낼 수 있으며 각 과정별 연결성의 의미는 다음과 같다.

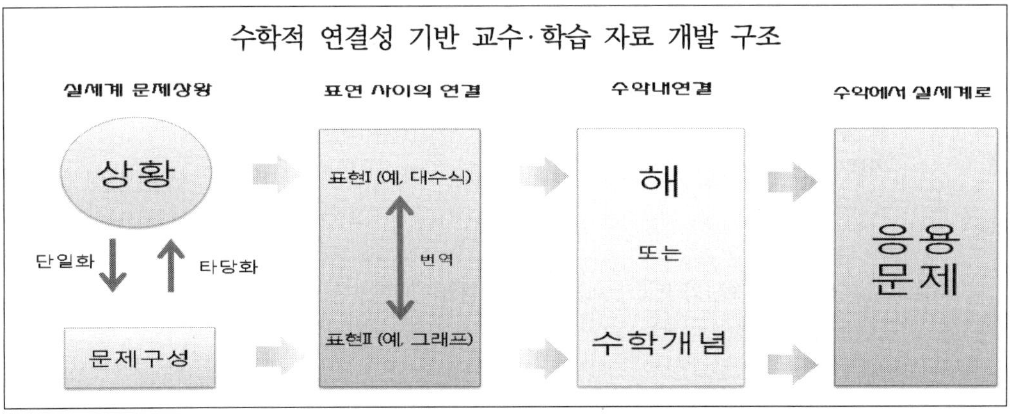


**[그림 6]** 연결성 기반 교수·학습 자료개발 구조

## 4.1 선수학습 내용과 새로운 지식 사이의 연결

수학은 어느 교과보다 계통성이 강한 교과이다. 대부분의 수학 개념은 다른 개념과 연결되어 있으며 따라서 하나의 수학 개념을 이해하기 위해서는 관련된 다른 개념과의 관계를 파악할 필요가 있다. 관련된 선행 개념의 결손으로 새로운 개념을 이해하지 못하는 원인은 이러한 수학의 계통성과 관계가 있다(강문봉 외, 2001).

수학의 계통적 특성은 수학 개념을 가르치는 순서와 방법에도 영향을 끼치며, 수업지도안 또는 실제 수업에서의 '선수학습 상기'는 이를 반영한 것이다. 오수벨(1973, vi; 우정호, 2000, p.219에서 재인용)은 기존의 인지구조에 의미 있게 융합되는 경우를 유의미 학습, 그렇지 못한 학습을 기계적 학습이라고 하였다. 이것은 유의미 학습이 일어나기 위해서는 본시 학습 내용과 관련된 선행개념을 알고 있어야 함을 의미한다. 따라서 이전 지식과 새로운 지식의 연결은 연결성 기반 교수학습 자료의 구조에서 매우 중요한 역할을 한다.

여기서 문제는 이전 지식과 새로운 지식의 연결에서 무엇이 중요한가이다. 대부분의 교과서 또는 수학수업에서는 문제를 중심으로 본시 학습 내용과 관련된 이전 학습 내용을 연결시키려고 시도하고 있다. 예를 들어 [그림 7]은 미분계수와 도함수 단원에 대한 전시학습 상기의 내용이다. 두 점을 지나는 직선의 기울기를 구하는 문제는 접선의 방정식과 연결되며, 극한을 조사하는 문제는 미분계수 개념 자체가 극한값을 구하는 문제임을 암시하고 있다. 연결성이라는 관점에서 볼 때 여기에는 다음과 같은 문제가 있다.

| 배 운 내 용 떠 올 리 기 |

**1 두 점 A$(-1,\ 4)$, B$(1,\ 2)$를 지나는 직선의 기울기를 구하여라.**

**2 다음 극한을 조사하여라.**

(1) $\lim_{x \to 0} \frac{x^2 - 2x}{x}$ (2) $\lim_{x \to 1} \frac{3|x-1|}{x-1}$

**[그림 7]** 미분계수와 도함수 단원의 전시학습 상기 내용

첫째, 위 문제들은 과정보다는 결과로서의 지식을 묻고 있는 문제로 핵심 연결고리를 파악하기가 쉽지 않다. $\lim_{x \to 0} \frac{x^2 - 2x}{x} = \lim_{x \to 0}(x-2) = -2$라고 답할 것이다. 그러나 이러한 풀이 과정은 평균변화율의 극한으로서의 순간변화율 즉 미분계수 개념을 이해하는 것과 다소 거리가 있다. 미분계수 개념에서 '평균변화율의 극한값'임을 이해하는 것이 본질적으로 중요하다. 둘째, 수학적 연결성에서 표현 사이의 연결이 중요한 역할을 한다. 그러나 위의 예에서는 대수적인 표현만 제시하여 학생들이 기하 표현과 연결시켜 생각할 것이라고 기대하기 어렵다. 직선의 기울기를 구하는 문제는 주어진 함수(이 경우 이차함수의 예가 적절해 보인다.)의 그래프 위의 두 점을 제시한 후 두 점을 지나는 직선의 기울기를 구하도록 요구하는 것이 연결성 측면에서 볼 때 더 바람직할 것이다. 극한을 조사하는 문제의 경우도 문제에 그래프 표현을 제시하여 '$\lim_{x \to 0}$'의 의미를 탐구하도록 하는 것

이 필요하다.

이전 지식과 새로운 지식 사이의 연결에서 본질적으로 무엇이 연결되는지를 파악하여 이를 탐구하도록 할 필요가 있다. 예를 들어 수직이등분선과 삼각형의 외심을 연결시키는 것이 아니라 '두 점으로부터 같은 거리에 있는 점'이라는 관점에서의 선분의 수직이등분석 개념과 연결시켜 삼각형의 외심을 '삼각형의 세 꼭짓점으로부터 같은 거리에 있는 점'(보다 일반적으로 '세 점으로부터 같은 거리에 있는 점')으로 연결시키려는 노력이 필요하다.

## 4.2 상황과 수학 개념 사이의 연결: 표현의 역할

프로이덴탈(Freudenthal, 1991)에 따르면 수학은 현실에의 필요성에서 발생할 뿐만 아니라 수학자의 상상력에 의해서 먼저 발생된 수학이 현실 속의 여러 가지 상황에 적용되면서 수학과 현실이 서로 밀접한 관계를 가지면서 발전해왔다. 이러한 관점에서 보면 수학을 현실과의 관련성을 무시하고 고립된 추상적이고 형식적인 지식으로만 가르치는 것은 옳은 일이 아니다. 역사적으로 수학이 어떤 현실의 문제를 해결하는 과정에서 출발하여 많은 사람들의 정신적 활동을 통해 정련되고 조직되어 하나의 체계적인 지식을 발전해 왔듯이, 학생들도 자신들에게 현실적인 문제 상황에서 출발하여 아이디어를 찾고 이를 정련하고 조직화하는 수학화의 과정을 경험하면서(정영옥, 2014) 수학을 공부할 필요가 있다. 이때 현실의 일부, 즉 "어떤 구체적인 수업 과정에서 학생들에게 열려 있으며 수학화되어야 할 현실의 영역"을 맥락이라고 한다(Freudenthal, 1991; 정영옥, 2014에서 재인용).

맥락은 관련된 수학개념에 대한 수학적 정보를 포함하고 있는 상황이며, 학생들이 자신들의 상식을 근거로 수학적 아이디어들을 이끌어 낼 수 있는 수학화해야 할 현실의 영역을 의미한다. Treffers & Goffree(1985)는 맥락의 역할을 네 가지 측면에서 설명하였다. 첫째, 학생들은 현실적인 맥락 문제를 통해 자연스럽게 수학에 다가갈 수 있다. 둘째, 맥락 문제는 형식적 연산과 기호, 법칙 등을 재조직하여 수학적 모델을 발전시키는데 기여한다. 셋째, 맥락 문제는 현실 속에 내재되어 있는 수학의 응용성을 보여준다. 넷째, 학생들이 상황 속에서 수학적인 능력을 구체적으로 연습할 수 있도록 한다. 요약하면 맥락은 수학 학습의 동기유발에서 수학 개념 자체를 이해하고 이를 적용하는데 이르기까지 중요한 역할을 한다.

자료 개발을 할 때 어떤 맥락을 선정할 것인가를 결정하기 위해서는 프로이덴탈의 의미에서 교수현상학적 분석이 요구된다(Freudenthal, 1983; 정영옥, 2014에서 재인용). 즉 역사발생 분석, 수학 분석, 학생들의 주변 상황 분석과 더불어 수학의 응용분석과 학생들의 심리 분석이 요구된다. 미분개념은 역사적으로 기하에서의 접선문제와 물리에서의 속도문제로부터 발생하였다. 그리스 시대의 아르키메데스는 나선(극방정식으로 $r = a\theta$)을 연구하는 과정에서 오늘날의 미분법과 유사한 운동학적 생각으로 나선의 운동 방향 즉 곡선의 접선을 찾으려 했던 것으로 추측된다(양영오·조윤동(역), 2000). 13-15세기 경 모든 운동을 '어떤 외적 힘의 결과'로 보던 관점에서 "모든 물체는 한번 움직이면 계속해서 운동하려는 경향이 있다"는 관성의 법칙으로 관점이 달라지면서 순간속도 개념을 수학적으로 정의하는 것이 가능해졌다. 따라서 서로 다른 맥락의 접선문제와 속도문제는 학생들에게 미분개념에 대한 현실적인 맥락으로 제공될 수 있다.

수학적으로 미분개념은 평균변화율($\frac{\Delta y}{\Delta x}$)의 극한으로서의 순간변화율($\lim_{\Delta x \to 0} \frac{\Delta y}{\Delta x}$)로 정의될 수 있으며 본질적으로 극한의 문제로 극한값의 존재 문제는 미분가능성 문제로 자연스럽게 연결된다. 이때 학생들은 $\frac{\Delta y}{\Delta x}$는 할선의 기울기이고 $\lim_{\Delta x \to 0} \frac{\Delta y}{\Delta x}$는 접선의 기울기임을 이해하는 것이 중요하다. 학생들에게 미분계수에 대한 맥락을 제공할 때 이러한 점도 고려해야 한다. 학생들이 수학적 미분계수 개념을 이해할 때 할선의 기울기와 평균속도가 평균변화율의 의미이며, 접선의 기울기와 순간속도가 순간변화율의 의미라는 것을 연결시켜(기하적 표현과 대수적 표현의 연결 포함) 이해할 필요가 있다.

## 4.3 개념과 개념 사이의 연결

대부분의 수학개념은 다양한 하위 개념과 연결되어 있는 복잡한 계층구조를 가지고 있다. 따라서 이를 단순히 계열화하여 가르치면 칸막이 현상이 발생하게 되고 학생들이 수학 개념을 어려워하는 원인이 되기도 한다. 설명을 잘하고 개념의 다양한 특면을 잘 드러내는 구조화된 연습문제를 풀게 하면 학생들이 그 개념을 잘 이해할 수 있을 것이라는 가정하에 과제를 계열화하여 가르쳤지만 현실은 성공적이지 못하다(Eisenberg, 1991; 류희찬 · 조완영 · 김인수(역), 2003에서 재인용). 미분계수의 경우 대부분의 교과서에서 평균변화율, 순간변화율과 미분계수, 미분가능성, 미분계수의 기하학적 의미 등으로 계열화하여 제시하고 있다. 김정희 · 조완영(2004)에 따르면 미분계수와 관련된 개념 즉 순간변화율,

미분계수, 미분가능성, 접선, 도함수의 정확한 뜻을 이해하지 못하거나 잘못된 개념을 가지고 있으며 순간변화율, 미분계수, 접선의 기울기가 같은 의미임을 인식하지 못한 것으로 나타났다. 또한 개념의 이해가 부족함에도 불구하고 대수적인 미분에 관련된 문제는 잘 해결하는 것으로 나타났다. 수학을 선택하고 미적분학을 적어도 한 강좌를 수강한 학생 110명(고등학생 60명, 대학생 50명)을 대상으로 개인 면담을 이용한 Orton(1980)의 연구에서도 학생들은 간단한 함수에 대한 도함수와 원시함수를 계산하는 대수적 알고리즘에는 상당히 능숙하였지만, 도함수와 적분개념의 토대가 되는 극한 과정을 개념적으로 이해하는 것을 어려워하였으며 할선의 극한이 접선이라는 것을 이해하지 못한 학생이 43명인 것으로 나타났다.

이러한 의미에서 개념과 개념 사이의 연결은 중요한 의미를 갖는다. 미분계수의 경우 평균변화율의 극한으로서 순간변화율을 연결시켜야 하고, 극한의 문제와 미분가능성을 연결시켜 이해할 필요가 있다. 또한 순간변화율의 대표적인 예인 순간속도와 접선의 기울기는 미분계수와 동일한 개념임을 연결시킬 필요가 있다.

## 4.4 수학개념과 응용상황 사이의 연결

수학개념과 응용상황 사이의 연결은 프로이덴탈의 의미에서 응용의 수학화와 관련이 있으며 수학 교육의 주요 목표 중 하나이다. 2015 개정 수학과 교육과정에서는 수학 교과 역량을 문제해결, 추론, 창의·융합, 의사소통, 정보처리, 태도 및 실천의 능력으로 설정하였다. 창의·융합 능력을 신장시키기 위한 교수·학습 방법에서 “수학적 개념, 원리, 법칙 간의 관련성을 파악하고, 수학의 지식과 기능을 다른 교과나 실생활 상황에 적용하여 융합적 사고 능력을 기를 수 있게 한다.”고 제시하여 수학내적 연결은 물론 수학과 응용상황 사이의 연결을 강조하고 있다.

교과서에 제시된 응용문제는 실제적이기보다는 인위적인 상황이 대부분으로 타 교과나 실생활의 실제와 연결성이 부족한 편이다. 수학과 타 교과의 실제적 상황과의 연결이 특히 요구된다.

# 5 수학적 연결성 기반 미분계수 교수·학습 자료의 개발

## 5.1 선수학습과 본시학습의 연결

### 학습 목표 2)

- 그래프와 식을 이용하여 평균속도와 순간속도 사이의 관계를 설명할 수 있다.
- 그래프와 식을 이용하여 미분계수의 뜻을 설명하고 구할 수 있다.
- 미분계수를 이용하여 다양한 상황에서의 변화 관계를 설명할 수 있다.

### 배운 내용 확인하기 3)

1. 함수 $f(x)=x^2$ 위의 두 점 A(1, 1)와 B(2, 4)를 지나는 직선을 그리고 그 기울기를 구하여라.

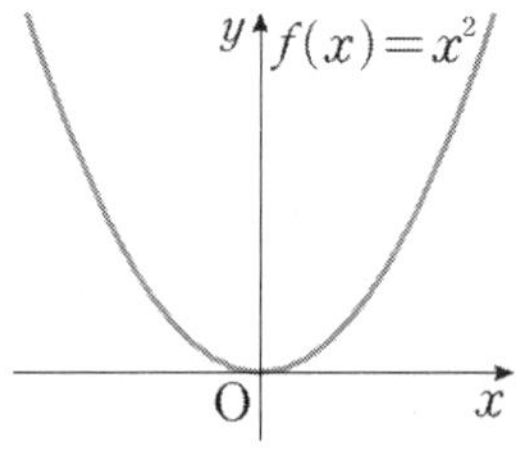


2. 물음에 답하여라.

(1) 그래프를 이용하여 극한값 $\lim_{x \to 1}\frac{x^2-1}{x-1}$을 구하고 그 이유를 설명하여라.

2) 학습목표는 연결성과 통합적 이해의 의미를 고려한 것으로 수학과제와 밀접한 관련이 있다. 본 자료에서의 학습목표는 《물리 I》 교과서의 평균속도와 순간속도 개념을 상황으로 선택한 데 따라 설정되었다.

3) 선수학습 내용과 새로운 지식 사이를 연결하는 활동으로 활동의 이름은 다양하게 선택할 수 있다.

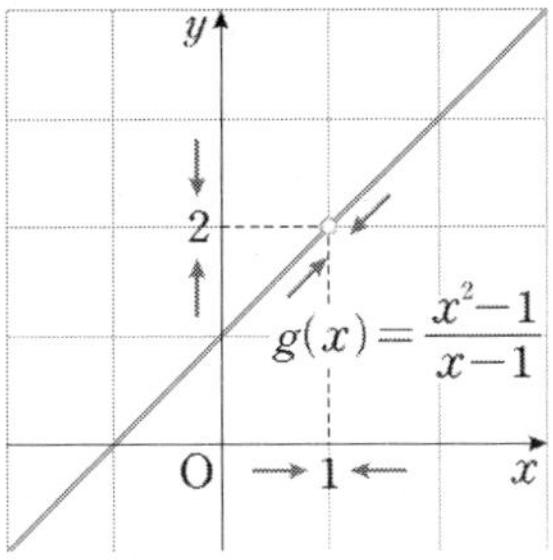


(2) $f(x)=[x]$(단, $[x]$는 $x$보다 크지 않은 최대의 정수를 나타낸다.)의 그래프를 좌표 평면에 그리고 $\lim_{x\to 1} f(x)$의 값을 구하고, 그래프를 이용하여 그 이유를 설명하여라.

## 5.2 상황과 수학(미분계수)의 연결(표현 사이의 연결)

**탐구활동 1**

다음을 읽고 물음에 답하시오.

〈가〉 고등학교 물리 I 교과서에서는 평균속도와 순간속도를 다음과 같이 설명한다.

**평균 속도**

물체가 움직이면 시각에 따라 위치가 변하므로 움직이는 물체의 위치를 시각의 함수로 나타낼 수 있다. 즉 위치 $s$를 $s(t)$로 나타낼 수 있다.

이때 위치의 변화를 변위라고 한다. 예를 들어 어떤 물체가 시각이 $t_1$일 때 $s_1=s(t_1)$이라는 곳에 있다가 시각이 $t_2$일 때 $s_2=s(t_2)$라는 곳으로 이동하였다고 하자. 두 지점 사이의 변위는 $\Delta s=s_2-s_1=s(t_2)-s(t_1)$이고 두 지점을 이동하는 데 걸린 시간은 $\Delta t=t_2-t_1$이다.

이때 걸린 시간에 대한 변위의 비율 값을 평균 속도라고 한다.

$$v_{평균}=\frac{\Delta s}{\Delta t}=\frac{s(t_2)-s(t_1)}{t_2-t_1}$$

㉠ 시간에 대한 위치를 그래프로 나타냈을 때 두 지점 사이의 기울기가 평균 속도에 해당한다. 단위는 m/s, km/h 등으로 나타낸다.

**순간 속도**

두 물체의 움직이는 빠르기가 일정하지 않을 때에는 평균 속도로 비교하기가 쉽지 않다. 어느 시점에서 비교하느냐에 따라 얼마든지 결과가 달라질 수가 있다. 이럴 때에는 어느 특정 시각의 순간적인 값으로 비교할 수 있다. 따라서 속도를 순간적인 값으로 계산할 필요가 있을 때 걸린 시간을 최소화시킨 시간 동안의 물체의 변위 비율을 구하게 된다. 이 값을 **순간 속도**라고 한다. 순간 속도를 구하려면 ㉡ 이동 시간을 최소로 줄여 어느 순간의 값을 구해야 한다.

㉢ 시간에 대한 위치를 그래프로 나타냈을 때, 순간 속도는 그래프에서 특정 시각의 접선의 기울기에 해당한다.

『고등학교 물리 I』(김영민 외 7인, 2011, 교학사)

〈나〉 정지되어 있던 물체가 중력을 받아 속력이 커지면서 지면을 향하여 떨어지는 운동을 자유낙하운동이라고 한다. 공기 저항을 무시할 때 중력가속도는 $g=9.8(\mathrm{m/s^2})$으로 일정하다. 높은 곳에서 정지 상태에 있던 물체가 자유 낙하를 시작하여 $t$초 동안 낙하한 거리를 $s$라고 하면 $s=4.9t^2$이 성립한다고 한다.

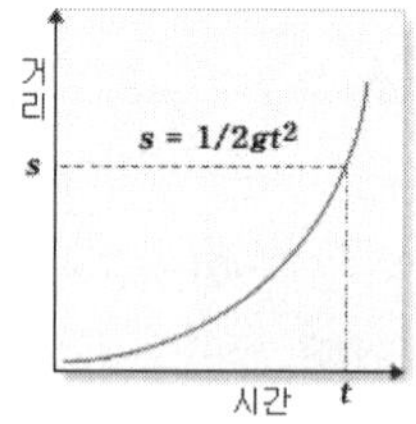

거리-시간

**문제 1** 〈나〉의 $s=4.9t^2$에 대하여 물음에 답하여라.

(1) 시각 $t=1$와 $t=2$ 사이의 평균 속도를 구하여라.

(2) $t=1$와 $t=2$일 때 자유 낙하하는 물체의 위치를 표시하고 두 점을 지나는 직선의 기울기를 구하여라.

(3) 〈가〉의 밑줄 친 ㉠을 이용하여 (1)과 (2)의 결과를 비교하고 그 이유를 설명하여라.

**문제 2** 〈가〉의 밑줄 친 ㉠, ㉡, ㉢을 이용하여 다음을 설명하시오.

(1) 〈가〉의 밑줄 친 ㉡의 의미를 수학 개념을 이용하여 설명하여라.

(2) $s=4.9t^2$에서 $t=1$인 순간의 속도를 구하고 그 의미를 설명하여라.

(3) 〈가〉의 밑줄 친 ㉢과 (2)의 결과를 이용하여 $s=4.9t^2$의 그래프 위의 점 (1, 4.9)에서의 접선의 기울기를 구하고 그 이유를 설명하여라.

**문제 3** 다음을 정의하고 그래프를 이용하여 그 의미를 설명하여라.

(1) 곡선 $y=f(x)$위의 점 $P(a, f(a))$에서 이 곡선에 그은 접선

(2) $s=f(t)$($s$는 수직선 운동을 하는 점 P의 시각 $t$에서의 위치)일 때, 시각 $t=a$에서의 물체의 순간 속도

## 5.3 수학 내 연결(표현 사이의 연결)

**탐구활동 2**

다음을 읽고 물음에 답하시오.

〈가〉 일반적으로 함수 $y=f(x)$에서 $x$의 값이 $a$에서 $b$까지 변할 때, $y$의 값은 $f(a)$에서 $f(b)$까지 변한다. 이때 $x$의 변화량에 대한 $y$의 변화량의 비율을 **평균변화율**이라고 한다.

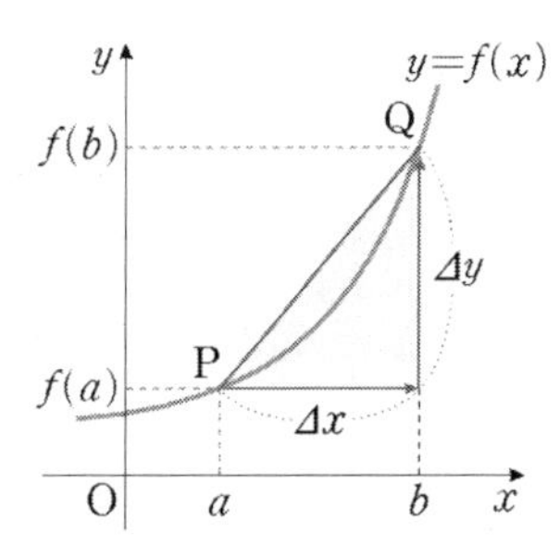


$$\frac{\Delta y}{\Delta x}=\frac{f(a+\Delta x)-f(a)}{\Delta x}$$

탐구활동1에서의 평균 속도는 평균변화율의 한 예이다. 일차함수의 경우는 평균변화율이 항상 일정(이것이 일차함수의 그래프의 기울기이다)하지만 이차함수 등과 같이 그 그래프가 직선이 아닌 곡선으로 나타나는 경우는 $a$와 $b$에 따라 평균변화율이 달라진다. 따라서 순간 속도에서처럼 어느 한 점, 예를 들어 점 $(a, f(a))$에서의 **순간변화율**을 생각할 필요가 있다.

〈나〉 옆 그림에서 두 점 $A(a, f(a))$와 $B(a+\Delta x, f(a+\Delta x))$를 지나는 직선을 할선, 두 점 A와 T를 지나는 직선을 점 A에서 곡선 $y=f(x)$에 그은 접선이라고 한다.

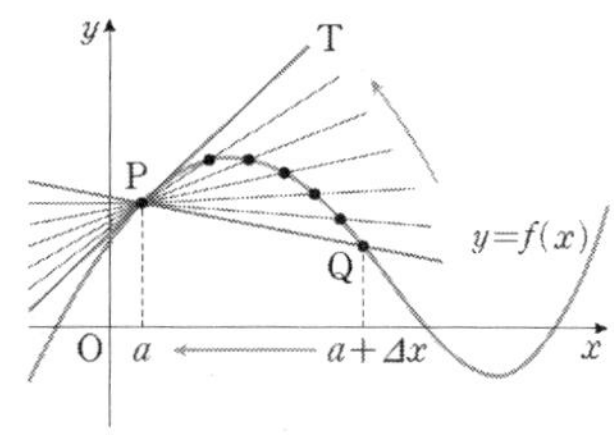


**문제 1** 함수 $f(x)=x^2$에 대하여 물음에 답하여라.

(1) $x$의 값이 1에서 2까지 변할 때의 평균변화율을 구하여라.

(2) $y=x^2$의 그래프 위의 두 점 P(1, 1), Q(2, 4)을 지나는 할선의 기울기를 구하여라.

(3) $x=1$에서의 순간변화율과 $y=x^2$의 그래프 위의 점 P(1, 1)에서의 접선의 기울기를 구하고 그 이유를 설명하여라.

**문제 2** 물음에 답하여라.

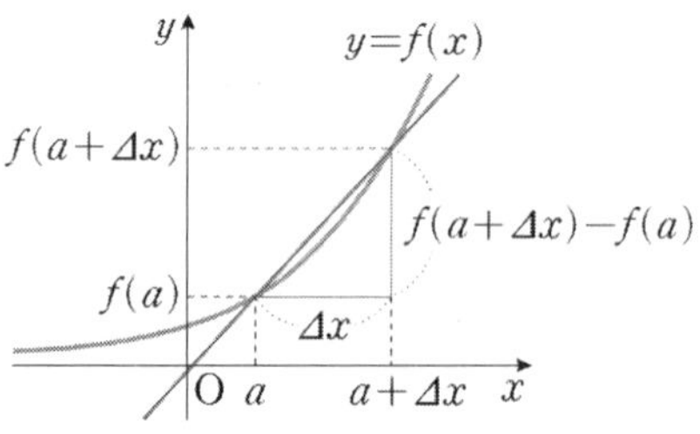


(1) 함수 $y=f(x)$에서 $x$의 값이 $a$에서 $a+\Delta x$까지 변할 때의 평균변화율을 식으로 나타내고 그 의미를 그래프를 이용하여 설명하여라.

(2) 함수 $y=f(x)$에서 $x=a$에서의 순간변화율을 구하고 그 의미를 식과 그래프를 이용하여[4] 설명하여라.

**문제 3** $a+\Delta x=x$라 할 때 $f'(a)=\lim_{\Delta x\to 0}\frac{\Delta y}{\Delta x}=\lim_{\Delta x\to 0}\frac{f(a+\Delta x)-f(a)}{\Delta x}$이 어떻게 변형되는 지를 다음 그래프를 이용하여 설명하여라.

---

4) 위 읽기 자료 〈나〉의 그래프에서 점 Q가 점 P로 가까워지는 것은 $\Delta x \to 0$을 의미하며, $\frac{\Delta y}{\Delta x}$는 이때의 각 할선의 기울기를 의미한다. 따라서 $\lim_{\Delta x\to 0}\frac{\Delta y}{\Delta x}$의 의미는 점 Q가 점 P로 가까워질 때 할선의 기울기가 접선의 기울기로 가까워짐을 의미한다.

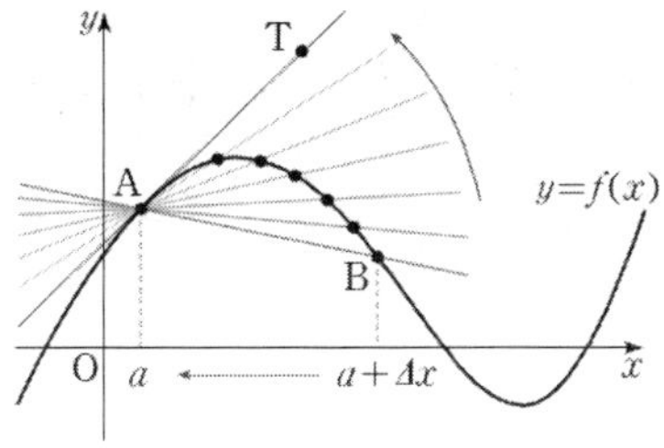


## 탐구활동 3

다음을 읽고 물음에 답하시오.

〈가〉 일반적으로 함수 $y=f(x)$에서 $x=a$에서의 미분계수 $f'(a)=\lim_{\Delta x \to 0}\frac{\Delta y}{\Delta x}$는 평균변화율 $\frac{\Delta y}{\Delta x}$의 극한값이다. 따라서 이 극한값은 존재할 수도 있고 존재하지 않을 수도 있다. 극한값 $\lim_{\Delta x \to 0}\frac{\Delta y}{\Delta x}$이 존재할 때 미분가능하다고 한다. 일반적으로 좌극한값과 우극한값이 같을 때 극한값이 존재한다고 한다.

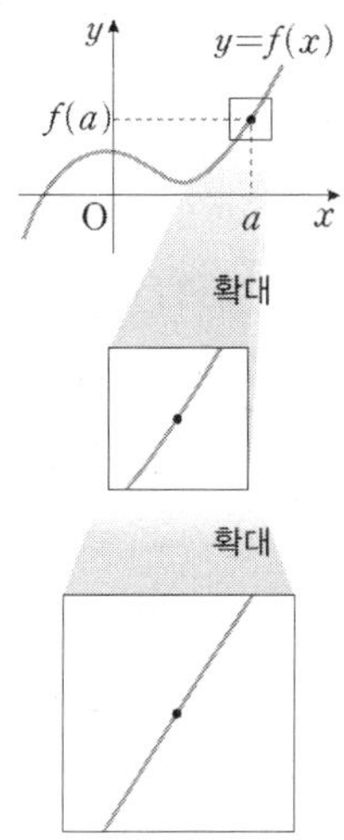


〈나〉 접선개념은 미분계수 개념이 형식화되기 훨씬 이전에 발생하였다. 원의 접선 개념에 대해서는 유클리드 원론에 나오지만 원이 아닌 곡선의 접선을 구한 것은 아르키메데스였다고 한다(양영오·조윤동(역), 2000). 아르키메데스는 나선을 연구하는 과정에서 오늘날의 미분법과 유사한 운동학적 생각으로 곡선에서 그은 접선을 연구했다고 한다. 함수 $y=f(x)$가 $x=a$에서 미분가능 할 때, 점 $(a, f(a))$를 포함하는 부분을 아주 확대하면 거의 직선처럼 보이는 데 이것이 바로 접선에 가까운 직선이다.

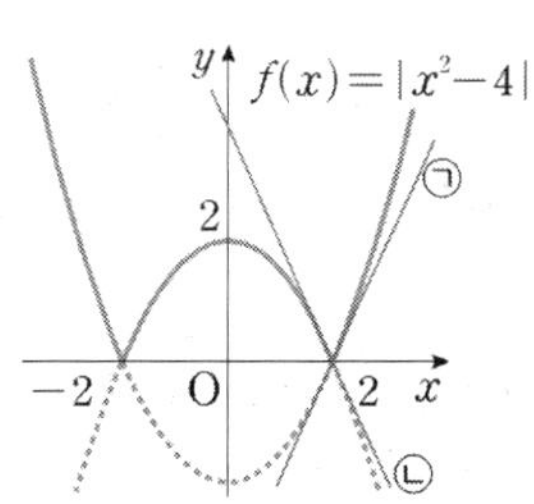


〈다〉 민수는 연속과 미분가능 사이의 관계를 알아보기 위해 함수 $f(x)=|x^2-4|$가 $x=2$에서 연속인지, 미분가능한지를 조사하였다. 미분가능성은 왼쪽의 그래프를 이용하여 조사하였다.

**문제 1** 다음 그림은 $x=0$에서 연속인 두 함수 $f(x)=x^2$, $g(x)=|x|$의 그래프이다. 물음에 답하여라.

❶
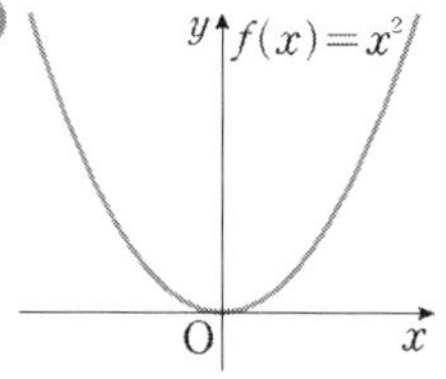


❷
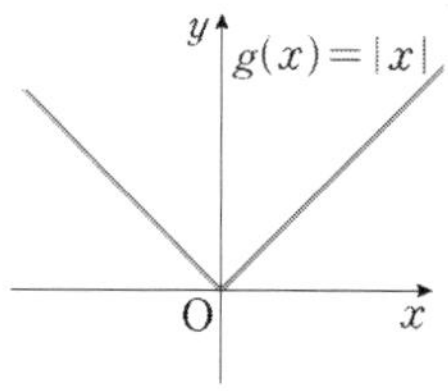


(1) 각각의 경우 $x=0$에서 접선이 존재하는지를 판단하고 〈나〉를 이용하여 그 이유를 설명하여라. 또 접선이 존재하는 경우는 접선을 그려 보아라.

(2) (1)에서 접선이 존재하지 않는 경우 〈가〉를 이용하여 그 이유를 설명하여라.

**문제 2** 〈다〉에 대한 다음 물음에 답하여라.

(1) 민수가 미분가능성을 조사하기 위해 이용한 그래프에서 두 직선 ㉠과 ㉡의 기울기를 구하고 미분가능성 여부를 판단하여라.

(2) 함수 $f(x)=|x^2-4|$가 $x=2$에서 연속인지를 판단하고 그 이유를 설명하여라.

(3) 민수의 예를 이용하여 미분가능성과 연속성과의 관계에 대해 거짓인 명제를 만들고 그 이유를 설명하여라.

(4) 미분가능성과 연속성과의 관계에 대해 참인 명제를 만들고 그 이유를 설명하여라.

## 5.4 수학과 응용 사이의 연결(미분계수의 활용[5])

1. 시각 $t$초일 때, 어떤 전선을 지나는 전하량(C)이 $Q(t)=\frac{1}{3}t^3+t^2+3$라고 한다. 전류에 대한 〈제시문 1〉의 설명을 읽고 물음에 답하여라.

---

5) 미분계수의 활용 자료는 미분적분학(Stewart, 2009, 강순부외(수학교재편찬위원회)(역), 2010)과 조완영(2003)의 연구보고서 [고등학교 미적분에서의 수학화 교수·학습에 관한 연구], 류희찬 외(2010)의 《미적분과 통계 기본》을 참고하여 수정하였다. 미분계수의 활용은 제한적이며, 도함수와 미분법을 학습한 후에 보다 다양한 소재를 이용하여 미분의 활용으로 다루어질 필요가 있다.

**제시문 1**

(가) 명주헝겁으로 문지른 유리막대와 털가죽으로 문지른 에보나이트 막대를 접근시키면 두 막대는 서로 끌어당긴다. 이것은 유리막대는 서로 다른 종류의 전기를 가지고 있음을 의미한다. 미국의 프랭클린은 **전하**라는 용어를 이용하여 이 현상을 설명한다. 즉 유리막대에 생긴 전기를 (+)**전하**, 에보나이트 막대에 생긴 전기를 (−)**전하**라고 한다. 전하의 종류가 서로 다를 때 서로 끌어당기는 힘(전기력이라 한다)이 작용하여 전하의 흐름이 발생하는 데 이러한 전하의 흐름을 전류라고 한다.
(나) 전류의 방향은 (+)전하가 흐르는 방향과 같고 전류의 세기는 단위 시간에 도선의 단면을 지나는 전하량으로 나타낸다. 즉, $I=\frac{Q}{t}(1A=C/\mathrm{sec})$($C$은 전하량의 단위이다)이다.

(1) 1초에서 3초 동안의 평균 전류의 세기를 구하여라.
(2) 1초 후에 흐르는 전류의 세기는 얼마인가?

2. 온도가 일정할 때, 단위부피에 대한 압력에 관한 부피의 변화율을 양수로 나타낸 것을 압축률이라고 한다. 25°C에서 표본공기의 부피($\mathrm{m}^3$)는 압력(kPa)에 대하여 $V=\frac{5.3}{P}$인 관계가 성립한다고 한다. $P=50\mathrm{kPa}$일 때의 압축률을 구하고 그래프로 나타내어라.

3. 한 회사가 어떤 상품을 $x$단위 생산할 때 소요되는 총 경비를 총비용이라고 하고, 이를 일반적으로 다항함수 $C(x)$로 나타낸다(상품의 단위 $x$는 자연수이지만 여기서는 연속이라고 가정한다). 또, 상품 한 단위를 추가로 생산할 때 필요한 총비용의 증가분을 한계비용(marginal cost)이라고 한다. 어떤 회사의 총비용함수가 $C(x)=1000+3x+0.001x^2$이라고 한다. 물음에 답하여라.

(1) 생산된 상품의 수가 500에서 1000으로 증가할 때, 총비용의 평균변화율을 구하여라.
(2) 1000대에서 1대 더 생산하는데 추가 비용이 얼마인가를 구하는 방법을 설명하여라.

## 6 결론

수학교육의 목적은 시대적 상황과 사회적 요구와 밀접한 관련이 있다. 20세기 초 수학교육 근대화 운동에서는 산업혁명으로 새롭게 탄생된 노동자 계급에 대한 실용적 교육의 필요에 따라 수학의 유용성이 강조되었으며, 1960년대 수학교육 현대화 운동에서는 수학의 발달과 응용범위의 확대 등으로 수학의 구조를 강조하였다(황혜정 외, 2016). 우리나라의 수학교육은 여러 번에 걸쳐 수학과 교육과정이 바뀌었음에도 불구하고 여전히 수학교육 현대화 운동의 영향을 받은 제3차 수학과 교육과정 이래 수학의 구조 즉 수학 자체를 강조하여 왔다. 이러한 수학교육의 경향은 학생들이 수학의 교육적 가치를 이해하기 어렵게 만드는 요인 중의 하나이다.

세계는 3차 산업혁명이라 일컬어지는 지식기반정보화 사회를 넘어 제조업과 정보통신기술의 융합 즉 기계와 제품의 지능화와 사물인터넷으로 요약할 수 있는 4차 산업혁명시대에 접어들었다. 4차 산업혁명 시대의 핵심 키워드는 융합이며 2015 개정 수학과 교육과정에서도 창의·융합을 수학교과의 핵심 역량 중 하나로 제시하고 있다. 따라서 우리나라 수학교육에서도 이러한 시대적 변화에 대처할 필요가 있다. 구체적으로 어떻게 해야 할 지는 앞으로의 연구가 필요하지만 수학의 구조와 수학의 응용 사이의 보다 구체적인 상호작용이 요구된다는 것은 의심할 여지가 없다. 이러한 의미에서 수학적 연결성은 매우 중요한 시사점을 제공한다.

본 장에서는 수학적 연결성의 의미를 구체화하여 교수·학습 자료 개발의 구조를 논의하였으며 이를 기반으로 미분계수에 관한 교수·학습 자료를 예시적으로 제안하였다. 수학적 연결성 기반 미분계수 교수·학습 자료를 개발할 때 다음과 같은 점을 강조하였다.

첫째, 수학적 연결성을 기반으로 한 수업 후에 학생들이 통합적으로 이해해야 한다는 관점에서 수학의 과정과 결과로서의 수학 내용을 포함하여 학습목표를 구체화하였다.

둘째, 선수학습 내용과 본시학습 내용 사이의 연결에서는 핵심 연결고리가 무엇인가를 찾아 이를 구체화하려고 시도하였다.

셋째, 상황과 수학 사이의 연결을 강조하였으며, 이때의 상황은 가능한 실제적인 상황을 선택하려고 노력하였다. 미분계수의 경우 고등학교 《물리Ⅰ》 교과서에서 평균속도와 순간속도를 할선과 접선의 기울기와 연결시켜 정의하고 있음에 주목하여 상황을 개발하였다.

넷째, 수학과 실세계의 연결에서 인위적인 응용상황은 피하고 다른 교과 등에 나오는 개념과 연결시키려고 시도하였다. 수학 내에서의 응용은 현행 교과서 등에서 많이 다루고 있어 본 장에서는 논의하지 않았다.

다섯째, 수학적 연결성 기반 교수·학습 자료 개발의 전 과정에서 표현 사이의 연결의 중요성을 강조하였다. 표현 사이의 연결은 선수학습과 본시학습의 연결에서도 역시 중요하다.

수학적 연결성의 의미와 중요성을 기반으로 자료 개발에서 이러한 것들을 어떻게 반영할 수 있는지에 대한 대안적인 생각을 제시하고자 노력했지만, 본 장에 제시한 자료가 완전하지는 않으며 관점에 따라 해석이 달라질 수 있다. 개발된 자료를 이용하여 교수실험을 하고 자료를 수정하는 연구가 요구된다.

# 참고 문헌


강문봉·김수미·송상헌·박교식·박영배·유현주·이종영·정동권·정은실·정영옥 (2001). **초등수학교육의 이해**. 서울: 경문사

강향임 (2012). 수학적 모델링 과정에서 접선 개념의 재구성을 통한 미분계수의 재발명과 수학적 개념 변화. **학교수학**, **14(4)**, 409-429.

과학기술정책연구원 (2015). **산업수학 활성화를 위한 국내 산업수학 생태계 분석**, 과학기술정책연구원 정책연구 2015-26. 교육기술정책연구원.

교육과학기술부 (2011). **수학과 교육과정**. 교육과학기술부 고시 제2011-361호. 교육과학기술부.

김경희·김수진·김남희·박선용·김지영·박효희·종송 (2008). **수학·과학 성취도 추이변화 국제비교연구 -TIMSS 2007 결과보고서-**. 한국교육과정평가원 RRE 2008-3-3.

김남희·나귀수·박경미·이경화·정영옥·홍진곤 (2013). **수학교육과정과 교재연구**. 서울, 경문사.

김영민·김익균·김성원·박병윤·정병훈·박종원·김재권·권경필 (2011). **고등학교 물리 I**. 서울: 교학사.

김정희·조완영 (2004). 고등학교 학생들의 미분개념의 이해 및 오류유형 분석. **수학교육논총 제 26집,** pp.489-508 . 대한수학교육학회.

박한식 (1988). **중학교 수학 2**, 서울: ㈜ 지학사.

류희찬 외 (2010). **미적분과 통계기본**. 서울:(주) 미래앤.

류희찬 외 (2013). **중학교 수학 2**. 서울: (주)천재교과서.

우정호 (2000). **수학 학습-지도 원리와 방법**. 서울대학교 출판부.

이미경·곽영순·민경석·채선희·최성연·최미숙·나귀수 (2004). **PISA 2003 결과 분석 연구- 수학적 소양, 읽기 소양, 과학적 소양 수준 및 배경변인 분석** -. 한국교육과정평가원 RRE

이종희·김수진 (2010). PISA 2003 결과에서 수학의 정의적 영역에 영향을 주는 변인 분석, **학교수학 제 12권 제2호**, 219-237.

이현주·류중현·조완영 (2015). 통합적 이해의 관점에서 본 고등학생들의 미분개념 이해 분석, **한국수학교육학회지 시리즈 E, 제 29집 제 1호**, 131-155.

임선정 (2005). **고등학교 학생들의 미분개념 이해와 수학적 사고 스타일 연구**. 서울대학교 대학원 석사학위 논문.

정연준 (2010). 미분계수의 역사적 발달 과정에 대한 고찰. **학교수학, 12(2)**, 239-257.

정영옥 (1997). Freudenthal의 수학화 학습 지도론 연구. 박사학위논문, 서울대학교 대학원.

정영옥 (2014). RME의 맥락과 모델. **수학교육학논총 제36집**. 대한수학교육학회.

조완영(2011). 중등 수학교교사의 수학내용 지식. **학교수학, 13(2)**, pp.347-364.

조완영 (2012). 예비교사의 미분영역에 관한 내용지식의 분석. **학교수학, 14(2)**, 233-253.

최용준·이현구 (1994). **중학교 수학 2**, 서울: ㈜ 천재교육.

황혜정·나귀수·최승현·박경미·임재훈·서동엽 (2016). **수학교육학 신론**. 서울: 문음사.

Boyer, C. B. & Merzbach, U. C. (1989). A history of mathematics. New York: John Wiley & Sons, Inc. 양영오·조윤동(역)(2000). **수학의 역사상**. 서울: 경문사.

Cooney, T. J., Beckmann, S., Lloid, G. M., Wilson, P. S. and Zbiek, R. M. (2013). ***Developing essential understanding of functions for teaching mathematics in grades 9-12***. Reston, VA: NCTM.

Eisenberg, T. (1991). 함수 그리고 함수와 관련된 학습 장애. In D. Tall (Ed), Advanced mathematical thinking. Dordrecht: Kluwer Academic Publishers. 류희찬·조완영·김인수(공역)(2003), **고등수학적 사고**. 서울: 경문사.

Fredenthal, H.(1973). ***Mathematics as a educational task.*** Dordrecht: D. Reidel Publishing Co.

____________(1983). ***Didactical phenomenology of mathematical structures***. Dordrecht: D. Reidel Publishing Company.

____________(1991). ***Revisiting Mathematics Education***, Dordrecht: Kluwer Academic Publishers.

Haylock, D. W. (1982). Understanding in mathematics: Making connections. ***Mathematics Teaching***, 98, 54-56.

Kaput, J. (1994). Democratizing acess to calculus: New routes to old roots. In A. H. Schoenfeld (Ed.), ***Mathematical thinking and problem solving***, pp.77-157. Hillsdale, NJ: Lawrence Erlbaum Associates.

National Council of Teachers of Mathematics(NCTM, 1989). **수학교육 과정과 평가의 새로운 방향** [***Curriculum and evaluation standards for school Mathematics***]. 구광조·오병승·류희찬 (공역) (2003). 서울, 경문사.

National Council of Teachers of Mathematics(NCTM, 2000). ***Principles and standards for school mathematics***. Reston, VA: Author.

Orton, A. (1980). ***A cross-sectional study of the understanding of elementary caclulus in adolescents and young adults***. Ph. D. Thesis. Leeds University, U.K.

Smith, M. S. & Stein, M. K. (1998). Selecting and creating mathematical tasks: from research to practice. ***Mathematics Teaching and Learning in the Middle School 3(February)***.

Smith, M. S. & Stein, M. K. (2011). ***5 Practices for orchestrating productive mathematics discussions***. 방정숙(역) (2013). 효과적인 수학적 논의를 위해 교사가 알아야 할 5가지 관행. 서울: 경문사.

Steinbring, H. (2005). ***The Construction of New Mathematical Knowledge in Classroom Interaction-An epistemological perspective***. NY: Springer.

Stewart, J. (2008). ***Calculus.*** Albert Complex: Brooks/Cole. 수학교재편찬위원회 역(2009). 미분적분학. 서울: 청문각.

Tall, D. (1991). ***Advanced mathematical thinking***. 류희찬·조완영·김인수 역(2003). 고등수학적 사고. 서울: 경문사.

Treffers, A. & Coffrey, F. (1985). Rational analysis of realistic marhematics education. ***Proceedings of the ninth International Conference for the Psychology of Mathematics***

***Education***, 2.

Zandieh, M. (1998). The Role of a formal definition in nine students' concept image of derivative. In S. Berenson, K. Dawkins, M. Blanton, W. Coulombe, J. Klob, K. norwood, & L. Stiff (Eds.), ***Proceedings of the 20th Annual Meeting of the North American Chapter of the International Group for the Psychology of Mathematics Education*** (pp.136-141). Columbus OH: ERIC Clearinghouse for Science, Mathematics, and Environmental Education.

■ **집필진**

장혜원(서울교육대학교)
류성림(대구교육대학교)
김남희(전주대학교)
이동환(부산교육대학교)
강 완(서울교육대학교)
권성룡(공주교육대학교)
김동근(청구고등학교)
김수철(대구가톨릭대학교)
김유경(상촌초등학교)
김은혜(서울교육대학교 교육전문대학원)
김정하(인천삼산초등학교)
남진영(경인교육대학교)
도종훈(서원대학교)
박만구(서울교육대학교)
박선주(서울언북초등학교)
박진형(명지대학교)
방정숙(한국교원대학교)
백석윤(서울교육대학교)
오택근(경기과학고등학교)
유별아(이화여대 대학원)
윤대원(경상대학교)
이종희(이화여자대학교)
임해미(한국교육과정평가원)
장경윤(건국대학교)
정영옥(경인교육대학교)
조완영(충북대학교)
홍갑주(부산교육대학교)

대한수학교육학회 2016 연보(Yearbook)

**학교수학과 수학적 연결성**

지은이 장혜원 · 류성림 · 김남희 · 이동환 · 강 완 · 권성룡 · 김동근 · 김수철 · 김유경
김은혜 · 김정하 · 남진영 · 도종훈 · 박만구 · 박선주 · 박진형 · 방정숙 · 백석윤
오택근 · 유별아 · 윤대원 · 이종희 · 임해미 · 장경윤 · 정영옥 · 조완영 · 홍갑주
펴낸이 조경희
펴낸곳 경문사
펴낸날 2016년 10월 28일 1판 1쇄
2017년 10월 20일 1판 2쇄
등 록 1979년 11월 9일 제 313-1979-23호
주 소 04057, 서울특별시 마포구 와우산로 174
전 화 (02)332-2004 팩스 (02)336-5193
이메일 kyungmoon@kyungmoon.com
facebook facebook.com/kyungmoonsa

값 28,000원

ISBN 978-89-6105-356-3